地震波動論

斎藤正徳

東京大学出版会

The Theory of Seismic Wave Propagation

Masanori SAITO

University of Tokyo Press, 2009
ISBN 978-4-13-060754-4

はしがき

　われわれが地表で感じる地震動は，震源で発生して地球内部を伝わってきた地震波によるものである．地震動が激しければ，建物が崩壊したり，地すべりが発生したりする．したがって地震に伴う現象を理解するためには，地震波が地球内部をどのように伝播するかを知ることが最低限必要になる．

　地震波は，じつは地球という弾性体中を伝わる弾性波である．地震波を理解するためには，弾性波動の性質を理解しなければならない．本書は弾性波動論を地震学の立場からわかりやすく述べたもので，地震波動を理解するために，また地震波動を解析するために必要な基礎的な数学的技術を習得することを目的に書かれたものである．

　本書の第1章ではスカラー波動方程式の例として液体中の音波の伝播をとりあげ，反射，屈折の法則，円筒波，球面波の解などを導いている．この章は序章として書かれたもので，ベクトルやフーリエ変換などについても初歩的な解説を加えてある．第2章は走時曲線をとりあげているが，これは幾何光学の章と考えることができる．第3章以下が本来の弾性波動論の部分で，歪や応力の定義からはじまって固体，液体中の弾性波動場の解を導いている．媒質の構造や震源が単純な場合には，波動場の形式解を導くことは比較的容易であるが，形式解がどのような内容を含んでいるか，たとえば幾何光学から導かれる直感的な波の像とどのような関係があるかを知るためには，さまざまな数学的手法を駆使しなければならない．そのためには複素関数論や特殊関数の知識などが必要になるが，必要最小限の情報は「メモ」という形で本文とは別に解説して，初級者の便を図ってある．また，既出の式などを何度も記述しているのも，できるだけ1章内で閉じた形にして読みやすくするためである．

　本書は，筆者が永年大学で講義してきたノートをまとめたものであるが，地震学に関する議論は最小限にとどめているので，弾性波動論の教科書とし

て使うこともできるであろう．波動論の最先端は本書の何歩も先をいっているので，この本は最先端の理論を理解するための基礎である．なお，地震学で重要な，観測波動場から震源や伝播経路の物性を求める逆解析 (インバージョン) や，波動場のシミュレーション技術については触れていない．

　本書の原型は 1990 年代に遡る．当時，パーソナルコンピューターで利用可能な TeX システムが発売されたのを機に，講義ノート類を TeX で書き換えたことにはじまる．その後，応用地質株式会社在職中にこれらのノートの中の地震波動論に関する部分をまとめたものが本書の原稿である．このような機会がなければ本書は成立しなかったであろう．応用地質 (株) の寛大な配慮に心からの感謝の意を捧げたい．また，忙しい現場作業の合間を縫って，本書の原稿をテキストにしたゼミに参加し，有益なコメントを寄せてくださった同社物理探査グループの諸兄姉にも心から感謝する．

2009 年 5 月

斎藤 正徳

第 2 刷重版に際して

　第 2 刷の重版にあたり，残念ながら著者である斎藤先生が 2018 年年末に亡くなられていたため，本書の英文版 (The Theory of Seismic Wave Propagation, TERRAPUB, 2016) 翻訳の際に斎藤先生が加えられていた修正，および関係の研究者により気づいた誤植などの修正を加えました．とくに第 1 章冒頭で液体中の音波の方程式を導く部分では，重力の影響を考慮すると第 20 章で示されるような厳密な扱いが必要になるなどの理由により，改変をいたしました．ご了解いただければ幸いに存じます．

　重版修正に関しましてお力添えを賜りました関係各位に厚く感謝申し上げます．

2019 年 4 月

編集部

目 次

はしがき ... i

1 序章—音波の伝播 ... 1
- 1.1 音波の運動方程式 ... 1
- 1.2 均質流体中の音波 ... 5
- 1.3 時間領域の解 ... 20
- 1.4 波の減衰 ... 26

2 走時曲線 ... 34
- 2.1 平面問題 ... 34
- 2.2 球面問題 ... 53
- 2.3 波線の方程式 ... 60

3 応力と歪 ... 67
- 3.1 応力 ... 67
- 3.2 歪 ... 76
- 3.3 フックの法則 ... 80
- 3.4 歪エネルギー ... 84
- 3.5 曲線座標系における歪, 運動方程式 ... 88

4 平面波の反射, 屈折 ... 90
- 4.1 均質弾性体の運動方程式と平面波解 ... 90
- 4.2 SH 波 ... 93
- 4.3 P-SV 波 ... 102

5 弾性波動方程式の一般解 122
- 5.1 スカラーポテンシャルとベクトルポテンシャル 122
- 5.2 ヘルムホツ方程式の解 127
- 5.3 直角座標系, 円筒座標系, 球座標系における一般解 134

6 表面波と境界波 139
- 6.1 位相速度と群速度 139
- 6.2 ラブ波 147
- 6.3 レーリー波 155
- 6.4 ストンレー波 166
- 6.5 チャンネル波 170

7 平板, 円柱, 球などを伝わる波 179
- 7.1 平板を伝わる波 179
- 7.2 円柱の軸方向に伝わる波 187
- 7.3 孔井内を伝わる波 195
- 7.4 円柱の周に沿って伝わる波 206
- 7.5 球の振動 210

8 円筒波の伝播 (二次元問題) 222
- 8.1 流体中の円筒波 222
- 8.2 円筒波の反射, 屈折 227
- 8.3 カニアール–ド・フープの方法 249

9 二次元ラムの問題 262
- 9.1 P-SV 波型線震源の形式解 262
- 9.2 レーリー波の発生 266
- 9.3 カニアール–ド・フープ解 277
- 9.4 ラブ波の発生 284

10 球面波の伝播 (三次元問題) 292
- 10.1 球面 P 波の伝播 292
- 10.2 三次元 P-SV 波 299
- 10.3 三次元ラムの問題 305
- 10.4 三次元 SH 波 311
- 10.5 三次元カニアール–ド・フープ法 315

11 ベクトル場の展開 321
- 11.1 平面調和関数 321
- 11.2 ベクトル場の展開 325
- 11.3 点震源の展開 330

12 ハスケル法 339
- 12.1 運動方程式の積分 339
- 12.2 SH 波と音波のハスケル行列 343
- 12.3 P-SV 波 348

13 正規モード解 359
- 13.1 ラブ波 359
- 13.2 レーリー波 372

14 グリーン関数 388
- 14.1 単力源から出る波 388
- 14.2 偶力源から出る波 394
- 14.3 相反定理 399

15 弾性転位論 405
- 15.1 弾性波動方程式のグリーン関数 405
- 15.2 弾性転位論 409
- 15.3 グリーン関数の表面波成分 420

16 漸近波線理論 425
- 16.1 連続的に変化する液体中を伝わる音波のWKBJ解 425
- 16.2 一つの転回点がある場合のWKBJ解 431
- 16.3 SH波とP-SV波に対するWKBJ解 439
- 16.4 ラブ波分散曲線のインバージョン 442

17 一般化波線理論と反射率法 447
- 17.1 音波に対する一般化波線解 447
- 17.2 P-SV波に対する一般化波線解 452
- 17.3 反射係数,透過係数の一般化 456
- 17.4 反射率法 466

18 球対称構造を伝わる波 471
- 18.1 球面調和関数 471
- 18.2 直交ベクトル 474
- 18.3 球面上を伝わる波 475
- 18.4 漸近波線理論 479

19 地球の自由振動 482
- 19.1 ねじれ振動 482
- 19.2 伸び縮み振動 493
- 19.3 点震源の展開 502

20 自己重力・自転を考慮した地球の自由振動 513
- 20.1 自己重力を考慮した伸び縮み振動 513
- 20.2 自転によって生じる固有値の分裂 526

参考文献 533

索引 535

1 序章——音波の伝播

　弾性波動の運動方程式はベクトル方程式であるから，スカラー波動方程式に比べるとはるかに複雑である．しかし波動伝播の本質的な部分はスカラー波動方程式の中に含まれている．このため地震探査，特に反射法のシミュレーションでは，地震波を音波とみなす音響場近似 (acoustic approximation) がしばしば用いられている．

　この章ではスカラー波動方程式を用いて波動伝播の復習をする．そのため細かな点は後の章にまわし，全体的な流れを述べるにとどめる．予備知識のある読者はこの章は読みとばしてもよい．

1.1 音波の運動方程式

　流体 (液体，気体) の圧力を ϕ，密度を ρ，流体粒子の平衡状態からの微小変位ベクトルを $\bm{u}$ とすれば，ニュートンの運動の法則から

$$\rho \frac{\partial^2 \bm{u}}{\partial t^2} = -\nabla \phi + \bm{f} \tag{1.1.1}$$

となる．これが音波の運動方程式である．$\bm{f}$ は重力以外の外力であり，ϕ は流体の圧力そのものではなく，平衡状態における圧力 P_0 を除いた圧力変化である．外力 $\bm{f}$ から除外した重力と P_0 が静水圧平衡 (hydrostatic equilibrium) と呼ばれる関係でつりあうことで，(1.1.1) 式から重力の効果が落ちて，浮力も省かれている．

　なお，流体粒子が動くと，元の密度分布が乱されて重力場が変化するが，地震波への導入として音波を取り上げる本章では，この効果を無視する．これは液体中の圧力 P_0 が時間的にも空間的にも一定とする仮定と同じであり，我々が日常で「音」と呼ぶ現象もこの扱いで構わない．例外的に，周期が数百秒以上の地球の自由振動ではこの重力変化は重要となるので，20 章で詳し

く解説する.

(1.1.1) 式では変位ベクトル $\boldsymbol{u}$ と圧力変化 ϕ が未知数であるから,このままでは解くことができない.これを解くためには $\boldsymbol{u}$ と ϕ の間の関係式が必要である.この関係式は物質 (この場合には液体) の力学的性質を表すもので,一般には構成則 (constitutive law) と呼ばれる.例えば,十分希薄な理想気体の構成則は,等温下では圧力と体積の積が一定というボイル・シャルルの法則 (Boyle-Charles's law) になる.

バネの微小変形の構成則として,変位と力が比例するというフックの法則 (Hooke's law) が良い近似で成り立つ.液体の場合にもこれと似た比例関係が,体積変化の割合 (体積歪と呼ぶ) と圧力変化の間で成り立つ.弾性体の歪やフックの法則については第 3 章で詳しく述べるが,そこでは歪を用いて液体の体積変化の割合は $\nabla \cdot \boldsymbol{u}$ であることが示される.以下のように,この関係はある領域についての積分におけるガウスの定理

$$\int_S \boldsymbol{u} \cdot \boldsymbol{n}\, dS = \int_V \nabla \cdot \boldsymbol{u}\, dV \tag{1.1.2}$$

からも導くことができる. (1.1.2) 式の左辺は,体積 V の領域を囲む面 S に対して外向きの変位ベクトルと面の法線ベクトル $\boldsymbol{n}$ との内積,すなわち変位ベクトルの法線成分 u_n を全表面で積分しているので,変形後の体積の増量分 ΔV になっている.考えている領域が十分に小さいと,右辺の積分の中の $\nabla \cdot \boldsymbol{u}$ を一定とみなすことができ,

$$\Delta V = \int_V \nabla \cdot \boldsymbol{u}\, dV \;\to\; (\nabla \cdot \boldsymbol{u}) \int_V dV = (\nabla \cdot \boldsymbol{u})\, V$$

すなわち,

$$\nabla \cdot \boldsymbol{u} \simeq \frac{\Delta V}{V} \tag{1.1.3}$$

と,変位ベクトル $\boldsymbol{u}$ の発散が体積変化の割合であることが示された.

先に述べたように,液体のフックの法則では体積変化の割合と圧力変化が比例するので,

$$\phi = -K \nabla \cdot \boldsymbol{u} \tag{1.1.4}$$

と書くことができる．比例係数である K は液体の体積弾性率 (bulk modulus) と呼ばれ，これが液体のフックの法則である．なお，(1.1.4) 式に負号がついているのは圧力が増加すれば ($\phi > 0$)，体積が減少する ($\nabla \cdot \boldsymbol{u} < 0$) からである．また，理想気体のボイル・シャルルの法則は等温下で成り立つのに対して，断熱過程での構成則は異なる関係となる．液体中の音波は急激に変動する現象なので，(1.1.4) 式の体積弾性率は断熱過程での値となる．すなわち，同じ液体でも (1.1.4) 式の K は等温下での体積弾性率とは異なる値を取るので，注意する必要がある．

(1.1.4) 式を用いれば (1.1.1) 式から $\boldsymbol{u}$ あるいは ϕ を消去することができる．$\boldsymbol{u}$ はベクトルであるから，$\boldsymbol{u}$ を消去した方が後の式は簡単になる．(1.1.1) 式を ρ で割って div をとり (1.1.4) 式を用いれば

$$\frac{\partial^2}{\partial t^2}(\nabla \cdot \boldsymbol{u}) = -\nabla \cdot \left(\frac{1}{\rho}\nabla \phi\right) + \nabla \cdot \left(\frac{1}{\rho}\boldsymbol{f}\right)$$
$$= -\frac{\partial^2}{\partial t^2}\left(\frac{\phi}{K}\right)$$

になる．よって，圧力変化 ϕ だけを未知数とした方程式

$$\frac{\partial^2 \phi}{\partial t^2} = K\nabla \cdot \left(\frac{1}{\rho}\nabla \phi\right) - K\nabla \cdot \left(\frac{1}{\rho}\boldsymbol{f}\right) \tag{1.1.5}$$

が得られた．これが音波に対する波動方程式である．ここでは密度が場所によって変化することも考慮しているので，ρ は微分記号の中に入れてある．上式では K は座標の関数であってもかまわない．なお $\boldsymbol{f}/\rho$ は単位質量に働く外力を意味している．

4—1 序章—音波の伝播

$\cdots\bullet\cdots\bullet\cdots$ (メモ) $\cdots\bullet\cdots\bullet\cdots$

ベクトル演算 ベクトル表現は慣れないと難しく見えるが，これは表記を簡単にするための道具であると割り切ってしまえばよい．

ベクトル $\boldsymbol{u}$ の直角座標の (x, y, z) 成分を

$$\boldsymbol{u} = (u_x, u_y, u_z)$$

のように書くことにする．ベクトル $\boldsymbol{u}$ とベクトル $\boldsymbol{v}$ の内積 (inner product) は

$$\boldsymbol{u}\cdot\boldsymbol{v} = u_x v_x + u_y v_y + u_z v_z = \|\boldsymbol{u}\|\cdot\|\boldsymbol{v}\|\cos\theta$$

と書くことができる．「·」は二つのベクトルの間の内積を表す．θ は $\boldsymbol{u}$, $\boldsymbol{v}$ のなす角，$\|\ \|$ はベクトルの大きさ (ノルム，norm) で，

$$\|\boldsymbol{u}\| = \sqrt{\boldsymbol{u}\cdot\boldsymbol{u}} = \sqrt{u_x^2 + u_y^2 + u_z^2}$$

である．しかし以下では表記を簡潔にするために，ベクトルのノルムも絶対値と同じ記号を用いて $|\boldsymbol{u}|$ などと表すことにする．このようにしても混乱は生じないだろう．

∇ は微分演算子で，スカラー関数に対して用いられる．上の例では ∇P の3成分は

$$\nabla P = \left(\frac{\partial P}{\partial x}, \frac{\partial P}{\partial y}, \frac{\partial P}{\partial z}\right)$$

と表される．∇ は勾配 (gradient) と呼ばれ，記号 grad で表すこともある．記号的には

$$\nabla = \left(\frac{\partial}{\partial x}, \frac{\partial}{\partial y}, \frac{\partial}{\partial z}\right)$$

と表すことができる．これと内積の定義を用いれば

$$\nabla\cdot\boldsymbol{u} = \frac{\partial u_x}{\partial x} + \frac{\partial u_y}{\partial y} + \frac{\partial u_z}{\partial z}$$

が得られる．この演算は発散 (divergence) と呼ばれ，記号 div で表すことも多い．

∇ をベクトルと考えると

$$\nabla\cdot\nabla = \frac{\partial^2}{\partial x^2} + \frac{\partial^2}{\partial y^2} + \frac{\partial^2}{\partial z^2}$$

はスカラー演算になるので，単に ∇^2 と書いてラプラシアン (Laplacian) と呼ぶ．

$$\nabla^2 P = \nabla\cdot\nabla P = \frac{\partial^2 P}{\partial x^2} + \frac{\partial^2 P}{\partial y^2} + \frac{\partial^2 P}{\partial z^2}$$

である．

$\cdots\bullet\cdots\bullet\cdots\bullet\cdots\bullet\cdots\bullet\cdots$

1.2 均質流体中の音波

流体の密度 ρ が一定, 外力 $\boldsymbol{f}$ が 0 のとき, (1.1.5) 式から

$$\frac{\partial^2 \phi}{\partial t^2} = \frac{K}{\rho} \nabla^2 \phi \qquad \frac{1}{\alpha^2}\frac{\partial^2 \phi}{\partial t^2} = \nabla^2 \phi \qquad (1.2.1)$$

が得られる．上式はスカラー波動方程式 (scalar wave equation) にほかならない．ここに

$$\alpha = \sqrt{\frac{K}{\rho}} \qquad (1.2.2)$$

はすぐ後でわかるように，音波の伝播速度である．(1.2.1) 式は K が場所によって変わるときにも成り立つが，以下では α が一定の場合のみを考える．

1.2.1 平面波

α が一定のときの (1.2.1) 式の解として，空間的には y によらず，時間，空間的に単振動の解

$$\phi = A e^{-i\omega(t - px - \xi z)} \qquad (1.2.3)$$

の形を仮定する．A は積分定数, ω は角周波数 (angular frequency) である．これを (1.2.1) 式に代入すれば

$$p^2 + \xi^2 = \frac{1}{\alpha^2} \qquad (1.2.4)$$

でなければならないことになる．α は (1.2.2) 式により流体固有の物質定数であるから，上式は p と ξ の関係を表している．これを分散関係 (dispersion relation) という．ここでは p が与えられたものとして，上式を ξ を決める式と解釈することにする．

p が与えられたとしても上式が ξ の二乗を決める式になっているので，p の値によって二つの場合が考えられる．すなわち

$$\xi^2 > 0 \qquad p^2 < 1/\alpha^2 \quad \text{のとき}$$

$$\xi^2 < 0 \qquad p^2 > 1/\alpha^2 \qquad \text{のとき}$$

前者の場合には ξ は実数になるが，後者の場合には ξ が虚数になる．ξ が実数になる場合を先に考える．

平面波 p は正の場合だけを考え

$$\xi = \sqrt{\alpha^{-2} - p^2} \qquad 0 < p < \alpha^{-1} \qquad (1.2.5)$$

のように ξ の符号を決める．このとき (1.2.3) 式の指数関数の引数 $t - px - \xi z$ は実数になるから，(1.2.3) 式は振幅 A の波を表している．この引数が一定値の値をとる面が波面 (wave front) である．この波面は空間的には平面であるから，上式 (1.2.3) 式は平面波 (plane wave) を表している．特に位相が 0 になる面

$$t - px - \xi z = 0 \qquad (1.2.6)$$

のグラフは図 1.2.1 のようになる．この波面と x 軸との切片 A の座標は t/p, z 軸との切片 B の座標は t/ξ である．したがって波面は x 軸方向には見かけ速度 (apparent velocity) $1/p$ で伝わり，z 軸方向には見かけ速度 $1/\xi$ で伝わることになる．以下では p のことを波線パラメーター (ray parameter) と呼ぶ．

原点 O から波面に垂線を下ろし，その足を M とする．垂線と z 軸の角を θ とすれば図から

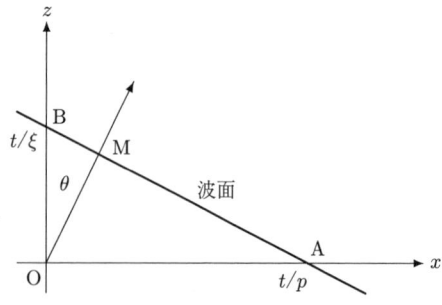

図 **1.2.1** 平面波　AB は波面，OM は波線．

$$\overline{\mathrm{AB}} = \sqrt{\frac{t^2}{p^2} + \frac{t^2}{\xi^2}} = \frac{t}{\alpha p \xi}$$

であるから

$$\sin\theta = \frac{\overline{\mathrm{OB}}}{\overline{\mathrm{AB}}} = \alpha p \qquad \cos\theta = \frac{\overline{\mathrm{OA}}}{\overline{\mathrm{AB}}} = \alpha \xi \tag{1.2.7}$$

が得られる．また

$$\overline{\mathrm{OM}} = \overline{\mathrm{OA}}\sin\theta = \alpha t$$

であるから，波面は z 軸と角 θ の方向に速度 α で伝わることがわかる．すなわち (1.2.2) 式で定義される α は流体中の圧力波 (音波) の伝播速度であることが示された．

不均質波 もう一つの場合，$p^2 > 1/\alpha^2$ のときには ξ が虚数になる．このときには

$$\xi = i\hat{\xi} = i\sqrt{p^2 - \alpha^{-2}} \tag{1.2.8}$$

と選ぶことにすれば，(1.2.3) 式は

$$\phi = Ae^{-i\omega(t-px)-\omega\hat{\xi}z} \tag{1.2.9}$$

と書き換えられる．ω が正のときにはこの波の振幅は z の正の向きに減少し，z の負の向きに増加する．位相が一定という意味ではこの波の波面は z 軸に平行であるが，振幅は z 方向に変化している．この意味でこのような波を不均質波 (inhomogeneous wave) と呼ぶ．

一般解 p が与えられたとき ξ は (1.2.4) 式で決められるので，ξ には実数，虚数にかかわらず二つの根があることになる．運動方程式は線形であるから，ξ の符号をどのように選んでも

$$\phi = Ae^{-i\omega(t-px-\xi z)} + Be^{-i\omega(t-px+\xi z)} \tag{1.2.10}$$

は運動方程式 (1.2.1) の一般解になっている．ここで A，B は積分定数である．ξ が実数のとき，その符号を (1.2.5) 式のように選べば第一項は $+z$ の向

きに伝わる平面波，第二項は $-z$ の向きに伝わる平面波を表している．ξ が虚数のときには (1.2.8) 式のように符号を選べば，ω が正のとき第一項は振幅が $+z$ 方向に減衰する波，第二項は $+z$ 方向に増加する波を表すことになる．以下でも特別な場合を除いては ω が正のときだけを考える．物理的な解は実空間で実数であるという条件から，$\omega < 0$ のときの解は $\omega > 0$ のとき解から容易に求められるからである．

$\cdots\bullet\cdots\bullet\cdots$ (メ モ) $\cdots\bullet\cdots\bullet\cdots$

時間変化の符号 この本では単振動の時間変化を考えるときには (1.2.3) 式のように $e^{-i\omega t}$ の形を用いる．指数部にマイナスをつけるのは物理学系の流儀で，工学系ではマイナスをつけないことが多い．符号のとり方を間違えると，前に進むはずの波が後ろに進んだり，伝播にしたがって減衰するはずの波が増幅されてしまうから注意しなければならない．

$\cdots\bullet\cdots\bullet\cdots\bullet\cdots\bullet\cdots\bullet\cdots$

1.2.2 平面波の反射，屈折

解 (1.2.10) 式は無限に広がった均質な流体に対して成立する一般解である．海水のように表面がある場合には A と B は独立ではありえない．また，二つの流体が平面を境にして接しているような場合にも，両側の積分定数の間には一定の関係が成り立つ．

自由表面における反射 鉛直上向きに z 軸をとり，流体は $z \leq 0$ に広がっているとする．$z < 0$ では運動方程式 (1.2.1) が成り立っているので，$z < 0$ における一般解は (1.2.10) 式で表される．この式の第一項は z 軸と角 θ をなす向きに上向きに伝わる平面波，第二項は z 軸の負の向きと角 θ で下向きに伝わる平面波を表している．したがって第一項は流体の表面に向かって入射する入射波 (incident wave)，第二項は表面で反射する反射波 (reflected wave) を意味している．

ここまでは流体表面における物理的条件を考えていなかった．表面より上は真空であるとすれば，表面での圧力は 0 である．圧力は連続でなければならないから，流体の表面 $z = 0$ では

$$\phi(z=0) = 0$$

が成り立たなければならない．これが自由表面における境界条件 (boundary condition) である．(1.2.10) 式からこの条件は

$$\phi(z=0) = (A+B)e^{-i\omega(t-px)} = 0$$

よって

$$A + B = 0$$

となる．B/A は入射波の振幅に対する反射波の振幅比であるから，これは自由表面における圧力波の反射係数 (reflection coefficient) と考えることができる．したがって流体の自由表面における圧力の反射係数

$$R = \frac{B}{A} = -1 \tag{1.2.11}$$

は，入射波の周波数によらず -1 である．しかし入射波の振幅 A はここでは決まらない．震源に関する情報が与えられていないからである．

境界面における反射，屈折　問題をもう少し複雑にして $z=0$ を境にして二つの異なる流体が接している場合を考える．$z<0$ の流体を流体 1 とし，$z>0$ の流体を流体 2 としてそれぞれに関する量には添字 1, 2 をつけることにする (図 1.2.2)．

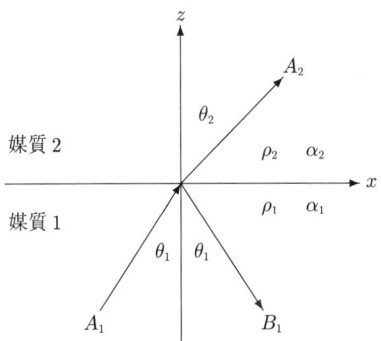

図 **1.2.2** 境界面における反射，屈折

流体 1 の下側から境界面に向かって z 軸と角 θ_1 の向きに平面波が入射したとする．流体 1 における一般解は (1.2.10) 式にならって

$$\phi_1 = A_1 e^{-i\omega(t-px-\xi_1 z)} + B_1 e^{-i\omega(t-px+\xi_1 z)} \qquad z < 0 \qquad (1.2.12)$$

と書くことができる．第一項は入射波，第二項は反射波を表している．上側の流体 2 での解は

$$\phi_2 = A_2 e^{-i\omega(t-px-\xi_2 z)} \qquad z > 0 \qquad (1.2.13)$$

と書くことができる．ここで (1.2.12) 式と違って 1 項しかないのは，流体 2 には上向きに伝わる透過波 (transmitted wave)，あるいは屈折波 (refracted wave) しか存在しないという物理的な条件を用いているからである．

上式で流体 1, 2 の指数部の x の係数 p が共通になっていることは重要である．これは境界面 $z = 0$ において境界条件を合せるために是非とも必要なものである．(1.2.7) 式を用いれば

$$p = \frac{\sin\theta_1}{\alpha_1} = \frac{\sin\theta_2}{\alpha_2} \qquad (1.2.14)$$

が成り立つ．ここに θ_1 は境界面への入射角 (angle of incidence)，θ_2 は流体 2 内の屈折角 (angle of refraction) を表している．上式は波の屈折におけるスネルの法則 (Snell's law) にほかならない．この共通のパラメーター p が波線パラメーターである．このパラメーターはこの後もしばしば現れる，地震波動の基本的な量である．先に示したように，$1/p$ は x 方向の見かけ速度である．

積分定数 A_1, B_1, A_2 は境界条件を用いて求められる．境界面 $z = 0$ における一つの境界条件は，圧力の連続

$$\phi_1(z=0) = \phi_2(z=0)$$

である．この条件から

$$(A_1 + B_1) e^{-i\omega(t-px)} = A_2 e^{-i\omega(t-px)}$$

よって

$$A_1 + B_1 = A_2 \tag{1.2.15}$$

が得られる．両媒質で p が同じであることから両辺の指数関数がキャンセルする．以下ではいちいち指数関数を書くことはしない．自由表面の場合には右辺が 0 であったから，この式から反射係数 B_1/A_1 を求めることができた．しかし今度はもう一つの関係がなければ解を求めることができない．

二つの流体が接しているとき，流体粒子の境界面に垂直な方向の変位は同じでなければならない．そうでないと境界面に空洞ができたり，流体粒子が重なり合ってしまうからである．したがって，流体粒子の z 方向の変位を w とすれば，もう一つの境界条件は

$$w_1(z=0) = w_2(z=0)$$

である．運動方程式 (1.2.1) は ϕ だけで書かれているので w は見えないが，もともとの運動方程式 (1.1.3) の z 成分は

$$\rho \frac{\partial^2 w}{\partial t^2} = -\frac{\partial \phi}{\partial z}$$

を満たしている．時間変化として $e^{-i\omega t}$ を仮定しているから，上式は

$$-\rho \omega^2 w = -\frac{\partial \phi}{\partial z} \qquad w = \frac{1}{\rho \omega^2} \frac{\partial \phi}{\partial z} \tag{1.2.16}$$

となる．したがって w に関する境界条件は (1.2.12)，(1.2.13) 式の ϕ_1, ϕ_2 を用いて計算すれば

$$\frac{\xi_1}{\rho_1}(A_1 - B_1) = \frac{\xi_2}{\rho_2} A_2 \tag{1.2.17}$$

となる．(1.2.15)，(1.2.17) 式から

$$R_{12} = \frac{B_1}{A_1} = \frac{\rho_2 \xi_1 - \rho_1 \xi_2}{\rho_2 \xi_1 + \rho_1 \xi_2} \qquad T_{12} = \frac{A_2}{A_1} = \frac{2\rho_2 \xi_1}{\rho_2 \xi_1 + \rho_1 \xi_2} \tag{1.2.18}$$

が得られた．R_{12} は音波が液体 1 から 2 に向かって入射したときの圧力波の反射係数，T_{12} は透過係数 (transmission coefficient) を表している．これらは波の周波数にはよらない．両媒質が半無限であるので，層の厚さなどのスケー

ルがないからである．また，ここでも震源を考えていないので入射波の振幅 A_1 は未定である．

ξ_1, ξ_2 が実数のときにはスネルの法則 (1.2.14) 式から

$$\xi_1 = \frac{\cos\theta_1}{\alpha_1} \qquad \xi_2 = \frac{\cos\theta_2}{\alpha_2}$$

が成り立つから

$$\begin{aligned} R_{12} &= \frac{\rho_2\alpha_2\cos\theta_1 - \rho_1\alpha_1\cos\theta_2}{\rho_2\alpha_2\cos\theta_1 + \rho_1\alpha_1\cos\theta_2} \\ T_{12} &= \frac{2\rho_2\alpha_2\cos\theta_1}{\rho_2\alpha_2\cos\theta_1 + \rho_1\alpha_1\cos\theta_2} \end{aligned} \qquad (1.2.19)$$

とも表せる．特に音波が境界面に垂直に入射するときには $\theta_1 = \theta_2 = 0$ であるから

$$R_{12} = \frac{\rho_2\alpha_2 - \rho_1\alpha_1}{\rho_2\alpha_2 + \rho_1\alpha_1} \qquad T_{12} = \frac{2\rho_2\alpha_2}{\rho_2\alpha_2 + \rho_1\alpha_1}$$

となる．ここに現れる $\rho_1\alpha_1$, $\rho_2\alpha_2$ はそれぞれ流体 1, 流体 2 の音響インピーダンス (acoustic impedance) と呼ばれる．

全反射 $\alpha_2 > \alpha_1$ のときには ξ_1 が実数であっても入射角 θ_1 が

$$\sin\theta_1 > \sin\theta_c = \frac{\alpha_1}{\alpha_2}$$

の範囲に入っているときには，スネルの法則 (1.2.14) 式から $\sin\theta_2 > 1$ となって屈折角 θ_2 が存在しなくなり，このときには ξ_2 は虚数になる．これが全反射 (total reflection) であり，θ_c は臨界角 (critical angle) と呼ばれる．ξ_2 の虚数部の符号は運動方程式を満たすだけなら正負どちらでもよいが，屈折波の振幅は境界面から無限に離れたときに発散してはならないから，$\omega > 0$ のときには (1.2.8) 式と同様に

$$\xi_2 = i\hat{\xi}_2 = i\sqrt{p^2 - \alpha_2^{-2}} \qquad \omega > 0 \qquad (1.2.20)$$

のように選ばなければならない．このときには反射係数，透過係数ともに複素数になるが，反射係数の絶対値は 1 である．全反射という呼び方はここからきている．

入射角が臨界角 θ_c の極限では屈折角が 90 度になる．このときの屈折波の波面は境界面に垂直で，境界面に平行に速度 α_2 で伝わることになる．この波は地震探査の屈折法 (refraction survey) で用いられるもので，次章および第 8 章でとり扱う．

・・・●・・・●・・・(メ モ)・・・●・・・●・・・

音響インピーダンス　交流回路におけるインピーダンスは電圧と電流の比で，直流回路における抵抗に相当する量である．電気回路を記述する微分方程式と，力学系を記述する微分方程式との相似に基づいて，力学系にもインピーダンスを定義することができる．力学系のインピーダンスの定義にはいろいろな流儀があるが，ここでは

$$\text{インピーダンス} = Z = \frac{\text{力}}{\text{速度}}$$

という定義を用いる．音波の場合には力としては圧力を，速度としては伝播方向の流体粒子の変位速度を用いるのが自然であろう．(1.2.3), (1.2.16) 式を用いて $+z$ 方向 ($\theta=0$) に伝わる音波の圧力と z 方向の変位速度の比を計算すれば

$$Z = \frac{\phi}{\partial w/\partial t} = \frac{\phi}{-i\omega w} = \frac{\phi}{(-i/\rho\omega)(\partial\phi/\partial z)} = \rho\alpha$$

が得られる．境界面に垂直に入射した音波の反射係数，透過係数は，両媒質の音響インピーダンスの比だけで表される．

・・・●・・・●・・・●・・・●・・・●・・・

1.2.3　垂直入射波の多重反射

上では境界面が一つだけの場合を考えたが，平行な境界面が多数あり，音波が境界面に垂直に入射する場合には一般的な解を形式的に導くことができる．

図 1.2.3 は多層構造の一部をとり出したもので，層 n と層 $n+1$ の部分を拡大して描いてある．z 軸は右向きである．境界 n に図の右向きに入射する音波の振幅を U_n，境界 n から左向きに進む音波の振幅を D_n としている．z 軸を上向きにとったとき，これらはそれぞれ上向き (up-going)，下向き (down-going) の波を表している．

境界 n の上側を考えると，ここには境界 n から上向きに伝わる波 u_{n+1} と，下向きに境界に入射する波 d_{n+1} が存在する．境界 n で反射，屈折の法則を適用する．下向きの波 D_n は境界 n に上向きに入射する波 U_n による反射波

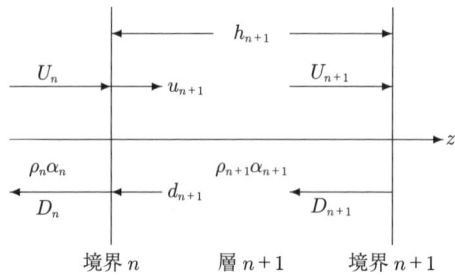

図 1.2.3 多層構造に対する垂直入射波の反射,透過

と,上から入射する波 d_{n+1} による透過波の和であり,u_{n+1} は U_n からくる透過波と d_{n+1} の反射波の和であるから

$$D_n = r_+ U_n + t_- d_{n+1} \qquad u_{n+1} = t_+ U_n + r_- d_{n+1} \qquad (1.2.21)$$

が成り立つ.ここに r_+ は境界 n に波が下から入射したときの反射係数,r_- は反対に上から入射したときの反射係数,$t_\pm$ は同様に透過係数である.$r_\pm$,$t_\pm$ に添字はつけていないが,これらは境界 n における反射係数,透過係数である.垂直入射のときにはこれらは (1.2.19) 式から

$$\begin{aligned} r_+ &= \frac{\rho_{n+1}\alpha_{n+1} - \rho_n\alpha_n}{\rho_{n+1}\alpha_{n+1} + \rho_n\alpha_n} = -r_- \\ t_+ &= 1 + r_+ \qquad t_- = 1 + r_- = 1 - r_+ \end{aligned} \qquad (1.2.22)$$

と表される.

境界面 $n+1$ に入射する波 U_{n+1} は u_{n+1} が距離 h_{n+1} だけ伝播したものであるから

$$U_{n+1} = u_{n+1} e^{i\omega h_{n+1}/\alpha_{n+1}}$$

の関係があり,同様に D_{n+1} と d_{n+1} の間には

$$d_{n+1} = D_{n+1} e^{i\omega h_{n+1}/\alpha_{n+1}}$$

の関係がある.これらを先の式に代入し $[U_n, D_n]$ と $[U_{n+1}, D_{n+1}]$ の関係として表せば

$$\begin{bmatrix} U_{n+1} \\ D_{n+1} \end{bmatrix} = \frac{1}{t_-} \begin{bmatrix} e^{i\omega\tau_{n+1}} & r_- e^{i\omega\tau_{n+1}} \\ r_- e^{-i\omega\tau_{n+1}} & e^{-i\omega\tau_{n+1}} \end{bmatrix} \begin{bmatrix} U_n \\ D_n \end{bmatrix} \qquad (1.2.23)$$

となる．ただし

$$\tau_{n+1} = \frac{h_{n+1}}{\alpha_{n+1}}$$

は層 $n+1$ 内を音波が伝わる片道走時 (one-way travel time) である．(1.2.23) 式は逆に表すこともでき

$$\begin{bmatrix} U_n \\ D_n \end{bmatrix} = \frac{1}{t_+} \begin{bmatrix} e^{-i\omega\tau_{n+1}} & r_+ e^{i\omega\tau_{n+1}} \\ r_+ e^{-i\omega\tau_{n+1}} & e^{i\omega\tau_{n+1}} \end{bmatrix} \begin{bmatrix} U_{n+1} \\ D_{n+1} \end{bmatrix}$$

となる．

これらの式を用いると任意の多層構造中を伝わる音波の応答を計算することができるが，ここでは一つの例をあげる．境界 0 より下 (左) は均質であり，震源がそれより上にあるとすれば，境界 0 に向けて下から入射する波はないから $U_0 = 0$ である．D_0 の値はわからないが，問題が線型であるからこれを仮に 1 として (1.2.23) 式を用いて上に向かってつないでいく．一番上の境界 N では (1.2.21) 式と同様に

$$D_N = r_+ U_N + t_- d_{N+1} \qquad u_{N+1} = t_+ U_N + r_- d_{N+1}$$

が成り立つ．ここで $r_\pm$ や $t_\pm$ は境界 N における値を表す．U_N や D_N は定数係数を除いて求まっているから，上式から u_{N+1}, d_{N+1} を求めて比をとれば

$$\frac{u_{N+1}}{d_{N+1}} = \frac{U_N + r_- D_N}{D_N + r_- U_N}$$

が得られる．d_{N+1} は境界 N への入射波，u_{N+1} は境界 N からの反射波を表しているから，上式は境界 N 以下の全体としての反射係数を表している．

ここでは境界面に垂直に入射する波だけを考えたが，一般的な斜め入射の場合はトムソン–ハスケルの方法によって計算することができる (第 12 章)．

1.2.4 球面波と円筒波

これまではスカラー波動方程式 (1.2.1) の解のうち,平面波解だけを考えてきたが,このほかにもいろいろな解がある.

球面波　圧力 ϕ が空間的には原点からの距離

$$r = \sqrt{x^2 + y^2 + z^2}$$

だけの関数であるとする.このときにはラプラシアン ∇^2 は

$$\nabla^2 = \frac{1}{r^2}\frac{\partial}{\partial r}\left(r^2 \frac{\partial}{\partial r}\right)$$

と書くことができる.これまで同様に時間変化を $e^{-i\omega t}$ と仮定し,解を

$$\phi(r;t) = R(r)e^{-i\omega t}$$

の形に仮定すれば,運動方程式 (1.2.1) は

$$\frac{1}{r^2}\frac{d}{dr}\left(r^2 \frac{dR}{dr}\right) + k_\alpha^2 R = 0 \qquad k_\alpha = \frac{\omega}{\alpha}$$

となる.この常微分方程式の解はよく知られていて

$$R(r) = \frac{1}{r}e^{\pm i k_\alpha r}$$

である.特に正符号の方を選び,積分定数を P_0 とすれば

$$\phi(r;t) = \frac{P_0}{r}\exp\left[-i\omega\left(t - \frac{r}{\alpha}\right)\right] \tag{1.2.24}$$

となる.これは原点から外向きに速度 α で伝わる球面波 (spherical wave) を表している.もう一方の符号を選べば原点に向かって収束する球面波が得られる.解 (1.2.24) 式は原点 $r=0$ では無限大になる.これは原点に震源 (seismic source) があることを意味している.

円筒波　こんどは解が z 軸からの距離

$$r = \sqrt{x^2 + y^2}$$

だけの関数であると仮定する．このときには
$$\nabla^2 = \frac{1}{r}\frac{\partial}{\partial r}\left(r\frac{\partial}{\partial r}\right)$$
であるから，ϕ を
$$\phi(r;t) = R(r)e^{-i\omega t}$$
の形に仮定すれば運動方程式 (1.2.1) は，こんどは
$$\frac{1}{r}\frac{d}{dr}\left(r\frac{dR}{dr}\right) + k_\alpha^2 R = 0 \tag{1.2.25}$$
となる．k_α は前と同じである．この微分方程式の基本解はいろいろな形に書くことができるが，ここでは
$$R(r) = H_0^{(1)}(k_\alpha r) \quad \text{または} \quad H_0^{(2)}(k_\alpha r)$$
を用いることにする．これらはそれぞれ第一種，第二種のハンケル関数 (Hankel function) である．いま第一種ハンケル関数を用いることにすれば，漸近展開
$$H_0^{(1)}(z) \sim \sqrt{\frac{2}{\pi z}} e^{i(z-\pi/4)} \qquad |z|\to\infty$$
を用いて，z 軸から離れたところでは解 ϕ は
$$\begin{aligned}\phi(r;t) &= P_0 H_0^{(1)}(k_\alpha r)e^{-i\omega t} \\ &\sim P_0\sqrt{\frac{2}{\pi k_\alpha r}}\exp\left[-i\omega\left(t-\frac{r}{\alpha}\right) - \frac{\pi}{4}i\right]\end{aligned} \tag{1.2.26}$$
で近似することができる．これは z 軸 ($r=0$) が震源になって外向きに伝わる円筒波 (cylindrical wave) を表している．解として第二種のハンケル関数を用いれば z 軸に向かって収束する円筒波が得られる．なお，第 8 章では z 軸ではなく y 軸を極とする円筒座標系の解を求めている．

1.2.5 震源

これまで用いてきた運動方程式 (1.2.1) には外力項が含まれていなかった．それにもかかわらず球面波解 (1.2.24) 式や円筒波解 (1.2.26) 式は原点や z 軸上で発散しているから，ここに震源が存在していることを想像させる．

単位体積当たりの体積力が重力 $\rho\boldsymbol{g}$ 以外に $\boldsymbol{f}$ があったとすれば，ϕ に対する波動方程式は (1.1.5) 式

$$\frac{\partial^2 \phi}{\partial t^2} = K\nabla \cdot \left(\frac{1}{\rho}\nabla \phi\right) - K\nabla \cdot \left(\frac{1}{\rho}\boldsymbol{f}\right) \tag{1.1.5}$$

である．本来，外力 $\boldsymbol{f}$ が与えられたとして上式を解くのが筋であるが，ここでは球面波解 (1.2.24) 式がどのような外力から発生したかを逆に (1.1.5) 式から求めてみる．ρ や K は定数，ϕ や $\boldsymbol{f}$ は時間的には $e^{-i\omega t}$ の変化をしているとして，運動方程式 (1.1.5) の両辺を原点を中心とした半径 ε の球面内 V で体積積分する．

$$-\omega^2 \int_V \phi dV = \alpha^2 \int_V \nabla \cdot \nabla \phi dV - \alpha^2 \int_V \nabla \cdot \boldsymbol{f} dV$$

dV は体積要素である．ガウスの定理 (Gauss' theorem) を用いれば右辺の第一項は半径 ε の球面 S 上の面積分に書き換えることができる．

$$-\omega^2 \int_V \phi dV = \alpha^2 \int_S \frac{\partial \phi}{\partial n} dS - \alpha^2 \int_V \nabla \cdot \boldsymbol{f} dV$$

dS は面積要素，n は S の外向き法線方向である．球座標を (r, θ, φ) とすれば体積要素，面積要素はそれぞれ

$$dV = r^2 \sin\theta d\theta d\varphi dr \qquad dS = \varepsilon^2 \sin\theta d\theta d\varphi$$

と表されるが，球面波であるからすべての量は θ, φ にはよらないので，この部分はただちに積分することができる．以下では上式の各項を評価して $\varepsilon \to 0$ の極限をとることにする．

まず，左辺

$$\int_V \phi dV = 4\pi P_0 \int_0^\varepsilon r \exp\left[-i\omega\left(t - \frac{r}{\alpha}\right)\right] dr$$

の r に関する積分は

$$\left|\int_0^\varepsilon r \exp\left[-i\omega\left(t - \frac{r}{\alpha}\right)\right] dr\right| \leq \int_0^\varepsilon r dr = \frac{1}{2}\varepsilon^2$$

であるから，$\varepsilon \to 0$ の極限で左辺は 0 になる．

右辺第一項は

$$\int_S \frac{\partial \phi}{\partial r} dS = 4\pi P_0 \left(-1 + \frac{i\omega}{\alpha}\varepsilon\right) \exp\left[-i\omega\left(t - \frac{\varepsilon}{\alpha}\right)\right] \to -4\pi P_0 e^{-i\omega t}$$

により，先の体積積分は $\varepsilon \to 0$ の極限で

$$P_0 e^{-i\omega t} = -\frac{1}{4\pi} \int_V \nabla \cdot \boldsymbol{f} dV \tag{1.2.27}$$

となる．この式によってこれまで未定であった P_0 が外力 $\boldsymbol{f}$ によって決まったことになる．

解 (1.2.24) 式はもともと外力項 $\nabla \cdot \boldsymbol{f}$ がない場合の解であった．しかし，外力項がまったくない場合には上式から明らかなように P_0 が 0 になってしまい，意味のある解が得られない．したがって (1.2.24) 式は $\nabla \cdot \boldsymbol{f}$ が $r = 0$ 以外では 0 になる関数，すなわち空間的にはデルタ関数 (delta function) のときの解であることがわかる．ここで注意しなければならないのは，外力 $\boldsymbol{f}$ がデルタ関数であるのではなく，$\nabla \cdot \boldsymbol{f}$ がデルタ関数でなければならないということである．

$\cdots\bullet\cdots\bullet\cdots$（メ モ）$\cdots\bullet\cdots\bullet\cdots$

ガウスの定理　　ベクトル $\boldsymbol{v}$ の発散 $\nabla \cdot \boldsymbol{v}$ の積分に対して次の関係が成り立つ．

$$\int_V \nabla \cdot \boldsymbol{v} dV = \int_S v_n dS \tag{1.2.i}$$

V は表面 S に囲まれた閉領域であり，v_n はベクトル $\boldsymbol{v}$ の表面 S に関する外向きの法線成分を表している．これがガウスの定理である．

ガウスの定理は電磁場のマックスウェル方程式や重力場の方程式でよく用いられているものであるが，ここでは重力場の方程式を例にとりあげることにする．

万有引力のポテンシャルを U とすると，よく知られているように U はポアソンの方程式 (Poisson equation)

$$\nabla^2 U = 4\pi G \rho \tag{1.2.ii}$$

を満たしている．ここで G は万有引力の定数，ρ は質量の密度である．両辺を体積積分し，左辺にガウスの定理を適用すれば

$$\int_V \nabla^2 U dV = \int_S \frac{\partial U}{\partial n} dS = 4\pi G \int_V \rho dV = 4\pi G M \tag{1.2.iii}$$

が得られる．$\nabla^2 = \nabla \cdot \nabla$ であるから，第一式は (1.2.i) 式の $\boldsymbol{v}$ として ∇U をとったものに相当する．$v_n = \partial U/\partial n$ は閉曲面 S の外向き法線方向の微分，したがって重力の法線方向の成分を表している．また M は閉曲面内の全質量を表している．

原点 $r=0$ に質量 M の質点があるときのポテンシャルは

$$U = -\frac{GM}{r}$$

であることはよく知られている．このポテンシャルに対して

$$\nabla^2 U = \frac{1}{r^2}\frac{\partial}{\partial r}\left(r^2\frac{\partial U}{\partial r}\right) = 0$$

であるから U はポアソンの方程式ではなく，ラプラスの方程式 (Laplace equation) $\nabla^2 U = 0$ を満たしていることになる．したがって，質点のポテンシャル U に対して (1.2.iii) 式の左辺と最右辺とを結びつければ $M=0$ になってしまう．このような矛盾が生じたのは $r=0$ でも $\nabla^2 U = 0$ が成り立つとしたからである．

質点の密度 ρ は $r=0$ 以外で 0，$r=0$ で無限大になるから，デルタ関数になっている．このために質点のポテンシャルは原点に特異点をもっている．このようなときでも積分範囲に特異点を含まない式を用いると

$$4\pi G \int_V \rho dV = \int_S \frac{\partial U}{\partial r} dS = \int_S \frac{GM}{r^2} r^2 \sin\theta d\theta d\varphi = 4\pi GM$$

となって正しい全質量が得られる．

以上の計算と (1.1.5) 式を比較すれば，球面波を発生させる外力 $\boldsymbol{f}$ はここでの重力 ∇U に相当していることがわかる．したがって，(1.2.25) 式の解に対応する外力 $\boldsymbol{f}$ は，その r 成分が

$$f_r \sim \frac{1}{r}$$

の形をしていることになる．重力ポテンシャルを記述するラプラスあるいはポアソンの方程式と波動方程式はまったく性質が異なっているが，波動場の計算の途中では重力との対比で計算が簡単になる場面が数多く出てくる．

···●···●···●···●···●···

1.3 時間領域の解

これまでは解の時間変化を単振動 $e^{-i\omega t}$ と仮定してきた．このようにして求められた解は周波数領域における解であって，時間領域における解ではない．時間領域における解を求めるには次のように考えればよい．

これまでに求めた解は任意の角周波数 ω の関数になっている．そこでこれまで求めた解に現れた振幅 P_0 を ω の関数と考えて，この解を ω について積分したとする．微分と積分の順序を入れ替えることが許されるとすれば，このように積分した式も運動方程式の解になっているはずである．

球面波　最もわかりやすい例は球面波 (1.2.24) 式である．この式を ω で積分する．

$$\phi(r;t) = \frac{1}{2\pi}\int_{-\infty}^{\infty}\frac{P_0(\omega)}{r}e^{-i\omega(t-r/\alpha)}d\omega \tag{1.3.1}$$

係数 $1/2\pi$ は便宜上のものである．これが運動方程式を満たしていることは明らかである．特に $P_0(\omega)$ が ω によらない定数なら上式は

$$\phi(r;t) = \frac{P_0}{r}\delta\left(t - \frac{r}{\alpha}\right) \tag{1.3.2}$$

と積分できる．ここで $\delta(t)$ はデルタ関数を表している．波面は速度 α で伝わり，振幅が距離に反比例するという球面波の性質が得られている．

円筒波についても (1.2.26) 式を積分すればよいわけであるが，これは第 8 章で計算することにする．

反射波　平面波の反射，屈折に対しても同様に考えればよい．(1.2.12) 式の入射波のスペクトルを $A_1 = P_0(\omega)$ とし，原点における波形を

$$\frac{1}{2\pi}\int_{-\infty}^{\infty}P_0(\omega)e^{-i\omega t}d\omega = \phi_{\text{inc}}(t)$$

と書くことにする．全反射が起きていないときには反射係数 R_{12}，透過係数 T_{12} はともに周波数によらない定数であるから，(1.2.12)，(1.2.13) 式より時間軸上の波形は

$$\begin{aligned}\phi_1(x,z;t) &= \phi_{\text{inc}}(t - px - \xi_1 z) + R_{12}\phi_{\text{inc}}(t - px + \xi_1 z) \\ \phi_2(x,z;t) &= T_{12}\phi_{\text{inc}}(t - px - \xi_2 z)\end{aligned} \tag{1.3.3}$$

となる．右辺は

$$f(t) = \frac{1}{2\pi}\int_{-\infty}^{\infty}F(\omega)e^{-i\omega t}d\omega$$

なら

$$\frac{1}{2\pi}\int_{-\infty}^{\infty}F(\omega)e^{-i\omega(t-\tau)}d\omega = f(t-\tau)$$

が成り立つという，フーリエ変換 (Fourier transform) の公式を用いている．反射波，透過波は入射波と同じ形をしており，振幅だけがそれぞれ R_{12}, T_{12} 倍になっている．

全反射が起きるときには計算が面倒になる．ここでは流体 1 内の反射波のみに注目する．反射係数は (1.2.18) 式で与えられているが，全反射が起きるときには ξ_2 が虚数になる．ω が正のときには屈折波が $z \to \infty$ で発散しないために (1.2.20) 式のように符号を選ばなければならない．したがって反射係数 (1.2.18) 式は

$$R_{12} = \frac{\rho_2 \xi_1 - i\rho_1 \hat{\xi}_2}{\rho_2 \xi_1 + i\rho_1 \hat{\xi}_2} = e^{-i\epsilon} \quad \epsilon = 2\tan^{-1} \frac{\rho_1 \hat{\xi}_2}{\rho_2 \xi_1} \quad \omega > 0 \qquad (1.3.4)$$

と表される．一方，$\omega < 0$ のときには $\hat{\xi}_2$ の符号を同じように選べば屈折波が発散しないためには $\xi_2 = -i\hat{\xi}_2$ としなければならない．したがって $\omega < 0$ のときの反射係数は

$$R_{12} = e^{+i\epsilon} \qquad \omega < 0$$

としなければならない．この ϵ を用いれば，(1.2.12) 式の反射波の部分は

$$\begin{aligned}\phi_{\text{refl}}(t) &= \frac{1}{2\pi} \int_{-\infty}^{\infty} R_{12}(\omega) P_0(\omega) e^{-i\omega t} d\omega \\ &= \frac{1}{2\pi} \int_{-\infty}^{\infty} P_0(\omega) \exp[-i\omega t - i\,\text{sgn}(\omega)\epsilon] d\omega \\ &= \frac{\cos \epsilon}{2\pi} \int_{-\infty}^{\infty} P_0(\omega) e^{-i\omega t} d\omega \\ &\quad + \frac{\sin \epsilon}{2\pi} \int_{-\infty}^{\infty} [-i\,\text{sgn}(\omega)] P_0(\omega) e^{-i\omega t} d\omega\end{aligned}$$

となる．ここに $\text{sgn}(\omega)$ は符号関数で，$\omega > 0$ のとき 1，$\omega < 0$ のとき -1 の値をとる関数である．第一項は入射波の波形そのものである．問題は第二項であるが，これはヒルベルト変換 (Hilbert transform) の形をしているので，形式的には次のように書くことができる．

$$\phi_{\text{refl}}(t) = \phi_{\text{inc}}(t) \cos \epsilon + [\mathcal{H}\phi_{\text{inc}}(t)] \sin \epsilon \qquad (1.3.5)$$

ここに $\mathcal{H}$ はヒルベルト変換を意味している.

入射波の波形がデルタ関数のとき, デルタ関数のヒルベルト変換が

$$\mathcal{H}\delta(t) = -\frac{1}{\pi t}$$

であることを用いれば, (1.3.5) 式は

$$\phi_{\text{refl}}(t) = \delta(t)\cos\epsilon - \frac{\sin\epsilon}{\pi t}$$

となる.

これは非常に興味深い結果である. 第一項は入射波と同じ波形をしているが, 第二項はまったく違う波形をしている. 特に, 入射波が到着する以前 $t<0$ にも波が到達していることに注目する. これは因果律に反しているように見えるが, そうではない. 境界面上, 無限に遠い点で反射した波の影響が伝わってくるからである. 第 8 章ではこれと同様な問題の厳密解を導くが, そこでも反射波の走時以前に波が到着することが示される.

···●···●···(メ モ)···●···●···

フーリエ変換 時間 t の関数 $f(t)$ に対して

$$F(\omega) = \int_{-\infty}^{\infty} f(t)e^{i\omega t}dt \tag{1.3.i}$$

を $f(t)$ のフーリエ変換, あるいはスペクトル (spectrum) という. 逆に

$$f(t) = \frac{1}{2\pi}\int_{-\infty}^{\infty} F(\omega)e^{-i\omega t}d\omega \tag{1.3.ii}$$

をフーリエ逆変換 (inverse Fourier transform) という. なお, 前にも述べたように, (1.3.i), (1.3.ii) 式の指数部の符号を反対にとる流儀もあるので注意しなければならない. (1.3.ii) 式の $1/2\pi$ を (1.3.i) 式の方につける流儀もあるが, 周波数を f とすれば角周波数は $\omega = 2\pi f$ であるから $d\omega/2\pi = df$ となって, (1.3.ii) 式のようにしておけば積分は周波数に関する積分になって物理的に理解しやすい.

物理的な問題では $f(t)$ は実数であるから, このときには

$$F(-\omega) = \int_{-\infty}^{\infty} f(t)e^{-i\omega t}dt = \overline{\int_{-\infty}^{\infty} f(t)e^{i\omega t}dt} = \overline{F(\omega)}$$

が成り立つ. ここで $\overline{F(\omega)}$ は $F(\omega)$ の複素共役を意味している. したがって実関数の場合には $\omega > 0$ の部分だけを考えれば十分である.

(1.3.i), (1.3.ii) 式が成り立つために $f(t)$, あるいは $F(\omega)$ がどのような条件を満たさなければならないかは 1 冊の本が書けるくらいの大問題であるが, 数学者ではないわれわれにとっては

$$\int_{-\infty}^{\infty} |f(t)|^2 dt < \infty$$

が成り立てば十分であることを知っていればよい.

畳み込み積分とフーリエ変換　$f(t)$, $g(t)$ のスペクトルをそれぞれ $F(\omega)$, $G(\omega)$ とする. これらのスペクトルの積 $F(\omega)G(\omega)$ の逆変換を

$$h(t) = \frac{1}{2\pi}\int_{-\infty}^{\infty} F(\omega)G(\omega)e^{-i\omega t}d\omega \tag{1.3.iii}$$

とする. $F(\omega)$ はフーリエ変換 (1.3.i) 式で表されるから

$$h(t) = \frac{1}{2\pi}\int f(\tau)d\tau \int G(\omega)e^{-i\omega(t-\tau)}d\omega$$

となる. ω に関する積分は $g(t)$ の逆変換

$$\frac{1}{2\pi}\int_{-\infty}^{\infty} G(\omega)e^{-i\omega(t-\tau)}d\omega = g(t-\tau)$$

にほかならないから

$$h(t) = \int_{-\infty}^{\infty} f(\tau)g(t-\tau)d\tau = \int_{-\infty}^{\infty} f(t-\tau)g(\tau)d\tau \tag{1.3.iv}$$

が得られる. 上式の右辺の積分は畳み込み積分 (convolution) と呼ばれる. すなわち, スペクトルの積の逆変換は, 時間軸上では畳み込みになる.

f-k スペクトル　x と t の関数 $f(x;t)$ を x, t それぞれに対してフーリエ変換する.

$$F(k,\omega) = \int_{-\infty}^{\infty}\int_{-\infty}^{\infty} f(x;t)e^{i(\omega t-kx)}dxdt \tag{1.3.v}$$

これを f-k スペクトル (f-k spectrum) と呼ぶ. f は周波数, k は x 方向の波数 ($2\pi/$ 波長) を意味している. t と x の指数部の符号が反対になっているのは波の伝播を扱うのに都合がよいためである. このことに注意すると上式の逆変換は

$$f(x;t) = \frac{1}{(2\pi)^2}\int_{-\infty}^{\infty}\int_{-\infty}^{\infty} F(k;\omega)e^{-i(\omega t-kx)}dkd\omega \tag{1.3.vi}$$

と表される. 指数部は x 方向に速度 ω/k で伝わる波を表している.

ヒルベルト変換　フーリエ変換に比べるとヒルベルト変換はなじみが薄いが, 波動論ではよく用いられる.

いま $f(t)$ のスペクトルを $F(\omega)$ とするとき, $f(t)$ のヒルベルト変換 $\mathcal{H}f(t)$ は

$$\mathcal{H}f(t) = \frac{1}{2\pi}\int_{-\infty}^{\infty} [-i\,\text{sgn}(\omega)]F(\omega)e^{-i\omega t}d\omega \tag{1.3.vii}$$

によって定義される．これはスペクトル $F(\omega)$ の実数部と虚数部を入れ替え，また符号を入れ替えたフーリエ逆変換である．これは周波数軸上ではなく，時間軸上でも書くこともでき

$$\mathcal{H}f(t) = \frac{1}{\pi}\mathcal{P}\int_{-\infty}^{\infty}\frac{f(\tau)}{\tau-t}d\tau \tag{1.3.viii}$$

である．ここに $\mathcal{P}$ は主値を表し，上の積分では

$$\mathcal{P}\int_{-\infty}^{\infty}\frac{f(\tau)}{\tau-t}d\tau = \lim_{\varepsilon\to 0}\left[\int_{-\infty}^{t-\varepsilon} + \int_{t+\varepsilon}^{\infty}\right]\frac{f(\tau)}{\tau-t}d\tau$$

を意味している．すなわち，分母が 0 になる点を除いた積分である．

ヒルベルト変換では関数のスペクトルの振幅は変化しないが位相は変化するので，波形は変わってしまう．たとえば

$$\mathcal{H}\cos\omega t = -\sin\omega t \qquad \mathcal{H}\sin\omega t = \cos\omega t \tag{1.3.ix}$$

である．また，デルタ関数のヒルベルト変換は (1.3.viii) 式から

$$\mathcal{H}\delta(t) = -\frac{1}{\pi t}$$

になる．

瞬間振幅，瞬間周波数

上式 (1.3.ix) から

$$\cos\omega t + i\mathcal{H}\cos\omega t = e^{-i\omega t}$$

が成り立つ．実数の関数 $\cos\omega t$ に対して右辺は振幅がもとの関数と同じ 1，位相ももとの関数と同じ ωt になっている．

同様なことを任意の実関数 $f(t)$ に対して行う．$g(t)$ を

$$g(t) = f(t) + i\mathcal{H}f(t)$$

で定義すると $g(t)$ は当然複素数になる．そこで $g(t)$ を振幅と位相角に分けて

$$g(t) = A(t)e^{-i\phi(t)}$$

と書くことができる．振幅，位相とも時間の関数である．$A(t)$ は $g(t)$ の時刻 t における振幅であるが，これは同時にもとの関数 $f(t)$ の包絡線の時刻 t における振幅になっている．これを $f(t)$ の瞬間振幅 (instantaneous amplitude) と呼ぶ．同様に位相 $\phi(t)$ を 1 回微分した

$$\omega(t) = \frac{d\phi(t)}{dt}$$

は $\cos\omega t$ の例にならうと $f(t)$ の瞬間的な角周波数を意味している．$\omega(t)/2\pi$ を瞬間周波数 (instantaneous frequency) と呼ぶ (第 6 章の図 6.1.2 参照)．

デルタ関数

デルタ関数 $\delta(t)$ は形式的には

$$\delta(t) = \begin{cases} \infty & x = 0 \\ 0 & x \neq 0 \end{cases}$$

と表されるが，これではあまりよくわからない．それよりも，任意の関数 $g(t)$ に対して

$$g(t) = \int_{-\infty}^{\infty} \delta(\tau)g(t-\tau)d\tau$$

が成り立つような関数と定義した方がよい．$\tau = 0$ 以外は $\delta(\tau) = 0$ であるから積分への寄与がなくて，$\tau = 0$ の値 $g(t)$ だけが残るというわけである．

ところで上式は畳み込み積分であるから，$g(t)$ のスペクトルを $G(\omega)$，$\delta(t)$ のスペクトルを $\Delta(\omega)$ とすると

$$G(\omega) = \Delta(\omega)G(\omega)$$

したがって

$$\Delta(\omega) = 1$$

である．$\Delta(\omega)$ の逆変換は (1.3.ii) 式より

$$\delta(t) = \frac{1}{2\pi}\int_{-\infty}^{\infty} e^{-i\omega t}d\omega = \frac{1}{2\pi}\int_{-\infty}^{\infty} e^{i\omega t}d\omega \tag{1.3.x}$$

が得られる．上の積分は通常の意味では存在しないが，使い方を間違えなければ非常に便利な公式である．

たとえば単振動 $f(t) = \cos\omega_0 t$ のフーリエ変換

$$\int_{-\infty}^{\infty} \cos\omega_0 t\, e^{i\omega t}dt = \frac{1}{2}\int_{-\infty}^{\infty}\left[e^{i(\omega+\omega_0)t} + e^{i(\omega-\omega_0)t}\right]dt$$

は通常の意味では収束しないが，(1.3.x) 式を用いれば上の積分は

$$= \pi\left[\delta(\omega+\omega_0) + \delta(\omega-\omega_0)\right]$$

となる．これが $\cos\omega_0 t$ のスペクトルである．実際，このスペクトルの逆変換は

$$\frac{1}{2}\int_{-\infty}^{\infty}\left[\delta(\omega+\omega_0) + \delta(\omega-\omega_0)\right]e^{-i\omega t}d\omega = \frac{1}{2}\left[e^{i\omega_0 t} + e^{-i\omega_0 t}\right] = \cos\omega_0 t$$

となって，もとの関数 $\cos\omega_0 t$ に戻る．

・・・●・・・・●・・・●・・・・●・・・●・・・

1.4 波の減衰

球面波や円筒波は伝播につれて振幅が減少していく．これは波面が拡大していくために生じる幾何学的発散 (geometrical spreading) である．これまで考えてきた流体はフックの法則 (1.1.4) 式にしたがうものであったが，現実の流体ではこの式では無視されている現象，すなわち内部摩擦などによっても振幅は距離とともに減衰する．

ここでは簡単な力学モデルを用いて，減衰のメカニズムには立ち入らずに現象論的に減衰を表す方法について述べる．

1.4.1 減衰振動

最も簡単な地震計の運動方程式は次のように書くことができる．

$$\frac{d^2y}{dt^2} + 2h\omega_0 \frac{dy}{dt} + \omega_0^2 y = -\frac{d^2x}{dt^2} \tag{1.4.1}$$

ここで $y(t)$ は地面に対する地震計のおもりの相対変位，$d^2x(t)/dt^2$ は地面の加速度，ω_0 は地震計の固有角周波数，h は地震計の減衰定数 (damping coefficient) を表している．左辺第二項が減衰を表す項で，これはおもりの速度に比例するものと仮定している (図 1.4.1)．

はじめにおもりの自由振動を考える．たとえばおもりを弾いたり，あるいはおもりを変位させて手を離した後の振動である．このときには (1.4.1) 式の右辺は 0 であるから

$$y(t) \sim e^{-i\omega t}$$

と仮定すると運動方程式 (1.4.1) から

$$\begin{aligned}&(-i\omega)^2 + 2h\omega_0(-i\omega) + \omega_0^2 = 0 \\ &-i\omega = -h\omega_0 \pm \omega_0\sqrt{h^2-1} = -h\omega_0 \pm i\omega_0\sqrt{1-h^2}\end{aligned} \tag{1.4.2}$$

が成り立たなければならない．

$h > 1$ のときには $-i\omega$ の二つの根はともに負の実数になるから，おもりの変位は一度は符号を変えるかもしれないが，振動することなく減衰してし

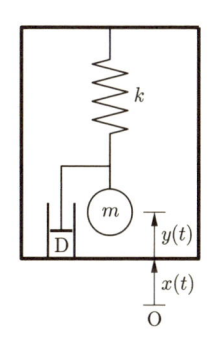

図 **1.4.1** 地震計のモデル　x は地面の変位，y は地面に対するおもりの相対変位．

まう．このような場合を過制振 (over damping) という．$h < 1$ のときには $-i\omega$ は複素数になるが，その実数部は負であるから，おもりの運動は振幅が時間とともに減衰する減衰振動 (damped oscillation) になる．$h = 1$ は両者の中間で，このときの解は (1.4.2) 式ではなく一般解

$$y(t) = (A + Bt)e^{-\omega_0 t}$$

で表される．A, B は積分定数である．地震計として用いるにはこれが最も都合がよい．この場合を臨界制振 (critical damping) という．

次に地面が動いているときの解を求める．周波数領域で求めるのが簡単である．$x(t), y(t)$ のスペクトルをそれぞれ $X(\omega), Y(\omega)$ とする．これは

$$x(t) = X(\omega)e^{-i\omega t} \qquad y(t) = Y(\omega)e^{-i\omega t}$$

と仮定することと同等である．これを (1.4.1) 式に代入すれば

$$H(\omega) = \frac{Y(\omega)}{X(\omega)} = \frac{-(-i\omega)^2}{(-i\omega)^2 + 2h\omega_0(-i\omega) + \omega_0^2} \tag{1.4.3}$$

が得られる．$x(t)$ のスペクトル $X(\omega)$ がわかれば上式より $y(t)$ のスペクトルがわかり，これをフーリエ逆変換すれば $y(t)$ が求められるという手順になる．$H(\omega)$ は入力 $x(t)$ と出力 $y(t)$ のスペクトル比であり，系の周波数応答 (frequency response) と呼ばれる．

以下では $h \ll 1$ の場合を考える．このときには $H(\omega)$ のグラフは図 1.4.2 のようになり，$\omega = \omega_0$ にピークがあり，ここでの振幅は

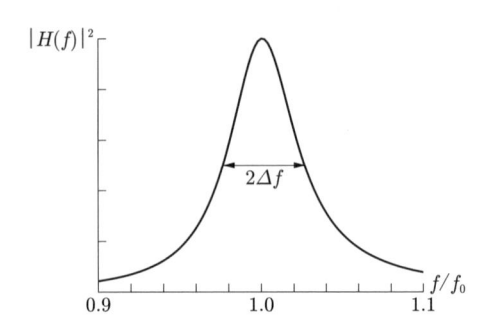

図 1.4.2 減衰振動の振幅応答

$$|H(\omega_0)| = \frac{1}{2h} \tag{1.4.4}$$

である．$h \ll 1$ のときには $|H(\omega)|$ のグラフは $\omega = \omega_0$ に関してほとんど対称であるから，振幅応答の二乗 $|H(\omega)|^2$ がその最大値の 2 分の 1 になる角周波数を $\omega = \omega_0 \pm \Delta\omega$ とすれば

$$|H(\omega_0 \pm \Delta\omega)|^2 = \frac{1}{2}|H(\omega_0)|^2 = \frac{1}{8h^2}$$

が成り立つ．上式を $\Delta\omega$ について解いて h^2 の項を無視すれば

$$\Delta\omega = h\omega_0 \tag{1.4.5}$$

が得られる．この $\Delta\omega$ を半値幅 (half width) という ($2\Delta\omega$ を半値全幅と呼ぶこともある)．

1.4.2 複素弾性率

地震計のおもりの質量を m，ばねの弾性定数を k とすれば，(1.4.1) 式の ω_0^2 は

$$\omega_0^2 = \frac{k}{m} \tag{1.4.6}$$

で表される．h は小さいとし，ω_0 付近の周波数を考えることにすれば，(1.4.1) 式の第二，三項は

$$2h\omega_0 \frac{dy}{dt} + \omega_0^2 y \simeq (1 - 2ih)\omega_0^2 y$$

と近似することができる．そこで

$$\omega_0'^2 = (1 - 2ih)\omega_0^2$$

とおけば (1.4.1) 式は

$$\frac{d^2y}{dt^2} + \omega_0'^2 y = -\frac{d^2x}{dt^2}$$

と書くことができる．これは形式的には減衰がないときの運動方程式に等しくなる．ただし固有周波数は複素数になる．いい換えれば上式は弾性定数 k が複素弾性率 (complex elastic modulus)

$$k' = (1 - 2ih)k$$

で表される系の運動方程式ということになる.

　音波の伝播においても，現実の流体においては幾何学的な振幅の減衰のほかに内部エネルギーが熱になって発散するために振幅が減衰する．これを物理減衰という．このような物理減衰の最も単純なモデルは上の減衰振動のように弾性定数を複素数にすることである．流体の体積弾性率を複素数にして

$$K' = (1 - 2ih)K \tag{1.4.7}$$

とすると，音波の速度も複素数になり

$$\alpha' = (1 - ih)\alpha \tag{1.4.8}$$

となる．たとえば球面波の解 (1.2.24) 式の速度 α を α' に変えれば

$$\begin{aligned}\phi(r;t) &= \frac{P_0}{r} \exp\left[-i\omega\left(t - \frac{r}{\alpha'}\right)\right] = \frac{P_0}{r} \exp\left\{-i\omega\left[t - (1+ih)\frac{r}{\alpha}\right]\right\} \\ &= \frac{P_0}{r} \exp\left[-i\omega\left(t - \frac{r}{\alpha}\right) - h\omega\frac{r}{\alpha}\right]\end{aligned} \tag{1.4.9}$$

が得られる．すなわち，振幅が距離に関して指数関数で減衰することになる．

1.4.3　Q 値

　内部摩擦で失われるエネルギーの指標として Q 値 (Q factor, Quality factor) という量がよく用いられる．ある系のある時刻におけるエネルギーを E とする．1 周期後に失われたエネルギーを ΔE とするとき

$$\frac{2\pi}{Q} = \frac{\Delta E}{E} \tag{1.4.10}$$

で定義される Q が Q 値である．Q が大きいときにはエネルギーの散逸が少なく，Q が小さいときには散逸が大きい.

　減衰振動 (1.4.2) 式の場合は

$$y \sim e^{-i\omega_0 t - h\omega_0 t}$$

である．エネルギーは波の振幅の二乗に比例するから，波の周期を $T_0 = 2\pi/\omega_0$ とすれば

$$E \sim 1 \qquad \Delta E \sim 1 - e^{-2h\omega_0 T_0} \simeq 2h\omega_0 T_0$$

である．したがって

$$Q^{-1} = 2h \tag{1.4.11}$$

が得られる．これはまた (1.4.5) 式より

$$Q^{-1} = \frac{2\Delta\omega}{\omega_0} \tag{1.4.12}$$

と書くこともできる．ここで $\Delta\omega$ は半値幅である．

(1.4.9) 式の場合には振幅が時間とともにではなく，距離とともに減衰している．このときには1周期としては1波長進んだときと考えればよい．

$$\Delta E \sim 1 - \exp\left(-2h\omega \frac{L}{\alpha}\right) \simeq 2h\omega \frac{L}{\alpha}$$

ここに L は波の波長

$$L = \frac{2\pi}{\omega}\alpha$$

である．したがって

$$Q^{-1} = 2h$$

が得られる．これは減衰振動の場合 (1.4.11) 式と同じである．この例では時間的な減衰と距離的な減衰とが同じ Q で表されているが，一般には両者は違ってくる．

波の伝播では減衰定数 h よりも Q 値を用いることが多い．したがって複素弾性率 (1.4.7) 式は Q 値を用いて

$$K' = (1 - iQ^{-1})K \tag{1.4.13}$$

と書くことができる．Q は注目する波の周波数によって変化する可能性があるが，地球内部を構成する物質ではごく大雑把に見て周波数によらず一定と考えてよい．

なお，複素弾性定数の虚数部の符号は時間に関するフーリエ変換の定義式 (1.3.i) 式の指数部の符号のとり方によって変わるので注意が必要である．

$$\cdots\bullet\cdots\bullet\cdots(メモ)\cdots\bullet\cdots\bullet\cdots$$

Q の大きさ　Q に関係した公式，たとえば (1.4.5), (1.4.7), (1.4.8) 式 … などは

$$Q \gg 1 \qquad h \ll 1$$

を仮定して，Q^{-2} や h^2 を無視して導かれている．この仮定が成り立たないときには，減衰を導入するときに (1.4.7) 式を用いるか (1.4.8) 式を用いるかによって結果が異なってくる．たとえば (1.4.8) 式を基本に用いたとすれば

$$\rho \alpha'^2 = (1 - h^2 - 2ih)\rho\alpha^2 = (1 - h^2 - 2ih)K$$

となって，これは (1.4.7) 式には一致しない．

Q の大きさは媒質によって，また同じ媒質でも波の種類によって変わる．地殻やマントルなど，地震学が対象とするような領域では Q は数十から数百以上であるから，先の条件は満たされている．しかし土木物探が対象とするような地表から数十 m の領域では，Q が 10 以下のことも珍しくない．このような場合には先の仮定が成り立たないから，(1.4.7) 式と (1.4.8) 式のどちらに基づいているかを明記しなければならない．

応答スペクトル (responce spectrum)　図 1.4.1 の単純な 1 自由度モデルは建物のモデルとして実際に用いられている．建物はそれぞれ固有周波数 $f_0 (= \omega_0/2\pi)$ をもっている．一方，地震波の中にはいろいろな周波数の波が含まれている．地震が起きたときに，地表のある地点でで地震波の波形 $x(t)$ が観測されたとき，これを (1.4.1) 式の右辺に代入し，この微分方程式を解いて $y(t)$ を求める．この式には固有周波数 f_0 と減衰パラメーター h が入っているから $y(t)$ は $y(t; f_0, h)$ と書くべきものである．$y(t; f_0, h)$ が求められたら時間に関する振幅の最大値

$$S_d(f_0, h) = \max_t |y(t; f_0, h)|$$

を f_0 の関数と考えて，これをこの地震のこの地点における変位応答スペクトルという．同様に

$$S_v(f_0, h) = \max_t \left|\frac{dy}{dt}\right| \qquad S_a(f_0, h) = \max_t \left|\frac{d^2 y}{dt^2}\right|$$

をそれぞれ，速度応答スペクトル，加速度応答スペクトルと呼ぶ．h としては $h = 0.05$ が広く用いられている．

応答スペクトルが大きければその建物はこの地震によって大きく揺れるということであ

る．特に応答スペクトルが最大になる周波数 f_0 を固有周波数にもつ建物は大きな被害を受ける可能性が高い．

・・・●・・・●・・・●・・・●・・・●・・・

2 走時曲線

本章では走時曲線について考える．走時 (travel time) とは地震波が震源 (hypocenter) から観測点まで伝わるに要する時間であり，これを震央距離 (epicentral distance)，すなわち震源の真上の地表の点である震央 (epicenter) から観測点までの距離，の関数としてグラフに表したものが走時曲線 (travel time curve) である (図 2.1.1 参照)．走時曲線は地震波による地下構造の解析には欠かせないものである．しかしここでは走時曲線の解析法の詳細には立ち入らず，原理的な部分に話をとどめる．

2.1 節では速度構造が直角座標の z だけに依存する平面問題を，2.2 節では構造が地球の中心からの距離 r だけに依存する球面問題を考える．いずれの場合にも前章で導いたスネルの法則が重要な役割を果たしている．後で見るように，固体中には縦波と横波が伝播するので，反射，屈折の際に縦波から横波へ，あるいは横波から縦波への変換波 (converted wave) が生じるが，ここでは議論を単純にするために縦波だけを考え，変換波は考えない．

2.1 平面問題

地表面に沿って水平方向に x 軸，鉛直下向きに z 軸をとる．本節では速度が z だけの関数である場合を考える．ただし，2.1.2 では表層の厚さが変化する場合を考えるので，必ずしも速度が z だけの関数の場合のみを考えているわけではない．

2.1.1 平行 2 層構造

最も単純な構造として平行 2 層構造を考える．すなわち，厚さ H の表層 $0 \leq z \leq H$ と，半無限層 $z \geq H$ の下層からなる構造である．表層を層 1，地震波速度を α_1 とし，半無限層を層 2，速度を α_2 とする．ここでは実際の

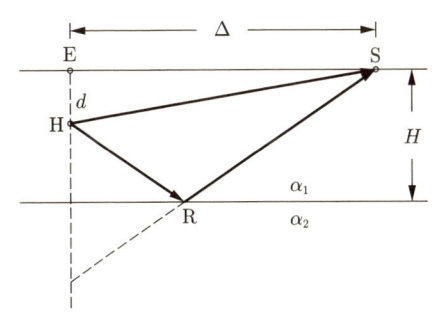

図 2.1.1 2 層構造の直接波と反射波　H：震源，E：震央，S：観測点，Δ：震央距離．

地球内部に対応するように $\alpha_1 < \alpha_2$ と仮定する．また震源は地表面から深さ $d(<H)$ にあるとする．

波は震源から四方八方に放射される．その中でわれわれに興味があるのは地表に戻ってくる波である．最も単純なのは震源から直接地表にやってくる直接波 (direct wave) である．この波の走時を T_D，震央距離 $\overline{\mathrm{ES}}$ を Δ とすれば，図 2.1.1 から

$$T_D = \frac{\sqrt{d^2 + \Delta^2}}{\alpha_1} \tag{2.1.1}$$

が成り立つ．これは一般には双曲線であるが，特に震源が地表にあるとき $(d=0)$ には原点を通る直線になる．

次に考えられるのは震源から下向きに発射され，境界面の点 R で反射してから地表に戻ってくる反射波である．反射点では入射角と反射角が等しいから，図 2.1.1 のように補助線を引けば，反射波の走時は

$$T_R = \frac{\sqrt{(2H-d)^2 + \Delta^2}}{\alpha_1} \tag{2.1.2}$$

になる．これも双曲線である．

第三番目の波は境界面にちょうど臨界角

$$\theta_c = \sin^{-1} \frac{\alpha_1}{\alpha_2}$$

で入射した波である．このときには屈折角が 90 度になるので，屈折波は境界の下面に沿って下層の速度 α_2 で伝わる．屈折の法則だけからはわからな

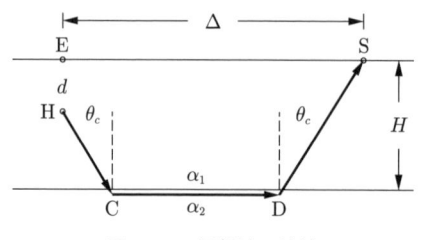

図 2.1.2 屈折波の波線

いが，この波は同じ臨界角 θ_c で上向きに波を放射しながら伝わっていく．この上向きに屈折した波が地表で観測される (図 2.1.2)．この波は普通，屈折波 (refracted wave) と呼ばれるが，波動論的には先頭波 (head wave) と呼ぶべきものである (第 8 章参照)．しかし，ここでは習慣にしたがって，屈折波と呼んでおくことにする．

屈折波の走時は図 2.1.2 を用いて計算すれば

$$T_H = \frac{2H-d}{\alpha_1 \cos\theta_c} + \frac{\Delta - (2H-d)\tan\theta_c}{\alpha_2}$$

で表される．$\sin\theta_c = \alpha_1/\alpha_2$ を用いて θ_c を消去すれば

$$T_H = \frac{2H-d}{\alpha_1}\sqrt{1-\left(\frac{\alpha_1}{\alpha_2}\right)^2} + \frac{\Delta}{\alpha_2} \tag{2.1.3}$$
$$\Delta \geq (2H-d)\tan\theta_c = \Delta_I$$

が得られる．この走時は傾き $1/\alpha_2$ の直線を表す．$\Delta = \Delta_I$ の観測点では反射波と屈折波が同時に観測される．これは図 2.1.2 において $\overline{\text{CD}} = 0$ となる観測点である．

直接波と屈折波が同時に到達する観測点も存在する．(2.1.1) 式と (2.1.3) 式を等しいと置いて Δ を解けば，この観測点の震央距離 Δ_C として

$$\Delta_C = (2H-d)\tan\theta_c + \frac{2\sqrt{H(H-d)}}{\cos\theta_c} \tag{2.1.4}$$

が得られる．この震央距離を交差距離 (crossover distance) という．特に震源が地表にあるときには ($d=0$)

$$\Delta_C = 2H\sqrt{\frac{1+\alpha_1/\alpha_2}{1-\alpha_1/\alpha_2}} \qquad (d=0) \tag{2.1.5}$$

である.

このほかにも境界面や地表面で多重反射 (multiple reflection) する波も考えられるが，これらの波の走時は上の式の組合せで導くことができる.

図 2.1.3 に上で導いた 3 種類の走時を地表震源の場合について示してある．このようなグラフを走時曲線という．上のモデルでは，震央距離が小さいとき ($\Delta < \Delta_C$) には直接波が最初に到着し，震央距離が大きくなると屈折波が最初に到着する．観測点に最初に到着する波を初動 (first arrival) というが，この波はほかの波に乱されずに観測されるため，自然地震，人工地震の場合にも重要な波となっている．これに対して初動以後の波を後続波 (later phase) という.

屈折法による地震探査の場合，震源の深さ d は既知であるから，直接波の走時 (2.1.1) 式から表層の速度 α_1 を求めることができる．また屈折波の走時の傾きから下層の速度 α_2 が求められる．屈折波の走時を形式的に $\Delta = 0$ まで延長したときの走時の切片を T_I とすれば，(2.1.3) 式より

$$T_I = \frac{2H-d}{\alpha_1}\sqrt{1-\left(\frac{\alpha_1}{\alpha_2}\right)^2} \tag{2.1.6}$$

となる．この値を原点走時 (intercept time) と呼ぶ．この中で未知数は層厚

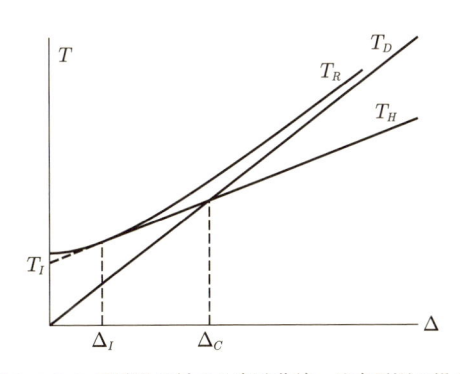

図 **2.1.3 2 層構造に対する走時曲線**　地表震源の場合.

H だけであるから，T_I をはかることによって層厚が求められることになる．α_1, α_2 がわかっていれば，交差距離 Δ_C からも層厚を求めることができる．

2.1.2 傾斜構造

表層の厚さが一定ではない場合の最も簡単な例として，図 2.1.4 のように境界面が傾斜角 (dip) δ で傾いている場合を考える．

地表の震源 A から出た波が境界面の点 C で入射角 θ で反射し，地表の観測点 B に戻ってきたとする．点 A から境界面に下ろした垂線の足を E，点 A の E に関する鏡像を A′ とすると，$\overline{\mathrm{AC}} = \overline{\mathrm{A'C}}$ であるから反射波の走時は

$$T_R = \frac{\overline{\mathrm{A'CB}}}{\alpha_1}$$

で表される．三角形 ABA′ に対して

$$\angle \mathrm{AA'C} = \theta \qquad \angle \mathrm{ABC} = \frac{\pi}{2} - \theta - \delta$$

であるから，$\overline{\mathrm{AE}} = H_A$ とすると次の関係が成り立つ．

$$2H_A \sin\theta = \Delta \sin(\pi/2 - \theta - \delta) = \Delta \cos(\theta + \delta)$$

$$\begin{aligned}\overline{\mathrm{A'CB}} &= 2H_A \cos\theta + \Delta \cos(\pi/2 - \theta - \delta) \\ &= 2H_A \cos\theta + \Delta \sin(\theta + \delta) = \frac{\Delta \cos\delta}{\sin\theta}\end{aligned}$$

したがって反射波の走時は

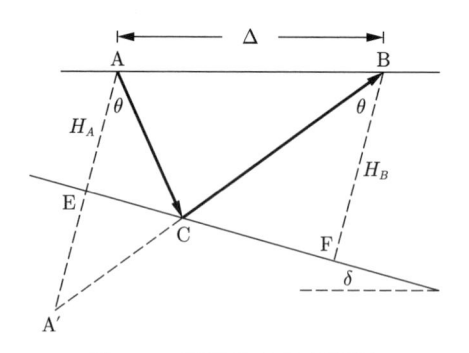

図 2.1.4 傾斜層における反射波

$$T_R = \frac{\overline{\mathrm{A'CB}}}{\alpha_1} = \frac{\Delta \cos\delta}{\alpha_1 \sin\theta} = \frac{2H_A \cos\delta}{\alpha_1 \cos(\theta+\delta)}$$
$$\Delta = \frac{2H_A \sin\theta}{\cos(\theta+\delta)} \tag{2.1.7}$$

となる．θ と Δ は独立ではないので T_R の式は閉じた形にはなっていないが，θ を与えれば第二式から Δ が決まるから，上式は θ を媒介パラメーターとする式になっている．傾斜角が 0 のときには (2.1.2) 式に一致することはいうまでもない．

次に屈折波の走時を計算する．はじめにこのような複雑な問題の場合に便利な公式を導いておく．

図 2.1.5 において ACDP は屈折波の波線である．E から AC に下ろした垂線の足を e とする．eC 間の走時は

$$T_{eC} = \frac{\overline{\mathrm{eC}}}{\alpha_1} = \frac{\overline{\mathrm{EC}}\sin\theta_c}{\alpha_1}$$

であるが，$\sin\theta_c = \alpha_1/\alpha_2$ であるから

$$T_{eC} = \frac{\overline{\mathrm{EC}}}{\alpha_2}$$

である．これは EC 間を下層の速度 α_2 で伝わる走時にほかならない．同様に右側の部分では，Df 間の走時は DF 間を速度 α_2 で伝わる走時に等しい．したがって点 A から点 P までの走時は

$$T_{AP} = \frac{\overline{\mathrm{Ae}} + \overline{\mathrm{fP}}}{\alpha_1} + \frac{\mathrm{EF}}{\alpha_2}$$

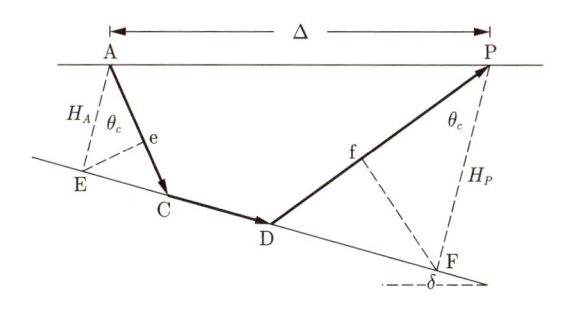

図 2.1.5 傾斜層における屈折波

と書くことができる．

$$\overline{\mathrm{EF}} = \Delta\cos\delta \qquad \overline{\mathrm{Ae}} + \overline{\mathrm{fP}} = (H_A + H_P)\cos\theta_c$$
$$H_P = H_A + \Delta\sin\delta$$

などの関係を用いれば

$$T_{AP} = \frac{2H_A\cos\theta_c}{\alpha_1} + \frac{\Delta\sin(\theta_c+\delta)}{\alpha_1} \tag{2.1.8}$$

が得られる．

上式は直線を表す．形の上では平行層のときの屈折波の走時と同じであるが，走時の傾きが違う．傾きから得られる見かけ速度を v_A とすると

$$\frac{1}{v_A} = \frac{\sin(\theta_c+\delta)}{\alpha_1} \tag{2.1.9}$$

である．これから

$$\frac{\alpha_2}{v_A} = \frac{\alpha_2}{\alpha_1}\sin(\theta_c+\delta) = \frac{\sin(\theta_c+\delta)}{\sin\theta_c}$$

と書けるから，図 2.1.5 のように下り勾配のときには

$$v_A < \alpha_2 \qquad \delta > 0$$

となって，下層の速度よりも遅くなる．反対に上り勾配のときには，見かけ速度は下層の速度よりも速くなる．

このような傾斜構造の場合には，1本の走時曲線だけからは構造を求めることができない．このようなときには，図 2.1.5 の点 P の右側に別の起振点 B を設けて逆方向の観測を行う．点 B から境界面に下ろした垂線の長さを H_B とすれば，(2.1.8) 式と同様にして逆方向の走時

$$T_{BP} = \frac{2H_B\cos\theta_c}{\alpha_1} + \frac{\Delta_{BP}\sin(\theta_c-\delta)}{\alpha_1} \tag{2.1.10}$$

が得られる．Δ_{BP} は震源 B から観測点までの距離である．このときに得られる見かけ速度 v_B は

$$\frac{1}{v_B} = \frac{\sin(\theta_c - \delta)}{\alpha_1} \tag{2.1.11}$$

であるから，表層の速度 α_1 を直接波の走時から求めることにすれば，上式と (2.1.9) 式から δ を消去することによって θ_c が求められる．さらに原点走時を測定すれば，境界面に垂直にはかった層厚 H_A ないしは H_B を求めることができる．

傾斜角が小さいときには，見かけ速度の調和平均から下層の速度を近似的に求めることができる．上式と (2.1.9) 式から

$$\frac{1}{2}\left(\frac{1}{v_A} + \frac{1}{v_B}\right) = \frac{\sin\theta_c \cos\delta}{\alpha_1} = \frac{\cos\delta}{\alpha_2} \tag{2.1.12}$$

が成り立つ．δ が小さいときには $\cos\delta = 1 - \delta^2/2$ であるから，傾斜角が 15 度以下なら $\cos\delta = 1$ としても誤差は 5% 以下である．

萩原の方法 AB 間の任意の観測点 P において起振点 A, B からの屈折波の走時 T_{AP}, T_{BP} が観測されているとすると

$$\begin{aligned}
T_{AP} &= \frac{2H_A \cos\theta_c}{\alpha_1} + \frac{\Delta_{AP} \sin(\theta_c + \delta)}{\alpha_1} \\
T_{BP} &= \frac{2H_B \cos\theta_c}{\alpha_1} + \frac{\Delta_{BP} \sin(\theta_c - \delta)}{\alpha_1} \\
T_{AB} &= \frac{2H_A \cos\theta_c}{\alpha_1} + \frac{(\Delta_{AP} + \Delta_{BP}) \sin(\theta_c + \delta)}{\alpha_1}
\end{aligned} \tag{2.1.13}$$

が成り立つ．ここでは $\overline{AP}$ を改めて Δ_{AP} と書いてある．T_{AB} は点 A を発振点としたときの点 B における走時であるが，当然のことながら，これは点 B を発振点としたときの点 A における走時に等しい．

左辺はすべて観測量である．これらから

$$\tau_P = \frac{1}{2}(T_{AP} + T_{BP} - T_{AB}) \tag{2.1.14}$$

を計算することができる．一方，(2.1.13) 式から

$$\tau_P = \frac{(H_B - \Delta_{BP} \sin\delta)\cos\theta_c}{\alpha_1}$$

となるが，$H_P = H_B - \Delta_{BP}\sin\delta$ であるから

$$\tau_P = \frac{H_P \cos\theta_c}{\alpha_1} \tag{2.1.15}$$

となる．さらに $T'_{AP} = T_{AP} - \tau_P$ を定義すると，$H_P = H_A + \Delta_{AP}\sin\delta$ を用いて

$$T'_{AP} = T_{AP} - \tau_P = \frac{H_A \cos\theta_c}{\alpha_1} + \frac{\Delta_{AP}\cos\delta}{\alpha_2} \tag{2.1.16}$$

が得られる．

T'_{AP} は観測値のみから求められる量である．この式は (2.1.13) 式と違って平行層の場合の式 (2.1.3) と同じ形をしており，Δ_{AP} に関して直線である（図 2.1.6）．T'_{AP} の傾きから決まる見かけ速度は $\alpha_2/\cos\delta$ であるが，傾斜角 δ が小さい場合には $\cos\delta = 1$ とすることができるから，下層の速度 α_2 を求めることができる．またこの走時曲線の原点走時からは H_A を求めることができる．点 B を発振点にすれば

$$T'_{BP} = T_{BP} - \tau_P = \frac{H_B \cos\theta_c}{\alpha_1} + \frac{\Delta_{BP}\cos\delta}{\alpha_2}$$

である．

屈折波の解析では，これらの T' 曲線が重要な役割を果たす．勾配から下層の速度 α_2 が求められるから，直接波から求めた α_1 を用いて臨界角 θ_c が計算できる．さらに原点走時から H_A，H_B が求められる．しかしここまでで

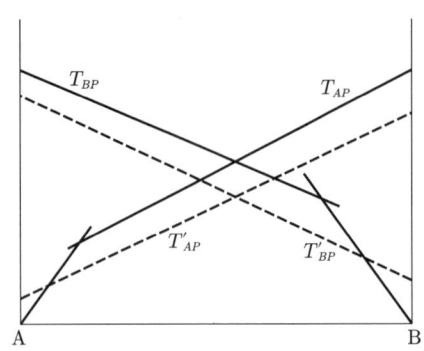

図 2.1.6 萩原の方法 実線は観測値，破線は (2.1.14) 式，(2.1.16) 式などから計算した値．

はまだ境界面の傾斜角がわかっていない．H_A は点 A の真下の深さを表していない．しかし境界面は点 A から半径 H_A の円周上にあるから，点 A から半径 H_A の円と点 B から半径 H_B の円を描けば，二つの円に接する直線として境界面が求められる．

この方法は境界面の傾斜が一定でなく変化しているときの解析法としても用いられている．τ_P が各点で求められると (2.1.15) 式から

$$H_P = \frac{\alpha_1 \tau_P}{\cos \theta_c}$$

を半径とする円の包絡線として境界の凹凸が得られる．ここでは傾斜2層構造だけを考えたが，多層構造に対しても拡張でき，「萩原のはぎとり法」の俗称で広く用いられている．

2.1.3 平行多層構造

これまでは2層構造を考えたが，こんどは各層では速度が一定の平行多層構造を考える．i 番目の層厚を h_i，速度を α_i とする．このような構造を伝わる波の波線は，波線パラメーター

$$p = \frac{\sin \theta_i}{\alpha_i}$$

が一定の折れ線で定義される．

層 i 内の波線に関して図 2.1.7 のように定義する．この波線に沿って伝わる波の走時 ΔT_i，x 方向の波線の変位を ΔX_i とすれば，簡単な幾何学から

$$\begin{aligned}\Delta T_i &= \frac{h_i}{\alpha_i \cos \theta_i} = \frac{h_i}{\alpha_i \sqrt{1 - p^2 \alpha_i^2}} \\ \Delta X_i &= h_i \tan \theta_i = \frac{p \alpha_i h_i}{\sqrt{1 - p^2 \alpha_i^2}}\end{aligned} \qquad (2.1.17)$$

が成り立つ．

反射波 震源が地表にあるとし，震源から波線パラメーター p で下向きに出た波が n 番目の層の下面に達したとき，その走時 T_n と x 方向の伝播距離 X_n は

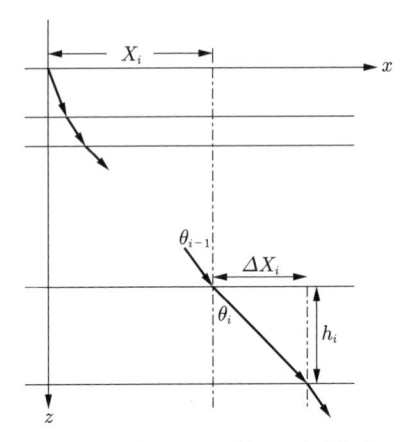

図 2.1.7 多層構造に対する走時曲線

$$T_n = \sum_{i=1}^n \Delta T_i = \sum_{i=1}^n \frac{h_i}{\alpha_i \sqrt{1-p^2\alpha_i^2}}$$
$$X_n = \sum_{i=1}^n \Delta X_i = \sum_{i=1}^n \frac{p\alpha_i h_i}{\sqrt{1-p^2\alpha_i^2}}$$
(2.1.18)

と書くことができる．したがって震源が地表にあって，層 n の下面で反射して地表に戻ってきた波の走時は

$$T_R = 2T_n = 2\sum_{i=1}^n \frac{h_i}{\alpha_i \sqrt{1-p^2\alpha_i^2}}$$
$$\Delta = 2X_n = 2\sum_{i=1}^n \frac{p\alpha_i h_i}{\sqrt{1-p^2\alpha_i^2}}$$
(2.1.19)

で表される．上式は単純な2層構造のときのように走時が震央距離の関数として表されてはいないが，波線パラメーター p を媒介変数とした走時曲線の式である．

上では震源が地表にあるとしてきたが，震源が地表でないときにも簡単に走時曲線を求めることができる．いま層 $k+1$ の上面から深さ d のところに震源があるとする．このときには地表からここまでの走時や震央距離を差し引けばよい．反射波の場合には

$$T_R = 2T_n - \left(T_k + \frac{d}{\alpha_{k+1}} \frac{1}{\sqrt{1-p^2\alpha_{k+1}^2}}\right)$$
$$\Delta = 2X_n - \left(X_k + \frac{p\alpha_{k+1}d}{\sqrt{1-p^2\alpha_{k+1}^2}}\right) \quad (2.1.20)$$

である．

屈折波　波線パラメーターがちょうど

$$p = \frac{1}{\alpha_{n+1}}$$

のときには層 $n+1$ の上面で屈折角が 90 度になって，いわゆる屈折波が生じる．このときには層 $n+1$ で (2.1.17) 式の分母が 0 になることを注意しておく．震源が地表にあるとすれば，この波の走時は次のように書くことができる．

$$T_H = 2T_n + \frac{\Delta - 2X_n}{\alpha_{n+1}} \qquad \Delta \geq 2X_n \qquad (2.1.21)$$

これが多層構造における屈折波の走時である．この走時曲線は直線で，その傾きは $1/\alpha_{n+1}$ である．$n=1$ のときには $d=0$ のときの (2.1.3) 式に一致する．

しかしこのような走時曲線が必ず存在するとは限らない．層 n の中の屈折角を θ_n とすれば，スネルの法則

$$p = \frac{1}{\alpha_{n+1}} = \frac{\sin\theta_n}{\alpha_n}$$

が成り立たなければならない．$\alpha_{n+1} < \alpha_n$ のときには $\sin\theta_n > 1$ になってしまうから，このような波が存在しないことになる．このことはまた，T_n や X_n の和の最後の項の平方根の中が負になってしまうことからもわかる．したがって，低速度層の上面を伝わる屈折波は存在しない．

低速度層が存在しなくても，ある層に関する屈折波の走時がそれより下の層の走時より遅くなって，初動として現れないこともある．屈折地震探査法では，このような隠れた層 (masked layer) や，低速度層は検出されないことになる．

見かけ速度 屈折波の走時曲線の勾配, $dT_H/d\Delta$ は最下層の速度の逆数である. これは屈折波の波線パラメーター p に等しい.

反射波の走時曲線は直線ではないので, その勾配は震央距離によって変化する. (2.1.19) 式は直接震央距離と走時の関係を与えるものではないが, 走時曲線の勾配は簡単に求めることができる.

(2.1.18) 式より

$$\frac{dT_n}{dp} = \sum_{i=1}^{n} \frac{p\alpha_i h_i}{(1-p^2\alpha_i^2)^{3/2}} \qquad \frac{dX_n}{dp} = \sum_{i=1}^{n} \frac{\alpha_i h_i}{(1-p^2\alpha_i^2)^{3/2}} \quad (2.1.22)$$

が成り立つ. したがって

$$\frac{dT_R}{d\Delta} = \left(\frac{dT_R}{dp}\right)\left(\frac{d\Delta}{dp}\right)^{-1} = p \tag{2.1.23}$$

となる. これは走時曲線の勾配, すなわち見かけ速度の逆数が波線パラメーターに等しいことを表している. 注意しなければならないのは, ここでの波線パラメーター p は定数ではなく, 震央距離 Δ の関数であるということである. すなわち上式はある Δ における走時曲線の勾配が, その観測点に到着する波の波線パラメーターに等しい, ということを意味している. これは層構造の走時曲線の一般的な性質で, 屈折波に対してももちろん成り立っている.

じつはこの関係は数式を用いなくても簡単に導くことができる. 同じ震源から出発した波線パラメーターがわずかに異なる二つの波線を考える. これらの波線のうち一方は震央距離 Δ で地表に達し, 他方は震央距離 $\Delta + d\Delta$ で地表に達する. 地表では二つの波線の入射角はほとんど等しいのでこれを θ_0 とすれば, 二つの波線の走時差 dT は図 2.1.8 から

$$dT = \frac{d\Delta \sin\theta_0}{\alpha_0} = p\,d\Delta$$

と書ける. p はこの波線のパラメーターである. これからただちに (2.1.23) 式が導かれる. この導き方は震源の深さや, 波の種類 (反射波か屈折波か) などによらない一般的なものである.

二乗平均速度 2 層構造の場合の地表震源の反射波の走時は

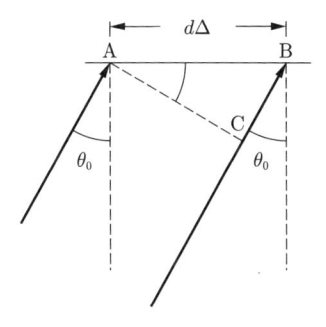

図 **2.1.8** 見かけ速度

$$T_R = \sqrt{\left(\frac{2H}{\alpha_1}\right)^2 + \left(\frac{\Delta}{\alpha_1}\right)^2}$$

と表される．第一項は地表から真下に発射された波が境界面で反射して地表に戻ってきた波の走時，すなわち垂直往復走時 (2-way normal time)

$$T_0 = \frac{2H}{\alpha_1}$$

を表している．これを用いると

$$T_R^2 = T_0^2 + \left(\frac{\Delta}{\alpha_1}\right)^2$$

と書くことができる．T_R^2 と Δ^2 のグラフから H や α_1 を求める方法は，反射地震探査法の初期の段階ではよく用いられていたものである．

同じような関係が多層構造の場合にも近似的に成り立つ．震央距離が非常に小さいとき，すなわち p が非常に小さいときには，(2.1.17) 式を p^2 で展開して高次の項を無視すれば

$$\Delta T_i = \frac{h_i}{\alpha_i}\left(1 + \frac{1}{2}p^2\alpha_i^2\right) \qquad \Delta X_i = ph_i\alpha_i$$

となるから

$$T_R = \sum_{i=1}^n \frac{2h_i}{\alpha_i} + p^2 \sum_{i=1}^n \alpha_i h_i = \sum_{i=1}^n t_i + \frac{1}{2}p^2 \sum_{i=1}^n t_i\alpha_i^2$$

$$\Delta = p\sum_{i=1}^{n} 2\alpha_i h_i = p\sum_{i=1}^{n} t_i \alpha_i^2$$

となる．ここに

$$t_i = \frac{2h_i}{\alpha_i} \tag{2.1.24}$$

は層 i の上面から下面に垂直に入射した波が下面で反射して再び上面に戻ってくるまでの垂直往復走時を表している．T_R を二乗して p を消去すれば

$$T_R^2 = \left(\sum_{i=1}^{n} t_i\right)^2 + \frac{\sum_{i=1}^{n} t_i}{\sum_{i=1}^{n} t_i \alpha_i^2} \Delta^2$$

が得られる．第一項の和は，表面から層 n の下面までの垂直往復走時 T_0 である．第二項に現れる

$$\alpha_{\text{rms}}^2 = \frac{1}{T_0} \sum_{i=1}^{n} t_i \alpha_i^2 \tag{2.1.25}$$

は，各層の垂直往復走時 t_i を重みとした速度の二乗 α_i^2 の平均を表している．そこで上式によって定義される α_{rms} を二乗平均速度 (root mean square velocity) と呼ぶ．平均は深さに関する平均ではなく，垂直往復走時に関する平均であることに注意する．これを用いれば震央距離の小さいところでの反射波の走時は近似的に

$$T_R^2 = T_0^2 + \left(\frac{\Delta}{\alpha_{\text{rms}}}\right)^2 \tag{2.1.26}$$

で表される．これは形式的には 2 層構造の場合の反射波の走時と同じ形をしている．すなわち，震源に近いところでの反射波の走時は，反射面までの二乗平均速度をもつ一様な層内の反射波の走時で近似される．

2.1.4 速度が連続的に変化する場合

速度が連続的に変化する構造は，層の厚さを無限に薄くした水平成層構造とみなすことができる．層厚が無限に薄くなった極限では和は積分になるの

で，深さ $z = Z$ まで達した波の T_n, X_n に相当する量は

$$T(Z) = \int_0^Z \frac{dz}{\alpha\sqrt{1-p^2\alpha^2}} \qquad X(Z) = \int_0^Z \frac{p\alpha dz}{\sqrt{1-p^2\alpha^2}} \qquad (2.1.27)$$

と書くことができる．ここで α は z の関数 $\alpha(z)$ である．この式を用いれば，多層構造のときと同じようにして深さ Z で反射した波の走時を計算することができる．

波の速度が深さの増加関数であれば，ある波線パラメーター p に対してある深さで上の積分の共通の分母が 0 になる．この深さ z_c は

$$p\alpha(z_c) = 1$$

から決まる．波線はここで水平になり，その後は往路と対称な形で地表に戻っていく．これが連続な場合の屈折波の波線である．この波の走時は (2.1.27) 式の Z を z_c で置き換えた

$$T(p) = 2\int_0^{z_c} \frac{dz}{\alpha\sqrt{1-p^2\alpha^2}} \qquad \Delta(p) = 2\int_0^{z_c} \frac{p\alpha dz}{\sqrt{1-p^2\alpha^2}} \qquad (2.1.28)$$

である．この被積分関数は $z = z_c$ で発散するが，積分自体は収束する．

ミラージュ層 速度が深さの増加関数であるときには，震源からどのような角度で出た波も地表に戻ってくる．特に速度が z の一次式である場合には解析的に解が求まるので，走時曲線の性質を把握するには都合がよい．

(2.1.28) 式の積分変数を z から α に変換すれば

$$T(p) = 2\int \frac{dz}{\alpha\sqrt{1-p^2\alpha^2}} = 2\int \frac{1}{\alpha\sqrt{1-p^2\alpha^2}}\frac{dz}{d\alpha}d\alpha$$

$$X(p) = 2\int \frac{p\alpha}{\sqrt{1-p^2\alpha^2}}dz = 2\int \frac{p\alpha}{\sqrt{1-p^2\alpha^2}}\frac{dz}{d\alpha}d\alpha$$

となる．$\alpha(z)$ が z の一次式と仮定したから

$$\frac{d\alpha}{dz} = \alpha'$$

は定数である．このときには両式とも不定積分ができて

$$T(p) = \frac{2}{\alpha'} \log \frac{p\alpha}{1 + \sqrt{1 - p^2\alpha^2}} + \text{定数}$$
$$X(p) = -\frac{2}{p\alpha'} \sqrt{1 - p^2\alpha^2} + \text{定数} \tag{2.1.29}$$

が得られる．$X(p)$ の式から，このときの波線がつねに円の一部であることを容易に示すことができる．

ある与えられた p に対する屈折波の走時曲線は，積分を $\alpha = \alpha(0) = \alpha_0$ から $\alpha = \alpha(z_c) = 1/p$ まで行い

$$T(p) = \frac{2}{\alpha'} \log \left| \frac{1 + \sqrt{1 - p^2\alpha_0^2}}{p\alpha_0} \right|$$
$$\Delta(p) = \frac{2\sqrt{1 - p^2\alpha_0^2}}{p\alpha'} \tag{2.1.30}$$

である．第二式から p を解くと

$$p = \frac{1}{\sqrt{\alpha_0^2 + (\alpha'\Delta/2)^2}}$$

であるから，$\Delta = 0$ で $p = 1/\alpha_0$ であり，震央距離が増えるにつれて p は単調に減少していく．したがって走時曲線の $\Delta = 0$ の勾配は $1/\alpha_0$ であり，Δ が増えるにつれて勾配は緩やかになる．走時，p を Δ の関数として模式的に描けば図 2.1.9 のようになる．

ヘルグロッツ–ヴィーヒェルトの解　走時曲線を観測するのは地下構造を求めるためである．単純な構造の場合には構造を一義的に求めることができる．

屈折波の震央距離を改めて

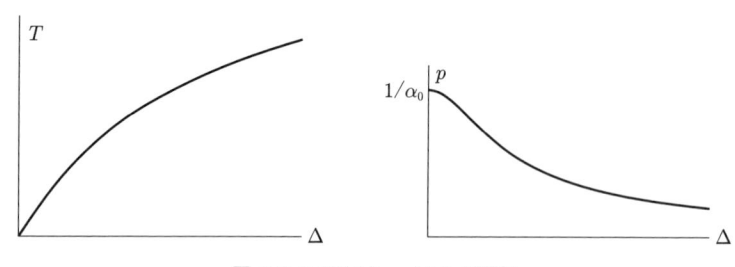

図 2.1.9　$T(\Delta)$, $p(\Delta)$ の関係

$$\Delta(p) = 2p \int_0^{z_c} \frac{\alpha dz}{\sqrt{1-p^2\alpha^2}}$$

と書く．積分変数を z から $\eta = 1/\alpha$ に変換すれば

$$\Delta(p) = 2p \int_{\eta_0}^p \frac{1}{\sqrt{\eta^2 - p^2}} \frac{dz}{d\eta} d\eta \qquad \eta = \frac{1}{\alpha}$$

となる．積分の下限は $z=0$ における η の値 $\eta_0 = 1/\alpha_0$，上限は $\eta(z_c) = 1/\alpha(z_c) = p$ である．両辺に $1/\sqrt{p^2 - p_1^2}$ を掛けて p_1 から η_0 まで積分する．

$$\int_{p_1}^{\eta_0} \frac{\Delta(p)}{\sqrt{p^2 - p_1^2}} dp = 2 \int_{p_1}^{\eta_0} dp \int_{\eta_0}^p \frac{p}{\sqrt{(p^2 - p_1^2)(\eta^2 - p^2)}} \frac{dz}{d\eta} d\eta$$

積分の順序を入れ替えると

$$\int_{p_1}^{\eta_0} \frac{\Delta(p)}{\sqrt{p^2 - p_1^2}} dp = 2 \int_{\eta_0}^{p_1} \frac{dz}{d\eta} d\eta \int_{p_1}^{\eta} \frac{p}{\sqrt{(p^2 - p_1^2)(\eta^2 - p^2)}} dp$$

となる．p に関する積分は公式

$$\int_{p_1}^{\eta} \frac{p}{\sqrt{(p^2 - p_1^2)(\eta^2 - p^2)}} dp = \frac{\pi}{2}$$

より

$$\int_{p_1}^{\eta_0} \frac{\Delta(p)}{\sqrt{p^2 - p_1^2}} dp = \pi \int_{\eta_0}^{p_1} \frac{dz}{d\eta} d\eta = \pi \int_0^{z_1} dz = \pi z_1$$

が得られる．ここで z_1 は破線パラメーターが p_1 の波線の最深点の深さ

$$p_1 \alpha(z_1) = 1$$

である．

次に左辺を計算する．部分積分から

$$\int_{p_1}^{\eta_0} \frac{\Delta(p) dp}{\sqrt{p^2 - p_1^2}} = \Delta(p) \cosh^{-1}\left(\frac{p}{p_1}\right)\bigg|_{p_1}^{\eta_0}$$
$$\qquad - \int_{p_1}^{\eta_0} \cosh^{-1}\left(\frac{p}{p_1}\right) \frac{d\Delta(p)}{dp} dp$$

となるが，第一項は 0 になる．$\cosh^{-1} 1 = 0$ と，$p = \eta_0 = 1/\alpha_0$ のときに $\Delta(p) = 0$ になるからである（図 2.1.9 参照）．第二項は積分変数を Δ に変えれば

$$-\int_{p_1}^{\eta_0} \cosh^{-1}\left(\frac{p}{p_1}\right) \frac{d\Delta(p)}{dp} dp = \int_0^{\Delta_1} \cosh^{-1}\left[\frac{p(\Delta)}{p_1}\right] d\Delta$$

となる．Δ_1 は波線パラメーターが p_1 に対する震央距離である．結局

$$z_1 = \frac{1}{\pi} \int_0^{\Delta_1} \cosh^{-1}\left[\frac{p(\Delta)}{p(\Delta_1)}\right] d\Delta \tag{2.1.31}$$

が得られた．

観測から走時曲線 $T(\Delta)$ が得られたとすると，その勾配 $p(\Delta) = dT/d\Delta$ から波線パラメーターを求めることができる．ある震央距離 Δ_1 を与えると，上式の右辺の積分を行って z_1 を求めることができる．この値は震央距離が Δ_1 の観測点に達する波の最深点の深さである．ところで最深点では $p(\Delta_1) = 1/\alpha(z_1)$ が成り立っているから，深さ z_1 における速度が求まったことになる．

この方法はヘルグロッツ–ヴィーヒェルト (Herglotz-Wiechert) の方法と呼ばれ，非常にスマートであるが，この理論が成り立つためにはいろいろな制限がある．上では積分変数の変換を何度も行ったが，これが許されるためには変数間の対応が一対一でなければならない．

三重合 速度構造が単純な場合には，T や p は図 2.1.9 のように Δ の一価関数になる．しかし構造が少し複雑になると一対一対応は簡単に崩れてしまう．

図 2.1.10(a) は速度の急激な増加がある構造である．ここでは単純化して，ある深さで速度が α_1 から α_2 に不連続的に増加しているとしている．このような構造に対する走時曲線は，不定積分 (2.1.29) 式を p の値に応じて α_0 から α_1，α_1 から α_2，α_2 以上の区間に分けて評価してやればよい．結果は図 2.1.10(b), (c) である．p を $1/\alpha_0$ から減少させると解は A→B→C の軌跡をたどる．$\Delta(p)$ は p の一価関数であるが，$T(\Delta)$, $p(\Delta)$ は AB 間で Δ の三価関数になっている．このような現象を三重合 (triplication) という．深くもぐった波線が高速度のために強く屈折して，かえって震央距離が短くなってしまうからである．

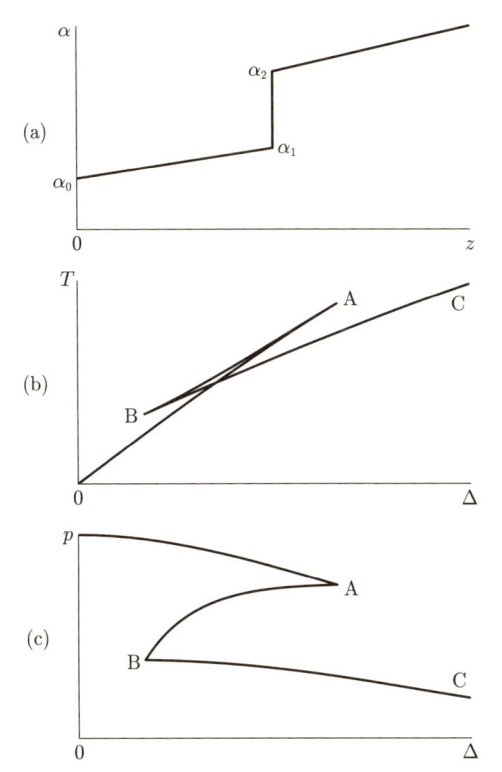

図 2.1.10 三重合の走時曲線 (a) 速度構造, (b) $T(\Delta)$, (c) $p(\Delta)$. AB 間で $T(\Delta)$, $p(\Delta)$ は三価関数になっている.

低速度層 図 2.1.11 は低速度層をモデル化したものである.上とは逆に速度が α_1 から α_2 に不連続的に減少している.この場合には Δ は A と B の間に飛びがある.走時曲線全体を見ても A と C の間にギャップがあり,波の届かない影の部分が生じている.

2.2 球面問題

球面境界のときのスネルの法則 図 2.2.1 のように半径 r の球面に入射角 θ で入射した波が,屈折角 φ で屈折したとする.半径 r の球面の内側での速度を α,r より外側での速度を α' とする.点 A のごく付近では境界面は平面と

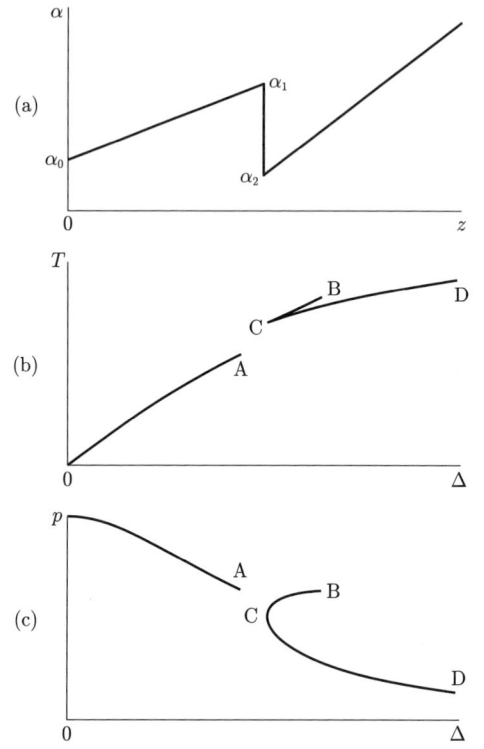

図 2.1.11 低速度層 (a) 速度構造, (b) $T(\Delta)$, (c) $p(\Delta)$. 走時曲線は A から B に飛んでいる. AC 間には影の領域がある.

考えることができるので，平面の場合のスネルの法則

$$\frac{\sin\theta}{\alpha} = \frac{\sin\varphi}{\alpha'}$$

が成り立つ．屈折波が半径 r' における境界面の点 B に入射角 θ' で入射したとする．AB の延長線へ中心 O から下ろした垂線の足を H とするとき

$$\overline{\mathrm{OH}} = r'\sin\theta' = r\sin\varphi$$

が成り立つ．以上の式から

$$\frac{r\sin\theta}{\alpha} = \frac{r'\sin\theta'}{\alpha'}$$

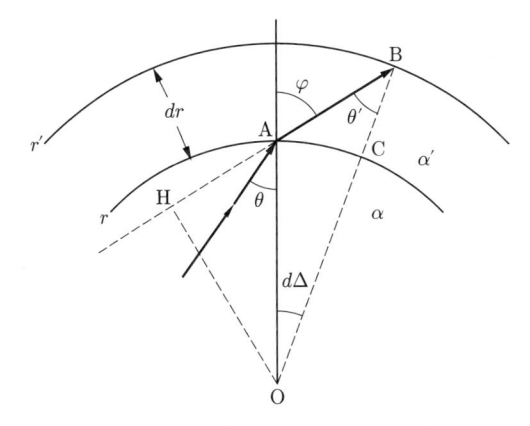

図 **2.2.1** 球面境界のときのスネルの法則

が得られる．すなわち，球面の場合の波線パラメーターを

$$p = \frac{r \sin \theta(r)}{\alpha(r)} \tag{2.2.1}$$

と定義すれば，これは波線に沿って一定である．これが球面の場合のスネルの法則である．

走時曲線 図 2.2.1 で $dr = r' - r$ が非常に小さいとすれば，波が点 A から点 B まで伝わる時間は

$$dT = \frac{dr}{\alpha(r) \cos \theta(r)}$$

また，AC 間の角距離 $d\Delta$ は

$$d\Delta = \frac{\overline{AC}}{r} = \frac{dr \tan \theta(r)}{r}$$

である．球の問題では震央距離を震央から観測点までの角距離で表すと便利なので，ここでも距離でなくて，角度を用いている．(2.2.1) 式を用いて θ を消去すれば

$$dT = \frac{r dr}{\alpha^2 \sqrt{(r/\alpha)^2 - p^2}} \qquad d\Delta = \frac{p dr}{r \sqrt{(r/\alpha)^2 - p^2}} \tag{2.2.2}$$

が得られる．

地球の半径を r_0 とする．地球の中心から距離 r_e にある震源から下向きに放射された波は，最深点 $r = r_m$ を通過して再び地表 $r = r_0$ に戻ってくる（図 2.2.2）．(2.2.2) 式を r_m から r_e まで，r_m から r_0 まで積分すれば，$T(p)$ と $\Delta(p)$ が得られる．ここでは話を単純にするために震源も地表にあるものとすると

$$T(p) = 2\int_{r_m}^{r_0} \frac{\eta^2 dr}{r\sqrt{\eta^2 - p^2}} \qquad \Delta(p) = 2\int_{r_m}^{r_0} \frac{p dr}{r\sqrt{\eta^2 - p^2}} \qquad (2.2.3)$$

と表される．係数 2 は往復の積分を意味している．また

$$\eta(r) = \frac{r}{\alpha(r)} \qquad (2.2.4)$$

である．最深点では入射角が 90 度であるから

$$\eta_m = \eta(r_m) = \frac{r_m}{\alpha_m} = p \qquad (2.2.5)$$

が成り立つ．

走時曲線の勾配が波線パラメーターに等しくなることは，球面の場合にも成り立っている．ここではまた別の方法で示してみる．

$$\frac{\eta^2}{\sqrt{\eta^2 - p^2}} = \sqrt{\eta^2 - p^2} + \frac{p^2}{\sqrt{\eta^2 - p^2}}$$

に注意して (2.2.3) 式を変形すると

$$T(p) = p\Delta(p) + 2\int_{r_m}^{r_0} \frac{\sqrt{\eta^2 - p^2}}{r} dr$$

となる．これを p で微分すると

$$\frac{dT(p)}{dp} = p\frac{d\Delta(p)}{dp} + \Delta(p) - 2\int_{r_m}^{r_0} \frac{p dr}{r\sqrt{\eta^2 - p^2}} - \frac{dr_m}{dp} \frac{\sqrt{\eta^2 - p^2}}{r}\bigg|_{r=r_m}$$

となる．最後の項は $r = r_m$ で $\eta = \eta_m = p$ より 0 になり，第三項の積分は Δ にほかならない．よって

$$\frac{dT(p)}{dp} = p\frac{d\Delta(p)}{dp} \qquad (2.2.6)$$

が得られた．これは
$$\frac{dT(\Delta)}{d\Delta} = p$$
を表している．(2.2.3) 式をそのまま微分しなかったのは，積分の下限で被積分関数が発散するからである．

速度が
$$\alpha(r) = \alpha_0 \left(\frac{r_0}{r}\right)^k \qquad (k > -1) \tag{2.2.7}$$
のときには解が初等関数で表される．
$$\eta = \frac{r}{\alpha_0}\left(\frac{r}{r_0}\right)^k \qquad \frac{d\eta}{dr} = \frac{k+1}{r}\eta$$
を用いて積分変数を変換すれば
$$\begin{aligned}\Delta(p) &= 2\int_{\eta_m}^{\eta_0}\frac{p}{r\sqrt{\eta^2-p^2}}\frac{dr}{d\eta}d\eta = \frac{2p}{k+1}\int_{\eta_m}^{\eta_0}\frac{d\eta}{\eta\sqrt{\eta^2-p^2}}\\ &= -\frac{2}{k+1}\sin^{-1}\left(\frac{p}{\eta}\right)\Big|_{\eta_m}^{\eta_0} = \frac{2}{k+1}\left(\frac{\pi}{2} - \sin^{-1}\frac{p}{\eta_0}\right)\end{aligned}$$
となるから
$$\frac{p}{\eta_0} = \cos\left(\frac{k+1}{2}\Delta\right) \tag{2.2.8}$$
が得られる．また
$$\frac{dT}{d\Delta} = p = \eta_0 \cos\left(\frac{k+1}{2}\Delta\right)$$
を積分すれば走時
$$T(\Delta) = \frac{2\eta_0}{k+1}\sin\left(\frac{k+1}{2}\Delta\right) \tag{2.2.9}$$
が得られる．

すべての範囲で速度が一つの式 (2.2.7) で表されなくても，部分部分でこの形の式で表されれば，部分ごとの積分を行うことによって解を求めることができる．これは複雑な構造に対する走時曲線を数値計算するときに便利である．

2 走時曲線

幾何学的発散　第1章で示したように，均質な液体の1点から出た音波の振幅は，震源からの距離に逆比例して減衰する．しかし媒質が一様でないときには，波線が広がったり集中したりするために，振幅は必ずしも距離に反比例するわけではない．

震源から単位立体角，単位時間当たり P のエネルギーが放射され，これが地表に達したときには波線に垂直な単位面積，単位時間当たり I のエネルギーになったとする．図 2.2.2 で震源から射出角 θ_e と $\theta_e + d\theta_e$ で挟まれた部分の立体角は (r 軸のまわりに 1 回転させた)

$$d\Omega = 2\pi \sin\theta_e d\theta_e$$

である．二つの波線の間の震央距離を $d\Delta$ とすると，波線に囲まれた部分の地表における波線に垂直な断面積は

$$dA = 2\pi r_0 \sin\Delta r_0 d\Delta \cos\theta_0$$

である．ここに，$r_0 \sin\Delta$ は対称軸 OE のまわりの回転半径，$r_0 d\Delta$ は二つの波線の地表に沿った距離，$r_0 d\Delta \cos\theta_0$ はこれを波線に垂直な方向に投影したものである．定常状態のときには，立体角 $d\Omega$ から出たエネルギーはすべて面積 dA を通るから

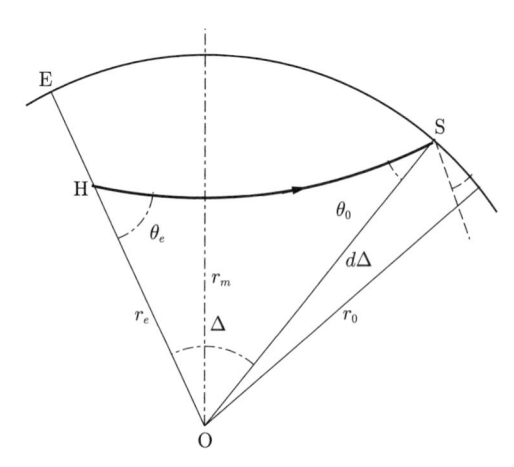

図 **2.2.2** 幾何学的発散の計算

$$Pd\Omega = IdA$$

が成り立つ．したがって地表における単位面積当たりのエネルギーの流量は

$$I = P\frac{d\Omega}{dA} = P\frac{\sin\theta_e}{r_0^2 \sin\Delta \cos\theta_0}\left|\frac{d\theta_e}{d\Delta}\right|$$

で表される．

$$\frac{dT}{d\Delta} = p = \frac{r_e \sin\theta_e}{\alpha_e} \qquad \frac{d^2T}{d\Delta^2} = \frac{r_e \cos\theta_e}{\alpha_e}\frac{d\theta_e}{d\Delta}$$

の関係を用いると

$$I = P\frac{|\tan\theta_e|}{r_0^2 \eta_e \sin\Delta \cos\theta_0}\left|\frac{d^2T}{d\Delta^2}\right| \tag{2.2.10}$$

となる．スネルの法則を用いた関係

$$\frac{|\tan\theta_e|}{\cos\theta_0} = \frac{\eta_0 \tan\theta_0}{\sqrt{\eta_e^2 - \eta_0^2 \sin^2\theta_0^2}}$$

から θ_e を消去することもできる．

速度が一定で震源が地表にあるとき，走時は

$$T = 2\eta_0 \sin\frac{\Delta}{2}$$

で表される．このときには

$$\theta_0 = \frac{\pi}{2} - \frac{\Delta}{2} \qquad \frac{dT^2}{d\Delta^2} = -\frac{1}{2}\eta_0 \sin\frac{\Delta}{2}$$

となるから (2.2.10) 式を計算すれば

$$I = \frac{P}{4r_0^2 \sin^2\Delta/2}$$

が得られる．$2r_0 \sin\Delta/2$ は震源から観測点までの直線距離であるから，この式は一様な媒質中の結果に一致している (エネルギーは振幅の二乗に比例する)．

ヘルグロッツ–ヴィーヒェルトの解　球面問題におけるヘルグロッツ–ヴィーヒェルトの解は，平面問題とほとんど同じようにして導くことができる．ここでは結果だけを示す．

$$\log\left(\frac{r_0}{r_1}\right) = \frac{1}{\pi}\int_0^{\Delta_1} \cosh^{-1}\left[\frac{p(\Delta)}{p(\Delta_1)}\right] d\Delta \tag{2.2.11}$$

r_1 は

$$\alpha(r_1) = \frac{1}{p(\Delta_1)}$$

を満たす r_1 である．

2.3　波線の方程式

一様な媒質中を伝わる平面波が平面境界に入射したときに反射，屈折のスネルの法則が成り立つことは先に導いてある．この節では，密度や弾性定数が場所によって変化する場合の音波の伝播を高周波 (短波長) 近似で導き，このときにもスネルの法則が成り立つことを示す．ここではベクトル場の公式を用いているので，初心者には難しいかもしれない．

2.3.1　アイコナル方程式

これまでは流体の密度や体積弾性率が一定の場合だけを考えてきた．そこでは平面波や球面波などの解があることがわかってきた．しかし物質定数が座標の関数であるときにも，似たような解が存在することがわかる．ここでは音響波動方程式 (1.2.1) を基礎に用いることにする．ただしこれまでとは違って，α は場所の関数であるとする．

この波動方程式 (1.2.1) の解を

$$\phi(\boldsymbol{x}; t) = p_0(\boldsymbol{x}) f(t - T) \tag{2.3.1}$$

の形に仮定する．ここで $\boldsymbol{x}$ は位置ベクトルを表し，$T(\boldsymbol{x})$ は座標のみの関数である．$f(t)$ を $e^{-i\omega t}$ と読み換えれば，上式が (1.2.3) 式と同じ形をしていることがわかる．したがって $t - T(\boldsymbol{x}) =$ 一定 は波面の式を表している．

運動方程式 (1.2.1) に上式を代入するために ϕ の微分を計算する．

$$\frac{\partial^2 \phi}{\partial t^2} = p_0(\boldsymbol{x}) f''(t-T)$$
$$\frac{\partial \phi}{\partial x} = -p_0(\boldsymbol{x}) f'(t-T) \frac{\partial T}{\partial x} + \frac{\partial p_0}{\partial x} f(t-T)$$
$$\frac{\partial^2 \phi}{\partial x^2} = p_0(\boldsymbol{x}) f''(t-T) \left(\frac{\partial T}{\partial x}\right)^2$$
$$-2\frac{\partial p_0}{\partial x} f'(t-T) \frac{\partial T}{\partial x} + \frac{\partial^2 p_0}{\partial x^2} f(t-T)$$

ここに f' は引数に関する微分を表している．したがって

$$\nabla^2 \phi = p_0(\boldsymbol{x}) f''(t-T) |\nabla T|^2$$
$$-2f'(t-T)(\nabla p_0 \cdot \nabla T) + f(t-T) \nabla^2 p_0(\boldsymbol{x})$$

が得られる．

ここで高周波近似を用いる．波の角周波数を ω とすれば

$$f'(t) \sim \omega f(t) \qquad f''(t) \sim \omega^2 f(t)$$

が成り立つ．したがって高周波近似 $\omega \to \infty$ では，$\nabla^2 \phi$ の第一項が最も大きくなる．そこで第二，三項を無視することにすれば，波動方程式 (1.2.1) は

$$|\nabla T(\boldsymbol{x})|^2 = \frac{1}{\alpha^2} \tag{2.3.2}$$

で近似できる．これをアイコナル方程式 (eikonal equation) と呼ぶ．ここでは α は座標の関数であってもよい．また K だけでなく ρ も場所の関数であったとしても高周波近似 (2.3.2) 式は変わらない．

均質な流体の場合にこれが成り立っていることは容易にわかる．平面波 (1.2.3) 式の場合

$$T(x, z) = px + \xi z$$

であるから，アイコナル方程式は

$$|\nabla T|^2 = p^2 + \xi^2 = \frac{1}{\alpha^2}$$

で，これは分散関係 (1.2.4) 式にほかならない．

$t - T(\boldsymbol{x})$ が一定の曲面は波面を表している．わかりやすいように一定値として特に 0 を選んで得られる波面の方程式 $T(\boldsymbol{x}) = t$ は，ある位置 $\boldsymbol{x}$ を通る波面が時刻 $t = T(\boldsymbol{x})$ にその点に達することを意味している．したがって $T(\boldsymbol{x})$ は定数項を除いては震源から点 $\boldsymbol{x}$ まで波が伝わる時間，すなわち走時を表している．実際，平面波 (1.2.3) 式の場合，波面上の任意の点 (x, z) に対して

$$T(x, z) = px + \xi z = \frac{\sin\theta}{\alpha}x + \frac{\cos\theta}{\alpha}z = \frac{\overline{\mathrm{OM}}}{\alpha}$$

は原点からの走時になっている (図 1.2.1 参照)．

不均質な媒質中を伝わる地震波の走時は，アイコナル方程式 (2.3.2) を積分することによって求められる．近年，トモグラフィー (tomography) 解析が盛んになるにつれて，アイコナル方程式を数値的に解くさまざまな解法が開発されている．

2.3.2 波線の方程式

時刻 t における波面

$$S(t) \ : \ T(\boldsymbol{x}) = t$$

と，時間 dt たった後の波面

$$S(t + dt) \ : \ T(\boldsymbol{x} + \delta\boldsymbol{x}) = t + dt$$

を考える (図 2.3.1)．後者は一次の項までとれば

$$T(\boldsymbol{x} + \delta\boldsymbol{x}) = T(\boldsymbol{x}) + \nabla T(\boldsymbol{x}) \cdot \delta\boldsymbol{x}$$

であるから $T(\boldsymbol{x}) = t$ を用いて

$$\nabla T(\boldsymbol{x}) \cdot \delta\boldsymbol{x} = dt \tag{2.3.3}$$

と書き換えることができる．これは時間 dt の間の波面の変位 $\delta\boldsymbol{x}$ を表す式である．ただし $\delta\boldsymbol{x}$ は波面に垂直な方向のベクトルとは限らない．

2.3 波線の方程式 ─── 63

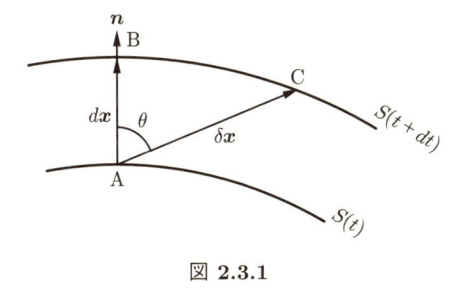

図 2.3.1

上式に現れる $\nabla T(\boldsymbol{x})$ は点 $\boldsymbol{x}$ で曲面 $S(t)$ に立てた法線ベクトルに比例している．法線方向の単位ベクトルを $\boldsymbol{n}$ とすれば，アイコナル方程式 (2.3.2) を用いて

$$\boldsymbol{n}(\boldsymbol{x}) = \frac{\nabla T(\boldsymbol{x})}{|\nabla T(\boldsymbol{x})|} = \alpha(\boldsymbol{x})\nabla T(\boldsymbol{x}) \tag{2.3.4}$$

である．

$S(t)$ 上の 1 点 A から法線を立て，面 $S(t+dt)$ との交点を B とする．面 $S(t+dt)$ 上の任意の点を $C(\boldsymbol{x}+\delta\boldsymbol{x})$ とすれば ∠ABC も直角と考えてよい．したがって二つの波面間の距離は (2.3.3), (2.3.4) 式を用いて

$$ds = \overline{\text{AB}} = \boldsymbol{n} \cdot \delta\boldsymbol{x} = \alpha \nabla T(\boldsymbol{x}) \cdot \delta\boldsymbol{x} = \alpha dt$$

であるから，波面は速度 $\alpha(\boldsymbol{x})$ で伝わっていくことがわかる．

ベクトル $\overrightarrow{\text{AB}}$ を改めて $d\boldsymbol{x}$，$d\boldsymbol{x}$ の長さを ds とする．これは点 A を通る波線の要素である．上で導いた関係を用いれば

$$d\boldsymbol{x} = \boldsymbol{n}ds = \alpha \nabla T ds$$

したがって

$$\frac{1}{\alpha}\frac{d\boldsymbol{x}}{ds} = \frac{1}{\alpha}\boldsymbol{n} = \nabla T \tag{2.3.5}$$

が成り立つ．T を消去するために両辺をもう一度 s で微分する．

$$\frac{d}{ds} = \frac{dx}{ds}\frac{\partial}{\partial x} + \frac{dy}{ds}\frac{\partial}{\partial y} + \frac{dz}{ds}\frac{\partial}{\partial z} = \frac{d\boldsymbol{x}}{ds} \cdot \nabla$$

に注意すれば

$$\frac{d}{ds}\left(\frac{1}{\alpha}\frac{d\boldsymbol{x}}{ds}\right) = \left(\frac{d\boldsymbol{x}}{ds}\cdot\nabla\right)\nabla T = (\alpha\nabla T\cdot\nabla)\nabla T$$
$$= \frac{1}{2}\alpha\nabla(\nabla T\cdot\nabla T) = \frac{1}{2}\alpha\nabla\left(\frac{1}{\alpha^2}\right)$$

よって

$$\frac{d}{ds}\left(\frac{1}{\alpha}\frac{d\boldsymbol{x}}{ds}\right) = \nabla\left(\frac{1}{\alpha}\right) \tag{2.3.6}$$

が得られた．これは波線の長さ s を独立変数とした波線の方程式である．特に α が定数のときには $d^2\boldsymbol{x}/ds^2 = 0$ になるから一般解は

$$\boldsymbol{x}(s) = \boldsymbol{a}s + \boldsymbol{b}$$

で表される．ここに $\boldsymbol{a}, \boldsymbol{b}$ は定数ベクトルである．これは直線の式にほかならない．

スネルの法則　地球内部の速度構造をモデル化するときに，速度が深さだけの関数であるという近似が広く用いられている．いま，速度 α が z だけの関数であるとき，z 方向の単位ベクトルを $\hat{\boldsymbol{z}}$ として，ベクトル

$$\boldsymbol{p} = \hat{\boldsymbol{z}}\times\frac{1}{\alpha}\frac{d\boldsymbol{x}}{ds} \tag{2.3.7}$$

を定義する．ここに $\times$ はベクトルの外積 (ベクトル積，vector product) を表す．$\boldsymbol{p}$ を波線に沿って微分すれば，(2.3.6) 式を用いて

$$\frac{d\boldsymbol{p}}{ds} = \hat{\boldsymbol{z}}\times\frac{d}{ds}\left(\frac{1}{\alpha}\frac{d\boldsymbol{x}}{ds}\right) = \hat{\boldsymbol{z}}\times\nabla\left(\frac{1}{\alpha}\right) = 0$$

となる．α が z だけの関数であるから $\nabla(1/\alpha)$ は z 成分しかもたない．すなわち $\hat{\boldsymbol{z}}$ と $\nabla(1/\alpha)$ は平行であるから，これらの外積は 0 になり，上式が成り立つ．よって α が z 方向に変化するときでも，ベクトル $\boldsymbol{p}$ は波線に沿って一定である．

$\boldsymbol{n} = d\boldsymbol{x}/ds$ であるから，$\boldsymbol{p}$ は

$$\boldsymbol{p} = \hat{\boldsymbol{z}}\times\frac{\boldsymbol{n}}{\alpha}$$

と書くことができる．n は波線の接線方向の単位ベクトルであるから，波線と z 軸のなす角を θ とすれば，p の大きさは

$$p = \frac{\sin\theta(z)}{\alpha(z)} \tag{2.3.8}$$

である．波線に沿って θ, α は変化するが，p は一定である．これはスネルの法則にほかならない．波線は p の値によって特徴づけられるので，これを波線パラメーターという．波線パラメーターの次元は速度の逆数である．

地球全体を対象とするときには，速度が地球の中心からの距離 r だけの関数であるという近似が用いられる．このときには地球の中心を原点とした位置ベクトルを r とし

$$\boldsymbol{p} = \boldsymbol{r} \times \frac{1}{\alpha}\frac{d\boldsymbol{r}}{ds} \tag{2.3.9}$$

と定義する．ここで波線の方程式は x ではなく r を用いて書いてある．これを波線に沿って微分すると

$$\frac{d\boldsymbol{p}}{ds} = \frac{d\boldsymbol{r}}{ds} \times \frac{1}{\alpha}\frac{d\boldsymbol{r}}{ds} + \boldsymbol{r} \times \frac{d}{ds}\left(\frac{1}{\alpha}\frac{d\boldsymbol{r}}{ds}\right) = 0$$

となる．第一項は同じベクトル間の外積であるから 0 になり，第二項は前と同じ理由で 0 になる．したがって (2.3.9) 式で定義された p も波線に沿って一定である．前と同様に考えれば，波線とベクトル r のなす角を θ とすれば p の大きさは

$$p = \frac{r\sin\theta(r)}{\alpha(r)} \tag{2.3.10}$$

となる．上式で定義された p が波線に沿って一定であるというのが，球殻構造に対するスネルの法則である．この場合の p の次元は角速度の逆数である．

・・・●・・・●・・・(メ モ)・・・●・・・●・・・

$\nabla T(\boldsymbol{x})$ の方向 $T(\boldsymbol{x})$ を任意の (走時でなくてもよい) 関数とするとき

$$T(\boldsymbol{x}) = C = 定数$$

は一つの曲面を定義する．点 $\boldsymbol{x}$ から $\delta\boldsymbol{x}$ 離れた曲面上の点 $\boldsymbol{x} + \delta\boldsymbol{x}$ も方程式

$$T(\boldsymbol{x}+\delta\boldsymbol{x})=C$$

を満たしている．上式をテーラー展開して一次までとれば

$$T(\boldsymbol{x}+\delta\boldsymbol{x})=T(\boldsymbol{x})+\nabla T\cdot\delta\boldsymbol{x}=C$$

であるから

$$\nabla T\cdot\delta\boldsymbol{x}=0$$

の関係が得られた．$\delta\boldsymbol{x}$ は点 $\boldsymbol{x}$ における接平面上にあるから，上式は ∇T が接平面に直交している，すなわち曲面の法線方向を向いていることを意味している．

外積と回転　二つのベクトル $\boldsymbol{u}$, $\boldsymbol{v}$ の外積 (ベクトル積) もベクトルで，これを直角座標系の成分ごとに書けば

$$\boldsymbol{u}\times\boldsymbol{v}=(u_y v_z - u_z v_y,\ u_z v_x - u_x v_z,\ u_x v_y - u_y v_x)$$

になる．このベクトルの方向は $\boldsymbol{u}$ と $\boldsymbol{v}$ を含む平面に垂直である．これだけではあまり具体的ではない．そこでいま，ベクトル $\boldsymbol{u}$ をベクトル $\boldsymbol{v}$ に重なるように回転させたときの回転角を θ とする．同時に同じ向きに右ねじを回転させたときに右ねじが進む向きに単位ベクトルをとり，これを $\hat{\boldsymbol{w}}$ とする．このとき

$$\boldsymbol{u}\times\boldsymbol{v}=\hat{\boldsymbol{w}}|\boldsymbol{u}|\cdot|\boldsymbol{v}|\sin\theta$$

が成り立つ．したがって平行な ($\theta=0$) ベクトル間の外積は 0 になる．

　演算子 ∇ は形式的にはベクトルと考えることができるので $\nabla\times$ という演算子を考えることができる．この演算子は回転と呼ばれ rot や curl という記号で表されることもある．$\nabla\times\boldsymbol{v}$ は上式の $\boldsymbol{u}$ を形式的に ∇ で置き換えればよいから，その成分は

$$\nabla\times\boldsymbol{v}=\left(\frac{\partial v_z}{\partial y}-\frac{\partial v_y}{\partial z},\ \frac{\partial v_x}{\partial z}-\frac{\partial v_z}{\partial x},\ \frac{\partial v_y}{\partial x}-\frac{\partial v_x}{\partial y}\right)$$

で表される．

　次の関係もよく用いられる．

$$\nabla\times(\nabla\phi)=0 \qquad \nabla\cdot(\nabla\times\boldsymbol{v})=\boldsymbol{0}$$

$\nabla\times\nabla$ はスカラーに対する演算子，$\nabla\cdot\nabla\times$ はベクトルに対する演算子である．これらが成り立つことは実際に演算を行ってみれば容易に確かめることができる．

· · · ● · · · · ● · · · · ● · · · · ● · · · · ● · · · ·

3 応力と歪

固体中では流体中と違って圧力とは違った力が働いている．この章では固体中に働く応力と歪の性質を調べ，また弾性体の運動方程式を導く．

3.1 応力

粘性のない流体粒子に働く力は，重力などの体積力のほかには圧力だけであるが，固体には圧力以外の内部的な力が働いている．この力は応力 (stress, traction) と呼ばれる．圧力がスカラー量であるのに対して，応力はベクトルよりも一つ階層が上のテンソル量であるので，はじめのうちは理解が難しい．

3.1.1 応力の定義

応力はある面を通して働く力である．したがって応力を定義するためには，まず面を定義しなければならない．

固体中の点 P を中心とした面 ΔS を考える (図 3.1.1)．この面の法線方向のベクトルを n とする．n はどちら向きにとってもよい．ともかく法線方向を決めれば，その面の表と裏が定義される．この面の表側の物体が裏側の物体に及ぼす力を $\Delta \boldsymbol{F}$ とする．この力を単位面積当たりで表した $\Delta \boldsymbol{F}/\Delta S$ の極限値

$$\boldsymbol{\sigma}_n(\mathrm{P}) = \lim_{\Delta S \to 0} \frac{\Delta \boldsymbol{F}}{\Delta S} \tag{3.1.1}$$

を，点 P における応力と呼ぶ．これは点 P の関数であると同時に，面の向き n の関数でもある．したがって点 P における応力という言い方には意味がなく，点 P においてどの向きに向いた面に働く応力か，ということを指定しなければならない．

$\boldsymbol{\sigma}_n$ はベクトルであるから 3 成分をもつ．各成分は上の定義により力/面積

図 3.1.1 面に働く力

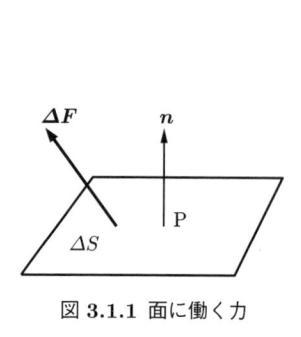

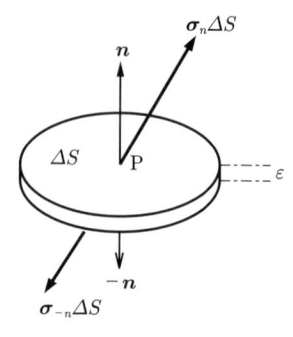

図 3.1.2 作用・反作用の法則

の次元，すなわち圧力と同じ次元をもつ．

同じ点 P の法線方向 n の面の負の側が正の側に及ぼす応力 $\boldsymbol{\sigma}_{-n}$ は

$$\boldsymbol{\sigma}_{-n} = -\boldsymbol{\sigma}_n \tag{3.1.2}$$

である．これは作用・反作用の法則といってもよいが，運動方程式から導くことができる．

いま，点 P を中心とした面積 ΔS，厚さ ε の円盤を考える (図 3.1.2)．円盤の法線方向 n を適当に選べば，円盤の正の側の媒質が円盤におよぼす力は $\boldsymbol{\sigma}_n \Delta S$ である．一方，円盤の負の側の媒質が円盤におよぼす力は $\boldsymbol{\sigma}_{-n} \Delta S$ であるから，円盤の密度を ρ，円盤の変位を $\boldsymbol{u}$ とすれば，円盤の運動方程式は

$$\rho \Delta S \varepsilon \frac{d^2 \boldsymbol{u}}{dt^2} = \boldsymbol{\sigma}_n \Delta S + \boldsymbol{\sigma}_{-n} \Delta S$$

となる．ここで円盤の厚さ ε を 0 にする極限をとれば左辺は 0 になるから

$$\boldsymbol{\sigma}_{-n} = -\boldsymbol{\sigma}_n$$

が得られる．

応力 $\boldsymbol{\sigma}_n$ はベクトルであるから，以下では 3 成分を

$$\boldsymbol{\sigma}_n = \begin{bmatrix} \sigma_{xn} \\ \sigma_{yn} \\ \sigma_{zn} \end{bmatrix} \tag{3.1.3}$$

と列ベクトルの形に書くことにする．成分の1番目の添字は応力の力の向きを示し，2番目の添字は面の向きを示している．σ_{xx} は x 軸に垂直な面の正の側が負の側におよぼす x 方向の力であるから，これが正のときには張力が働いていることになる．逆にこれが負のときには圧縮力，すなわち圧力が働いていることになる．破壊実験の解析などでは圧力を正にとる場合もある．

応力を指定するためには面の方向を指定しなければならないが，後で示すように，ある点のすべての方向に対する応力を知るためには，その点で各座標軸 x, y, z に垂直な面に働く応力がわかれば十分である．いま，これらの応力成分を行列の形

$$\boldsymbol{\sigma} = [\boldsymbol{\sigma}_x \ \boldsymbol{\sigma}_y \ \boldsymbol{\sigma}_z] = \begin{bmatrix} \sigma_{xx} & \sigma_{xy} & \sigma_{xz} \\ \sigma_{yx} & \sigma_{yy} & \sigma_{yz} \\ \sigma_{zx} & \sigma_{zy} & \sigma_{zz} \end{bmatrix} \tag{3.1.4}$$

と書くことにする．中央の式は三つの列ベクトルを横に並べたものである．この行列を応力テンソル (stress tensor) という．

対称性 こんどは原点を中心とした一辺 ε の立方体の回転に関する運動方程式を考える (図 3.1.3)．z 軸のまわりの回転の運動方程式は

$$I_z \frac{d\omega_z}{dt} = N_z$$

である．ここに I_z は立方体の z 軸のまわりの慣性モーメント，ω_z は z 軸のまわりの回転角速度，N_z は力のモーメントの z 成分である．$+x$ 軸に垂直な

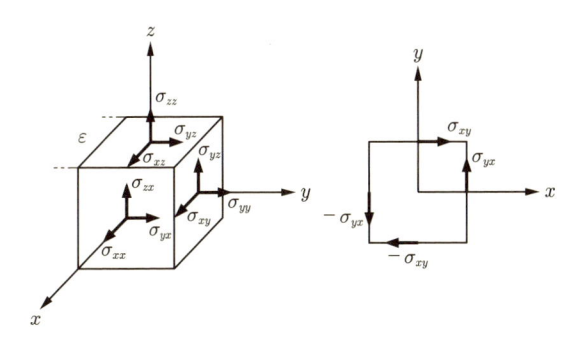

図 **3.1.3** 立方体に働く力

面に働く y 方向の力は $\sigma_{yx}\varepsilon^2$ で，腕の長さは $\varepsilon/2$ であるから，この力によるモーメントは $\sigma_{yx}\varepsilon^3/2$ になる（図 3.1.3 右図）．$-x$ 軸に垂直な面に働く力からも同じ寄与がある．$+y$ 軸に垂直な面に働く力からは $\sigma_{xy}\varepsilon^3/2$ のモーメントの寄与があるが，これは先のモーメントと向きが反対である．以上，四つの面に働く力のモーメントの合計は

$$N_z = \sigma_{yx}\varepsilon^3 - \sigma_{xy}\varepsilon^3$$

となる．一方，立方体の z 軸のまわりの慣性モーメントは，立方体の密度を ρ とすれば

$$I_z = \frac{1}{6}\rho\varepsilon^5$$

であるから，運動方程式は

$$\frac{1}{6}\rho\varepsilon^5 \frac{d\omega_z}{dt} = (\sigma_{yx} - \sigma_{xy})\varepsilon^3$$

となる．立方体の大きさを 0 に近づけると運動方程式の左辺の方が速く 0 に近づく．よって運動方程式の左辺は無視できて

$$\sigma_{xy} = \sigma_{yx} \tag{3.1.5}$$

が導かれた．ほかの成分についても同様な関係が成り立つので，(3.1.4) 式の 9 個の成分のうち，6 個だけが独立である．したがって応力テンソルは対称テンソルである．σ_{ij} の最初の添字は力の向き，2 番目の添字は面の向きというように定義したが，添字の順番はじつはどちらでもよいことになる．

座標変換 図 3.1.4 のような四面体の並進運動の運動方程式を導く．面 ABC の法線方向を $\boldsymbol{n}$ とすれば，この面に働く力は $\boldsymbol{\sigma}_n \triangle\text{ABC}$ である．ここに $\triangle$ABC は三角形 ABC の面積を表す．面 OBC の外向きの法線方向は $-x$ であるから，この面を通して四面体に働く力は $\boldsymbol{\sigma}_{-x} \triangle\text{OBC}$ である．同様に面 OAC, 面 OAB に働く力を考えれば，四面体の運動方程式は

$$\rho\Delta V \frac{d^2\boldsymbol{u}}{dt^2} = \boldsymbol{\sigma}_n \triangle\text{ABC} + \boldsymbol{\sigma}_{-x}\triangle\text{OBC} + \boldsymbol{\sigma}_{-y}\triangle\text{OAC} + \boldsymbol{\sigma}_{-z}\triangle\text{OAB}$$

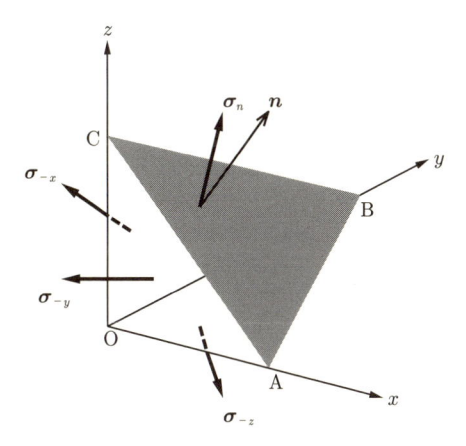

図 3.1.4 四面体に働く力

となる．ここに ΔV は四面体の体積を表す．ここで四面体の形を変えずに各辺の長さを 0 に近づける．各三角形の面積は辺の長さの二乗のオーダーの量，ΔV は三乗のオーダーの量であるから，三角形の面積よりも ΔV の方が速く 0 に近づく．よって

$$\boldsymbol{\sigma}_n = \boldsymbol{\sigma}_x \frac{\triangle \mathrm{OBC}}{\triangle \mathrm{ABC}} + \boldsymbol{\sigma}_y \frac{\triangle \mathrm{OAC}}{\triangle \mathrm{ABC}} + \boldsymbol{\sigma}_z \frac{\triangle \mathrm{OAB}}{\triangle \mathrm{ABC}}$$

が成り立つ．ところで $\triangle \mathrm{OBC}$ は $\triangle \mathrm{ABC}$ を y–z 面，すなわち x 軸に垂直な面に投影したものであるから，$\triangle \mathrm{OBC}/\triangle \mathrm{ABC}$ は法線方向の方向余弦の x 成分にほかならない．そこで面 ABC の法線方向の単位ベクトルを改めて $\boldsymbol{n} = [n_x \ n_y \ n_z]^T$ とすれば（^{T} は転置を意味する）

$$\boldsymbol{\sigma}_n = \boldsymbol{\sigma}_x n_x + \boldsymbol{\sigma}_y n_y + \boldsymbol{\sigma}_z n_z \tag{3.1.6}$$

が得られる．これは任意の方向を向いた面に働く応力が，$\boldsymbol{\sigma}_x$ $\boldsymbol{\sigma}_y$ $\boldsymbol{\sigma}_z$ によって表されることを示している．なお，上の関係は (3.1.4) 式の行列 $\boldsymbol{\sigma}$ と列ベクトル $\boldsymbol{n}$ を用いて，行列の演算

$$\boldsymbol{\sigma}_n = \boldsymbol{\sigma} \boldsymbol{n} \tag{3.1.7}$$

で表すこともできる．

座標系 (x, y, z) で応力 σ_{ij} が与えられているとする．座標系を回転させてると，当然のことながら新しい座標系で見た応力成分はもとの成分とは異なってくる．新しい座標系を (x', y', z') とし，各座標軸方向の単位ベクトルを $\hat{\boldsymbol{x}}'$, $\hat{\boldsymbol{y}}'$, $\hat{\boldsymbol{z}}'$ とする．x' 軸に垂直な面に働く応力 $\boldsymbol{\sigma}_{x'}$ は (3.1.7) 式より

$$\boldsymbol{\sigma}_{x'} = \boldsymbol{\sigma}\hat{\boldsymbol{x}}'$$

で表される．しかし問題がこれで解けたわけではない．なぜなら，上式では $\boldsymbol{\sigma}$ も $\hat{\boldsymbol{x}}'$ も (x, y, z) 座標系で表されているから，$\boldsymbol{\sigma}_{x'}$ の成分もまだ (x, y, z) 座標系で表されているからである．$\boldsymbol{\sigma}_{x'}$ の新しい座標系における成分を求めるには，各座標軸方向の単位ベクトルとの内積をとればよい．すなわち，

$$\sigma_{x'x'} = \hat{\boldsymbol{x}}' \cdot (\boldsymbol{\sigma}\hat{\boldsymbol{x}}')$$
$$\sigma_{y'x'} = \hat{\boldsymbol{y}}' \cdot (\boldsymbol{\sigma}\hat{\boldsymbol{x}}')$$
$$\sigma_{z'x'} = \hat{\boldsymbol{z}}' \cdot (\boldsymbol{\sigma}\hat{\boldsymbol{x}}')$$

である．右辺の $\boldsymbol{\sigma}\hat{\boldsymbol{x}}'$ は行列としての積を表し，その結果は列ベクトルである．「・」はベクトルの内積であるから，上式には行列の演算とベクトルの演算が混在している．すべてを行列の演算で統一するために行ベクトル $\hat{\boldsymbol{x}}'^T$ などを用いれば

$$\boldsymbol{\sigma}'_{x'} = \begin{bmatrix} \hat{\boldsymbol{x}}'^T \\ \hat{\boldsymbol{y}}'^T \\ \hat{\boldsymbol{z}}'^T \end{bmatrix} \boldsymbol{\sigma}\hat{\boldsymbol{x}}'$$

と表すことができる．左辺の $\boldsymbol{\sigma}'_{x'}$ は x' 軸に垂直な面に働く応力 $\boldsymbol{\sigma}_{x'}$ の成分を新しい座標系 (x', y', z') で表したものである．y', z' 軸に垂直な面に働く応力を同じような形で表せば，新しい座標系における応力テンソルは

$$\boldsymbol{\sigma}' = [\boldsymbol{\sigma}'_{x'}\ \boldsymbol{\sigma}'_{y'}\ \boldsymbol{\sigma}'_{z'}] = \boldsymbol{A}^T \boldsymbol{\sigma} \boldsymbol{A} \tag{3.1.8}$$

と表すことができる．ここで $\boldsymbol{A}$ は新しい座標軸の単位ベクトルを並べた

$$\boldsymbol{A} = [\hat{\boldsymbol{x}}'\ \hat{\boldsymbol{y}}'\ \hat{\boldsymbol{z}}'] \tag{3.1.9}$$

である．

上に現れた $\bm{A}$ は座標変換に固有な行列で，変換行列などと呼ばれることもある．これは直交行列で

$$\bm{A}^T \bm{A} = \bm{I} \tag{3.1.10}$$

を満たしている．$\bm{I}$ は単位行列である．$\bm{A}$ が上式を満たしていることは，$\hat{\bm{x}}'$, $\hat{\bm{y}}'$, $\hat{\bm{z}}'$ がたがいに直交していることから容易にわかる．

主軸 座標回転の例として，x, y 軸を z 軸のまわりに角 θ だけ回転させた座標軸 x', y', z' を考えてみる (図 3.1.5)．この場合，新しい座標軸の方向の単位ベクトルを旧座標系で表すと

$$\hat{\bm{x}}' = [\cos\theta\ \sin\theta\ 0]^T \quad \hat{\bm{y}}' = [-\sin\theta\ \cos\theta\ 0]^T \quad \hat{\bm{z}}' = [0\ 0\ 1]^T$$

であるから，変換行列は

$$\bm{A} = \begin{bmatrix} \cos\theta & -\sin\theta & 0 \\ \sin\theta & \cos\theta & 0 \\ 0 & 0 & 1 \end{bmatrix} \tag{3.1.11}$$

となる．これが直交関係 (3.1.10) 式を満たしていることは明らかである．(3.1.8) 式を用いて $\bm{\sigma}'$ の成分を計算すると

$$\sigma'_{x'x'} = \sigma_{xx}\cos^2\theta + \sigma_{xy}\sin 2\theta + \sigma_{yy}\sin^2\theta$$

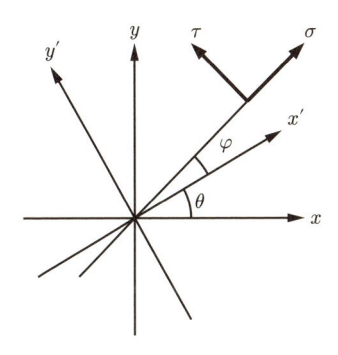

図 **3.1.5** 垂直応力 σ，剪断応力 τ

$$\begin{aligned}\sigma'_{x'y'} &= \frac{1}{2}(\sigma_{yy} - \sigma_{xx})\sin 2\theta + \sigma_{xy}\cos 2\theta \\ \sigma'_{z'x'} &= \sigma_{zx}\cos\theta + \sigma_{yz}\sin\theta \\ \sigma'_{y'y'} &= \sigma_{xx}\sin^2\theta - \sigma_{xy}\sin 2\theta + \sigma_{yy}\cos^2\theta \\ \sigma'_{y'z'} &= -\sigma_{zx}\sin\theta + \sigma_{yz}\cos\theta \qquad \sigma'_{z'z'} = \sigma_{zz}\end{aligned} \quad (3.1.12)$$

となる．

ここで $\sigma'_{x'y'}$ が 0 になるように角 θ を選ぶことにする．この角は

$$\tan 2\theta = \frac{2\sigma_{yx}}{\sigma_{xx} - \sigma_{yy}} \tag{3.1.13}$$

から決まる．この式には四つの根があるが，そのうちで $\sigma'_{x'x'}$ が最大になる方向を選ぶことにする．このとき

$$\begin{aligned}\sigma'_{x'x'} &= \frac{1}{2}\left(\sigma_{xx} + \sigma_{yy} + \sqrt{(\sigma_{xx} - \sigma_{yy})^2 + 4\sigma_{xy}^2}\right) = \sigma_1 \\ \sigma'_{y'y'} &= \frac{1}{2}\left(\sigma_{xx} + \sigma_{yy} - \sqrt{(\sigma_{xx} - \sigma_{yy})^2 + 4\sigma_{xy}^2}\right) = \sigma_2\end{aligned} \quad (3.1.14)$$

となる．このように選んだ座標軸を主軸 (principal axis)，σ_1，σ_2 を主応力 (principal stress) という．主軸を座標軸に選ぶと非対角成分が 0 になるので，応力の表現が簡単になる．

主軸からさらに角 φ だけ回転した軸に垂直な面に働く垂直応力 (normal stress) σ と，面に平行に働く剪断応力 (shear stress) τ は (図 3.1.5)

$$\begin{aligned}\sigma &= \frac{1}{2}(\sigma_1 + \sigma_2) + \frac{1}{2}(\sigma_1 - \sigma_2)\cos 2\varphi \\ \tau &= \frac{1}{2}(\sigma_2 - \sigma_1)\sin 2\varphi\end{aligned} \quad (3.1.15)$$

で表される．したがって剪断応力は主軸から $\pm\pi/4$，$\pm 3\pi/4$ のところで最大になる．内部摩擦がないときには，脆性破壊 (brittle fracture) は剪断応力の大きさが最大になる方向に生じる．

上では二次元の問題，すなわち x，y 成分だけに注目したが，三次元の場合にも座標軸をうまく回転させれば，応力テンソルは

$$\boldsymbol{\sigma}' = \begin{bmatrix} \sigma_1 & 0 & 0 \\ 0 & \sigma_2 & 0 \\ 0 & 0 & \sigma_3 \end{bmatrix} \qquad \sigma_1 \geq \sigma_2 \geq \sigma_3 \qquad (3.1.16)$$

の形にすることができる．σ_1 は最大主応力，σ_3 は最小主応力，σ_2 は中間主応力である．粘性のない流体では圧力 p しか働かないので，座標系をどのように選んでも応力テンソルは上の形になり，$\sigma_1 = \sigma_2 = \sigma_3 = -p$ である．

3.1.2 運動方程式

図 3.1.3 の立方体を用いて，並進運動の運動方程式を導く．ただし，こんどは立方体の中心の座標を (x, y, z) とする．また，運動方程式の x 成分だけを考えることにする．

立方体には六つの面から x 方向の力を受ける．$+x$ 軸に垂直な面から受ける力は $\sigma_{xx}\varepsilon^2$，$-x$ 軸に垂直な面から受ける力は $-\sigma_{xx}\varepsilon^2$ である．しかしこの二つの面は立方体の中心から $\varepsilon/2$ だけ離れていることに注意しなければならない．いま，問題とする座標だけを書くことにすれば，上の二つの力の合力は

$$\sigma_{xx}(x+\varepsilon/2)\varepsilon^2 - \sigma_{xx}(x-\varepsilon/2)\varepsilon^2$$

となる．各項をテーラー展開して一次の項までとれば

$$\left[\sigma_{xx}(x) + \frac{\partial \sigma_{xx}(x)}{\partial x}\frac{\varepsilon}{2}\right]\varepsilon^2 - \left[\sigma_{xx}(x) - \frac{\partial \sigma_{xx}(x)}{\partial x}\frac{\varepsilon}{2}\right]\varepsilon^2 = \frac{\partial \sigma_{xx}(x)}{\partial x}\varepsilon^3$$

となる．同様にして y 軸，z 軸に垂直な面に働く x 方向の力の合力を計算すれば

$$\frac{\partial \sigma_{xy}(y)}{\partial y}\varepsilon^3 + \frac{\partial \sigma_{xz}(z)}{\partial z}\varepsilon^3$$

になる．したがって，立方体の x 方向の変位を u_x，立方体の単位体積に働く体積力の x 成分を f_x とすれば，運動方程式の x 成分は

$$\rho\varepsilon^3\frac{d^2 u_x}{dt^2} = \left(\frac{\partial \sigma_{xx}}{\partial x} + \frac{\partial \sigma_{xy}}{\partial y} + \frac{\partial \sigma_{xz}}{\partial z}\right)\varepsilon^3 + \varepsilon^3 f_x + 誤差項$$

となる．誤差項は ε^3 よりも高次の微小量であるから，$\varepsilon \to 0$ の極限では

$$\rho \frac{\partial^2 u_x}{\partial t^2} = \frac{\partial \sigma_{xx}}{\partial x} + \frac{\partial \sigma_{xy}}{\partial y} + \frac{\partial \sigma_{xz}}{\partial z} + f_x \tag{3.1.17}$$

が得られる．弾性体の場合，変位 u_x が非常に小さいときのみをとり扱うので，実質微分 $d^2 u_x / dt^2$ を偏微分

$$\frac{d^2 u_x}{dt^2} = \frac{\partial^2 u_x}{\partial t^2}$$

で置き換えている．ほかの成分については x, y, z をサイクリックに入れ替えることによって導くことができる．

3.2 歪

3.2.1 歪の定義

平衡状態のときに位置 $\boldsymbol{x}$ にあった弾性体の粒子は，外力が加えられたときには位置 $\boldsymbol{x}'$ に移動しているであろう．この差が変位ベクトル $\boldsymbol{u}$ である．変位 $\boldsymbol{u}$ はもちろん最初の位置 $\boldsymbol{x}$ の関数である．したがって

$$\boldsymbol{x}' = \boldsymbol{x} + \boldsymbol{u}(\boldsymbol{x})$$

の関係がある．歪 (strain) は弾性体内の相対的な変位によって生じるものであるから，弾性体が並進運動をしたり，剛体回転をしたときには，変位はあっても弾性体内に歪は生じない．

ここでは歪の成分を頭ごなしに定義して，後でその意味を調べることにする．変位 $\boldsymbol{u}$ の x, y, z 成分を (u_x, u_y, u_z) とすると，歪の成分は

$$e_{xx} = \frac{\partial u_x}{\partial x} \qquad e_{xy} = e_{yx} = \frac{1}{2}\left(\frac{\partial u_x}{\partial y} + \frac{\partial u_y}{\partial x}\right) \qquad \text{etc.} \tag{3.2.1}$$

で定義される．ほかの成分 $e_{yy}, e_{zz}, e_{yz} = e_{zy}, e_{zx} = e_{xz}$ も同様に定義される．歪には九つの成分があるが，そのうち 6 個が独立である．なお，e_{xy} などは係数 $1/2$ を含まない定義の仕方もある．

3.2.2 いろいろな歪

伸び歪 変位が x 成分 u_x だけで,しかも u_x が x だけの関数であるとする.変形前 Δx だけ離れた 2 点 $P(x)$, $Q(x+\Delta x)$ は変形後には点 $P'(x+u_x(x))$, $Q'(x+\Delta x+u_x(x+\Delta x))$ に移動する.したがって変形後の 2 点間の距離は

$$\Delta x' = \overline{P'Q'} = \Delta x + u_x(x+\Delta x) - u_x(x) = \Delta x + \frac{\partial u_x}{\partial x}\Delta x$$

になる.したがってもとの距離に対する伸びの割合は

$$\frac{\Delta x' - \Delta x}{\Delta x} = \frac{\partial u_x}{\partial x} = e_{xx} \tag{3.2.2}$$

である.このことから,e_{xx} は x 軸方向の伸びを表す量であることがわかる.同様に,e_{yy}, e_{zz} はそれぞれ y 軸,z 軸方向の伸び歪を表す.

面積歪,体積歪 変位 $u_x(x)$, $u_y(y)$, $u_z(z)$ がそれぞれ x, y, z だけの関数であるとする.変形前 x–y 平面内の 2 辺が Δx, Δy の長方形は,変形後 1 辺がそれぞれ

$$\Delta x + u_x(x+\Delta x) - u_x(x) = \Delta x + \frac{\partial u_x}{\partial x}\Delta x = (1+e_{xx})\Delta x$$

$$\Delta y + u_y(y+\Delta y) - u_y(y) = \Delta y + \frac{\partial u_y}{\partial y}\Delta y = (1+e_{yy})\Delta y$$

になる.したがって長方形の面積の増加の割合は

$$\frac{(1+e_{xx})(1+e_{yy})\Delta x\Delta y - \Delta x\Delta y}{\Delta x\Delta y} = e_{xx} + e_{yy} \tag{3.2.3}$$

になる.ここで e_{xx}, e_{yy} は微小量として二次の項を無視している.

同様に直方体の体積変化の割合を計算すれば

$$e_{xx} + e_{yy} + e_{zz} = \nabla \cdot \boldsymbol{u} \tag{3.2.4}$$

が得られる.

剪断歪 x–y 面内の変形だけを考える.変位は x, y 成分しかないが,上とは違って u_x は y のみの関数,u_y は x のみの関数であるとする.点 P から x 軸方向に Δx 離れた点を Q_1,P から y 軸方向に Δy だけ離れた点を Q_2 とす

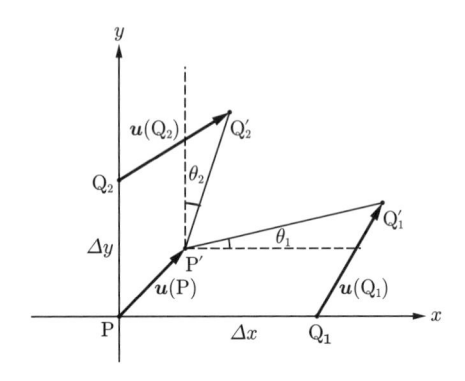

図 3.2.1 剪断歪

る．変形後，点 P は P′ に，点 Q_1 は Q_1' に，点 Q_2 は点 Q_2' に移動する．ここで u_x, u_y はそれぞれ x, y にはよらないので，変形後の位置関係は図 3.2.1 のようになる．

変形後の $P'Q_1'$ と x 軸とのなす角は

$$\theta_1 = \frac{u_y(x+\Delta x) - u_y(x)}{\Delta x} = \frac{\partial u_y}{\partial x}$$

$P'Q_2'$ と y 軸のなす角は

$$\theta_2 = \frac{u_x(y+\Delta y) - u_x(y)}{\Delta y} = \frac{\partial u_x}{\partial y}$$

である．したがって変形前に点 P で直角であった角 $\angle Q_1 P Q_2$ は，変形後には直角から

$$\theta_1 + \theta_2 = \frac{\partial u_y}{\partial x} + \frac{\partial u_x}{\partial y} = 2e_{xy}$$

だけ減少していることになる．

剛体回転　剪断歪によく似ているのが剛体回転である．z 軸のまわりに微小角 θ_z だけ反時計まわりに回転させたときの変位は

$$u_x = -\theta_z y \qquad u_y = \theta_z x$$

で表される．このときの剪断歪を定義にしたがって計算すると

$$e_{xy} = \frac{1}{2}(-\theta_z + \theta_z) = 0$$

となって，剛体回転が歪成分には影響しないことがわかる．

逆に変位が与えられたときの回転成分は

$$\theta_z = \frac{1}{2}\left(\frac{\partial u_y}{\partial x} - \frac{\partial u_x}{\partial y}\right)$$

によって求めることができる．これは変位ベクトルの回転

$$\frac{1}{2}\nabla \times \boldsymbol{u}$$

の z 成分にほかならない．剛体回転でないときにもこの回転の値は 0 ではなくなるが，これが弾性波の運動に直接影響を与えることはない．

単純剪断歪 こんどは台形 OABC の x 軸上の底辺を固定したまま，上辺 BC を x 軸方向に引っ張ったときの変形を考える．このときの変位は図 3.2.2 から

$$u_x = \varphi y \qquad u_y = 0$$

と書けるから，歪は

$$e_{xy} = \frac{1}{2}\varphi \tag{3.2.5}$$

と表される．この図のような歪を，単純剪断歪 (simple shear) と呼ぶ．これに対して図 3.2.1 のような歪を，純粋剪断歪 (pure shear) と呼ぶ．二つの図を比較すれば，図 3.2.1 を回転させたものが図 3.2.2 になっていることが明らかである．このとき

$$\varphi = \theta_1 + \theta_2$$

の関係が成り立っている．

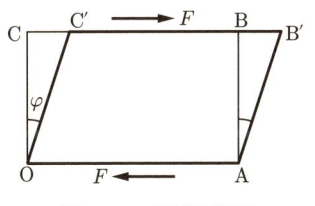

図 **3.2.2** 単純剪断歪

3.3 フックの法則

弾性体の運動方程式 (3.1.17) では変位 u と応力 σ_{ij} の関係が与えられているだけであるから，これを解くためにはもう一つ変位と応力の関係が必要になる．これが構成則である．これは媒質の性質によって非常に異なる形をとるが，ここでは最も単純な場合，すなわち完全弾性体で，等方 (isotropic) の場合を考える．完全弾性体という意味は，加えた力を除くともとの状態に戻るという意味であり，等方というのは弾性体の性質が方向によらないという意味である．たとえば水晶のような結晶は，方向によって弾性的な性質が異なるから等方的ではない．

3.3.1 フックの法則

歪が非常に小さいとき，完全弾性体の応力と歪は線型 (一次式) の関係になっている．応力と歪はそれぞれ6個の成分をもっているから，たとえ線型といっても，それらの関係は複雑である (3.4 節参照)．そこでこの関係が座標軸をどのように選んでも変わらない，すなわち等方であるという条件をつければ，等方的な完全弾性体の応力と歪の関係は，直角座標系では

$$\sigma_{xx} = \lambda(e_{xx} + e_{yy} + e_{zz}) + 2\mu e_{xx} \qquad \sigma_{xy} = 2\mu e_{xy} \quad \text{etc.} \qquad (3.3.1)$$

などと表される．ここで λ, μ はラメ (Lamé) の弾性定数である．このうち μ は剛性率であることが後でわかる．これらの弾性定数は座標の関数であっても差支えない．円筒座標系，球座標系でもまったく同じ形で表される．

等方的というのは次のような意味である．もとの座標軸を回転させた座標系 (x', y', z') で見ると，応力や歪の成分は変化して，それぞれ $\sigma'_{xx}, \sigma'_{xy}, \cdots$ や $e'_{xx}, e'_{xy}, \cdots$ などとなるであろう．ここでは簡単のために 3.1 節とは違って，添字の $'$ は省略している．応力と歪の成分は変化しても，(3.3.1) 式はそのまま成立して

$$\sigma'_{xx} = \lambda(e'_{xx} + e'_{yy} + e'_{zz}) + 2\mu e'_{xx} \qquad \sigma'_{xy} = 2\mu e'_{xy} \quad \text{etc.}$$

となるのが等方的な場合である．詳しくは 3.4 節で議論する．

3.3.2 いろいろな弾性定数

(3.3.1) 式だけでは，ラメの定数 λ, μ がどのような意味をもっているかはわからない．ここでは実験的に弾性定数を求める方法に関連づけて，弾性定数の意味を調べることにする．

体積弾性率 弾性体を液体の中に浸して，液体に圧力 p を加える．このとき，弾性体内部のもともと V であった体積が ΔV だけ減少したとすると

$$p = K \frac{\Delta V}{V} \tag{3.3.2}$$

が成り立ち，K は体積弾性率と呼ばれる弾性定数である．弾性体には液体に加えられたと同じ圧力が四方八方から加えられるので，すべての方向に一様に縮む．このときには変位の x, y, z 成分 u_x, u_y, u_z は体積歪を導いたときと同様に，それぞれ x だけ，y だけ，z だけの関数になるから

$$e_{xy} = e_{yz} = e_{zx} = 0 \qquad \sigma_{xx} = \sigma_{yy} = \sigma_{zz} = -p$$

が成り立つ．p に負号がつくのは σ_{xx} などは張力を正としているからである．このとき (3.3.1) 式から

$$\sigma_{xx} + \sigma_{yy} + \sigma_{zz} = -3p = (3\lambda + 2\mu)(e_{xx} + e_{yy} + e_{zz})$$

が成り立つ．体積変化の割合が

$$-\frac{\Delta V}{V} = e_{xx} + e_{yy} + e_{zz}$$

であることを考えれば，上式と (3.3.2) 式を比較すれば

$$K = \lambda + \frac{2}{3}\mu \tag{3.3.3}$$

が得られる．体積弾性率がラメの定数で表された．(3.3.2) 式から K と p は同じ次元であるから，弾性定数は圧力と同じ次元である．

剛性率 直方体の上面，下面にそれぞれ大きさ F の逆向きの力を加えて歪ませる (図 3.2.2)．図のように角 φ だけ歪んだとき

$$\frac{F}{S} = G\varphi \tag{3.3.4}$$

が成り立つ．S は直方体の上，下面の面積を表す．この比例定数 G は剛性率 (rigidity) と呼ばれる．この変形は単純剪断歪にほかならない．上式の左辺は y 軸に垂直な面に働く応力 σ_{yx} であり，φ は単純剪断歪 $2e_{yx}$ であるから，上式は

$$\sigma_{xy} = 2Ge_{xy}$$

と書くことができる．これをフックの法則 (3.3.1) 式と比較すれば，μ が剛性率であることがわかる．

流体には剪断歪に対する抵抗力がまったくないので

$$G = \mu = 0$$

になる．

ヤング率とポアソン比　断面が一辺の長さ a の正方形，長さが L の棒を考える．棒の両端に引っ張り力 F を加えたとき，棒の長さが ΔL だけ伸び，断面の一辺が Δa だけ縮んだとする (図 3.3.1)．このとき

$$\frac{F}{S} = E\frac{\Delta L}{L} \qquad S = a^2 \tag{3.3.5}$$

で決まる弾性定数 E をヤング率 (Young's modulus)，

$$\frac{\Delta a}{a} = \nu\frac{\Delta L}{L} \tag{3.3.6}$$

で決まる ν をポアソン比 (Poisson's ratio) という．

棒の軸方向に z 軸を，側面に垂直な方向に x, y 軸をとる．側面には力が働いていないので

図 3.3.1 棒の伸び

$$\sigma_{xx} = \lambda(e_{xx} + e_{yy} + e_{zz}) + 2\mu e_{xx} = 0$$
$$\sigma_{yy} = \lambda(e_{xx} + e_{yy} + e_{zz}) + 2\mu e_{yy} = 0$$

が成り立つ．これより

$$e_{xx} = e_{yy} = -\frac{\lambda}{2(\lambda + \mu)} e_{zz} \tag{3.3.7}$$

が得られる．これは棒が軸方向に伸びれば ($e_{zz} > 0$) 断面が縮む ($e_{xx} = e_{yy} < 0$) ことを表している．e_{zz} は棒の伸び $\Delta L/L$, $-e_{xx}$ は辺の縮み $\Delta a/a$ に相当するから，これらの比

$$\nu = \frac{\lambda}{2(\lambda + \mu)} \tag{3.3.8}$$

がポアソン比である．流体 ($\mu = 0$) のポアソン比は $1/2$ であるが，通常の固体のポアソン比は 0.25 から 0.35 程度が多い．$\lambda = \mu$ が成り立つ場合は

$$\nu = \frac{1}{4} \qquad \lambda = \mu$$

であるが，このときには数式が簡単になるので，弾性体のモデルとしてよく用いられる．

いま求められた e_{xx}, e_{yy} をフックの法則

$$\sigma_{zz} = \lambda(e_{xx} + e_{yy} + e_{zz}) + 2\mu e_{zz}$$

に代入すれば

$$\sigma_{zz} = \frac{\mu(3\lambda + 2\mu)}{\lambda + \mu} e_{zz} \tag{3.3.9}$$

が得られる．この式と (3.3.5) 式を比べる．(3.3.5) 式の左辺は z 軸に垂直な面に働く z 方向の力であるから σ_{zz} である．一方，右辺の $\Delta L/L$ は z 軸方向の伸び歪 e_{zz} であるから，ヤング率 E は λ, μ を用いて

$$E = \frac{\mu(3\lambda + 2\mu)}{\lambda + \mu} \tag{3.3.10}$$

と表されることがわかった．

等方的な弾性体の弾性的性質は，これまでに現れた λ, μ, K, E, ν などのうちの任意の二つの量によって表すことができる．これらの量の間の関係は

$$\lambda = \frac{2\nu}{1-2\nu}\mu \qquad \lambda + 2\mu = \frac{2(1-\nu)}{1-2\nu}\mu$$
$$K = \frac{2(1+\nu)}{3(1-2\nu)}\mu \qquad E = 2(1+\nu)\mu \qquad (3.3.11)$$

で与えられる．

工学系では，フックの法則を (3.3.1) 式とは逆に歪を応力で表すことも多い．このときには弾性定数としてヤング率とポアソン比を用い

$$e_{xx} = \frac{1}{E}\left[\sigma_{xx} - \nu(\sigma_{yy} + \sigma_{zz})\right] \qquad e_{xy} = \frac{1}{G}\sigma_{xy} \quad \text{etc.} \qquad (3.3.12)$$

などとする．ここに G は剛性率である．

3.4 歪エネルギー

弾性体に外力が働くと，その仕事の一部は弾性体の運動エネルギーの増加に，また一部は弾性体の内部エネルギーの増加に使われる．このようなエネルギーの収支決算を運動方程式 (3.1.17) を用いて計算することができるが，ここでは結論だけを述べる．

いま，時間 dt の間に弾性体の歪が de_{ij} だけ変化したとすれば，単位体積当たりの弾性体の内部エネルギーの変化は

$$dW = \sum_{i,j} \sigma_{ij} de_{ij} \qquad (3.4.1)$$

で表される．i, j は直角座標なら x, y, z を意味しており，和は i, j のすべての組合せに対してとることを意味している．また σ_{ij} と σ_{ji}, e_{ij} と e_{ji} は形式的には独立なものと考えている．

線型な完全弾性体の場合，フックの法則により応力 σ_{ij} は歪 e_{ij} の一次式で表されるから，上式はすぐに積分できて

$$2W = \sum_{i,j} \sigma_{ij} e_{ij} \qquad (3.4.2)$$

が得られる．W は単位体積当たりの歪エネルギー (strain energy)，あるいは弾性エネルギーと呼ばれる．等方弾性体のときにはフックの法則 (3.3.1) 式により，歪エネルギーは次のように書くことができる．

$$2W = (\lambda + 2\mu)(e_{xx} + e_{yy} + e_{zz})^2 \\ + 2\mu(e_{yz}^2 + e_{zy}^2 + e_{zx}^2 + e_{xz}^2 + e_{xy}^2 + e_{yx}^2 \\ - 2e_{yy}e_{zz} - 2e_{zz}e_{xx} - 2e_{xx}e_{yy}) \tag{3.4.3}$$

(3.4.1) 式から

$$\sigma_{ij} = \frac{\partial W}{\partial e_{ij}} \tag{3.4.4}$$

が成り立つ．この関係が成り立つためには，(3.4.2) 式において e_{xy} と e_{yx} などを形式的には独立な量として書いておかなければならない．

一般的なフックの法則　応力と歪が線形の関係にあるという条件だけなら，フックの法則 (3.3.1) 式は最も一般的に

$$\sigma_{ij} = \sum_{k,l} c_{ijkl} e_{kl} \tag{3.4.5}$$

と書くことができる．c_{ijkl} が弾性定数である．添字 i, j, k, l はそれぞれ三つの座標 (直角座標なら x, y, z) を動くので，c_{ijkl} には合計 81 個の量がある．上の関係を用いると，歪エネルギーの一般的な表現は

$$2W = \sum_{i,j,k,l} c_{ijkl} e_{ij} e_{kl} \tag{3.4.6}$$

となる．

弾性定数の総数が 81 個というのは形式的で，実際にはそうではない．まず $\sigma_{ij} = \sigma_{ji}$ の関係から

$$c_{ijkl} = c_{jikl} \tag{3.4.7}$$

が成り立つ．また $e_{ij} = e_{ji}$ から

$$c_{ijkl} = c_{ijlk} \tag{3.4.8}$$

が成り立つ．最後に

$$\frac{\partial^2 W}{\partial e_{ij} \partial e_{kl}} = \frac{\partial^2 W}{\partial e_{kl} \partial e_{ij}}$$

から

$$c_{ijkl} = c_{klij} \tag{3.4.9}$$

の関係が成り立つ．以上の対称性から，最も一般的な場合でも独立な弾性定数は21個であることがわかる．

このような一般的な場合に比べて，等方的な弾性体の弾性定数はわずか2個しかない．これは次のようにして導かれる．

等方的という意味は，座標をどのように回転しても，応力と歪の関係が同じ形で表されるという意味である．これが成り立つためには，(3.4.4) 式により歪エネルギー W が座標回転に対しても同じ形に書かれていなければならない．

一例として x, y 軸を z 軸のまわりに反時計まわりに角 θ だけ回転させた座標系 x', y' における歪を計算してみる．

$$x = x' \cos\theta - y' \sin\theta \qquad u'_x = u_x \cos\theta + u_y \sin\theta$$
$$y = x' \sin\theta + y' \cos\theta \qquad u'_y = -u_x \sin\theta + u_y \cos\theta$$

であるから，新しい座標系における歪は

$$e'_{xx} = e_{xx} \cos^2\theta + 2e_{xy} \sin\theta \cos\theta + e_{yy} \sin^2\theta$$
$$e'_{yy} = e_{xx} \sin^2\theta - 2e_{xy} \sin\theta \cos\theta + e_{yy} \cos^2\theta$$

などと表される．これらの式は微分公式

$$\frac{\partial}{\partial x'} = \frac{\partial x}{\partial x'}\frac{\partial}{\partial x} + \frac{\partial y}{\partial x'}\frac{\partial}{\partial y}$$

などを用いて実際に微分を行って求めてもよいし，e_{ij} が応力と同じく二階のテンソルであることを知っていれば，座標変換の公式 (3.1.11) を用いてもよい．変換によって e_{xx}, e_{yy} はそれぞれ変化するが

$$e'_{xx} + e'_{yy} = e_{xx} + e_{yy} \tag{3.4.10}$$

は変化しない．これは x–y 面内の面積歪であるから，座標系の回転にはよらないのは当然である．このような量を不変量 (invariant) という．z 軸のまわりの回転だけではなく，あらゆる座標回転に対する不変量の一つは体積歪 $e_{xx} + e_{yy} + e_{zz}$ である．歪の二次までの不変量は，じつは (3.4.3) 式の第二項の二次式

$$e_{yz}^2 + e_{zy}^2 + e_{zx}^2 + e_{xz}^2 + e_{xy}^2 + e_{yx}^2 - 2e_{yy}e_{xx} - 2e_{zz}e_{xx} - 2e_{xx}e_{yy}$$

だけである．この二つの不変量を用いて二次の同次式を作れば，(3.4.3) 式になる．したがって (3.4.3) 式はあらゆる回転に対して不変であり，これはフックの法則が座標系によらずに同じ形で成り立つことを保証している．

z 軸のまわりの回転に関する二次の不変量は

$$e_{yz}^2 + e_{zy}^2 + e_{zx}^2 + e_{xz}^2 \qquad e_{xy}^2 + e_{yx}^2 - 2e_{xx}e_{yy} \tag{3.4.11}$$

の二つである．e_{zz} も z 軸のまわりの回転に関して不変であることは自明である．これらの不変量を用いて歪の二次の同次式の最も一般的な形は

$$\begin{aligned} 2W = &A(e_{xx} + e_{yy})^2 + Ce_{zz}^2 + 2F(e_{xx} + e_{yy})e_{zz} \\ &+ 2L(e_{yz}^2 + e_{zy}^2 + e_{zx}^2 + e_{xz}^2) \\ &+ 2N(e_{xy}^2 + e_{yx}^2 - 2e_{xx}e_{yy}) \end{aligned} \tag{3.4.12}$$

である．A, C, $\cdots$ などは定数である．この歪エネルギーから導かれる応力–歪の関係にしたがう媒質を，横等方的 (transversely isotropic) な媒質という．A, C, $\cdots$ などはこの媒質の弾性定数に相当する．これは等方的ではないが，非等方的媒質の最も簡単なモデルとして用いられることが多い．なお等方的な媒質は横等方的媒質の特殊な場合に相当し

$$A = C = \lambda + 2\mu \qquad F = \lambda \qquad L = N = \mu$$

である．横等方的な媒質の応力–歪の関係は，(3.4.4) 式によって歪エネルギー (3.4.12) を微分することによって次のように表される．

$$\sigma_{xx} = A(e_{xx} + e_{yy}) - 2Ne_{yy} + Fe_{zz}$$
$$\sigma_{yy} = A(e_{xx} + e_{yy}) - 2Ne_{xx} + Fe_{zz}$$
$$\sigma_{zz} = F(e_{xx} + e_{yy}) + Ce_{zz} \qquad (3.4.13)$$
$$\sigma_{yz} = 2Le_{yz} \qquad \sigma_{zx} = 2Le_{zx} \qquad \sigma_{xy} = 2Ne_{xy}$$

一般的なフックの法則 フックの法則 (3.4.5) 式のかわりに

$$\begin{bmatrix} \sigma_{xx} \\ \sigma_{yy} \\ \sigma_{zz} \\ \sigma_{yz} \\ \sigma_{zx} \\ \sigma_{xy} \end{bmatrix} = \begin{bmatrix} c_{11} & c_{12} & c_{13} & c_{14} & c_{15} & c_{16} \\ c_{12} & c_{22} & c_{23} & c_{24} & c_{25} & c_{26} \\ c_{13} & c_{23} & c_{33} & c_{34} & c_{35} & c_{36} \\ c_{14} & c_{24} & c_{34} & c_{44} & c_{45} & c_{46} \\ c_{15} & c_{25} & c_{35} & c_{45} & c_{55} & c_{56} \\ c_{16} & c_{26} & c_{36} & c_{46} & c_{56} & c_{66} \end{bmatrix} \begin{bmatrix} e_{xx} \\ e_{yy} \\ e_{zz} \\ 2e_{yz} \\ 2e_{zx} \\ 2e_{xy} \end{bmatrix}$$

もよく用いられる．c_{ij} が弾性定数である．6×6 の行列が対称になっているのは関係 (3.4.8) 式のためである．

3.5 曲線座標系における歪，運動方程式

円筒座標系や球座標系における歪の成分や運動方程式の表現は，教科書などで見つけるのは案外難しい．ここでは公式集として記録する．なお，歪が求められれば応力の成分は (3.3.1) 式から導かれるので，ここでは省略する．

3.5.1 円筒座標系 (r, φ, z)

歪

$$\begin{aligned} e_{rr} &= \frac{\partial u_r}{\partial r} \qquad e_{\varphi\varphi} = \frac{1}{r}\frac{\partial u_\varphi}{\partial \varphi} + \frac{u_r}{r} \qquad e_{zz} = \frac{\partial u_z}{\partial z} \\ 2e_{\varphi z} &= \frac{1}{r}\frac{\partial u_z}{\partial \varphi} + \frac{\partial u_\varphi}{\partial z} \qquad 2e_{zr} = \frac{\partial u_r}{\partial z} + \frac{\partial u_z}{\partial r} \\ 2e_{r\varphi} &= r\frac{\partial}{\partial r}\left(\frac{u_\varphi}{r}\right) + \frac{1}{r}\frac{\partial u_r}{\partial \varphi} \end{aligned} \qquad (3.5.1)$$

運動方程式

$$\rho\frac{\partial^2 u_r}{\partial t^2} = \frac{1}{r}\frac{\partial}{\partial r}(r\sigma_{rr}) + \frac{1}{r}\frac{\partial \sigma_{r\varphi}}{\partial \varphi} + \frac{\partial \sigma_{zr}}{\partial z} - \frac{1}{r}\sigma_{\varphi\varphi} + f_r$$

$$\rho\frac{\partial^2 u_\varphi}{\partial t^2} = \frac{1}{r}\frac{\partial}{\partial r}(r\sigma_{r\varphi}) + \frac{1}{r}\frac{\partial \sigma_{\varphi\varphi}}{\partial \varphi} + \frac{\partial \sigma_{\varphi z}}{\partial z} + \frac{1}{r}\sigma_{r\varphi} + f_\varphi \quad (3.5.2)$$

$$\rho\frac{\partial^2 u_z}{\partial t^2} = \frac{1}{r}\frac{\partial}{\partial r}(r\sigma_{zr}) + \frac{1}{r}\frac{\partial \sigma_{\varphi z}}{\partial \varphi} + \frac{\partial \sigma_{zz}}{\partial z} + f_z$$

3.5.2 球座標系 (r, θ, φ)

歪

$$\begin{aligned}
e_{rr} &= \frac{\partial u_r}{\partial r} \qquad e_{\theta\theta} = \frac{1}{r}\left(\frac{\partial u_\theta}{\partial \theta} + u_r\right)\\
e_{\varphi\varphi} &= \frac{1}{r\sin\theta}\left(\frac{\partial u_\varphi}{\partial \varphi} + u_\theta\cos\theta\right) + \frac{1}{r}u_r\\
2e_{\theta\varphi} &= \frac{1}{r}\frac{\partial u_\varphi}{\partial \theta} + \frac{1}{r\sin\theta}\left(\frac{\partial u_\theta}{\partial \varphi} - u_\varphi\cos\theta\right) \qquad (3.5.3)\\
2e_{\varphi r} &= \frac{1}{r\sin\theta}\frac{\partial u_r}{\partial \varphi} + r\frac{\partial}{\partial r}\left(\frac{u_\varphi}{r}\right)\\
2e_{r\theta} &= r\frac{\partial}{\partial r}\left(\frac{u_\theta}{r}\right) + \frac{1}{r}\frac{\partial u_r}{\partial \theta}
\end{aligned}$$

運動方程式

$$\begin{aligned}
\rho\frac{\partial^2 u_r}{\partial t^2} =& \frac{1}{r^2}\frac{\partial}{\partial r}(r^2\sigma_{rr}) + \frac{1}{r\sin\theta}\left[\frac{\partial}{\partial \theta}(\sin\theta\sigma_{r\theta}) + \frac{\partial \sigma_{\varphi r}}{\partial \varphi}\right]\\
& - \frac{1}{r}(\sigma_{\theta\theta} + \sigma_{\varphi\varphi}) + f_r\\
\rho\frac{\partial^2 u_\theta}{\partial t^2} =& \frac{1}{r^2}\frac{\partial}{\partial r}(r^2\sigma_{r\theta}) + \frac{1}{r\sin\theta}\left[\frac{\partial}{\partial \theta}(\sin\theta\sigma_{\theta\theta}) + \frac{\partial \sigma_{\theta\varphi}}{\partial \varphi}\right]\\
& + \frac{1}{r}(\sigma_{r\theta} - \sigma_{\varphi\varphi}\cot\theta) + f_\theta\\
\rho\frac{\partial^2 u_\varphi}{\partial t^2} =& \frac{1}{r^2}\frac{\partial}{\partial r}(r^2\sigma_{\varphi r}) + \frac{1}{r\sin\theta}\left[\frac{\partial}{\partial \theta}(\sin\theta\sigma_{\theta\varphi}) + \frac{\partial \sigma_{\varphi\varphi}}{\partial \varphi}\right]\\
& + \frac{1}{r}(\sigma_{\varphi r} + \sigma_{\theta\varphi}\cot\theta) + f_\varphi
\end{aligned} \quad (3.5.4)$$

4 平面波の反射，屈折

　流体中とは違って，等方的な固体中には縦波 (P 波)，横波 (S 波) の 2 種類の弾性波が存在する．本章でははじめに P 波，S 波を定義し，さらに SH 波，P-SV 波を導く．

　音波の反射，屈折については第 1 章で考えた．本章では均質で等方的な弾性体を伝わる平面波とその反射，屈折についての式を導くが，流体中と違って固体中には P 波，S 波があるので，反射，屈折の法則は単純ではない．

4.1　均質弾性体の運動方程式と平面波解

　弾性定数が一定のときの弾性体の運動方程式の x 成分は，運動方程式 (3.1.17)，フックの法則 (3.3.1) 式より

$$\rho \frac{\partial^2 u_x}{\partial t^2} = \frac{\partial}{\partial x}\left[\lambda(\nabla \cdot \boldsymbol{u}) + 2\mu \frac{\partial u_x}{\partial x}\right] + \frac{\partial}{\partial y}\left[\mu\left(\frac{\partial u_y}{\partial x} + \frac{\partial u_x}{\partial y}\right)\right]$$
$$+ \frac{\partial}{\partial z}\left[\mu\left(\frac{\partial u_z}{\partial x} + \frac{\partial u_x}{\partial z}\right)\right]$$
$$= (\lambda + \mu)\frac{\partial}{\partial x}(\nabla \cdot \boldsymbol{u}) + \mu \nabla^2 u_x \tag{4.1.1}$$

と書くことができる．ここで変位の x, y, z 成分を $\boldsymbol{u} = (u_x, u_y, u_z)$ とし，体積力は 0 と仮定している．同様に y 成分，z 成分を計算し，直角座標のベクトル表現をすれば，

$$\rho \frac{\partial^2 \boldsymbol{u}}{\partial t^2} = (\lambda + \mu)\nabla(\nabla \cdot \boldsymbol{u}) + \mu \nabla^2 \boldsymbol{u} \tag{4.1.2}$$

が成り立つことがわかる．

　上式の $\nabla^2 \boldsymbol{u}$ は非常に誤解を招きやすい量である．(4.1.1) 式からわかるように，ここでの $\nabla^2 \boldsymbol{u}$ は，変位の x, y, z 成分 u_x, u_y, u_z それぞれのラプ

ラシアンをとってベクトルの 3 成分としたものであるが，円筒座標系や球座標系など一般の座標系で (4.1.1) 式を計算すると，$\nabla^2 \boldsymbol{u}$ の部分は

$$\nabla^2 \boldsymbol{u} = \nabla(\nabla \cdot \boldsymbol{u}) - \nabla \times (\nabla \times \boldsymbol{u}) \tag{4.1.3}$$

となる．じつはこれが一般の座標系におけるベクトルのラプラシアンの定義である．直角座標系ではたまたま $\nabla^2 \boldsymbol{u}$ の x 成分と，$\boldsymbol{u}$ の x 成分のラプラシアンが等しくなるが，一般の座標系では等しくならない．したがって (4.1.2) 式は誤解のないように書けば

$$\rho \frac{\partial^2 \boldsymbol{u}}{\partial t^2} = (\lambda + 2\mu)\nabla(\nabla \cdot \boldsymbol{u}) - \mu \nabla \times (\nabla \times \boldsymbol{u}) \tag{4.1.4}$$

となる．これが均質，等方媒質に対する運動方程式のベクトル表現である．しかし (4.1.3) 式の右辺を書くと長たらしくなるので，以下では $\nabla^2 \boldsymbol{u}$ の表現を用いることが多いが，これはあくまでも (4.1.3) 式の右辺の意味である．もちろん直角座標のときには問題がない．

縦波と横波 運動方程式 (4.1.4) の発散をとると，$\nabla \cdot \nabla \times = 0$ に注意すれば

$$\frac{1}{\alpha^2} \frac{\partial^2}{\partial t^2}(\nabla \cdot \boldsymbol{u}) = \nabla^2(\nabla \cdot \boldsymbol{u}) \tag{4.1.5}$$

が得られる．ここに

$$\alpha = \sqrt{\frac{\lambda + 2\mu}{\rho}} \tag{4.1.6}$$

である．(4.1.5) 式は $\nabla \cdot \boldsymbol{u}$ に関するスカラー波動方程式にほかならない．波の伝播速度が α である．$\nabla \cdot \boldsymbol{u}$ は体積変化の割合であるから，上式は疎密の状態が速度 α で伝わっていくことを意味している．このような波を疎密波 (compressional wave)，あるいは縦波 (longitudinal wave) と呼ぶ．流体中 ($\mu = 0$) の音波は縦波の一種である．地震学では最初にくる波 (primary wave) という意味で，P 波と呼ぶことが多い．したがって α は縦波，あるいは P 波の速度である．

次に運動方程式 (4.1.4) の回転をとる.任意のスカラー関数 ϕ に対して $\nabla \times \nabla \phi = 0$ であるから

$$\frac{1}{\beta^2}\frac{\partial^2}{\partial t^2}(\nabla \times \boldsymbol{u}) = -\nabla \times [\nabla \times (\nabla \times \boldsymbol{u})] \tag{4.1.7}$$

となるが,(4.1.3) 式を参照すると

$$\nabla \times [\nabla \times (\nabla \times \boldsymbol{u})] = \nabla[\nabla \cdot (\nabla \times \boldsymbol{u})] - \nabla^2(\nabla \times \boldsymbol{u})$$

となるが,任意の $\boldsymbol{u}$ に対して $\nabla \cdot (\nabla \times \boldsymbol{u}) = 0$ であるから

$$\frac{1}{\beta^2}\frac{\partial^2}{\partial t^2}(\nabla \times \boldsymbol{u}) = \nabla^2(\nabla \times \boldsymbol{u}) \tag{4.1.8}$$

が得られる.ここに

$$\beta = \sqrt{\frac{\mu}{\rho}} \tag{4.1.9}$$

である.前にも示したように,$\nabla \times \boldsymbol{u}$ は局所的な回転,すなわちねじれ歪を表している.したがって上の波動方程式はねじれの状態が速度 β で伝わっていくことを示している.このような波を横波 (shear wave),あるいは地震学では 2 番目にくる波 (secondary wave) という意味で,S 波と呼ぶ.

SH 波と P-SV 波 固体中を伝わる波が (4.1.2),(4.1.8) 式などの波動方程式を満たしていることは,音波のときと同様に平面波の形の解が存在することを示唆している.平面波の解だけに注目すれば,波面内に y 軸をとることによって

$$\frac{\partial}{\partial y} = 0$$

とすることができる.このように座標軸を選べば,運動方程式 (4.1.2) は

$$\begin{aligned}\rho\frac{\partial^2 u_x}{\partial t^2} &= (\lambda+\mu)\frac{\partial}{\partial x}\left(\frac{\partial u_x}{\partial x}+\frac{\partial u_z}{\partial z}\right)+\mu\left(\frac{\partial^2 u_x}{\partial x^2}+\frac{\partial^2 u_x}{\partial z^2}\right)\\ \rho\frac{\partial^2 u_y}{\partial t^2} &= \mu\left(\frac{\partial^2 u_y}{\partial x^2}+\frac{\partial^2 u_y}{\partial z^2}\right)\\ \rho\frac{\partial^2 u_z}{\partial t^2} &= (\lambda+\mu)\frac{\partial}{\partial z}\left(\frac{\partial u_x}{\partial x}+\frac{\partial u_z}{\partial z}\right)+\mu\left(\frac{\partial^2 u_z}{\partial x^2}+\frac{\partial^2 u_z}{\partial z^2}\right)\end{aligned} \tag{4.1.10}$$

となる．一見してわかるように，y 方向の変位 u_y の運動方程式と，x, z 方向の変位 u_x, u_z の運動方程式が完全に分離している．いま z 軸を鉛直方向にとることにすれば，u_y は水平方向の変位を表し，u_x, u_z は鉛直面内の変位を表す．u_y だけで表される波は上の第二式から明らかなように S 波の速度 β で伝わるので，SH 波と呼ぶ．H は水平方向を意味している．また上の第一，三式で記述される u_x, u_z で表される波は，後で示すように P 波の速度と S 波の速度で伝わる波の合成であるので，P-SV 波と呼ばれる．V は鉛直を意味している．

4.2　SH 波

変位の y 成分 u_y を改めて v と書くことにすれば，上式 (4.1.10) の第二式は

$$\frac{1}{\beta^2}\frac{\partial^2 v}{\partial t^2} = \frac{\partial^2 v}{\partial x^2} + \frac{\partial^2 v}{\partial z^2} \tag{4.2.1}$$

となる．これは二次元のスカラー波動方程式にほかならない．この波は S 波の速度 β で伝わり，変位は y 成分のみであるから SH 波と呼ばれる．水平成分しかもたない S 波という意味である．

この方程式の平面波の解は，音波の場合の平面波の解と同じように考えることができる．ただし境界条件は音波のときとは異なる．

上式 (4.2.1) 式の解を，例によって

$$v \sim e^{-i\omega(t-px-\eta z)}$$

と置く．p は波線パラメーターである．これを運動方程式に代入すれば

$$\eta^2 = \frac{1}{\beta^2} - p^2 \tag{4.2.2}$$

が得られる．$\eta^2 > 0$ のときは音波の場合と同様に，波の伝播方向が $+z$ 軸となす角を φ とすれば

$$p = \frac{\sin\varphi}{\beta} \qquad \eta = \frac{\cos\varphi}{\beta} \tag{4.2.3}$$

が成り立つ．

4.2.1 SH 波の反射,屈折

自由表面における SH 波の反射 $z \leq 0$ に弾性体があり,$z = 0$ が自由表面であるとする.SH 波が自由表面に入射角 φ で入射したときの一般解は

$$v = Ae^{-i\omega(t-px-\eta z)} + Be^{-i\omega(t-px+\eta z)} \tag{4.2.4}$$

と書くことができる.A, B は積分定数で,第一項は入射波,第二項は反射波を表している (図 4.2.1(a)).

次に表面 $z = 0$ で境界条件を考えなければならない.この面は z 軸に垂直な面であるから,ここに働く応力は $\sigma_{zx}, \sigma_{yz}, \sigma_{zz}$ である.自由表面であるからこれらがすべて 0 にならなければならないが,変位が y 成分だけであることから σ_{zx}, σ_{zz} は恒等的に 0 になる.考えなければならないのは σ_{yz} だけで,$\partial/\partial y = 0$ を考慮すれば,境界条件は

$$\sigma_{zy} = \mu \frac{\partial v}{\partial z} = 0 \qquad z = 0$$

である.(4.2.3) 式からこの条件は

$$(A - B)e^{-i\omega(t-px)} = 0 \qquad \frac{B}{A} = 1$$

となる.この比は入射波の振幅 A に対する反射波の振幅 B の比で,すなわち反射係数である.したがって

$$R = \frac{B}{A} = 1 \tag{4.2.5}$$

となる.すなわち,SH 波の自由表面における反射係数は周波数によらず 1 である.この関係から,自由表面における変位は

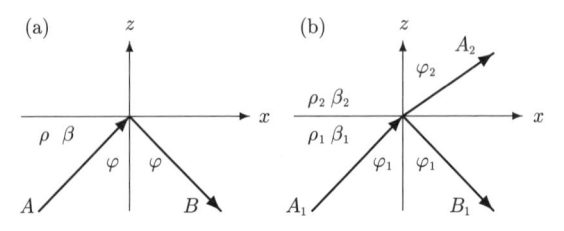

図 4.2.1 SH 波の反射,屈折 (a) 自由表面への入射,(b) 境界面への入射.

$$v(z=0) = 2Ae^{-i\omega(t-px)}$$

となって，入射波の2倍になることがわかる．自由表面での変位は，入射波と反射波の和になるが，反射係数が1であることによりその和が2倍になるのである．流体の場合には圧力に対する反射係数が -1 であったから，表面における圧力は0になる．

境界面での反射，屈折　$z<0$ に媒質1，$z>0$ に媒質2があるとし，SH平面波が媒質1から境界面に向かって入射したとする(図4.2.1(b))．媒質1, 2における平面波解はそれぞれ

$$\begin{aligned} z<0: \quad & v_1 = A_1 e^{-i\omega(t-px-\eta_1 z)} + B_1 e^{-i\omega(t-px+\eta_1 x)} \\ z>0: \quad & v_2 = A_2 e^{-i\omega(t-px-\eta_2 z)} \end{aligned} \tag{4.2.6}$$

と書くことができる．v_1 の第一項は入射波，第二項は反射波，v_2 は屈折波のみを表している．η_1, η_2 は媒質1, 2に対して (4.2.2) 式で定義されている．

音波のときにも注意したように，媒質1と2の波線パラメーターは等しくなければならない．入射角を φ_1，屈折角を φ_2 とすれば

$$p = \frac{\sin\varphi_1}{\beta_1} = \frac{\sin\varphi_2}{\beta_2} \qquad \eta_1 = \frac{\cos\varphi_1}{\beta_1} \qquad \eta_2 = \frac{\cos\varphi_2}{\beta_2}$$

が成り立つ．

二つの半無限媒質の境界 $z=0$ では境界条件を考えなければならない．二つの媒質が固着しているとすれば，境界面で変位と応力が連続でなければならない．変位の連続は

$$v_1 = v_2 \qquad z=0$$

と表される．面 $z=0$ に働く応力は上にも示したように σ_{yz} だけであるから，両媒質の剛性率をそれぞれ $\mu_1 = \rho_1 \beta_1^2$，$\mu_2 = \rho_2 \beta_2^2$ とすると，σ_{yz} の連続条件は

$$\mu_1 \frac{\partial v_1}{\partial z} = \mu_2 \frac{\partial v_2}{\partial z} \qquad z=0$$

である．これらの条件は (4.2.6) 式から

$$A_1 + B_1 = A_2 \qquad \mu_1 \eta_1 (A_1 - B_1) = \mu_2 \eta_2 A_2$$

となる．よって

$$R_{12} = \frac{B_1}{A_1} = \frac{\mu_1 \eta_1 - \mu_2 \eta_2}{\mu_1 \eta_1 + \mu_2 \eta_2} \qquad T_{12} = \frac{A_2}{A_1} = \frac{2\mu_1 \eta_1}{\mu_1 \eta_1 + \mu_2 \eta_2} \quad (4.2.7)$$

が得られた．R_{12}，T_{12} はそれぞれ変位に対する反射係数，透過係数である．音波の場合には圧力に対して反射係数や透過係数が定義されていたが，ここでは変位によって反射係数や透過係数が定義されている．音波のときと同様に，いま求めた SH 波の反射係数，透過係数も入射波の周波数にはよらない．p，η_1，η_2 を φ_1，φ_2 で表せば

$$\begin{aligned} R_{12} &= \frac{\rho_1 \beta_1 \cos\varphi_1 - \rho_2 \beta_2 \cos\varphi_2}{\rho_1 \beta_1 \cos\varphi_1 + \rho_2 \beta_2 \cos\varphi_2} \\ T_{12} &= \frac{2\rho_1 \beta_1 \cos\varphi_1}{\rho_1 \beta_1 \cos\varphi_1 + \rho_2 \beta_2 \cos\varphi_2} \end{aligned} \quad (4.2.8)$$

と書くこともできる．音波のときとの比較から，$\rho_1 \beta_1$，$\rho_2 \beta_2$ はそれぞれ媒質 1，2 の SH 波に対するインピーダンスを表している．

エネルギー保存則 弾性体のもつエネルギーは，運動エネルギーと弾性エネルギーの和である．平面波の場合，時間平均をとれば両者は等しくなることを一般的に示すことができる．そこで弾性体の密度を ρ，波の振幅を U，波の角周波数を ω とすれば，単位体積の弾性体のもつ平均のエネルギーは

$$E = \rho \omega^2 U^2$$

で表される．したがって平面波が速度 v で伝播しているとき，波線に垂直な単位面積を通して流れるエネルギーフラックスは

$$F = vE = v\rho\omega^2 U^2$$

で表される．

図 4.2.2 のように，境界面 AB の面積 S の部分に，媒質 1 から振幅 1 の SH 波が入射角 φ_1 で入射したとする．面積 S に入射する波のフラックスは $\rho_1 \beta_1 \omega^2 S \cos\varphi_1$ である．$S\cos\varphi_1$ は境界面の面積を波線に垂直な面に投影し

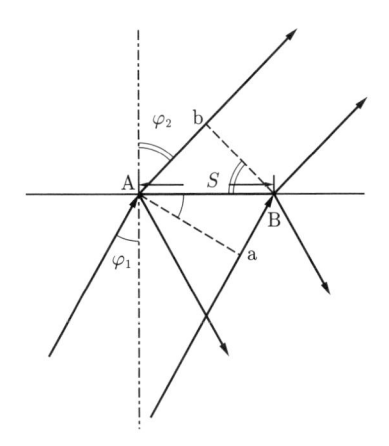

図 **4.2.2** エネルギーフラックスの計算

た Aa の面積，すなわち入射波の波束の面積である．このエネルギーは反射波と屈折波とに分かれる．反射波と屈折波の振幅はそれぞれ $|R_{12}|$, $|T_{12}|$ であるから，屈折波の波束 Bb の断面積が $S\cos\varphi_2$ であることに注意すれば，面 S を通したエネルギー保存則は

$$\rho_1\beta_1\omega^2 S\cos\varphi_1 = \rho_1\beta_1\omega^2 S\cos\varphi_1 |R_{12}|^2 + \rho_2\beta_2\omega^2 S\cos\varphi_2 |T_{12}|^2$$

と書ける．したがって

$$1 = |R_{12}|^2 + \frac{\rho_2\beta_2\cos\varphi_2}{\rho_1\beta_1\cos\varphi_1}|T_{12}|^2 \tag{4.2.9}$$

がエネルギー保存則を表す．(4.2.7) 式が上の関係を満たしていることは，$\eta_1 = \cos\varphi_1/\beta_1$ などの関係を用いれば容易にわかる．

全反射 $\beta_2 > \beta_1$ のときには入射角 φ_1 が臨界角

$$\varphi_c = \sin^{-1}\frac{\beta_1}{\beta_2}$$

を越えると全反射が起きる．このときには η_2 が虚数になるが，(4.2.6) 式の屈折波が無限遠 $z \to +\infty$ で発散しないためには η_2 の符号を

$$\eta_2 = i\hat{\eta}_2 = i\sqrt{p^2 - \beta_2^{-2}} \qquad \omega > 0$$

のように選ばなければならない．このときの反射係数の絶対値は入射角によらずに 1 であり，位相角は

$$\arg R_{12} = -2\tan^{-1}\frac{\mu_2\hat{\eta}_2}{\mu_1\eta_1} \qquad \omega > 0 \tag{4.2.10}$$

である．

4.2.2　2 層構造を伝わる SH 波

媒質 2 が半無限弾性体ではなく，厚さ H の表層である場合，すなわち $z = H$ が自由表面のときを考える (図 4.2.3)．先と同様に媒質 1 から平面波が入射したとき，媒質 1 の解は (4.2.6) 式と同様に置くことができる．表層では自由表面 $z = H$ で反射した波も存在するので，一般解は (4.2.6) 式と違い

$$0 < z < H:$$
$$v_2 = A_2 e^{-i\omega[t - px - \eta_2(z-H)]} + B_2 e^{-i\omega[t - px + \eta_2(z-H)]} \tag{4.2.11}$$

としなければならない．ここで z 座標のところを $z - H$ と書いてあるのは計算の便宜上で，上式が運動方程式を満たしていることは明らかである．

自由表面 $z = H$ では応力 σ_{yz} が 0 にならなければならない．この条件から

$$A_2 = B_2$$

が得られる．したがって表層内の解はこれを (4.2.11) 式に代入して

$$v_2 = 2A_2 \cos\omega\eta_2(z - H) e^{-i\omega(t - px)} \tag{4.2.12}$$

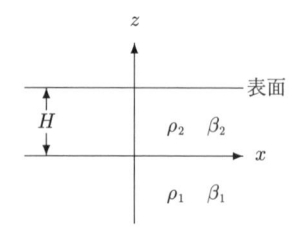

図 4.2.3 表層のある 2 層構造

と書くことができる.

次に境界面 $z=0$ における境界条件を考えなければならない. (4.2.6) 式の第一式, (4.2.12) 式を用いると, 変位と応力の連続条件は

$$A_1 + B_1 = 2A_2 \cos \omega \eta_2 H$$
$$i\mu_1 \eta_1 (A_1 - B_1) = 2\mu_2 \eta_2 A_2 \sin \omega \eta_2 H$$

である. これを A_2, B_1 について解くと

$$\begin{aligned} T &= \frac{A_2}{A_1} = \frac{\mu_1 \eta_1}{\mu_1 \eta_1 \cos \omega \eta_2 H - i\mu_2 \eta_2 \sin \omega \eta_2 H} \\ R &= \frac{B_1}{A_1} = \frac{\mu_1 \eta_1 \cos \omega \eta_2 H + i\mu_2 \eta_2 \sin \omega \eta_2 H}{\mu_1 \eta_1 \cos \omega \eta_2 H - i\mu_2 \eta_2 \sin \omega \eta_2 H} \end{aligned} \quad (4.2.13)$$

が得られる. これらはこれまでの解とは違って, 入射波の周波数に依存している. これは表層の厚さ H というスケールがあるからである.

R は境界面 $z=0$ で見た反射係数である. η_2 が実数のとき, すなわち全反射が起きていないときには, R の絶対値は周波数によらず 1 であることは上式から明らかである. η_2 が虚数になったときでも, $\sin \omega \eta_2 H / \eta_2$ は実数であるから, やはり $|R_{12}| = 1$ となることがわかる. したがって, 境界面の下で見ている限り, 反射係数の絶対値は自由表面のときと同じである. ただし位相は周波数によって変化する.

表層の増幅効果　入射した波の振幅と自由表面における振幅の比は

$$\left| \frac{v_2(z=H)}{A_1} \right| = \left| \frac{2A_2}{A_1} \right| = 2|T|$$

となる. 表層がないときの比は 2 であったから, $|T|$ は表層があることによる増幅率を意味している. η_1, η_2 が実数のときには ω が変化すると, T の分母は複素平面上で実軸, 虚軸を主軸とする楕円上を動く. したがって $|T|$ の最大値, 最小値は実軸上あるいは虚軸上でとる.

実軸上： $\sin \omega \eta_2 H = 0$　　$\cos \omega \eta_2 H = \pm 1$

　　$|T| = 1$

虚軸上： $\cos \omega \eta_2 H = 0$　　$\sin \omega \eta_2 H = \pm 1$

$$|T| = \frac{\mu_1 \eta_1}{\mu_2 \eta_2} = \frac{\rho_1 \beta_1 \cos \varphi_1}{\rho_2 \beta_2 \cos \varphi_2} \tag{4.2.14}$$

わかりやすいように垂直入射,すなわち入射角 φ_1 が 0 のときを考えると,虚軸上では

$$|T| = \frac{\rho_1 \beta_1}{\rho_2 \beta_2}$$

になる.表層が下層よりも硬いとき ($\rho_2 \beta_2 > \rho_1 \beta_1$) には最大値は (4.2.14) 式の第一式の場合であり,このときには表面での変位の最大値は入射波の 2 倍になる.これは表層のない半無限媒質の場合と同じである.

表層が軟らかいとき ($\rho_2 \beta_2 < \rho_1 \beta_1$) には最大値は (4.2.14) 式の第二式の場合であり,$|T| > 1$ になる.軟弱地盤で地震動が大きくなるのは,これが原因である.振幅が最大になる周波数は $\cos \omega \eta_2 H = 0$ より

$$\omega \eta_2 H = \omega H \frac{\cos \varphi_2}{\beta_2} = (2n+1)\frac{\pi}{2} \quad n = 0, 1, 2, \cdots \tag{4.2.15}$$

から決まる.図 4.2.4 は増幅率の一例である.表層が軟弱のときには入射角が大きくなっても屈折角はあまり大きくならないので,入射角が小さいところでは増幅率は入射角にはあまりよらない.

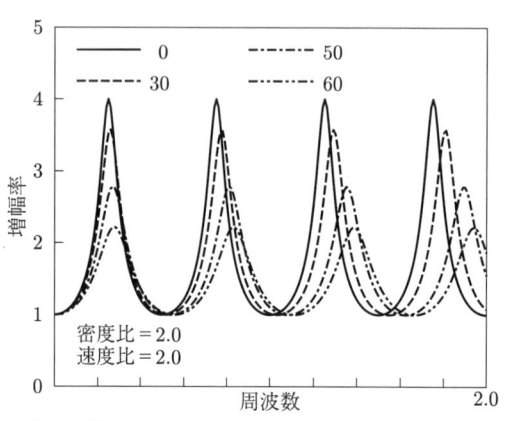

図 **4.2.4 SH 波の軟弱層による増幅率** 横軸は周波数 f を表層の S 波速度と層厚で正規化した無次元の周波数 fH/β_2.$\rho_1/\rho_2 = 2$,$\beta_1/\beta_2 = 2$ の場合.線種の数字は入射角 (度).

波線展開 上で求めた T の三角関数を指数関数で書き換えれば

$$T = \frac{T_{12}e^{i\omega\eta_2 H}}{1 - R_{21}e^{2i\omega\eta_2 H}}$$

と書くことができる．ここに T_{12} は媒質 1 から 2 への透過係数 (4.2.7) 式であり，

$$R_{21} = \frac{\mu_2\eta_2 - \mu_1\eta_1}{\mu_2\eta_2 + \mu_1\eta_1} = -R_{12}$$

は媒質 2 から媒質 1 へ平面波が入射したときの反射係数である．

η_1, η_2 が実数のときには $|R_{21}| < 1$ であるから，T の分母を展開することができ

$$T = T_{12}e^{i\omega\eta_2 H}\left[1 + R_{21}e^{2i\omega\eta_2 H} + R_{21}^2 e^{4i\omega\eta_2 H} + \cdots\right] \tag{4.2.16}$$

となる．

この式は次のように解釈することができる (図 4.2.5)．いま振幅 $1(A_1 = 1)$ の波が下層から入射したとすると，境界面の点 A で表層内に屈折した波の振幅は T_{12} になる．これが表面まで達したとき z 方向の位相の変化を考慮したものが，(4.2.16) 式の第一項である．表面の点 B では反射係数 1 で反射するので，点 B で反射した波の振幅は T_{12} になる．点 B で反射した波が境界面 C で反射したときの振幅は，入射波の振幅 T_{12} に媒質 2 から 1 への反射係数 R_{21} を掛けた $T_{12}R_{21}$ になる．これが (4.2.16) 式の第二項である．以下同様に (4.2.16) 式の各項は，表層内の平面波の多重反射した波を表している．(4.2.12) 式により表面における変位は

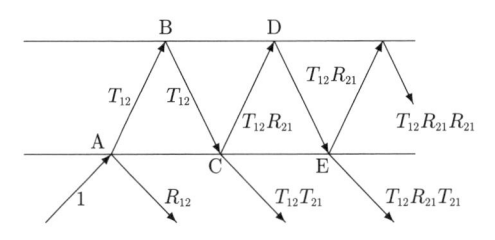

図 4.2.5 SH 波の多重反射

$$v(z=H) = 2TA_1 e^{-i\omega(t-px)}$$

であるから，表面における変位が表面と境界面の間の多重反射波の和で表されたことになる．

同様な展開は (4.2.13) 式の R についても行うことができる．

$$R = \frac{R_{12} + e^{2i\omega\eta_2 H}}{1 + R_{12} e^{2i\omega\eta_2 H}} \tag{4.2.17}$$

より

$$\begin{aligned}
R &= \left(R_{12} + e^{2i\omega\eta_2 H}\right)\left(1 - R_{12} e^{2i\omega\eta_2 H} + R_{12}^2 e^{4i\omega\eta_2 H} \right.\\
&\quad \left. - R_{12}^3 e^{6i\omega\eta_2 H} + \cdots \right) \\
&= R_{12} + (1 - R_{12}^2) e^{2i\omega\eta_2 H} - R_{12}(1 - R_{12}^2) e^{4i\omega\eta_2 H} \\
&\quad + R_{12}^2 (1 - R_{12}^2) e^{6i\omega\eta_2 H} + \cdots \\
&= R_{12} + T_{12} T_{21} \left[e^{2i\omega\eta_2 H} + R_{21} e^{4i\omega\eta_2 H} \right. \\
&\quad \left. + R_{21}^2 e^{6i\omega\eta_2 H} + \cdots \right]
\end{aligned} \tag{4.2.18}$$

となる．ここで T_{21} は媒質 2 から 1 への透過係数で

$$1 - R_{12}^2 = T_{21} T_{12}$$

の関係がある．(4.2.18) 式の第一項は境界面で反射した波，第二項は境界面を通り (透過係数 T_{12})，自由表面で反射し (反射係数 1)，さらに点 C で境界面を下向きに通過 (透過係数 T_{21}) した波である．以下の項も同様に解釈することができる．

4.3 P-SV 波

P-SV 波は P 波と S 波がカップルした波である．しかしここでの S 波は，水平方向の成分 (x 成分) と同時に上下方向の成分 (z 成分) をもった波で，そのために水平成分 (y 成分) だけをもつ SH 波とは区別して SV 波と呼ばれる．音波や SH 波と違って P-SV 波には 2 成分があるので，計算は SH 波に比べてはるかに複雑になる．

4.3.1 一般解

(4.1.10) 式の第一, 三式を再び掲げる. ただし表記を簡単にするために u_x, u_z を改めて u, w と表すことにする.

$$\begin{aligned}\rho\frac{\partial^2 u}{\partial t^2} &= (\lambda+\mu)\frac{\partial}{\partial x}\left(\frac{\partial u}{\partial x}+\frac{\partial w}{\partial z}\right)+\mu\left(\frac{\partial^2 u}{\partial x^2}+\frac{\partial^2 u}{\partial z^2}\right)\\ \rho\frac{\partial^2 w}{\partial t^2} &= (\lambda+\mu)\frac{\partial}{\partial z}\left(\frac{\partial u}{\partial x}+\frac{\partial w}{\partial z}\right)+\mu\left(\frac{\partial^2 w}{\partial x^2}+\frac{\partial^2 w}{\partial z^2}\right)\end{aligned} \quad (4.3.1)$$

この運動方程式の解として, $+x$ 方向に見かけ速度 $1/p$ で伝わる平面波解

$$u = \varepsilon e^{-i\omega(t-px-\gamma z)} \qquad w = e^{-i\omega(t-px-\gamma z)} \quad (4.3.2)$$

を仮定する. w の振幅を仮に 1 としてある. γ と ε がこれから決めるべき定数である. これを (4.3.1) 式に代入すれば

$$\rho\varepsilon = \left[(\lambda+2\mu)p^2+\mu\gamma^2\right]\varepsilon + (\lambda+\mu)p\gamma$$
$$\rho = (\lambda+\mu)p\gamma\varepsilon + \mu p^2 + (\lambda+2\mu)\gamma^2$$

が得られる. したがって

$$\varepsilon = \frac{(\lambda+\mu)p\gamma}{\rho-(\lambda+2\mu)p^2-\mu\gamma^2} = \frac{\rho-\mu p^2-(\lambda+2\mu)\gamma^2}{(\lambda+\mu)p\gamma} \quad (4.3.3)$$

が成り立たなければならない. 第二の等式を整理すれば

$$\left[(\lambda+2\mu)(\gamma^2+p^2)-\rho\right]\left[\mu(\gamma^2+p^2)-\rho\right] = 0$$

となる. よって γ は次式で与えられる.

$$\gamma^2 = \frac{1}{\alpha^2}-p^2, \quad \frac{1}{\beta^2}-p^2 \quad (4.3.4)$$

γ は二乗の形で与えられるから, 合計四つの根があることになる. これらは四つの独立解に対応している. それぞれの根に対して (4.3.3) 式から四つの ε が求められる.

104——4 平面波の反射，屈折

P 波　まず (4.3.4) 式の第一の根

$$\gamma = \pm\sqrt{\alpha^{-2} - p^2} = \pm\xi \qquad \varepsilon = \pm\frac{p}{\xi} \tag{4.3.5}$$

の解は，第1章で示したようにP波の速度 $\alpha = \sqrt{(\lambda + 2\mu)/\rho}$ で伝わる波である．(4.3.2) 式より変位は

$$u \sim \pm\frac{p}{\xi} e^{-i\omega(t-px\mp\xi z)} \qquad w \sim e^{-i\omega(t-px\mp\xi z)}$$

と表されるが，定数を掛けても解であるから，積分定数を A, B とすればこの根に対する一般解は

$$\begin{aligned} u &= p\left(Ae^{i\omega\xi z} - Be^{-i\omega\xi z}\right) e^{-i\omega(t-px)} \\ w &= \xi\left(Ae^{i\omega\xi z} + Be^{-i\omega\xi z}\right) e^{-i\omega(t-px)} \end{aligned} \tag{4.3.6}$$

と書くことができる．ξ が実数のとき，第一項は $+z$ 方向に伝わる波，第二項は $-z$ 方向に伝わる波である．

この波には上下，水平の2成分がある．弾性体粒子がどの向きに振動しているかを見るために，変位を波線に沿った成分 $W^{\pm}$ と，波線に垂直な成分 $U^{\pm}$ に分けて考える (図 4.3.1)．$W^{\pm}$ は波の進行方向を正にとってあり，$U^{\pm}$ の水平成分は波の伝わる方向 (x 方向) を正にとってある．

(4.3.6) 式第一項，すなわち A の項の波線が $+z$ 軸となす角を θ とする．図 4.3.1 を参照すれば，波線方向の変位 W^+，それに垂直な方向の変位 U^+ は，指数関数の部分を省略すれば

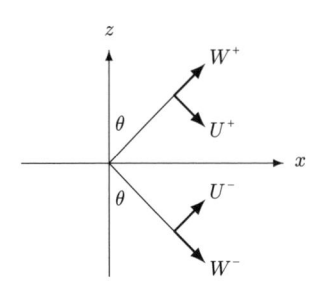

図 4.3.1 振幅 $W^{\pm}$, $U^{\pm}$ の定義

$$\begin{aligned}
W^+ &= u\sin\theta + w\cos\theta = A(p\sin\theta + \xi\cos\theta) = \frac{A}{\alpha} \\
U^+ &= u\cos\theta - w\sin\theta = A(p\cos\theta - \xi\sin\theta) = 0
\end{aligned} \quad (4.3.7)$$

となる．ここで $p = \sin\theta/\alpha$, $\xi = \cos\theta/\alpha$ の関係を利用している．したがってこの波は波線方向，すなわち進行方向の成分しかもっていない．同様に負の向きに伝わる波，(4.3.6) 式の第二項は

$$\begin{aligned}
W^- &= u\sin\theta - w\cos\theta = -B(p\sin\theta + \xi\cos\theta) = -\frac{B}{\alpha} \\
U^- &= u\cos\theta + w\sin\theta = -B(p\cos\theta - \xi\sin\theta) = 0
\end{aligned} \quad (4.3.8)$$

となって，これも伝播方向の成分しかもっていない．すなわち，P 波は伝播方向にのみ振動する縦波である．これは等方媒質を伝わる粗密波の性質である．

SV 波 (4.3.4) 式の二番目の根は

$$\gamma = \pm\sqrt{\beta^{-2} - p^2} = \pm\eta \qquad \varepsilon = \mp\frac{\eta}{p} \quad (4.3.9)$$

である．これは S 波の速度 $\beta = \sqrt{\mu/\rho}$ で伝わる波を表している．この成分の一般解は積分定数を C, D とすれば

$$\begin{aligned}
u &= \eta\left(-Ce^{i\omega\eta z} + De^{-i\omega\eta z}\right)e^{-i\omega(t-px)} \\
w &= p\left(Ce^{i\omega\eta z} + De^{-i\omega\eta z}\right)e^{-i\omega(t-px)}
\end{aligned} \quad (4.3.10)$$

と書くことができる．

P 波のときと同様に波線方向，波面方向の変位を計算する．波の伝播方向と z 軸のなす角を φ とすれば，$+z$ 向きに伝わる成分については

$$\begin{aligned}
W^+ &= C(-\eta\sin\varphi + p\cos\varphi) = 0 \\
U^+ &= C(-\eta\cos\varphi - p\sin\varphi) = -\frac{C}{\beta}
\end{aligned} \quad (4.3.11)$$

である．ここに $p = \sin\varphi/\beta$, $\eta = \cos\varphi/\beta$ を用いている．同様にして $-z$ 方向に伝わる波に対しては

$$\begin{aligned}
W^- &= D(\eta\sin\varphi - p\cos\varphi) = 0 \\
U^- &= D(\eta\cos\varphi + p\sin\varphi) = \frac{D}{\beta}
\end{aligned} \quad (4.3.12)$$

となる．よってSV波は波面内の成分しかもっていないことがわかる．SH波も含めてS波の振動方向は波面内であるが，SH波はy方向，SV波はz–x面内である．

4.3.2　自由表面におけるP-SV波の反射

P波，SV波の一般解はそれぞれ(4.3.6)，(4.3.10)式で与えられているが，境界がある場合にはこれらが独立に伝わることはなく，これら四つの成分を同時に考えなければならない．SH波の場合には反射，屈折によってSH波しか生じなかったが，SV波の場合にはP波からSV波が，SV波からP波が，というように変換波が生じる．これが音波やSH波と違ってP-SV波の計算を非常に複雑にしている．

改めてP-SV波の一般解(4.3.6)，(4.3.10)式をまとめて

$$u(z) = p\left(Ae^{i\omega\xi z} - Be^{-i\omega\xi z}\right) + \eta\left(-Ce^{i\omega\eta z} + De^{-i\omega\eta z}\right) \\ w(z) = \xi\left(Ae^{i\omega\xi z} + Be^{-i\omega\xi z}\right) + p\left(Ce^{i\omega\eta z} + De^{-i\omega\eta z}\right) \tag{4.3.13}$$

と書く．ここでは共通項$e^{-i\omega(t-px)}$は省略してある．

$z=0$が自由表面で波が$z<0$から入射した場合を考える(図4.3.2)．A，Cの項はそれぞれ自由表面に向かって入射するP波，SV波に対応する項，B，Dは自由表面から反射したP波，SV波に対応している．ξ，ηが実数のとき，P波の入射角(=反射角)をθ，S波の入射角(=反射角)をφとすると，スネルの法則により

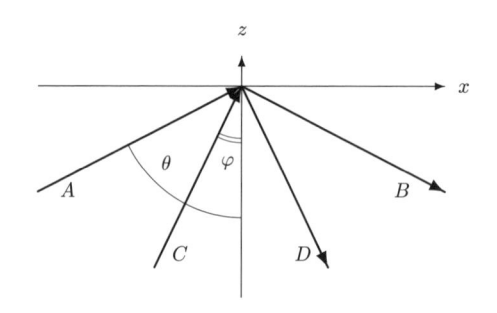

図 4.3.2　P-SV波の自由表面における反射

$$p = \frac{\sin\theta}{\alpha} = \frac{\sin\varphi}{\beta} \qquad \xi = \frac{\cos\theta}{\alpha} \qquad \eta = \frac{\cos\varphi}{\beta}$$

が成り立つ．$\alpha > \beta$ であるから，図に示すように $\theta > \varphi$ である．以下しばらくの間，ξ, η が実数のときを考える．

積分定数を決める境界条件は，自由表面でこの面内に働く応力 σ_{zx}, σ_{yz}, σ_{zz} が 0 になることである．σ_{yz} は恒等的に 0 になるので考える必要はない．そこで (4.3.13) 式を (3.3.1) 式に代入して応力を計算する．ただし (4.3.13) 式では指数部 $e^{i\omega p x}$ が省略されていることに注意して微分しなければならない．結果は次のようになる．

$$\begin{aligned}
\sigma_{zx}(z) &= 2i\omega\mu p\xi \left(Ae^{i\omega\xi z} + Be^{-i\omega\xi z}\right) \\
&\quad - i\omega\mu(\eta^2 - p^2)\left(Ce^{i\omega\eta z} + De^{-i\omega\eta z}\right) \\
\sigma_{zz}(z) &= i\omega\mu(\eta^2 - p^2)\left(Ae^{i\omega\xi z} - Be^{-i\omega\xi z}\right) \\
&\quad + 2i\omega\mu p\eta \left(Ce^{i\omega\eta z} - De^{-i\omega\eta z}\right)
\end{aligned} \qquad (4.3.14)$$

自由表面 $z = 0$ では上の $\sigma_{zx}(0)$, $\sigma_{zz}(0)$ が 0 にならなければならない．この条件は

$$\begin{aligned}
2p\xi(A + B) - (\eta^2 - p^2)(C + D) &= 0 \\
(\eta^2 - p^2)(A - B) + 2p\eta(C - D) &= 0
\end{aligned} \qquad (4.3.15)$$

となる．ここには四つの未定係数があるが，式が二つしかないから完全に解くことはできない．そこでとりあえず B, D に関して形式的に解くと

$$\begin{aligned}
B &= \frac{1}{\Delta}\left\{\left[(\eta^2 - p^2)^2 - 4p^2\xi\eta\right]A + 4p\eta(\eta^2 - p^2)C\right\} \\
D &= \frac{1}{\Delta}\left\{4p\xi(\eta^2 - p^2)A - \left[(\eta^2 - p^2)^2 - 4p^2\xi\eta\right]C\right\} \\
\Delta &= (\eta^2 - p^2)^2 + 4p^2\xi\eta
\end{aligned} \qquad (4.3.16)$$

が得られる．以下では P 波が入射した場合と，SV 波が入射した場合を別々に考える．

P 波入射 A は表面に向かって入射する P 波，C は表面に向かって入射する SV 波の振幅に相当する量である．したがって P 波だけが入射するときに

は $C=0$ とすればよい．このとき (4.3.16) 式から B/A, D/A がただちに求められる．前者は入射 P 波に対する反射 P 波の振幅比，後者は反射 SV 波に対する振幅比に相当する量である．

これらの比をそのまま反射係数と呼びたい気がするが，それには問題がある．(4.3.13) 式から B/A は z 成分の変位に対する反射係数と理解することができるが，変位の x 成分で考えると符号が反対になる．反射 SV 波に対してはさらに複雑になる．

そこで前に計算しておいた P 波，SV 波の振幅 $W^{\pm}$, $U^{\pm}$ によって反射係数を定義することにすれば，あいまいさを避けることができる．入射 P 波の振幅は W^+，反射 P 波の振幅は W^- であるから (4.3.7)，(4.3.8) 式から

$$R_{\mathrm{PP}} = \frac{W^-}{W^+} = -\frac{B}{A}$$

とすれば，R_{PP} は波の進行方向を正に選んだときの P 波の反射係数である．SV 波の反射係数は反射 S 波の振幅の向きを図 4.3.1 のように選べば (4.3.7) 式の W^+ と (4.3.12) 式の U^- を用いて

$$R_{\mathrm{PS}} = \frac{U^-}{W^+} = \frac{D/\beta}{A/\alpha} = \frac{\alpha}{\beta}\frac{D}{A}$$

となる．よって P 波入射のときの反射係数は

$$\begin{aligned}R_{\mathrm{PP}} &= -\frac{(\eta^2-p^2)^2 - 4p^2\xi\eta}{(\eta^2-p^2)^2 + 4p^2\xi\eta} \\ R_{\mathrm{PS}} &= \frac{\alpha}{\beta}\frac{4p\xi(\eta^2-p^2)}{(\eta^2-p^2)^2 + 4p^2\xi\eta}\end{aligned} \quad (4.3.17)$$

で表される．

$\alpha > \beta$ であるから，平面 P 波が入射したときには SV 波の反射角はかならず実数になる．すなわち自由表面に P 波が入射したときには全反射は起こらない．

SV 波入射 SV 波が入射したときも同様に考えることができる．このときには $A=0$ であるから，SV 波の反射係数 R_{SS}，P 波の反射係数 R_{SP} は

$$R_{\mathrm{SS}} = \frac{U^-}{U^+} = -\frac{D}{C} = \frac{(\eta^2 - p^2)^2 - 4p^2\xi\eta}{(\eta^2 - p^2)^2 + 4p^2\xi\eta}$$
$$R_{\mathrm{SP}} = \frac{W^-}{U^+} = \frac{\beta}{\alpha}\frac{B}{C} = \frac{\beta}{\alpha}\frac{4p\eta(\eta^2 - p^2)}{(\eta^2 - p^2)^2 + 4p^2\xi\eta} \tag{4.3.18}$$

である．

SV波の入射角φとP波の反射角θの間にはつねに$\theta > \varphi$の関係があるから，入射角を大きくしていくと，どこかで全反射が起こる．臨界角φ_cは

$$\sin\varphi_c = \frac{\beta}{\alpha}$$

で与えられる．全反射のときにはξが虚数になるが，反射P波が無限遠$z \to -\infty$で発散しないためには，$\mathrm{Im}\,\xi > 0$のように符号を選ばなければならない．このとき反射係数R_{SS}の絶対値は1である．

図 4.3.3 にはP波入射，SV波入射それぞれの場合の反射係数の例を示す．横軸は入射角である．上段はP波入射の反射係数R_{PP}とR_{PS}を表す．この場合には全反射が起こらないので，両者とも滑らかに変化している．下段はS波入射のときの反射係数R_{SS}とR_{SP}を表す．この場合には入射角が約$\varphi = 36$度で全反射が起きる．この角の前後でR_{SP}が大きくなっているが，これは無限大になるわけではなく，この場合には有限の値，約3.6である．

自由表面における変位　SH波の場合には自由表面における反射係数が1であるから，振幅1の波が入射すれば，自由表面における変位はこれらの和の2になる．しかしP-SV波の場合には話が複雑になる．

P波が入射したとき$(C = 0)$，(4.3.13), (4.3.16)式から$z = 0$で

$$\frac{u(0)}{w(0)} = \frac{p(A - B) + \eta D}{\xi(A + B) + pD} = \frac{2p\eta}{\eta^2 - p^2}$$

が得られる．スネルの法則，$p = \sin\theta/\alpha = \sin\varphi/\beta$, $\eta = \cos\varphi/\beta$を用いれば，これは

$$\frac{u(0)}{w(0)} = \tan 2\varphi \tag{4.3.19}$$

と書き換えられる．表面の媒質粒子の運動方向がz軸となす角，すなわちP波の見かけの入射角をθ'とすれば，左辺は$\tan\theta'$であるからこの式は

110 —— 4 平面波の反射, 屈折

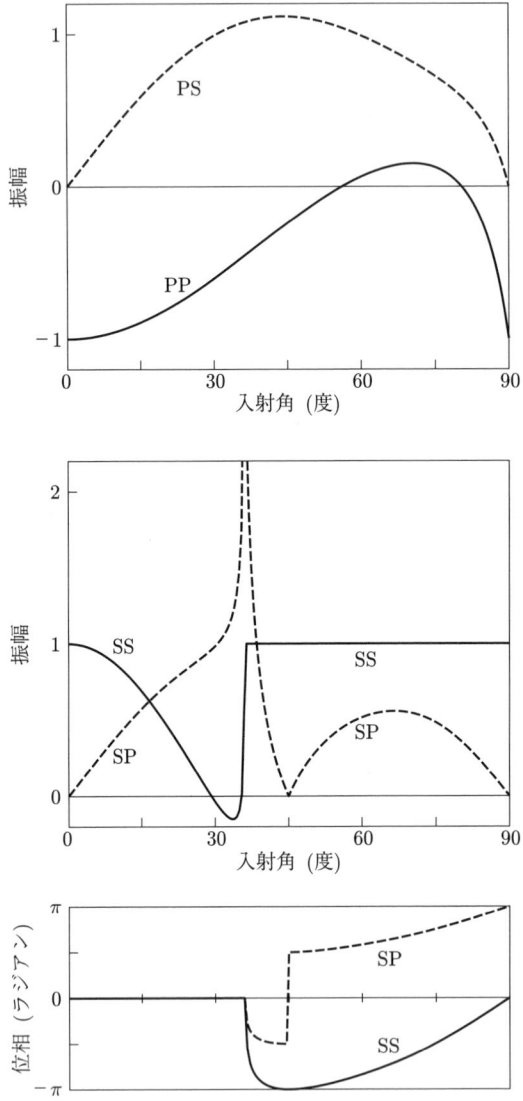

図 4.3.3 自由表面における反射係数 横軸は入射角 (度). 上段は P 波入射のときの反射係数. 中段は SV 波入射のときの反射係数, 下段はその位相. $\alpha/\beta = 1.7$ の場合.

$$\tan\theta' = \tan 2\varphi$$

を意味している．

　地震学にはP波初動の地表における粒子の運動の軌跡を観測し，P波の到来方向や入射角を簡便に推定する方法がある．到来方向は水平面内の軌跡の長軸の方向から求められる．到来方向と鉛直軸を含む面内の軌跡の長軸と短軸の比から上の $u(0)/w(0)$ が求められるが，ここから求められる見かけの入射角 θ' はP波の入射角ではなく，2φ，すなわちS波の反射角の2倍である．したがって地表のP波，S波の速度比 β/α がわかっていれば，スネルの法則を用いて θ を推定することができる．

　SV波が入射したときにも同様な計算を行えば

$$\frac{u(0)}{w(0)} = -\frac{pB + \eta(C-D)}{\xi B + p(C+D)} = -\frac{\eta^2 - p^2}{2p\xi} = -\frac{\alpha^2}{\beta^2}\frac{\cos 2\varphi}{\sin 2\theta} \quad (4.3.20)$$

が得られる．S波の振動方向は波の進行方向と90度異なっているから，自由表面で見た見かけの入射角 φ' は

$$\tan\varphi' = -\frac{w(0)}{u(0)} = \frac{\beta^2}{\alpha^2}\frac{\sin 2\theta}{\cos 2\varphi}$$

で与えられる．ただしこの式は全反射を起こす以前で成り立つ式である．全反射が起こると ξ が虚数になるから，$u(0)$ と $w(0)$ は同相で振動しなくなり，媒質粒子の軌跡は直線でなくなるからである．

　地表付近は地震波速度が小さいから，遠地地震の地表への入射角は小さいことが多い．P波の入射角 θ が非常に小さいときには，スネルの法則から $\varphi \doteq (\beta/\alpha)\theta$ が成り立つから，見かけの入射角は

$$\theta' \doteq 2\varphi \doteq 2\frac{\beta}{\alpha}\theta$$

で近似することができる．同様にして，S波の入射角が小さいときにはS波の見かけの入射角は

$$\varphi' \doteq 2\frac{\beta^2}{\alpha^2}\theta \doteq 2\frac{\beta}{\alpha}\varphi$$

で近似することができる．

エネルギー保存則 P 波が入射したときの境界面におけるエネルギー保存則は，SH 波のときとまったく同様に考えて

$$\rho\alpha\cos\theta = \rho\alpha\cos\theta |R_{\mathrm{PP}}|^2 + \rho\beta\cos\varphi |R_{\mathrm{PS}}|^2$$

で表される．したがって

$$1 = |R_{\mathrm{PP}}|^2 + \frac{\beta\cos\varphi}{\alpha\cos\theta}|R_{\mathrm{PS}}|^2 \tag{4.3.21}$$

が成り立たなければならない．SV 波が入射したときには同様にして

$$1 = |R_{\mathrm{SS}}|^2 + \frac{\alpha}{\beta}\frac{\cos\theta}{\cos\varphi}|R_{\mathrm{SP}}|^2 \tag{4.3.22}$$

が成り立たなければならない．(4.3.17)，(4.3.18) 式が (4.3.21)，(4.3.22) 式を満たしていることは，実際に代入してみればわかる．

4.3.3 境界面における P-SV 波の反射，屈折

$z < 0$ に媒質 1，$z > 0$ に媒質 2 があるとし，平面波が媒質 1 から媒質 2 に向かって入射するものとする．各層の解は (4.3.13) 式を用い，媒質 1，2 に関する量には添字 1，2 をつける．媒質 2 には $+z$ 方向に伝わる屈折波しか存在しないので，B_2，D_2 は 0 になる．一方，媒質 1 には入射波のほかに反射波が存在するので，A_1 から D_1 までの四つの積分定数が存在するから，合計 6 個の積分定数が存在する (図 4.3.4)．

図 4.3.4 のように P 波の入射角を θ_1，SV 波の入射角を φ_1，P 波の屈折角を θ_2，SV 波の屈折角を φ_2 とすれば，スネルの法則は

$$p = \frac{\sin\theta_1}{\alpha_1} = \frac{\sin\varphi_1}{\beta_1} = \frac{\sin\theta_2}{\alpha_2} = \frac{\sin\varphi_2}{\beta_2}$$

である．

境界面 $z = 0$ では変位の 2 成分 $u(0)$，$w(0)$ と応力の 2 成分 $\sigma_{zx}(0)$，$\sigma_{zz}(0)$ が連続でなければならない．この条件は (4.3.13)，(4.3.14) 式から

$$p(A_1 - B_1) + \eta_1(-C_1 + D_1) = pA_2 - \eta_2 C_2$$
$$\xi_1(A_1 + B_1) + p(C_1 + D_1) = \xi_2 A_2 + pC_2$$

4.3 P-SV 波

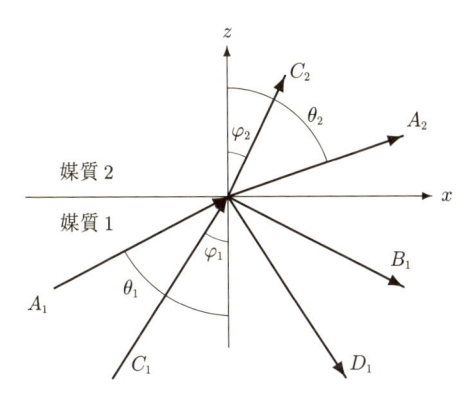

図 **4.3.4** 境界面における **P-SV** 波の反射, 屈折

$$2\mu_1 p\xi_1(A_1+B_1) - \rho_1(1-\gamma_1)(C_1+D_1)$$
$$= 2\mu_2 p\xi_2 A_2 - \rho_2(1-\gamma_2)C_2$$
$$\rho_1(1-\gamma_1)(A_1-B_1) + 2\mu_1 p\eta_1(C_1-D_1)$$
$$= \rho_2(1-\gamma_2)A_2 + 2\mu_2 p\eta_2 C_2 \quad (4.3.23)$$

となる. ここで第一, 二式は変位の連続条件, 第三, 四式は応力の連続条件である. また

$$\xi_i^2 = \frac{1}{\alpha_i^2} - p^2 \qquad \eta_i^2 = \frac{1}{\beta_i^2} - p^2 \qquad \gamma_i = 2\beta_i^2 p^2 \qquad i=1,2$$

と置いてある. さらに (4.3.14) 式から (4.3.23) 式を導く際に

$$\mu_i(\eta_i^2 - p^2) = \rho_i(1-\gamma_i)$$

の関係を利用している.

以下の計算は簡単に筋道だけを記す. まず (4.3.23) 式から $A_1 \pm B_1, C_1 \pm D_1$ を解く.

$$\begin{aligned}
\rho_1(A_1-B_1) &= aA_2 + 2(\mu_2-\mu_1)p\eta_2 C_2 \\
\rho_1\eta_1(C_1-D_1) &= pdA_2 + b\eta_2 C_2 \\
\rho_1\xi_1(A_1+B_1) &= b\xi_2 A_2 - pdC_2 \\
\rho_1(C_1+D_1) &= -2(\mu_2-\mu_1)p\xi_2 A_2 + aC_2
\end{aligned} \quad (4.3.24)$$

ただし

$$
\begin{aligned}
a &= \rho_1\gamma_1 + \rho_2(1-\gamma_2) = \rho_2 - 2(\mu_2-\mu_1)p^2 \\
b &= \rho_2\gamma_2 + \rho_1(1-\gamma_1) = \rho_1 + 2(\mu_2-\mu_1)p^2 \\
d &= \rho_2(1-\gamma_2) - \rho_1(1-\gamma_1) = \rho_2 - \rho_1 - 2(\mu_2-\mu_1)p^2
\end{aligned} \tag{4.3.25}
$$

である．次に (4.3.24) 式から $A_1,\ B_1,\ C_1,\ D_1$ を形式的に解いて

$$
\begin{aligned}
2\rho_1\xi_1 A_1 &= KA_2 - pLC_2 \qquad 2\rho_1\eta_1 C_1 = pMA_2 + NC_2 \\
2\rho_1\xi_1 B_1 &= -(a\xi_1 - b\xi_2)A_2 - p[d + 2(\mu_2-\mu_1)\xi_1\eta_2]C_2 \\
2\rho_1\eta_1 D_1 &= -p[d + 2(\mu_2-\mu_1)\xi_2\eta_1]A_2 + (a\eta_1 - b\eta_2)C_2
\end{aligned} \tag{4.3.26}
$$

と書き表す．ただし

$$
\begin{aligned}
K &= a\xi_1 + b\xi_2 \qquad\qquad N = a\eta_1 + b\eta_2 \\
L &= d - 2(\mu_2-\mu_1)\xi_1\eta_2 \qquad M = d - 2(\mu_2-\mu_1)\xi_2\eta_1
\end{aligned} \tag{4.3.27}
$$

と定義してある．(4.3.26) 式の第一，二式から $A_2,\ C_2$ を解くと

$$
\begin{aligned}
A_2 &= \frac{2\rho_1}{\Delta}[\xi_1 NA_1 + pL\eta_1 C_1] \\
C_2 &= \frac{2\rho_1}{\Delta}[-p\xi_1 MA_1 + \eta_1 KC_1] \\
\Delta &= KN + p^2 LM
\end{aligned} \tag{4.3.28}
$$

が得られる．以下は入射波がP波, SV 波のそれぞれの場合について計算する．

P 波入射 P 波が入射するときには $C_1 = 0$ として (4.3.28) 式より $A_2,\ C_2$ と A_1 との比が求められ，これを (4.3.26) 式に代入すれば $B_1,\ D_1$ と A_1 との比が次のように求められる．

$$
\begin{aligned}
\frac{A_2}{A_1} &= \frac{2\rho_1\xi_1 N}{\Delta} \qquad\qquad \frac{C_2}{A_1} = -\frac{2\rho_1 p\xi_1 M}{\Delta} \\
\frac{B_1}{A_1} &= \frac{1}{\Delta}\{-(a\xi_1 - b\xi_2)N + p^2[d + 2(\mu_2-\mu_1)\xi_1\eta_2]M\} \\
\frac{D_1}{A_1} &= -\frac{2p\xi_1}{\Delta}[ad + 2(\mu_2-\mu_1)b\xi_2\eta_2]
\end{aligned} \tag{4.3.29}
$$

第一,二式は入射波に対する屈折波の振幅比,すなわち透過係数に相当する量,第三,四式は反射係数に相当する量である.自由表面における反射のときと同様に,実際の振幅によって反射係数 ($R_\mathrm{PP}, R_\mathrm{PS}$),透過係数 ($T_\mathrm{PP}, T_\mathrm{PS}$) を定義すれば

$$R_\mathrm{PP} = \frac{W_1^-}{W_1^+} = -\frac{B_1}{A_1}$$
$$= \frac{1}{\Delta}\{(a\xi_1 - b\xi_2)N - p^2[d + 2(\mu_2 - \mu_1)\xi_1\eta_2]M\}$$
$$R_\mathrm{PS} = \frac{U_1^-}{W_1^+} = \frac{\alpha_1}{\beta_1}\frac{D_1}{A_1} = -\frac{\alpha_1}{\beta_1}\frac{2p\xi_1}{\Delta}[ad + 2(\mu_2 - \mu_1)b\xi_2\eta_2] \quad (4.3.30)$$
$$T_\mathrm{PP} = \frac{W_2^+}{W_1^+} = \frac{\alpha_1}{\alpha_2}\frac{A_2}{A_1} = \frac{\alpha_1}{\alpha_2}\frac{2\rho_1\xi_1 N}{\Delta}$$
$$T_\mathrm{PS} = \frac{U_2^+}{W_1^+} = -\frac{\alpha_1}{\beta_2}\frac{C_2}{A_1} = \frac{\alpha_1}{\beta_2}\frac{2\rho_1 p\xi_1 M}{\Delta}$$

となる.

SV 波入射 SV 波入射のときには $A_1 = 0$ として (4.3.28), (4.3.26) 式から

$$\frac{A_2}{C_1} = \frac{2\rho_1 p\eta_1 L}{\Delta} \qquad \frac{C_2}{C_1} = \frac{2\rho_1\eta_1 K}{\Delta}$$
$$\frac{B_1}{C_1} = -\frac{2p\eta_1}{\Delta}[ad + 2(\mu_2 - \mu_1)b\xi_2\eta_2] \quad (4.3.31)$$
$$\frac{D_1}{C_1} = \frac{1}{\Delta}\{(a\eta_1 - b\eta_2)K - p^2[d + 2(\mu_2 - \mu_1)\xi_2\eta_1]L\}$$

が得られる.これから

$$R_\mathrm{SS} = \frac{U_1^-}{U_1^+} = -\frac{D_1}{C_1}$$
$$= \frac{1}{\Delta}\{-(a\eta_1 - b\eta_2)K + p^2[d + 2(\mu_2 - \mu_1)\xi_2\eta_1]L\}$$
$$R_\mathrm{SP} = \frac{W_1^-}{U_1^+} = \frac{\beta_1}{\alpha_1}\frac{B_1}{C_1} = -\frac{\beta_1}{\alpha_1}\frac{2p\eta_1}{\Delta}[ad + 2(\mu_2 - \mu_1)b\xi_2\eta_2] \quad (4.3.32)$$
$$T_\mathrm{SS} = \frac{U_2^+}{U_1^+} = \frac{\beta_1}{\beta_2}\frac{C_2}{C_1} = \frac{\beta_1}{\beta_2}\frac{2\rho_1\eta_1 K}{\Delta}$$
$$T_\mathrm{SP} = \frac{W_2^+}{U_1^+} = -\frac{\beta_1}{\alpha_2}\frac{A_2}{C_1} = -\frac{\beta_1}{\alpha_2}\frac{2\rho_1 p\eta_1 L}{\Delta}$$

が得られる．

エネルギー保存則　P-SV 波のときには反射波，屈折波の種類が多いからエネルギー保存則は複雑になるが，波束の断面積，波の速度を間違えなければ簡単に書き下すことができる．結果だけを示す．

$$\begin{aligned}
\text{P 波入射}: 1 &= \left|R_{\text{PP}}\right|^2 + \frac{\beta_1 \cos\varphi_1}{\alpha_1 \cos\theta_1}\left|R_{\text{PS}}\right|^2 \\
&\quad + \frac{\rho_2\alpha_2\cos\theta_2}{\rho_1\alpha_1\cos\theta_1}\left|T_{\text{PP}}\right|^2 + \frac{\rho_2\beta_2\cos\varphi_2}{\rho_1\alpha_1\cos\theta_1}\left|T_{\text{PS}}\right|^2 \\
\text{SV 波入射}: 1 &= \left|R_{\text{SS}}\right|^2 + \frac{\alpha_1\cos\theta_1}{\beta_1\cos\varphi_1}\left|R_{\text{SP}}\right|^2 \\
&\quad + \frac{\rho_2\beta_2\cos\varphi_2}{\rho_1\beta_1\cos\varphi_1}\left|T_{\text{SS}}\right|^2 + \frac{\rho_2\alpha_2\cos\theta_2}{\rho_1\beta_1\cos\varphi_1}\left|T_{\text{SP}}\right|^2
\end{aligned} \quad (4.3.33)$$

先に計算した反射係数，透過係数などが上式を満たしていることを示すには面倒な計算が必要になる．むしろこれらの式は反射係数，透過係数の数値計算の際のチェックとして用いることができる．

全反射　媒質 1, 2 の性質によっては，入射波が平面波であっても反射波，屈折波が平面波ではなくなることがある．すなわち ξ_i, η_i が虚数になることがある．これまでと同様に，反射波や屈折波が無限遠で発散しないためには虚数部の符号を

$$\text{Im } \xi_i > 0, \quad \text{Im } \eta_i > 0 \qquad \omega > 0$$

と選ばなければならない．このように符号を選べば，これまでに導いた式はそのまま成り立つ．ただし，平面波でなくなった成分に対しては，伝播方向の振幅，波面内の振幅というものが意味をもたなくなることに注意しなければならない．

　自由表面に対する反射では，P 波入射のときには全反射は起こらなかったが，境界面に対する入射では，P 波入射でも全反射が起きることがある．特に低速度の層から高速度の層への入射では，何種類もの全反射が起きることがある．

　図 4.3.5 には P 波入射の場合の反射係数と透過係数を，図 4.3.6 には SV 波入射の場合の反射係数と透過係数を示してある．入射側の方が速度が遅いの

で，全反射が起きることがある．

図 4.3.5 の上段は P 波入射の反射係数 R_{PP} と R_{PS} を，下段は透過係数 T_{PP} と T_{PS} を示している．入射角約 $\theta_1 = 42$ 度で媒質 2 の P 波に対して全反射が起きている．この付近以外はおおむね滑らかに変化している．臨界以前では反射係数，透過係数ともほとんど変化しない．

図 4.3.6 の上段は SV 波入射の反射係数 R_{SS} と R_{SP} を，下段は透過係数 T_{SS} と T_{SP} を示している．こんどは $\varphi_1 = 23.1$ 度で媒質 2 の P 波に対して，$\varphi_1 = 36$ 度で媒質 1 の P 波に対して，最後に $\varphi_1 = 42$ 度で媒質 2 の S 波に対して全反射が起きる．最初の臨界角までは反射係数，透過係数ともに滑らかに変化しているが，その後は変化が激しい．特に入射角 42 度付近では SV 波の透過係数が非常に大きくなっている．

反射係数，透過係数の近似式 反射地震探査法では臨界以前の短い震央距離で観測を行うから，境界面への入射角が小さいときだけを考えればよい．入射波が境界面にほとんど垂直に入射するときの近似式を求めるには，波線パラメーターが $p \to 0$ の極限をとればよいが，これは非常に複雑な式になる．最も単純に $p = 0$ とすれば，(4.3.25)，(4.3.27) 式で定義された量は

$$a = \rho_2 \qquad b = \rho_1 \qquad d = \rho_2 - \rho_1$$
$$K = \frac{\rho_2}{\alpha_1} + \frac{\rho_1}{\alpha_2} \qquad L = \rho_2 - \rho_1 - \frac{2(\mu_2 - \mu_1)}{\alpha_1 \beta_2}$$
$$M = \rho_2 - \rho_1 - \frac{2(\mu_2 - \mu_1)}{\alpha_2 \beta_1} \qquad N = \frac{\rho_2}{\beta_1} + \frac{\rho_1}{\beta_2}$$

となる．これより $p \to 0$ のときの第 0 近似として

$$R_{\mathrm{PP}} = \frac{\rho_2 \alpha_2 - \rho_1 \alpha_1}{\rho_2 \alpha_2 + \rho_1 \alpha_1}$$
$$R_{\mathrm{PS}} = -\frac{2\alpha_1 p[\rho_2(\rho_2 - \rho_1)\alpha_2 \beta_2 + 2\rho_1(\mu_2 - \mu_1)]}{(\rho_2 \alpha_2 + \rho_1 \alpha_1)(\rho_2 \beta_2 + \rho_1 \beta_1)}$$
$$T_{\mathrm{PP}} = \frac{2\rho_1 \alpha_1}{\rho_2 \alpha_2 + \rho_1 \alpha_1}$$
$$T_{\mathrm{PS}} = \frac{2\rho_1 \alpha_1 p[(\rho_2 - \rho_1)\alpha_2 \beta_1 - 2(\mu_2 - \mu_1)]}{(\rho_2 \alpha_2 + \rho_1 \alpha_1)(\rho_2 \beta_2 + \rho_1 \beta_1)} \qquad (4.3.34)$$

118 — 4 平面波の反射, 屈折

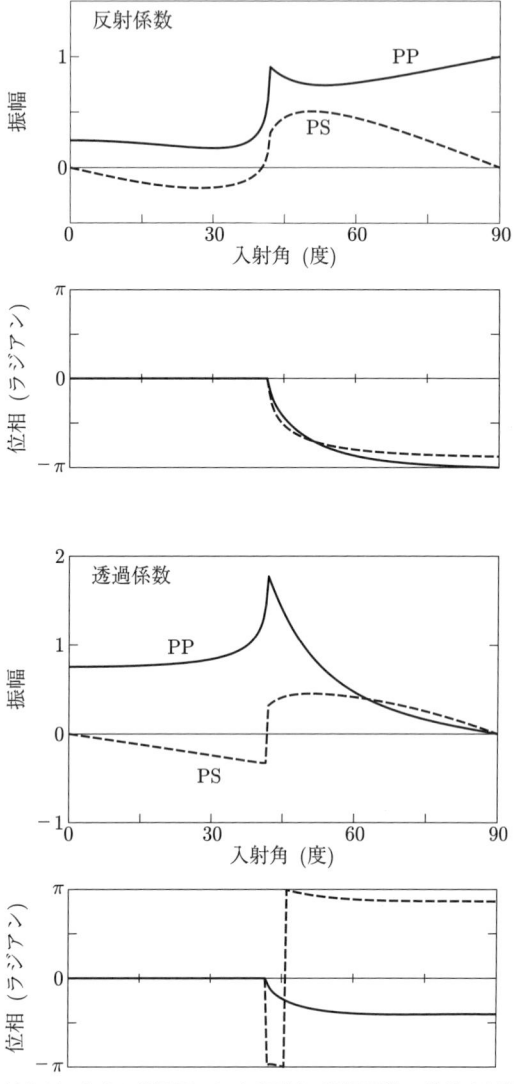

図 4.3.5 P波入射のときの境界面における反射・透過係数 横軸は入射角 (度). 上段は反射係数とその位相. 下段は透過係数とその位相. 入射角 42 度が臨界角である. パラメーターは $\rho_2/\rho_1 = 1.1$, $\alpha_2/\alpha_1 = \beta_2/\beta_1 = 1.5$, $\alpha_1/\beta_1 = \alpha_2/\beta_2 = 1.7$.

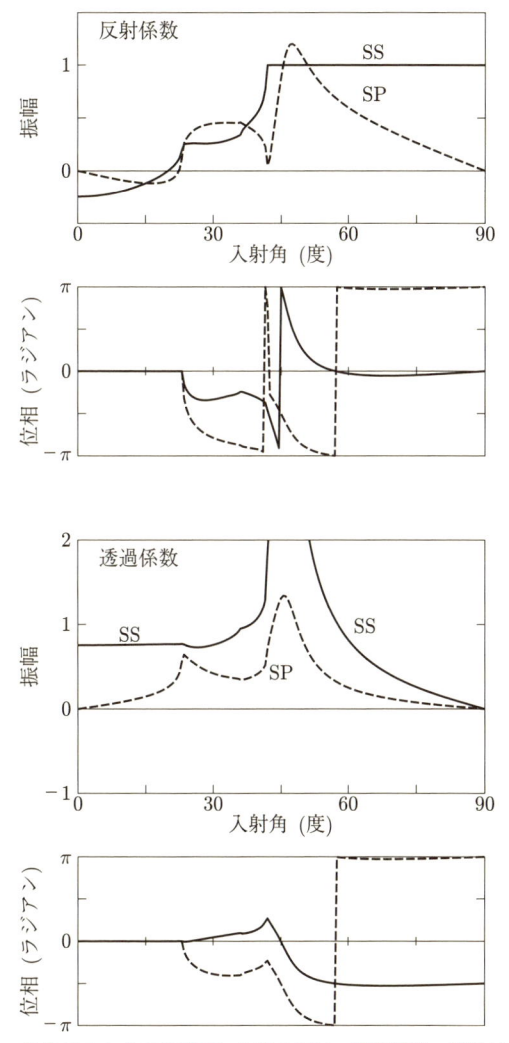

図 4.3.6 **SV 波入射のときの境界面における反射・透過係数** 横軸は入射角 (度).
上段は反射係数とその位相.下段は透過係数とその位相.臨界角が三つあり,
23.1 度,36 度,42 度である.パラメーターは図 4.3.5 と同じ.

$$R_{\text{SS}} = -\frac{\rho_2\beta_2 - \rho_1\beta_1}{\rho_2\beta_2 + \rho_1\beta_1}$$
$$R_{\text{SP}} = -\frac{2\beta_1 p[\rho_2(\rho_2 - \rho_1)\alpha_2\beta_2 + 2\rho_1(\mu_2 - \mu_1)]}{(\rho_2\alpha_2 + \rho_1\alpha_1)(\rho_2\beta_2 + \rho_1\beta_1)}$$
$$T_{\text{SS}} = \frac{2\rho_1\beta_1}{\rho_2\beta_2 + \rho_1\beta_1}$$
$$T_{\text{SP}} = -\frac{2\rho_1\beta_1 p[(\rho_2 - \rho_1)\alpha_1\beta_2 - 2(\mu_2 - \mu_1)]}{(\rho_2\alpha_2 + \rho_1\alpha_1)(\rho_2\beta_2 + \rho_1\beta_1)}$$

が得られる．これらの計算では p の二乗以上の項は無視している．

R_{PP}, T_{PP}, R_{SS}, T_{SS} などの値は垂直入射のときの値そのものであるが，斜め入射のときとの誤差は p^2 のオーダーである．これらは音波や SH 波の反射・透過係数と同じ形をしているが，反射・透過係数を圧力で定義するか，変位で定義するかによって形が異なっている．R_{PS}, T_{PS}, R_{SP}, T_{SP} などは垂直入射のときには 0 になる量であるが，ここでは p の一次までとることにしているので 0 になっていない．これらの量が $\rho_2 - \rho_1$, $\mu_2 - \mu_1$ で表されているのは興味深い．

図 4.3.5，図 4.3.6 の反射係数，透過係数のグラフが入射角が 0 付近ではすべてほとんど直線的に変化している．このことは上の p の一次までの近似式がかなり広い範囲で成り立っていることを示唆している．

反射法ではまた，媒質 1 と媒質 2 の物性にあまり差がないときを問題にすることが多い．このときには

$$\rho_2 = \rho_1 + \Delta\rho \qquad \alpha_2 = \alpha_1 + \Delta\alpha \qquad \beta_2 = \beta_1 + \Delta\beta$$

とし，$\Delta\rho$, $\Delta\alpha$, $\Delta\beta$ の一次の量までを考える．だだし以下では添字 1 は省略する．

$$\mu_2 - \mu_1 = \rho\beta^2\left(\frac{\Delta\rho}{\rho} + 2\frac{\Delta\beta}{\beta}\right)$$
$$a = \rho\left[1 + (1-\gamma)\frac{\Delta\rho}{\rho} - 2\gamma\frac{\Delta\beta}{\beta}\right]$$
$$b = \rho\left[1 + \gamma\frac{\Delta\rho}{\rho} + 2\gamma\frac{\Delta\beta}{\beta}\right] \qquad d = \rho\left[(1-\gamma)\frac{\Delta\rho}{\rho} - 2\gamma\frac{\Delta\beta}{\beta}\right]$$

$$\xi_2 = \xi\left(1 - \frac{1}{\alpha^2\xi^2}\frac{\Delta\alpha}{\alpha}\right) \qquad \eta_2 = \eta\left(1 - \frac{1}{\beta^2\eta^2}\frac{\Delta\beta}{\beta}\right) \quad \text{etc.}$$

などから

$$\begin{aligned}
R_{\text{PP}} &= \frac{1}{2}(1-2\gamma)\frac{\Delta\rho}{\rho} + \frac{1}{2\alpha^2\xi^2}\frac{\Delta\alpha}{\alpha} - 2\gamma\frac{\Delta\beta}{\beta} \\
R_{\text{PS}} &= \frac{\alpha p}{\beta\eta}\left[-\frac{1}{2}(1-\gamma+2\beta^2\xi\eta)\frac{\Delta\rho}{\rho} + (\gamma - 2\beta^2\xi\eta)\frac{\Delta\beta}{\beta}\right] \\
T_{\text{PP}} &= 1 - \frac{1}{2}\frac{\Delta\rho}{\rho} + \left(\frac{1}{2\alpha^2\xi^2} - 1\right)\frac{\Delta\alpha}{\alpha} \\
T_{\text{PS}} &= \frac{\alpha p}{\beta\eta}\left[\frac{1}{2}(1-\gamma-2\beta^2\xi\eta)\frac{\Delta\rho}{\rho} - (\gamma + 2\beta^2\xi\eta)\frac{\Delta\beta}{\beta}\right] \\
R_{\text{SS}} &= -\frac{1}{2}(1-2\gamma)\frac{\Delta\rho}{\rho} + \left(2\gamma - \frac{1}{2\beta^2\eta^2}\right)\frac{\Delta\beta}{\beta} \\
R_{\text{SP}} &= \frac{\beta p}{\alpha\xi}\left[-\frac{1}{2}(1-\gamma+2\beta^2\xi\eta)\frac{\Delta\rho}{\rho} + (\gamma - 2\beta^2\xi\eta)\frac{\Delta\beta}{\beta}\right] \\
T_{\text{SS}} &= 1 - \frac{1}{2}\frac{\Delta\rho}{\rho} + \left(\frac{1}{2\beta^2\eta^2} - 1\right)\frac{\Delta\beta}{\beta} \\
T_{\text{SP}} &= \frac{\beta p}{\alpha\xi}\left[-\frac{1}{2}(1-\gamma-2\beta^2\xi\eta)\frac{\Delta\rho}{\rho} + (\gamma + 2\beta^2\xi\eta)\frac{\Delta\beta}{\beta}\right]
\end{aligned} \tag{4.3.35}$$

が得られる．境界面の両側の媒質がまったく同じなら，反射係数は 0，透過係数は 1 になるはずであるが，上式は一次の項までを表している．上式では入射角は任意であるが，もちろん臨界反射が起きるような入射角付近では近似は悪くなる．$\Delta\alpha$ が現れるのは R_{PP}, T_{PP} だけである．

5 弾性波動方程式の一般解

　前章では均質な弾性体中を伝わる二次元平面波解を求めた．そこでは変位の成分によって運動方程式を書き，その解を求めた．後で円筒座標系や球座標系における解を求める必要が生じるが，変位で表した運動方程式を用いて解を求めることは非常に面倒である．本章ではそのためにポテンシャルを用いた解法を示す．以下でも均質な等方弾性体を考える．

5.1　スカラーポテンシャルとベクトルポテンシャル

　電磁気学などでよく知られているように，ベクトル場はスカラーポテンシャルとベクトルポテンシャルを用いて表すことができる．電磁場の場合には，電場に対応するスカラーポテンシャルと，磁場に対応するベクトルポテンシャルはそれぞれ特別な意味をもった量であるが，弾性論の場合には，これらのポテンシャルは解を求めるための便宜的な量である．

5.1.1　変位場の分解

　均質な弾性体中の変位場 $\boldsymbol{u}$ は，スカラーポテンシャル ϕ とベクトルポテンシャル $\boldsymbol{A}$ によって

$$\boldsymbol{u} = \nabla\phi + \nabla \times \boldsymbol{A} \tag{5.1.1}$$

と表すことができる．ここで $\boldsymbol{u}$ は 3 成分しかないのに対して，ϕ, $\boldsymbol{A}$ には合計 4 成分の自由度があるので，上式から ϕ と $\boldsymbol{A}$ とを一義的に決めることはできない．そこで電磁気学ではベクトルポテンシャルに付帯条件

$$\nabla \cdot \boldsymbol{A} = 0 \tag{5.1.2}$$

をつけるのが普通である．しかし弾性論の場合には，この条件は必ずしも必

5.1 スカラーポテンシャルとベクトルポテンシャル — 123

要ではない.

恒等式

$$\nabla \times \nabla \phi \equiv 0 \qquad \nabla \cdot (\nabla \times \boldsymbol{v}) \equiv 0$$

を用いれば, (5.1.1) 式の $\boldsymbol{u}$ は

$$\nabla \cdot \boldsymbol{u} = \nabla^2 \phi \qquad \nabla \times \boldsymbol{u} = \nabla \times (\nabla \times \boldsymbol{A})$$

を満足する. 第一式を縦波の式 (4.1.5) に代入すれば

$$\nabla^2 \left(\frac{1}{\alpha^2} \frac{\partial^2 \phi}{\partial t^2} - \nabla^2 \phi \right) = 0$$

が得られる. したがってスカラーポテンシャル ϕ は縦波の波動方程式

$$\frac{1}{\alpha^2} \frac{\partial^2 \phi}{\partial t^2} = \nabla^2 \phi \tag{5.1.3}$$

を満たせば十分である.

同様に $\nabla \times \boldsymbol{u}$ を横波の式 (4.1.7) に代入すれば

$$\nabla \times \nabla \times \left(\frac{1}{\beta^2} \frac{\partial^2 \boldsymbol{A}}{\partial t^2} + \nabla \times \nabla \times \boldsymbol{A} \right) = 0 \tag{5.1.4}$$

となる. したがって $\boldsymbol{A}$ が

$$\frac{1}{\beta^2} \frac{\partial^2 \boldsymbol{A}}{\partial t^2} = -\nabla \times \nabla \times \boldsymbol{A}$$

を満たせば $\nabla \times \boldsymbol{A}$ が運動方程式を満足するのに十分である.

(4.1.3) 式

$$\nabla \times \nabla \times \boldsymbol{A} = \nabla(\nabla \cdot \boldsymbol{A}) - \nabla^2 \boldsymbol{A} \tag{4.1.3}$$

を用いれば, (5.1.2) 式 $\nabla \cdot \boldsymbol{A} = 0$ が成り立てば先の式は波動方程式にほかならないが, $\nabla \times [\nabla(\nabla \cdot \boldsymbol{A})] = 0$ であるから (5.1.2) 式が成り立たなくても

$$\nabla \times \nabla \times \left(\frac{1}{\beta^2} \frac{\partial^2 \boldsymbol{A}}{\partial t^2} - \nabla^2 \boldsymbol{A} \right) = 0 \tag{5.1.5}$$

となるから，ベクトルポテンシャル $\boldsymbol{A}$ は横波の波動方程式

$$\frac{1}{\beta^2}\frac{\partial^2 \boldsymbol{A}}{\partial t^2} = \nabla^2 \boldsymbol{A} \tag{5.1.6}$$

を満たせば十分である．この式を導くに当たっては $\nabla \cdot \boldsymbol{A} = 0$ の条件を用いていないことに注意する．

上では ϕ と $\boldsymbol{A}$ の二つのポテンシャルを用いているが，$\boldsymbol{A}$ には (5.1.2) 式の条件をつけなければ自由度が多すぎて解が求められない．この条件をつけて解を求めるのは面倒なので，弾性論では (5.1.1) 式のかわりにもう 1 項つけ加えて

$$\boldsymbol{u} = \nabla\phi + \nabla \times \boldsymbol{A} + \nabla \times (\nabla \times \boldsymbol{B}) \tag{5.1.7}$$

とする．第三項が新たに加えられた項である．$\boldsymbol{B}$ が横波の波動方程式 (5.1.6) を満たせば，$\boldsymbol{u}$ が弾性体の運動方程式を満たすことは明らかである．しかしこのまま $\boldsymbol{A}$, $\boldsymbol{B}$ を自由にしてしまえば，こんどは自由度が 7 にもなってしまうので，実際には $\boldsymbol{A}$, $\boldsymbol{B}$ の自由度をそれぞれ 1 に制限する．どのように制限するかは座標系によって異なる．

直角座標系，円筒座標系 まず直角座標系 (x, y, z) および円筒座標系 (r, φ, z) では，$\boldsymbol{A}$, $\boldsymbol{B}$ として z 成分だけをもつベクトル

$$\boldsymbol{A} = (0, 0, \chi) \qquad \boldsymbol{B} = (0, 0, \psi) \tag{5.1.8}$$

を選ぶ．このように選ぶと直角座標，円筒座標とも

$$\nabla^2 \boldsymbol{A} = (0, 0, \nabla^2 \chi) \qquad \nabla^2 \boldsymbol{B} = (0, 0, \nabla^2 \psi)$$

と書ける (章末のメモ参照)．したがって (5.1.5) 式が成り立つためには，χ が横波のスカラー波動方程式

$$\frac{1}{\beta^2}\frac{\partial^2 \chi}{\partial t^2} = \nabla^2 \chi$$

を満たせば十分であることがわかる．$\boldsymbol{B}$ の項については運動方程式が (5.1.5) 式のかわりに

$$\nabla \times \nabla \times \nabla \times \left(\frac{1}{\beta^2}\frac{\partial^2 \boldsymbol{B}}{\partial t^2} - \nabla^2 \boldsymbol{B}\right) = 0$$

と書けるから，ψ も横波の波動方程式を満たせば十分である．

球座標系 球座標系 (r, θ, φ) のときには r 成分だけをもつベクトル

$$\boldsymbol{A} = \boldsymbol{r}\chi \qquad \boldsymbol{B} = \boldsymbol{r}\psi \tag{5.1.9}$$

を選ぶ．$\boldsymbol{r}$ は位置ベクトルである．ベクトルの微分の関係

$$\nabla \times (\boldsymbol{r}\chi) = \nabla\chi \times \boldsymbol{r} \qquad \nabla^2(\boldsymbol{r}\chi) = \boldsymbol{r}\nabla^2\chi + 2\nabla\chi$$

$$\nabla \times \nabla^2(\boldsymbol{r}\chi) = \nabla(\nabla^2\chi) \times \boldsymbol{r}$$

を用いれば (5.1.5) 式は

$$\nabla \times \boldsymbol{r} \times \nabla\left(\frac{1}{\beta^2}\frac{\partial^2\chi}{\partial t^2} - \nabla^2\chi\right) = 0$$

となる．したがって χ は横波の波動方程式を満たせば十分である．$\boldsymbol{B}$ に対する ψ も横波のスカラー波動方程式を満たさなければならないことは明らかである．このようにしてスカラー波動方程式を満たす ϕ, χ, ψ の三つのスカラー関数によって，均質な弾性体の運動方程式の解が導かれることがわかった．

なお，上に現れた $\nabla\phi, \nabla \times \boldsymbol{A}, \nabla^2\boldsymbol{A}$ などの各座標系における成分は，章末のメモにまとめてある．

5.1.2 外力項

これまでは外力項を無視してきた．震源項を含めた弾性体の運動方程式は，(4.1.4) 式の右辺に単位体積当たりの体積力 $\boldsymbol{f}$ を加えた

$$\rho\frac{\partial^2 \boldsymbol{u}}{\partial t^2} = (\lambda + 2\mu)\nabla(\nabla \cdot \boldsymbol{u}) - \mu\nabla \times (\nabla \times \boldsymbol{u}) + \boldsymbol{f} \tag{5.1.10}$$

である．

この章のはじめのように，変位をスカラーポテンシャル ϕ と，ベクトルポテンシャル $\boldsymbol{A}$ で表すことにする．

$$\boldsymbol{u} = \nabla\phi + \nabla \times \boldsymbol{A} \tag{5.1.11}$$

体積力も同様にスカラーポテンシャル θ とベクトルポテンシャル $\boldsymbol{G}$ によって

$$\boldsymbol{f} = \nabla\theta + \nabla \times \boldsymbol{G} \tag{5.1.12}$$

と表すことができる．これを運動方程式 (5.1.10) に代入すれば，先と同じようにして

$$\rho\frac{\partial^2 \phi}{\partial t^2} = (\lambda+2\mu)\nabla^2\phi + \theta \qquad \rho\frac{\partial^2 \boldsymbol{A}}{\partial t^2} = \mu\nabla^2\boldsymbol{A} + \boldsymbol{G} \tag{5.1.13}$$

が得られる．したがって震源項に相当する θ, $\boldsymbol{G}$ が与えられたときには，斉次方程式 (5.1.3), (5.1.6) ではなく，上の非斉次の波動方程式を解けば解が求められることになる．

しかしそれより前に，与えられた体積力 $\boldsymbol{f}$ に対してポテンシャル θ, $\boldsymbol{G}$ を求めなければならない．そのために頭ごなしに，θ, $\boldsymbol{G}$ があるベクトル $\boldsymbol{W}$ を用いて

$$\theta = \nabla \cdot \boldsymbol{W} \qquad \boldsymbol{G} = -\nabla \times \boldsymbol{W} \tag{5.1.14}$$

と表されたとする．外力 $\boldsymbol{f}$ は 3 成分のベクトルであるから，4 自由度をもつ θ と $\boldsymbol{G}$ ではなく，3 自由度しかない $\boldsymbol{W}$ だけで表されるという仮定はもっともである．θ と $\boldsymbol{G}$ をこのように表すと，(5.1.12) 式から $\boldsymbol{f}$ は

$$\boldsymbol{f} = \nabla\theta + \nabla \times \boldsymbol{G} = \nabla(\nabla \cdot \boldsymbol{W}) - \nabla \times (\nabla \times \boldsymbol{W}) = \nabla^2 \boldsymbol{W}$$

となる．したがって

$$\nabla^2 \boldsymbol{W} = \boldsymbol{f} \tag{5.1.15}$$

が得られる．$\boldsymbol{f}$ は与えられた外力であるから，上式を解いて $\boldsymbol{W}$ を求め，これを (5.1.14) 式に代入すれば θ, $\boldsymbol{G}$ が求められることになる．

上式は直角座標の成分ごとに考えれば，密度分布が $\boldsymbol{f}/4\pi G$ (G は万有引力の定数) のときの重力ポテンシャルに対するポアソンの方程式にほかならない．したがってこの方程式の解は直角座標系では形式的に

$$\boldsymbol{W}(\boldsymbol{x}) = -\frac{1}{4\pi}\int_V \frac{\boldsymbol{f}(\boldsymbol{x}')}{|\boldsymbol{x}-\boldsymbol{x}'|}dV(\boldsymbol{x}') \tag{5.1.16}$$

と表される．$|\bm{x}-\bm{x}'|$ は点 $\bm{x}$ と点 $\bm{x}'$ の間の距離，$dV(\bm{x}')$ は点 $\bm{x}'$ における体積要素を表している．後で用いることになるが，原点に x 方向にデルタ関数

$$\bm{f} = (\delta(\bm{x}),\ 0,\ 0)$$

の力が働いたとき，$\bm{W}$ は質点のポテンシャルを用いて

$$\bm{W}(\bm{x}) = -\frac{1}{4\pi}\left(\frac{1}{|\bm{x}|},\ 0,\ 0\right) \tag{5.1.17}$$

で表される．

・・・●・・・●・・・（メ モ）・・・●・・・●・・・

重力ポテンシャル　質量 m の質点から距離 r 離れた点のポテンシャルは

$$U = -G\frac{m}{r}$$

で表される．G は万有引力の定数である．質量が点ではなく密度 ρ で分布しているときには微小体積に分割して加え合せればよい．たとえば点 $\bm{x}'$ のまわりの体積 $dV(\bm{x}')$ による点 $\bm{x}$ のポテンシャルは

$$dU(\bm{x}) = -G\frac{\rho(\bm{x}')}{|\bm{x}-\bm{x}'|}dV(\bm{x}')$$

で表される．$\rho(\bm{x}')$ は質量密度である．したがって領域 V に含まれる密度 $\rho(\bm{x})$ によるポテンシャルは

$$U(\bm{x}) = -G\int_V \frac{\rho(\bm{x}')}{|\bm{x}-\bm{x}'|}dV(\bm{x}') \tag{5.1.i}$$

で表される．$\bm{x}$ は領域の内部でも，外部でもよい．このポテンシャルに対してはポアソンの方程式

$$\nabla^2 U = 4\pi G\rho \tag{5.1.ii}$$

が成り立っている．

　本節ではこの関係を逆に利用している．すなわち，ポアソンの方程式 (5.1.ii) の解は積分 (5.1.i) で表されるという関係である．またこの積分も，たとえば ρ が定数で V が球であれば，計算するまでもなく一様な球のポテンシャルとして求めることができる．

・・・●・・・●・・・●・・・●・・・●・・・

5.2　ヘルムホルツ方程式の解

　スカラーポテンシャル ϕ は縦波のスカラー波動方程式

を満たさなければならない．ベクトルポテンシャルに対応する χ, ψ も同じ形の横波の波動方程式を満たさなければならないから，ここではスカラーポテンシャルの解だけを考える．

例によって時間的に単振動の解

$$\phi \sim e^{-i\omega t}$$

$$\frac{1}{\alpha^2}\frac{\partial^2 \phi}{\partial t^2} = \nabla^2 \phi \tag{5.2.1}$$

を仮定し，以下では時間項を省略する．これを (5.2.1) 式に代入すれば

$$\left(\nabla^2 + k_\alpha^2\right)\phi = 0 \qquad k_\alpha = \frac{\omega}{\alpha} \tag{5.2.2}$$

が得られる．ここに k_α は縦波の波数である．方程式 (5.2.2) はヘルムホルツ方程式 (Helmholtz equation) と呼ばれる．本節ではいろいろな座標系におけるヘルムホルツ方程式の基本解を導く．横波の場合には波数 k_α のかわりに

$$k_\beta = \frac{\omega}{\beta}$$

を用いればよい．

5.2.1　直角座標系

直角座標系 (x, y, z) における解は簡単で，ϕ を

$$\phi = e^{i(k_x x + k_y y + k_z z)} = \exp(i\boldsymbol{k}\cdot\boldsymbol{r}) \tag{5.2.3}$$

と置く．$\boldsymbol{k} = (k_x, k_y, k_z)$ は波数ベクトル，$\boldsymbol{r}$ は位置ベクトルである．これが (5.2.2) 式を満たすためには

$$|\boldsymbol{k}|^2 = k^2 = k_x^2 + k_y^2 + k_z^2 = k_\alpha^2 \tag{5.2.4}$$

でなければならない．波数ベクトルが実数のとき (5.2.3) 式は平面波を表している．波面は波数ベクトル $\boldsymbol{k}$ に垂直で $\boldsymbol{k}$ の方向に速度 α で伝わることは二次元のときと同様に示すことができる．

k が (5.2.4) 式を満たしていればすべて解になるから，(5.2.4) 式を満たすいろいろな (k_x, k_y, k_z) の組合せを加え合せたものも解になっている．したがって形式的に積分

$$\phi = \int_{|\boldsymbol{k}|=|k_\alpha|} A(\boldsymbol{k}) \exp(i\boldsymbol{k}\cdot\boldsymbol{r}) dk_x dk_y dk_z$$

もヘルムホルツ方程式の解になる．ここに $A(\boldsymbol{k})$ は波数 $\boldsymbol{k}$ の任意の関数を表す．この積分は三重積分の形に書いてあるが，実際には波数空間内の球面 $|\boldsymbol{k}| = |k_\alpha|$ 上の面積分である．

5.2.2 円筒座標系

円筒座標系 (r, φ, z) におけるラプラシアンは

$$\nabla^2 = \frac{1}{r}\frac{\partial}{\partial r}\left(r\frac{\partial}{\partial r}\right) + \frac{1}{r^2}\frac{\partial^2}{\partial \varphi^2} + \frac{\partial^2}{\partial z^2} \tag{5.2.5}$$

である．いま ϕ を変数分離して

$$\phi = R(r)\Phi(\varphi)Z(z)$$

と置き，これをヘルムホルツ方程式 (5.2.2) に代入して全体を ϕ で割ると

$$\frac{1}{R}\frac{1}{r}\frac{d}{dr}\left(r\frac{dR}{dr}\right) + \frac{1}{\Phi}\frac{1}{r^2}\frac{d^2\Phi}{d\varphi^2} + \frac{1}{Z}\frac{d^2Z}{dz^2} + k_\alpha^2 = 0$$

が得られる．第一，二項は r と φ だけの関数，第三項は z だけの関数，第四項は定数である．したがってこの式がすべての z に対して成り立つためには，少なくとも第三項は定数でなければならない．この定数を $-k_z^2$ とすれば

$$\frac{1}{Z}\frac{d^2Z}{dz^2} = -k_z^2$$

であるから

$$Z(z) = e^{\pm ik_z}$$

が得られる．これを先の式に代入して r^2 を掛ければ，第二項が定数にならなければならない．この定数を $-m^2$ とすれば

$$\frac{1}{\Phi}\frac{d^2\Phi}{d\varphi^2} = -m^2 \qquad \Phi(\varphi) = e^{\pm im\varphi}$$

が得られる．Φ は座標の一価関数でなければならないから，m は 0 または正負の整数でなければならない．

このようにして求めた $Z(r)$，$\Phi(\varphi)$ を用いれば，$R(r)$ が満たすべき方程式として

$$\frac{1}{r}\frac{d}{dr}\left(r\frac{dR}{dr}\right) + \left(k^2 - \frac{m^2}{r^2}\right)R = 0 \qquad k^2 = k_\alpha^2 - k_z^2 \qquad (5.2.6)$$

が得られる．上の第二式は (5.2.4) 式に対応した分散関係である．第一式はベッセルの微分方程式と呼ばれ，その解は円筒関数で表される．最もよく用いられるのは

$$R(r) = J_m(kr), \quad N_m(kr) \qquad (5.2.7)$$

で，前者はベッセル関数 (Bessel function)，後者はノイマン関数 (Neumann function) と呼ばれる．ベッセル関数 $J_m(z)$ は原点で有限

$$J_0(0) = 1 \qquad J_m(0) = 0 \qquad m \neq 0$$

であるが，ノイマン関数は $z \to 0$ で発散する．また両者とも $|z| \to \infty$ では $1/\sqrt{|z|}$ のオーダーで 0 に収束する．

ベッセルの微分方程式は線形であるから，両者の和や差も解になる．

$$\begin{aligned} H_m^{(1)}(kr) &= J_m(kr) + iN_m(kr) \\ H_m^{(2)}(kr) &= J_m(kr) - iN_m(kr) \end{aligned} \qquad (5.2.8)$$

も解であり，これらはそれぞれ第一種，第二種のハンケル関数 (Hankel function) と呼ばれる．

以上をまとめると，円筒座標系におけるヘルムホルツ方程式の解は，たとえば

$$\phi = H_m^{(1)}(kr)e^{i(m\varphi \pm k_z z)} \qquad k^2 + k_z^2 = k_\alpha^2 \qquad (5.2.9)$$

などと書くことができる．$m=0$, $k_z=0$ と置いたものが先に求めた (1.2.26) 式である．

ヘルムホルツ方程式は線型であるから，基本解の線型結合もまた解である．たとえば (5.2.9) 式の線型結合

$$\phi = \int \sum_m A_m(k) H_m^{(1)}(kr) e^{i(m\varphi \pm k_z z)} dk$$

もヘルムホルツ方程式の解である．このような表現は後で用いる．

変形ベッセル関数 k_α が与えられたとしたとき，k_z^2 が大きくなると k^2 が負になる．このときには微分方程式 (5.2.6) のかわりに

$$\frac{1}{r}\frac{d}{dr}\left(r\frac{dR}{dr}\right) - \left(|k|^2 + \frac{m^2}{r^2}\right) R = 0 \tag{5.2.10}$$

の解

$$R = I_m(|k|r), \qquad K_m(|k|r) \tag{5.2.11}$$

を用いるのが便利である．これらはそれぞれ第一種，第二種の変形ベッセル関数 (modified Bessel function) と呼ばれる．第一種の変形ベッセル関数は原点で有限 ($I_0(0) = 1$, $I_m(0) = 0$) であるが，第二種の変形ベッセル関数 $K_m(z)$ は原点で発散する．また，$z \to \infty$ では

$$I_m(z) \sim \frac{e^z}{\sqrt{2\pi z}} \qquad K_m(z) \sim \sqrt{\frac{\pi}{2z}} e^{-z}$$

となる．

5.2.3 球座標系

球座標系 (r, θ, φ) におけるラプラシアンは

$$\nabla^2 = \frac{1}{r^2}\frac{\partial}{\partial r}\left(r^2 \frac{\partial}{\partial r}\right) + \frac{1}{r^2 \sin\theta}\frac{\partial}{\partial \theta}\left(\sin\theta \frac{\partial}{\partial \theta}\right) + \frac{1}{r^2 \sin^2\theta}\frac{\partial^2}{\partial \varphi^2} \tag{5.2.12}$$

である．ϕ を

$$\phi = R(r)\Theta(\theta)\Phi(\varphi)$$

と変数分離してヘルムホルツ方程式に代入すれば

$$\frac{1}{R}\frac{1}{r^2}\frac{d}{dr}\left(r^2\frac{dR}{dr}\right) + \frac{1}{\Theta}\frac{1}{r^2}\frac{1}{\sin\theta}\frac{d}{d\theta}\left(\sin\theta\frac{d\Theta}{d\theta}\right)$$
$$+ \frac{1}{\Phi}\frac{1}{r^2\sin^2\theta}\frac{d^2\Phi}{d\varphi^2} + k_\alpha^2 = 0$$

となる.全体に $r^2\sin^2\theta$ を掛ければ第三項だけが φ の関数になるので,この式がすべての φ に対して成り立つためには,この項が定数でなければならない.したがってこの定数を $-m^2$ とすれば

$$\frac{1}{\Phi}\frac{d^2\Phi}{d\varphi^2} = -m^2 \qquad \Phi(\varphi) = e^{\pm im\varphi}$$

が得られる.解の一価性から m は整数でなければならない.これを用いると第二,三項から

$$\frac{1}{\Theta}\left[\frac{1}{\sin\theta}\frac{d}{d\theta}\left(\sin\theta\frac{d\Theta}{d\theta}\right) - \frac{m^2}{\sin^2\theta}\Theta\right] = -l(l+1)$$

でなければならないことがわかる.ここに $l(l+1)$ は m^2 と同様な意味をもつ変数分離の定数である.したがって Θ は微分方程式

$$\frac{1}{\sin\theta}\frac{d}{d\theta}\left(\sin\theta\frac{d\Theta}{d\theta}\right) + \left[l(l+1) - \frac{m^2}{\sin^2\theta}\right]\Theta = 0 \tag{5.2.13}$$

を満たさなければならない.これはルジャンドル (Legendre) の微分方程式と呼ばれ,その解はルジャンドル陪関数と呼ばれる.$0 \leq \theta \leq \pi$ で解が有限になるためには l は 0 または正の整数でなければならず,そのときの解を

$$\Theta(\theta) = P_l^m(\cos\theta) \qquad -l \leq m \leq l \tag{5.2.14}$$

と書く.したがってある l に対して許される m は $2l+1$ 個ある.

Θ, Φ が求められると,R が満たすべき方程式は

$$\frac{1}{r^2}\frac{d}{dr}\left(r^2\frac{dR}{dr}\right) + \left[k_\alpha^2 - \frac{l(l+1)}{r^2}\right]R = 0 \tag{5.2.15}$$

となる．この方程式の解は球ベッセル関数 (spherical Bessel function) と呼ばれ，解の基本系は

$$R(r) = j_l(k_\alpha r), \quad n_l(k_\alpha r), \quad h_l^{(1)}(k_\alpha r), \quad h_l^{(2)}(k_\alpha r) \tag{5.2.16}$$

の四つのうちの任意の二つによって与えられる．$j_l(z)$, $n_l(z)$ と $h_l^{(1)}(z)$, $h_l^{(2)}(z)$ の間の関係は，ベッセル関数の関係 (5.2.8) 式とまったく同じである．じつは球ベッセル関数は半整数次のベッセル関数で

$$j_l(z) = \sqrt{\frac{\pi}{2z}} J_{l+1/2}(z) \qquad n_l(z) = \sqrt{\frac{\pi}{2z}} N_{l+1/2}(z) \tag{5.2.17}$$

などと表されるが，初等関数で表すこともできる．

ここでルジャンドルの関数，球ベッセル関数の低次の項を示しておく．

$$\begin{aligned} &P_0(\cos\theta) = 1 & &P_1(\cos\theta) = \cos\theta \\ &P_1^1(\cos\theta) = \sin\theta & &P_2(\cos\theta) = \frac{1}{2}(3\cos^2\theta - 1) \\ &P_2^1(\cos\theta) = 3\sin\theta\cos\theta & &P_2^2(\cos\theta) = 3\sin^2\theta \end{aligned} \tag{5.2.18}$$

$P_l^o(\cos\theta)$ は単に $P_l(\cos\theta)$ と書きルジャンドル関数と呼ばれる．

$$\begin{aligned} &h_0^{(1)}(z) = -\frac{i}{z}e^{iz} & &h_1^{(1)}(z) = -\frac{z+i}{z^2}e^{iz} \\ &h_0^{(2)}(z) = \frac{i}{z}e^{-iz} & &h_1^{(2)}(z) = -\frac{z-i}{z^2}e^{-iz} \end{aligned} \tag{5.2.19}$$

$j_l(z)$, $n_l(z)$ などは $h_l^{(1)}(z)$ の実数部，虚数部から導くことができる．

以上のようにして，球座標系におけるヘルムホルツ方程式の解はたとえば

$$\phi = h_l^{(1)}(k_\alpha r) P_l^m(\cos\theta) e^{im\varphi}$$

のように表すことができる．$l = 0$ の解は定係数を除いて

$$\phi = \frac{1}{r} e^{ik_\alpha r}$$

となる．これはすでに求めた外向きに伝わる球面波 (1.2.24) 式にほかならない．

5.3 直角座標系，円筒座標系，球座標系における一般解

この節では後で用いる便宜上，ポテンシャル ϕ, χ, ψ を用いて表した波動場の解の公式を結果だけを示す．以下に示すのは，変位と，境界条件に必要な応力の成分である．これらの式に，前節で求めた各座標系のヘルムホルツ方程式の解を ϕ, χ, ψ に代入すれば実際の解が求められる．

5.3.1 直角座標系

直角座標系ではポテンシャルを用いなくても解を求めることは容易であるが，ほかの座標系との対応上，示しておく．

ϕ 成分

$$\begin{aligned} u_x &= \frac{\partial \phi}{\partial x} \qquad u_y = \frac{\partial \phi}{\partial y} \qquad u_z = \frac{\partial \phi}{\partial z} \\ \sigma_{xx} &= \frac{\lambda}{\alpha^2}\frac{\partial^2 \phi}{\partial t^2} + 2\mu\frac{\partial^2 \phi}{\partial x^2} = \rho\frac{\partial^2 \phi}{\partial t^2} - 2\mu\left(\frac{\partial^2 \phi}{\partial y^2} + \frac{\partial^2 \phi}{\partial z^2}\right) \\ \sigma_{xy} &= 2\mu\frac{\partial^2 \phi}{\partial x \partial y} \end{aligned} \qquad (5.3.1)$$

右辺に時間微分の項が現れているのは，ϕ が波動方程式 (5.2.1) を満たしていることを用いているからである．応力のほかの成分は x, y, z をサイクリックに入れ替えることによって得られる．

χ 成分

$$\begin{aligned} u_x &= \frac{\partial \chi}{\partial y} \qquad u_y = -\frac{\partial \chi}{\partial x} \qquad u_z = 0 \\ \sigma_{xx} &= -\sigma_{yy} = 2\mu\frac{\partial^2 \chi}{\partial x \partial y} \qquad \sigma_{zz} = 0 \\ \sigma_{yz} &= -\mu\frac{\partial^2 \chi}{\partial z \partial x} \qquad \sigma_{zx} = \mu\frac{\partial^2 \chi}{\partial y \partial z} \qquad \sigma_{xy} = \mu\left(\frac{\partial^2 \chi}{\partial y^2} - \frac{\partial^2 \chi}{\partial x^2}\right) \end{aligned} \qquad (5.3.2)$$

ψ 成分

$$u_x = \frac{\partial^2 \psi}{\partial z \partial x} \qquad u_y = \frac{\partial^2 \psi}{\partial y \partial z} \qquad u_z = -\frac{1}{\beta^2}\frac{\partial^2 \psi}{\partial t^2} + \frac{\partial^2 \psi}{\partial z^2}$$

$$\sigma_{xx} = 2\mu \frac{\partial^3 \psi}{\partial z \partial x^2} \qquad \sigma_{yy} = 2\mu \frac{\partial^3 \psi}{\partial z \partial y^2} \qquad \sigma_{zz} = -(\sigma_{xx} + \sigma_{yy})$$
$$\sigma_{xy} = 2\mu \frac{\partial^3 \psi}{\partial x \partial y \partial z} \qquad \sigma_{yz} = \mu \frac{\partial}{\partial y}\left(-\frac{1}{\beta^2}\frac{\partial^2 \psi}{\partial t^2} + 2\frac{\partial^2 \psi}{\partial z^2}\right) \quad (5.3.3)$$
$$\sigma_{zx} = \mu \frac{\partial}{\partial x}\left(-\frac{1}{\beta^2}\frac{\partial^2 \psi}{\partial t^2} + 2\frac{\partial^2 \psi}{\partial z^2}\right)$$

5.3.2 円筒座標系

ϕ 成分

$$u_r = \frac{\partial \phi}{\partial r} \qquad u_\varphi = \frac{1}{r}\frac{\partial \phi}{\partial \varphi} \qquad u_z = \frac{\partial \phi}{\partial z}$$
$$\sigma_{rr} = \frac{\lambda}{\alpha^2}\frac{\partial^2 \phi}{\partial t^2} + 2\mu \frac{\partial^2 \phi}{\partial r^2} = \rho \frac{\partial^2 \phi}{\partial t^2} - 2\mu \left(\frac{1}{r}\frac{\partial \phi}{\partial r} + \frac{1}{r^2}\frac{\partial^2 \phi}{\partial \varphi^2} + \frac{\partial^2 \phi}{\partial z^2}\right)$$
$$\sigma_{\varphi\varphi} = \frac{\lambda}{\alpha^2}\frac{\partial^2 \phi}{\partial t^2} + 2\mu \left(\frac{1}{r}\frac{\partial \phi}{\partial r} + \frac{1}{r^2}\frac{\partial^2 \phi}{\partial \varphi^2}\right) \qquad (5.3.4)$$
$$\sigma_{zz} = \frac{\lambda}{\alpha^2}\frac{\partial^2 \phi}{\partial t^2} + 2\mu \frac{\partial^2 \phi}{\partial z^2} \qquad \sigma_{\varphi z} = \frac{2\mu}{r}\frac{\partial^2 \phi}{\partial \varphi \partial z}$$
$$\sigma_{zr} = 2\mu \frac{\partial^2 \phi}{\partial z \partial r} \qquad \sigma_{r\varphi} = 2\mu \frac{\partial}{\partial \varphi}\left(\frac{1}{r}\frac{\partial \phi}{\partial r} - \frac{1}{r^2}\frac{\partial \phi}{\partial \varphi}\right)$$

χ 成分

$$u_r = \frac{1}{r}\frac{\partial \chi}{\partial \varphi} \qquad u_\varphi = -\frac{\partial \chi}{\partial r} \qquad u_z = 0$$
$$\sigma_{rr} = -\sigma_{\varphi\varphi} = 2\mu \frac{\partial^2}{\partial r \partial \varphi}\left(\frac{\chi}{r}\right) \qquad \sigma_{zz} = 0$$
$$\sigma_{\varphi z} = -\mu \frac{\partial^2 \chi}{\partial z \partial r} \qquad \sigma_{zr} = \frac{\mu}{r}\frac{\partial^2 \chi}{\partial \varphi \partial z} \qquad (5.3.5)$$
$$\sigma_{r\varphi} = \mu \left(-\frac{\partial^2 \chi}{\partial r^2} + \frac{1}{r}\frac{\partial \chi}{\partial r} + \frac{1}{r^2}\frac{\partial^2 \chi}{\partial \varphi^2}\right)$$

ψ 成分

$$u_r = \frac{\partial^2 \psi}{\partial z \partial r} \qquad u_\varphi = \frac{1}{r}\frac{\partial^2 \psi}{\partial \varphi \partial z} \qquad u_z = -\frac{1}{\beta^2}\frac{\partial^2 \psi}{\partial t^2} + \frac{\partial^2 \psi}{\partial z^2}$$
$$\sigma_{rr} = 2\mu \frac{\partial^3 \psi}{\partial r^2 \partial z} \qquad \sigma_{\varphi\varphi} = 2\mu \frac{\partial}{\partial z}\left(\frac{1}{r}\frac{\partial \psi}{\partial r} + \frac{1}{r^2}\frac{\partial^2 \psi}{\partial \varphi^2}\right)$$

$$\sigma_{zz} = -(\sigma_{rr} + \sigma_{\varphi\varphi}) = 2\mu\frac{\partial}{\partial z}\left(-\frac{1}{\beta^2}\frac{\partial^2\psi}{\partial t^2} + \frac{\partial^2\psi}{\partial z^2}\right) \tag{5.3.6}$$

$$\sigma_{\varphi z} = \frac{\mu}{r}\frac{\partial}{\partial\varphi}\left(-\frac{1}{\beta^2}\frac{\partial^2\psi}{\partial t^2} + 2\frac{\partial^2\psi}{\partial z^2}\right)$$

$$\sigma_{zr} = \mu\frac{\partial}{\partial r}\left(-\frac{1}{\beta^2}\frac{\partial^2\psi}{\partial t^2} + 2\frac{\partial^2\psi}{\partial z^2}\right) \qquad \sigma_{r\varphi} = 2\mu\frac{\partial^3}{\partial r\partial\varphi\partial z}\left(\frac{\psi}{r}\right)$$

5.3.3 球座標系

ϕ 成分

$$\begin{aligned}
u_r &= \frac{\partial\phi}{\partial r} \qquad u_\theta = \frac{1}{r}\frac{\partial\phi}{\partial\theta} \qquad u_\varphi = \frac{1}{r\sin\theta}\frac{\partial\phi}{\partial\varphi} \\
\sigma_{rr} &= \frac{\lambda}{\alpha^2}\frac{\partial^2\phi}{\partial t^2} + 2\mu\frac{\partial^2\phi}{\partial r^2} = \rho\frac{\partial^2\phi}{\partial t^2} - \frac{2\mu}{r}\left(2\frac{\partial\phi}{\partial r} - \frac{L^2}{r}\phi\right) \\
\sigma_{\theta\theta} &= \frac{\lambda}{\alpha^2}\frac{\partial^2\phi}{\partial t^2} + \frac{2\mu}{r}\left(\frac{1}{r}\frac{\partial^2\phi}{\partial\theta^2} + \frac{\partial\phi}{\partial r}\right) \\
\sigma_{\varphi\varphi} &= \frac{\lambda}{\alpha^2}\frac{\partial^2\phi}{\partial t^2} + \frac{2\mu}{r}\left(\frac{\partial\phi}{\partial r} + \frac{\cos\theta}{r\sin\theta}\frac{\partial\phi}{\partial\theta} + \frac{1}{r\sin^2\theta}\frac{\partial^2\phi}{\partial\varphi^2}\right) \\
\sigma_{\theta\varphi} &= \frac{2\mu}{r^2}\frac{\partial^2}{\partial\theta\partial\varphi}\left(\frac{\phi}{\sin\theta}\right) \qquad \sigma_{\varphi r} = \frac{2\mu}{\sin\theta}\frac{\partial^2}{\partial\varphi\partial r}\left(\frac{\phi}{r}\right) \\
\sigma_{r\theta} &= 2\mu\frac{\partial^2}{\partial r\partial\theta}\left(\frac{\phi}{r}\right)
\end{aligned} \tag{5.3.7}$$

χ 成分

$$\begin{aligned}
u_r &= 0 \qquad u_\theta = \frac{1}{\sin\theta}\frac{\partial\chi}{\partial\varphi} \qquad u_\varphi = -\frac{\partial\chi}{\partial\theta} \\
\sigma_{rr} &= 0 \qquad \sigma_{\theta\theta} = -\sigma_{\varphi\varphi} = \frac{2\mu}{r}\frac{\partial^2}{\partial\theta\partial\varphi}\left(\frac{\chi}{\sin\theta}\right) \\
\sigma_{\theta\varphi} &= \frac{\mu}{r}\left(L^2\chi + \frac{1}{\sin^2\theta}\frac{\partial^2\chi}{\partial\varphi^2} + \frac{1}{\sin^2\theta}\frac{\partial^2\chi}{\partial\theta\partial\varphi}\right) \\
\sigma_{\varphi r} &= -\mu r\frac{\partial^2}{\partial\theta\partial r}\left(\frac{\chi}{r}\right) \qquad \sigma_{r\theta} = \frac{\mu}{\sin\theta}r\frac{\partial^2}{\partial\varphi\partial r}\left(\frac{\chi}{r}\right)
\end{aligned} \tag{5.3.8}$$

ψ 成分

$$u_r = \frac{1}{r^2}L^2(r\psi) \qquad u_\theta = \frac{1}{r}\frac{\partial^2(r\psi)}{\partial r\partial\theta} \qquad u_\varphi = \frac{1}{r\sin\theta}\frac{\partial^2(r\psi)}{\partial\varphi\partial r}$$

$$\sigma_{rr} = \frac{2\mu}{r^2}L^2\left[\frac{\partial(r\psi)}{\partial r} - \frac{2}{r}(r\psi)\right]$$

$$\sigma_{\theta\theta} = \frac{2\mu}{r^2}\left[\frac{\partial^3(r\psi)}{\partial r\partial\theta^2} + \frac{1}{r}L^2(r\psi)\right] \qquad \sigma_{\varphi\varphi} = -(\sigma_{rr} + \sigma_{\theta\theta})$$

$$\sigma_{\theta\varphi} = \frac{2\mu}{r^2\sin\theta}\frac{\partial}{\partial\varphi}\left[\frac{\partial^2(r\psi)}{\partial r\partial\theta} - \frac{\cos\theta}{\sin\theta}\frac{\partial(r\psi)}{\partial r}\right] \qquad (5.3.9)$$

$$\sigma_{\varphi r} = \frac{1}{\sin\theta}\frac{\partial}{\partial\varphi}\left\{\rho\frac{\partial^2\psi}{\partial t^2} - \frac{2\mu}{r^2}\left[\frac{\partial(r\psi)}{\partial r} - \frac{L^2}{r}(r\psi)\right]\right\}$$

$$\sigma_{r\theta} = \mu\frac{\partial}{\partial\theta}\left\{\rho\frac{\partial^2\psi}{\partial t^2} - \frac{2\mu}{r^2}\left[\frac{\partial(r\psi)}{\partial r} - \frac{L^2}{r}(r\psi)\right]\right\}$$

ここに L^2 は角度方向の微分演算子で

$$L^2 = -\frac{1}{\sin\theta}\left[\frac{\partial}{\partial\theta}\left(\sin\theta\frac{\partial}{\partial\theta}\right) + \frac{1}{\sin\theta}\frac{\partial^2}{\partial\varphi^2}\right] \qquad (5.3.10)$$

で定義されている. たとえば ψ が横波のヘルムホルツ方程式の解で

$$\psi = j_l(k_\beta r)P_l^m(\cos\theta)e^{im\varphi}$$

であるときには, (5.2.13) 式から

$$L^2\psi = l(l+1)\psi$$

が成り立つ. すなわち, ヘルムホルツ方程式の解に対しては $L^2 = l(l+1)$ の対応関係が成り立っている.

χ 成分は直角座標系, 円筒座標系の変位の z 成分あるいは球座標系の変位の r 成分が恒等的に 0 になる. これは二次元の問題で考えた SH 波に相当するものである.

···●···●···(メ モ)···●···●···

ベクトルの微分公式 　上の式を導くに当たってはベクトルの微分公式を用いている. これらはいざ探そうとすると意外に見つからないものであるから, 参考のためにここに示しておく.

円筒座標系 (r, φ, z)

$$\nabla\phi = \left(\frac{\partial\phi}{\partial r}, \frac{1}{r}\frac{\partial\phi}{\partial\varphi}, \frac{\partial\phi}{\partial z}\right)$$

$$\nabla^2 \phi = \frac{1}{r}\frac{\partial}{\partial r}\left(r\frac{\partial \phi}{\partial r}\right) + \frac{1}{r^2}\frac{\partial^2 \phi}{\partial \varphi^2} + \frac{\partial^2 \phi}{\partial z^2}$$

$$\nabla \cdot \boldsymbol{v} = \frac{1}{r}\frac{\partial}{\partial r}(rv_r) + \frac{1}{r}\frac{\partial v_\varphi}{\partial \varphi} + \frac{\partial v_z}{\partial z}$$

$$\nabla \times \boldsymbol{v} = \left(\frac{1}{r}\frac{\partial v_z}{\partial \varphi} - \frac{\partial v_\varphi}{\partial z},\ \frac{\partial v_r}{\partial z} - \frac{\partial v_z}{\partial r},\ \frac{1}{r}\frac{\partial}{\partial r}(rv_\varphi) - \frac{1}{r}\frac{\partial v_r}{\partial \varphi}\right)$$

$$\nabla^2 \boldsymbol{v} = \left(\nabla^2 v_r - \frac{1}{r^2}v_r - \frac{2}{r^2}\frac{\partial v_\varphi}{\partial \varphi},\ \nabla^2 v_\varphi - \frac{1}{r^2}v_\varphi + \frac{1}{r^2}\frac{\partial v_r}{\partial \varphi},\ \nabla^2 v_z\right)$$

球座標系 $(r,\ \theta,\ \varphi)$

$$\nabla \phi = \left(\frac{\partial \phi}{\partial r},\ \frac{1}{r}\frac{\partial \phi}{\partial \theta},\ \frac{1}{r\sin\theta}\frac{\partial \phi}{\partial \varphi}\right)$$

$$\nabla^2 \phi = \frac{1}{r^2}\frac{\partial}{\partial r}\left(r^2\frac{\partial \phi}{\partial r}\right) + \frac{1}{r^2\sin\theta}\frac{\partial}{\partial \theta}\left(\sin\theta\frac{\partial \phi}{\partial \theta}\right) + \frac{1}{r^2\sin^2\theta}\frac{\partial^2 \phi}{\partial \varphi^2}$$

$$= \frac{1}{r^2}\frac{\partial}{\partial r}\left(r^2\frac{\partial \phi}{\partial r}\right) - \frac{1}{r^2}L^2\phi$$

$$\nabla \cdot \boldsymbol{v} = \frac{1}{r^2}\frac{\partial}{\partial r}(r^2 v_r) + \frac{1}{r\sin\theta}\frac{\partial}{\partial \theta}(v_\theta \sin\theta) + \frac{1}{r\sin\theta}\frac{\partial v_\varphi}{\partial \varphi}$$

$$(\nabla \times \boldsymbol{v})_r = \frac{1}{r\sin\theta}\left[\frac{\partial}{\partial \theta}(v_\varphi \sin\theta) - \frac{\partial v_\theta}{\partial \varphi}\right]$$

$$(\nabla \times \boldsymbol{v})_\theta = \frac{1}{r}\left[\frac{1}{\sin\theta}\frac{\partial v_r}{\partial \varphi} - \frac{\partial}{\partial r}(rv_\varphi)\right]$$

$$(\nabla \times \boldsymbol{v})_\varphi = \frac{1}{r}\left[\frac{\partial}{\partial r}(rv_\theta) - \frac{\partial v_r}{\partial \theta}\right]$$

$$(\nabla^2 \boldsymbol{v})_r = \nabla^2 v_r - \frac{2}{r}v_r - \frac{2}{r^2}\frac{\partial v_\theta}{\partial \theta} - \frac{2}{r^2}v_\theta \cot\theta - \frac{2}{r^2\sin\theta}\frac{\partial v_\varphi}{\partial \varphi}$$

$$(\nabla^2 \boldsymbol{v})_\theta = \nabla^2 v_\theta - \frac{1}{r^2\sin^2\theta}v_\theta + \frac{2}{r^2}\frac{\partial v_r}{\partial \theta} - \frac{2\cos\theta}{r^2\sin^2\theta}\frac{\partial v_\varphi}{\partial \varphi}$$

$$(\nabla^2 \boldsymbol{v})_\varphi = \nabla^2 v_\varphi - \frac{1}{r^2\sin^2\theta}v_\varphi + \frac{2}{r^2\sin^2\theta}\frac{\partial v_r}{\partial \varphi} + \frac{2\cos\theta}{r^2\sin^2\theta}\frac{\partial v_\theta}{\partial \varphi}$$

円筒座標,球座標において $\nabla^2 v_r,\ \nabla^2 v_\theta,\ \nabla^2 v_\varphi$ はベクトルのラプラシアンではなく,スカラー関数 $v_r,\ v_\theta,\ v_\varphi$ の通常の意味のラプラシアンを表している.

・・・●・・・●・・・●・・・●・・・

6 表面波と境界波

　地震波を実体波 (P 波，S 波)，表面波 (レーリー波，ラブ波)，地球振動 (伸び縮み振動，ねじれ振動) などに分類することが多い．これらは普通，周期の違いとして理解されることが多いが，必ずしもそうではない．実際，周期 10 秒以上の実体波もあれば，周期 1 秒以下の表面波も存在する．実体波や表面波などの分類は波動場の性質の違いによっているが，これらが完全に分離しているわけではない．たとえば，表面波を重ね合せれば反射波が合成できるし，地球規模の地震波伝播を考えるときには，地球の自由振動 (地球振動) の重ね合せで実体波から表面波までを合成することができる．

　表面波はその名前のとおり媒質の表面に沿って伝わる波で，エネルギーが表面からおよそ波長程度の深さまでに集中している．このため，さまざまな波長の表面波を観測することによって，媒質の深さ方向の構造を推定することができる．

　本章では最初に表面波の特徴である分散について説明し，次に簡単な構造を伝わるラブ波，レーリー波，ストンレー波，チャンネル波などを導く．なお，次章では表面波と関係の深い板や棒を伝わる波，球の振動をとり扱う．

6.1 位相速度と群速度

　表面波の最も重要な特徴の一つは，幾何光学的な波である実体波とは違って，分散性があるということである．この性質が地下構造の探査に役に立つ．

　$+x$ 方向に伝わる一次元の波の中から角周波数 ω の成分波だけをとり出したとき，その変位 $v(x;t)$ は

$$v(x;t) \sim V(\omega) \exp\left[-i\omega\left(t - \frac{x}{c}\right)\right] \tag{6.1.1}$$

と書くことができる．$V(\omega)$ は変位 $v(x;t)$ の t に関するフーリエスペクトル

を意味している．上式から明らかなように，c は x 方向の波の伝播速度を表す．また

$$k = \frac{\omega}{c} = \omega p \tag{6.1.2}$$

は x 方向の波数 (wavenumber, 2π/波長) である．なお，特に断らない限り，以下では ω が正の場合だけを考えることにする．ω が負のときの値は，実空間で変位が実数になるという条件，すなわち ω が正のときの値の複素共役をとることによって得られるからである．また $p = 1/c$ はこれまで現れた波線パラメーターと同じ意味をもっていることに注意する．

実体波の場合には c は ω によらない定数で，たとえばP波の速度であったり，S波の速度であったりする．しかし，表面波の場合には c が ω によって変化するので，単に速度とはいわずに位相速度 (phase velocity) と呼ぶ．このように位相速度が周波数によって変化する波を，分散性の波 (dispersive wave) と呼ぶ．また $c(\omega)$ のグラフを，位相速度の分散曲線 (dispersion curve) という．

6.1.1 バンドパスフィルター

上のように特定の角周波数の成分だけをとり出してしまうと，分散の影響がよく見えない．実際の波動を解析する際には，特定の周波数の波「だけ」をとり出すことは不可能で，バンドパスフィルター (band-pass filter) によって角周波数 ω_0 を中心にして，あるバンド幅 $\Delta\omega$ の成分をとり出すことになる．このときの波形は

$$v(x;t) \sim \frac{1}{2\pi} \int_{\omega_0-\Delta\omega/2}^{\omega_0+\Delta\omega/2} V(\omega) e^{-i(\omega t - kx)} d\omega \tag{6.1.3}$$

で表される．ω_0 付近のスペクトルの変化は激しくないとして

$$V(\omega) \sim V(\omega_0)$$

と仮定し，指数部はテーラー展開の一次

$$\omega t - kx \sim \omega_0 t - k_0 x + \left(t - \left.\frac{dk}{d\omega}\right|_0 x\right)(\omega - \omega_0)$$

で近似する．ここで波数 k は ω の関数であり，添字 0 は ω_0 における値であることを示している．そうすると先の積分 (6.1.3) 式は

$$\frac{1}{2\pi} V(\omega_0) e^{-i(\omega_0 t - k_0 x)} \int_{-\Delta\omega/2}^{\Delta\omega/2} e^{-i(t-x/U_0)y} dy$$
$$= \frac{\Delta\omega}{2\pi} \frac{\sin(t-x/U_0)\Delta\omega/2}{(t-x/U_0)\Delta\omega/2} V(\omega_0) e^{-i(\omega_0 t - k_0 x)}$$

となる．ここで

$$\frac{dk(\omega)}{d\omega} = \frac{1}{U(\omega)} \tag{6.1.4}$$

と定義している．したがって $v(x;t)$ は形式的に

$$v(x;t) \sim F\left(t - \frac{x}{U}\right) V(\omega) \exp\left[-i\omega\left(t - \frac{x}{c}\right)\right] \tag{6.1.5}$$

のように書くことができる．ここでは ω_0 を一般的に ω と書きなおしてあり

$$F(t) = \frac{\Delta\omega}{2\pi} \frac{\sin \Delta\omega t/2}{\Delta\omega t/2} \tag{6.1.6}$$

である．

上式 (6.1.5) は次のような意味をもっている．$V(\omega)e^{-i\omega(t-x/c)}$ の部分は角周波数 ω の波が速度 c で伝わっていることを表しているので，F が時間変化をしなければ，これは (6.1.1) 式とまったく同じである．振幅 F が時間，距離とともに (6.1.6) 式のように変化しているときには，(6.1.1) 式が F によって振幅変調されており，しかも振幅変調の中心が速度 U で伝わっていることになる．

振幅変調の中心が伝わる速さ U は，群速度 (group velocity) と呼ばれる．これは

$$\frac{1}{U} = \frac{1}{c}\left(1 - \frac{\omega}{c}\frac{dc}{d\omega}\right) = p\left(1 + \frac{\omega}{p}\frac{dp}{d\omega}\right) \tag{6.1.7}$$

などと書き換えられる．分散がないときには $(dc/d\omega = 0)$，群速度は位相速度に等しくなる．普通，位相速度 $c(\omega)$ は ω の減少関数であるから，群速度

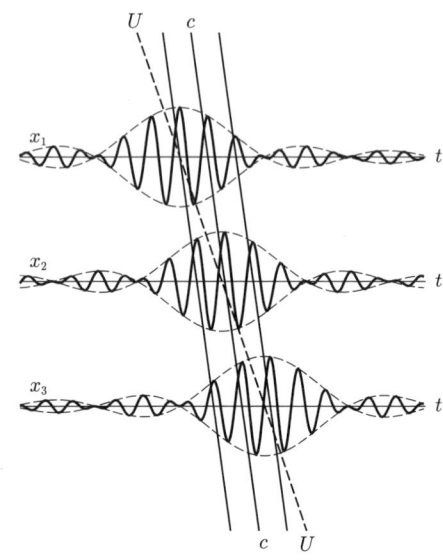

図 6.1.1 位相速度と群速度 等間隔の 3 点 ($x_1 < x_2 < x_3$) で記録された波形. 包絡線の極大値は群速度 U で伝わり, 実線の波の位相 (山, 谷) は位相速度 c で伝わる.

は位相速度よりも遅い. しかし次章で見るように, 群速度が位相速度よりも速いことも珍しくない.

(6.1.5) 式の v をいろいろな x について描いたのが図 6.1.1 である. 図の実線の細かい振動は $e^{-i\omega(t-x/c)}$ に対応するもの, 破線の緩やかな振動は包絡線 F に相当している. 角周波数 ω の振動は速度 c で伝わっており, この速度が ω における位相速度である. 一方, 包絡線の最大値は速度 U で伝わっており, これが群速度である. 包絡線の振幅は波のエネルギーに対応すると考えることができるから, 群速度は波のエネルギーが伝わる速さと考えることができる.

実際に表面波の観測波形から位相速度や群速度を求めるときには, これと同じような手続きを行う. すなわち, 記録にバンドパスフィルターをかけ, 位相 (山, 谷) の伝播速度から位相速度を, 包絡線の最大値の伝播速度から群速度を求めるのである. ただし, (6.1.3) 式では単純に $\omega_0 - \Delta\omega/2$ から $\omega_0 + \Delta\omega/2$ の成分だけをとり出して積分も簡略化したが, 実際の問題では角周波数 ω_0 付

近の成分をとり出すときに，(6.1.3) 式のかわりに積分

$$v \sim \frac{1}{2\pi} \int_{-\infty}^{\infty} W(\omega_0 - \omega) V(\omega) e^{-i(\omega t - kx)} d\omega$$

を FFT などによって計算してフィルタリングを行う．ここで重み関数 $W(\omega)$ としては

$$W(\omega) = e^{-a^2 \omega^2}$$

の形をしたものがよく用いられる．(6.1.3) 式ではスペクトルを $\omega \pm \Delta\omega/2$ でスパッと切っているが，こうすると図 6.1.1 のように $F(t)$ が $t=0$ の中心のほかに両側にいくつものピークをもつようになる．このようなピークをサイドローブ (side lobe) というが，実際の記録ではサイドローブがあるとどこが本当の最大かがわからなくなってしまう．しかし上のような滑らかな $W(\omega)$ を選べば，サイドローブを小さくすることができる．

6.1.2　停留値法

　実際の一次元の波動は (6.1.1) 式や (6.1.3) 式のように単一の，あるいは限られた周波数成分だけでなく，さまざまな成分が含まれている．したがって波動場はフーリエ積分の形で

$$v(x;t) = \frac{1}{2\pi} \int_{-\infty}^{\infty} V(\omega) e^{-i(\omega t - kx)} d\omega \tag{6.1.8}$$

と書くことができる．(6.1.1) 式ではこの積分の被積分関数だけを見ており，(6.1.3) 式ではこの積分のうち $\omega_0 - \Delta\omega/2$ から $\omega_0 + \Delta\omega/2$ までの部分だけを見ていた．

　震源から十分離れたところ，いい換えれば x, t が十分大きいところでは，この積分は停留値法 (method of stationary phase) によって近似することができる．

　積分 (6.1.8) 式を時刻 t が非常に大きなとき，すなわち震源から非常に離れた点で観測したときを考えると，(6.1.8) 式の指数関数部は ω が変化するとともに激しく振動し，したがってその積分は正負が打ち消し合って 0 になって

しまうであろう．積分が打ち消し合わないのは，指数部の引数が ω によって変化しないところ，すなわち

$$\frac{d}{d\omega}(\omega t - kx) = 0 \tag{6.1.9}$$

を満たす ω の付近だけであろう．この点を停留点 (stationary point) という．そこで上式を満たす ω を改めて ω_0 として，位相を ω_0 のまわりにテーラー展開すると

$$\omega t - kx = \omega_0 t - k_0 x - \frac{1}{2}\left.\frac{d^2k}{d\omega^2}\right|_0 x(\omega - \omega_0)^2 + \cdots$$

となる．一次の項が欠けているのは ω_0 が停留点だからである．これを積分 (6.1.8) 式に代入し，$V(\omega)$ は一定値であると仮定して積分の外に出し，また積分範囲もテーラー展開が成り立たない範囲まで延長するという乱暴な近似を行うと

$$v \sim \frac{1}{2\pi}V(\omega_0)e^{-i(\omega_0 t - k_0 x)}\int_{-\infty}^{\infty}\exp\left[\frac{i}{2}\left.\frac{d^2k}{d\omega^2}\right|_0 x(\omega - \omega_0)^2\right]d\omega$$

となる．フレネルの積分

$$\int_0^{\infty}\sin a^2 x^2 dx = \int_0^{\infty}\cos a^2 x^2 dx = \frac{1}{2|a|}\sqrt{\frac{\pi}{2}}$$

を用いてこの積分を実行すると

$$v(x;t) \sim \left(2\pi\left|\frac{d^2k}{d\omega^2}\right|_0 x\right)^{-1/2}V(\omega_0)\exp\left[-i(\omega_0 t - k_0 x) \pm \frac{\pi}{4}i\right] \tag{6.1.10}$$

が得られる．ただし，複号は分母の二階微分の $\omega = \omega_0$ における値

$$\left.\frac{d^2k}{d\omega^2}\right|_0$$

の正負に対応している．

群速度 (6.1.4) 式を用いれば，停留点を決める (6.1.9) 式は

$$U(\omega_0) = \frac{x}{t} \tag{6.1.11}$$

と書くことができる．この式は時刻 t に，x/t がちょうど U になるような角周波数 ω_0 の波が観測点 x に到着していることを意味している．いい換えれば，時刻 t における瞬間角周波数が ω_0 である．たとえば群速度が周期とともに増加する場合 (このような場合を正分散 (normal dispersion) と呼ぶ) には，ある観測点 x では時間がたつにつれて周期の短い波が到着することになる．

群速度は周波数に対して単調に増加あるいは減少するのではなく，極小値 (場合によっては極大値) をもつのが普通である．したがって群速度の分散曲線には正分散の部分と逆分散の部分がある．群速度が極小値をもつときには，ある t に対して (6.1.11) 式を満たす ω_0 が 2 個あることになり，近似 (6.1.10) 式は二つの ω_0 についての項の和になる．このような時刻では，波形は長周期の波の上に短周期の波が重なって見えることになる．時間が進むにつれて同時に到着する波の周波数が近づき，U が極小値に相当する時刻で両者は一致する．このときには (6.1.10) 式の分母にある $d^2k/d\omega^2$ が 0 になるから振幅が無限大になるが，実際にはそのようなことは起こらない．これは (6.1.10) 式の近似の精度が低いためで，近似を高めればこの時刻でも有限の振幅が得られる．しかし有限とはいっても振幅が大きくなることには変わりはなく，この大振幅を近似に現れる公式にちなんでエアリー相 (Airy phase) と呼ぶ．

図 6.1.2 は (6.1.10) 式に基づいて計算した波形である．3 本の波形のうち一番上 (a) は群速度の極小点よりも短周期 (高周波) 側の根を用いて計算した波形，一番下 (c) は極小点よりも長周期 (低周波) 側の根を用いて計算した波形である．(a) では時刻とともに周期が徐々に長くなっており，反対に (c) では周期が短くなっている．振幅は両者ともに時間とともに増加しているが，これは (6.1.10) 式の $d^2k/d\omega^2$ の効果である．実際に観測されるであろう波は両者の和であるから (b) のようになる．

一番上に示した目盛はその時刻に到着する波の群速度で，極小の群速度を単位にしてある．したがって右端はエアリー相の到着時刻に相当するが，計算はその直前で止めてある．

なお，(6.1.10) 式では振幅が距離 x の平方根に反比例して減少している．

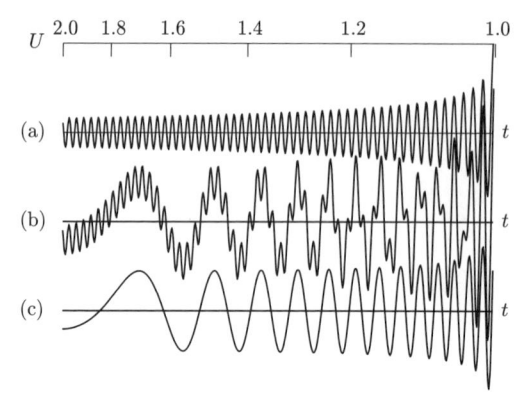

図 6.1.2 分散する波の波形 停留値法で計算した波形．(a) 群速度の極小点より短周期からの寄与，(c) 極小点より長周期からの寄与，(b) 全体の波形．上の目盛は時刻に対応する群速度．

これは波が伝播につれて時間軸上での継続時間が長くなる分散に伴う現象であり，表面波であるための幾何学的な距離減衰とは別の現象である．

$\cdots\bullet\cdots\bullet\cdots$ (メ モ) $\cdots\bullet\cdots\bullet\cdots$

エアリー相 二階微分 $d^2k/d\omega^2$ が 0 になるときには，$\omega t - kx$ のテーラー展開を三次までとらなければならない．このときには (6.1.10) 式に相当するのは

$$v \sim \frac{1}{2\pi}V(\omega_0)e^{-i(\omega_0 t - k_0 x)} \int_{-\infty}^{\infty} \exp\left[\frac{i}{6}\left.\frac{d^3k}{d\omega^3}\right|_0 x(\omega-\omega_0)^3\right]d\omega$$

である．公式 (エアリー積分)

$$\int_{-\infty}^{\infty} e^{ix^3}dx = 2\int_0^{\infty}\cos x^3 dx = \frac{2\pi}{3\Gamma(2/3)}$$

を用いて積分を実行すると

$$v \sim V(\omega_0)e^{-i(\omega_0 t - k_0 x)}\frac{1}{3\Gamma(2/3)}\left[\frac{6}{xd^3k/\left.d\omega^3\right|_0}\right]^{1/3}$$

が得られる．$\Gamma(x)$ はガンマ関数である．これがエアリー相である．(6.1.10) 式とは違って距離の 1/3 乗に反比例するので，遠くまで伝わることができる．

$\cdots\bullet\cdots\bullet\cdots\bullet\cdots\bullet\cdots\bullet\cdots$

6.2 ラブ波

半無限弾性体の上にもう 1 層のっている構造を考える．表層の厚さを H とし，この層に関する量に添字 1 をつけ，下層の半無限弾性体に関する量に添字 2 をつけることにする (図 6.2.1)．このような構造の中を，水平方向，すなわち x 方向に位相速度 c で伝わり，無限遠 $z \to -\infty$ で振幅が 0 になるような SH 波が存在するか，というのがラブ波 (Love wave) の問題である．

ラブ波が存在するのは $\beta_1 < c < \beta_2$ のときであることがすでに証明されているので，以下でもこれを仮定する．そうすると表層内 $0 < z < H$ の解は

$$v_1(z) = \cos\omega\eta_1(z - H) \qquad \eta_1 = \sqrt{\beta_1^{-2} - p^2} \qquad (6.2.1)$$

と書くことができる．2 層構造の SH 波の解はすでに 4.2 節で求めてあり，ここでは自由表面における境界条件を満たした解 (4.2.12) 式を流用し，表面での振幅を 1 としている．ただし本節と 4.2 節では媒質の番号のつけ方が反対になっていることに注意する (図 4.2.3 参照)．また上式では共通項 $\exp[-i\omega(t-px)]$ を省略してある．

次に下層 $z < 0$ での解を考える．一般解は

$$v_2 = A_2 e^{i\omega\eta_2 z} + B_2 e^{-i\omega\eta_2 z} \qquad \eta_2^2 = \beta_2^{-2} - p^2$$

と書けるが，条件 $c < \beta_2$ により $\eta_2^2 < 0$ になり η_2 が虚数になってしまう．SH 波の反射，屈折の問題では，全反射が起きたときには反射波や屈折波が発散しないために虚数部を

$$\text{Im}\,\eta_2 > 0 \qquad (\omega > 0)$$

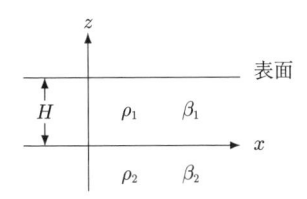

図 **6.2.1** ラブ波のための 2 層構造　図 4.2.3 とは層の番号が反対になっていることに注意．

と選ぶことにした．ここでもこのように符号を選ぶことにすれば，先の一般解の第一項は $z \to -\infty$ で発散し，第二項は 0 に収束する．したがってラブ波の解としては下層で

$$v_2 = B_2 e^{-i\omega\eta_2 z} = B_2 e^{\omega\hat{\eta}_2 z} \qquad \hat{\eta}_2 = \sqrt{p^2 - \beta_2^{-2}} > 0 \qquad (6.2.2)$$

と書くことができる．

次に境界条件を考えなければならない．自由表面の条件は満たされているから，二つの層の境界 $z=0$ で両側の変位と剪断応力が連続でなければならない．すなわち，各層の剛性率を $\mu_1 = \rho_1 \beta_1^2$, $\mu_2 = \rho_2 \beta_2^2$ とすれば $z=0$ で

$$v_1 = v_2 \qquad \mu_1 \frac{\partial v_1}{\partial z} = \mu_2 \frac{\partial v_2}{\partial z}$$

が成り立たなければならない．これは

$$\cos \omega\eta_1 H = B_2 \qquad \omega\mu_1\eta_1 \sin \omega\eta_1 H = \omega\mu_2\hat{\eta}_2 B_2$$

と書ける．したがってラブ波が存在するためには

$$\Delta_{\mathrm{L}}(p,\omega) = \mu_2\hat{\eta}_2 \cos \omega\eta_1 H - \mu_1\eta_1 \sin \omega\eta_1 H = 0 \qquad (6.2.3)$$

あるいは

$$\tan \omega\eta_1 H = \frac{\mu_2\hat{\eta}_2}{\mu_1\eta_1} \qquad (6.2.4)$$

が成り立たなければならない．これをラブ波の特性方程式 (characteristic equation) という．

特性方程式 (6.2.3) にはさまざまな量が含まれているが，構造を固定したとすれば自由な変数は角周波数 ω と波線パラメーター $p = 1/c$ である．いま，ある周波数の波だけを考えることにすれば，ラブ波が存在するかどうかは，ある固定した ω に対して特性方程式 (6.2.3) に η_1, $\hat{\eta}_2$ が正の実数になる根が存在するかどうかという問題に帰着する．

この方程式には少なくとも一つの実根があることは，簡単に証明することができる．(6.2.1) 式を用いて p を η_1 で書き換えると

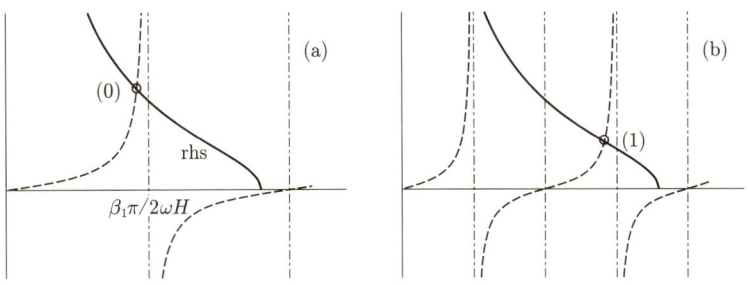

図 **6.2.2** ラブ波の特性方程式の図式解法　横軸は $\beta_1\eta_1$，実線 (rhs) は (6.2.5) 式の右辺のグラフ．破線は tan のグラフ．(a) ω が小さいとき．根は一つしかない．(b) ω が大きくなると新たな根が現れる．

$$\hat{\eta}_2 = \sqrt{p^2 - \beta_2^{-2}} = \sqrt{\beta_1^{-2} - \beta_2^{-2} - \eta_1^2}$$

であることに注意すれば，特性方程式 (6.2.4) は

$$\tan\left(\frac{\omega H}{\beta_1}\beta_1\eta_1\right) = \frac{\mu_2}{\mu_1}\frac{\sqrt{1 - (\beta_1/\beta_2)^2 - (\beta_1\eta_1)^2}}{\beta_1\eta_1} \tag{6.2.5}$$

と書くことができる．この式を $\omega H/\beta_1$ をパラメーターとして固定して考えれば，$\beta_1\eta_1$ のみの関数として考えることができる．両辺を $\beta_1\eta_1$ の関数としてグラフを描けば (図 6.2.2)，ω のいかんにかかわらず $\beta_1\eta_1$ の実根が少なくとも 1 個はあることは明らかである．また，この実根は $\beta_1\eta_1 \leq \sqrt{1 - (\beta_1/\beta_2)^2}$ の範囲にあることから，根の位相速度は $c \leq \beta_2$ を満たしていることがわかる．この根は解析的に求めることはできないが，数値計算を行う場合にはニュートン法を用いた反復法で簡単に求めることができる．

モード，遮断周波数　(6.2.5) 式の右辺は ω によっては変化しない．ω が変化すると左辺の tan のグラフが左右に移動する．二つのグラフのある交点に注目すれば，ω が増加すれば交点は左に移動する．一つの交点によって決まる位相速度 $c(\omega)$ のグラフをあるモード (mode) の分散曲線と呼ぶ．グラフから根 $\beta_1\eta_1$ が ω の減少関数であるから，$c(\omega)$ は ω の減少関数になる．

　ω が小さいときには特性方程式の根は一つしかない．この根を基本モード (fundamental mode) の解という．基本モードの根は ω が 0 の極限で (6.2.5) 式の右辺が横軸を切る点 $\beta_1\eta_1 = \sqrt{1 - (\beta_1/\beta_2)^2}$ にあり，ω が増えるにつれ

て (6.2.5) 式の右辺のグラフに沿って縦軸に近づき，ω が無限大の極限では $\beta_1\eta_1 = 0$ に収束する．したがって基本モードの分散曲線は

$$c \longrightarrow \beta_2 \quad (\omega \longrightarrow 0) \qquad c \longrightarrow \beta_1 \quad (\omega \longrightarrow \infty)$$

の性質を満たしている．図からわかるように，ω が

$$\omega = \frac{\beta_1 \pi}{H\sqrt{1-(\beta_1/\beta_2)^2}}$$

を越えると，tan の二番目の枝が (6.2.5) 式の右辺と交点をもつようになり，第二の根が現れる．これを一次の高次モード (first higher mode) という．一般に遮断角周波数 (cut-off angular frequency) が

$$\frac{\omega_n H}{\beta_1} = \frac{n\pi}{\sqrt{1-(\beta_1/\beta_2)^2}} \qquad n = 0, 1, 2, \cdots \qquad (6.2.6)$$

を満たす角周波数 ω_n で n 次の高次モードが現れる．n 次の高次モードの位相速度は遮断角周波数で $c = \beta_2$，$\omega \to \infty$ で $c \to \beta_1$ になる．

振幅分布 ラブ波では，ある ω に対して特定の位相速度 $c = 1/p$，あるいは波数 $k = \omega/c = \omega p$ が決まる．しかし振幅の絶対値は決まらない．上では表面における振幅が 1 と仮定して計算を行った．振幅の絶対値が決まらないのは，震源を考慮しなかったからである．

深さ方向の相対的な変位分布は求めることができ，次のように書くことができる．

$$v_1 = \cos\omega\eta_1(z-H) \qquad 0 \leq z \leq H$$
$$v_2 = e^{\omega\hat{\eta}_2 z}\cos\omega\eta_1 H \qquad z \leq 0$$

共通項 $\exp[-i\omega(t-px)]$ は省略している．下層での振幅はつねに指数関数的に減衰するが，高次モードでは表層内で振幅が 0 になる節 (node) が存在する．n 次のモードは表層内に n 個の節をもつ (図 6.2.3)．

$\cos\omega\eta_1(z-H)$ の部分を指数関数で表せば，v_1 は表層内で上向きに伝わる波と下向きに伝わる平面波の合成であることがわかる．また，下層での z 方向の波数 η_2 が虚数であることから，表層における反射は全反射であることが

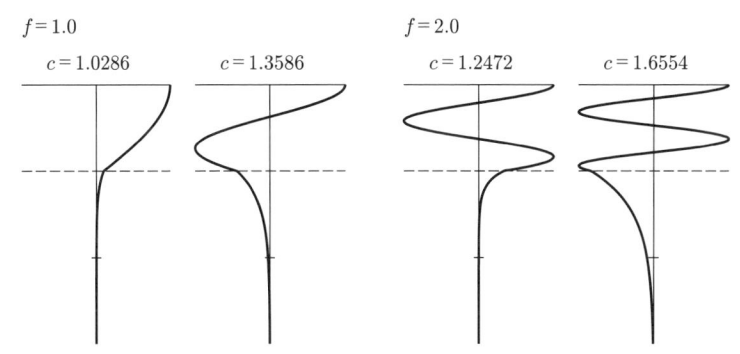

$f = 1.0$ の場合：$c = 1.0286$, $c = 1.3586$
$f = 2.0$ の場合：$c = 1.2472$, $c = 1.6554$

図 6.2.3 ラブ波の振幅分布 図 6.2.4 に示される分散曲線に対応する振幅分布．縦軸が深さ，破線は層の境界を表す．f は無次元の周波数，c は無次元の位相速度．次数が高くなるにつれて表層内の節の数が増えていく．

わかる．すなわち，ラブ波は表層内での SH 平面波の多重反射によって生成される波である (後述)．

群速度 群速度は (6.1.4)，ないしは (6.1.7) 式で定義されている．これはラブ波の特性方程式を満たす p, ω あるいは k, ω に沿っての微分を意味している．陰関数の微分の公式により

$$\Delta_{\mathrm{L}}(p, \omega) = 0$$

を満たす $p(\omega)$ の微分は

$$\frac{\partial \Delta_{\mathrm{L}}(p, \omega)}{\partial \omega} + \frac{\partial \Delta_{\mathrm{L}}(p, \omega)}{\partial p} \frac{dp(\omega)}{d\omega} = 0$$

より

$$\frac{dp(\omega)}{d\omega} = -\frac{\partial \Delta_{\mathrm{L}}/\partial \omega}{\partial \Delta_{\mathrm{L}}/\partial p} \tag{6.2.7}$$

によって特性関数の微分を通して求められる．右辺は $\Delta_{\mathrm{L}} = 0$ で計算しなければならないことはもちろんである．2層構造のラブ波の特性方程式 (6.2.3) の場合には，計算は複雑であるが，結果は簡単で

$$\frac{c}{U} = 1 + \frac{\eta_1^2}{p^2}\left[1 + \frac{(\mu_2/\mu_1)(\beta_1^{-2} - \beta_2^{-2})}{\omega \hat{\eta}_2 H [\eta_1^2 + (\mu_2/\mu_1)^2 \hat{\eta}_2^2]}\right]^{-1} \tag{6.2.8}$$

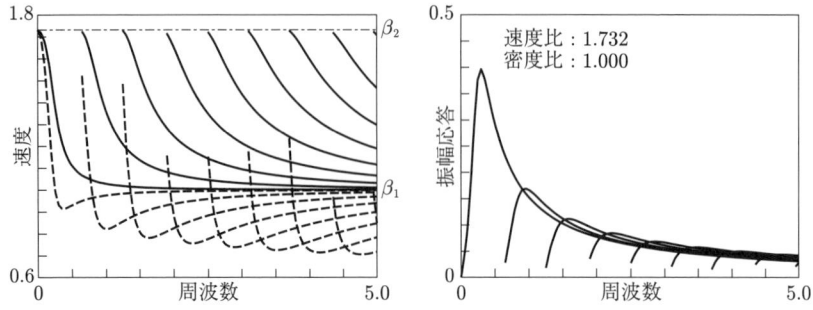

図 6.2.4 ラブ波の分散曲線の例 基本モードから七次の高次モードまでの分散曲線．横軸は周波数 f を β_1 と H で無次元化した周波数 fH/β_1．左図の位相速度 (実線) と群速度 (破線) は β_1 で正規化してある．右図は振幅応答．$\rho_2/\rho_1 = 1$, $\beta_2/\beta_1 = 1.732$．

となる．この式から明らかなように，2層構造のラブ波の群速度はつねに位相速度よりは遅い．

図 6.2.4 にラブ波の分散曲線の例を示す．横軸は無次元の周波数 fH/β_1 である．位相速度，群速度のほかに，表面に線震源があったときの各モードの相対的な振幅も示してある (後述)．

多重反射とラブ波 先に触れたように，ラブ波は表層内の SH 波の多重反射波の干渉として解釈することができる．図 6.2.5 の点 A に入射角 φ_1 で入射した波と，さらに点 B で全反射した波とを比較する．点 A から BC に下ろした垂線の足を M とすると，AM は点 A に入射した波の波面であると同時に，点 A, B で反射して点 M に達した波の波面でもある．両者は重なっているが，位相は異なっている．位相差の原因は波線の経路差 ABM と，点 A,

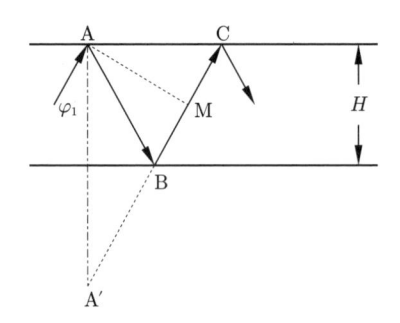

図 6.2.5 多重反射の干渉によるラブ波の生成

Bにおける反射に伴う位相差である．経路差は図より

$$\overline{\mathrm{ABM}} = \overline{\mathrm{A'BM}} = 2H\cos\varphi_1$$

であるから，波の波長が $\beta_1/(\omega/2\pi)$ であることに注意すれば，経路差による位相差は

$$2\pi \times \frac{2H\cos\varphi_1}{2\pi\beta_1/\omega} = \frac{2\omega H\cos\varphi_1}{\beta_1} = 2\omega\eta_1 H$$

となる．ここで $\cos\varphi_1/\beta_1 = \eta_1$ の関係を用いている．自由表面の点 A での反射では位相は変化しない．点 B では全反射であるから，ここでの位相差は (4.2.10) 式で与えられる．これらの位相差の和が 2π の整数倍ならば，点 M で二つの波は干渉して強め合う．この条件は

$$2\omega\eta_1 H - 2\tan^{-1}\frac{\mu_2\hat{\eta}_2}{\mu_1\eta_1} = 2n\pi \qquad n = 0, 1, 2, \cdots \tag{6.2.9}$$

である．この式を変形すれば，特性方程式 (6.2.4) が導かれる．

ラブ波がこのように多重反射で説明できるとすれば，下層が表層に比べて遅いときにラブ波が存在しないことは明らかである．下層が遅いときには，表層から境界に向けて入射した波は全反射することはない．したがって自由表面と境界面の間での多重反射波は，反射を繰り返すたびに振幅が幾何級数的に減衰してしまうから，x 方向に定常的に伝わる波は存在しない．ラブ波の特性方程式にこのような波に対応する根があるとすれば，複素根である．

4.2 節では軟弱層の増幅効果を多重反射によって説明した．そこでは下層から平面波が入ってくると仮定したので，下層の η_2 は本節のように虚数ではなく実数である (4.2 節では層の番号が本節とは反対になっていることに注意)．平面波のときは波線パラメーター p は 0 から $1/\beta_2$ までであるが，p を $1/\beta_2$ より大きくしてもかまわない．このときには入射波が平面波ではなく，不均質波になるだけである．このときの η_2 の虚数部の符号は，反射波が無限遠 $z \to -\infty$ で減衰するためには正に選ばなければならない．したがって (4.2.13) 式の分母は，本節の記号に合せると

$$\mu_2\eta_2\cos\omega\eta_1 H - i\mu_1\eta_1\sin\omega\eta_1 H$$
$$= i\left(\mu_2\hat{\eta}_2\cos\omega\eta_1 H - \mu_1\eta_1\sin\omega\eta_1 H\right)$$

154 — 6 表面波と境界波

になる．これはラブ波の特性関数にほかならない．これはラブ波の根のところで 0 になるから，不均質波に対する反射係数がある周波数で無限大になる．これは無限小の入力に対して反射波の振幅が有限になることを意味しており，外力 (入射波) を加えなくても伝播する波があることを示唆している．これがラブ波である．このような意味でラブ波や，後で議論するレーリー波などの表面波を自由波 (free wave) と呼ぶことがある．

$\cdots\bullet\cdots\bullet\cdots$ (メ モ) $\cdots\bullet\cdots\bullet\cdots$

ラブ波の複素根 ラブ波の特性方程式 (6.2.3) に実根があることは，グラフを用いて示した．これ以外の根，すなわち p が複素数になるような根があるかどうかを調べる．p が複素数になると距離的に減衰あるいは発散する波になる．

複素根を求めるために直接 p が複素数と考えるのではなく，$\eta_1, \hat{\eta}_2$ を実数部と虚数部に分けて

$$\omega H \eta_1 = r_1 + i s_1 \qquad \omega H \hat{\eta}_2 = r_2 + i s_2$$

と置くことにする．無限遠での条件から $\operatorname{Re} \hat{\eta}_2 \geq 0$ でなければならない．また，特性方程式 (6.2.3) は η_1 に関して偶関数であるから，$r_1 \geq 0$ の範囲だけを考えれば十分である．すなわち

$$r_1 \geq 0 \qquad r_2 \geq 0$$

の条件で特性方程式の根を探すことにする．ただし，実数部，虚数部は独立ではなく η_1, $\hat{\eta}_2$ の定義により

$$\eta_1^2 + \hat{\eta}_2^2 = \frac{1}{\beta_1^2} - \frac{1}{\beta_2^2}$$

は実数であるから

$$r_1 s_1 + r_2 s_2 = 0$$

が成り立つ．$\eta_1, \hat{\eta}_2$ を特性方程式に代入して実数部と虚数部に分けて書くと

$$\tan r_1 (\mu_1 r_1 - \mu_2 s_2 \tanh s_1) = \mu_2 r_2 + \mu_1 s_1 \tanh s_1$$
$$\tan r_1 (\mu_1 s_1 + \mu_2 r_2 \tanh s_1) = \mu_2 s_2 - \mu_1 r_1 \tanh s_1$$

が成り立たなければならない．$s_2 = -r_1 s_1 / r_2$ から s_2 を消去し，さらに $\tan r_1$ を消去すれば

$$\frac{r_1^2 (\mu_1 r_2 + \mu_2 s_1 \tanh s_1)}{\mu_2 r_2 + \mu_1 s_1 \tanh s_1} = -\frac{r_2^2 (\mu_1 s_1 + \mu_2 r_2 \tanh s_1)}{\mu_2 s_1 + \mu_1 r_2 \tanh s_1}$$

が得られる．$r_2 > 0$ のとき，左辺は s_1 の正負にかかわらず正であり，一方右辺は負である．したがって，ラブ波の特性方程式には

$$r_1 > 0 \qquad r_2 > 0 \qquad s_1 \neq 0$$

の根が存在しないことがわかる．また $r_1 = 0$ や $r_2 = 0$ の根がないことも容易にわかり，ラブ波の特性方程式の根は $s_1 = 0$, すなわち先に求めたラブ波の根以外には存在しないことが証明される．

・・・●・・・●・・・●・・・●・・●・・・●・・・

6.3 レーリー波

6.3.1 半無限弾性体を伝わるレーリー波

均質な半無限弾性体の表面に沿って伝わり，ラブ波と同様に無限遠では振幅が指数関数的に 0 になるような P-SV 波がレーリー波 (Rayleigh wave) である．SH 波にはこのような波が存在しないことはすぐにわかる．したがってレーリー波は対応する波が SH 波には存在しない特殊な波である．

$z \leq 0$ に半無限弾性体があるとする．P-SV 波の解 (4.3.13) 式から，無限遠で 0 になるためには，z 方向の波数 ξ, η が虚数にならなければならない．そこでこれまでと同様に

$$\begin{aligned} \xi &= i\hat{\xi} & \hat{\xi} &= \sqrt{p^2 - \alpha^{-2}} > 0 \\ \eta &= i\hat{\eta} & \hat{\eta} &= \sqrt{p^2 - \beta^{-2}} > 0 \end{aligned} \quad (6.3.1)$$

と選ぶことにする ($\omega > 0$, 以下特に断らない)．このとき (4.3.13) 式の第一項，第三項は $z \to -\infty$ で発散するから，表面波の条件によってこれらの係数は 0 にしなければならない．したがって変位の x, z 成分 u, w に対する一般解は

$$\begin{aligned} u(z) &= ipBe^{\omega\hat{\xi}z} + i\hat{\eta}De^{\omega\hat{\eta}z} \\ w(z) &= \hat{\xi}Be^{\omega\hat{\xi}z} + pDe^{\omega\hat{\eta}z} \end{aligned} \quad (6.3.2)$$

と書くことができる．ただし，式をきれいにするために (4.3.13) 式の iB をここでは改めて B と書いてある．また上式では共通項 $e^{-i\omega(t-px)}$ を省略してある．境界条件で必要になる σ_{zx}, σ_{zz} は，(4.3.14) 式より次のようになる．

$$\sigma_{zx}(z) = 2i\omega\rho\beta^2 p\hat{\xi}Be^{\omega\hat{\xi}z} - i\omega\rho(1-\gamma)De^{\omega\hat{\eta}z}$$
$$\sigma_{zz}(z) = -\omega\rho(1-\gamma)Be^{\omega\hat{\xi}z} + 2\omega\rho\beta^2 p\hat{\eta}De^{\omega\hat{\eta}z} \tag{6.3.3}$$
$$\gamma = 2\beta^2 p^2$$

上式を導くに当たっては

$$\mu(\eta^2 - p^2) = \rho(1-\gamma)$$

の関係を用いている．自由表面 $z=0$ では剪断応力 σ_{zx}，垂直応力 σ_{zz} が 0 にならなければならないから，上式から境界条件は

$$2\beta^2 p\hat{\xi}B - (1-\gamma)D = 0$$
$$-(1-\gamma)B + 2\beta^2 p\hat{\eta}D = 0 \tag{6.3.4}$$

となる．この式は二つの未知数 B, D に対する斉次方程式であるから，解が存在するためには行列式が 0，すなわち

$$\Delta_{\mathrm{R}}(p) = (1-\gamma)^2 - 2\beta^2\gamma\hat{\xi}\hat{\eta} = 0 \tag{6.3.5}$$

でなければならない．これがレーリー波の特性方程式である．この特性方程式は α, β を与えると $p = 1/c$ だけが未知数である．明らかにこの根は周波数によらないから，レーリー波は表面波であっても分散しない．これは半無限という構造に長さのスケールが存在しないからである．しかし，深さ方向に密度や弾性定数が変化する構造中を伝わるレーリー波の場合には分散する(次項参照)．

ラブ波のときにも注意したが，上の特性関数は自由表面に P-SV 波が入射したときの反射係数 (4.3.17) 式の分母に現れる関数と同じものである．すなわちレーリー波は無限小の不均質入射波に対して有限の反射波が生じるような自由波である．

特性方程式には複数の根がある可能性があるが，その中で物理的に意味があるのは $\hat{\xi} > 0$, $\hat{\eta} > 0$ となるものである．したがって $\beta p > 1$，すなわち位相速度は S 波の速度よりは遅くなければならない．(6.3.5) 式には根号が含まれるので移項して両辺を二乗すれば，方程式

$$f(x) = 4\beta^4\gamma^2\hat{\xi}^2\hat{\eta}^2 - (1-\gamma)^4 = 0 \tag{6.3.6}$$

が得られる．ここで

$$x = \beta^2 p^2$$

を未知数と考えて上式を展開すれば

$$f(x) = 16(1-a^2)x^3 - 8\left[2(1-a^2)+1\right]x^2 + 8x - 1 = 0$$
$$a^2 = \frac{\beta^2}{\alpha^2} \qquad x = \beta^2 p^2 = \left(\frac{\beta}{c}\right)^2 \tag{6.3.7}$$

となる．

この方程式の根がどこにあるかを調べるために，$f(x)$ と微係数 $f'(x)$ のいくつかの典型的な点の値を計算してみる．

x	$f(x)$	$f'(x)$
0	-1	8
1/2	$2a^2 - 1 < 0$	$-4(1-a^2) < 0$
1	-1	$8(1-2a^2) > 0$
$+\infty$	$+\infty$	$+\infty$

不等号は

$$a^2 = \frac{\beta^2}{\alpha^2} < \frac{1}{2}$$

から決まっている．この符号の関係を用いて $f(x)$ のグラフを描いてみれば $x > 1$ の根，すなわち物理的な根がかならず存在することがわかる．またそのほかの実根があるとすれば，$0 < x < 1/2$ の範囲に 2 根あることになる．したがって物理的に意味のある根がかならず，しかもただ一つだけ存在することがわかった．

話を具体的にするために，ポアソン比 ν が 1/4 のとき

$$\lambda = \mu \qquad \nu = 1/4 \qquad a^2 = \beta^2/\alpha^2 = 1/3$$

を考える．このときには (6.3.7) 式は

$$f(x) = \frac{32}{3}x^3 - \frac{56}{3}x^2 + 8x - 1 \tag{6.3.8}$$

となるが，この式はじつは因数分解できて

$$f(x) = (4x-1)\left(\frac{8}{3}x^2 - 4x + 1\right)$$

となる．したがって形式的な根は

$$x = \frac{1}{4},\ \frac{1}{4}\left(3 \pm \sqrt{3}\right) = 0.25,\ 0.316987,\ 1.183012 \qquad (6.3.9)$$

である．このうち最後の根のみが物理的に意味のある根である．

　以上の議論から，最初に設定した問題，x 方向に伝わり無限遠で振幅が 0 になる P-SV 波が存在することがわかった．これがレーリー波である．レーリー波の x 方向の位相速度 c_R は $\lambda = \mu$ のとき (6.3.9) 式の三番目の根から

$$\frac{c_\mathrm{R}}{\beta} = \frac{1}{\beta p} = 0.919402 \qquad (\lambda = \mu)$$

である．レーリー波の位相速度は S 波の速度のおよそ 9 割とおぼえておけばよい．一般の方程式 (6.3.7) の場合は，根が $x=1$ の付近にあることを利用してニュートン法を用いれば簡単に求めることができる．図 6.3.1 にはポアソン比とレーリー波速度の関係を示す．ポアソン比の全範囲で c_R/β は 0.87 から 0.96 の間の狭い範囲でしか変化しない．

変位分布　境界条件 (6.3.4) 式から D を消去して変位の z 方向の分布を書くと

$$\begin{aligned}u(z) &= ipB\left[e^{\omega\hat{\xi}z} + \frac{1-\gamma}{\gamma}e^{\omega\hat{\eta}z}\right]\\ w(z) &= \hat{\xi}B\left[e^{\omega\hat{\xi}z} + \frac{\gamma}{1-\gamma}e^{\omega\hat{\eta}z}\right]\end{aligned} \qquad (6.3.10)$$

となる．実際の変位はこれらに $e^{-i\omega(t-px)}$ がかかることに注意しなければならない．この項を考慮して，B が実数と仮定して全体の実数部をとれば

$$\begin{aligned}u(x,z;t) &= p\left[e^{\omega\hat{\xi}z} + \frac{1-\gamma}{\gamma}e^{\omega\hat{\eta}z}\right]B\sin\omega(t-px)\\ w(x,z;t) &= \hat{\xi}\left[e^{\omega\hat{\xi}z} + \frac{\gamma}{1-\gamma}e^{\omega\hat{\eta}z}\right]B\cos\omega(t-px)\end{aligned} \qquad (6.3.11)$$

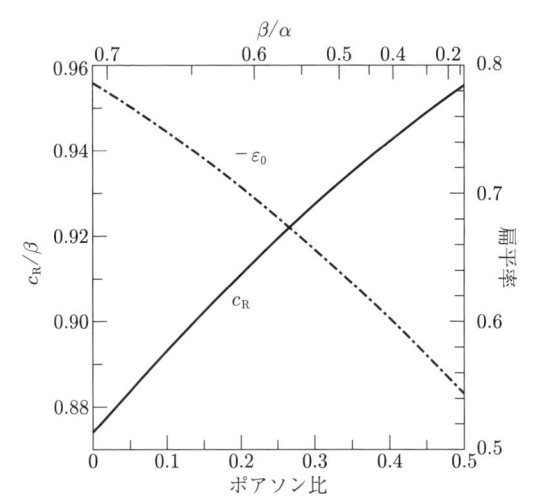

図 **6.3.1** ポアソン比とレーリー波の速度　下の横軸はポアソン比，上の横軸は P 波速度と S 波速度の比．実線はレーリー波の速度 (左目盛り)，鎖線は表面における水平動と上下動の比，$|u_0/w_0|$ (右目盛り)．

となる．したがって弾性体粒子は x–z 面内で楕円軌道を描く．特に自由表面では

$$u(x,0;t) = \frac{p}{\gamma} B \sin\omega(t-px)$$
$$w(x,0;t) = \frac{\hat{\xi}}{1-\gamma} B \cos\omega(t-px) \quad (6.3.12)$$

となる．楕円の x 軸方向の径 u_0 と z 軸方向の径 w_0 の比は

$$\varepsilon_0 = \frac{u_0}{w_0} = \frac{p(1-\gamma)}{\gamma\hat{\xi}} \quad (6.3.13)$$

である．この比は $\lambda = \mu$ のときには

$$\varepsilon_0 = \frac{u_0}{w_0} = -0.68125 \qquad \lambda = \mu$$

となって上下方向 (z 軸方向) の方が長い．図 6.3.1 にはこの比も示してある．

表面における媒質粒子の運動は，(6.3.12) 式により図 6.3.2 に示すように反時計まわりになる．これは，車が波の進行方向に進んでいくときに車輪

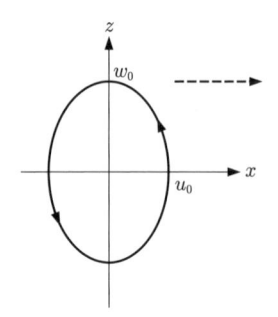

図 6.3.2 レーリー波の軌道 ポアソン比が 1/4 のときの表面における媒質粒子の軌道．波の進行方向 (破線矢印) に対して回転の向きが，車輪の回転の向きと反対である．

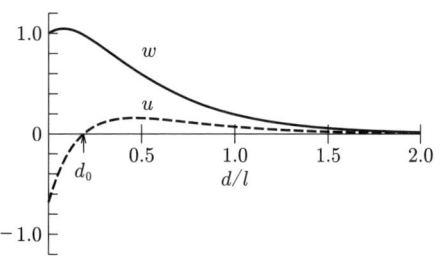

図 6.3.3 レーリー波の振幅分布 横軸は波長 l を単位にした表面からの深さ．u は水平動，w は上下動変位．

が回転する向きとは反対になっている．このような回転の向きを逆転の向き (retrograde) という．

図 6.3.3 には深さ方向の相対的な振幅分布を示してある．z 軸の単位はレーリー波の波長 $l = c/f$ である．$u(z)$ と $w(z)$ の符号は逆転のときに反対になるように選んである．(6.3.11) 式から $\hat{\xi} > \hat{\eta}$，$\gamma > 1$ より，$w(z)$ は符号を変えないが，$u(z)$ はある深さでその符号を変える．したがって表面からある深さ以下では粒子の回転方向は表面と反対になり，車の進行方向と車輪の回転方向と同じになる．このような運動を順転 (prograde) という．$u(z)$ が 0 になる深さを d_0 とすると，$\lambda = \mu$ のときには (6.3.11) 式から

$$\frac{d_0}{l} = 0.19249 \qquad l = \frac{2\pi}{\omega p}$$

である．l はレーリー波の波長である．したがって長波長ほど逆転から順転

に変わる深さが深くなる.

6.3.2　2層構造を伝わるレーリー波

ラブ波を考えたときと同じような2層構造に対してもレーリー波が存在する．この場合には，レーリー波の位相速度はラブ波と同様に周波数によって変化する．

いままでとは反対に z 軸を下向きにとり，表層 $-H < z < 0$ を媒質1，$0 < z$ を媒質2とする．z 軸のとり方を上とは反対にしたのは，4.3.2の式をそのまま利用したいからである．表層では波が表面と境界面で多重反射するから，上向きの波も下向きの波も存在する．したがって一般解は (4.3.13) 式の4つの独立解がすべて必要である．これらの積分定数を A_1, B_1, C_1, D_1 とする．下層では下向き ($+z$ 向き) の波しか存在しないから，解は積分定数 A_2, C_2 の2組の解で表される．

境界面 $z = 0$ では変位2成分と応力2成分が連続でなければならない．これらの条件は二つの半無限弾性体の境界面での反射，屈折の問題を解いたときに，すでに (4.3.23) 式として導いてある．これらの式を流用するために，座標軸を図 6.3.4 のように選んだのである．

自由表面 ($z = -H$) では応力が0にならなければならない．この条件は (4.3.14) 式を用いて

$$2\beta_1^2 p \xi_1 \left(A_1 e^{-i\omega\xi_1 H} + B_1 e^{i\omega\xi_1 H} \right) \\ - (1 - \gamma_1) \left(C_1 e^{-i\omega\eta_1 H} + D_1 e^{i\omega\eta_1 H} \right) = 0$$

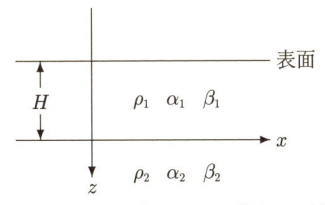

図 6.3.4 **2層構造を伝わるレーリー波のための構造**　z 軸を弾性体内部に向かってとっている．

162 — 6 表面波と境界波

$$(1 - \gamma_1)\left(A_1 e^{-i\omega\xi_1 H} - B_1 e^{i\omega\xi_1 H}\right)$$
$$+ 2\beta_1^2 p\eta_1 \left(C_1 e^{-i\omega\eta_1 H} - D_1 e^{i\omega\eta_1 H}\right) = 0$$

となる．ラブ波のときと同様に，表層では指数関数よりも三角関数を用いた方が便利であるから，上式を書き換えると

$$2\beta_1^2 p\xi_1 [(A_1 + B_1)\cos\omega\xi_1 H - i(A_1 - B_1)\sin\omega\xi_1 H]$$
$$- (1 - \gamma_1)[(C_1 + D_1)\cos\omega\eta_1 H - i(C_1 - D_1)\sin\omega\eta_1 H] = 0$$
$$(1 - \gamma_1)[(A_1 - B_1)\cos\omega\xi_1 H - i(A_1 + B_1)\sin\omega\xi_1 H]$$
$$+ 2\beta_1^2 p\eta_1 [(C_1 - D_1)\cos\omega\eta_1 H - i(C_1 + D_1)\sin\omega\eta_1 H] = 0$$
(6.3.14)

となる．未定係数は A_1, B_1, C_1, D_1, A_2, C_2 の合計 6 個，条件式は上式の 2 個と，(4.3.23) 式の 4 個の計 6 個である．これらはすべて斉次式であるから，解が存在するためには 6×6 の行列式が 0 にならなければならない．しかし 6×6 の行列式を計算する必要はなく，(4.3.23) 式を $A_1 + B_1$, $A_1 - B_1$ などについて解いた (4.3.24) 式を上式に代入すると，次のように A_2, C_2 だけの式に書き換えることができる．ただし，無限遠 $z \to +\infty$ で振幅が減衰しなければならないので

$$\xi_2 = i\hat{\xi}_2 \qquad \eta_2 = i\hat{\eta}_2$$

と置いてある．途中の計算を省略すると

$$(X_1 + Y_1)(pA_2) + (X_2 + Y_2)(iC_2) = 0$$
$$(X_3 + Y_3)(pA_2) + (X_4 + Y_4)(iC_2) = 0$$
(6.3.15)

となる．ただし

$$X_1 = 2\beta_1^2(b\hat{\xi}_2 C_\alpha - a\xi_1^2 S_\alpha) \qquad Y_1 = (1 - \gamma_1)[2(\mu_2 - \mu_1)\hat{\xi}_2 C_\beta + dS_\beta]$$
$$X_2 = \gamma_1[dC_\alpha - 2(\mu_2 - \mu_1)\xi_1^2 \hat{\eta}_2 S_\alpha] \qquad Y_2 = (1 - \gamma_1)(aC_\beta + b\hat{\eta}_2 S_\beta)$$
$$X_3 = (1 - \gamma_1)(aC_\alpha + b\hat{\xi}_2 S_\alpha) \qquad Y_3 = \gamma_1[dC_\beta - 2(\mu_2 - \mu_1)\hat{\xi}_2 \eta_1^2 S_\beta]$$

$$X_4 = p^2(1-\gamma_1)[2(\mu_2-\mu_1)\hat{\eta}_2 C_\alpha + dS_\alpha] \quad Y_4 = \gamma_1(b\hat{\eta}_2 C_\beta - a\eta_1^2 S_\beta)$$
(6.3.16)

また

$$C_\alpha = \cos\omega\xi_1 H \qquad S_\alpha = \frac{\sin\omega\xi_1 H}{\xi_1}$$
$$C_\beta = \cos\omega\eta_1 H \qquad S_\beta = \frac{\sin\omega\eta_1 H}{\eta_1}$$

であり，a, b, d などは (4.3.25) 式で定義されている

$$\begin{aligned}a &= \rho_1\gamma_1 + \rho_2(1-\gamma_2) = \rho_2 - 2(\mu_2-\mu_1)p^2 \\ b &= \rho_2\gamma_2 + \rho_1(1-\gamma_1) = \rho_1 + 2(\mu_2-\mu_1)p^2 \\ d &= \rho_2(1-\gamma_2) - \rho_1(1-\gamma_1) = \rho_2 - \rho_1 - 2(\mu_2-\mu_1)p^2\end{aligned}$$
(4.3.25)

である．表面波であるためには $\hat{\xi}_2$, $\hat{\eta}_2$ は実数でなければならないが，ξ_1, η_1 は実数でも虚数でもよい．これらが虚数になっても C_α, S_α などは実数であるから，X_1 から Y_4 まではすべて実数である．特性方程式は (6.3.15) 式より

$$\Delta_\mathrm{R}(p,\omega) = (X_1+Y_1)(X_4+Y_4) - (X_2+Y_2)(X_3+Y_3) = 0$$
(6.3.17)

であるが，このうち

$$X_1 X_4 - X_2 X_3 = Y_1 Y_4 - Y_2 Y_3 = \gamma_1(1-\gamma_1)\bigl[2(\mu_2-\mu_1)b\hat{\xi}_2\hat{\eta}_2 - ad\bigr]$$

と簡単になる．ほかの項は展開してもあまり簡単にはならない．表層の厚さというスケールが入っているので，特性関数はラブ波のときと同様に ω の関数になっている．

低周波の極限 $\omega \to 0$ では，(6.3.16), (6.3.17) 式から

$$\begin{aligned}\Delta_\mathrm{R} &\sim 4p^2\hat{\xi}_2\hat{\eta}_2\bigl[(\mu_2-\mu_1)(1-\gamma_1) + \beta_1^2 b\bigr]^2 - \bigl[(1-\gamma_1)a + \gamma_1 d\bigr]^2 \\ &= \rho_2^2\bigl[2\beta_2^2\gamma_2\hat{\xi}_2\hat{\eta}_2 - (1-\gamma_2)^2\bigr] = 0\end{aligned}$$

が成り立たなければならない．よって $\omega \to 0$ で

$$(1-\gamma_2)^2 - 2\beta_2^2\gamma_2\hat{\xi}_2\hat{\eta}_2 = 0$$

が得られる．これは表層がなく下層だけがあるときのレーリー波の特性方程式である．すなわち，低周波の極限で位相速度が下層のレーリー波の速度に収斂するモードが存在する．この速度を c_{R2} とすると，もし $\beta_1 < c_{R2} < \beta_2$ ならば η_1 が実数になり，表層内で S 波は多重反射を起こしている．さらに $\beta_1 < \alpha_1 < c_{R2} < \beta_2$ ならば ξ_1 が実数になり，P 波も多重反射を起こしている．すなわち，単純なレーリー波と違って2層構造中のレーリー波はラブ波と同様に多重反射で生成されるモードが存在する．逆にいえば，表層のない半無限弾性体を伝わるレーリー波は例外的な波ということができる．

高周波の極限 $\omega \to \infty$ で ξ_1, η_1 が虚数になるモード，すなわち位相速度が表層の S 波よりも遅い $(c < \beta_1)$ モードが存在するかどうかを調べてみる．$\xi_1 = i\hat{\xi}_1$, $\eta_1 = i\hat{\eta}_1$ として $x \to \infty$ のとき

$$\cosh x \longrightarrow \infty \qquad \sinh x \longrightarrow \infty \qquad \tanh x \longrightarrow 1$$

の関係を用いると，(6.3.16), (6.3.17) 式から

$$\begin{aligned}\Delta_R &\sim X_1 Y_4 + Y_1 X_4 - X_2 Y_3 - Y_2 X_3 \\ &\sim \frac{C_\alpha C_\beta}{\hat{\xi}_1 \hat{\eta}_1} \left[2\beta_1^2 \gamma_1 \hat{\xi}_1 \hat{\eta}_1 - (1-\gamma_1)^2 \right] \\ &\quad \times \Big\{ (a\hat{\xi}_1 + b\xi_1)(a\hat{\eta}_1 + b\eta_2) \\ &\quad\quad - p^2 \left[d + 2(\mu_2 - \mu_1)\hat{\xi}_1 \hat{\eta}_2 \right] \left[d + 2(\mu_2 - \mu_1)\hat{\xi}_2 \hat{\eta}_1 \right] \Big\} = 0 \end{aligned}$$

が得られる．第一の因数

$$(1-\gamma_1)^2 - 2\beta_1^2 \gamma_1 \hat{\xi}_1 \hat{\eta}_1 = 0$$

は表層のレーリー波の特性方程式である．この方程式には $\hat{\xi}_1$, $\hat{\eta}_1$ が実数になる根があることはすでにわかっているが，この根が同時に $\hat{\xi}_2$, $\hat{\eta}_2$ を実数にしなければ物理的に意味のある解にならない．そのためには表層のレーリー波の速度が $c_{R1} < \beta_2$ を満たしていなければならない．$c_{R1} < \beta_1$ であるから，もし下層の S 波が表層の速度よりも速ければ，すなわち $\beta_1 < \beta_2$ ならば上の条件はつねに満足される．すなわち，下層の S 波の速度が表層のそれよりも

速いときには，低周波で下層のレーリー波の速度に収束し，高周波で下層のレーリー波の速度に収斂するモードが存在する．これはラブ波のときと同様にレーリー波の基本モードである．なお第二の因数は後で述べるストンレー波の特性関数であるから，両媒質の性質によってはストンレー波の速度に収束するモードもあることがわかる．

ξ_1 が虚数，η_1 が実数のモードで $\omega \to \infty$ とすると，(6.3.15), (6.3.16) 式から

$$\frac{\tan \omega \eta_1 H}{\beta_1 \eta_1} = \mathrm{rhs}(p) \tag{6.3.18}$$

という形の式が導かれる．この式の右辺は ω によらない p だけの関数になる．煩雑になるので右辺の具体的な式は省略するが，図 6.3.5 の実線がこれである．一方，破線は上式の左辺をある ω に対して描いたもので，二つのグラフの交点が特性方程式の根である．(6.3.18) 式は $\omega \to \infty$ における近似であるが，わかりやすいように図の破線は ω が小さいときの左辺を示してある．ω が大きくなると破線は左に移動する．図からわかるように，0 次モードは交点をもたず，高次モードだけが交点をもっている．$\omega \to \infty$ とすると，すべての高次モードの交点は縦軸上，すなわち $c \to \beta_1$ に収束する．したがって高次モードの位相速度は $\hat{\eta}_2 = 0$ で決まる遮断周波数を下層の S 波の速度 β_2 で出発し，高周波で表層の速度 β_1 に収束する．一方基本モードは，上にも述べた通り，周波数 0 で下層のレーリー波の速度で出発し，高周波で表層のレーリー波の速度に収束する．

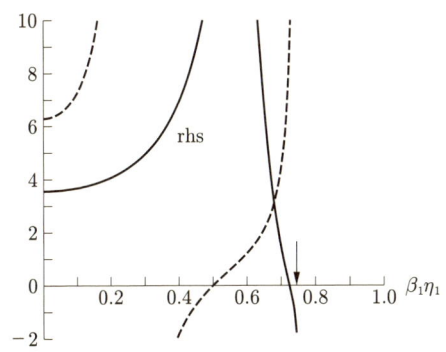

図 **6.3.5 2 層構造を伝わるレーリー波の図式解法**　(6.3.18) 式のグラフ．横軸は $\beta_1 \eta_1$，実線は右辺 (rhs)，破線は左辺．矢印は $\hat{\eta}_2 = 0$ に対応する点．

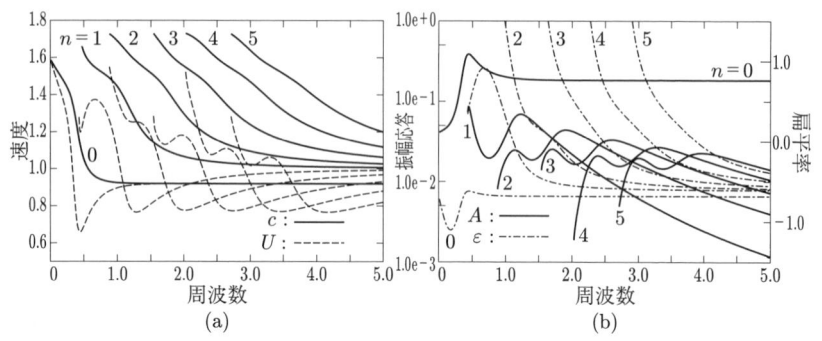

図 6.3.6 2層構造に対するレーリー波の分散曲線 横軸は無次元周波数 fH/β_1，左図 (a) 実線は位相速度，破線は群速度でいずれも β_1 で無次元化してある．右図 (b) は振幅応答 (実線，左目盛り) と上下水平動振幅比 (鎖線，右目盛り)．振幅比は順転のときを正にとってある．高次モードでは低周波では基本モードと違って回転運動は順転であるが，高周波では逆転になる．$\nu = 1/4$, $\rho_2/\rho_1 = 1.5$, $\beta_2/\beta_1 = \sqrt{3}$.

図 6.3.6 に 2 層構造に対するレーリー波の分散曲線の例を示す．

6.4　ストンレー波

レーリー波を一般化すれば，二つの半無限弾性体が接しているとき，エネルギーが境界面に集中し，しかも境界面に沿って伝わる波が存在するかという問題になる．このような波は境界波 (boundary wave) もしくはストンレー波 (Stoneley wave) と呼ばれる．レーリー波は一方の半無限弾性体が真空の場合であった．真空のかわりに液体があっても，境界に沿った波が伝播し得る．さらに一般的には，固体－固体の境界面に沿った境界波も存在し得る．

6.4.1　固体－液体境界を伝わるストンレー波

$z < 0$ の媒質 1 は固体，$z > 0$ の媒質 2 は流体であるとする．x 方向に位相速度 c で伝わり，$|z| \to \infty$ で振幅が 0 になる波を求める．

この問題は最初から解く必要はなく，これまでに導いた関係を利用すれば簡単に解くことができる．すなわち二つの弾性体が接しているときの一般解において，媒質 2 の剛性率 μ_2 を 0 にした極限をとればよいからである．

6.4 ストンレー波

固体の媒質 $1(z<0)$ では，無限遠で 0 になる解はレーリー波の解 (6.3.2), (6.3.3) 式を流用して

$$\begin{aligned}
u &= ipB_1 e^{\omega \hat{\xi}_1 z} + i\hat{\eta}_1 D_1 e^{\omega \hat{\eta}_1 z} \qquad w = \hat{\xi}_1 B_1 e^{\omega \hat{\xi}_1 z} + pD_1 e^{\omega \hat{\eta}_1 z} \\
\sigma_{zx} &= 2i\omega \rho_1 \beta_1^2 p\hat{\xi}_1 B_1 e^{\omega \hat{\xi}_1 z} - i\omega \rho_1 (1-\gamma_1) D_1 e^{\omega \hat{\eta}_1 z} \\
\sigma_{zz} &= -\omega \rho_1 (1-\gamma) B_1 e^{\omega \hat{\xi}_1 z} + 2\omega \rho_1 \beta_1^2 p\hat{\eta}_1 D_1 e^{\omega \hat{\eta}_1 z} \\
\hat{\xi}_1 &= \sqrt{p^2 - \alpha_1^{-2}} \qquad \hat{\eta}_1 = \sqrt{p^2 - \beta_1^{-2}}
\end{aligned} \qquad (6.4.1)$$

となる．B_1, D_1 は固体中の積分定数である．変位の x 成分 u はここでは必要ないが，後で必要になるので加えてある．例によって共通項 $e^{-i\omega(t-px)}$ は省略している．$z=0$ で液体に接しているので，ここで剪断応力 $\sigma_{zx}(0)$ が 0 にならなければならない．上の第三式から

$$D_1 = \frac{2\beta_1^2 p\hat{\xi}_1}{1-\gamma_1} B_1$$

が得られる．これを第二，四式に代入すると境界における固体側の $w(0)$ と $\sigma_{zz}(0)$ が求められる．

$$\begin{aligned}
w(0) &= \frac{\hat{\xi}_1}{1-\gamma} B_1 \\
\sigma_{zz}(0) &= -\frac{\omega \rho_1}{1-\gamma_1} \left[(1-\gamma_1)^2 - 2\beta_1^2 \gamma_1 \hat{\xi}_1 \hat{\eta}_1\right] B_1
\end{aligned} \qquad (6.4.2)$$

流体の媒質 $2(z>0)$ の中には S 波が存在しないから，一般解 (4.3.13) 式のうち，係数 A_2, B_2 の項だけが存在する．このうち無限遠 $z \to +\infty$ で 0 になる解は $B_2 = 0$ と置いた

$$\begin{aligned}
w &= \hat{\xi}_2 A_2 e^{-\omega \hat{\xi}_2 z} \qquad \hat{\xi}_2 = \sqrt{p^2 - \alpha_2^{-2}} \\
\sigma_{zz} &= \omega \rho_2 A_2 e^{-\omega \hat{\xi}_2 z} \qquad z>0
\end{aligned} \qquad (6.4.3)$$

である．$z=0$ でこの変位と応力が固体側の値 (6.4.2) 式と連続にならなければならないから

$$\begin{aligned}
&\frac{\hat{\xi}_1}{1-\gamma_1} B_1 = \hat{\xi}_2 A_2 \\
&-\frac{\rho_1}{1-\gamma_1}\left[(1-\gamma_1)^2 - 2\beta_1^2 \gamma_1 \hat{\xi}_1 \hat{\eta}_1\right] B_1 = \rho_2 A_2
\end{aligned}$$

が成り立つ．解が存在するためには

$$[(1-\gamma_1)^2 - 2\beta_1^2\gamma_1\hat{\xi}_1\hat{\eta}_1] + \frac{\rho_2\hat{\xi}_1}{\rho_1\hat{\xi}_2} = 0 \tag{6.4.4}$$

でなければならない．第一項は流体層がない場合のレーリー波の特性関数 (6.3.5) 式である．無限遠で 0 になるという条件から，$\hat{\xi}_1$, $\hat{\eta}_1$, $\hat{\xi}_2$ がすべて実数にならなければならない．したがって位相速度 $c = 1/p$ は α_2, β_1 の小さい方よりも小さくなければならない．

この方程式に物理的に意味のある解があるかないかは，位相速度 c の $c = 0$, α_2, β_1 について特性方程式の符号の変化によって調べることができる．$c = 0$ すなわち $p \to \infty$ のとき (6.4.4) 式の第一項は

$$(1-\gamma_1)^2 - 2\beta_1^2\gamma_1\hat{\xi}_1\hat{\eta}_1 \longrightarrow -2\beta_1^2 p^2(1-a_1^2) \qquad a_1^2 = \frac{\beta_1^2}{\alpha_1^2}$$

第二項は ρ_2/ρ_1 であるから，(6.4.4) 式の左辺は負である．$\beta_1 < \alpha_2$ のときには $c = \beta_1$ が c の上限であるが，このとき (6.4.4) 式の左辺は明らかに正である．反対に $\alpha_2 < \beta_1$ のときには $c = \alpha_2$ が上限であるが，このときには (6.4.4) 式の左辺は最後の項によってやはり正になる．要するに (6.4.4) 式の左辺は $c = 0$ と $\min(\alpha_2, \beta_1)$ の間で符号を変えるから，この範囲にかならず根をもつことがわかる．

6.4.2　固体−固体境界を伝わるストンレー波

ここまでくると，固体−固体の境界面に沿っても境界波が存在することが予想される．

媒質 $2(z > 0)$ も固体であるときの解は，(6.4.3) 式にかわって

$$\begin{aligned}
u &= -ipA_2 e^{-\omega\hat{\xi}_2 z} - i\hat{\eta}_2 C_2 e^{-\omega\hat{\eta}_2 z} \qquad w = \hat{\xi}_2 A_2 e^{-\omega\hat{\xi}_2 z} + pC_2 e^{-\omega\hat{\eta}_2 z} \\
\sigma_{zx} &= 2i\omega\rho_2\beta_2^2 p\hat{\xi}_2 A_2 e^{-\omega\hat{\xi}_2 z} - i\omega\rho_2(1-\gamma_2) C_2 e^{-\omega\hat{\eta}_2 z} \\
\sigma_{zz} &= \omega\rho_2(1-\gamma_2) A_2 e^{-\omega\hat{\xi}_2 z} - 2\omega\rho_2\beta_2^2 p\hat{\eta}_2 C_2 e^{-\omega\hat{\eta}_2 z}
\end{aligned} \tag{6.4.5}$$

を用いる．変位，応力は境界面 $z = 0$ で連続でなければならない．この条件は上式と (6.4.1) 式から

$$pB_1 + \hat{\eta}_1 D_1 = -pA_2 - \hat{\eta}_2 C_2 \qquad \hat{\xi}_1 B_1 + pD_1 = \hat{\xi}_2 A_2 + pC_2$$
$$2\rho_1\beta_1^2 p\hat{\xi}_1 B_1 - \rho_1(1-\gamma_1)D_1 = 2\rho_2\beta_2^2 p\hat{\xi}_2 A_2 - \rho_2(1-\gamma_2)C_2$$
$$-\rho_1(1-\gamma_1)B_1 + 2\rho_1\beta_1^2 p\hat{\eta}_1 D_1 = \rho_2(1-\gamma_2)A_2 - 2\rho_2\beta_2^2 p\hat{\eta}_2 C_2$$

となる．これらの式が成り立つためには 4×4 の行列式が 0 でなければならない．行列式を計算するかわりに，まず第一，四式から B_1, D_1 を求めると

$$\rho_1 B_1 = -aA_2 + 2(\mu_2 - \mu_1)p\hat{\eta}_2 C_2 \qquad \rho_1 \hat{\eta}_1 D_1 = dpA_2 - b\hat{\eta}_2 C_2$$

が得られる．a, b, d は (4.3.25) 式で定義されている．同様に第二，三式からも B_1, D_1 を求めると

$$\rho_1 \hat{\xi}_1 B_1 = b\hat{\xi}_2 A_2 - dpC_2 \qquad \rho_1 D_1 = -2(\mu_2 - \mu_1)p\hat{\xi}_2 A_2 + aC_2$$

が得られる．両者はそれぞれ等しくなければならないので，特性方程式

$$(a\hat{\xi}_1 + b\hat{\xi}_2)(a\hat{\eta}_1 + b\hat{\eta}_2) \\ - p^2\left[d + 2(\mu_2 - \mu_1)\hat{\xi}_1\hat{\eta}_2\right]\left[d + 2(\mu_2 - \mu_1)\hat{\xi}_2\hat{\eta}_1\right] = 0 \qquad (6.4.6)$$

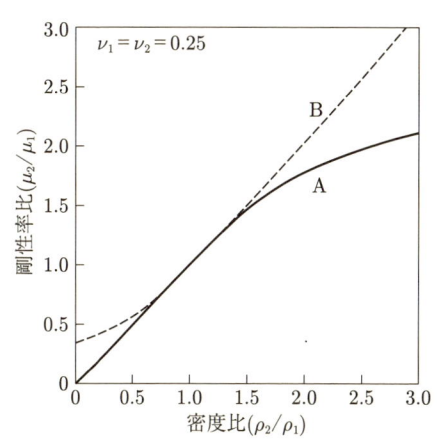

図 **6.4.1 ストンレー波の存在領域** 横軸は密度比 ρ_2/ρ_1，縦軸は剛性率の比 μ_2/μ_1．両方の固体ともポアソン比は $\nu = 1/4$ としてある．ストンレー波が存在するのは実線 A と破線 B に挟まれた領域である．

が得られる．これが固体−固体境界を伝わるストンレー波の特性方程式である．

レーリー波や固体−液体境界のストンレー波の場合と違って，上の特性方程式には根が存在するとは限らない．無限遠で指数関数的に減衰するという条件から，$\beta_1 < \beta_2$ のときには $c = \beta_1$ が，反対に $\beta_1 > \beta_2$ のときには $c = \beta_2$ が根が存在するかしないかの境界になる．このことから根の存在する範囲を計算したものが図 6.4.1 である．この図の曲線 A と B に挟まれた領域にしか根が存在しない．この図からわかるように，固体−固体の境界面でのストンレー波は，密度や弾性定数の非常に限られた条件下でしか存在しないので，実用的な意味は少ない．

6.5 チャンネル波

前節と違って，こんどは二つの媒質の間に低速度層が挟まれているような構造を考える．ラブ波のときと同様に，エネルギーが低速度層にトラップされて減衰することなく伝わっていくことが予想される．このような波をチャンネル波 (channel wave) というが，これは境界波の拡張と考えることができる．

6.5.1 液体中のチャンネル波

無限流体の中に低速度の流体層がサンドイッチ状に挟まれていると，ラブ波のときと同様に音波が低速度層の中で多重反射を繰り返して，減衰することなく伝わっていくことが予想される．実際，大気中や海洋中ではこのような現象が起き，音波が遠方まで伝わることがある．海洋中のこのようなチャ

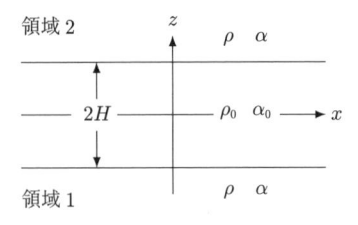

図 **6.5.1 チャンネル構造** $|z| < H$ は周囲より低速度である $(\alpha_0 < \alpha)$．

ンネルは SOFAR チャンネルと呼ばれ，音響通信に用いられることもある．

$|z| < H$ に密度 ρ_0，音速 α_0 の流体がその上下の $|z| > H$ の密度 ρ，音速 α の高速層 $(\alpha > \alpha_0)$ に挟まれているとする（図 6.5.1）．流体中の一般解は，固体中の一般解 (4.3.13)，(4.3.14) 式で $\mu = 0$ と置いた

$$w = \xi(Ae^{i\omega\xi z} + Be^{-i\omega\xi z})$$
$$\sigma_{zz} = i\omega\rho(Ae^{i\omega\xi z} - Be^{-i\omega\xi z})$$

で与えられる．したがって各領域における解は

$|z| < H$:
$$w = \xi_0(A_0 \cos\omega\xi_0 z + B_0 \sin\omega\xi_0 z)$$
$$\sigma_{zz} = \omega\rho_0(-A_0 \sin\omega\xi_0 z + B_0 \cos\omega\xi_0 z) \qquad \xi_0^2 = \alpha_0^{-2} - p^2$$

$z < -H$: \hfill (6.5.1)
$$w = \hat{\xi}B_1 e^{\omega\hat{\xi}(z+H)} \qquad \sigma_{zz} = -\omega\rho B_1 e^{\omega\hat{\xi}(z+H)}$$

$z > H$:
$$w = \hat{\xi}A_2 e^{-\omega\hat{\xi}(z-H)} \qquad \sigma_{zz} = \omega\rho A_2 e^{-\omega\hat{\xi}(z-H)} \qquad \hat{\xi}^2 = p^2 - \alpha^{-2}$$

で表される．$z = \pm H$ で w と σ_{zz} が連続でなければならないから

$$\xi_0(A_0 \cos\omega\xi_0 H + B_0 \sin\omega\xi_0 H) = \hat{\xi}A_2$$
$$\rho_0(-A_0 \sin\omega\xi_0 H + B_0 \cos\omega\xi_0 H) = \rho A_2$$
$$\xi_0(A_0 \cos\omega\xi_0 H - B_0 \sin\omega\xi_0 H) = \hat{\xi}B_1$$
$$\rho_0(A_0 \sin\omega\xi_0 H + B_0 \cos\omega\xi_0 H) = -\rho B_1$$

が成り立つ．未知数は A_0，B_0，A_2，B_1 の 4 個であるから，特性方程式は 4×4 の行列式になるが，辺々の和や差をとると，次の 2 組の解に分けて考えることができる．一つは

$$2\xi_0 B_0 \sin\omega\xi_0 H = \hat{\xi}(A_2 - B_1) \qquad 2\rho_0 B_0 \cos\omega\xi_0 H = \rho(A_2 - B_1)$$

したがって特性方程式は

$$\tan \omega \xi_0 H = \frac{\rho_0 \hat{\xi}}{\rho \xi_0} \tag{6.5.2}$$

であり，もう一つは

$$2\xi_0 A_0 \cos \omega \xi_0 H = \hat{\xi}(A_2 + B_1) \qquad -2\rho_0 A_0 \sin \omega \xi_0 H = \rho(A_2 + B_1)$$

したがって特性方程式は

$$\cot \omega \xi_0 H = -\frac{\rho_0 \hat{\xi}}{\rho \xi_0} \tag{6.5.3}$$

である．

対称モード (6.5.2) 式の解は B_0 と $A_2 - B_1$ だけで表されるものである．いい換えれば $A_0 = 0 = A_2 + B_1$ である．(6.5.1) 式から $A_0 = 0$ のときの解は圧力変化 $(-\sigma_{zz})$ が $z = 0$ に関して対称，z 方向の変位 w が z の関数としては反対称である．しかし $z = H$ での変位が上向きのときには $z = -H$ の変位は下向きであるから，z 方向の変位は幾何学的には $z = 0$ に関して対称的である．そこでこのような解を対称モード (symmetric mode) と呼ぶことにする (図 7.1.2 参照)．この特性方程式はラブ波の特性方程式 (6.2.4) とまったく同じであるから，$\alpha_0 < \alpha$ のときにはつねに実数解が存在して，その振舞いもラブ波と同様である．

反対称モード (6.5.3) 式の解は A_0 と $A_2 + B_1$ だけで表されるものである．圧力は $z = 0$ に関して反対称，変位は対称，すなわち $z = H$ が上向きなら $z = -H$ も上向きになる．このモードを反対称モード (antisymmetric mode) と呼ぶ．ラブ波のときと同じように (6.5.3) 式の両辺のグラフを描いてみればわかるように，$\alpha_0 < \alpha$ のときにはかならず根が存在することがわかる．ただし (6.5.3) 式の右辺のグラフが負の領域にあるので，ラブ波のときとは異なり基本モードは存在せず，一次以上のモードだけが存在する．位相速度が α_0 よりも小さいときには ξ_0 が虚数になるが，このときに (6.5.3) 式の解が存在しないことは簡単に確かめられる．したがって反対称モードも遮断周波数で $c = \alpha$，高周波で $c \to \alpha_0$ になる．

6.5.2 固体に挟まれた流体中を伝わるチャンネル波

こんどは媒質 $1(z<-H)$, 媒質 $2(z>H)$ が同じ固体で,間に流体が挟まれている場合を考える.流体中の一般解は (6.5.1) 式と同じように

$$|z|<H:$$
$$w = \xi_0(A_0 \cos\omega\xi_0 z + B_0 \sin\omega\xi_0 z)$$
$$\sigma_{zz} = \omega\rho_0(-A_0 \sin\omega\xi_0 z + B_0 \cos\omega\xi_0 z)$$
(6.5.4)

と書くことができる.

媒質 $1(z<-H)$ の解は (4.3.13), (4.3.14) 式の $z\to-\infty$ で収束する解の原点をずらして

$$z<-H:$$
$$w = \hat{\xi}B_1 e^{\omega\hat{\xi}(z+H)} + p D_1 e^{\omega\hat{\eta}(z+H)}$$
$$\sigma_{zx} = 2i\omega\rho\beta^2 p\hat{\xi}B_1 e^{\omega\hat{\xi}(z+H)} - i\omega\rho(1-\gamma)D_1 e^{\omega\hat{\eta}(z+H)}$$
$$\sigma_{zz} = -\omega\rho(1-\gamma)B_1 e^{\omega\hat{\xi}(z+H)} + 2\omega\rho\beta^2 p\hat{\eta}D_1 e^{\omega\hat{\eta}(z+H)}$$
(6.5.5)

となる.添字のない量は固体中の量を示している. u は後の計算に必要ないので省略している. $z=-H$ では剪断応力が 0 にならなければならないから,上の第二式から

$$D_1 = \frac{2\beta^2 p\hat{\xi}}{1-\gamma}B_1$$

が得られる.これを第一,三式に代入して $w(-H)$ と $\sigma_{zz}(-H)$ を計算して流体側の $w(-H)$ と $\sigma_{zz}(-H)$ に等しいと置くと

$$\frac{\hat{\xi}}{1-\gamma}B_1 = \xi_0(A_0 \cos\omega\xi_0 H - B_0 \sin\omega\xi_0 H)$$
$$-\frac{\rho}{1-\gamma}[(1-\gamma)^2 - 2\beta^2\gamma\hat{\xi}\hat{\eta}]B_1 = \rho_0(A_0 \sin\omega\xi_0 H + B_0 \cos\omega\xi_0 H)$$
(6.5.6)

が得られる.

媒質 $2(z>H)$ の中の解は

$z > H$:
$$w = \hat{\xi} A_2 e^{-\omega\hat{\xi}(z-H)} + pC_2 e^{-\omega\hat{\eta}(z-H)}$$
$$\sigma_{zx} = 2i\omega\rho\beta^2 p\hat{\xi} A_2 e^{-\omega\hat{\xi}(z-H)} - i\omega\rho(1-\gamma)C_2 e^{-\omega\hat{\eta}(z-H)} \quad (6.5.7)$$
$$\sigma_{zz} = \omega\rho(1-\gamma)A_2 e^{-\omega\hat{\xi}(z-H)} - 2\omega\rho\beta^2 p\hat{\eta} C_2 e^{-\omega\hat{\eta}(z-H)}$$

と書くことができる．$z=H$ では剪断応力 $\sigma_{zx}(H)$ が 0 にならなければならないから，上の第二式から

$$C_2 = \frac{2\beta^2 p\hat{\xi}}{1-\gamma} A_2$$

が得られる．これを上の第二，三式に代入して固体側の $w(H)$, $\sigma_{zz}(H)$ を計算し，これを (6.5.4) 式の $w(H)$, $\sigma_{zz}(H)$ に等しいと置けば

$$\frac{\hat{\xi}}{1-\gamma} A_2 = \xi_0 (A_0 \cos\omega\xi_0 H + B_0 \sin\omega\xi_0 H) \quad (6.5.8)$$
$$\frac{\rho}{1-\gamma}\left[(1-\gamma)^2 - 2\beta^2\gamma\hat{\xi}\hat{\eta}\right] A_2 = \rho_0(-A_0 \sin\omega\xi_0 H + B_0 \cos\omega\xi_0 H)$$

が得られる．この式と (6.5.6) 式から未定係数 A_0, B_0, A_2, B_1 を消去したものが特性方程式である．

流体中のチャンネル波と同様に，これらの方程式は2組に分けることができる．(6.5.6), (6.5.8) 式の辺々を加えたり引いたりすると，1組は

$$\frac{\hat{\xi}}{1-\gamma}(A_2 - B_1) = 2\xi_0 B_0 \sin\omega\xi_0 H$$
$$\frac{\rho}{1-\gamma}\left[(1-\gamma)^2 - 2\beta^2\gamma\hat{\xi}\hat{\eta}\right](A_2 - B_1) = 2\rho_0 B_0 \cos\omega\xi_0 H$$

したがって

$$\cot\omega\xi_0 H = \frac{\rho\xi_0}{\rho_0 \hat{\xi}}\left[(1-\gamma)^2 - 2\beta^2\gamma\hat{\xi}\hat{\eta}\right] \quad (6.5.9)$$

が特性方程式である．もう1組は

$$\frac{\hat{\xi}}{1-\gamma}(A_2 + B_1) = 2\xi_0 A_0 \cos\omega\xi_0 H$$
$$\frac{\rho}{1-\gamma}\left[(1-\gamma)^2 - 2\beta^2\gamma\hat{\xi}\hat{\eta}\right](A_2 + B_1) = -2\rho_0 A_0 \sin\omega\xi_0 H$$

したがって
$$\tan\omega\xi_0 H = -\frac{\rho\xi_0}{\rho_0\hat{\xi}}\left[(1-\gamma)^2 - 2\beta^2\gamma\hat{\xi}\hat{\eta}\right] \tag{6.5.10}$$

が特性方程式である．どちらも液体中のチャンネル波のときと似たような形をしているが，右辺にレーリー波の特性関数が現れているのが特徴である．

対称モード 特性方程式 (6.5.9) は，$A_2 - B_1$ と B_0 がともに 0 でないという条件から導かれたものである．これは逆にいえば $A_2 + B_1 = 0 = A_0$ でなければ，すべての境界条件が満たされないことを意味している．このときには (6.5.4) 式から液体の上下の壁は同時に膨らんだり縮んだりする．また上下の壁の付近の流体の x 方向の変位は同じ向きである．これは対称モードである（図 7.1.2(a) 参照）．$|z| \to \infty$ で収束するためには，位相速度は外側の壁の S 波速度 β よりも小さくなければならないが，これが液体の音速 α_0 よりも大きいか小さいかによって分散の様子が異なる．

はじめに $\alpha_0 < \beta$ の場合を考える．このとき $\alpha_0 < c < \beta$ ならば ξ_0 が実数になるから，(6.5.9) 式がそのまま成り立つ．この式の両辺を $\alpha_0\xi_0$ の関数としてグラフを描いたのが図 6.5.2(a) である．実線は右辺を，破線は左辺を表している．右辺は ω によらないが左辺のグラフは ω が増加すると左に移動する．$\hat{\eta}$ が実数であるためには，横軸は $\hat{\eta}$ が 0 になる $\alpha_0\xi_0 = \sqrt{1-(\alpha_0/\beta)^2}$ までしか許されない．したがって図から根はある周波数以上でしか存在しない．遮断角周波数は (6.5.9) 式で $\hat{\eta}=0$ と置いた式から求められる．遮断周波数は等間隔に並んでいる．それぞれのモードは ω が増加すると c が減少して高周波では α_0 に収束する．

$c < \alpha_0$ の範囲では ξ_0 が虚数になるので $\xi_0 = i\hat{\xi}_0$ と置くと
$$\frac{1}{\xi_0}\cot\omega\xi_0 H = -\frac{1}{\hat{\xi}_0}\coth\omega\hat{\xi}_0 H$$

であるから，特性方程式 (6.5.9) は
$$\coth\omega\hat{\xi}_0 H = -\frac{\rho\hat{\xi}_0}{\rho_0\hat{\xi}}\left[(1-\gamma)^2 - 2\beta^2\gamma\hat{\xi}\hat{\eta}\right] \tag{6.5.11}$$

になる．この式で ω を無限大にすると，$\coth x \to 1 \ (x \to \infty)$ から特性方程式は

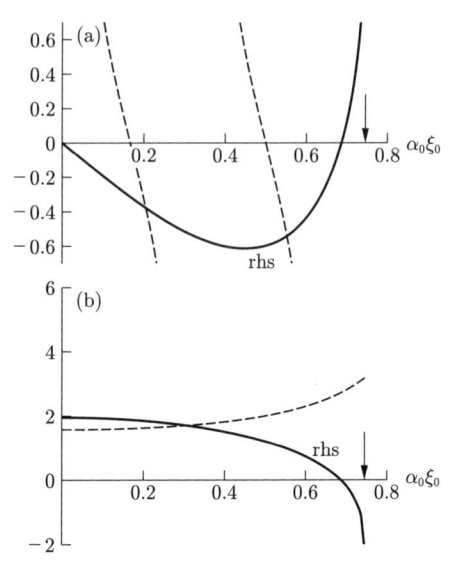

図 6.5.2 チャンネル波の分散曲線の図式解法 (6.5.9), (6.5.13) 式のグラフ．横軸は $\alpha_0 \xi_0$．(a) は対称モードの特性方程式 (6.5.9) の右辺 (実線) と左辺 (破線), (b) は反対称モードの特性方程式 (6.5.13) の右辺 (実線) と左辺 (破線)．矢印は $\hat{\eta} = 0$ に対応する点．

$$[(1-\gamma)^2 - 2\beta^2 \gamma \hat{\xi} \hat{\eta}] + \frac{\rho_0 \hat{\xi}}{\rho \hat{\xi}_0} = 0$$

となる．これは液体－固体間のストンレー波の特性方程式である．すなわち $\omega \to \infty$ では $z = H$, $z = -H$ をそれぞれ境界面とするストンレー波に収束する．一方，(6.5.11) 式で $p \to \infty$ とすると (6.4.5) 式から

$$\coth \omega p H = 2\beta^2 p^2 (1-a^2) \frac{\rho}{\rho_0} \qquad a^2 = \frac{\beta^2}{\alpha^2}$$

となるが，左辺も無限大になるためには ω が $1/p$ よりも速く 0 に収束しなければならない．そこで $p \to \infty$ のときに $\omega p \to 0$ として $\coth \omega p H$ をテーラー展開の一次の項だけをとると

$$(\beta p)^3 = \left(\frac{\beta}{c}\right)^3 = \frac{\rho_0 (\lambda + 2\mu)}{2\rho(\lambda + \mu)} \frac{\beta}{\omega H} \tag{6.5.12}$$

が得られる．すなわち $\omega = 0$ で位相速度は 0 になり，そこから急激に増加する．

以上から $\beta > \alpha_0$ のときには遮断周波数を β で出発して α_0 に収束するモードと，周波数 0 で位相速度 0 から出発してストンレー波に収束するモードの 2 種類の解があることがわかった．

$\beta < \alpha_0$ のときには当然 $c < \alpha_0$ になるから，上の 2 種類の波のうちのストンレー波に収束するモードしかない．

反対称モード このモードでは $A_2 + B_1 \neq 0 \neq A_0$, $A_2 - B_1 = 0 = B_0$ であるから，上下の壁は上下に同じ方向に動き，液体の壁付近の流れは上下で反対になっている (図 7.1.2(b) 参照)．特性方程式 (6.5.10) で ω を 0 とすれば右辺が 0 になるから

$$(1-\gamma)^2 - 2\beta^2 \gamma \hat{\xi}\hat{\eta} = 0$$

が成り立つ．したがって低周波の極限で位相速度はレーリー波の速度になるモードがある．ω が増加したときの様子を見るために (6.5.10) 式を

$$\frac{\tan\omega\xi_0 H}{\alpha_0\xi_0} = -\frac{\rho}{\rho_0\alpha_0\hat{\xi}}[(1-\gamma)^2 - 2\beta^2\gamma\hat{\xi}\hat{\eta}] \tag{6.5.13}$$

と変形してグラフを描いたのが図 6.5.2(b) である．ω が増加すると左辺の破線が上に移動し，あるとき二つのグラフが ξ_0 で接する．これは $c = \alpha_0$ に相当する．これ以後 ξ_0 は虚数になるので特性方程式は

$$\frac{\tanh\omega\hat{\xi}_0 H}{\alpha_0\hat{\xi}_0} = -\frac{\rho}{\rho_0\alpha_0\hat{\xi}}[(1-\gamma)^2 - 2\beta^2\gamma\hat{\xi}\hat{\eta}]$$

になる．$\omega \to \infty$ でこの方程式がストンレー波の特性方程式になるのは明らかである．したがって基本モードは $\omega = 0$ でレーリー波の速度，高周波ではストンレー波の速度に収束することがわかる．

高次モードでは周波数を上げていくと $\hat{\eta} = 0$ ではじめて実線との交点をもつようになり，これらは $\omega \to \infty$ で ξ_0 に収束する．すなわち $\beta > \alpha_0$ のときには遮断周波数で $c = \beta$ からはじまり高周波で $c = \alpha_0$ に近づくモードがあることは，対称モードのときと同じである．$\beta < \alpha_0$ のときにはレーリー波から出発してストンレー波に収束する解だけである．図 6.5.3 に $\alpha_0 < \beta$ のときの分散曲線の例を示す．

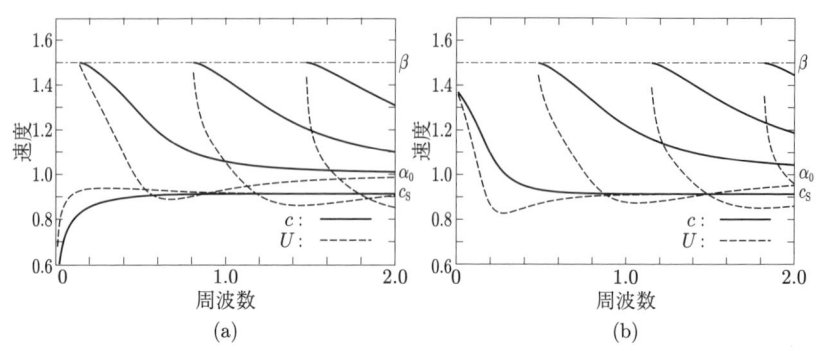

図 6.5.3 固体中の液体を伝わるチャンネル波の分散曲線 横軸は α_0 と H で無次元化した周波数 fH/α_0 (f は実周波数),縦軸は α_0 で無次元化した速度を表している.(a) 対称モード,(b) 反対称モード.固体のポアソン比は $1/4$, $\beta/\alpha_0 = 1.5$.右側の記号 c_S はストンレー波の速度を示す.

半無限媒質に挟まれたチャンネルが固体の低速度層のときにもチャンネル波が存在するが,あまり煩雑になるのでここでは省略する.

7 平板，円柱，球などを伝わる波

　前章では半無限弾性体中を伝わる表面波や平面境界に沿って伝わる境界波などについて調べたが，本章では有限な境界をもつ平板や円柱，球などを伝わる弾性波について考える．地球内部を伝わる地震波だけを対象にするなら，このような問題を考える必要はないかもしれない．しかし，岩石のサンプルの弾性定数を測定するときなどには，平板や円柱を伝わる弾性波の性質を知っていなければならない．平板や円柱，球など，表面をもつ有限な物体中を伝わる波は本質的には表面波であって，地球表面に沿って伝わる表面波は，本章で考える波の一つの極限と考えることができる．実際，本章では極限としてレーリー波やストンレー波が頻繁に現れる．

　7.1 節では平板を伝わる波，7.2 節では円柱の軸方向に伝わる波，7.3 節では孔井内を伝わる波，7.4 節では円柱の周方向に沿って伝わる波を，最後の 7.5 節では球の自由振動を考える．

7.1 平板を伝わる波

　本節では厚さ $2H$ の平板を考え，中心面に沿って $x,\ y$ 軸，面に垂直に z 軸をとり，x 方向に伝わる波をとり扱う．はじめに SH 波，次に P-SV 波を考える．

7.1.1 平板を伝わる SH 波

　はじめに x 方向に伝わる変位が y 方向の成分 v のみの波，すなわち SH 波を考える．SH 波の一般解 (4.2.4) 式から，解は

$$v = A\cos\omega\eta z + B\sin\omega\eta z$$
$$\sigma_{yz} = \omega\mu\eta\left(-A\sin\omega\eta z + B\cos\omega\eta z\right) \qquad (7.1.1)$$

$$\eta^2 = \beta^{-2} - p^2$$

と書くことができる．時間と x に関する共通項 $e^{-i\omega(t-px)}$ は省略してある．ここでは有限の領域を考えているので，指数関数のかわりに三角関数を用いている．(4.2.4) 式の $A+B$, $i(A-B)$ が上式の A, B に相当する．運動方程式を満たすだけなら η は実数である必要はないが，すぐ後でわかるように，境界条件から SH 波の場合 η は実数でなければならない．

板の表面 $z = \pm H$ では応力 σ_{yz} が 0 にならなければならないから，境界条件は (7.1.1) 式から

$$\begin{aligned} A\sin\omega\eta H - B\cos\omega\eta H &= 0 \\ A\sin\omega\eta H + B\cos\omega\eta H &= 0 \end{aligned} \quad (7.1.2)$$

となる．上式から，解が 2 種類に分けられることが容易にわかる．これは前章のチャンネル波のときと同様である．すなわち

$$\begin{aligned} A\sin\omega\eta H &= 0 \quad (B=0) \\ B\cos\omega\eta H &= 0 \quad (A=0) \end{aligned}$$

である．

対称モード　上式の第一の解は (7.1.1) 式からわかるように，変位 v が中心面 $z=0$ に関して対称になる (図 7.1.1(a))．特性方程式は

$$\sin\omega\eta H = 0 \tag{7.1.3}$$

であるから，根は

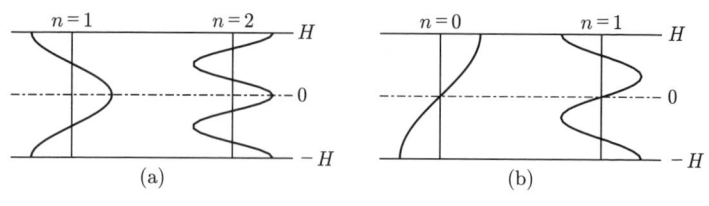

図 **7.1.1** 平板を伝わる SH 波の振幅分布　(a) 対称モード，(b) 反対称モード.

$$\omega\eta H = n\pi \qquad n = 0, 1, 2, \cdots$$
$$(\beta p)^2 = \left(\frac{\beta}{c}\right)^2 = 1 - \left(\frac{n\pi\beta}{\omega H}\right)^2 \tag{7.1.4}$$

となる.$n=0$ の根は確かに特性方程式の根にはなっているが,この波は x 方向に S 波の速度 β で伝わる平面波で,無限弾性体中を伝わる S 波と同じであるから以下では考えない.$n>0$ の解は板の両面で反射した平面波の干渉として解釈することができる.この波は位相速度が周波数によって変化するから,ラブ波と同様に分散性の波である.

上式から位相速度は

$$\frac{\omega_n H}{\beta} = n\pi \qquad n = 1, 2, 3, \cdots \tag{7.1.5}$$

を満たす遮断角周波数 ω_n で $c = \infty$ となり,周波数がこれより増えるにしたがって位相速度が単調に減少して β に収斂することがわかる.群速度 U は (6.1.7),(7.1.4) 式から

$$\frac{U}{\beta} = \frac{\beta}{c} \tag{7.1.6}$$

で表される.位相速度とは逆に群速度は遮断周波数で 0,周波数とともに増加して下から β に収斂する.

反対称モード 第二の解は変位が $z=0$ の面に対して反対称である (図 7.1.1(b)).特性方程式は

$$\cos \omega\eta H = 0 \tag{7.1.7}$$

であるから,その根は

$$\omega\eta H = \left(n + \frac{1}{2}\right)\pi \qquad n = 0, 1, 2, \cdots \tag{7.1.8}$$

である.この根は二つの対称モードの中間にある.群速度はやはり (7.1.6) 式で表される.

7.1.2 平板を伝わる P-SV 波

平板の表面に平行な x 方向の変位を u, 平板の表面に垂直な z 方向の変位を w とする. 板の内部における解は無限媒質の一般解 (4.3.13), (4.1.14) 式を用いて

$$u = ip(A\sin\omega\xi z - B\cos\omega\xi z) - i\eta(C\sin\omega\eta z - D\cos\omega\eta z)$$
$$w = \xi(A\cos\omega\xi z + B\sin\omega\xi z) + p(C\cos\omega\eta z + D\sin\omega\eta z)$$
$$\sigma_{zx} = 2i\omega\mu p\xi(A\cos\omega\xi z + B\sin\omega\xi z)$$
$$\qquad - i\omega\rho(1-\gamma)(C\cos\omega\eta z + D\sin\omega\eta z) \qquad (7.1.9)$$
$$\sigma_{zz} = -\omega\rho(1-\gamma)(A\sin\omega\xi z - B\cos\omega\xi z)$$
$$\qquad - 2\omega\mu p\eta(C\sin\omega\eta z - D\cos\omega\eta z)$$
$$\xi^2 = \alpha^{-2} - p^2 \qquad \eta^2 = \beta^{-2} - p^2 \qquad \gamma = 2p^2\beta^2$$

と書くことができる. (4.3.13) 式の一般解は指数関数を用いているが, ここでは三角関数を用いている. したがってここでの A, B, $\cdots$ などと (4.3.13) 式の A, B, $\cdots$ などとは異なっている. また上式では共通項 $e^{-i\omega(t-px)}$ は省略してある.

境界条件は平板の上下の面で剪断応力 σ_{xz} と垂直応力 σ_{zz} が 0 になることである. この条件を書き下してみればすぐにわかるように, SH 波のときと同様に 2 組の条件に分けることができる.

対称モード　第一のモードは $A = C = 0$ で

$$(1-\gamma)B\cos\omega\xi H + 2\beta^2 p\eta D\cos\omega\eta H = 0$$
$$2\beta^2 p\xi B\sin\omega\xi H - (1-\gamma)D\sin\omega\eta H = 0 \qquad (7.1.10)$$

を満たす解である. $A = C = 0$ であるから, 平板に垂直な方向の変位成分 w は z の奇関数になっている. いい換えれば, 板の上側と下側の面が同時に膨れたり縮んだりする解である. この意味でこの解を対称モードと呼ぶ. また, このモードでは板の断面がソーセージをつないだような形になることから, ソーセージモード (sausage mode) と呼ばれることもある (図 7.1.2(a)).

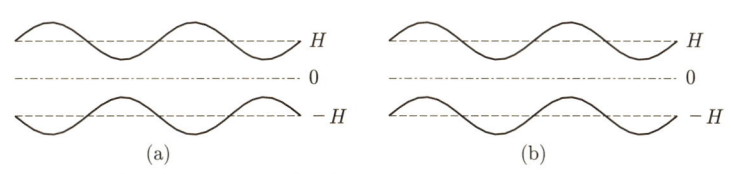

図 **7.1.2** 平板を伝わる **P-SV** 波の変形モード　(a) は対称 (ソーセージ) モード, (b) は反対称 (撓み) モード.

このモードの特性方程式は (7.1.10) 式より

$$(1-\gamma)^2 \cos\omega\xi H \sin\omega\eta H + 2\beta^2\gamma\xi\eta \sin\omega\xi H \cos\omega\eta H = 0 \quad (7.1.11)$$

あるいは

$$\frac{(1-\gamma)^2}{2\beta^2\gamma\xi\eta} + \frac{\tan\omega\xi H}{\tan\omega\eta H} = 0 \quad (7.1.12)$$

となる．この式は単純に見えるかもしれないが，それほど単純ではない．なぜなら，平板が有限であるために無限遠における条件を考える必要がなく ξ, η が実数であっても虚数であってもかまわないからである．

そこで極限値を求めてみる．まず低周波の極限 $\omega \to 0$ で (7.1.12) 式は

$$\frac{(1-\gamma)^2}{2\beta^2\gamma\xi\eta} + \frac{\xi}{\eta} = 0$$

となる．この式を整理すると

$$4\beta^2 p^2 \left(1 - \frac{\beta^2}{\alpha^2}\right) = 1$$

となる．したがってこの式を満たす波の位相速度 c_P は

$$\left(\frac{c_\mathrm{P}}{\beta}\right)^2 = 4\left(1 - \frac{\beta^2}{\alpha^2}\right) = \frac{4(\lambda+\mu)}{\lambda+2\mu} \quad (7.1.13)$$

で与えられる．この速度 c_P は板速度 (plate velocity) と呼ばれる．$\lambda = \mu$ の弾性体では

$$\frac{c_\mathrm{P}}{\beta} = \sqrt{\frac{8}{3}} = 1.6330$$

となり，c_P は縦波の速度 $\alpha = \sqrt{3}\beta$ よりはわずかに遅い．$\beta < c_P < \alpha$ であるから，ξ は虚数，η は実数である．これは平面 S 波が平板内で多重反射を繰り返していることを示している．

次に高周波における極限を考える．ξ や η が実数でも虚数でも解としては許されるので，はじめに両方とも虚数の場合を考える．これは $c < \beta$ のときである．虚数部を

$$\xi = i\hat{\xi} \qquad \eta = i\hat{\eta} \qquad \hat{\xi} > 0, \quad \hat{\eta} > 0$$

と置く．特性方程式 (7.1.11) の左辺は ξ, η それぞれに関して偶関数であるから，符号はどのように選んでも同じである．このとき特性方程式 (7.1.12) は

$$\frac{(1-\gamma)^2}{2\beta^2\gamma\hat{\xi}\hat{\eta}} - \frac{\tanh\omega\hat{\xi}H}{\tanh\omega\hat{\eta}H} = 0$$

になる．$x \to \infty$ のとき $\tanh x \to 1$ であるから

$$(1-\gamma)^2 - 2\beta^2\gamma\hat{\xi}\hat{\eta} = 0 \qquad \omega \to \infty$$

となる．これはレーリー波の特性方程式にほかならない．したがって $\omega \to \infty$ でレーリー波に近づく解があることがわかった．

もう一つの可能性は，$\omega \to \infty$ で ξ が虚数，η が実数の場合である ($\beta < c < \alpha$)．この場合の特性方程式は

$$\frac{(1-\gamma)^2}{2\beta^2\gamma\hat{\xi}\eta} = \frac{\tanh\omega\hat{\xi}H}{\tan\omega\eta H}$$

となるので $\omega \to \infty$ で

$$\frac{\tan\omega\eta H}{\eta} = \frac{2\beta^2\gamma\hat{\xi}}{(1-\gamma)^2}$$

となる．ラブ波のときと同様に右辺を η で表し両辺のグラフを描けば，$\omega \to \infty$ で $\eta \to 0$ になる根，すなわち位相速度が $c \to \beta$ となる根があることがわかる．

分散曲線を特徴づける量として遮断周波数がある．ラブ波のときと違って位相速度は無限大まで許される．$p \to 0$ のとき特性方程式は (7.1.11) 式より

7.1 平板を伝わる波 — 185

$$\cos\omega\xi H \sin\omega\eta H = 0$$

となるから2種類の遮断周波数があり，それぞれ

$$\begin{aligned}\cos\frac{\omega H}{\alpha} &= 0 & D &= 0 \\ \sin\frac{\omega H}{\beta} &= 0 & B &= 0\end{aligned} \quad (7.1.14)$$

で決まる．前者は波面が板の表面に平行な縦波の多重反射に相当する波，後者は同様に横波の多重反射に相当する波である．

以上をまとめると，対称モードの分散曲線は次のようになる．まず，$\omega = 0$ で $c = c_\mathrm{P}$ で出発したモードは高周波でレーリー波の速度 c_R に収束する．このモードははじめは P 波は不均質波，S 波は平面波であるが，$c = \beta$ を横切ると P 波，S 波とも不均質波になる．遮断周波数で出発するモードは，はじめ P 波，S 波とも平面波であるが，ある周波数以上では P 波が不均質波になり，高周波では位相速度は β に収束する．

平板の対称モードの分散曲線の一例を図 7.1.3(a) に示す．横軸は H と β で無次元化された周波数 fH/β であり，実線は β で無次元化された位相速度，破線は同じく群速度を表す．基本モードの位相速度は低周波に板速度か

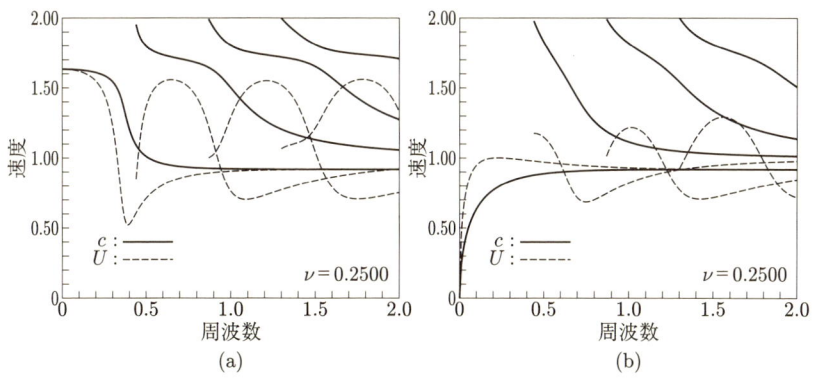

図 **7.1.3** 平板を伝わる **P-SV** 波の分散曲線　横軸は S 波速度 β と板の厚さの半分 H で正規化された無次元周波数 fH/β，縦軸は β で正規化された位相速度 (実線)，群速度 (破線) である．ポアソン比が $\nu = 1/4$ の場合を示してある．(a) 対称モード，(b) 反対称モード．

ら出発する平坦部があり，その後急速にレーリー波の速度に収束する．高次モードの位相速度は P 波速度付近に屈曲部があり，それより低周波では遮断周波数に向かって急速に無限大に近づく．高次モードの高周波の極限は S 波速度である．

反対称モード　もう 1 組の解は $B = D = 0$ で境界条件は

$$(1-\gamma)A\sin\omega\xi H + 2\beta^2 p\eta C\sin\omega\eta H = 0$$
$$2\beta^2 p\xi A\cos\omega\xi H - (1-\gamma)C\cos\omega\eta H = 0 \quad (7.1.15)$$

である．この解は u は中心面に関して奇関数，w は偶関数になる．これは対称モードとは反対の対称性をもっている．板の上面が上に動いたとき，下面も上に動く．そこでこのようなモードは撓みモード (flexural mode) と呼ばれる (図 7.1.2(b))．

特性方程式は

$$(1-\gamma)^2\sin\omega\xi H\cos\omega\eta H + 2\beta^2\gamma\xi\eta\cos\omega\xi H\sin\omega\eta H = 0 \quad (7.1.16)$$

あるいは

$$\frac{(1-\gamma)^2}{2\beta^2\gamma\xi\eta} + \frac{\tan\omega\eta H}{\tan\omega\xi H} = 0 \quad (7.1.17)$$

である．第二項の分母，分子が対称モード (7.1.12) 式とは反対になっている．

はじめにまず低周波の極限値を導く．今度は tan の展開を二次まで用いなければならない．上式より $\omega \to \infty$ で

$$\frac{(1-\gamma)^2}{2\beta^2\gamma\xi\eta} + \frac{\omega\eta H[1+(\omega\eta H)^2/3]}{\omega\xi H[1+(\omega\xi H)^2/3]} = 0$$

となる．厄介な代数計算を行って，ω が小さいとして近似解の第一項だけをとれば

$$(\beta p)^{-4} = \left(\frac{c}{\beta}\right)^4 = \frac{4}{3}\left(1-\frac{\beta^2}{\alpha^2}\right)\left(\frac{\omega H}{\beta}\right)^2$$
$$= \frac{4(\lambda+\mu)}{3(\lambda+2\mu)}\left(\frac{\omega H}{\beta}\right)^2 \quad (7.1.18)$$

が得られる．したがって一つのモードは $\omega = 0$ で $c = 0$ から出発する．このモードでは位相速度が周波数の増加関数であるから，群速度の方が位相速度よりも速い．

反対称モードでも高周波でレーリー波に接近する解があることは，対称モードと同様に示すことができる．また遮断周波数は

$$\sin \omega \xi H \cos \omega \eta H = 0$$

より

$$\begin{aligned}\sin \frac{\omega H}{\alpha} = 0 &\qquad C = 0 \\ \cos \frac{\omega H}{\beta} = 0 &\qquad A = 0\end{aligned} \tag{7.1.19}$$

から決まる．

以上をまとめると，反対称モードでは $\omega = 0$ で $c = 0$ から出発し単調に増加し，レーリー波の速度に漸近するモードと，遮断周波数で $c = \infty$ から出発して高周波で $c = \beta$ に漸近するモードがあることがわかった．分散曲線の一例は図 7.1.3(b) に示した．

7.2 円柱の軸方向に伝わる波

本節では半径 a の一様な円柱の軸方向に伝わる波を考える．ここで考える波は前節の平板を伝わる波によく似ている．

円柱の軸方向に z 軸をとった円筒座標系 (r, φ, z) を用いる．z 方向の位相速度を $c = 1/p$ とし，変位や応力などは $e^{-i\omega(t-pz)}$ に比例すると仮定する．$e^{i\omega pz}$ は平面のときの $e^{i\omega px}$ に相当するもので，z 方向に伝わる波であることを示している．以下ではこの共通項 $e^{-i\omega(t-pz)}$ を省略して表記するが，t あるいは z に関する微分を行う際には忘れないようにしなければならない．

円柱の側面は自由表面と仮定する．したがって境界条件は $r = a$ で $\sigma_{rr} = \sigma_{r\varphi} = \sigma_{zr} = 0$ である．

7.2.1 円柱を伝わるねじれ波

(5.3.5) 式の χ として φ によらない関数

$$\chi = J_0(\omega\eta r) \qquad \eta^2 = \beta^{-2} - p^2 \tag{7.2.1}$$

を選ぶ．これが横波の波動方程式を満たしていることは，第5章に示してある．円柱関数としてベッセル関数 J_0 を選んだのは，円柱の中心 $r=0$ で変位が有限になるためである．η が虚数になったときには，後で示すように変形ベッセル関数を用いなければならない．

このポテンシャルを (5.3.5) 式に代入すれば変位，応力として

$$\begin{gathered} u_\varphi = \omega\eta J_1(\omega\eta r) \qquad u_r = u_z = 0 \qquad \sigma_{rr} = \sigma_{zr} = 0 \\ \sigma_{r\varphi} = \mu(\omega\eta)^2 \left[J_0(\omega\eta r) - \frac{2}{\omega\eta r} J_1(\omega\eta r) \right] \end{gathered} \tag{7.2.2}$$

が得られる．この波は φ 方向の変位しかないので，純粋なねじれの状態が z 軸方向に伝わる波である．

境界条件は円筒の側面 $r=a$ でこの面に働く応力が 0，すなわち

$$J_0(\omega\eta a) - \frac{2}{\omega\eta a} J_1(\omega\eta a) = -J_2(\omega\eta a) = 0 \tag{7.2.3}$$

である．ベッセル関数のグラフを見ればわかるように，$J_2(x)=0$ を満たす実根 x は無限個存在する．これらの根を小さい方から順に $x_n, n=1, 2, \cdots$ とすれば，(7.2.3) 式の根は $\omega\eta a = x_n$ であるから，z 方向の位相速度 $c = 1/p$ の分散は

$$\left(\frac{\beta}{c}\right)^2 = 1 - \left(\frac{\beta x_n}{\omega a}\right)^2 \tag{7.2.4}$$

で与えられる．これは板を伝わる SH 波の分散曲線 (7.1.4) 式とまったく同じ形をしている．(7.2.3) 式のはじめのいくつかの根をあげれば

$$x_n = 5.1356,\ 8.4172,\ 11.620,\ 14.796,\ 17.960$$

である．次数が高くなるにつれて根の間隔は板を伝わる SH 波のときの間隔 π に近づいていく．

$c \to \beta$ のときに解 (7.2.2) 式は

$$u_\varphi \longrightarrow r \qquad \sigma_{r\varphi} \longrightarrow 0$$

となるので，$c = \beta$ も境界条件を満たす解になっている．これは (7.2.4) 式の $n = 0$ ($x_0 = 0$) に相当するもので，無限空間における平面 S 波と同じである．

上では η が実数と考えてきたが，$\eta^2 < 0$ のときにはベッセル関数のかわりに原点で有限になる変形ベッセル関数 I_0, I_1 を用いなければならない．

$$J_n(ix) = i^n I_n(x)$$

の関係を用いれば，$\eta = i\hat{\eta}$ のとき特性方程式 (7.2.3) は

$$I_2(\omega \hat{\eta} a) = 0$$

になるが，$I_2(x)$ は $x = 0$ 以外では 0 になることはないので，この特性方程式には $\eta = 0$ 以外に根がないことがわかる．すなわち $c < \beta$ には解が存在しない．

7.2.2 円柱を伝わる縦波

円筒座標系の解 (5.3.4)，(5.3.6) 式の ϕ, ψ を

$$\begin{aligned} \phi &= A J_0(\omega \xi r) & \xi^2 &= \alpha^{-2} - p^2 \\ \psi &= B J_0(\omega \eta r) & \eta^2 &= \beta^{-2} - p^2 \end{aligned} \tag{7.2.5}$$

と選ぶ．A, B は積分定数である．これらのポテンシャルに対する変位は $u_\varphi = 0$ になり，軸に垂直な断面は方向によらず膨らんだり縮んだりしているので，板を伝わる波の対称モードに相当し，分散性も似ている．この波を棒を伝わる縦波と呼ぶ．縦波とはいっても無限空間を伝わる疎密波と同じではない．

変位と側面における応力は

$$\begin{aligned} u_r &= -\omega \xi A J_1(\omega \xi r) - i\omega^2 p \eta B J_1(\omega \eta r) \\ u_z &= i\omega p A J_0(\omega \xi r) + \omega^2 \eta^2 B J_0(\omega \eta r) \end{aligned}$$

$$\sigma_{rr} = -\rho\omega^2 A\left[(1-\gamma)J_0(\omega\xi r) - 2\beta^2\xi^2\frac{J_1(\omega\xi r)}{\omega\xi r}\right] \tag{7.2.6}$$

$$- 2i\rho\omega^3\beta^2 p\eta^2 B\left[J_0(\omega\eta r) - \frac{J_1(\omega\eta r)}{\omega\eta r}\right]$$

$$\sigma_{zr} = -2i\rho\omega^3\beta^2 p\xi^2 rA\frac{J_1(\omega\xi r)}{\omega\xi r} - \rho\omega^4(1-\gamma)\eta^2 rB\frac{J_1(\omega\eta r)}{\omega\eta r}$$

である．側面 $r=a$ で応力が 0 という条件から，特性方程式は

$$(1-\gamma)\frac{J_1(\omega\eta a)}{\omega\eta a}\left[(1-\gamma)J_0(\omega\xi a) - 2\beta^2\xi^2\frac{J_1(\omega\xi a)}{\omega\xi a}\right]$$
$$+ 2\beta^2\gamma\xi^2\frac{J_1(\omega\xi a)}{\omega\xi a}\left[J_0(\omega\eta a) - \frac{J_1(\omega\eta a)}{\omega\eta a}\right] = 0 \tag{7.2.7}$$

となる．

例によって低周波の極限の解を求める．ベッセル関数のテーラー展開

$$J_0(x) = 1 - \left(\frac{x}{2}\right)^2 + \cdots \qquad J_1(x) = \left(\frac{x}{2}\right)\left[1 - \frac{1}{2}\left(\frac{x}{2}\right)^2 + \cdots\right]$$

を用いれば (7.2.7) 式から $\omega \to 0$ で

$$c_{\mathrm{E}} = \beta\sqrt{\frac{3\lambda+2\mu}{\lambda+\mu}} = \sqrt{\frac{E}{\rho}} \tag{7.2.8}$$

が得られる．E はヤング率である．この速度を棒速度 (bar velocity) という．$\lambda=\mu$ ($\nu=1/4$) のときには $c_{\mathrm{E}}=1.5811\beta$ となり，板速度 c_{P} よりは遅い．

上の $\omega \to 0$ の極限では ξ が虚数になっている．上の計算ではこれは問題にならないが，一般の場合には引数が虚数のベッセル関数では不便である．そこでたとえば ξ,η がともに虚数になった場合，すなわち $c<\beta$ のときには，(7.2.7) 式のベッセル関数のかわりに変形ベッセル関数 I_0, I_1 を用いることにする．I_0, I_1 を用いるのは $r=0$ で変位などが発散しないためである．前に用いたベッセル関数の解析接続を用いれば (7.2.7) 式にかわるものは，$\xi=i\hat{\xi}$，$\eta=i\hat{\eta}$ として

$$(1-\gamma)\frac{I_1(\omega\hat{\eta}a)}{\omega\hat{\eta}a}\left[(1-\gamma)I_0(\omega\hat{\xi}a) + 2\beta^2\hat{\xi}^2\frac{I_1(\omega\hat{\xi}a)}{\omega\hat{\xi}a}\right]$$
$$- 2\beta^2\gamma\hat{\xi}^2\frac{I_1(\omega\hat{\xi}a)}{\omega\hat{\xi}a}\left[I_0(\omega\hat{\eta}a) - \frac{I_1(\omega\hat{\eta}a)}{\omega\hat{\eta}a}\right] = 0 \tag{7.2.9}$$

になる.ここで

$$I_0(x),\ I_1(x) \longrightarrow \frac{e^x}{\sqrt{2\pi x}} \qquad x \longrightarrow \infty$$

に注意すれば,特性方程式の高周波における近似

$$(1-\gamma)^2 - 2\beta^2 \gamma \hat{\xi}\hat{\eta} = 0 \qquad \omega \longrightarrow \infty$$

が得られる.これはレーリー波の特性方程式にほかならない.

$\beta < c < \alpha$ のときには ξ は虚数,η は実数になるから,特性方程式は

$$(1-\gamma)\frac{J_1(\omega\eta a)}{\omega\eta a}\Big[(1-\gamma)I_0(\omega\hat{\xi}a) + 2\beta^2\hat{\xi}^2\frac{I_1(\omega\hat{\xi}a)}{\omega\hat{\xi}a}\Big]$$
$$- 2\beta^2\gamma\hat{\xi}^2\frac{I_1(\omega\hat{\xi}a)}{\omega\hat{\xi}a}\Big[J_0(\omega\eta a) - \frac{J_1(\omega\eta a)}{\omega\eta a}\Big] = 0 \qquad (7.2.10)$$

である.$\omega \to \infty$ のときには

$$\frac{J_0(x)}{J_1(x)} \longrightarrow \cot(x-\pi/4) \qquad x \longrightarrow \infty$$

から,先の特性方程式は

$$\left(\frac{\omega a}{\beta}\right)\tan\omega\eta a \sim \frac{2\beta\gamma\hat{\xi}}{(1-\gamma)^2}$$

となる.両辺を η の関数としてグラフを描き交点を求めれば,$\omega \to \infty$ で $c \to \beta$ となるモードが存在することがわかる.

板の対称モードと同様に遮断周波数も存在する.$p \to 0$ のとき (7.2.7) 式の第二項が 0 になるから,特性方程式は

$$J_1(k_\beta a)\Big[J_0(k_\alpha a) - 2\frac{\beta^2}{\alpha^2}\frac{J_1(k_\alpha a)}{k_\alpha a}\Big] = 0 \qquad (7.2.11)$$
$$k_\alpha = \frac{\omega}{\alpha} \qquad k_\beta = \frac{\omega}{\beta}$$

である.ベッセル関数 $J_1(x)$ には可付番無限個の実の零点をもち,また上式の第二の因数も無限個の零点をもつから,棒の縦波には 2 種類の遮断周波数があることになる.これも板の対称モードと同じである.

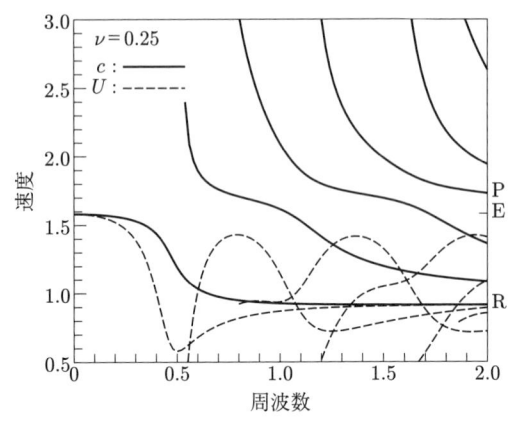

図 **7.2.1** 円柱を伝わる縦波モードの分散曲線　横軸は円柱の半径 a と S 波速度 β で正規化した無次元の周波数 fa/β, 縦軸は β で無次元化した位相速度 (実線) と群速度 (破線) である. $\lambda = \mu$ の場合を示してある. 右側に示してある P は P 波速度, E は棒速度, R はレーリー波の速度である.

以上のことから, 円柱を伝わる縦波の位相速度は, 周波数 0 で棒速度から出発して高周波でレーリー波に近づくモードと, 遮断周波数で $c = \infty$ から出発して高周波で β に漸近するモードがあることがわかる. 分散曲線を図 7.2.1 に示す.

7.2.3　円柱を伝わる撓み波

棒の撓みにはいろいろな形が考えられる. たとえばつるまきコイルのようにらせん状にねじれる撓みもあるが, ここでは最も単純な撓み, すなわち弾性体の粒子が z 軸に平行な平面内でのみ振動する場合を考える. 棒の軸に垂直な断面 x–y 平面内で見たときに, 座標軸を適当に選べば変位は x 方向だけである. これを円筒座標系で見れば変位が $\sin\varphi$, $\cos\varphi$ 型の変化をしなければならないから, ヘルムホルツ方程式の解としては $e^{i\varphi}$ と一次のベッセル関数を含む解を用いなければならない. そこでポテンシャルとしては

$$\begin{aligned}\phi &= AJ_1(\omega\xi r)e^{i\varphi} & \psi &= BJ_1(\omega\eta r)e^{i\varphi} \\ \chi &= CJ_1(\omega\eta r)e^{i\varphi} & &\end{aligned} \tag{7.2.12}$$

を選ぶ．共通項 $e^{-i\omega(t-pz)}$ は省略してある．A, B, C は未定係数である．これまでと違って三つの基本解が必要なのは，境界条件が3個あるからである．ξ や η が虚数になるときには J_1 のかわりに I_1 を用いなければならない．上式を (5.3.4), (5.3.5), (5.3.6) 式に代入すれば変位と応力が求められるが，ここでは参考のために変位の r 成分 u_r と側面における応力成分 σ_{rr}, $\sigma_{r\varphi}$, σ_{zr} だけをポテンシャルごとに記しておく．ただし共通項の指数関数 $e^{i\varphi}$ は省略する．

$$\begin{aligned}
u_r &= \omega\xi\Big[J_0(\omega\xi r) - \frac{J_1(\omega\xi r)}{\omega\xi r}\Big]A \\
\sigma_{rr} &= -\Big\{\rho\omega^2(1-\gamma)J_1(\omega\xi r) + \frac{2\mu\omega\xi}{r}\Big[J_0(\omega\xi r) - 2\frac{J_1(\omega\xi r)}{\omega\xi r}\Big]\Big\}A \\
\sigma_{r\varphi} &= \frac{2i\mu\omega\xi}{r}\Big[J_0(\omega\xi r) - 2\frac{J_1(\omega\xi r)}{\omega\xi r}\Big]A \\
\sigma_{zr} &= 2i\mu\omega^2 p\xi\Big[J_0(\omega\xi r) - \frac{J_1(\omega\xi r)}{\omega\xi r}\Big]A \\
u_r &= i\omega^2 p\eta\Big[J_0(\omega\eta r) - \frac{J_1(\omega\eta r)}{\omega\eta r}\Big]B \\
\sigma_{rr} &= -2i\mu\omega^2 p\eta\Big\{\omega\eta J_1(\omega\eta r) + \frac{1}{r}\Big[J_0(\omega\eta r) - 2\frac{J_1(\omega\eta r)}{\omega\eta r}\Big]\Big\}B \\
\sigma_{r\varphi} &= -\frac{2\mu\omega^2 p\eta}{r}\Big[J_0(\omega\eta r) - 2\frac{J_1(\omega\eta r)}{\omega\eta r}\Big]B \\
\sigma_{zr} &= \rho\omega^2(1-\gamma)\omega\eta\Big[J_0(\omega\eta r) - \frac{J_1(\omega\eta r)}{\omega\eta r}\Big]B \\
u_r &= \frac{i}{r}J_1(\omega\eta r)C \\
\sigma_{rr} &= \frac{2i\mu\omega\eta}{r}\Big[J_0(\omega\eta r) - 2\frac{J_1(\omega\eta r)}{\omega\eta r}\Big]C \\
\sigma_{r\varphi} &= \mu\omega\eta\Big\{\omega\eta J_1(\omega\eta r) + \frac{2}{r}\Big[J_0(\omega\eta r) - 2\frac{J_1(\omega\eta r)}{\omega\eta r}\Big]\Big\}C \\
\sigma_{zr} &= -\frac{\mu\omega p}{r}J_1(\omega\eta r)C
\end{aligned} \quad (7.2.13)$$

u_r はここでは必要ないが後で必要になるので掲げてある．円柱の側面 $r=a$ では上にあげた応力成分が 0 にならなければならないから，特性方程式は 3×3 の行列式 $=0$ になる．行列式の要素 (d_{ij}) を整理した形で掲げておく．まず，

式を簡単にするために

$$C_\alpha = J_0(\omega\xi a) \qquad S_\alpha = \frac{J_1(\omega\xi a)}{\omega\xi a}$$
$$D_\alpha = \frac{1}{(\omega\xi a)^2}(2S_\alpha - C_\alpha) = \frac{J_2(\omega\xi a)}{(\omega\xi a)^2}$$

などと置く．C_β なども η を用いて同様に定義する．これらを用いると，行列式の要素は

$$\begin{aligned}
d_{11} &= (1-\gamma)S_\alpha & d_{12} &= \gamma S_\beta & d_{13} &= S_\beta \\
d_{21} &= 2(\beta\xi)^2 D_\alpha & d_{22} &= \gamma D_\beta & d_{23} &= S_\beta - 2D_\beta \\
d_{31} &= 2(\beta\eta)^2(C_\alpha - S_\alpha) & d_{32} &= -(1-\gamma)(C_\beta - S_\beta) & d_{33} &= S_\beta
\end{aligned} \qquad (7.2.14)$$

となる．ξ や η が虚数になったときには 7.2.1 で示した解析接続によって J_n を I_n で置き換えなければならないが，このときでもこれらの要素はすべて実数である．行列の要素はベッセル関数で表されているので，解析はほとんど不可能のように見えるが，典型的な値は求めることができる．

まず，低周波の極限ではベッセル関数をテーラー展開して ωa の二次までとって

$$C_\alpha \doteq 1 - \left(\frac{\omega\xi a}{2}\right)^2 \qquad S_\alpha \doteq \frac{1}{2}\left[1 - \frac{1}{2}\left(\frac{\omega\xi a}{2}\right)^2\right]$$
$$D_\alpha \doteq \frac{1}{8}\left[1 - \frac{1}{3}\left(\frac{\omega\xi a}{2}\right)^2\right]$$

などを用いて (7.2.14) 式の行列式を力ずくで計算すると，位相速度

$$\left(\frac{c}{\beta}\right)^4 = \frac{3\lambda + 2\mu}{4(\lambda + \mu)}\left(\frac{\omega a}{\beta}\right)^2 \qquad (7.2.15)$$

が得られる．これは平板の反対称モードの解 (7.1.18) 式と同じ形をしている．次に ξ，η ともに虚数として J_0，J_1 をそれぞれ変形ベッセル関数 I_0，I_1 で書き換えて $\omega a \to \infty$ の極限をとれば，レーリー波に漸近する解があることが比較的容易にわかる．これも平板の反対称モードと同じである．

最後に高次モードについて考察しておく．平板では遮断周波数で位相速度が無限大になるブランチがあった．そこで $p = 0$ のときの特性方程式を (7.2.14) 式の係数から求めてみると

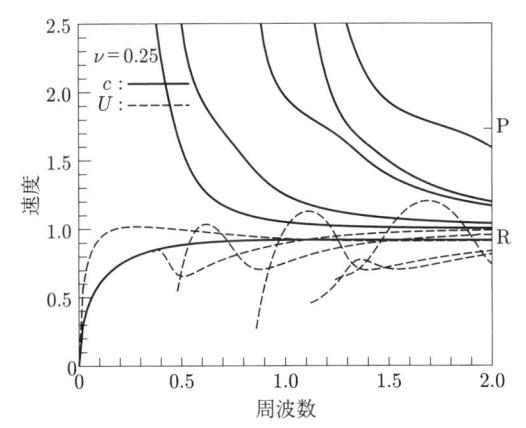

図 7.2.2 円柱を伝わる撓みモードの分散曲線　縦軸，横軸は図 7.2.1 と同じ．$\lambda = \mu$ の場合を示してある．右側の P は P 波速度，R はレーリー波の速度を示している．

$$(C_\beta - S_\beta)\bigl[S_\alpha(S_\beta - 2D_\beta) - 2(\beta\xi)^2 D_\alpha S_\beta\bigr] = 0 \tag{7.2.16}$$

が得られる．ξ, C_α などは $p = 0$ で計算しなければならない．この式は ω，つまり遮断周波数を決める式になっている．この式には 3 種類の根がある．$\omega \to \infty$ ではこれらの根は

$$C_\beta = 0 \qquad S_\alpha = 0 \qquad S_\beta = 0$$

の根に収束する．上のはじめの二つの根は，平板の撓み波の遮断周波数を決める式 (7.1.19) の根に相当している．遮断周波数に 3 種類あるのは，平板と違って運動が三次元だからである．したがって円柱の撓みモードにも平板と同様に，遮断周波数で位相速度が無限大から出発する高次モードが存在することがわかる．図 7.2.2 に撓みモードの分散曲線を示してあるが，高次モードの位相速度は高周波では S 波の速度に収束する．

7.3　孔井内を伝わる波

　ボーリング孔 (孔井，borehole) の中は水や泥水で満たされているのが普通であるが，空のときもある．本節ではこのような孔井の壁に沿って伝わる波

を問題にする．以下ではボーリング孔の半径を a とし，軸方向に z 軸をとり，z 軸方向に位相速度 $c = 1/p$ で伝わる波だけを考える．孔井内が液体で満たされているときには液体に関する量には添字 0 をつけ，外側の固体に関する量には添字をつけないことにする．

φ によらない軸対称な波を考えることにすれば，孔井外の固体中の波動場は (7.2.1) 式の χ, (7.2.5) 式の ϕ, ψ を用いて表すことができる．ここで注意しなければならないのは，無限遠における条件である．いまは孔壁に沿って伝わる波を問題にしているから，$r \to \infty$ で波動場は 0 にならなければならない．(7.2.1) 式などに現れているベッセル関数は $x \to \infty$ で

$$J_n(x) \sim \sqrt{\frac{2}{\pi x}} \cos\left(x - \frac{2n+1}{4}\pi\right)$$

を満たしているから，これらの解は無限遠での条件を満たしているように見える．しかしこれは十分ではない．なぜなら上の漸近展開の指数部のみに注目すれば

$$J_n(\omega \xi r) e^{-i\omega(t-pz)} \sim \exp\{-i[\omega(t \pm \xi r - pz) + (2n+1)\pi/4]\}$$

であるが，ξ が実数のときこれは r–z 平面で見たときに波面が直線になる波，すなわち円錐波 (conical wave) を表している．複号は伝播の向き，孔井に向かって入射するか孔井から離れていくかを表している．これは平面の問題でいえば，自由表面に平面波が入射して反射波が生じるのと同じ問題である．この場合には入射波を指定すると，反射波の振幅が決まる．同様に円柱座標の場合には，ベッセル関数のかわりに第二種ハンケル関数を用いれば入射波を表すことができ，境界条件を満足させることにより反射波に相当する第一種ハンケル関数の振幅，すなわち反射係数を求めることができる．

しかしここで考えているのは反射の問題ではなく，平面問題のラブ波やレーリー波のように，無限遠で指数関数的に 0 に収束する解である．そのような解は上式からわかるように ξ や η が虚数でなければならない．そこでこれまで同様にこれらが虚数のときには

$$\xi = i\hat{\xi} \qquad \eta = i\hat{\eta} \qquad \hat{\xi} > 0, \quad \hat{\eta} > 0$$

と置くことにする．ξ や η が虚数のときのベッセルの微分方程式の解は変形ベッセル関数で表されるが，そのうちで無限遠で指数関数的に 0 に収束するのは第二種変形ベッセル関数 $K_n(x)$ で，これは

$$K_n(x) \sim \sqrt{\frac{\pi}{2z}} e^{-x} \qquad x \longrightarrow \infty$$

を満足している．K_n を用いた解は (7.2.1)，(7.2.6) 式において形式的に

$$J_n(ix) \to (-i)^n K_n(x)$$

の置き換えをすればよい．

7.3.1 インピーダンス

はじめに液体と固体が接しているときに便利な公式を導いておく．固体の中の軸対称な一般解は (7.2.6) 式で与えられている．孔井のように $r > a$ が固体，$r < a$ が液体の場合，あるいは逆に液体中の円柱のように，$r = a$ で液体と固体が接しているときには，固体側の解は $r = a$ で剪断応力 σ_{zr} が 0 でなければならない．(7.2.6) 式の第四式を 0 と置いて A と B の比を求めると

$$\frac{B}{A} = -\frac{2i\beta^2 p\xi Z_1(\omega\xi a)}{\omega(1-\gamma)\eta Z_1(\omega\eta a)}$$

が得られる．ここでは円柱関数を一般的に Z_n と書いてある．固体が $r > a$ の領域にあるときには K_n で，固体が $r < a$ の領域にあるときには J_n あるいは I_n で置き換えなければならない．この比を (7.2.6) 式の第一，三式に代入して積分定数を消去すると

$$S = \left(\frac{\sigma_{rr}}{\omega u_r}\right)_{r=a} = \rho\Big[(1-\gamma)^2 \frac{Z_0(\omega\xi a)}{\xi Z_1(\omega\xi a)} + 2\beta^2\gamma\eta^2 \frac{Z_0(\omega\eta a)}{\eta Z_1(\omega\eta a)} - \frac{2\beta^2}{\omega a}\Big] \qquad (7.3.1)$$

が得られる．これを固体側のインピーダンスと呼ぶ．

次に液体中の解を求める．液体中のスカラーポテンシャル ϕ だけを用いればよいので，液体中の解は (7.2.6) 式で B の項を除いた

$$u_r = -\omega\xi_0 A_0 Z_1(\omega\xi_0 r)$$
$$\sigma_{rr} = -\rho_0\omega^2 A_0 Z_0(\omega\xi_0 r) \qquad \xi_0^2 = \alpha_0^{-2} - p^2 \tag{7.3.2}$$

で表される．α_0 は液体中の音速，A_0 は積分定数である．これから A_0 を消去すれば，液体側のインピーダンスは

$$L = \left(\frac{\sigma_{rr}}{\omega u_r}\right)_{r=a} = \frac{\rho_0 Z_0(\omega\xi_0 a)}{\xi_0 Z_1(\omega\xi_0 a)} \tag{7.3.3}$$

となる．孔壁 $r=a$ における u_r と σ_{rr} の連続条件は $S=L$ で満たされることになる．

7.3.2 空孔を伝わる縦波

はじめに孔井内が空洞のときを考える．中心が空洞のときには液体の運動方程式は考える必要はなく，固体の運動方程式だけを考えればよい．壁面 $r=a$ では垂直応力 σ_{rr} と剪断応力 σ_{zr} が 0 であるというのが境界条件であるが，固体側のインピーダンス S を求めるときに後者は考慮に入れてあるので，さらに σ_{rr} が 0 になるためには S が 0 になればよい．固体が外部にあることから (7.3.1) 式の $Z_n(ix)$ を $(-i)^n K_n(x)$ で置き換えた

$$S = \rho\left[(1-\gamma)^2 \frac{K_0(\omega\hat{\xi}a)}{\hat{\xi}K_1(\omega\hat{\xi}a)} - 2\beta^2\gamma\hat{\eta}^2 \frac{K_0(\omega\hat{\eta}a)}{\hat{\eta}K_1(\omega\hat{\eta}a)} - \frac{2\beta^2}{\omega a}\right] = 0 \tag{7.3.4}$$

が円筒状の空洞の壁面を伝わる縦波の特性方程式である．$\omega a \to \infty$ の極限では上式がレーリー波の特性方程式になることは，先に示した K_n の漸近展開から明らかである．波長の短いところでは円筒の曲率が影響しないので波はレーリー波の速度に近いが，波長が長くなるにつれて曲率の影響がきいてきて，ある周波数で波が伝わることができなくなる．

位相速度をレーリー波の速度から徐々に増加させていくと $c=\beta$ で $\hat{\eta}$ が 0 になる．ここが遮断周波数である．$x \to 0$ で

$$\frac{K_0(x)}{K_1(x)} \sim x\log x \to 0 \qquad x \to 0$$

に注意すれば，このときには特性方程式 (7.3.4) の第二項は 0 になり，ここでの特性方程式は

$$(1-\gamma)^2 \frac{K_0(\omega\hat{\xi}a)}{K_1(\omega\hat{\xi}a)} = \frac{2\beta^2\hat{\xi}}{\omega a} \qquad p = \frac{1}{\beta} \tag{7.3.5}$$

となる．これが遮断周波数を決める式である．両辺を ω の関数と考えれば，左辺は 0 からはじまる単調増加関数，右辺は ∞ からはじまる単調減少関数であるから，実根がかならず一つある．したがって，空孔を伝わる波は遮断周波数で $c = \beta$ ではじまり，高周波でレーリー波に漸近するモードだけである．レーリー波の速度は S 波速度の約 9 割であるから，空孔を伝わる波の分散性は非常に弱い．

7.3.3 孔井内の液体を伝わる縦波

孔井が液体で満たされているときにも定常的に波が伝播するためには ξ, η は虚数でなければならないから，孔井外の固体のインピーダンスは (7.3.4) 式で与えられる．

孔井内の液体のインピーダンスは (7.3.3) 式で求められている．そこでのベッセル関数 Z_0, Z_1 が未定であったが，$r = 0$ で解が有限になるためには，ξ_0 が実数のときには通常のベッセル関数 J_n を，ξ_0 が虚数のときには変形ベッセル関数のうちの I_n を選ばなければならない．定常的に伝播するためには位相速度は外側の固体の S 波速度 β よりは小さくなければならないが，液体中の音波速度 α_0 が β よりも大きいか小さいかによって二つの場合が考えられる．

$\beta < \alpha_0$ のとき 無限遠で減衰するためには $c < \beta$ でなければならないが，固体の S 波速度 β が孔井内の液体の音波速度 α_0 よりも小さいときには $c < \alpha_0$ になるから ξ_0 も虚数になる．したがって (7.3.3) 式の液体側のインピーダンスのベッセル関数としては，$r = 0$ で有限になる第一種変形ベッセル関数 I_n を用いて

$$L = -\rho_0 \frac{I_0(\omega\xi_0 a)}{\hat{\xi}_0 I_1(\omega\hat{\xi}_0 a)} \tag{7.3.6}$$

としなければならない．固体側のインピーダンスは先と同じ (7.3.4) 式である．

孔壁 $r = a$ では孔壁に垂直な方向の変位 u_r と垂直応力 σ_{rr} が連続でなければならない．この条件はインピーダンスの連続性 $S = L$ によって満たされ

る．したがって孔井内に液体が詰まっているときの特性方程式は

$$S = \rho\left[(1-\gamma)^2 \frac{K_0(\omega\hat{\xi}a)}{\hat{\xi}K_1(\omega\hat{\xi}a)} - 2\beta^2\gamma\hat{\eta}^2\frac{K_0(\omega\hat{\eta}a)}{\hat{\eta}K_1(\omega\hat{\eta}a)} - \frac{2\beta^2}{\omega a}\right]$$
$$= -\rho_0 \frac{I_0(\omega\hat{\xi}_0 a)}{\hat{\xi}_0 I_1(\omega\hat{\xi}_0 a)} = L \qquad (7.3.7)$$

になる．$r=a$ で固体側の剪断応力 σ_{zr} が 0 という境界条件はインピーダンス S の中に組み込まれているので考える必要はない．

はじめに高周波近似解を求める．

$$\frac{I_0(x)}{I_1(x)} \longrightarrow 1 \qquad \frac{K_0(x)}{K_1(x)} \longrightarrow 1 \qquad x \longrightarrow \infty$$

であるから，境界条件 (7.3.7) 式は

$$\left[(1-\gamma)^2 - 2\beta^2\gamma\hat{\xi}\hat{\eta}\right] + \frac{\rho_0\hat{\xi}}{\rho\hat{\xi}_0} = 0$$

となる．これは (6.4.4) 式のストンレー波の特性方程式と同じである．この根 c_S はつねに $c_S < \beta$ であるから無限遠で収束する解になっている．

一方，低周波の極限を求めると

$$\frac{I_0(x)}{I_1(x)} \longrightarrow \frac{2}{x} \qquad \frac{K_0(x)}{K_1(x)} \longrightarrow 0 \qquad x \longrightarrow 0$$

より，位相速度が

$$(\alpha_0 p)^2 = \left(\frac{\alpha_0}{c}\right)^2 = 1 + \frac{\rho_0 \alpha_0^2}{\rho\beta^2} \qquad (7.3.8)$$

と求められる．この式から決まる速度 c_T をチューブ波 (tube wave) の速度という．この式は書き換えれば

$$\left(\frac{\beta}{c_T}\right)^2 = \left(\frac{\beta}{\alpha_0}\right)^2 + \frac{\rho_0}{\rho} \qquad (7.3.9)$$

であるから，いまの場合のように $\beta < \alpha_0$ でも密度比 ρ_0/ρ があまり小さくなければ $c_T < \beta$ になるから，これが解になっている．したがってこの場合は，低周波ではチューブ波の速度に，高周波ではストンレー波の速度になるモードだけが存在する．

もし (7.3.9) 式から計算された c_T が β よりも大きければ，ω が 0 になる以前に $c = \beta$ に達し，ここが遮断周波数になる．したがって，$\beta < \alpha_0$ のときには $\omega = 0$ で上式で決まる c_T から出発して高周波で $c = c_\mathrm{S}$ に漸近するか，あるいは遮断周波数を $c = \beta$ で出発して高周波で c_S に漸近するかのいずれかである．

$\alpha_0 < \beta$ のとき 上とは反対に孔井内の音速が外側の固体の S 波速度よりも小さいときには，位相速度の大きさによって二つの場合が考えられる．一つは位相速度が α_0 よりも小さい場合で，このときの特性方程式は (7.3.7) 式とまったく同じである．したがって $\omega \to \infty$ で $c \to c_\mathrm{S}$ となり，$\omega \to 0$ では (7.3.9) 式で決まる位相速度 c_T になる．この位相速度に対しては ξ_0 が虚数になるので，これは確かに解になっている．したがって $\omega = 0$ で (7.3.9) 式の c_T から出発して $\omega \to \infty$ で c_S に漸近する解がかならず存在する．

一方，$\alpha_0 < c < \beta$ の範囲では ξ_0 が実数になるので，(7.3.3) 式のインピーダンス L はベッセル関数を用いて

$$L = \frac{\rho_0 J_0(\omega \xi_0 a)}{\xi_0 J_1(\omega \xi_0 a)} \tag{7.3.10}$$

となる．特性方程式 (7.3.11) は

$$\left[(1-\gamma)^2 \frac{K_0(\omega \hat{\xi} a)}{\hat{\xi} K_1(\omega \hat{\xi} a)} - 2\beta^2 \gamma \hat{\eta}^2 \frac{K_0(\omega \hat{\eta} a)}{\hat{\eta} K_1(\omega \hat{\eta} a)} - \frac{2\beta^2}{\omega a} \right] = \frac{\rho_0 J_0(\omega \xi_0 a)}{\rho \xi_0 J_1(\omega \xi_0 a)} \tag{7.3.11}$$

である．

高周波では $x \to \infty$ で

$$J_0(x) \sim \sqrt{\frac{2}{\pi x}} \cos (x - \pi/4) \qquad J_1(x) \sim \sqrt{\frac{2}{\pi x}} \sin (x - \pi/4)$$

を用いると特性方程式は

$$\cot \left(\omega \xi_0 a - \frac{\pi}{4} \right) = \frac{\rho \xi_0}{\rho_0 \hat{\xi}} \left[(1-\gamma)^2 - 2\beta^2 \gamma \hat{\xi} \hat{\eta} \right]$$

となる．両辺を ξ_0 の関数としてグラフを描けば，$\omega \to \infty$ の極限で交点は $\xi_0 = 0$，すなわち $c = \alpha_0$ に近づくことがわかる．

一方，$\omega \to 0$ では

$$S \longrightarrow -\frac{2\rho\beta^2}{\omega a} \qquad L \longrightarrow \frac{2\rho_0}{\omega a \xi_0^2}$$

となるから，$\alpha_0 < c$ で $S = L$ を満たす解は存在しない．したがって低周波では空孔のときと同様に $\hat{\eta} = 0$ が遮断周波数を決める条件になる．すなわち

$$\frac{\rho}{\xi}\left[(1-\gamma)^2\frac{K_0(\omega\hat{\xi}a)}{K_1(\omega\hat{\xi}a)} - \frac{2\beta^2\hat{\xi}}{\omega a}\right] = \frac{\rho_0 J_0(\omega\xi_0 a)}{\xi_0 J_1(\omega\xi_0 a)} \tag{7.3.12}$$

よって $\alpha_0 < c < \beta$ の範囲の分散曲線は，上式で決まる遮断周波数を $c = \alpha_0$ で出発して高周波で $c = \beta$ に漸近する．この解は液体中の解がベッセル関数 J_0, J_1 で表されることから，孔井内で音波が多重反射しながら伝播する波である．

低周波に現れるチューブ波は孔井内を大振幅で伝播し，ウォーターハンマー (water hammer) といわれる現象を引き起こすことがある．これは水道管がカタカタと鳴る現象と同じである．

$\beta > \alpha_0$ のときの分散曲線の一例を図 7.3.1 に示してある．

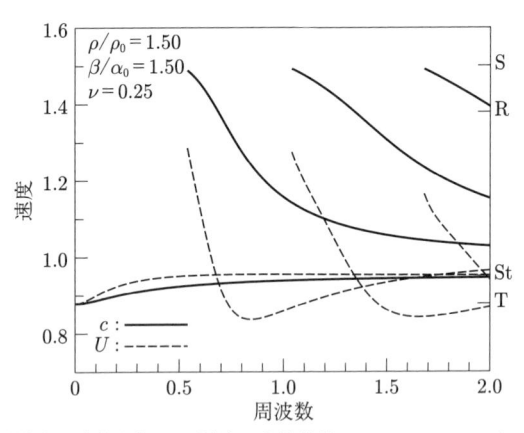

図 **7.3.1** 孔井中の液体を伝わる縦波の分散曲線　$\beta/\alpha_0 = 1.5$, $\rho/\rho_0 = 1.5$, 孔壁のポアソン比は $\nu = 1/4$ である．横軸は孔井内の音波速度 α_0 で無次元化した周波数 fa/α_0，縦軸は α_0 で無次元化した位相速度 (実線) と群速度 (破線) を示す．右縦軸の S は孔壁の S 波速度，R はレーリー波の速度，St はストンレー波の速度，T はチューブ波の速度を示している．$\beta < \alpha_0$ のときには多重反射による高次モードは現れない．

7.3.4 孔井内の液体を伝わる撓み波

孔井が 7.2.3 で考えたような撓み型の変形をする波を考える．孔井の外の固体部分の変位，応力は (7.2.13) 式で与えられる．ただし $r \to \infty$ で振幅が指数関数的に減衰しなければならないことから，ξ, η は虚数でなければならない．したがってそこに現れるベッセル関数は，変形ベッセル関数 $K_0(x)$, $K_1(x)$ で書き換えておかなければならない．

孔井内の液体では，ポテンシャル ϕ に相当する変位と応力は (7.2.13) 式の解 A で $\mu = 0$ とした

$$u_r = \omega\xi_0 \left[J_0(\omega\xi_0 r) - \frac{J_1(\omega\xi_0 r)}{\omega\xi_0 r} \right] D$$
$$\sigma_{rr} = -\rho_0 \omega^2 J_1(\omega\xi_0 r) D \qquad \sigma_{r\varphi} = \sigma_{zr} = 0 \tag{7.3.13}$$

で表される．D はもう一つの未定係数である．ξ_0 は実数でも虚数でもよい．虚数のときには J_0, J_1 を I_0, I_1 で置き換えなければならない．

境界条件は孔壁 $r = a$ で u_r と σ_{rr} の連続，および $\sigma_{r\varphi} = \sigma_{zr} = 0$ である．これら四つの境界条件から未定係数を消去すると，4×4 の行列式 $= 0$ という式が得られる．これが特性方程式である．行列式の要素 d_{ij} を整理した形に書くと次のようになる．

$$d_{11} = 1 + K_\alpha \qquad d_{21} = 1 - \gamma \qquad d_{31} = 2 + K_\alpha \qquad d_{41} = \gamma(1 + K_\alpha)$$
$$d_{12} = 1 + K_\beta \qquad d_{22} = -2(\beta\hat{\eta})^2 \qquad d_{32} = 2 + K_\beta$$
$$d_{42} = -(1 - \gamma)(1 + K_\beta) \tag{7.3.14}$$
$$d_{13} = 1 \qquad d_{23} = (\beta\hat{\eta})^2 \qquad d_{33} = 2 + \frac{1}{2}(\omega\hat{\eta}a)^2 + K_\beta \qquad d_{43} = \frac{1}{2}\gamma$$
$$d_{14} = 1 - \frac{(\omega\xi_0 a)J_0(\omega\xi_0 a)}{J_1(\omega\xi_0 a)} \qquad d_{24} = \frac{\rho_0}{\rho} \qquad d_{34} = d_{44} = 0$$

ただし

$$K_\alpha = \frac{(\omega\hat{\xi}a)K_0(\omega\hat{\xi}a)}{K_1(\omega\hat{\xi}a)} \qquad K_\beta = \frac{(\omega\hat{\eta}a)K_0(\omega\hat{\eta}a)}{K_1(\omega\hat{\eta}a)}$$

と定義される．

例によって高周波，低周波の極限の位相速度を求めてみる．はじめに低周波 $\omega \to 0$ の極限を考える．このときには

$$K_\alpha \sim -(\omega\hat{\xi}a)^2 \log(\omega\hat{\xi}a/2) \longrightarrow 0$$

などとなるので，行列式 $\det(d_{ij})$ は簡単に計算できて，特性方程式は

$$d_{14}\gamma(\beta\hat{\eta})^2 = 0$$

と簡単になる．$\omega \to 0$ のときには $d_{14} = -1$ であるから，極限値

$$c \longrightarrow \beta \qquad \omega \longrightarrow 0$$

が得られた．この極限値は α_0 と β の大小関係によらずにつねに存在することは注目すべき点である．

次に高周波の極限値を求める．

$$K_\alpha \longrightarrow \omega\hat{\xi}a \qquad \omega \longrightarrow \infty$$

などを用いると，特性方程式は

$$-d_{14}\left[(1-\gamma)^2 - 2\beta^2\gamma\hat{\xi}\hat{\eta}^2\right] + d_{24}(\omega\hat{\xi}a) = 0$$

となる．$c < \alpha_0$ のときを考えると ξ_0 は虚数になるので，J_0, J_1 は変形ベッセル関数 I_0, I_1 で置き換えなければならない．このとき

$$d_{14} \longrightarrow -\omega\hat{\xi}_0 a$$

となるので，特性方程式は

$$(1-\gamma)^2 - 2\beta^2\gamma\hat{\xi}\hat{\eta} + \frac{\rho_0}{\rho}\frac{\hat{\xi}}{\hat{\xi}_0} = 0$$

となる．これはストンレー波の特性方程式にほかならない．この式は α_0 と β の大小関係にかかわらずつねに実根があり，その根は $c < \min(\alpha_0, \beta)$ を満足している．この解は孔井外では指数関数的に減衰する解であるから，許される解である．

$\alpha_0 < \beta$ のときには $\alpha_0 < c < \beta$ の可能性もすてきれない．このときには ξ_0 は実数であるから，高周波では

$$\frac{J_1(x)}{J_0(x)} \longrightarrow \tan(x - \pi/4) \qquad x \longrightarrow \infty$$

を用いると，特性方程式はこんどは

$$(1-\gamma)^2 - 2\beta^2\gamma\hat{\xi}\hat{\eta} + \frac{\rho_0}{\rho}\frac{\hat{\xi}}{\xi_0}\tan(\omega\xi_0 a - \pi/4) = 0$$

になる．ラブ波のときと同様に $\tan(\omega\xi_0 a - \pi/4)/\xi_0$ のグラフと $-[(1-\gamma)^2 - 2\beta^2\gamma\hat{\xi}\hat{\eta}]/\hat{\xi}$ のグラフを ξ_0 の関数として描くと，これらの交点が $\omega \to \infty$ で $\xi_0 \to 0$，すなわち $c = \alpha_0$ に収束することがわかる．これは孔井内で音波が多重反射しながら伝わる波で，低周波で $c = \beta$ となる点が遮断周波数である．

以上の解析から孔井内を伝わる撓み型の波の分散は次のようになる．孔壁のS波速度 β が孔井内の音波の速度 α_0 よりも速い場合には，位相速度は低周波では β で周波数が高くなると急激にストンレー波に収束する基本モードと，遮断周波数を β で出発して音波速度 α_0 に収束する高次モードがある（図7.3.2）．逆に $\alpha_0 > \beta$ のときには，β から出発してストンレー波の速度に収束

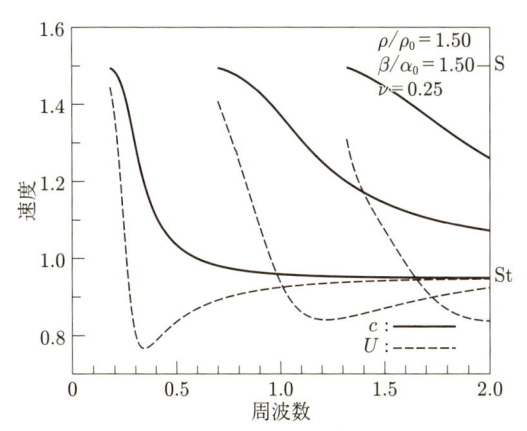

図 **7.3.2 孔井内の液体を伝わる撓み波の分散曲線** 図 7.3.1 と同じパラメーターで計算した撓み波の分散曲線．$\alpha_0 < \beta$ であるので孔井内の音波の多重反射で生成される高次モードが存在するが，$\alpha_0 > \beta$ のときには基本モードだけしか存在しない．右縦軸のSは孔壁のS波速度，Stはストンレー波の速度を示している．

する基本モードしか存在しない．いずれの場合にも低周波では S 波速度 β が観測される．これは孔井内での音波の観測から孔壁の S 波速度が観測できるので実用的な価値が高い．

7.4 円柱の周に沿って伝わる波

これまでは円柱の軸方向に伝わる波を考えてきた．本節ではこれとは違い，円柱の周に沿って伝わる波を考える．この波は球の表面に沿って伝わる波の近似としても用いられることがある．

7.4.1 円柱の周に沿って伝わる SH 波

(7.2.1) 式では変位が φ 方向，伝播方向が z 方向の波を考えた．ここではそれとは逆に，変位が z 方向，伝播方向が φ 方向の波を考える．円筒面を地表と考えれば，これは SH 波に相当する．そのために (5.3.6) 式の解を用い，ψ としては (5.2.9) 式で $k_z = 0$ としたもの

$$\psi = J_m(k_\beta r)e^{im\varphi} \qquad k_\beta = \frac{\omega}{\beta} \tag{7.4.1}$$

を採用する．ψ は横波のポテンシャルであるから波の速度としては β を用い，$k_z = 0$ としたのは z 方向に変化のない解を求めるためであり，ベッセル関数を用いたのは円柱の中心 $r = 0$ で有限な解を求めるためである．時間の項 $e^{-i\omega t}$ を考慮すれば，このポテンシャルは φ 方向に角速度 ω/m で伝わる波を表している．円柱の半径を a とすれば，円柱の周に沿った位相速度 c，波長 l，波数 k は

$$c = \frac{\omega a}{m} \qquad l = \frac{2\pi a}{m} \qquad k = \frac{2\pi}{l} = \frac{m}{a} \tag{7.4.2}$$

で表される．

変位や応力は (5.3.6) 式より次式で表される．

$$\begin{aligned} u_z &= -\frac{1}{\beta^2}\frac{\partial^2 \psi}{\partial t^2} = \frac{\omega^2}{\beta^2}J_m(k_\beta r)e^{im\varphi} \qquad u_r = u_\varphi = 0 \\ \sigma_{zr} &= -\rho\frac{\partial^2}{\partial t^2}\frac{\partial \psi}{\partial r} = \rho\omega^2 k_\beta J'_m(k_\beta r)e^{im\varphi} \end{aligned} \tag{7.4.3}$$

ここで $J'_m(x)$ は $dJ_m(x)/dx$ を意味している．応力には σ_{zr} のほかに $\sigma_{\varphi z}$ が 0 ではないが，これは当面の境界条件には必要ないので省略してある．円柱の側面 $r = a$ では σ_{zr} が 0 にならなければならないから，特性方程式は

$$J'_m(k_\beta a) = 0 \tag{7.4.4}$$

となる．この式は k_β，いい換えれば ω を決める式になっている．表面波ではある ω に対して位相速度 c が決まったが，円筒の周方向に伝わる波では任意の角周波数 ω が許されるわけでなく，ある m に対して特定の角周波数の波だけしか伝わることができない．このような周波数を固有周波数 (eigenfrequency) と呼ぶ．このように固有周波数が決まるのは，次節で考える球の問題でも同様である．

特性方程式 (7.4.4) から

$$J'_m(x) = 0$$

の根を

$$x_n(m) : n = 1, 2, 3, \cdots$$

とすると，固有角周波数 $\omega_n(m)$，位相速度 $c_n(m)$ などは

$$\frac{\omega_n(m)a}{\beta} = x_n(m) \qquad \frac{c_n(m)}{\beta} = \frac{x_n(m)}{m} \tag{7.4.5}$$

と表される．これが分散関係である．n はラブ波で見たようなモードの番号であり，n 次のモードでは u_z の腹が n 個，節が $n-1$ 個ある．なお，円筒の表面はつねに腹になっており，これはラブ波のときと同じである．

m は円周方向の無次元の波数であるから，上式は n を固定したとき波長を変数とした分散関係である．しかしラブ波のときと違って，m が整数であるから波長は離散的な値しかとれず，分散曲線も連続的な曲線ではなく離散的な点の集合になる．

分散曲線が連続ではなくなるので，(6.1.4) 式で定義したような群速度が定義できなくなる．しかし波数 m が非常に大きな極限では m を連続と考えて

もよいであろう．$J'_m(x) = 0$ の最初の根を $x_1(m)$ とすると，これは m が無限大の極限で

$$x_1(m) \longrightarrow m + 0.8086 m^{1/3} \qquad m \longrightarrow \infty$$

と表されるから

$$c_1(m) = \frac{\omega_1(m)}{k} = \frac{\omega_1(m)a}{m} \longrightarrow \left(1 + 0.8086 m^{-2/3}\right)\beta$$
$$U_1(m) = \frac{d\omega_1(m)}{dk} = \frac{d(\omega_1(m)a)}{dm} \longrightarrow \left(1 + \frac{1}{3} \times 0.8086 m^{-2/3}\right)\beta$$

が成り立つ．$\omega_1(m)a/\beta = x_1(m) \sim m$ であるから，m を ω で書き換えれば

$$\frac{c_1(\omega)}{\beta} \sim 1 + 0.8086 \left(\frac{\beta}{\omega a}\right)^{2/3}$$

と表される．板の SH 波の対称モード (7.1.4) 式は $\omega \to \infty$ では

$$\frac{c}{\beta} \sim 1 + \frac{1}{2}\left(\frac{\pi\beta}{\omega H}\right)^2$$

であるから，これに比べれば円柱の場合は位相速度の減少が緩やかである．

7.4.2　円柱の周に沿って伝わる P-SV 波

前項では変位が z 方向のみで，φ 方向に伝わる波を考えたが，ここでは逆に，変位は r，φ 方向で φ 方向に伝わる波を考える．前節が SH 波に対応するとすれば，本項の波は P-SV 波に対応する．

上のような解を求めるために，(5.3.4), (5.3.5) 式を用い，ϕ，χ として

$$\begin{aligned}\phi &= A J_m(k_\alpha r) e^{im\varphi} & k_\alpha &= \frac{\omega}{\alpha} \\ \chi &= B J_m(k_\beta r) e^{im\varphi} & k_\beta &= \frac{\omega}{\beta}\end{aligned} \qquad (7.4.6)$$

を採用する．A, B は積分定数である．

円筒の表面での境界条件に必要な応力は，面倒な計算であるが

$$\frac{\sigma_{rr}}{\mu} = \left\{\left[\frac{2m(m-1)}{r^2} - k_\beta^2\right]J_m(k_\alpha r) + \frac{2k_\alpha}{r}J_{m+1}(k_\alpha r)\right\}A$$
$$+ \frac{2im}{r}\left[\frac{m-1}{r}J_m(k_\beta r) - k_\beta J_{m+1}(k_\beta r)\right]B$$
$$\frac{\sigma_{r\varphi}}{\mu} = \frac{2im}{r}\left[\frac{m-1}{r}J_m(k_\alpha r) - k_\alpha J_{m+1}(k_\alpha r)\right]A \qquad (7.4.7)$$
$$+ \left\{\left[k_\beta^2 - \frac{2m(m-1)}{r^2}\right]J_m(k_\beta r) - \frac{2k_\beta}{r}J_{m+1}(k_\beta r)\right\}B$$

となる．右辺では $e^{im\varphi}$ の項は省略してある．$r = a$ で両式を 0 としたものから A, B を消去したものが特性方程式である．この場合も m，すなわち周方向の波数を固定すると固有角周波数 ω が決まる．

$m = 0$ のときには波というよりは円柱が φ によらずに一様に膨らんだり縮んだり，あるいはねじれたりする自由振動 (free oscillation) である．このときには特性方程式は簡単になる．これには二つの場合があって，まず $B = 0$ のときには

$$J_0(k_\alpha a) - 2\frac{\beta^2}{\alpha^2}\frac{J_1(k_\alpha a)}{k_\alpha a} = 0$$

でなければならない．$B = 0$ であるから，変位は r 成分だけである．上式はじつは (7.2.11) 式に導いてある弾性棒の縦波の遮断周波数を決める式にほかならない．いい換えれば，縦波の遮断周波数では，半径方向に伝わる円筒波が干渉している．もう一つの場合は $A = 0$ で

$$J_0(k_\beta a) - 2\frac{J_1(k_\beta a)}{k_\beta a} = 0$$

が成り立つ場合である．このときには変位は φ 成分だけで，上式は棒のねじれ波の遮断周波数を決める式 (7.2.3) 式と同じである．

高周波の近似解を求めるために $m \sim x \to \infty$ におけるデバイ近似

$$J_m(x) \sim \frac{e^{\sqrt{m^2-x^2}-mD}}{\sqrt{2\pi\sqrt{m^2-x^2}}} \qquad e^{-D} = \frac{1}{x}\left(m - \sqrt{m^2-x^2}\right)$$

を用いる．ω だけを無限大にするのではなく m も無限大にするのは，$c = \omega a/m$ が有限な解を求めたいからである．上式から

$$\frac{xJ_{m+1}(x)}{J_m(x)} \sim m - \sqrt{m^2 - x^2}$$

となるから，$r=a$ における境界条件は

$$\left[2m^2 - (k_\beta a)^2\right] A + 2im\sqrt{m^2 - (k_\beta a)^2}B = 0$$
$$2im\sqrt{m^2 - (k_\alpha a)^2}A + \left[(k_\beta a)^2 - 2m^2\right]B = 0$$

したがって，特性方程式は

$$\left[2m^2 - (k_\beta a)^2\right]^2 - 4m^2\sqrt{m^2 - (k_\alpha a)^2}\sqrt{m^2 - (k_\beta a)^2} = 0$$

になる．円筒の周に沿っての位相速度が $c = \omega a/m$ で表されるから

$$m^2 - (k_\alpha a)^2 = (\omega a)^2 \sqrt{\frac{1}{c^2} - \frac{1}{\alpha^2}} = (\omega a)^2 \hat{\xi}^2$$
$$m^2 - (k_\beta a)^2 = (\omega a)^2 \sqrt{\frac{1}{c^2} - \frac{1}{\beta^2}} = (\omega a)^2 \hat{\eta}^2$$

が成り立つ．これを先の特性方程式に代入すれば，これがレーリー波の特性方程式になることがわかる．すなわち円柱の周方向に伝わる P-SV 波の高周波の極限はレーリー波である．

7.5 球の振動

本章の最後に球や空洞の自由振動の問題をとりあげる．円筒の周に沿って伝わる波がそうであったように，ここでも特性方程式の根が固有角周波数として求められる．球の振動には伸び縮み振動 (spheroidal oscillation) とねじれ振動 (toroidal oscillation) がある．波でいえば伸び縮み振動は P-SV 波に対応し，ねじれ振動は SH 波に対応している．

7.5.1 球の半径方向の振動

ここでは伸び縮み振動の中でも最も単純な半径方向の振動 (ラディアル振動，radial oscillation) だけを考える．このような振動は球座標系 (r, θ, φ)

の θ, φ にはよらず，変位が r 成分しかもたないから，解はヘルムホルツ方程式の 0 次の解を用いてポテンシャル

$$\phi = j_0(k_\alpha r) \qquad k_\alpha = \frac{\omega}{\alpha} \tag{7.5.1}$$

だけで表される．j_0 を用いているのは球の中心で発散しないためである．このポテンシャルを (5.3.7) 式に代入すれば

$$u_r = \frac{\partial \phi}{\partial r} = -k_\alpha j_1(k_\alpha r) \qquad u_\theta = u_\varphi = 0$$
$$\sigma_{rr} = \rho \frac{\partial^2 \phi}{\partial t^2} - \frac{4\mu}{r}\frac{\partial \phi}{\partial r} = -\rho\omega^2 \left[j_0(k_\alpha r) - 4\frac{\beta^2}{\alpha^2}\frac{j_1(k_\alpha r)}{k_\alpha r} \right] \tag{7.5.2}$$

が得られる．ついでにインピーダンスを計算しておけば

$$\frac{\sigma_{rr}}{\omega u_r} = \rho\alpha \left[\frac{j_0(k_\alpha r)}{j_1(k_\alpha r)} - 4\frac{\beta^2}{\alpha^2}\frac{1}{k_\alpha r} \right] \tag{7.5.3}$$

である．

球の半径を a とすれば $r = a$ で σ_{rr} が 0 にならなければならない．

$$j_0(x) = \frac{\sin x}{x} \qquad j_1(x) = \frac{\sin x - x\cos x}{x^2}$$

を用いてこの境界条件を整理すれば，特性方程式

$$x\cot x = 1 - \frac{1}{4}\frac{\alpha^2}{\beta^2}x^2 \qquad x = k_\alpha a \tag{7.5.4}$$

が得られる．両辺のグラフを描いてみればすぐにわかるように，この方程式には実根が無数にあることがわかる．$\lambda = \mu$ のときの根は

$$x = 2.56343, \ 6.05867, \ 9.27988, \ 12.45884, \cdots$$

などであり，次数が高くなるにつれて $n\pi$ に近づく．また，次数が高くなるにつれて u_r の節の数が増加する．これは円筒の周に沿って伝わる SH 波のときと同様である．

地球は半径 $a = 6370\,\mathrm{km}$ の球で近似することができる．いま，地球の平均的な縦波の速度を $\alpha = 10(\mathrm{km/s})$ とすれば，上の根に対応する自由振動の周期はそれぞれ 26.0, 11.0, 7.19, 3.53 min になる．これらの周期は実際に観測される地球の自由振動の周期と当たらずといえども遠からずという程度には合っている．

7.5.2　固体中の空洞，液体球の振動

上では真空中にある弾性球の振動を考えたが，逆に弾性体の中に空洞がある場合を考える．同じく半径方向の振動だけを考えれば，空洞の外側の弾性体の解は前と同じく (7.5.2) 式で与えられる．ただし，こんどは空洞の中心で変位が有限になるという条件を考えなくてもよいかわりに，振動が外向きにしか伝わらないという条件をつける．そのためには先の $j_0(k_\alpha r)$ や $j_1(k_\alpha r)$ のかわりに，同じ波動方程式を満たす球ベッセル関数のうちの第一種球ハンケル関数 $h_0^{(1)}(k_\alpha r)$，$h_1^{(1)}(x)$ を用いなければならない．これらは

$$h_0^{(1)}(x) = -\frac{i}{x}e^{ix} \qquad h_1^{(1)}(x) = -\frac{x+i}{x^2}e^{ix}$$

で定義されるから，時間のファクター $e^{-i\omega t}$ を考慮すれば，確かに外向きに伝わる波を表していることがわかる．境界条件は前と同じく $r=a$ で $\sigma_{rr}=0$ であるから，特性方程式は

$$h_0^{(1)}(x) - 4\frac{\beta^2}{\alpha^2}\frac{h_1^{(1)}(x)}{x} = 0 \qquad x = k_\alpha a = \frac{\omega a}{\alpha}$$

となるが，上の球ハンケル関数の定義式を用いれば

$$x^2 + 4i\frac{\beta^2}{\alpha^2}x - 4\frac{\beta^2}{\alpha^2} = 0 \tag{7.5.5}$$

となる．これは簡単に解けて固有値

$$x = 2\frac{\beta}{\alpha}\left[-i\frac{\beta}{\alpha} \pm \sqrt{1-\frac{\beta^2}{\alpha^2}}\right] \qquad \frac{\omega a}{\beta} = 2\left[-i\frac{\beta}{\alpha} \pm \sqrt{1-\frac{\beta^2}{\alpha^2}}\right] \tag{7.5.6}$$

が得られる．$\lambda = \mu$ のとき

$$\frac{\omega a}{\beta} = \pm 1.632993 - 1.154700i$$

である．

これは先に求めた孤立した弾性球の固有振動と違って，固有振動数が複素数になっている．いま上の固有振動数を

$$\omega = -i\omega_I \pm \omega_R \qquad \omega_I > 0$$

と書くことにすれば，時間依存性の部分は $\mathrm{Re}\,\omega > 0$ の解をとれば

$$\exp(-i\omega t) = \exp(-i\omega_R t - \omega_I t)$$

となるので，ここで求めた解は振幅の変化しない自由振動ではなく，減衰振動になっている．その理由は，波が外向きに伝わるために波動エネルギーが失われ，ある点で見ていると波の振幅が減衰するからである．孤立した弾性球の場合には，波動エネルギーが弾性球内に閉じ込められているので振幅が減少することはない．

1.4 節の減衰振動の議論から，ここで求めた固有振動数の実数部と虚数部の比

$$h = \frac{\omega_\mathrm{I}}{\omega_\mathrm{R}}$$

は 1.4 節で示した減衰のパラメーター h にほかならない．上の例では

$$h = \frac{1}{\sqrt{2}} = 0.707106$$

あるいは (1.4.11) 式から

$$Q^{-1} = \sqrt{2}$$

になるから，この減衰は非常に大きいことがわかる．

もう一つ注意しなければならないことは，r 方向の振幅分布である．u_r の $h_1^{(1)}(k_\alpha r)$ の指数部だけに注目すれば，固有周波数が複素数のときの変化は

$$e^{ik_\alpha r} = \exp\left(-i\omega_R \frac{r}{\alpha} + \omega_I \frac{r}{\alpha}\right)$$

となり，ここだけを見れば変位は $r \to \infty$ で発散することになる．これは最初に無限遠で 0 になるという条件に反しているように見えるが，実際にはそうではない．

時間に関する指数部 $e^{-i\omega t}$ と，r に関する指数部をまとめると

$$\exp\left[-i\omega_R\left(t - \frac{r}{\alpha}\right) - \omega_I\left(t - \frac{r}{\alpha}\right)\right]$$

になる．第二項が減衰に関する項である．これでわかるように，ある r を固定すると $t > r/\alpha$ の領域では振幅が時間的に減衰することがわかる．この時刻 r/α は空洞の中心から観測点まで波が伝わる時間で，震源が原点にあるとすれば，これより前に振動が観測点に伝わることはない．したがって r 方向の振幅分布を考えるときには，この時刻以後を考えなければ意味がない．

空洞の問題の場合には原点，つまり空洞の中心に震源があるというのは考えられない．そこで $t = 0$ に空洞の表面 $r = a$ に瞬間的に圧力を加えた後の振動を厳密に計算すれば，上の指数部が

$$\exp\left[-i\omega_R\left(t - \frac{r-a}{\alpha}\right) - \omega_I\left(t - \frac{r-a}{\alpha}\right)\right] \qquad t > \frac{r-a}{\alpha}$$

となることがわかる．$t < (r-a)/\alpha$ では変位は 0 である．したがって空洞の場合の変位の r 方向の変化を表すためには，(7.5.2) 式の $h_1^{(1)}(k_\alpha r)$ をそのまま用いるのは物理的ではなく

$$h_1^{(1)}(k_\alpha r) \exp\left(-\omega_I \frac{r-a}{\alpha}\right)$$

を用いなければならない．この量は観測点 r に空洞の表面から出た波が到着したときの振幅を意味している．この時刻以後，振幅は時間的に ω_I で表される減衰定数で減衰する．

次に弾性体の中に空洞ではなく，液体球が入っているときの半径方向の振動を考える．これは弾性体中の液体柱を伝わる波に対応している．必要な公式はすべて出そろっている．液体球の密度を ρ_0，音波速度を α_0 とすると，液体中の解は (7.5.2) 式の ρ, α を ρ_0, α_0 で置き換えたものである．ただし液体であるから μ_0 は 0 とする．液体球の外側の弾性体に対しては添字をつけないことにする．ここでの解も (7.5.2) 式で表されるが，波が外向きに伝わるという条件から j_n のかわりに $h_n^{(1)}$ を用いなければならない．

液体球と弾性体の境界 $r = a$ では変位 u_r と応力 σ_{rr} が連続にならなければならない．これを満たすには $r = a$ で両側のインピーダンスが連続であればよい．境界の両側でインピーダンス (7.5.3) 式を計算し等しいと置けば

$$\rho_0 \alpha_0 \frac{j_0(x_0)}{j_1(x_0)} = \rho\alpha\left[\frac{h_0^{(1)}(x)}{h_1^{(1)}(x)} - 4\frac{\beta^2}{\alpha^2}\frac{1}{x}\right] \qquad x_0 = \frac{\omega a}{\alpha_0} \quad x = \frac{\omega a}{\alpha} \qquad (7.5.7)$$

表 7.5.1 固体中の液体球の振動 ポアソン比 $\nu = 1/4$ の固体中にある液体球の半径方向の振動の固有角振動数 $\omega a/\beta$. 横軸は液体と固体の密度比, 縦軸は縦波速度比.

α_0/α	ρ_0/ρ 0.2	0.4
0.2	$1.6764 - 1.1750i$	$1.7220 - 1.1970i$
0.4	$1.7115 - 1.2192i$	$1.7994 - 1.2900i$
0.8	$1.7764 - 1.4715i$	$1.8960 - 1.8406i$
1.0	$1.8022 - 1.6706i$	$1.8532 - 2.3108i$

が得られる. $j_n(x)$ や $h_n^{(1)}(x)$ の表現を用いれば, この特性方程式は

$$\rho_0 \alpha_0 \frac{x_0}{1 - x_0 \cot x_0} = \rho \alpha \left(\frac{ix}{x + i} - 4 \frac{\beta^2}{\alpha^2} \frac{1}{x} \right) \tag{7.5.8}$$

と書くことができる. 明らかに, この特性方程式の根は複素数になる. 空洞の場合と同様に, 振動は減衰振動になる. 振幅の距離変化についての注意も空洞の場合と同様である. 表 7.5.1 は $\lambda = \mu$ のときの (7.5.8) 式の根 $\omega a/\beta$ を示している. 空洞のときと比べると固有振動数 (実数部), 減衰 (虚数部) ともに増加している.

7.5.3 球のねじれ振動

本項と次項では真空中に置かれた均質な弾性球の自由振動を考える.

ねじれ振動は球座標系のポテンシャル χ で表される振動である. ポテンシャル χ として $r = 0$ で発散しない

$$\chi = j_l(k_\beta r) P_l^m(\cos\theta) e^{im\varphi} \qquad k_\beta = \frac{\omega}{\beta} \tag{7.5.9}$$

を用いることにする. これを (5.3.8) 式に代入すれば

$$u_r = 0 \qquad \sigma_{rr} = 0$$
$$u_\theta = \frac{1}{\sin\theta} \frac{\partial \chi}{\partial \varphi} = im j_l(k_\beta r) \frac{1}{\sin\theta} P_l^m(\cos\theta) e^{im\varphi}$$
$$u_\varphi = -\frac{\partial \chi}{\partial \theta} = -j_l(k_\beta r) \frac{dP_l^m(\cos\theta)}{d\theta} e^{im\varphi}$$

$$\sigma_{r\theta} = \frac{\mu}{\sin\theta} r \frac{\partial^2}{\partial\varphi\partial r}\left(\frac{\chi}{r}\right) = \frac{im\mu}{\sin\theta}\left[\frac{l-1}{r}j_l(k_\beta r)\right.$$
$$\left. - k_\beta j_{l+1}(k_\beta r)\right]\frac{dP_l^m(\cos\theta)}{d\theta}e^{im\varphi} \quad (7.5.10)$$
$$\sigma_{\varphi r} = -\mu r \frac{\partial^2}{\partial\theta\partial r}\left(\frac{\chi}{r}\right) = -\mu\left[\frac{l-1}{r}j_l(k_\beta r)\right.$$
$$\left. - k_\beta j_{l+1}(k_\beta r)\right]\frac{dP_l^m(\cos\theta)}{d\theta}e^{im\varphi}$$

が得られる．変位 u_r は恒等的に 0 になるので，この振動は SH 波に対応している．変位の方向は球関数 $P_l^m(\cos\theta)$, $dP_l^m(\cos\theta)/d\theta$ によって決まるが，簡単のために $m=0$ のモードを考えると，変位は φ 方向，すなわち経度方向の成分のみである．この成分の θ 方向の変化は $dP_l(\cos\theta)/d\theta$ のみによって決まり，たとえば $l=1,2,3$ の場合

$$\frac{dP_1(\cos\theta)}{d\theta} = -\sin\theta \qquad \frac{dP_2(\cos\theta)}{d\theta} = -\frac{3}{2}\sin 2\theta$$
$$\frac{dP_3(\cos\theta)}{d\theta} = -\frac{3}{2}(4-5\sin^2\theta)\sin\theta$$

を考慮すれば，u_φ の符号は図 7.5.1 のようになる．この分布は緯度方向に帯状に分布しているので，帯状 (zonal) の分布と呼ばれる．しかし m が増えれば同じ l でも帯の数が変わるし，また $e^{im\varphi}$ の項によって経度方向にも正負が変化するので，一般には変位の正負は碁盤目のような分布をする．

球の表面では応力 $\sigma_{\varphi r}$ が 0 にならなければならない．特性方程式は m によらずに

$$(l-1)j_l(y) - yj_{l+1}(y) = 0 \qquad y = \frac{\omega a}{\beta} \quad (7.5.11)$$

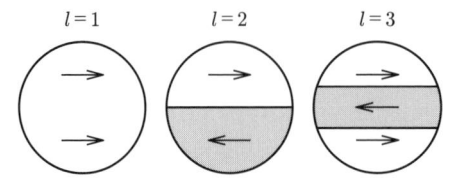

図 **7.5.1** ねじれ振動の変位分布　球の表面における変位を示している．ゾーナルモード ($m=0$) のみ．$l=1$ の基本モードは剛体回転であるから自由振動ではない．

表 7.5.2 球のねじれ振動の固有振動数　無次元固有角周波数 $\omega a/\beta$.

l	n 0	1	2	3
1	–	5.7634	9.0950	12.3229
2	2.5011	7.1360	10.5146	13.7716
3	3.8647	8.4449	11.8817	15.1754
4	5.0946	9.7125	13.2108	16.5445
5	6.2657	10.9506	14.5108	17.8857

となる．l を固定したときにこの式は無限個の実根をもつことは，球ベッセル関数の性質から明らかである．上式の n 番目の根を $_ny_l$ とすると，表 7.5.2 のようになる．

n は半径方向の節の数を表している．$l=1$ のときには $y=0$ が最初の根になるが，これは球が剛体として回転するモードでその固有周期は無限大になる．次の根は $j_2(y)=0$ の最初の根で，これは球の内部が東向きに回転したとすれば外部が西向きに回転するモードである．

球殻のねじれ振動　上の計算を地球に応用するには無理がある．なぜなら，ごくおおざっぱにいえば地球は中心まで固体ではなく，外側の固体のマントルとその内側の液体の核，さらに中心に固体核の三層構造をしているからである．ねじれ振動は剪断応力が支配しているが液体には剪断応力が働かないから，地球の場合マントルと液体核はねじれ振動に関しては相互作用がなく，マントルを独立にとり扱うことができる．

そこで $b<r<a$ を固体のマントルとして，この部分のねじれ振動を計算する．今度は $r=0$ での条件が必要ないから，ポテンシャルとして (7.5.9) 式の j_l だけでなくもう一つの基本解，球ノイマン関数 n_l も許される．すなわち

$$\chi = [Aj_l(k_\beta r) + Bn_l(k_\beta r)] P_l^m(\cos\theta)e^{im\varphi} \tag{7.5.12}$$

が一般解である．A, B は積分定数である．このポテンシャルに対する剪断応力 $\sigma_{\varphi r}$ は (7.5.10) 式からただちに書き下すことができる．境界条件は前と同じく球の表面 $r=a$ で $\sigma_{\varphi r}=0$ が一つ，もう一つは液体との境界面 $r=b$ でやはり $\sigma_{\varphi r}=0$ である．したがって

表 **7.5.3** 球殻のねじれ振動の固有振動数　$\mu/a = 0.5$ のとき.

l	n 0	1	2	3
1	—	7.1115	13.02614	19.16254
2	2.4353	7.7426	13.3521	19.3777
3	3.8132	8.6056	13.8307	19.6973
4	5.0616	9.6340	14.4514	20.1176
5	6.2467	10.7693	15.2026	20.6345

$$[(l-1)j_l(k_\beta a) - (k_\beta a)j_{l+1}(k_\beta a)]A$$
$$+ [(l-1)n_l(k_\beta a) - (k_\beta a)n_{l+1}(k_\beta a)]B = 0$$
$$[(l-1)j_l(k_\beta b) - (k_\beta b)j_{l+1}(k_\beta b)]A$$
$$+ [(l-1)n_l(k_\beta b) - (k_\beta b)n_{l+1}(k_\beta b)]B = 0$$

が成り立たなければならない．係数行列の行列式がこの場合の特性方程式である．この場合にも固有値は m によらない．

完全な球との比較のために $b/a = 0.5$ のときの固有値 $y = \omega a/\beta$ を表 7.5.3 に示す．

固有値 $_n y_l$ で表されるねじれ振動を地震学では $_n T_l$ モードと呼ぶ．l は緯度方向の次数，n は半径方向の次数を表している．経度方向の次数 m による場合には $_n T_l^m$ という記号を用いる．実際に地球で観測される $_0 T_2$ モードの固有周期は約 44 分である．地球の平均半径 $a = 6371\,\mathrm{km}$ と表 7.5.3 の $_0 y_2$ の値を用いて β を求めると $\beta = 6.2\,\mathrm{km/s}$ になる．これはマントルのS波速度の平均値としてそれほどおかしな値ではない．

7.5.4　球の伸び縮み振動

7.5.1 では半径方向にのみ変形する振動を考えたが，ここでは一般的な伸び縮み振動を考える．ポテンシャルとして

$$\begin{aligned}\phi &= A j_l(k_\alpha r) P_l^m(\cos\theta) e^{im\varphi} & k_\alpha &= \frac{\omega}{\alpha} \\ \psi &= B j_l(k_\beta r) P_l^m(\cos\theta) e^{im\varphi} & k_\beta &= \frac{\omega}{\beta}\end{aligned} \quad (7.5.13)$$

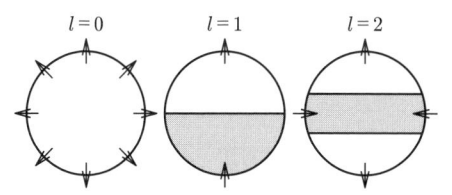

図 **7.5.2 伸び縮み振動の変位分布** 球の表面における変位を示している．ゾーナルモード ($m=0$) のみ．$l=1$ の基本モードは剛体的並進運動であるから自由振動ではない．

をとる．(5.3.7), (5.3.8) 式を用いれば変位，応力が計算できる．変位は次のように表される．

$$u_r = \left\{ \frac{dj_l(k_\alpha r)}{dr}A + \frac{L^2}{r}j_l(k_\beta r)B \right\} P_l^m(\cos\theta)e^{im\varphi}$$

$$u_\theta = \left\{ \frac{1}{r}j_l(k_\alpha r)A + \frac{1}{r}\frac{d}{dr}[rj_l(k_\beta r)]B \right\} \frac{dP_l^m(\cos\theta)}{d\theta}e^{im\varphi} \quad (7.5.14)$$

$$u_\varphi = \left\{ \frac{1}{r}j_l(k_\alpha r)A + \frac{1}{r}\frac{d}{dr}[rj_l(k_\beta r)]B \right\} \frac{im}{\sin\theta}P_l^m(\cos\theta)e^{im\varphi}$$

ここに $L^2 = l(l+1)$ である．u_θ と u_φ の r 方向の変化は同じである．

u_r の角度依存性は $P_l^m(\cos\theta)e^{im\varphi}$ で表される．$m=0$ のときには

$$P_0(\cos\theta) = 1 \qquad P_1(\cos\theta) = \cos\theta$$
$$P_2(\cos\theta) = \frac{1}{4}(3\cos 2\theta + 1) = \frac{1}{2}(2 - 3\sin^2\theta)$$

より，符号の分布は図 7.5.2 のようになる．$l=0$ は 7.5.1 に述べたラディアル振動である．$l=1$ は北半球と南半球で符号が反対になり，特別の場合には剛体の併進運動に等しくなる．$l=2$ は二つの緯線によって三つの領域に分割される．一般に，$P_l(\cos\theta)$ では $l+1$ の帯状の領域に分割される．

応力は

$$\frac{\sigma_{rr}}{\mu} = \frac{1}{r^2}\Big\{ \{[2l(l-1) - (k_\beta r)^2]j_l(k_\alpha r) + 4(k_\alpha r)j_{l+1}(k_\alpha r)\}A$$
$$+ 2l(l+1)[(l-1)j_l(k_\beta r) - (k_\beta r)j_{l+1}(k_\beta r)]B \Big\} P_l^m(\cos\theta)e^{im\varphi}$$

$$\frac{\sigma_{r\theta}}{\mu} = \frac{1}{r^2}\Big\{2[(l-1)j_l(k_\alpha r) - (k_\alpha r)j_{l+1}(k_\alpha r)]A \qquad (7.5.15)$$
$$+ \{[2(l^2-1) - (k_\beta r)^2]j_l(k_\beta r)$$
$$+ 2(k_\beta r)j_{l+1}(k_\beta r)\}B\Big\}\frac{dP_l^m(\cos\theta)}{d\theta}e^{im\varphi}$$

と表される．$\sigma_{\varphi r}$ は r に関する部分は $\sigma_{r\theta}$ と同じであるが，角度に関する部分が u_φ と同じになるだけである．したがって球の表面における境界条件のうち，$\sigma_{r\theta}=0$ が成り立てば $\sigma_{\varphi r}=0$ は自動的に成り立つ．$r=a$ で上式を0として A, B を消去すれば，特性方程式が得られる．いま，仮に

$$d_{11} = -y^2 j_l(x) + 2(l+2)x j_{l+1}(x)$$
$$d_{12} = ly^2 j_l(y) - 2l(l+2)y j_{l+1}(y)$$
$$d_{21} = 2(l-1)j_l(x) - 2x j_{l+1}(x)$$
$$d_{22} = [2(l^2-1) - y^2]j_l(y) + 2y j_{l+1}(y)$$
$$x = k_\alpha a \qquad y = k_\beta a$$

と置けば，特性方程式は

$$\begin{vmatrix} d_{11} & d_{12} \\ d_{21} & d_{22} \end{vmatrix} = 0 \qquad (7.5.16)$$

となる．もちろん x と y は独立ではない．$l=0$ のときには $dP_0/d\theta = 0$ であるから，(6.5.15) 式の第一式だけが0になればよい．このときには7.5.1で示した特性方程式と同じになる．

表 **7.5.4** 均質球の伸び縮み振動の固有振動数　$\lambda = \mu$ のときの無次元固有角周波数 $\omega a/\beta$.

l	n			
	0	1	2	3
0	4.4400	10.4939	16.0731	21.5793
1	–	3.4245	6.7712	7.7452
2	2.6398	4.8652	8.3292	9.7801
3	3.9163	6.4543	9.7049	11.7476
4	5.0093	8.0615	11.0390	13.5531
5	6.0327	9.6357	12.3680	15.1790

ポアソン比が $1/4$ のとき上式の根 $_ny_l$ を表 7.5.4 に示す．

固有値 $_ny_l$ で表される伸び縮み振動を地震学では $_nS_l$ モードと呼ぶ．l は緯度方向の次数，n は半径方向の次数を表している．経度方向の次数 m による場合には $_nS_l^m$ という記号を用いる．

8 円筒波の伝播 (二次元問題)

　これまでは震源を考えてこなかったので，反射波や屈折波，レーリー波やラブ波などの振幅は相対的な大きさしかわからなかった．本章では二つの流体の境界面に平行な線震源 (line source) によって生じる円筒波の反射，屈折の問題を考える．これは二次元の問題であって現実の地球内部の波とは異なるが，解が比較的簡単に求められるため，本格的な三次元問題を解くための練習問題として最適である．ここでは液体中を伝わる円筒波の形式解を求めた後，最急降下法による近似解と，カニアール–ド・フープ法による厳密解を導く．なお，固体中の円筒波については次章で扱う．

　本章および以下の章では複素関数論の初歩的な知識が必要になるので，補足として説明を加えておいた．

8.1 流体中の円筒波

　無限流体中の $x=0$, $z=0$ に y 軸方向に伸びた線震源があるとする．したがってここで考えるのは二次元問題である．震源は時間的には単振動，空間的にはデルタ関数として音波の運動方程式を

$$\frac{1}{\alpha^2}\frac{\partial^2 v}{\partial t^2} = \left(\frac{\partial^2 v}{\partial x^2} + \frac{\partial^2 v}{\partial z^2}\right) + e^{-i\omega t}\delta(x)\delta(z) \tag{8.1.1}$$

と書くことにする．ここでは圧力変化を v と書き，最後の項が震源 (外力) 項である．1.2 節で注意しておいたように，この外力項は実際に流体に働く力そのものではなく，その div に相当する量である．時間変化を $e^{-i\omega t}$ と仮定したことにより，上式の v はじつは圧力変化のフーリエ変換に相当するものである．

8.1.1 周波数領域の解

デルタ関数が

$$\delta(x) = \frac{1}{2\pi} \int_{-\infty}^{\infty} e^{ikx} dk$$

で表されることを考慮して (8.1.1) 式の解を

$$v(x, z; \omega) = \frac{e^{-i\omega t}}{2\pi} \int_{-\infty}^{\infty} V(z) e^{ikx} dk \qquad (8.1.2)$$

と置く．指数部の符号は $+x$ 方向に伝わる波を表すのに便利なように，時間に関するフーリエ変換とは反対にしてある．これを (8.1.1) 式に代入すれば

$$-\omega^2 \xi^2 V = \frac{d^2 V}{dz^2} + \delta(z) \qquad \xi^2 = \alpha^{-2} - p^2 \qquad k = \omega p \qquad (8.1.3)$$

が得られる．$p = k/\omega$ は波線パラメーターである．

上の方程式は $z \neq 0$ では第 1 章で考えた運動方程式と同じである．このときの解を参考にすれば，震源が $x = 0$, $z = 0$ にあり，問題が z 軸に関して対称であるから，震源から外に向かって伝播する波の解は

$$V(z) = A e^{i\omega \xi |z|} \qquad (8.1.4)$$

と書くことができるであろう．ここで A は未定係数である．この式が $z \neq 0$ で (8.1.3) 式を満たしていることは明らかである．しかし $z = 0$ では $V(z)$ の二階微分が定義できないので，ここでは特別な考慮が必要である．

係数 A を決めるために運動方程式 (8.1.3) を $z = -\varepsilon$ から $z = +\varepsilon$ $(\varepsilon > 0)$ まで積分する．左辺の積分は近似的に

$$\int_{-\varepsilon}^{\varepsilon} \xi^2 V(z) dz \sim 2\varepsilon \times \xi^2 V$$

と書ける．右辺の ξ や V は $z = 0$ の値である．(8.1.3) 式の右辺の積分の第一項は

$$\int_{-\varepsilon}^{\varepsilon} \frac{d^2 V}{dz^2} dz = \left.\frac{dV}{dz}\right|_{z=\varepsilon} - \left.\frac{dV}{dz}\right|_{z=-\varepsilon}$$

また第二項は

$$\int_{-\varepsilon}^{\varepsilon} \delta(z)dz = 1$$

になる．ここで $\varepsilon \to 0$ とすれば (8.1.3) 式の積分は

$$0 = \left.\frac{dV}{dz}\right|_{+0} - \left.\frac{dV}{dz}\right|_{-0} + 1$$

となる．±0 は正，負の側から $z=0$ に近づいたときの極限値を意味している．この式に (8.1.4) 式の $V(z)$ を代入すれば

$$A = \frac{1}{-2i\omega\xi}$$

が得られる．これによって (8.1.4) 式の係数が決まり，これを (8.1.2) 式に代入すれば v が求められることになる．なお，以下では v の $e^{-i\omega t}$ を省略する．

(8.1.2) 式の k はこれまで $k = \omega p$ と書いてきたものであるから，この式の積分変数を k から p に変換すると，$\omega > 0$ のとき

$$v = \frac{1}{2\pi}\int_{-\infty}^{\infty} \frac{e^{i\omega(px+\xi|z|)}}{-2i\xi} dp \qquad (8.1.5)$$

となる．以下でも $\omega > 0$ の場合だけを考える．$\omega < 0$ の部分は最終結果が実数でなければならないという条件から自動的に導かれる．この積分路上で ξ は虚数になるが，$|p| \to \infty$ で被積分関数が収束するためには ξ の虚数部が正，すなわち

$$\xi = i\hat{\xi} \qquad \hat{\xi} = \sqrt{p^2 - \alpha^{-2}} > 0 \qquad |p| > 1/\alpha$$

のように符号を選ばなければならない．この関係を用い，積分範囲を 0 から $+\infty$ にすれば

$$v = \frac{1}{2\pi}\left[\int_0^{1/\alpha} \frac{\cos\omega px}{-i\xi} e^{i\omega\xi|z|} dp + \int_{1/\alpha}^{\infty} \frac{\cos\omega px}{\hat{\xi}} e^{-\omega\hat{\xi}|z|} dp\right] \qquad (8.1.6)$$

が得られる．

この積分を計算するために少しインチキをする．物理的に考えれば解は y 軸に関して軸対称であるから，$z=0$ で計算した値を座標回転しても同じ値

が得られるはずである．そこで上式の各項を $z=0$ に対して計算する．二つの積分は積分公式

$$\int_0^1 \frac{\cos zt}{\sqrt{1-t^2}}dt = \frac{\pi}{2}J_0(z) \qquad \int_1^\infty \frac{\cos zt}{\sqrt{t^2-1}}dt = -\frac{\pi}{2}N_0(z)$$

を用いて計算することができる．ここに $J_0(z)$ は0次のベッセル関数, $N_0(z)$ は0次のノイマン関数を表している．また0次の第一種ハンケル関数を $H_0^{(1)}(z)$ とすれば

$$H_0^{(1)}(z) = J_0(z) + iN_0(z)$$

が成り立つので $z=0$ における (8.1.6) 式の積分は

$$\int_0^{1/\alpha} \frac{\cos\omega px}{-i\xi}dp + \int_{1/\alpha}^\infty \frac{\cos\omega px}{\hat{\xi}}dp = \frac{i\pi}{2}H_0^{(1)}\left(\frac{\omega x}{\alpha}\right)$$

となる．座標軸を回転してもこの結果は変わらないはずであるから, x のかわりに $r = \sqrt{x^2+z^2}$ を用いれば (8.1.6) 式の積分は

$$\int_0^{1/\alpha} \frac{\cos\omega px}{-i\xi}e^{i\omega\xi|z|}dp + \int_{1/\alpha}^\infty \frac{\cos\omega px}{\hat{\xi}}e^{-\omega\hat{\xi}|z|}dp = \frac{i\pi}{2}H_0^{(1)}\left(\frac{\omega r}{\alpha}\right)$$

となる．したがって最終的に (8.1.5) 式の積分は

$$v(r;\omega) = \frac{i}{4}H_0^{(1)}(k_\alpha r) \qquad k_\alpha = \frac{\omega}{\alpha} \tag{8.1.7}$$

である．これが方程式 (8.1.1) の解である．これは 1.2 節で求めた解 (1.2.26) 式と同じであるが，ここでは震源項を入れて計算しているので振幅の絶対値まで決まっている．

　(8.1.5) 式の被積分関数の指数部は平面波を表している．一方，(8.1.7) 式は円筒波である．したがってこの結果は円筒波が平面波の重ね合せによって表されることを意味している．平面波の反射係数などはすでに求められているから，この表現を利用すれば円筒波の反射，屈折の問題が簡単に解けることになる．この性質はすぐ後で利用する．

8.1.2 時間領域の解

(8.1.7) 式は時間的に単振動の震源に対する解であるから，時間に関するフーリエ変換すなわち周波数領域における解を求めたことになっている．時間領域における解を求めるには，これをフーリエ逆変換すればよい．運動方程式 (8.1.1) の外力項の t に関する項を周波数で積分すれば

$$\frac{1}{2\pi}\int_{-\infty}^{\infty} e^{-i\omega t}d\omega = \delta(t)$$

であるから，時間的にデルタ関数の震源に対する解は，上で求めた (8.1.7) 式を周波数に対して積分すれば得られる．すなわち，これまで省略してきた $e^{-i\omega t}$ をもとに戻して ω について積分する．

$$v(r;t) = \frac{1}{2\pi}\int_{-\infty}^{\infty} \frac{i}{4}H_0^{(1)}(k_\alpha r)e^{-i\omega t}d\omega \tag{8.1.8}$$

(8.1.7) 式は $\omega > 0$ として導いたが，ここには $\omega < 0$ の積分が含まれている．(8.1.7) 式が $\omega < 0$ に対しても成り立っているという保証はないので，改めて $\omega < 0$ に対する解を求めなければならない．しかしじつはその必要はない．震源が実数であるから (8.1.8) 式は実数にならなければならない．したがって $v(r;t)$ のスペクトル，すなわち上の積分の被積分関数から $e^{-i\omega t}$ を除いた部分を改めて $V(\omega)$ とすれば，これは

$$V(-\omega) = \overline{V(\omega)}$$

を満たさなければならない．$\overline{V(\omega)}$ は $V(\omega)$ の複素共役を意味している．この性質を用いれば (8.1.8) 式の積分は $\omega > 0$ だけの積分

$$\begin{aligned}v(r;t) &= \frac{1}{4\pi}\mathrm{Re}\int_0^{\infty} iH_0^{(1)}(k_\alpha r)e^{-i\omega t}d\omega \\ &= \frac{1}{4\pi}\mathrm{Re}\int_0^{\infty} [iJ_0(k_\alpha r) - N_0(k_\alpha r)]e^{-i\omega t}d\omega\end{aligned}$$

で表される．ここで積分公式

$$\int_0^{\infty} J_0(k_\alpha r)\sin\omega t\, d\omega = \begin{cases} 0 & 0 < t < r/\alpha \\ \dfrac{1}{\sqrt{t^2 - r^2/\alpha^2}} & r/\alpha < t \end{cases}$$

$$\int_0^\infty N_0(k_\alpha r)\cos\omega t\,d\omega = \begin{cases} 0 & 0 < t < r/\alpha \\ -\dfrac{1}{\sqrt{t^2 - r^2/\alpha^2}} & r/\alpha < t \end{cases}$$

を用いれば

$$v(r;t) = \frac{1}{2\pi}\frac{H(t - r/\alpha)}{\sqrt{t^2 - r^2/\alpha^2}} \qquad r = \sqrt{x^2 + z^2} \tag{8.1.9}$$

が得られる．$H(t)$ は単位の階段関数 (step function)

$$H(t) = \begin{cases} 0 & t < 0 \\ 1 & t > 0 \end{cases} \tag{8.1.10}$$

である．これが円筒波の時間領域における解である．

　球面波の時間領域における解は，すでに第 1 章で求めてある．震源が時間的にデルタ関数のときの球面波の解は，やはりデルタ関数になっていた．しかし円筒波の場合にはデルタ関数ではなく，(8.1.9) 式のように尾を引いた形になっている．これは線震源の遠いところから発生した波が引き続き到着するためである．

　なお (8.1.1) 式は SH 波の運動方程式と同じ形をしているので，ここで用いた解法は SH 円筒波に対しても適用できる．

8.2　円筒波の反射，屈折

　次に二つの半無限流体が接しており，一方の液体中に線震源がある場合の円筒波の反射，屈折の問題を解く．$z \geq 0$ に流体 1 があり，$z \leq 0$ に流体 2 があるとし，線震源は流体 1 の $x = 0$, $z = h$ にあるとする (図 8.2.5 参照)．はじめに周波数領域における近似解を最急降下法を用いて導く．これによって幾何光学的な波線理論で直感的に導いた反射波，屈折波，先頭波などが波動論的に導かれる．

8.2.1 形式解

　液体1内で震源から出る直接波は (8.1.5) 式の原点を移動すればよいから，時間の項 $e^{-i\omega t}$ を省略して

$$v_0 = \frac{1}{2\pi} \int_{-\infty}^{\infty} \frac{e^{i\omega(px+\xi_1|z-h|)}}{-2i\xi_1} dp \quad \xi_1^2 = \alpha_1^{-2} - p^2 \quad z > 0 \quad (8.2.1)$$

と書くことができる．ここでは閉じた解 (8.1.7) 式を用いずに，わざわざ積分の形で書いてある．積分路上で ξ_1 は虚数にもなるが，積分が収束するためにはそこでは

$$\xi_1 = i\hat{\xi}_1 \qquad \hat{\xi}_1 = \sqrt{p^2 - \alpha_1^{-2}} > 0 \qquad |p| > 1/\alpha_1$$

でなければならない．

　流体1には震源から出る波のほかには境界面からの反射波が存在する．ここで直接波を平面波の重ね合せで表したことが意味をもってくる．1.2 節では流体1から2へ平面波 $e^{i\omega(px+\xi_1 z)}$ が入射したとき，反射係数を R_{12} とすれば反射波が $R_{12} e^{i\omega(px-\xi_1 z)}$ で表されることを示した．いまの場合，入射波 (8.2.1) 式は，$0 < z < h$ では指数部だけを見れば $e^{i\omega[px+\xi_1(h-z)]}$ であるから，反射波は $R_{12} e^{i\omega[px+\xi_1(h+z)]}$ で表される．したがって流体1内の反射波は

$$v_1 = \frac{1}{2\pi} \int_{-\infty}^{\infty} R_{12}(p) \frac{e^{i\omega[px+\xi_1(z+h)]}}{-2i\xi_1} dp \qquad z > 0 \quad (8.2.2)$$

と表される．流体1内の解はこれら二つの解の和 $v_0 + v_1$ である．

　流体2には透過波 (屈折波) しか存在しないので，透過係数を T_{12} とすれば流体2における解は

$$v_2 = \frac{1}{2\pi} \int_{-\infty}^{\infty} T_{12}(p) \frac{e^{i\omega(px-\xi_2 z+\xi_1 h)}}{-2i\xi_1} dp \qquad z < 0 \quad (8.2.3)$$

となる．ξ_2 は ξ_1 と同様に定義されている．反射係数，透過係数は (1.2.18) 式によって

$$R_{12}(p) = \frac{\rho_2 \xi_1 - \rho_1 \xi_2}{\rho_2 \xi_1 + \rho_1 \xi_2} \qquad T_{12}(p) = \frac{2\rho_2 \xi_1}{\rho_2 \xi_1 + \rho_1 \xi_1} \quad (8.2.4)$$

で与えられている．ここに現れる ξ_2 が虚数になったときには，ξ_1 と同じ符号の選び方，すなわち $\mathrm{Im}\,\xi_2 > 0$ に選ばなければならない．

流体 1 における解 $v_0 + v_1$ と流体 2 における解 v_2 が境界面における境界条件を満たしていることは，反射係数，透過係数の導き方から明らかである．また，先にも注意したように，SH 波の運動方程式は音波の運動方程式と同じであるから，反射係数，透過係数を SH 波のものを用いれば，(8.2.2), (8.2.3) 式は SH 波の解になる．

以下では (8.2.1)～(8.2.3) 式を近似計算するが，その前に最急降下法を導いておく．

8.2.2　最急降下法

ω を正の大きなパラメーター，$f(z)$ を複素関数として，複素 z 平面上の積分路 C に沿った積分

$$I = \int_C e^{\omega f(z)} dz \tag{8.2.5}$$

の値をできるだけ効率よく近似計算する方法を導く．これは先に用いた停留値法の一般化で最急降下法 (method of steepest descent) という方法である．

上式の被積分関数の値は $f(z)$ の実数部が正で大きなところで大きくなるから，そこを中心に積分を行えばよいような気がする．しかし実数部がいくら大きくても，そこで虚数部の変化が速ければ，被積分関数の値そのものは正負の間を激しく変化して互いに打ち消しあって，積分の値はかえって小さくなるかもしれない．したがって上の積分に寄与するのは $f(z)$ の実数部が極大で，しかも虚数部の変化が最小になる点の付近である．

このような点は

$$f'(z) = 0 \tag{8.2.6}$$

を満たす点であり，後で述べるような理由で鞍点 (saddle point) と呼ばれる．鞍点が実際に上に述べた性質，すなわち実数部が極大で位相変化が最小という性質をもっていることを示すために，鞍点を $z = s$ とし，$f(z)$ をこの点のまわりでテーラー展開すると

$$f(z) = f(s) + \frac{1}{2}f''(x)(z-s)^2 + \cdots$$

となる．一次の項が現れないのは $f'(s) = 0$ だからである．いま $f''(s)$ の偏角を χ, $z-s$ の偏角を φ として

$$f''(s) = |f''(s)|e^{i\chi} \qquad z - s = re^{i\varphi}$$

と置けば

$$\begin{aligned}f(z) &= f(s) + \frac{1}{2}|f''(s)|r^2 e^{i(2\varphi+\chi)} \\ &= f(s) + \frac{1}{2}|f''(s)|r^2[\cos(2\varphi+\chi) + i\sin(2\varphi+\chi)]\end{aligned} \qquad (8.2.7)$$

と表される．この式から，積分変数 z が $2\varphi + \chi = \pm\pi$ を満たす方向では

$$\begin{aligned}\operatorname{Re} f(z) &= \operatorname{Re} f(s) - \frac{1}{2}|f''(s)|r^2 \\ \operatorname{Im} f(z) &= \operatorname{Im} f(s) = \text{ const.} \qquad 2\varphi + \chi = \pm\pi\end{aligned} \qquad (8.2.8)$$

となる．したがってこの方向では鞍点 $z = s$ ($r = 0$) で被積分関数の実数部は極大になり，ここから離れるにつれて急激に減少することがわかる．またこの方向に沿って $f(z)$ の虚数部は一定であるから，被積分関数の値が振動することもない．そこで本来の積分路 C を変形してこの方向に鞍点を通過するようにできれば，鞍点の付近だけの積分で I を効率よく評価することができるであろう．

一方，上とは直角の方向では

$$\begin{aligned}\operatorname{Re} f(z) &= \operatorname{Re} f(s) + \frac{1}{2}|f''(s)|r^2 \\ \operatorname{Im} f(z) &= \operatorname{Im} f(s) = \text{ const.} \qquad 2\varphi + \chi = 0, 2\pi\end{aligned} \qquad (8.2.9)$$

となっているので，被積分関数の実数部は鞍点を離れるにつれて急激に増加する．したがって鞍点は単純な極小点や極大点ではなく，(8.2.8) 式で決まる方向には極大点，(8.2.9) 式で決まる方向には極小点になっている．鞍点付近の $f(z)$ の実数部の等高面は馬の鞍の形をしているので，鞍点と呼ばれている (図 8.2.1)．

8.2 円筒波の反射，屈折 —— 231

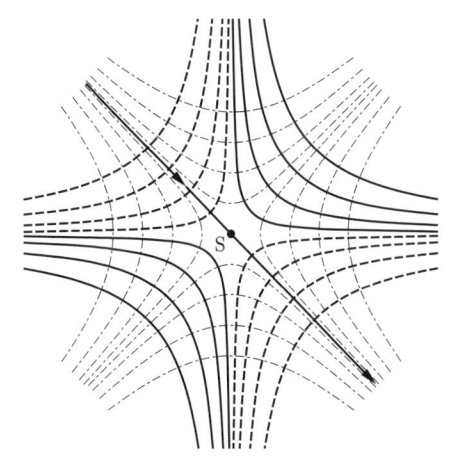

図 8.2.1 鞍点の周囲の等高線 Sは鞍点，実線は $\mathrm{Re}\, f(p)$ が正の等高線，破線は $\mathrm{Re}\, f(p)$ が負の等高線．$\mathrm{Im}\, f(p)$ の等高線は $\mathrm{Re}\, f(p)$ の等高線に直交し，やはり双曲線になる (一点鎖線)．

積分 I を評価するには，もとの積分路を (8.2.8) 式で決まる向き，すなわち

$$\varphi = \frac{1}{2}(-\chi \pm \pi) \tag{8.2.10}$$

の向きに鞍点を通るように変形する．鞍点から離れれば被積分関数の値は急激に減少するので，この付近を直線で近似しても差し支えないであろう．このように積分路を選んだとき

$$dz = e^{i\varphi} dr$$

であるから

$$\begin{aligned}I &\sim e^{\omega f(s)+i\varphi} \int_{-\infty}^{\infty} \exp\left(-\frac{1}{2}\omega |f''(s)| r^2\right) dr \\ &= \left|\frac{2\pi}{\omega f''(s)}\right|^{1/2} e^{\omega f(s)+i\varphi} \end{aligned} \tag{8.2.11}$$

が得られる．φ は (8.2.10) 式で定義されているが，複号のうちどちらを選ぶかは，もとの積分路を変形したときに積分路が鞍点をどちら向きに通るかによって決まる．

上では積分路を単純に鞍点を通る直線で近似してしまったが，より正確に積分したいときには (8.2.8) 式で決まる方向に鞍点を通過する曲線

$$\operatorname{Im} f(z) = \operatorname{Im} f(s) \tag{8.2.12}$$

に沿って積分すればよい．この積分路を最急降下積分路 (steepest descent path) という．最急降下積分路上では $\operatorname{Im} f(z)$ が一定であるから被積分関数が振動することはなく，積分を効率的に行うことができる．次項に最急降下積分路の具体例を示してある．

8.2.3　直接波

直接波 (8.2.1) 式は (8.1.5) 式と同じで，その積分は (8.1.7) 式としてすでに求められているが，ここでは後述する反射波などとの比較のために最急降下法の近似で計算を行ってみる．

この積分の被積分関数は $\xi_1 = 0$ すなわち $p = \pm 1/\alpha_1$ に分岐点 (branch point) をもっている．積分が収束するためには $\operatorname{Im} \xi_1 > 0$ のリーマン面 (Riemann sheet) 上で積分しなければならない．そこで物理的な減衰があるとして分岐線 (branch line) を求める．

リーマン面　(8.2.1) 式の積分は $\operatorname{Im} \xi_1 > 0$ のリーマン面上で積分しなければならない．$\operatorname{Im} \xi_1 > 0$ のリーマン面と $\operatorname{Im} \xi_1 < 0$ のリーマン面との境界，すなわち分岐線は $\operatorname{Im} \xi_1 = 0$ で定義されるから，分岐線上で ξ_1^2 は実数でしかも正でなければならない．したがって α_1, p を複素数と考えれば分岐線上では

$$\xi_1^2 = \operatorname{Re} \alpha_1^{-2} + i\operatorname{Im} \alpha_1^{-2} - \left[(\operatorname{Re} p)^2 + 2i(\operatorname{Re} p)(\operatorname{Im} p) - (\operatorname{Im} p)^2\right] \geq 0$$

が成り立たなければならない．減衰がないときには α_1 は実数であるが，物理的な減衰があるときには 1.4 節の議論により $\operatorname{Im} \alpha_1^{-2}$ は正であるから

$$\operatorname{Im} \alpha_1^{-2} = \varepsilon > 0$$

と置くことにする．したがって分岐線の方程式は

$$2(\operatorname{Re} p)(\operatorname{Im} p) = \varepsilon \qquad (\operatorname{Re} p)^2 - (\operatorname{Im} p)^2 \leq \operatorname{Re} \alpha_1^{-2}$$

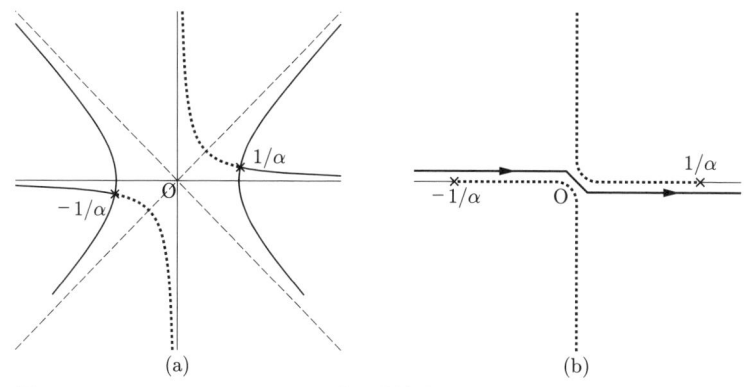

図 8.2.2 $\mathrm{Im}\,\xi_1 > 0$ のリーマン面上の分岐線　(a) 減衰を考えたとき, (b) 減衰が 0 の極限. 点線は分岐線, ×印は分岐点.

となる. 第一式は複素 p 平面の第一, 三象限にある双曲線であり, 第二式は実軸を軸とする双曲線に挟まれた領域を表している. 両式から分岐線が決まり図 8.2.2(a) のようになる. ここで減衰が 0, すなわち $\varepsilon \to 0$ の極限をとれば, 分岐線は $p = 1/\alpha_1$ から原点 O まで実軸上を進み, 次に虚軸上を $+i\infty$ まで進む折れ線と, $p = -1/\alpha_1$ から実軸上を原点までと虚軸上を $-i\infty$ までの折れ線になる (図 8.2.2(b)). 積分 (8.2.1) 式の積分路は実軸上であるが, 減衰があるときの分岐線を考えれば, 減衰が 0 の極限で p が負の部分で積分路は分岐線のすぐ上側を通り, 正の部分では分岐線のすぐ下側を通っていることがわかる. 定義によりここでは $\mathrm{Im}\,\xi_1 = 0$ であるが, $\mathrm{Re}\,\xi_1$ の符号はわからない.

$p = +1/\alpha_1$ の近傍で $\mathrm{Re}\,\xi_1$ の符号を調べるために

$$p = 1/\alpha_1 + \varepsilon e^{i\theta} \qquad -\pi < \theta < \pi$$

と置く. ε は正の小さな数である. θ が $-\pi$ から $+\pi$ まで変化すると p は分岐線を横切らずに分岐点のまわりを 1 周する. ε の二次以上を無視すれば

$$\xi_1^2 = -\frac{2\varepsilon}{\alpha_1} e^{i\theta} \qquad \xi_1 = \pm\sqrt{\frac{2\varepsilon}{\alpha_1}} e^{i(\theta+\pi)/2}$$

となる. 複号は $-\pi < \theta < \pi$ で $\mathrm{Im}\,\xi_1 > 0$ の条件から, 正を選ばなければならないことがわかる. したがって

$$\mathrm{Re}\,\xi_1 = \sqrt{\frac{2\varepsilon}{\alpha_1}}\cos(\theta+\pi)/2$$

であるから $\mathrm{Re}\,\xi_1$ の符号は

$$\mathrm{Re}\,\xi_1 \begin{cases} >0 & -\pi<\theta<0 \\ <0 & 0<\theta<\pi \end{cases} \qquad p\sim \frac{1}{\alpha_1}$$

となる．同様に $-1/\alpha_1$ の近傍を

$$p = -1/\alpha_1 + \varepsilon e^{i\theta} \qquad 0<\theta<2\pi$$

と置けば

$$\xi_1 = \sqrt{\frac{2\varepsilon}{\alpha_1}}e^{i\theta/2}$$

になるから

$$\mathrm{Re}\,\xi_1 \begin{cases} >0 & 0<\theta<\pi \\ <0 & \pi<\theta<2\pi \end{cases} \qquad p\sim -\frac{1}{\alpha_1}$$

である．先にも述べたように，(8.2.1) 式の積分路は $-1/\alpha_1<p<0$ では分岐線の上側，$0<p<1/\alpha_1$ では分岐線の下側を通るから，(8.2.1) 式の積分路上ではつねに $\mathrm{Re}\,\xi_1>0$ である．

直接波　積分 (8.2.1) 式を最急降下法で評価するために，この式の指数部の ω を除いた部分が最急降下法の $f(p)$ であるから

$$f(p) = i\,(px+\xi_1|z-h|)$$
$$f'(p) = i\left(x-\frac{p|z-h|}{\xi_1}\right) \qquad f''(p) = -i\frac{|z-h|}{\alpha^2\xi_1^3}$$

が成り立つ．鞍点は，$f'(p)=0$ より

$$x^2 = \frac{p^2(z-h)^2}{\xi_1^2} \qquad p^2 = \frac{x^2}{\alpha_1^2 R^2} \qquad R^2 = x^2+(z-h)^2$$

が得られるが，$x>0$ のとき p の二つの根のうち実際に $f'(p)=0$ を満たす鞍点は

$$p = s = \frac{x}{\alpha_1 R} \qquad \xi_1(s) = \frac{|z-h|}{\alpha_1 R} > 0 \qquad x > 0 \qquad (8.2.13)$$

の方である．以下でも $x>0$ の場合だけを考える．R は震源から観測点までの直線距離である．$\xi_1(s)$ は鞍点における ξ_1 の値で $f'(s)=0$ を満たすために正でなければならない．$x<R$ であるから，$s<1/\alpha_1$ であり，鞍点は実軸上の分岐線の真上にある．この点で

$$f(s) = i\frac{R}{\alpha_1} \qquad f''(s) = -i\frac{\alpha_1 R^3}{(z-h)^2} \qquad (8.2.14)$$

であるから，$f''(s)$ の偏角は

$$\chi = -\frac{\pi}{2}$$

と表される．したがって最急降下法の積分路は鞍点 s を角

$$\varphi = \frac{1}{2}(\pm\pi - \chi) = \frac{3\pi}{4}, \ -\frac{\pi}{4}$$

の向きに通らなければならない．二つの方向のうちどちらを通るかは，鞍点を通るように積分路を変形してみればわかる．

実軸上の積分路を図 8.2.3 の ABCSDEF のように変形する．新しい積分路は虚軸で分岐線を横切っていったん下のリーマン面に入り，実軸で再び分岐

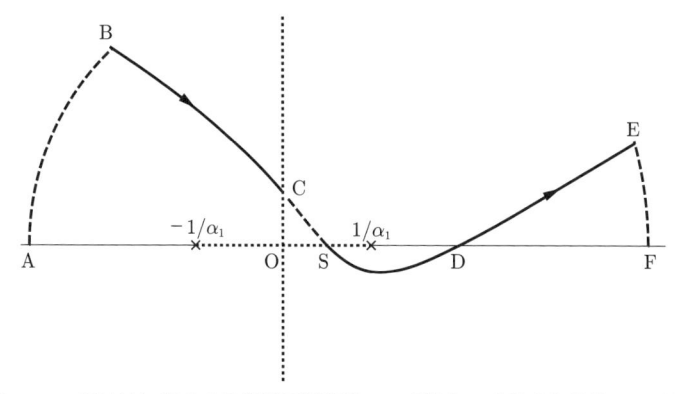

図 **8.2.3** 直接波に対する最急降下積分路　S は鞍点，破線は分岐線．CS 間は $\mathrm{Im}\,\xi < 0$ のリーマン面を通っているが，積分の収束性には問題がない．

線を横切って上のリーマン面に戻っている．いったん下のリーマン面に入り，ここでは $\text{Im}\,\xi_1 < 0$ になるが p が有限であるから積分の収束には問題がない．また変形の途中で極などを横切ることもないのでコーシーの定理の前提に反することもない．鞍点では $\xi_1(s) > 0$ でなければならないが，先に示したように分岐線の下側第四象限ではそうなっている．分岐線の上側第一象限では $\text{Re}\,\xi_1$ は負になっているが，最急降下経路では第一象限の下にあるリーマン面を通っているので，分岐線の上でも $\xi_1(s) > 0$ が成り立っている．このように積分路を変形すると，もともとの実軸上の積分路に比べて上半平面上の弧の部分 AB と EF が余分であるが，ここでは $\text{Im}\,p > 0$, $\text{Im}\,\xi_1 > 0$ であるから，無限遠の円弧上の積分は 0 になる (ジョルダンの補題, 8.3 節末のメモ参照)．鞍点を通る最急降下法の積分路の向きは，図からわかるように

$$\varphi = -\frac{\pi}{4}$$

に選ばなければならない．この向きを用いれば，最急降下法による (8.2.1) 式の近似値は (8.2.11) 式を用いて

$$v = \frac{i}{4}\sqrt{\frac{2}{\pi k_{\alpha_1} R}} \exp\left[i\left(k_{\alpha_1} R - \frac{\pi}{4}\right)\right] \qquad k_{\alpha_1} = \frac{\omega}{\alpha_1} \qquad (8.2.15)$$

となる．これは v の厳密な積分 (8.1.7) 式の $r \to \infty$ における漸近解にほかならない．これによって最急降下法の妥当性が示された．時間項 $e^{-i\omega t}$ を含めて指数部を見れば

$$\exp\left[-i\omega\left(t - \frac{R}{\alpha_1}\right) - i\frac{\pi}{4}\right]$$

となるから，この波は速度 α_1 で震源から観測点に直接伝わる波であることがわかる．また，振幅は距離の平方根に反比例している．これは円筒波の特徴である．

最急降下積分路　上の (8.2.11) 式では鞍点を通る積分路の方向だけに注目したが，数値積分を行う場合には鞍点を通り $\text{Im}\,f(z)$ が一定となる経路，すなわち最急降下積分路を用いると効率がよい．いまの問題では

$$\text{Re}\,f(s) = 0 \qquad \text{Im}\,f(s) = \frac{R}{\alpha_1}$$

であるから，上の条件を満たす積分路は

$$f(p) = i\left(px + \xi_1|z-h|\right) = -A + i\frac{R}{\alpha_1} \tag{8.2.16}$$

を p について解くことによって定義される．ここに A は積分路のパラメーターである．鞍点では $\operatorname{Re} f(s) = 0$ でこれが積分路に沿っての極大値になっているので，A は正でなければならない．この式を逆に p について解けば

$$p\alpha_1 = (1+ia)\sin\theta \pm \cos\theta\sqrt{a(a-2i)}$$
$$a = \frac{\alpha_1 A}{R} \qquad \sin\theta = \frac{x}{R}$$

となる．θ は震源から観測点までの方向と z 軸のなす角である．この積分路は $a = \sin\theta\tan\theta$ のとき $p\alpha_1 = i\tan\theta$ で虚軸を切り，$a = 0$ のとき $p\alpha_1 = \sin\theta$ で実軸を切り（鞍点），$a = \cos\theta\cot\theta$ のとき $p\alpha_1 = 1/\sin\theta$（図 8.2.3 の点 D）で再び実軸を切って第一象限に入る．この点

$$p = \frac{1}{\alpha_1 \sin\theta} = \frac{R}{\alpha_1 x} \tag{8.2.17}$$

はいまの問題の場合，つねに分岐点 $1/\alpha_1$ の右側にあって分岐線を横切ったりすることはない．しかしすぐ後で見るように，問題によっては別の分岐線を横切ったり，積分路の変形の途中に極を通過したりすることがあり，このときには鞍点からの寄与以外の項が必要になる．

　分岐点のまわりの積分路を詳しく描いたのが図 8.2.4 の太線である．この図で OB が分岐線，S が鞍点，実線は $\operatorname{Re} f(p)$ が負の等高線，破線は正の等高線である．左上の影の部分は下のリーマン面を表している．最急降下積分路が $\operatorname{Re} f(p)$ の等高線に直交して走っていることがよくわかる．鞍点 S では積分路が等高線に直交していないが，この点では 2 本の等高線が交わっており，積分路はこれらの等高線を二分するように走っている．

　最急降下積分路が解析的に求められない場合でも，(8.2.16) 式に相当する式を数値的に解いて積分路を求め，その経路に沿って積分を評価することができる．

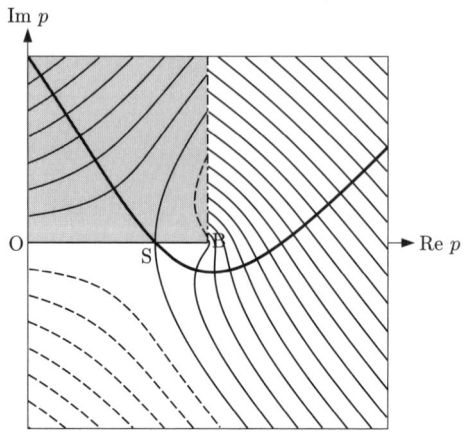

図 8.2.4 最急降下積分路 OB は分岐線, S は鞍点. 太線は積分路, 実線は Re $f(p)$ が 0 または負の等高線, 破線は正の等高線. 影の部分は下のリーマン面上を示している.

8.2.4 反射波

次に反射波 (8.2.2) 式を計算する. ここには多価関数として ξ_1 のほかに $R_{12}(p)$ に含まれる ξ_2 があるので, 分岐点は 2 組, リーマン面は 4 枚ある. ξ_1 に関する分岐線は前と同じように選べばよい. ξ_2 も $\text{Im}\,\xi_2 > 0$ でなければならないから, ξ_1 に対する分岐線と同じ形になる. したがって 2 組の分岐線が重なる部分がある.

いま $\alpha_2 > \alpha_1$ とすると, 実軸上 $|p| < 1/\alpha_2$ には 2 組の分岐線がある. 物理的なリーマン面上でこの線を横切ると $\text{Im}\,\xi_1 < 0$, $\text{Im}\,\xi_2 < 0$ のリーマン面にのり移ることになる. この面を $\text{Im}\,\xi_1$, $\text{Im}\,\xi_2$ の符号を用いて $(-,-)$ 面と呼ぶことにする. 積分を行おうとしている面は $(+,+)$ 面である. 実軸上 $1/\alpha_2 < |p| < 1/\alpha_1$ には ξ_1 の分岐線だけが通っているので, $(+,+)$ 面上でここを横切ると $(-,+)$ 面に移る. 虚軸には二つの分岐線が通っているのでここを横切ると $(-,-)$ 面に移る.

(8.2.2) 式の指数部は (8.1.5) 式の指数部と同じ形をしているので, 鞍点は簡単に求めることができて

$$s = \frac{x}{\alpha_1 R_0} \qquad f(s) = i\frac{R_0}{\alpha_1} \qquad R_0 = \sqrt{x^2 + (z+h)^2}$$
$$f''(s) = -i\frac{\alpha_1 R_0^3}{(z+h)^2} \qquad \xi_1(s) = \frac{z+h}{\alpha_1 R_0} \tag{8.2.18}$$

となる．ここに R_0 は震源の境界面に対する鏡像 $(0, -h)$ から観測点までの距離を表している．鞍点は ξ_1 の分岐点の左側にあるが，これが ξ_2 の分岐点の右にあるか左にあるかは α_1 と α_2 の大小関係および観測点の位置によって変わってくる．

$\alpha_1 > \alpha_2$ の場合には観測点の位置によらずに鞍点は二つの分岐点の左にある．この場合はすぐ後の議論の中に含まれるので特には考えない．そこで $\alpha_1 < \alpha_2$ の場合を考える．これは波線理論では先頭波が生じる構造である．

はじめに鞍点が ξ_2 の分岐点より左にある場合を考える．すなわち

$$\frac{x}{\alpha_1 R_0} < \frac{1}{\alpha_2} \tag{8.2.19}$$

が成り立つ場合である．$\alpha_1 > \alpha_2$ の場合には

$$\frac{x}{\alpha_1 R_0} < \frac{1}{\alpha_1} < \frac{1}{\alpha_2}$$

であるから当然 (8.2.19) 式が成り立っている．したがってここでの議論には $\alpha_1 > \alpha_2$ の場合も含まれている．この式を整理すれば

$$x < (z+h)\tan\theta_c \qquad \sin\theta_c = \frac{\alpha_1}{\alpha_2}$$

となる．ここに θ_c は臨界角である．この条件は震源から臨界角で出た波が境界面で反射した波線より内側 (z 軸寄り) に観測点があるという条件である (図 8.2.5)．したがって波線理論では先頭波が存在しない領域である．ここでの最急降下経路は直接波のときとまったく同じにとることができる．虚軸を横切るときには $(+, +)$ 面から $(-, -)$ 面に移るが，実軸を横切れば再び $(+, +)$ 面に戻るので，収束性，一価性にはまったく問題がない．したがってこの場合の最急降下法の近似解は，直接波と同じ形の

$$v_1 = \frac{i}{4}\sqrt{\frac{2}{\pi k_{\alpha_1} R_0}} R_{12}(s) \exp\left[i\left(k_{\alpha_1} R_0 - \frac{\pi}{4}\right)\right] \tag{8.2.20}$$

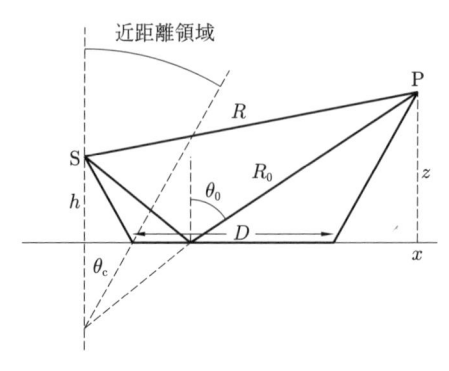

240 —— 8 円筒波の伝播 (二次元問題)

図 8.2.5 震源と観測点の配置

である．この波の走時は震源の鏡像から出た波に等しい．$R_{12}(s)$ は平面波が反射点に入射したときの反射係数で，(8.2.19) 式が成り立つ近距離では ξ_1 だけでなく ξ_2 も実数であるから $R_{12}(s)$ は実数である．

次に鞍点が二つの分岐点の中間にくる場合，すなわち

$$\frac{x}{\alpha_1 R_0} > \frac{1}{\alpha_2} \tag{8.2.21}$$

が成り立つ場合を考える．このときに上と同じ積分路をとると不都合が生じる．近距離の場合と同様に第二象限から虚軸を横切ると $(-,-)$ 面に入るが，さらに鞍点で実軸を横切るとここは ξ_2 の分岐線ではないので $\mathrm{Im}\,\xi_1$ の符号だけが変化して $(+,-)$ 面に出てしまう．物理的な面である $(+,+)$ 面へ戻ってくるには工夫が必要である．それには鞍点から最急降下積分路を逆にたどるとわかりやすい．

図 8.2.6 にはわかりやすいように二つの分岐線を離して書いてある．鞍点 S を通る最急降下積分路は逆にたどると第一象限に入るが，ここは ξ_1 の分岐線を横切っただけであるから $(-,+)$ 面である．さらに戻っていくと点 F で ξ_1 の分岐線を，点 E で ξ_2 の分岐線を横切るので点 D は $(+,-)$ 上にある．物理的な $(+,+)$ 面に戻るには，もう 1 回 ξ_2 の分岐線を横切らなければならない．そこで ξ_2 の分岐線を右向きに横切って点 C に達すると，ここは ξ_1 の分岐線の左側であるから $(+,+)$ 面上である．ここから ξ_2 の分岐線の右側に沿って虚軸を下り，分岐点 $1/\alpha_2$ を迂回して今度は分岐線の左側に沿って虚

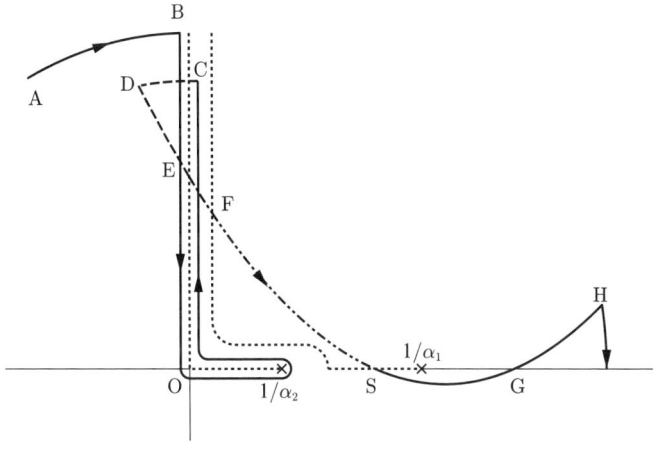

図 **8.2.6 広角反射のときの最急降下積分路** B から C までは $(+, +)$ 面上で ξ_2 の分岐線に沿った積分．CDE は $(+, -)$ 面上，FS は $(-, +)$ 面上，を通る．鞍点 S では ξ_1 の分岐線しか横切らないので，S で第四象限に入ったときには $(+, +)$ 面に出てくる．

軸を上る．この間分岐線を横切らないので積分路は $(+, +)$ 面上にある．近距離の場合に比べて余分な円弧上の積分は CD である．ここでは $\mathrm{Im}\,\xi_2$ の符号は変化するが，$\mathrm{Im}\,\xi_1$ はつねに正である．(8.2.2) 式の指数部には ξ_1 しか現れていないから，$\mathrm{Im}\,\xi_1 > 0$ なら CD に沿った積分は 0 になる．

こうして鞍点における最急降下法による近似は，形式的には (8.2.20) 式とまったく同じ形に表される．ただしここでは全反射が起きているので，$R_{12}(s)$ に現れる ξ_2 は虚数になり，その符号は $\mathrm{Im}\,\xi_2 > 0$ に選ばなければならない．この波は臨界角よりも大きな入射角で反射した波であるので，広角反射 (wide angle reflection) と呼ばれる．

8.2.5 先頭波

上では鞍点付近の積分だけを評価したが，広角反射が起きるときには ξ_2 の分岐線に沿った積分が現れる．これが無視できれば (8.2.2) 式の近似解は上式 (8.2.20) だけで与えられることになるが，その検討をしなければならない．

この分岐線に沿っては定義から $\mathrm{Im}\,\xi_2 = 0$ である．また $p = 1/\alpha_2$ のまわ

りで ξ_2 の符号を調べればわかるように，分岐線の左側では $\xi_2 > 0$，右側では $\xi_2 < 0$ になる．この積分路は ξ_1 の分岐線の左側になっているので，すべての経路に対して $\xi_1 > 0$ である．そこでこの分岐線積分は形式的に

$$v_\mathrm{h} = \frac{1}{2\pi}\int_{i\infty}^{1/\alpha_2}\left[R_{12}(\xi_2>0)-R_{12}(\xi_2<0)\right]\frac{e^{\omega f(p)}}{-2i\xi_1}dp$$

と書くことができる．R_{12} の引数は分岐線の両側における ξ_2 の符号を意味している．これを $\xi_2 > 0$ の値だけで書けば

$$\begin{aligned}R_{12}(\xi_2>0)-R_{12}(\xi_2<0)&=\frac{\rho_2\xi_1-\rho_1\xi_2}{\rho_2\xi_1+\rho_1\xi_2}-\frac{\rho_2\xi_1+\rho_1\xi_2}{\rho_2\xi_1-\rho_1\xi_2}\\ &=-\frac{4(\rho_2\xi_1)(\rho_1\xi_2)}{(\rho_2\xi_1)^2-(\rho_1\xi_2)^2}\end{aligned}$$

になる．

この積分路上の虚軸上では被積分関数が指数関数的に減少するので積分への寄与は小さく，問題は実軸上での被積分関数の振舞いである．鞍点が $1/\alpha_2$ より右側にあることから指数部の変化は分岐点で最小で，分岐点から離れるにつれて大きくなる．したがって積分の寄与は分岐点 $p=1/\alpha_2$ の付近が最大である．そこで指数部をこの点のまわりに展開することにする．

$$f(p)=i\left[px+\xi_1(z+h)\right]=f(1/\alpha_2)+f'(1/\alpha_2)(p-1/\alpha_2)+\cdots$$

分岐点においては

$$\begin{aligned}f(1/\alpha_2)&=i\left(\frac{x}{\alpha_2}+\frac{z+h}{\alpha_1}\cos\theta_c\right)\equiv it_\mathrm{h}\\ f'(1/\alpha_2)&=i\left[x-(z+h)\tan\theta_c\right]\equiv iD\end{aligned}$$

であるから

$$f(p)=it_\mathrm{h}+i\left(p-\frac{1}{\alpha_2}\right)D \tag{8.2.22}$$

となる．ここで t_h は震源から観測点まで先頭波の伝わる走時を表しており，D は先頭波の経路のうち，下層の経路長を表している (図 8.2.5 参照)．

分岐点 $p=1/\alpha_2$ の付近だけが問題になるので，さらに大胆な近似をする．

$$\xi_1 = \sqrt{\alpha_1^{-2} - p^2} \simeq \alpha_1^{-1}\sqrt{1 - \alpha_1^2/\alpha_2^2}$$
$$\xi_2 = \sqrt{(1/\alpha_2 + p)(1/\alpha_2 - p)} \simeq \sqrt{2/\alpha_2}\sqrt{1/\alpha_2 - p}$$
$$\frac{(\rho_2\xi_1)(\rho_1\xi_2)}{(\rho_2\xi_1)^2 - (\rho_1\xi_2)^2} \simeq \frac{\rho_1\xi_2}{\rho_2\xi_1}$$

これらを用いると

$$v_{\rm h} = \frac{\rho_1 \alpha_1^2 \sqrt{2/\alpha_2}}{i\pi\rho_2(1-\alpha_1^2/\alpha_2^2)} e^{i\omega t_h} \int_{i\infty}^{1/\alpha_2} \sqrt{\frac{1}{\alpha_2} - p}\, e^{i\omega D(p-1/\alpha_2)} dp \tag{8.2.23}$$

となる.

　最後の積分も問題である. $y = \sqrt{1/\alpha_2 - p}$ と置くと

$$\int_{i\infty}^{1/\alpha_2} \sqrt{\frac{1}{\alpha_2} - p}\, e^{i\omega D(p-1/\alpha_2)} dp = 2\int_0^\infty y^2 e^{-ia^2 y^2} dy \qquad a^2 = \omega D$$

と書き表せる. 積分の上限は形式的に ∞ にしてあるが, 実際の上限は $p = i\infty$ で, そこでは被積分関数が指数関数的に減衰することを念頭に置いておかなければならない. 上の積分を額面通りに受け取ると収束しない. これは被積分関数を分岐点 $1/\alpha_2$ の近傍だけで評価したからである. 上式を部分積分すると

$$= \frac{1}{ia^2}\left[-y\, e^{-ia^2 y^2}\Big|_0^\infty + \int_0^\infty e^{-ia^2 y^2} dy\right]$$

となるが, 第一項の上限は上で注意したように, ここには見えていない指数部の項によって虚軸上の無限遠で 0 になるはずである. 第二項の被積分関数は y が大きくなると激しく振動して積分への寄与は小さい. そこで積分の上限を実際に無限大にとってフレネル (Fresnel) の積分公式

$$\int_0^\infty \sin a^2 x^2 dx = \int_0^\infty \cos a^2 x^2 dx = \frac{1}{2|a|}\sqrt{\frac{\pi}{2}}$$

を用いれば, 先の積分として

$$= \frac{\sqrt{\pi}}{2ia^3} e^{-i\pi/4}$$

が得られる．これを (8.2.23) 式に代入すれば

$$v_\mathrm{h} = -\frac{1}{\sqrt{2\pi}} \frac{\rho_1 \alpha_1^2}{\rho_2 \alpha_2^2 (1 - \alpha_1^2/\alpha_2^2)(k_{\alpha_2} D)^{3/2}} \exp\left[i\left(\omega t_\mathrm{h} - \frac{\pi}{4}\right)\right] \tag{8.2.24}$$

が得られる．

この解は面白い性質をもっている．まず，この波が幾何光学の先頭波の走時で伝播していることは指数部からわかる．次に距離減衰を見てみると，D の 3/2 乗に反比例して減衰している．ただしこれをそのまま鵜呑みにするわけにはいかない．いまは二次元の問題を考えているからである．比較すべきは直接波の振幅である．(8.2.15) 式より，直接波の振幅は震源から観測点までの距離 R の平方根に反比例している．震源から遠い観測点を考えれば R と D は同じオーダーの量である．したがって先頭波は直接波に比べて $1/R$ だけ減衰が大きいことがわかる．これを三次元に翻訳すると，直接波が $1/R$ の減衰に対して先頭波は $1/R^2$ の減衰になる．距離依存性に対してもう一つ注意しなければならないことは，(8.2.24) 式は $D = 0$ で発散してしまうことである．$D = 0$ に近い領域では反射波と先頭波が分離しない．いい換えれば鞍点と分岐点 $1/\alpha_2$ が接近しているので，上のように分離した解析ができなくなるからである．

もう一つ注目すべき点は周波数依存性である．先頭波は周波数に関しては直接波 (8.2.15) 式の $1/i\omega$ 倍になっている．したがって先頭波は直接波に比べて高周波成分が少ない．またこの係数は時間軸上では積分に相当しているので，先頭波の波形は直接波の時間積分になっていると考えてもよい．

8.2.6　透過波

最後に下層で観測される透過波 (屈折波) を計算する．(8.2.3) 式の指数部を改めて $f(p)$ とすれば

$$f(p) = i(px - \xi_2 z + \xi_1 h) \tag{8.2.25}$$

$$f'(p) = i\left(x + \frac{p}{\xi_2} z - \frac{p}{\xi_1} h\right) \qquad f''(p) = -i\left(\frac{h}{\alpha_1^2 \xi_1^3} - \frac{z}{\alpha_2^2 \xi_2^3}\right)$$

8.2 円筒波の反射,屈折 —— 245

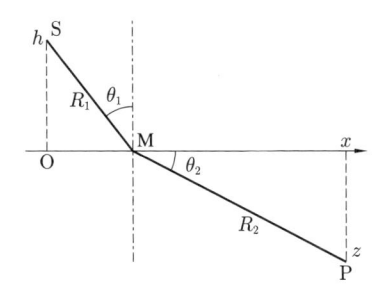

図 8.2.7 透過波の波線 幾何光学的な波線が停留点に対応している.

である.鞍点を求めるために,これまでの経験から震源から観測点までの幾何光学的な波線を求める.これは図 8.2.7 においてスネルの法則

$$\frac{\sin\theta_1}{\alpha_1} = \frac{\sin\theta_2}{\alpha_2}$$

を満たす経路である.このような経路がかならず存在することは,反射点 M を原点から x 軸に沿って動かして

$$\frac{\sin\theta_1}{\alpha_1} - \frac{\sin\theta_2}{\alpha_2}$$

の符号の変化を見れば明らかである.そこで実際に

$$p = s = \frac{\sin\theta_1}{\alpha_1} = \frac{\sin\theta_2}{\alpha_2} \tag{8.2.26}$$

を $f'(p)$ に代入すれば,これが 0 になることがわかる.したがって上の s が屈折波の鞍点である.この鞍点は α_1,α_2 の大小関係によらず,つねに二つの分岐点の左側にある.ただし,実際に θ_1, θ_2 を求めるのにはこの式だけでは不十分で,観測点を指定するもう一つの式,たとえば

$$x = \tan\theta_1 + |z|\tan\theta_2$$

と連立させなければならない.

この鞍点に対しては

$$f(s) = i\left(\frac{R_1}{\alpha_1} + \frac{R_2}{\alpha_2}\right) = it_{\text{refr}} \qquad f''(s) = -i\left(\frac{\alpha_1 R_1}{\cos^2\theta_1} + \frac{\alpha_2 R_2}{\cos^2\theta_2}\right)$$

$$\xi_1(s) = \frac{\cos\theta_1}{\alpha_1} \qquad \xi_2(s) = \frac{\cos\theta_2}{\alpha_2} \tag{8.2.27}$$

が成り立つから，$f''(s)$ の偏角 χ は

$$\chi = -\frac{\pi}{2}$$

である．最終的な最急降下法の近似解は

$$v_2 = \frac{i}{4}T_{12}(s)\sqrt{\frac{2}{\pi k_{\alpha_1}}}\left(R_1 + \frac{\alpha_2\cos^2\theta_1}{\alpha_1\cos^2\theta_2}R_2\right)^{-1/2}\exp\left[i\left(\omega t_{\text{refr}} - \frac{\pi}{4}\right)\right] \tag{8.2.28}$$

になる．t_{refr} は透過波の走時，$T_{12}(s)$ はつねに実数である．

$\cdots\bullet\cdots\bullet\cdots$ (メ モ) $\cdots\bullet\cdots\bullet\cdots$

リーマン面 $\sqrt{2}$ の値は $\sqrt{2} = 1.4142\cdots$ で表される．これは正数の平方根の値は正とするという平方根の記号の暗黙の約束にしたがっているからである．しかし z が複素数のときには $\sqrt{z}$ にはそのような約束はなく，$\sqrt{z}$ と書いただけではその値が一義的には決まらない．

複素数 z を極表示して

$$z = re^{i\theta} \qquad 0 < \theta < 2\pi$$

と書く．$y = \sqrt{z}$ は z の二価関数であるから，二つのブランチを y_1, y_2 とすると

$$y_1 = \sqrt{r}e^{i\theta/2} \qquad y_2 = -\sqrt{r}e^{i\theta/2}$$

で表される．θ が 0 から 2π まで変化すると y_1 は複素 y 平面上の上半平面上を動き，y_2 は下半平面上を動く．したがってどちらか一方だけでは y の全平面をおおいつくすことはできない．

逆の問題

$$z = y^2$$

を考えてみる．こんどは y の偏角が 0 から π まで変化する間に z 平面のすべてがおおいつくされ，偏角がさらに π から 2π まで変化するともう 1 枚の z 平面がおおいつくされる．

そこで y 平面と z 平面を一対一に対応させるために 2 枚の z 平面を考え，θ が 0 から 2π までを上の面，θ が 2π から 4π までを下の面と呼ぶ．このように 2 枚の z 平面を考え，z の偏角を 0 から 4π まで拡張すれば

$$y = \sqrt{r}e^{i\theta/2} \qquad 0 < \theta < 4\pi$$

の一つの式で z と y が一対一に対応することになる．

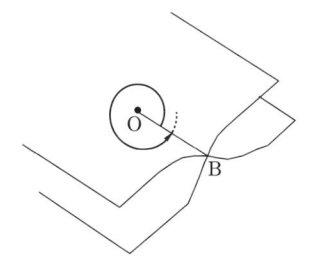

図 8.2.i $\sqrt{z}$ のリーマン面　上の面は $\mathrm{Im}\sqrt{z} > 0$, 下の面は $\mathrm{Im}\sqrt{z} < 0$.

θ が 2π を越えれば下の面に入るから，これら二つの面は $\theta = 2\pi$ の直線上，つまり実軸の正の部分でつながっていると考えられる．この線を分岐線という．分岐線の起点，いまの場合は原点，を分岐点という．分岐点は $\sqrt{z} = 0$ で定義される．上の面の第一象限から分岐点に対して時計まわりに分岐線を横切れば下の面の第四象限に入り，逆に上の面の第四象限から反時計まわりに分岐線を横切れば下の面の第一象限に入る．

　上の面と下の面を z の偏角で区別したが，別の方法で区別することもできる．いまの例では上の面で y の実数部は正にも負にもなるが，虚数部はつねに正である．これに対して下の面では y の虚数部は負である．そこで上面を $\mathrm{Im}\sqrt{z}$ が正のリーマン面，下の面を $\mathrm{Im}\sqrt{z} < 0$ のリーマン面と呼ぶ (図 8.2.i)．

　分岐点は一義的に決まるが，分岐線は一義的には決まらない．むしろ目的によって便利なように決めればよい．$\sqrt{z}$ の場合に先と反対に原点から負の方向の実軸を選べば，上の面で

$$y = \sqrt{r}e^{i\theta/2} \qquad -\pi < \theta < \pi$$

の実数部はつねに正である．しかし分岐線を越えて下の面に入ると y の実数部は負になる．すなわち実数部の正負でリーマン面を分けたいときには負の実軸を分岐線に選び，虚数部の正負で分けたいときには正の実軸を分岐線に選べばよい．

コーシーの定理　リーマン面という面倒なことを考えたのは，複素平面上での積分を行いたいからである．ここで基本になるのは周回積分に関するコーシー (Cauchy) の定理である．

　複素関数 $f(z)$ が正則な複素 z 平面上の領域に閉曲線 C を考える．この閉曲線に沿った周回積分は

$$\oint_C f(z)dz = 0$$

となる．これがコーシーの定理である．正則な領域とは面倒なことをいえばきりがないが，要するに閉曲線 C の内部，およびその上に $f(z)$ が無限大になる点 (極) や分岐点，分岐線がないという意味である．

　たとえば

$$f(z) = z$$

として原点のまわり半径 r の円上で積分することにすれば

であるから
$$z = re^{i\theta} \qquad dz = re^{i\theta}id\theta \qquad 0 < \theta < 2\pi$$
であるから
$$\oint f(z)dz = ir^2 \int_0^{2\pi} e^{2i\theta}d\theta = 0$$
となってコーシーの定理が成り立っていることがわかる．一方，$f(z) = \sqrt{z}$ のときに前に導いた解
$$f(z) = \sqrt{r}e^{i\theta/2}$$
を用いて積分すれば
$$\oint f(z)dz = ir^{3/2} \int_0^{2\pi} e^{3i\theta/2}d\theta = -\frac{4}{3}r^{3/2} \neq 0$$
になる．これは積分路が分岐線を横切っているからである．ここでは分岐線の定義をしていないが，分岐線は分岐点である原点と無限遠を結ぶ曲線であるから，どのように分岐線を定義しても原点のまわりを一周すればかならず分岐線を横切ってしまうからである．

分岐線がある場合でも，これをよけて周回積分路を選べば積分は 0 になる．$\sqrt{z}$ の分岐線を正の実軸に選び，図 8.2.ii のように分岐線のすぐ上とすぐ下の直線を加えた周回積分を考える．先に示したように，実軸のすぐ上で $\mathrm{Re}\sqrt{z} > 0$，すぐ下で $\mathrm{Re}\sqrt{z} < 0$ であるから，この部分の積分は
$$\int_0^r \sqrt{x}dx - \int_r^0 \sqrt{x}dx = \frac{4}{3}r^{3/2}$$
になる．これと先に計算した円周に沿った積分を加え合せると 0 になる．すなわち図 8.2.ii の積分路に沿った 1 周積分は 0 である．

コーシーの定理は正則な関数の積分が，始点と終点によってのみ決まり，途中の経路にはよらないことを意味している．点 A と B を結ぶ経路 C_1 と，別の経路 C_2 に沿った積分を考える (図 8.2.iii)．C_1 と C_2 に囲まれた領域で $f(z)$ が正則なら，点 A から経路 C_1 を通って点 B にいたり，そこから経路 C_2 を逆に通って点 A に戻る周回積分を考えると，コーシーの定理により 0 になる．したがって

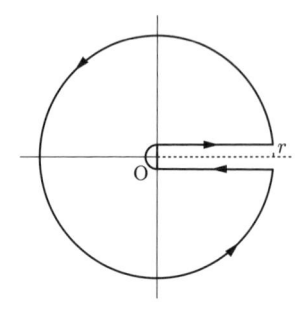

図 8.2.ii 分岐線を避けた周回積分路 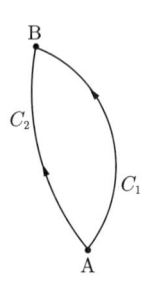　　図 8.2.iii 点 A から B への積分路

$$\int_{C_1} f(z)dz - \int_{C_2} f(z)dz = 0$$

が成り立つ．第二項が負号になっているのは積分の向きが逆だからである．上式から積分の値は経路によらず，始点と終点の座標だけによることがわかる．この積分の値を

$$\int_{C_1} f(z)dz = \int_{C_2} f(z)dz = \int_A^B f(z)dz$$

と書く．このことから積分路は $f(z)$ が正則な領域で自由に変形してもよいことがわかる．これは積分を計算するときに非常に有利な点である．

・・・●・・・●・・・●・・・●・・・●・・・●・・・

8.3　カニアール–ド・フープの方法

　これまで求めてきた解は，ほとんどが単振動の時間変化 $e^{-i\omega t}$ を仮定してきた．これは実空間における解 $v(x,z;t)$ の時間に関するフーリエ変換を求めていたことになる．したがって時間領域における解を求めるにはこれをもう一度フーリエ逆変換しなければならない．逆変換を行わないで時間関数を求めるのが，カニアールとド・フープが独立に発展させた，カニアール–ド・フープの方法 (Cagniard-de Hoop method) である．

8.3.1　直接波

　因果的 (causal) な関数の場合にはフーリエ変換よりもラプラス変換 (Laplace transform) を用いた方が便利である．$f(t)$ を因果的な関数とするとき，そのラプラス変換は

$$F(s) = \int_0^\infty f(t)e^{-st}dt \tag{8.3.1}$$

で定義される．ラプラス変数 s は一般には複素数であるが，ほとんどの場合 s は実数でしかも正の値だけを考えれば十分である．ここでもそれを仮定する．このために解析が非常に単純になる．

　ラプラス変換 $F(s)$ が求められれば，これを逆変換すればもとの関数 $f(t)$ が求められる．しかしここでは逆変換を行わずに $f(t)$ を求めるところがみそ

である.すなわち,ラプラス変換 $F(s)$ が積分の形で求められたときに,これをなんらかの方法で (8.3.1) 式の右辺の形に書き換えることができたとする.ここで重要なことは,被積分関数の指数関数 e^{-st} 以外には s が含まれていないこと,さらに積分範囲が実軸の正の範囲であるということである.このような書き換えができたとすれば e^{-st} 以外の部分が $f(t)$ になる.

無限流体中の円筒波を例にとる.これはすでにフーリエ変換 (8.1.5) 式が求められている.これを改めて

$$V(x,z;\omega) = \frac{1}{2\pi}\int_{-\infty}^{\infty}\frac{e^{ikx+i\omega\xi|z|}}{-2i\omega\xi}dk \tag{8.3.2}$$

とする.ここでは本来の積分変数 $k=\omega p$ を用いている.ところで,フーリエ変換をラプラス変換に書き換えるには,(8.3.1) 式とフーリエ変換の定義式とを比較すれば

$$i\omega = -s \tag{8.3.3}$$

の置き換えをすればよい.ラプラス変換もフーリエ変換と同じ記号で表すことにすれば (8.3.2) 式は

$$V(x,z;s) = \frac{1}{2\pi}\int_{+i\infty}^{-i\infty}\frac{e^{-s(px+\xi|z|)}}{2\xi}idp \tag{8.3.4}$$

となる.ここで $k=ips$ の変換で $s>0$ を仮定しているために p の積分範囲が虚軸上になっていることに注意する.ξ は形式的にはこれまでと同様に $\xi=(\alpha^{-2}-p^2)^{1/2}$ である.ただし収束性のためにこんどは

$$\mathrm{Re}\,\xi > 0$$

でなければならない.前節までは $\mathrm{Im}\,\xi > 0$ であったのとは異なっている.しかしこんどの方が単純で,分岐線は $|p|>1/\alpha$ の実軸上に選べばよい.したがって (8.3.4) 式の虚軸上の積分路は分岐線を横切ることはない.また,分岐線をこのように選ぶと分岐線のすぐ上,第一象限では

$$\mathrm{Im}\,\xi < 0$$

になっていることを注意しておく．

　被積分関数に現れる ξ は積分路上で p の偶関数である．これを用いると先の積分は

$$V(x,z;s) = \frac{1}{2\pi}\text{Im}\int_0^{i\infty}\frac{e^{-s(px+\xi|z|)}}{\xi}dp \tag{8.3.5}$$

となる．これを導くためには，たとえば $p = \pm ip'$ と変換して p' の実軸の正，負の領域での被積分関数が互いに複素共役になっていることを用いればよい．

　ここまでくると上式の右辺が (8.3.1) 式の右辺に似てきた．次の問題は指数部を

$$t(p) = px + \xi|z| \tag{8.3.6}$$

と書き換え，p の積分を t の実軸上の積分に変換できるかどうかということである．そこで p が正の虚軸上を動くとき t が複素 t 平面上でどのように動くかを調べてみると，図 8.3.1 のようになる．すなわち，$p = 0$ で t は実軸上 $t = |z|/\alpha$，p が虚軸上を上るにつれて t は第一象限の双曲線に沿って無限遠に遠ざかる．また p が実軸上を原点から $x/\alpha r$ $(r = \sqrt{x^2 + z^2})$ まで動くと，t は実軸上を $|z|/\alpha$ から r/α まで動き，さらに p が $1/\alpha$ まで動くと t は後戻りして x/α に達する (図 8.3.1(a)，(b))．

　逆に t が実軸上を動いたときに p がどのような軌跡を描くかを知るために，上式を p について解くと

$$pr^2 = tx \pm i|z|\sqrt{t^2 - \frac{r^2}{\alpha^2}} \qquad r = \sqrt{x^2 + z^2} \tag{8.3.7}$$

になる．$p = 0$ で $t = |z|/\alpha$ にならなければならないから，上式の複号のうち正を選べば根号の符号は

$$\text{Im}\sqrt{t^2 - r^2/\alpha^2} > 0$$

に選ばなければならない．そこで複素 t 平面で $|t| > r/\alpha$ に分岐線を入れれば，t 平面の第一象限では

$$\text{Re}\sqrt{t^2 - r^2/\alpha^2} > 0 \qquad \text{Im}\sqrt{t^2 - r^2/\alpha^2} > 0$$

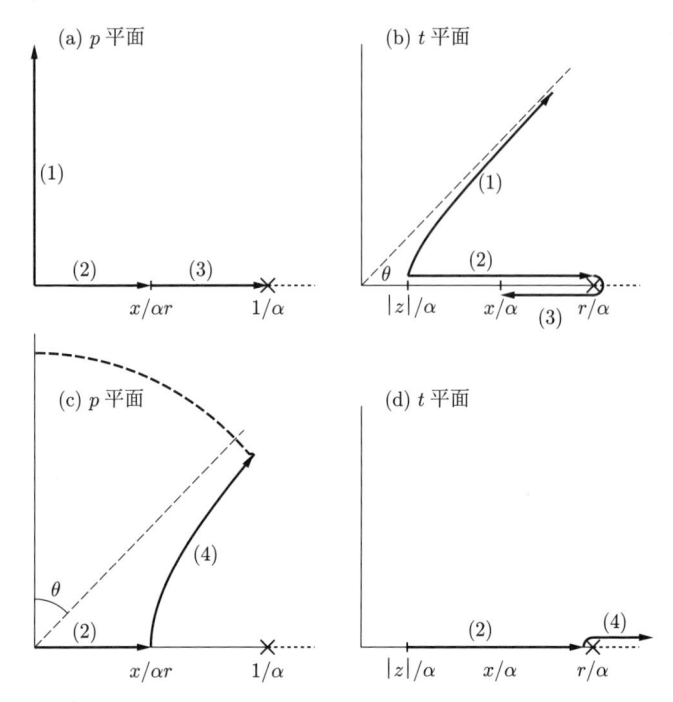

252 —— 8 円筒波の伝播 (二次元問題)

図 8.3.1 複素 p 平面と t 平面の対応　径路の番号はすべての図で対応している.

となる. このように符号を選んで t を実軸に沿って $t = |z|/\alpha$ から $t = +\infty$ まで動かすと, p の方はまず実軸上を 0 から $x/\alpha r$ まで動き, そこから第一象限の双曲線に沿って進むことになる (図 8.3.1(c), (d)). そこで p 平面の正の虚軸上の積分をこの積分路に沿った積分に変換できれば, t 平面上では実軸に沿った積分になる. これは単純で p 平面に図の点線のような弧を加えた一周積分を考えればよい. この一周積分の内部には特異点はないし, 弧の部分の積分は無視できるので (ジョルダンの補題), 最終的には正の虚軸上の積分が実軸の一部と第一象限の双曲線の部分に置き換えることができる.

p の積分を t の積分に変換するためには (8.3.6) 式から

$$\frac{dt}{dp} = x - \frac{p}{\xi}|z| = \frac{xt - pr^2}{|z|\xi} = -i\frac{\sqrt{t^2 - r^2/\alpha^2}}{\xi} \tag{8.3.8}$$

であるから, (8.3.5) 式は

$$V = \frac{1}{2\pi}\text{Im}\int_{|z|/\alpha}^{\infty} e^{-st}\frac{1}{\xi}\frac{dp}{dt}dt = \frac{1}{2\pi}\text{Im}\int_{|z|/\alpha}^{\infty}\frac{ie^{-st}}{\sqrt{t^2-r^2/\alpha^2}}dt$$

になる．ところが

$$\frac{|z|}{\alpha} < t < \frac{r}{\alpha}$$

では $\sqrt{t^2-r^2/\alpha^2}$ は虚数になるので積分の値には寄与しない．したがって最終的には

$$V = \frac{1}{2\pi}\int_{r/\alpha}^{\infty}\frac{e^{-st}}{\sqrt{t^2-r^2/\alpha^2}}dt \tag{8.3.9}$$

となる．これはラプラス変換 (8.3.1) 式とまったく同じ形をしているので，逆変換するまでもなく時間軸上の解

$$v = \frac{1}{2\pi}\frac{H(t-r/\alpha)}{\sqrt{t^2-r^2/\alpha^2}} \tag{8.3.10}$$

が得られる．これはもちろん (8.1.9) 式で得た解に一致している．上では原点に震源がある場合の解を導いたが，震源が $(0, h)$ にあるとき，すなわち (8.2.1) 式の厳密解は上式の z を $z-h$ で置き換えればよい．

変数変換の係数 dt/dp が 0 になる点は変換 (8.3.6) 式の特異点である． t 平面上では径路 (2) から (3) への折り返し点， p 平面上では実軸上の径路 (2) が第一象限へ折れ曲がる点に対応している．

8.3.2 反射波

反射波に対するフーリエ変換の解は (8.2.2) 式で求められている．直接波の場合と同様にこれをもとの波数積分の形に直し，ラプラス変数で書き表せば

$$V_1 = \frac{1}{2\pi}\text{Im}\int_0^{+i\infty} R_{12}(p)\frac{e^{-s[px+\xi_1(z+h)]}}{\xi_1}dp \tag{8.3.11}$$

となる．反射係数 $R_{12}(p)$ には ξ_2 が含まれているので，分岐点は $|p| = 1/\alpha_1$, $1/\alpha_2$ であるがリーマン面は

$$\text{Re}\,\xi_1 > 0 \qquad \text{Re}\,\xi_2 > 0$$

に選ばなければならない．分岐線は直接波と同様，実軸上 $|p| > 1/\alpha_1$, $|p| > 1/\alpha_2$ である．先に注意しておいたように，分岐線をこのように選ぶと分岐線上第一象限では

$$\mathrm{Im}\,\xi_1 < 0 \qquad \mathrm{Im}\,\xi_2 < 0$$

になっている．p から t への変換の式も直接波と同様で

$$\begin{aligned}
t(p) &= px + \xi_1(z+h) & pR_0^2 &= tx + i(z+h)\sqrt{t^2 - R_0^2/\alpha_1^2} \\
\frac{dt}{dp} &= -i\frac{\sqrt{t^2 - R_0^2/\alpha_1^2}}{\xi_1} & R_0^2 &= x^2 + (z+h)^2
\end{aligned} \tag{8.3.12}$$

である．したがって積分変数を t に変換すれば

$$V_1 = \frac{1}{2\pi}\mathrm{Im}\int_{(z+h)/\alpha_1}^{\infty} \frac{iR_{12}(p)}{\sqrt{t^2 - R_0^2/\alpha_1^2}} e^{-st} dt \tag{8.3.13}$$

である．

p が原点から虚軸上を動くとき，t は $t = (z+h)/\alpha_1$ から出発して第一象限内の双曲線上を動く．逆に t が実軸上を $t = (z+h)/\alpha_1$ から右に動くとき，p は原点から正の実軸上を動き，$t = R_0/\alpha_1$ で $p = x/\alpha_1 R_0$ に達し，そこから第一象限に入る．問題は p が実軸を離れる点が二つの分岐点のどちら側にあるかという点である．

前と同様に下層の速度が速い場合 $\alpha_2 > \alpha_1$ を仮定し，臨界反射以前の近距離のとき，すなわち

$$\frac{x}{\alpha_1 R_0} < \frac{1}{\alpha_2}$$

の場合を考える．このときには p は原点から実軸上を $p = x/\alpha_1 R_0$ まで動くが，この点は分岐点 $1/\alpha_2$ よりも左側である．ξ_1, ξ_2 はこの間実数，$R_{12}(p)$ も実数，$\sqrt{t^2 - R_0^2/\alpha_1^2}$ は虚数になるので積分への寄与はない．したがって上の積分は $t = R_0/\alpha_1$ からはじめればよい．この時刻は反射波の走時にほかならない．この積分路上で p は複素数，したがって ξ_1, ξ_2 も複素数になるが実数部は正でなければならない．以上のようにして

$$v_1 = \frac{1}{2\pi} \frac{\operatorname{Re}[R_{12}(p)]}{\sqrt{t^2 - (R_0/\alpha_1)^2}} \qquad t > \frac{R_0}{\alpha_1} \qquad (8.3.14)$$

が得られた．$t < R_0/\alpha_1$ では $v_1 = 0$ である．この解は直接波 (8.3.10) 式に反射係数を掛けたものになっているが，平面波の場合と違ってここでは $R_{12}(p)$ は t の関数であることに注意する．すなわち，t が与えられると (8.3.12) 式の第二式から複素数 p が計算され，これを反射係数の定義式 (8.2.4) に代入すれば $R_{12}(p)$ が得られる．

8.3.3 先頭波と広角反射波

次に p の積分路が二つの分岐点の間で第一象限に入るとき

$$\frac{1}{\alpha_2} < \frac{x}{\alpha_1 R_0} < \frac{1}{\alpha_1}$$

の場合を考える．こんどは p の実軸上の積分路は分岐点 $1/\alpha_2$ を通過するので，その点の t を計算しておく．(8.3.12) 式より

$$t(1/\alpha_2) = \frac{x}{\alpha_2} + (z+h)\sqrt{\frac{1}{\alpha_1^2} - \frac{1}{\alpha_2^2}} = t_{\mathrm{h}}$$

である．t_{h} は先に計算した先頭波の走時である．したがって t が

$$t = \frac{z+h}{\alpha_1} \longrightarrow t_{\mathrm{h}} \longrightarrow \frac{R_0}{\alpha_1}$$

と変化する間に p は

$$p = 0 \longrightarrow \frac{1}{\alpha_2} \longrightarrow \frac{x}{\alpha_1 R_0}$$

と変化する．第一の区間 $(z+h)/\alpha_1 < t < t_{\mathrm{h}}$ では ξ_1, ξ_2 は実数，また $\sqrt{t^2 - R_0^2/\alpha_1^2}$ は虚数であるから積分への寄与はない．第二の区間では ξ_1 は正の実数，ξ_2 は負の虚数で，

$$\sqrt{t^2 - R_0^2/\alpha_1^2} = i\sqrt{R_0^2/\alpha_1^2 - t^2}$$

と選ばなければならないので

8 円筒波の伝播 (二次元問題)

$$v_1 = \frac{1}{2\pi} \frac{\mathrm{Im}\,[R_{12}(p)]}{\sqrt{(R_0/\alpha_1)^2 - t^2}} \qquad t_\mathrm{h} < t < \frac{R_0}{\alpha_1} \qquad (8.3.15)$$

が得られる.

t が R_0/α_1 を越えると p は第一象限に入っていく.ここでは ξ_1, ξ_2 は複素数になり,実数部は正に選ばなければならない.$\sqrt{t^2 - R_0^2/\alpha_1^2}$ は実数であるから

$$v_1 = \frac{1}{2\pi} \frac{\mathrm{Re}\,[R_{12}(p)]}{\sqrt{t^2 - R_0^2/\alpha_1^2}} \qquad t > \frac{R_0}{\alpha_1} \qquad (8.3.16)$$

が得られた.

(8.3.15), (8.3.16) 式は厳密解である.ここでは最急降下法による近似のときとは違って先頭波と広角反射波とを分離して書いていない.二つを分離することができないからである.

(8.3.15) 式の時間的に最初の部分は興味深い.$t \to t_\mathrm{h}$ のとき $\xi_2 \to 0$ になるから (8.2.4) 式から

$$\mathrm{Im}\,R_{12} \longrightarrow 0$$

となる.したがって先頭波のはじまりは 0 である.しかし時間がたち R_0/α_1

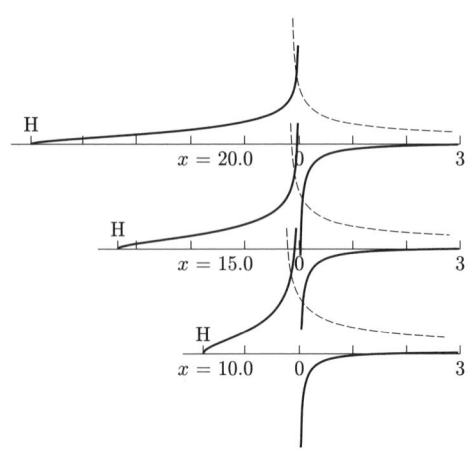

図 **8.3.2** 液体中の先頭波と反射波　各点の反射波の走時を時刻 0 としている.H は先頭波の走時.実線は反射波と先頭波,破線は直接波.

8.3 カニアール–ド・フープの方法 —— 257

に近づくと，(8.3.15) 式の分母によって振幅は発散する．一方，(8.3.16) 式も $t \to R_0/\alpha_1$ で振幅が発散する．いい換えれば広角反射波には明確なはじまりがない．これは平面波で広角反射を考えたときと同様である．

図 8.3.2 に広角反射のときの先頭波と反射波の波形を示してある．上でも注意したように先頭波は振幅 0 ではじまっているから，明瞭な立ち上がりはない．振幅は徐々に増加して，反射波の走時のところで無限大になる．しかし反射波の少し前に (8.3.10) 式で表される直接波が到着しはじまるので，実際の記録はこれらの和になって複雑になる．直接波の減衰は反射波の減衰よりも緩やかであるから，反射波の走時以後の合成記録の符号は正になる．

8.3.4 透過波

透過波の解 (8.2.3) 式をラプラス変数を用いて書き換えれば

$$V_2 = \frac{1}{2\pi} \text{Im} \int_0^{+i\infty} T_{12}(p) \frac{e^{-s(px-\xi_2 z+\xi_1 h)}}{\xi_1} dp \tag{8.3.17}$$

である．p から t への変換は

$$t(p) = px + \xi_1 h + \xi_2 |z| \qquad \frac{dt}{dp} = x - \frac{p}{\xi_1}h - \frac{p}{\xi_2}|z| \tag{8.3.18}$$

である．$p = 0$, $p \to +i\infty$ のとき t は

$$p = 0 \qquad \text{のとき} \quad t = \frac{h}{\alpha_1} + \frac{|z|}{\alpha_2}$$

$$p \longrightarrow +i\infty \quad \text{のとき} \quad t \longrightarrow (h + |z| + ix)|p|$$

となるから，逆に t が $h/\alpha_1 + |z|/\alpha_2$ から実軸上を右に動くと p は原点から実軸上をあるところまで動き，そこから第一象限に入っていくだろう．どこから第一象限に入っていくかが問題になる．

しかしこの問題は簡単に解くことができる．前節と同様に p を屈折の法則

$$p = \frac{\sin\theta_1}{\alpha_1} = \frac{\sin\theta_2}{\alpha_2}$$

を満たすように選べば，その点での t は

$$t_{\text{refr}} = \frac{R_1}{\alpha_1} + \frac{R_2}{\alpha_2}$$

になる．ここでの R_1, R_2 などは図 8.2.7 と同じである．この p における dt/dp の値を計算すれば

$$\frac{dt}{dp} = 0$$

になることが幾何学的な条件から容易にわかる．したがってこの時刻は変換 (8.3.18) 式の特異点であり，この時刻以降 p は第一象限に入って複素数になる．この時刻以前では p は二つの分岐点の左にあるから ξ_1, ξ_2 は実数であり，したがって積分 (8.3.17) 式への寄与はない．そこで透過波の厳密解は形式的に

$$v_{\text{refr}} = \frac{1}{2\pi}\text{Im}\left[\frac{T_{12}(p)}{\xi_1}\left(\frac{dt}{dp}\right)^{-1}\right] \qquad t > t_{\text{refr}} \qquad (8.3.19)$$

と表すことができる．ただし t が与えられたとき (8.3.18) 式を p について陽に解くことはできないので，数値的に解くほかはない．

図 8.3.3 はこのように数値的に計算した透過波の波形である．p は (8.3.18) 式をニュートン法で求めたが，t を細かく刻めば初期値として前の時刻に対する p をとると 2, 3 回の反復で収束する．横軸の 0 は透過波の走時を表す．反射波と違って符号が直接波と同じになっている．

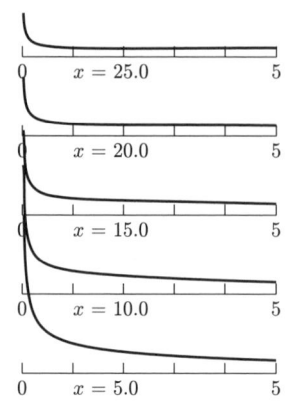

図 **8.3.3** 液体中の透過波の波形　透過波の走時を 0 としている．

8.3 カニアール–ド・フープの方法 ── 259

・・・●・・・●・・・（メ モ）・・・●・・・●・・・

ラプラス変換 時刻 $t=0$ に外力が働いたとき，物理系の応答 $f(t)$ は

$$f(t) = 0 \qquad t < 0$$

を満たす．このような関数をここでは因果的な関数 (causal function) と呼ぶことにする．このような関数に対しては，フーリエ変換よりはラプラス変換の方が便利なことが多い．$f(t)$ のラプラス変換 $F(s)$ は

$$F(s) = \int_0^\infty f(t) e^{-st} dt \tag{8.3.i}$$

で定義される．s はラプラス変数と呼ばれる．s は一般に複素数である．

$f(t)$ がよほど変な関数でない限り上の積分は，ある実数 σ が存在して

$$\mathrm{Re}\, s > \sigma$$

で (8.3.i) 式の積分は収束する．σ は収束座標と呼ばれる．このときもとの関数 $f(t)$ は逆変換

$$f(t) = \frac{1}{2\pi i} \int_{c-i\infty}^{c+i\infty} F(s) e^{st} ds \qquad c > \sigma \tag{8.3.ii}$$

で与えられる．

例として (8.1.10) 式で定義される階段関数をとりあげる．これは通常の意味ではフーリエ変換が存在しない．しかしラプラス変換は存在して

$$F(s) = \int_0^\infty H(t) e^{-st} dt = \int_0^\infty e^{-st} dt = \frac{1}{s} \qquad \mathrm{Re}\, s > 0$$

である．収束座標が 0 であるから逆変換は

$$H(t) = \frac{1}{2\pi i} \int_{+0-i\infty}^{+0+i\infty} \frac{1}{s} e^{st} ds$$

と書き表される．ここで $+0$ は虚軸のすぐ右側を意味している．したがって積分路は $s=0$ にある被積分関数の極を通ることはない．

この積分はコーシーの積分定理を用いて簡単に計算することができる．$t<0$ のときには虚軸に沿った積分路に右半平面上の半円を加えた周回積分を考えると，積分路の内部には極がないので積分は 0 になる．半円の積分路に沿っては

$$\mathrm{Re}\, st < 0 \qquad t < 0$$

であるから，半円に沿った積分は 0 になり，残りの虚軸に沿った積分路の積分は 0，すなわち

$$f(t) = 0 \qquad t < 0$$

が得られる．一方，$t>0$ のときには，反対に左半平面上の半円を加えた周回積分を考えると，こんどは積分路内に極 $s=0$ があるから周回積分の値は

$$\oint \frac{1}{s} e^{st} ds = 2\pi i \times 留数$$

となる (留数については第9章のメモ参照). この場合留数は1であり, 半円上の積分はやはり0になる. したがって $t > 0$ のときには

$$f(t) = 1 \qquad t > 0$$

が得られる. これで階段関数のラプラス変換が $1/s$ であることが確かめられた.

ラプラス変換の定義式 (8.3.i) で $s = -i\omega$ と置けば, これはフーリエ変換の定義式とまったく同じになる. したがってラプラス変換とフーリエ変換とは

$$s = -i\omega \qquad \text{または} \qquad \omega = is$$

の関係によってたがいに書き換えることができる. また逆変換 (8.3.ii) 式は

$$f(t) = \frac{1}{2\pi} \int_{ic-\infty}^{ic+\infty} F(s) e^{-i\omega t} d\omega$$

と書き換えることができるから, 因果的関数のフーリエ逆変換の積分路は実軸上に限らず実軸より上の直線であればよいことがわかる.

ジョルダンの補題 (Jordan's lemma) カニアール積分路を導くとき, (8.3.5) 式の図 8.3.1(c) の破線の積分路 (これを C とする) に沿った積分が0と仮定した. この円弧の半径を L とし p を

$$p = Le^{i\varphi} = L(\cos\varphi + i\sin\varphi) \qquad \varphi = \pi/2 - \theta \sim \pi/2$$

と表すと, $\text{Re}\,\xi > 0$ でなければならないから $L \to \infty$ で

$$\xi \sim -ip = \sin\varphi - i\cos\varphi$$

と表される. これらを用いると (8.3.5) 式の指数部は

$$\exp[-s(px + \xi|z|)] = \exp\{-sL[(x\cos\varphi + |z|\sin\varphi) + i(x\sin\varphi - |z|\cos\varphi)]\}$$

となるから $L \to \infty$ とするとほとんどの場合 (8.3.5) 式の被積分関数は0になり, したがって C に沿った積分は0である.

問題になるのは $z = 0$ のときで, このときには積分の終点で $\cos\varphi = 0$ になるので, $L \to \infty$ で被積分関数が0にならない. そこで実際に積分を評価して極限で0になることを証明しなければならない. 上で導いた近似を用いると

$$\left| \int_C \frac{e^{-s(px+\xi|z|)}}{\xi} dp \right| \leq \int_0^{\pi/2} e^{-sLx\cos\varphi} d\varphi$$

が成り立つ. $z = 0$ のとき $\theta = \pi/2$, また $|\xi| \sim L$ であることを用いている. 右辺の積分は簡単そうであるが積分できないので, $\cos\varphi$ のグラフから導かれる不等式

$$\cos\varphi \geq 1 - \frac{2}{\pi}\varphi$$

を用いると

$$\int_0^{\pi/2} e^{-sLx\cos\varphi} d\varphi \leq \int_0^{\pi/2} e^{-sLx(1-2\varphi/\pi)} d\varphi$$
$$= \frac{\pi}{2sLx} e^{-sLx(1-2\varphi/\pi)} \Big|_0^{\pi/2} = \frac{\pi}{2sLx}(1 - e^{-sLx})$$

が得られる．右辺は $L \to \infty$ のとき 0 になるから

$$\int_C dp \longrightarrow 0 \qquad L \longrightarrow \infty$$

が導かれた．

　先のラプラス変換の項では半円上の積分が 0 になることを用いたが，これも上と同様な方法で証明することができる．これらはジョルダンの補題の特別な場合である．

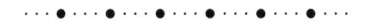

・・・●・・・●・・・●・・・●・・・●・・・

9 二次元ラムの問題

　半無限弾性体の表面に力が加えられたときにどのような弾性波が発生するかという，現在でいえば理論地震記象 (synthetic seismogram) の問題を精力的に研究したのはラム (H. Lamb) である．本章では前章と同じく二次元の問題，すなわち線震源の問題を解くが，前章とは違って固体の半無限弾性体内を伝わる弾性波を対象にする．前半では一様な半無限弾性体内部の P 波，SV 波型線震源の場合を，後半では 2 層構造の表面に SH 波型線震源がある場合を問題にする．

9.1　P-SV 波型線震源の形式解

　地表面に沿って x, y 軸を，上向きに z 軸をとる．これまでと同様に y 方向には変化がない ($\partial/\partial y = 0$) 二次元問題を考える．P-SV 型の平面波についてはすでに 4.3 節で変位によって一般解を求めてあるが，ここでは震源項を入れる必要上，ポテンシャルを用いて表すことにする．直角座標系における一般解のうち，ここでは (5.3.1) 式のポテンシャル ϕ と，(5.3.2) 式のポテンシャル χ を用いることにする．ただし χ については y 軸と z 軸を入れ換えて用いる．したがってこれらのポテンシャルを用いた変位と応力は次のように書くことができる．

$$
\begin{aligned}
u &= \frac{\partial \phi}{\partial x} + \frac{\partial \chi}{\partial z} \qquad w = \frac{\partial \phi}{\partial z} - \frac{\partial \chi}{\partial x} \\
\sigma_{zx} &= 2\mu \frac{\partial^2 \phi}{\partial z \partial x} + \mu \left(\frac{\partial^2 \chi}{\partial z^2} - \frac{\partial^2 \chi}{\partial x^2} \right) \\
\sigma_{zz} &= \frac{\lambda}{\alpha^2} \frac{\partial^2 \phi}{\partial t^2} + 2\mu \frac{\partial^2 \phi}{\partial z^2} - 2\mu \frac{\partial^2 \chi}{\partial z \partial x}
\end{aligned}
\tag{9.1.1}
$$

u は x 方向の変位，w は z 方向の変位を表す．二次元問題であるから y 方向の変位は恒等的に 0 である．ϕ, χ はそれぞれ P 波，S 波のスカラー波動方

程式を満たしていなければならない.

9.1.1 P波型線震源

$z \leq 0$ が半無限弾性体であるとし，その内部 $(0, -h)$ に P 波型の線震源があるとする (図 9.2.3 参照). このときのポテンシャル ϕ は，全空間における線震源の解 (8.1.5) 式の原点を移動して

$$\phi_0 = \frac{1}{2\pi} \int_{-\infty}^{\infty} \frac{e^{i\omega(px+\xi|z+h|)}}{-2i\xi} dp \qquad \xi^2 = \alpha^{-2} - p^2 \qquad (9.1.2)$$

と表すことができる. p は波線パラメーターであり，例によって $e^{-i\omega t}$ を省略してある. このポテンシャルによって生じる変位や応力は (9.1.1) 式から計算できる. この震源項はポテンシャル ϕ に対する波動方程式に線震源の外力項をつけ加えて導かれたものであるから，固体媒質の中に実際にどのような力が加えられたかはわからない. しかし ϕ_0 は具体的には (8.1.7) 式によって与えられており，震源からの距離 $R = \sqrt{x^2 + (z+h)^2}$ だけによって決まる. これを微分して得られる変位は動径方向の成分だけしかもたず，振幅は R だけによって決まり，震源からの方向 (x–z 面内の) にはよらない. したがってこの波は爆発的な震源に対応していることが想像できる.

この震源から出た波は自由表面で反射して P 波, SV 波として下向きに伝わる. したがって P 波, SV 波の全体のポテンシャルは，下向きに伝わる波の成分を加えて

$$\begin{aligned}\phi &= \phi_0 + \frac{1}{2\pi} \int_{-\infty}^{\infty} B \frac{e^{i\omega(px-\xi z+\xi h)}}{-2i\xi} dp \\ \chi &= \frac{1}{2\pi} \int_{-\infty}^{\infty} D \frac{e^{i\omega(px-\eta z+\xi h)}}{-2i\xi} dp \qquad \eta^2 = \beta^{-2} - p^2\end{aligned} \qquad (9.1.3)$$

と書くことができる. B, D は未定係数である. 指数部に ξh が加えてあるのは，(9.1.2) 式に合せて境界条件の式を簡単化するためである. また χ の式の分母に ξ が現れているのも，ϕ の式に合せて計算を簡単化するためで，χ が S 波の波動方程式を満たすだけでよいならこの項を D の中に含めてしまってもかまわない.

自由表面 $z=0$ で応力 σ_{zx}, σ_{zz} が 0 にならなければならない．この条件を書くと指数部や積分記号を省略して

$$\sigma_{zx} = +2\rho\omega^2\beta^2 p\xi B - \rho\omega^2(1-\gamma)D - 2\rho\omega^2\beta^2 p\xi = 0$$
$$\sigma_{zz} = -\rho\omega^2(1-\gamma)B - 2\rho\omega^2\beta^2 p\eta D - \rho\omega^2(1-\gamma) = 0$$

となる．それぞれの式の第三項が震源項 ϕ_0 からきたものである．これを解くと

$$\begin{aligned}
B &= -\frac{(1-\gamma)^2 - 2\beta^2\gamma\xi\eta}{\Delta_{\rm R}(p)} = R_{\rm PP}(p) \\
D &= -\frac{4\beta^2 p(1-\gamma)\xi}{\Delta_{\rm R}(p)} = -\frac{\beta}{\alpha}R_{\rm PS}(p) \\
\Delta_{\rm R}(p) &= (1-\gamma)^2 + 2\beta^2\gamma\xi\eta \qquad \gamma = 2\beta^2 p^2
\end{aligned} \qquad (9.1.4)$$

が得られる．分母の $\Delta_{\rm R}(p)$ は ξ, η が虚数のときにはこれまでたびたび出てきたレーリー波の特性関数であるので，同じ記号を用いている．$R_{\rm PP}$, $R_{\rm PS}$ はすでに第 4 章で求めておいた自由表面における P 波入射のときの反射係数にほかならない．反射係数を求めたときには未定係数 B, D の絶対的な大きさが決まらなかったが，ここでは単位の震源項 ϕ_0 を入れたために，B, D の大きさが確定している．これを用いて P 波震源に対する全体の解は

$$\begin{aligned}
\phi &= \phi_0 + \frac{1}{2\pi}\int_{-\infty}^{\infty} R_{\rm PP}(p)\frac{e^{i\omega[px-\xi(z-h)]}}{-2i\xi}dp \\
\chi &= \frac{1}{2\pi}\int_{-\infty}^{\infty}\left[-\frac{\beta}{\alpha}R_{\rm PS}(p)\right]\frac{e^{i\omega(px-\eta z+\xi h)}}{-2i\xi}dp
\end{aligned} \qquad (9.1.5)$$

で表される．

9.1.2 SV 波型線震源

おなじく $z=-h$ に SV 波型の震源があるとき，震源のポテンシャルは

$$\chi_0 = \frac{1}{2\pi}\int_{-\infty}^{\infty}\frac{e^{i\omega(px+\eta|z+h|)}}{-2i\eta}dp \qquad (9.1.6)$$

である．χ_0 も R だけの関数であるから，SV 波の変位は半径 R の円周上で同じ大きさで同じ方向を向いている．したがって χ_0 は x–z 面内にトルクが働いた震源から出る波を表している．

9.1 P-SV 波型線震源の形式解 —265

未定係数を B', D' とすれば

$$\phi = \frac{1}{2\pi} \int_{-\infty}^{\infty} B' \frac{e^{i\omega(px - \xi z + \eta h)}}{-2i\eta} dp$$
$$\chi = \chi_0 + \frac{1}{2\pi} \int_{-\infty}^{\infty} D' \frac{e^{i\omega[px - \eta(z-h)]}}{-2i\eta} dp \quad (9.1.7)$$

が反射波を含めた一般解である.自由表面 $z = 0$ で $\sigma_{zx} = \sigma_{zz} = 0$ の条件を書くと

$$\sigma_{zx} = +2\rho\omega^2\beta^2 p\xi B' - \rho\omega^2(1-\gamma)D' - \rho\omega^2(1-\gamma) = 0$$
$$\sigma_{zz} = -\rho\omega^2(1-\gamma)B' - 2\rho\omega^2\beta^2 p\eta D' + 2\rho\omega^2\beta^2 p\eta = 0$$

であるから

$$B' = \frac{4\beta^2 p(1-\gamma)\eta}{\Delta_{\mathrm{R}}(p)} = \frac{\alpha}{\beta} R_{\mathrm{SP}}(p)$$
$$D' = -\frac{(1-\gamma)^2 - 2\beta^2\gamma\xi\eta}{\Delta_{\mathrm{R}}(p)} = -R_{\mathrm{SS}}(p) \quad (9.1.8)$$

が得られる.$\Delta_{\mathrm{R}}(p)$ は (9.1.4) 式で定義されたものと同じである.R_{SP},R_{SS} は自由表面における SV 波入射のときの反射係数である.上式を (9.1.7) 式に代入すれば

$$\phi = \frac{1}{2\pi} \int_{-\infty}^{\infty} \left[\frac{\alpha}{\beta} R_{\mathrm{SP}}(p)\right] \frac{e^{i\omega(px - \xi z + \eta h)}}{-2i\eta} dp$$
$$\chi = \chi_0 + \frac{1}{2\pi} \int_{-\infty}^{\infty} [-R_{\mathrm{SS}}(p)] \frac{e^{i\omega[px - \eta(z-h)]}}{-2i\eta} dp \quad (9.1.9)$$

が得られる.

以下ではこれらの解を,9.2 節では最急降下法で,9.3 節ではカニアール–ド・フープ法で評価する.

⋯⋯●⋯⋯●⋯⋯(メ モ)⋯⋯●⋯⋯●⋯⋯

線震源に働く力 震源から出る波 (9.1.2) 式や (9.1.6) 式が実際にどのような力で発生したのかは,これらの式からは明らかでない.もう少しイメージをはっきりさせるために震源付近の変位や応力の振舞いを見てみる.

(9.1.2) 式に対する変位 w は (9.1.1) 式から

$$w = \frac{\partial \phi_0}{\partial z} = \begin{cases} -\dfrac{1}{2\pi} \displaystyle\int_{-\infty}^{\infty} \dfrac{1}{2} e^{i\omega[px+\xi(z+h)]} d(\omega p) & z > -h \\ \dfrac{1}{2\pi} \displaystyle\int_{-\infty}^{\infty} \dfrac{1}{2} e^{i\omega[px-\xi(z+h)]} d(\omega p) & z < -h \end{cases}$$

であるから w は $z = -h$ で不連続になる. この不連続量を Δw とすると

$$\Delta w = w(-h+0) - w(-h-0) = -\frac{1}{2\pi}\int_{-\infty}^{\infty} e^{ikx} dk = -\delta(x)$$

になる. ここに $k = \omega p$ である. したがって w の不連続は震源 $x = 0$ だけに存在する. u は連続であり, ϕ_0 の z に関する二階微分は連続であるから, 残る不連続は σ_{zx} である. これを計算すると

$$\Delta \sigma_{zx} = -\frac{1}{2\pi}\int_{-\infty}^{\infty} 2i\mu k e^{ikx} dk = -2\mu \delta'(x)$$

が得られる. 同様に χ_0 に対応する不連続量を計算すると

$$\Delta u = -\delta(x) \qquad \Delta \sigma_{zz} = 2\mu \delta'(x)$$

が得られる.

実際に力を加えたときの波動場は第 11 章で導くが, そこでの議論を参考にすれば ϕ_0 は爆発的な震源, χ_0 は線震源にトルクを加えたものであることがわかる.

・・・●・・・●・・・●・・・●・・・●・・・

9.2 レーリー波の発生

この節では主に P 波型の震源から発生する波を最急降下法を用いてとり扱い, レーリー波の生成される条件を調べる.

9.2.1 P 波型震源

P 波型震源のときのポテンシャル (9.1.5) 式の ϕ の第二項を改めて

$$\phi_1 = \frac{1}{2\pi}\int_{-\infty}^{\infty} R_{\text{PP}}(p) \frac{e^{i\omega[px-\xi(z-h)]}}{-2i\xi} dp \tag{9.2.1}$$

と書く. これは形の上では流体中の線震源から出た波の反射波 (8.2.2) 式と同じであり, 議論も同様に進めることができる.

この式の被積分関数には $\xi = 0, \eta = 0$ に対応する分岐点がある. 分岐点が

2組あることも (8.2.2) 式と同じである．媒質が $z \leq 0$ にあるので $z - h \leq 0$ になるから，積分が収束するためにはリーマン面は

$$\mathrm{Im}\,\xi > 0 \qquad \mathrm{Im}\,\eta > 0$$

に選ばなければならない．前章と同様に 4 枚のリーマン面を $\mathrm{Im}\,\xi$ と $\mathrm{Im}\,\eta$ の符号によって $(+, -)$ 面などと表すことにする．物理的なリーマン面は $(+, +)$ 面である．

8.2 節の二つの半無限流体のときと異なるのは，分岐点のほかにレーリー極 (Rayleigh pole) があることである．反射係数の分母にある

$$\Delta_\mathrm{R}(p) = (1 - \gamma)^2 + 2\beta^2 \gamma \xi \eta$$

はじつはレーリー波の特性関数にほかならない．実軸上で ξ, η の虚数部が正でなければならないという条件から，$p > 1/\beta$ では $\xi = i\hat{\xi} = i\sqrt{p^2 - 1/\alpha^2}$，$\eta = i\hat{\eta} = i\sqrt{p^2 - 1/\beta^2}$ とすれば

$$\Delta_\mathrm{R}(p) = (1 - \gamma)^2 - 2\beta^2 \gamma \hat{\xi} \hat{\eta}$$

となる．これは (6.3.5) 式と同じである．この特性方程式の根は p の実軸上にあり，右半平面では

$$p = p_\mathrm{R} = 1/c_\mathrm{R} > 1/\beta$$

である．c_R はレーリー波の位相速度で，これは S 波の速度 $1/\beta$ よりわずかに遅い．したがって反射係数の極は S 波の分岐点 $1/\beta$ よりは右側にある．

以上をまとめれば，積分 (9.2.1) 式に関係して p の正の実軸上には左から順に，分岐点 $1/\alpha$, $1/\beta$, 極 $1/c_\mathrm{R}$ が並んでいる (図 9.2.1)．ξ, η, $\Delta_\mathrm{R}(p)$ は p の偶関数であるから，特異点は原点に対称な位置にも並んでいる．

積分 (9.2.1) 式の積分路は実軸であるから，このままだと積分路が分岐点や極の真上を通過することになり，積分の値が定義できなくなる．しかし現実の媒質には物理減衰があるから，分岐点や極は実軸上ではなく第一，三象限にある (8.2 節参照)．このときは積分路がこれらの特異点の真上を通ること

268——9 二次元ラムの問題

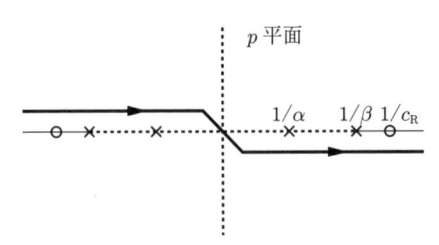

図 9.2.1 ラムの問題の積分路　太実線が積分路，×印は分岐点，点線は分岐線，○印はレーリー極．

はない．物理減衰が 0 の極限で特異点が実軸上に近づいたときでもこの関係が成り立っていなければならないから，図 9.2.1 では積分路の方を第二，四象限を通るように描いてある．

積分 (9.2.1) 式を最急降下法で評価するための鞍点 $p = s$ に関する量は次のようになる．

$$f(p) = i[px - \xi(z-h)] \qquad f'(p) = i\left[x + \frac{p}{\xi}(z-h)\right]$$
$$s = \frac{x}{\alpha R_0} \qquad f(s) = i\frac{R_0}{\alpha} \qquad f''(s) = -i\frac{\alpha R_0^3}{(h-z)^2} \qquad (9.2.2)$$
$$\xi(s) = \frac{h-z}{\alpha R_0} \qquad R_0 = \sqrt{x^2 + (h-z)^2}$$

R_0 は震源の鏡像から観測点までの距離である．鞍点はかならず分岐点 $1/\alpha$ よりも左側にある．一方，最急降下積分路が第四象限から実軸を横切って再び第一象限に入る点は，8.2.3 で注意しておいたように

$$p = \frac{R_0}{\alpha x}$$

であるが，この点がどこにくるかによって近似が異なってくる．

近距離解　はじめに観測点が震源に近く

$$\frac{R_0}{\alpha x} > \frac{1}{c_R} \tag{9.2.3}$$

が成り立っている場合を考える．この場合には最急降下積分路が鞍点を通った後，レーリー極 $1/c_R$ よりも右側で実軸を横切って第一象限に入る (図 9.2.2)．このときには実軸上の積分を最急降下積分路に変形するのにレーリー極は影

9.2 レーリー波の発生 — 269

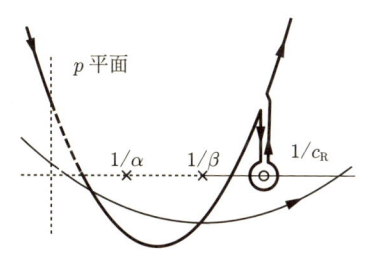

図 9.2.2 遠距離における最急降下積分路 近距離 (細線) のときは最急降下積分路はレーリー極の右側で第一象限に戻るが，距離が遠くなると極の左側で第一象限に戻るため，極のまわりの積分が必要になる (太線).

響しない．したがって (9.2.1) 式には鞍点における積分が最も寄与が大きいので，これまでと同様に

$$\phi_1^{\text{refl}} = \frac{i}{4}\sqrt{\frac{2}{\pi k_\alpha R_0}} R_{\text{PP}}(s) \exp\left[i\left(k_\alpha R_0 - \frac{\pi}{4}\right)\right] \tag{9.2.4}$$

で表される．鞍点では ξ, η が実数であるから反射係数 $R_{\text{PP}}(s)$ は実数である．

レーリー波の発生 観測点が少し遠くなると (9.2.3) 式が成り立たなくなり，最急降下積分路がレーリー波の極の左側を通るので，積分路はこの極を避けるように変形しなければならない．いま，この積分路が η の分岐点 $1/\beta$ とレーリー極の間を通るとき，すなわち

$$\frac{1}{\beta} < \frac{R_0}{\alpha x} < \frac{1}{c_{\text{R}}} \tag{9.2.5}$$

が成り立つときの積分路は図 9.2.2 の太線のようになる．極への往復の積分は打ち消し合うので，積分への寄与は鞍点における積分と，極のまわりの反時計まわりの一周積分である．前者は (9.2.4) 式で与えられるから，余分な項は後者である．これは留数の定理を用いて計算することができる．

$p = p_{\text{R}} = 1/c_{\text{R}}$ の近くで $R_{\text{PP}}(p)$ は近似的に

$$R_{\text{PP}}(p) \doteqdot -\frac{4\beta^2 \gamma_{\text{R}} \hat{\xi}_{\text{R}} \hat{\eta}_{\text{R}}}{(p - p_{\text{R}})\Delta'_{\text{R}}(p_{\text{R}})}$$

と表される．添字 R はレーリー極における値を表しており

$$\hat{\xi}_{\text{R}} = \sqrt{c_{\text{R}}^{-2} - \alpha^{-2}} \qquad \hat{\eta}_{\text{R}} = \sqrt{c_{\text{R}}^{-2} - \beta^{-2}}$$

などである．分母はテーラー展開の一次だけを，分子は 0 次だけをとって，$(1-\gamma_R)^2 = 2\beta^2 \gamma_R \hat{\xi}_R \hat{\eta}_R$ の関係を用いている．ϕ_1 への極からの寄与は留数の定理により

$$\phi_1^{(R)} = -i\frac{2\beta^2 \gamma_R \hat{\eta}_R}{\Delta_R'(p_R)} e^{i\omega p_R x} e^{\omega \hat{\xi}_R (z-h)} \tag{9.2.6}$$

と表される．ここではじめて振幅までも含めたレーリー波の解が求められた．ただしここではポテンシャルが求められているが，変位は (9.1.1) 式から上式を微分して求められる．

この解はいくつかの特徴的な性質をもっている．まず，走時は x/c_R であるから震央距離に比例しており，走時曲線は原点を通る直線になる．また，振幅は震央距離によらずに一定である．しかしこれは二次元の問題を考えているための見かけ上のものである．二次元の反射波の振幅が (9.2.4) 式により $1/\sqrt{R_0}$ に比例していることから考えれば，三次元のときのレーリー波の振幅は遠方では $1/\sqrt{x}$ に比例することが予想される．これは直接波や反射波の減衰に比べて小さく，遠方ではレーリー波が卓越することがわかる．

中野の公式　レーリー波が発生するための条件は (9.2.5) 式の右側の不等式であるが，これを書き換えれば

$$\frac{x}{|z-h|} > \frac{c_R}{\sqrt{\alpha^2 - c_R^2}} \tag{9.2.7}$$

となる．これは中野によってはじめて導かれたもので，中野の公式と呼ばれている．いま $\lambda = \mu$ の弾性体を考えれば

$$\alpha = \sqrt{3}\beta \qquad c_R = 0.9194\beta$$

であるから，レーリー波が卓越する条件は

$$\frac{x}{|z-h|} > 0.63$$

となる．この式によればレーリー波は震央のごく近くから観測されることになる．ただし SV 波成分 χ についてもレーリー波が生成される条件が満たされていなければならない．この点については後で述べる．

遠距離解　さらに遠距離になると (9.2.5) 式も成り立たなくなり

$$\frac{R_0}{\alpha x} < \frac{1}{\beta}$$

となる．このときには最急降下積分路が $1/\alpha$ と $1/\beta$ の間で η の分岐線を横切って第四象限から第一象限に入る．η の分岐線だけを横切るからこの第一象限は実は $(+, -)$ 面であり，もとの面 $(+, +)$ 面に戻ってくるには工夫が必要である．議論は省略するが，このときには鞍点からの寄与，レーリー極からの寄与のほかに，8.2 節で議論した先頭波と同様に η の分岐線の両側に沿った積分が必要になる．この分岐線積分は震源から出た不均質 P 波が表面に達し，そこから S 波の速度で表面に沿って伝わり，最後に不均質 P 波として観測点に達する波である．この波を，表面波とはまぎらわしいが，表面 S 波 (surface S-wave) と呼ぶことがある．

反射 SV 波成分 P 波型震源のときの SV 波成分 (9.1.5) 式の χ は，震源から出た P 波が表面で反射して生じた SV 波を表している．指数部には ξ と η が含まれているので，最急降下積分路を解析的に求めることができない．しかし 8.2 節の透過波のところの議論を参考にすれば，鞍点は求めることができる．震源から射出角 θ で P 波が表面に入射し，反射角 φ で S 波が反射して観測点に達したとする．スネルの法則により $\sin\theta/\alpha = \sin\varphi/\beta$ が成り立たなければならないが，じつはこの波の波線パラメーター

$$s = \frac{\sin\theta}{\alpha} = \frac{\sin\varphi}{\beta} \tag{9.2.8}$$

が鞍点にほかならない．P 波の径路長を R_1，S 波の径路長を R_2 とすれば，(9.1.5) 式の指数部から

$$f(p) = i(px - \eta z + \xi h) \qquad f(s) = i\left(\frac{R_1}{\alpha} + \frac{R_2}{\beta}\right) \tag{9.2.9}$$

となる (図 9.2.3)．鞍点 s はつねに分岐点 $1/\alpha$ よりも左にあるが，最急降下積分路が再び実軸を切る点がどこにあるかが問題である．P 波成分ではこの点が解析的に求められたが，SV 波成分ではそうはいかない．しかしおよその見当をつけることはできる．

最急降下積分路は $\mathrm{Im}\, f(p) = \mathrm{Im}\, f(s)$ で定義される．右辺は (9.2.9) 式で与えられている．いま $1/\beta$ より右で実軸を横切ったとすれば，ξ, η はともに

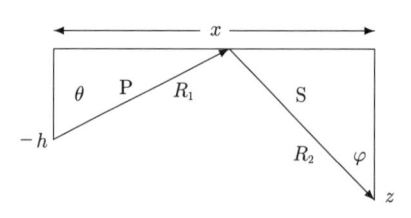

図 9.2.3 P 波型震源のときの SV 波成分に対する鞍点

虚数であるから，(9.2.9) 式の第一式から $\mathrm{Im}\, f(p) = px$ になる．したがってこのときに実軸を横切る点は

$$p = \frac{1}{x}\left(\frac{R_1}{\alpha} + \frac{R_1}{\beta}\right)$$

になる．これが $1/c_\mathrm{R}$ よりも大きければレーリー極は積分に寄与しない．このときには積分は鞍点の寄与だけで十分である．しかしこれが c_R よりも左にくると，すなわち

$$\frac{1}{x}\left(\frac{R_1}{\alpha} + \frac{R_1}{\beta}\right) < \frac{1}{c_\mathrm{R}} \tag{9.2.10}$$

が成り立つと，レーリー極の寄与を考慮しなければならない．上式が成り立っているときには $p = p_\mathrm{R}$ の近傍で

$$\frac{\beta}{\alpha} R_\mathrm{PS}(p) \doteqdot -\frac{4i\beta^2 p_\mathrm{R}(1-\gamma_\mathrm{R})\hat{\xi}_\mathrm{R}}{(p-p_\mathrm{R})\Delta'_\mathrm{R}(p_\mathrm{R})}$$

と近似できるから，SV 波へのレーリー極からの寄与は

$$\chi^{(\mathrm{R})} = \frac{2\beta^2 p_\mathrm{R}(1-\gamma_\mathrm{R})}{\Delta'_\mathrm{R}(p_\mathrm{R})} \exp\left[i\omega p_\mathrm{R} x + \omega(\hat{\eta}_\mathrm{R} z - \hat{\xi}_\mathrm{R} h)\right] \tag{9.2.11}$$

となる．

　さらに遠距離になると積分路が実軸を横切る点が $1/\beta$ の左側になる．このときには P 波成分のところで述べたと同じように η の分岐線に沿った積分が必要になる．この積分は震源から不均質 P 波で表面に達しそこから S 波の速度で伝わる波で，二次的 S 波 (secondary S-wave) と呼ばれている．

レーリー波の変位分布　中野の式と (9.2.10) 式がともに成り立っているとき，P 波，SV 波を合せたレーリー波の変位は，(9.2.6)，(9.2.11) 式を (9.1.1) 式

にしたがって微分して

$$u^{(\mathrm{R})} = \frac{\gamma_\mathrm{R} \hat{\eta}_\mathrm{R}}{p_\mathrm{R}(1-\gamma_\mathrm{R})} Q \left[\gamma_\mathrm{R} e^{\omega \hat{\xi}_\mathrm{R} z} + (1-\gamma_\mathrm{R}) e^{\omega \hat{\eta}_\mathrm{R} z} \right]$$
$$\times \exp(i\omega p_\mathrm{R} x - \omega \hat{\xi}_\mathrm{R} h)$$
$$w^{(\mathrm{R})} = -iQ \left[(1-\gamma_\mathrm{R}) e^{\omega \hat{\xi}_\mathrm{R} z} + \gamma_\mathrm{R} e^{\omega \hat{\eta}_\mathrm{R} z} \right] \qquad (9.2.12)$$
$$\times \exp(i\omega p_\mathrm{R} x - \omega \hat{\xi}_\mathrm{R} h)$$
$$Q = \omega \frac{1-\gamma_\mathrm{R}}{\Delta'_\mathrm{R}(p_\mathrm{R})} \qquad p_\mathrm{R} \Delta'_\mathrm{R}(p_\mathrm{R}) = -\left[2 + \gamma_\mathrm{R}^2 \frac{(\hat{\xi}_\mathrm{R} - \hat{\eta}_\mathrm{R})^2}{\hat{\xi}_\mathrm{R} \hat{\eta}_\mathrm{R}} \right] < 0$$

となる．これは (6.3.10) 式と同じ形をしているが，(6.3.10) 式では B が未定であったのに対してここでは Q の値が確定している．最後の式に示しておいたように，$\Delta_\mathrm{R}(p_\mathrm{R}) < 0$ であるから $Q > 0$ である．なお上式では $e^{-i\omega t}$ が省略されていることを忘れてはならない．

9.2.2 SV 波型震源

震源が SV 波型のときには (9.1.9) 式を計算することになる．手続きは P 波型震源のときとほとんど同じで，α と β を入れ替えれば済むところが多い．

SV 波成分 (9.1.9) 式の χ の第二項，SV 波成分は P 波型震源の P 波成分とほとんど同じである．鞍点は

$$s = \frac{x}{\beta R_0}$$

最急降下積分路が再び実軸を切る点は

$$p = \frac{R_0}{\beta x}$$

である．R_0 は震源の鏡像から観測点までの距離である．これらの位置によって近似が異なってくる．

まず鞍点の方を考える．近距離で

$$\frac{x}{\beta R_0} < \frac{1}{\alpha}$$

が成り立つときには，積分路は第二象限から第一象限の $(-,-)$ 面を通って第四象限の $(+,+)$ 面に戻ってくるので，解は鞍点からの寄与だけを考えればよい．このときに鞍点における反射係数は実数である．

距離が遠くなると
$$\frac{1}{\alpha} < \frac{x}{\beta R_0} < \frac{1}{\beta}$$
となって鞍点が $1/\alpha$ の右にくる．このときには 8.2 節で流体中の先頭波について議論したと同様に，広角反射波のほかに ξ の分岐点 $1/\alpha$ に沿った積分が現れる．この積分は震源から臨界角 $\sin^{-1}\beta/\alpha$ で出た SV 波が表面で臨界屈折して P 波に変換し，表面に沿って伝わり，再び臨界屈折して SV 波として観測点に到達する波を表す．

一方，積分路が再び実軸を横切る点を見ると，近距離
$$\frac{R_0}{\beta x} > \frac{1}{c_\mathrm{R}}$$
ではレーリー極は影響をおよぼさないが
$$\frac{R_0}{\beta x} < \frac{1}{c_\mathrm{R}} \tag{9.2.13}$$
になると解の中にレーリー極の留数が必要になる．$\lambda = \mu$ のときにはこの条件は
$$\frac{x}{|z-h|} > \frac{c_\mathrm{R}}{\sqrt{\beta^2 - c_\mathrm{R}^2}} = 2.3$$
となる．つまり，SV 波震源のときの方がレーリー波が出現する震央距離が遠くなる．

反射 P 波成分　P 波成分は P 波型震源のときの SV 波成分と同じように考えることができる．震源から射出角 φ で出た SV 波が表面で反射角 θ で観測点に達したとする．この波の波線パラメーターは
$$s = \frac{\sin\varphi}{\beta} = \frac{\sin\theta}{\alpha}$$
であるから，P 波型震源の SV 波成分のときと同じである．この点は鞍点になっており，SV 波の経路長を R_2，P 波の経路長を R_1 とすると，P 波成分の指数部は (9.2.9) 式と同様に
$$f(s) = i\left(\frac{R_1}{\alpha} + \frac{R_2}{\beta}\right)$$

になるので，後は P 波型震源の SV 波成分と同じように考えることができる．たとえばレーリー極の寄与が必要になるのは (9.2.10) 式が成り立つときである．

······●···●···（メ モ）···●···●···

コーシーの積分表示　複素平面上で $f(t)$ が正則な領域で閉曲線 C に沿った周回積分
$$\oint_C \frac{f(t)}{t-z} dt$$
を考える．もし z が C の外部にあれば被積分関数は C の内部で正則であるから，上の積分は 0 になる．そこで z が C の内部にある場合を考える．

周回積分路として C そのものではなく，図 9.2.i のようなものを考える．すなわち C の一部に切れ目を入れて経路 L_1 を通って点 z の近くまでいき，点 z のまわりを半径 r の円周 R に沿ってまわり，経路 L_2 を通って再び C に戻るという経路である．経路 C の向きは図の矢印で示してあるが，点 z を中心に反時計まわりを正にとってある．このような周回積分路をとると，その中に被積分関数の特異点がないからコーシーの定理により
$$\int_C + \int_{L_1} + \int_R + \int_{L_2} = 0$$
が成り立つ．被積分関数は省略して書いてある．L_1 と L_2 に沿っての積分は向きが反対であるから，両者の距離を近づければ 0 になる．小円 R に沿った積分は
$$t - z = re^{i\theta} \qquad dt = ire^{i\theta} d\theta \qquad 0 < \theta < 2\pi$$
であるから時計まわりの積分は
$$\int_R \frac{f(t)}{t-z} dt = \int_{2\pi}^0 \frac{f(t)}{re^{i\theta}} ire^{i\theta} d\theta = -i \int_0^{2\pi} f(t) d\theta$$
である．$r \to 0$ の極限では $f(t)$ は中心の値 $f(z)$ に近づくから
$$\int_R \frac{f(t)}{t-z} dt = -2\pi i f(z)$$
となる．したがって z が閉曲線 C の内部にあるときには
$$f(z) = \frac{1}{2\pi i} \oint_C \frac{f(t)}{t-z} dt$$
が成り立つ．これをコーシーの積分定理という．

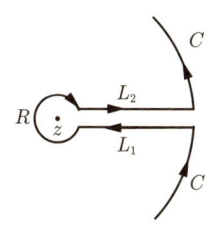

図 9.2.i コーシーの積分定理の積分路

留数の定理 次に閉曲線 C の内部に $f(z)$ の極があるときに周回積分
$$\oint_C f(z)dz$$
を考える.わかりやすいように $f(z)$ は整関数,すなわち z の多項式 $N(z)$ と $D(z)$ の比
$$f(z) = \frac{N(z)}{D(z)}$$
で表されるとする.分母 $D(z)$ は $z = z_1$ に 1 位の零点をもっており,それ以外には C の内部に零点をもっていないとする.$D(z)$ を $D(z) = (z-z_1)D^{(1)}(z)$ と因数分解すれば,先の積分はコーシーの積分定理を用いて
$$\oint_C f(z)dz = \oint_C \frac{N(z)}{(z-z_1)D^{(1)}(z)}dz = 2\pi i \frac{N(z_1)}{D^{(1)}(z_1)}$$
となる.右辺に現れた
$$\operatorname{Res} f(z_1) = \frac{N(z_1)}{D^{(1)}(z_1)}$$
を $f(z)$ の z_1 における留数 (residue) と呼ぶ.$D^{(1)}(z_1)$ の値は $D(z)$ を因数分解する必要はなく
$$D^{(1)}(z_1) = \left.\frac{dD(z)}{dz}\right|_{z=z_1} = D'(z_1)$$
で求められる.したがって留数は
$$\operatorname{Res} f(z_1) = \frac{N(z_1)}{D'(z_1)}$$
で表される.これはよく用いられる公式である.

留数の定理は $f(z)$ が 1 位の極をもつときだけではなく,一般に m 位の極をもつとき,すなわち $f(z)$ が
$$f(z) = \frac{a_{-m}}{(z-z_1)^m} + \cdots + \frac{a_{-1}}{z-z_1} + a_0 + a_1(z-z_1) + \cdots$$
の形にローラン展開できる場合にも拡張することができる.上式を z_1 のまわりで周回積分すれば
$$\operatorname{Res} f(z_1) = a_{-1}$$
であることがすぐわかる.問題は a_{-1} をどのように求めるかであるが,先のローラン展開から
$$\operatorname{Res} f(z_1) = a_{-1} = \frac{1}{(m-1)!}\frac{d^{m-1}}{dz^{m-1}}\left[(z-z_1)^m f(z)\right]\Big|_{z=z_1}$$
が得られる.したがって 1 位の極 $(m=1)$ の留数は一般に
$$\operatorname{Res} f(z_1) = \lim_{z\to z_1}(z-z_1)f(z)$$
と表される.

閉曲線 C の内部に複数の極がある場合には,周回積分の値はそれぞれの極に対する留数の和である.

・・・・●・・・●・・・・●・・・●・・・・

9.3 カニアール–ド・フープ解

本節では SV 波型線震源のときの厳密解をカニアール–ド・フープの方法で導く．前節の最後にふれたように，SV 波型震源の場合には表面で全反射が起こるので，P 波型震源の場合よりも複雑である．図 9.3.1 に幾何光学的な波線を示しておく．

解 (9.1.9) 式をラプラス変数を用いて表すと

$$\phi(x,z;s) = \frac{1}{2\pi}\mathrm{Im}\int_0^{+i\infty}\left[\frac{\alpha}{\beta}R_{\mathrm{SP}}(p)\right]\frac{e^{-s(px-\xi z+\eta h)}}{\eta}dp$$
$$\chi_1(x,z;s) = \frac{1}{2\pi}\mathrm{Im}\int_0^{+i\infty}[-R_{\mathrm{SS}}(p)]\times\frac{e^{-s[px-\eta(z-h)]}}{\eta}dp \quad (9.3.1)$$

になる．χ_1 は (9.1.9) 式の χ の右辺第二項である．p 平面のリーマン面は

$$\mathrm{Re}\,\xi > 0 \qquad \mathrm{Re}\,\eta > 0$$

に選ばなければならないから，分岐線は実軸上 $1/\alpha$ から無限遠までと，$1/\beta$ から無限遠までである (図 9.3.2 参照)．分岐線をこのように選ぶと，積分路が通る第一象限では

$$\mathrm{Im}\,\xi < 0 \qquad \mathrm{Im}\,\eta < 0$$

になっていることに注意する．

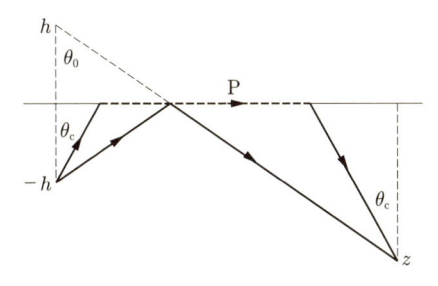

図 9.3.1 広角反射のときの波線

9.3.1 反射 SV 波

はじめに χ_1 を考える．p から t への変換は

$$t(p) = px + \eta(h-z) \qquad p(t)R_0^2 = tx + i(h-z)\sqrt{t^2 - \frac{R_0^2}{\beta^2}}$$

$$\frac{dt}{dp} = x - \frac{p}{\eta}(h-z) = -i\frac{\sqrt{t^2 - R_0^2/\beta^2}}{\eta} \qquad (9.3.2)$$

$$R_0 = \sqrt{x^2 + (h-z)^2}$$

などである．ここで t の実軸上で

$$\mathrm{Re}\sqrt{t^2 - \frac{R_0^2}{\beta^2}} > 0 \qquad \mathrm{Im}\sqrt{t^2 - \frac{R_0^2}{\beta^2}} > 0$$

である．$p=0$ のとき $t=(h-z)/\beta$ であるから形式解は

$$\chi_1(x,z;t) = \frac{1}{2\pi}\mathrm{Im}\left[\frac{-iR_{\mathrm{SS}}(p)}{\sqrt{t^2 - R_0^2/\beta^2}}\right] \qquad t > \frac{h-z}{\beta} \qquad (9.3.3)$$

と表される．与えられた t に対して p は (9.3.2) の第二式から計算される．

t が実軸上を $(h-z)/\beta$ から dt/dp が 0 になる R_0/β まで動くと，p は実軸上を 0 から $x/\beta R_0$ まで動き，そこから第一象限に向かう．この点が最初の分岐点 $1/\alpha$ の左か右かで解の性質が違ってくる．

近距離解 はじめに観測点が震源に近く

$$\frac{x}{\beta R_0} = \frac{\sin\theta_0}{\beta} < \frac{1}{\alpha}$$

が成り立つ場合を考える．このときには p の積分路は分岐点 $1/\alpha$ よりも左で実軸を離れる．これは臨界以下の反射に相当する．すなわち震源から出た SV 波の波線が z 軸となす角 θ_0 が，臨界角

$$\sin\theta_c = \frac{\beta}{\alpha}$$

よりも小さい場合である．このときには $t < R_0/\beta$ では ξ, η は実数，したがって R_{SS} も実数であるが，$\sqrt{t^2 - R_0^2/\beta^2}$ が虚数になるから (9.3.3) 式はこの範囲では 0 になる．したがって (9.3.3) 式の t の範囲は

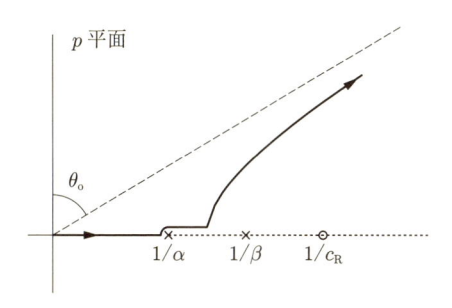

図 9.3.2 先頭波が生じるときの積分路

$$t > \frac{R_0}{\beta} = t_\mathrm{r}$$

としてもよい．t_r は反射 S 波の走時である．

先頭波 x 大きくなると広角反射の領域に入ってくる．このときには p の積分路は分岐点 $1/\alpha$ を通過してから実軸を離れ，第一象限に入る (図 9.3.2)．$p = 1/\alpha$ のときの t は (9.3.2) 式から

$$t(1/\alpha) = \frac{x}{\alpha} + (h-z)\sqrt{\frac{1}{\beta^2} - \frac{1}{\alpha^2}} = t_\mathrm{h} \tag{9.3.4}$$

であるが，これは自由表面に沿った先頭波の走時にほかならない．すなわち，震源から出た S 波が地表面に臨界角 θ_c で入射し，その後地表面に沿って速度 α で伝わり，再び臨界角 θ_c で屈折して S 波で観測点に達する波の走時である (図 9.3.1)．このとき t の下限は t_h とすることができる．$t_\mathrm{h} < t < t_\mathrm{r}$ では p は実数，ξ は負の虚数，η は実数，$\sqrt{t^2 - R_0^2/\beta^2}$ は虚数である．t が t_r を越えると p は第一象限に入るので p は複素数になる．ただし，この時刻以降 $\sqrt{t^2 - R_0^2/\beta^2}$ は実数である．

レーリー波の極の影響 p 平面上でレーリー波の極は実軸上 η の分岐点 $1/\beta$ の右側にある．t がどのような値でも p の積分路がこの点を通ることはない．したがって最急降下法のときのように積分の値としてレーリー極の留数が現れることはない．いい換えれば，厳密解 (9.3.3) 式ではレーリー極はなんら特別の点ではない．しかし積分路がレーリー極の近くを通ることはある．観測点が遠くなると反射波の入射角 θ_0 が大きくなり，p 平面上の積分路が実軸に

近づく．積分路がレーリー極の近くを通れば $R_{\rm PP}(p)$ の分母の零点の影響が現れてくるであろう．

p 平面上の積分路がどれくらいレーリー極に近づくかを見るために，複素 p 平面上でレーリー波の走時 $t = x/c_{\rm R}$ に対応する p, $p_{\rm R} = p(x/c_{\rm R})$ と $1/c_{\rm R}$ との間の距離を計算してみる．ここでの $p_{\rm R}$ は前節のそれではなく，変換 (9.3.2) 式の $p(t)$ に $t = x/c_{\rm R}$ と置いたときの値である．(9.3.2) 式から

$$p_{\rm R} = p(x/c_{\rm R}) = \frac{1}{R_0^2}\left[\frac{x^2}{c_{\rm R}} + i(h-z)\sqrt{\frac{x^2}{c_{\rm R}^2} - \frac{R_0^2}{\beta^2}}\right]$$

$$p_{\rm R} - \frac{1}{c_{\rm R}} = \frac{h-z}{R_0^2}\left[-\frac{h-z}{c_{\rm R}} + i\sqrt{\frac{x^2}{c_{\rm R}^2} - \frac{R_0^2}{\beta^2}}\right]$$

$$\left|p_{\rm R} - \frac{1}{c_{\rm R}}\right|^2 = \frac{(h-z)^2}{R_0^2}\left(\frac{1}{c_{\rm R}^2} - \frac{1}{\beta^2}\right) = \cos^2\theta_0\left(\frac{1}{c_{\rm R}^2} - \frac{1}{\beta^2}\right)$$

となる．ここで $h - z = R_0 \cos\theta_0$ の関係を用いている．レーリー波が卓越する条件として，この距離が $1/c_{\rm R}$ に最も近い特異点 $1/\beta$ までの距離よりも短い，すなわち

$$\left|p_{\rm R} - \frac{1}{c_{\rm R}}\right| < \frac{1}{c_{\rm R}} - \frac{1}{\beta}$$

とすると，上の計算から

$$\frac{x}{h-z} = \tan\theta_0 > \sqrt{\frac{2c_{\rm R}}{\beta - c_{\rm R}}} \tag{9.3.5}$$

が得られる．$\lambda = \mu$ のとき，上の条件は

$$\frac{x}{h-z} > 4.8$$

となる．この値は同じ SV 波型震源のときに最急降下法で導いた条件よりもさらに大きくなっている．

9.3.2 反射 P 波成分

SV 波が表面で反射して P 波に変換されたものが (9.3.1) 式の ϕ である．この式も指数部に二つの異なった根号が含まれているので，解析的にスマート

な解を求めることはできないが，9.2.1 の SV 波成分と同様に形式的な解は求めることができる．p と t の関係は

$$t = px - \xi z + \eta h \qquad \frac{dt}{dp} = x + \frac{p}{\xi}z - \frac{p}{\eta}h$$

である．反射の法則を満たす

$$p = \frac{\sin\varphi}{\beta} = \frac{\sin\theta}{\alpha}$$

に対する走時は

$$t = \frac{R_1}{\alpha} + \frac{R_2}{\beta}$$

になる (図 9.2.3 参照)．φ は SV 波の入射角，θ は P 波の反射角，R_1 は P 波の径路長，R_2 は SV 波の径路長である．このとき

$$\frac{dt}{dp} = 0$$

になるから形式解は

$$\phi = \frac{1}{2\pi}\mathrm{Im}\left[\frac{\alpha}{\beta}R_{\mathrm{SP}}(p)\frac{1}{\eta}\left(\frac{dt}{dp}\right)^{-1}\right] \qquad t > \frac{R_1}{\alpha} + \frac{R_2}{\beta} \qquad (9.3.6)$$

と表される．

9.3.3 ステップ震源に対する変位

(9.3.3) 式や (9.3.6) 式はポテンシャルであるから，変位を求めるためには (9.1.1) 式にしたがってこれらを微分しなければならない．(9.3.3) 式は (9.3.2) 式を通じて x, z の複雑な関数になっているから，これを解析的に微分するのは容易ではない．これを避けるためには，はじめから (9.3.1) 式を微分すればよい．χ_1 からくる変位の x 成分は

$$u_{\mathrm{SS}}(x,z;s) = \frac{1}{2\pi}\mathrm{Im}\int_0^{i\infty}\left[-R_{\mathrm{SS}}(p)\right]e^{-s[px-\eta(z-h)]}s\,dp$$

である．しかしこれをカニアール–ド・フープの方法で時間軸上に戻そうとしても，指数関数以外のところに変数 s が含まれているのでうまくいかない．こ

れは震源時間関数がデルタ関数であるからで，もし時間関数が階段関数 $H(t)$ であったとすれば，そのラプラス変換は $1/s$ であるから，そのときの解は

$$u_{\rm SS}(x,z;s) = \frac{1}{2\pi}{\rm Im}\int_0^{i\infty}[-R_{\rm SS}(p)]\,e^{-s[px-\eta(z-h)]}dp$$

となる．ここには s が指数部にしか含まれていないから，これまでに述べた方法で時間軸上に戻すことができる．

そこで震源時間関数がステップ関数のときの反射 SV 波の変位の解を書き下すと

$$u_{\rm SS} = \frac{1}{2\pi}{\rm Im}\frac{-i\eta R_{\rm SS}(p)}{\sqrt{t^2-t_{\rm r}^2}} \qquad w_{\rm SS} = \frac{1}{2\pi}{\rm Im}\frac{-ip R_{\rm SS}(p)}{\sqrt{t^2-t_{\rm r}^2}} \qquad (9.3.7)$$

となる．

図 9.3.3 は震源時間関数が階段関数のときの変位を示したものである．各震央距離に対して反射波の走時が中央にくるように時間軸を調整してある．反射波の走時では数学的には振幅が発散するが，図に見られるようにその幅は非常に狭い．R はレーリー波の走時 $x/c_{\rm R}$ を示している．レーリー波はパルス幅の広い波として現れており，反射波との分離は明確でない．

注目すべきは先頭波の部分である．液体のときには特別な構造は見られなかったが (図 8.3.2)，固体のときには先頭波に明確な構造が見られる．図 9.3.3 では先頭波の部分を 10 倍に拡大したものを破線で示してある．この波は反射係数に含まれるレーリー関数 $\Delta_{\rm R}(p)$ の零点の影響が分岐線を通じて漏れ出して作られたものと考えることができる．

$\cdots\bullet\cdots\bullet\cdots$ (メ モ) $\cdots\bullet\cdots\bullet\cdots$

レーリー波の複素根の影響　6.3 節ではレーリー波の特性関数 $\Delta_{\rm R}(p)$ には 3 組の零点があり，そのうちの 1 組のみが物理的な根であることを示した．カニアール–ド・フープ法における p 平面上の積分路は ${\rm Re}\,\xi$, ${\rm Re}\,\eta$ が正のリーマン面，$(+,+)$ 面上で行われるが，すぐ上で見たように，レーリー極の寄与は留数として現れるのではなく，積分路上の被積分関数の値が大きなところとして現れるだけである．したがって，反対に $(+,+)$ 面以外のリーマン面上の極も被積分関数の値に影響を与え，ひいては解に影響を与えるかもしれない．

ポアソン比が 1/4 の固体，すなわち $\lambda=\mu$, $a^2=\beta^2/\alpha^2=1/3$ のときのレーリー関数の零点は

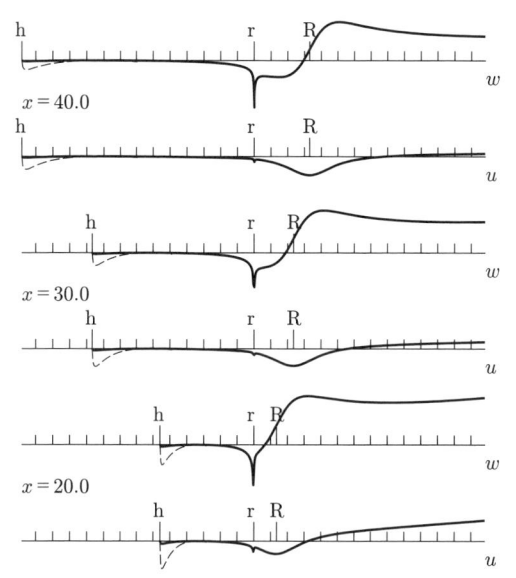

図 **9.3.3** SV 波型ステップ震源のときの S 波成分. r は反射波, R はレーリー波, h は先頭波の走時. 破線は 10 倍に拡大した波形.

$$\beta p = \pm 1.08766, \pm 0.56301, \pm 0.5$$

であることは 6.3 節に示してある. 第一の組はレーリー波に対応している. 第二, 三組の零点は実軸上にあるが, ξ, η が実数であるから $\Delta_R(p)$ が 0 になるためには $\operatorname{Re}\xi > 0$, $\operatorname{Re}\eta < 0$, あるいは $\operatorname{Re}\xi < 0$, $\operatorname{Re}\eta > 0$ のように符号を選ばなければならない. したがってこれらの零点は $(+, -)$ 面, あるいは $(-, +)$ 面上にある. 特に注目すべき零点は第二組で, これは

$$p = \pm \frac{0.56301}{\beta} = \pm \frac{0.97516}{\alpha}$$

であるから実軸上 ξ の分岐点 $1/\alpha$ の近くにある. このため $(+, -)$ 面, あるいは $(-, +)$ 面上の極の値が, 分岐線を通して $(+, +)$ 面上に, いわば漏れ出してきて積分に大きな寄与を与えることがある. 実際に $(+, +)$ 平面の実軸上の $1/|\Delta_R(p)|$ をプロットしてみると図 9.3.i のようになり, $p = 1/\alpha$ 付近で値が大きくなっていることがわかる ($a^2 = 1/3, 4/9$ のとき). 広角反射の場合, 積分路はかならず分岐点 $1/\alpha$ を通るから, この極は先頭波の波形に影響を与える. 図 9.3.3 の先頭波のところに小さいながら一つの相が見えるのはこのためである.

6.3 節に注意したように, a^2 が 0.3215 以下では 2 組の根は実軸を離れ, 複素根になる. p の右半平面では実数部が $1/\alpha$ と $1/\beta$ の間にある, たがいに複素共役の根になる. それぞれの p に対して二つのリーマン面, $(+, -)$ 面, $(-, +)$ 面に根がある. いまこれらの根の影響を見るために, 各リーマン面上で $1/\Delta_R(p)$ の等高線を描いたとしよう. 等高線が $1/\alpha < p < 1/\beta$ の実軸を越えると $\operatorname{Re}\xi$ の符号が変化する. したがって $(-, +)$ 面上の極

284 — 9 二次元ラムの問題

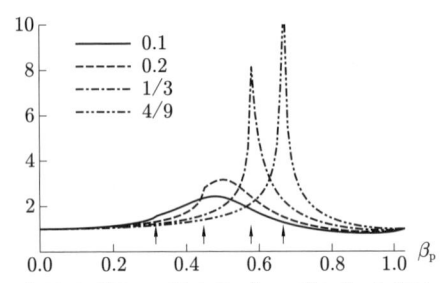

図 9.3.i $1/|\Delta_R(p)|$ のグラフ　数字は $a^2 = \beta^2/\alpha^2$. 矢印は $p = 1/\alpha$ になる点. $a^2 = 0.1, 0.2$ ではレーリー根以外は複素根, $a^2 = 1/3, 4/9$ では実根である.

の影響が $(+, +)$ 面に沁み出してくることになる. 積分路は第一象限であるから, この影響を受けるのは第四象限にある根である. 図 9.3.i の $a^2 = 0.1, 0.2$ に $1/\alpha$ よりも右にピークが見えるのはこのためである. この根の影響は広角反射の際に先頭波と反射波の間のパルスとして現れる. このパルスを $\overline{\mathrm{P}}$ と呼ぶことがある. ただし (9.3.1) 式の計算にはこれらの極を陽に意識する必要はない.

・・・●・・・●・・・●・・・●・・・●・・・

9.4　ラブ波の発生

9.1 節ではポテンシャルに震源項を導入して解を求めたが, ここでは半無限弾性体の表面に応力が加えられたときの SH 波の解を求める.

SH 波の解を

$$v = \frac{e^{-i\omega t}}{2\pi} \int_{-\infty}^{\infty} V(z) e^{ikx} dk \tag{9.4.1}$$

の形に書き表す. これを SH 波の波動方程式 (4.2.1) に代入すれば

$$\frac{d^2 V}{dz^2} = -\omega^2 \eta^2 V \qquad \eta^2 = \frac{1}{\beta^2} - p^2 \tag{9.4.2}$$

が得られる. この方程式の一般解は

$$V = A e^{i\omega \eta z} + B e^{-i\omega \eta z}$$

である.

$0 < z < H$ に媒質 1, $z < 0$ に媒質 2 からなる 2 層構造を考える (図 6.2.1). $z = H$ が表面で，そこに震源が与えられているとする．媒質 1, 2 に関する量に添字 1, 2 をつけることにすれば，それぞれの媒質内の一般解は

$$V_1 = A_1 e^{i\omega\eta_1 z} + B_1 e^{-i\omega\eta_1 z} \qquad V_2 = B_2 e^{-i\omega\eta_2 z} \tag{9.4.3}$$

である．震源が表面にあると仮定したので，媒質 2 の中の解は $-z$ 方向に伝わる波だけで表している．

積分定数 A_1, B_1, B_2 などは境界条件から決められる．まず，境界面 $z = 0$ で変位と応力 σ_{yz} が連続でなければならないから，6.2 節と同様にして

$$A_1 + B_1 = B_2 \qquad i\omega\mu_1\eta_1(A_1 - B_1) = -i\omega\mu_2\eta_2 B_2 \tag{9.4.4}$$

が成り立たなければならない．次に表面における震源を考える．

震源としてはここでは $x = 0$ に働く線状の剪断応力とする．すなわち

$$\sigma_{yz}(x, H) = e^{-i\omega t}\delta(x) \tag{9.4.5}$$

デルタ関数が積分で表されることを用いれば，これは

$$\sigma_{yz}(x, H) = \frac{e^{-i\omega t}}{2\pi} \int_{-\infty}^{\infty} e^{ikx} dk$$

と表される．σ_{yz} は (9.4.1) 式から

$$\sigma_{yz} = \frac{e^{-i\omega t}}{2\pi} \int_{-\infty}^{\infty} \mu_1 \frac{dV_1}{dz} e^{ikx} dk$$

であるから，両者を比較すれば $z = H$ で

$$\mu_1 \frac{dV_1}{dz} = 1$$

が成り立たなければならない．この条件は

$$i\omega\mu_1\eta_1 \left(A_1 e^{i\omega\eta_1 H} - B_1 e^{-i\omega\eta_1 H} \right) = 1$$

である．(9.4.4) 式と上式より

$$A_1 = \frac{\mu_1\eta_1 - \mu_2\eta_2}{2\omega\mu_1\eta_1\Delta_L(p,\omega)} \qquad B_1 = \frac{\mu_1\eta_1 + \mu_2\eta_2}{2\omega\mu_1\eta_1\Delta_L(p,\omega)}$$
$$B_2 = \frac{1}{\omega\Delta_L(p,\omega)} \tag{9.4.6}$$
$$\Delta_L(p,\omega) = -\mu_1\eta_1 \sin\omega\eta_1 H - i\mu_2\eta_2 \cos\omega\eta_1 H$$

が得られる. したがって

$$\begin{aligned}V_1 &= \frac{\mu_1\eta_1\cos\omega\eta_1 z - i\mu_2\eta_2\sin\omega\eta_1 z}{\omega\mu_1\eta_1\Delta_L(p,\omega)} \\ &= \frac{\mu_1\eta_1\cos\omega\eta_1 H - i\mu_2\eta_2\sin\omega\eta_1 H}{\omega\mu_1\eta_1\Delta_L}\cos\omega\eta_1(z-H) \\ &\quad + \frac{1}{\omega\mu_1\eta_1}\sin\omega\eta_1(z-H)\end{aligned} \tag{9.4.7}$$

が得られた. 上式を微分してみればわかるように, 最後の項が外力 $\sigma_{yz}(H)$ に対応している.

分母に現れた $\Delta_L(p,\omega)$ はじつはラブ波の特性方程式にほかならない. $p > 1/\beta_2$ のとき, 6.2節と同様に $\eta_2 = i\hat{\eta}_2$, $\hat{\eta}_2 = \sqrt{p^2 - 1/\beta_2^2} > 0$ と置けば

$$\Delta_L(p,\omega) = \mu_2\hat{\eta}_2\cos\omega\eta_1 H - \mu_1\eta_1\sin\omega\eta_1 H$$

となる. これは (6.2.3) 式のラブ波の特性関数である. したがって $\Delta_L(p,\omega)$ は $1/\beta_2 < p < 1/\beta_1$ の範囲に少なくとも1個の零点をもつことになる. $\Delta_L(p,\omega)$ が実軸上に零点をもつと困ったことが起きる. $k = \omega p$ であるから積分 (9.4.1) 式の積分路は極の真上を通ることになる. しかし 8.2 節で示したように, 減衰がある場合には分岐点が実軸上ではなく第一, 三象限にくるように, 極も第一, 三象限にくる. したがって (9.4.1) 式の積分路は極の真上を通ることはない. これをいい換えれば, 積分路は右半平面では実軸のほんの少し下, 左半平面では実軸の上を通っていると考えることができる.

(9.4.1) 式の積分変数を k から $k = \omega p$ によって p に変換する. 被積分関数には二つの根号 η_1, η_2 が現れるが, η_1 に関しては被積分関数が偶関数になっているので, η_1 の符号をどのように選んでも値は同じになる. したがってリーマン面としては η_2 の方だけを考えればよい. η_2 の符号は積分が収束するために $\mathrm{Im}\,\eta_2 > 0$ に選ばなければならない. 分岐線, ラブ極, 積分路の

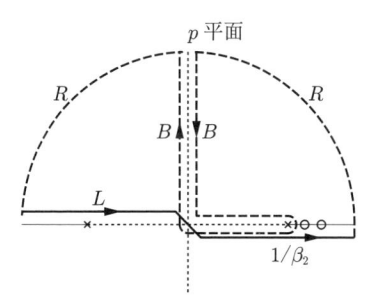

図 9.4.1 SH 波のための複素 p 平面上の積分路　点線は分岐線，×印は分岐点，○印はラブ極．

関係は図 9.4.1 のようになる．積分路は右半平面では実軸の下，左半平面では実軸の上を通っている．

　被積分関数の形が前節までと違って複雑な形をしているので，最急降下法やカニアール–ド・フープ法などをそのまま適用することができない．そこで実軸上の積分路に上半平面上の半円を加えて周回積分とし，留数の定理を用いて極からの寄与だけを評価することにする．上半平面に半円をとったのは (9.4.1) 式の指数部 $e^{i\omega px}$ が減衰するためである．しかし単に半円を加えただけではいけない．虚軸が分岐線になっているからここを横切ることはできず，分岐線に沿って $+i\infty$ から $1/\beta_2$ まで，$1/\beta_2$ から $+i\infty$ までと，分岐線の両側に沿って往復の積分をしなければならない．この積分が 0 にならないのは，分岐線の両側で $\mathrm{Re}\,\eta_2$ の符号が異なるからである．よって周回積分は

$$\oint dp = L + B + R$$

という形になる．L は実軸に沿った積分，B は分岐線に沿った積分，R は半円に沿った積分である．この中でわれわれがほしいのは L である．ところで上の周回積分路の内部には正の実軸上にあるラブ波の極が含まれているから，その値は

$$\oint dp = 2\pi i \mathrm{Res}$$

である．Res は留数のすべての和を表している．半円の半径を無限大にすれば R は 0 になるから，積分 (9.4.1) 式は

9 二次元ラムの問題

$$L = 2\pi i \text{Res} - B \tag{9.4.8}$$

と表されることになる.

上式の第一項がラブ波を表している. 留数は解 (9.4.7) 式の第一項のみから現れるから

$$\begin{aligned}
v_1^{(\text{L})} &= ie^{-i\omega t} \sum_p \frac{\mu_1 \eta_1 \cos \omega \eta_1 H - i\mu_2 \eta_2 \sin \omega \eta_1 H}{\mu_1 \eta_1 \Delta'_\text{L}(p,\omega)} \\
&\quad \times \cos \omega \eta_1 (z-H) e^{i\omega p x} \\
&= ie^{-i\omega t} \sum_p A_\text{L}(p,\omega) \cos \omega \eta_1 (z-H) e^{i\omega p x} \\
A_\text{L}(p,\omega) &= \frac{\mu_1 \eta_1 \cos \omega \eta_1 H - i\mu_2 \eta_2 \sin \omega \eta_1 H}{\mu_1 \eta_1 \Delta'_\text{L}(p,\omega)}
\end{aligned} \tag{9.4.9}$$

となる. ここで右辺の p はラブ波の極, すなわち $\Delta_\text{L}(p,\omega) = 0$ を満たす p を意味しており, 和はそれらの極すべてにわたってとらなければならない. また $\Delta'_\text{L}(p,\omega)$ は p に関する偏微分 $\partial \Delta_\text{L}/\partial p$ を意味している. これが極からの寄与, すなわちラブ波である. この式は (6.2.1) 式とまったく同じ形をしているが, (6.2.1) 式の場合には振幅の絶対値が決まっていなかったのに対して, 上式では与えられた強さ 1 の外力に対する変位として求まっている.

$A_\text{L}(p,\omega)$ をここではラブ波の振幅応答 (amplitude response) と呼ぶことにする. これは震源が時間, 空間的にデルタ関数のときの表面の変位を表しており, 構造のみによって決まる関数である. その意味でこれを構造の伝達関数 (transfer function) と呼んだ方がよいかもしれない.

$\Delta_\text{L}(p,\omega) = 0$ の関係を用いて上式を整理すれば

$$\begin{aligned}
A_\text{L}(p,\omega) &= \frac{[(\mu_1 \eta_1)^2 + (\mu_2 \hat{\eta}_2)^2] \cos \omega \eta_1 H}{(\mu_1 \eta_1)^2 \Delta'_\text{L}(p,\omega)} \\
&= \frac{\hat{\eta}_2}{\mu_1 p} \left[\omega \hat{\eta}_2 H + \frac{\mu_1 \mu_2 (\eta_1^2 + \hat{\eta}_2^2)}{(\mu_1 \eta_1)^2 + (\mu_2 \hat{\eta}_2)^2} \right]^{-1}
\end{aligned} \tag{9.4.10}$$

が得られる. これはつねに正である. $A_\text{L}(p,\omega)$ はすでに図 6.2.4 に示してある.

上の例では, 低周波の遮断周波数 ($\omega = 0$ を含む) では位相速度 c が下層の速度 β_2 に近づくため $A_\text{L} = 0$ になり, 他方高周波では ω^{-1} のオーダーで 0

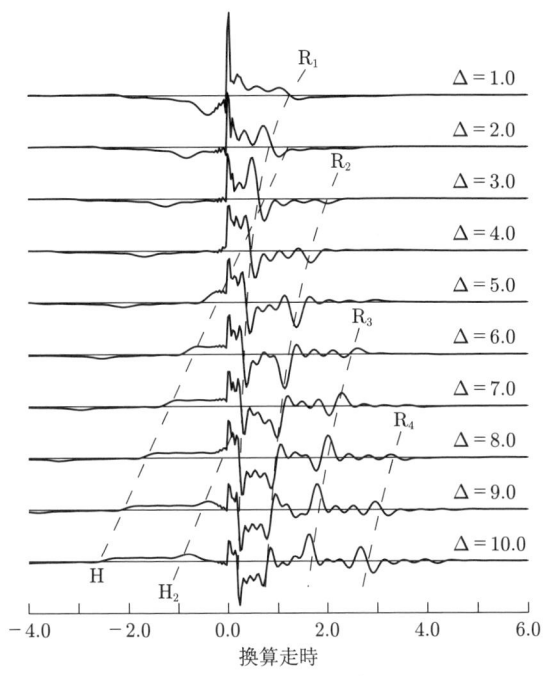

図 9.4.2 ラブ波の重ね合せによる SH 波地震記象　図 6.2.4 に示した分散曲線を用い，(9.4.9) 式に基づいて計算した SH 波の理論地震気象．三次の高次モードまでを加えてある．震央距離 Δ の単位は層厚 H，時間の単位は H/β_1．時刻の原点は直接波の走時である．図中の破線 H は先頭波の走時，R_1 から R_4 までは一次から四次までの反射波の走時を表している．また H_2 は境界面で 1 回反射した後に先頭波で伝わる波の走時を示している．

に近づく．図 6.2.4 に見えるように振幅応答は群速度が極小になる周波数付近で極大値をとっている．ただし，構造が複雑になれば高次のモードでは振幅関数はいくつもの極大，極小値をもつこともある．

図 9.4.2 は 2 層構造の表面に SH 型の線震源があるときの解を (9.4.9) 式に基づいて計算したものである．(9.4.9) 式は周波数領域で求められているのでこれをフーリエ逆変換して，震央距離にしたがって並べてある．このようなグラフを地震学ではペイストアップ (paste-up) と呼んでいる．ただしこの図の時刻の原点は震源からの直接波の走時を 0 とした換算走時 (reduced travel time) である．

この図ではラブ波の0次から三次までの合計4個のモードを加え合せている．ラブ波を重ね合せただけであるにもかかわらず，直接波，先頭波，一次から四次までの反射波が明瞭に見られる．震央距離 Δ をさらに遠くすればより高次の反射波が見られるであろう．

分岐線積分　近距離の記録には直接波の前に明白な相 (phase) が下層の速度 β_2 で伝わっているのが見える．これは明らかに因果律に反している．この波は (9.4.8) 式の分岐線積分 B を省略したために発生したもので，これを考慮すれば消すことができる．

　分岐線の積分路上で第一象限では $\mathrm{Re}\,\eta_2 < 0$，第二，第四象限では $\mathrm{Re}\,\eta_2 > 0$ である．これらの積分を $\mathrm{Re}\,\eta_2 > 0$ の積分にまとめると

$$-B = \frac{i}{\pi}\left[\int_{+i\infty}^{0} + \int_{0}^{1/\beta_2}\right] \frac{\mu_2\eta_2 \cos\omega\eta_1(z-H)e^{i\omega px}dp}{(\mu_1\eta_1)^2 \sin^2\omega\eta_1 H + (\mu_2\eta_2)^2 \cos^2\omega\eta_1 H} \quad (9.4.11)$$

と表される．虚軸上の被積分関数は指数部によって急速に減少する．実軸上の被積分関数は終端 $p = 1/\beta_2$ で一般には0になるが，遮断周波数では終端では分母も0になってしまう．しかし積分変数を η_2 に変換すれば，ここは特異点ではなくなる．この分岐線積分を図 9.4.2 に加えれば，近距離の非因果的な相は消えてしまう．

波線展開　前節では P-SV 波に対してカニアール–ド・フープの方法を適用したが，SH 波に対しても適用できるかどうかを検討してみる．(9.4.7) 式は厳密解であるから，これを (9.4.1) 式に代入して波数積分を行う．ただし $e^{-i\omega t}$ の部分は除き，カニアール–ド・フープのやり方にしたがって

$$k = \omega p \qquad \omega = is$$

の置き換えをする．また (9.4.7) 式の三角関数を指数関数を用いて書き換える．その結果を改めて V_1 と書くことにすると

$$V_1 = \frac{1}{\pi\mu_1}\mathrm{Im}\int_0^{i\infty} \frac{1 + R_{12}(p)e^{-2s\eta_1 z}}{1 - R_{12}(p)e^{-2s\eta_1 H}} e^{-s[px+\eta_1(H-z)]}\frac{dp}{\eta_1} \quad (9.4.12)$$

となる．$R_{12}(p)$ は (4.2.7) 式の SH 波の反射係数

$$R_{12}(p) = \frac{\mu_1\eta_1 - \mu_2\eta_2}{\mu_1\eta_1 + \mu_2\eta_2}$$

である.しかしこのままでの形では s が最後の指数部以外のところに現れているので,ラプラス変換の形に書き換えることができない.

上式の被積分関数は (4.2.17) 式とまったく同じ形をしているので,波線展開を行うことができる.

$$\begin{aligned}V_1 = \frac{1}{\pi\mu_1}\text{Im}\int_0^{+i\infty}&\Big[e^{-s[px+\eta_1(H-z)]} + R_{12}e^{-s[px+\eta_1(H+z)]} \\ &+ R_{12}e^{-s[px+\eta_1(3H-z)]} + R_{12}^2 e^{-s[px+\eta_1(3H+z)]} \\ &+ R_{12}^2 e^{-s[px+\eta_1(5H-z)]} + \cdots\Big]\frac{dp}{\eta_1}\end{aligned} \qquad (9.4.13)$$

各項は (8.3.4) 式の積分とまったく同じ形をしており,カニアール–ド・フープの方法で厳密解を求めることができる.第一項は震源からの直接波,第二項は境界面からの反射波,第三項は境界面と表面で 1 回ずつ反射した波,⋯を表している.

10 球面波の伝播 (三次元問題)

前2章では線震源から出る波だけ,すなわち二次元問題だけを考えてきたが,これは現実的ではない.たとえば直接波の距離減衰一つをとってみても,実際とはかけ離れている.そこで本章では点震源から出る波を計算することにする.

はじめに第8章と同様にポテンシャルに震源項を入れて音波の反射,屈折の問題を最急降下法で解き,次に三次元の問題をポテンシャルを用いないで定式化し,三次元のレーリー波,ラブ波を計算することにする.三次元の問題にもカニアール–ド・フープの方法を用いることはできるが,非常に複雑であるので,後で引用する必要上,筋道と結果だけを簡単に述べることにする.

10.1 球面P波の伝播

10.1.1 P波型点震源の解

ポテンシャル ϕ, ψ, χ はすべて同じ形の波動方程式を満たしているので (第5章参照),ここでは縦波のポテンシャル ϕ だけを考える.原点に震源がある場合,周波数軸上で考えると ϕ は非斉次のヘルムホルツ方程式

$$(\nabla^2 + k_\alpha^2)\phi = -\delta(x)\delta(y)\delta(z) \qquad k_\alpha = \frac{\omega}{\alpha} \tag{10.1.1}$$

を満たしている.∇^2 は前章までとは違って三次元のラプラシアン

$$\nabla^2 = \partial^2/\partial x^2 + \partial^2/\partial y^2 + \partial^2/\partial z^2$$

で,(10.1.1) 式右辺が点震源の項である.デルタ関数の性質

$$\delta(x)\delta(y) = \frac{1}{(2\pi)^2} \int\int_{-\infty}^{\infty} e^{i(k_x x + k_y y)} dk_x dk_y$$

を考慮して

$$\phi = \frac{1}{(2\pi)^2} \int\int_{-\infty}^{\infty} P(z) e^{i(k_x x + k_y y)} dk_x dk_y$$

と置けば，$P(z)$ は常微分方程式

$$\frac{d^2 P}{dz^2} + \nu^2 P = -\delta(z) \qquad \nu^2 = k_\alpha^2 - (k_x^2 + k_y^2)$$

を満たさなければならない．線震源のときと同様にして (8.1 節)，この方程式の外向きに伝わる解として

$$P(z) = \frac{e^{i\nu|z|}}{-2i\nu}$$

が得られる．無限遠で収束するためには $\mathrm{Im}\,\nu > 0$ でなければならない．この約束のもとで (10.1.1) 式の形式解は

$$\phi = \frac{1}{(2\pi)^2} \int\int_{-\infty}^{\infty} e^{i\nu|z| + i(k_x x + k_y y)} \frac{dk_x dk_y}{-2i\nu} \qquad (10.1.2)$$
$$\nu^2 = k_\alpha^2 - (k_x^2 + k_y^2) \qquad \mathrm{Im}\,\nu > 0$$

と表される．上式の被積分関数は平面波を表している．ϕ は球面波になるはずであるから，上式は平面波の重ね合せによって球面波を表した式になっている．

上式をもう少し整理する．波数 (k_x, k_y)，座標 (x, y) を円筒座標で

$$k_x = k\cos\chi \qquad k_y = k\sin\chi \qquad k^2 = k_x^2 + k_y^2$$
$$x = r\cos\varphi \qquad y = r\sin\varphi \qquad r^2 = x^2 + y^2$$
$$\nu^2 = k_\alpha^2 - k^2 \qquad k_\alpha = \omega/\alpha$$

のように表すと，積分は

$$\int\int_{-\infty}^{\infty} dk_x dk_y = \int_0^{\infty} k\,dk \int_0^{2\pi} d\chi$$

と変換されるので，(10.1.2) 式は

$$\phi = \frac{1}{(2\pi)^2} \int_0^\infty \frac{e^{i\nu|z|}}{-2i\nu} k dk \int_0^{2\pi} e^{ikr\cos(\chi-\varphi)} d\chi$$

となる．ここでベッセル関数の積分公式

$$J_0(z) = \frac{1}{2\pi} \int_0^{2\pi} e^{iz\cos\chi} d\chi$$

を用いれば

$$\phi = \frac{1}{2\pi} \int_0^\infty J_0(kr) \frac{e^{i\nu|z|}}{-2i\nu} k dk \qquad \nu^2 = k_\alpha^2 - k^2 \tag{10.1.3}$$

が得られた．

この積分は $\mathrm{Im}\,\nu > 0$ のリーマン面上で行なわなければならない．このときの分岐線は第 8 章と同様に，実軸上 $|k| < \omega/\alpha$ と虚軸である．分岐線 $0 < k < \omega/\alpha$ のすぐ上，第一象限では $\mathrm{Re}\,\nu < 0$ であり，すぐ下，第四象限では $\mathrm{Re}\,\nu > 0$ である．

先に進む前に，上式が球面波になることを示しておこう．問題の対称性から上式を $z = 0$ で計算してもかまわない．積分公式

$$\int_0^\infty e^{ik_\alpha \tau} J_0(k\tau) d\tau = \begin{cases} \dfrac{1}{\sqrt{k^2 - k_\alpha^2}} = \dfrac{1}{|\nu|} & 0 < k_\alpha < k \\ \dfrac{1}{-i\sqrt{k_\alpha^2 - k^2}} = \dfrac{1}{-i\nu} & 0 < k < k_\alpha \end{cases}$$

を参照すれば，実軸上の分岐線の下側を通る積分路上で (10.1.3) 式に現れる $1/(-i\nu)$ を左辺の積分で置き換えることができる．したがって $z = 0$ において (10.1.3) 式は

$$\phi = \frac{1}{4\pi} \int_0^\infty J_0(kr) k dk \int_0^\infty J_0(k\tau) e^{ik_\alpha \tau} d\tau$$

と書くことができる．ところでフーリエ–ベッセルの積分定理によれば，任意の $\phi(r)$ に対して

$$\phi(r) = \int_0^\infty J_0(kr) k dk \int_0^\infty \phi(\tau) J_0(k\tau) \tau d\tau \tag{10.1.4}$$

が成り立つ．これと先の二重積分とを比較すれば

10.1 球面 P 波の伝播 — 295

$$\phi(\tau) = \frac{e^{ik_\alpha \tau}}{4\pi\tau}$$

であることがわかる．$|z| \neq 0$ に拡張するには二次元の距離 r を三次元の距離 R で置き換えればよいから，(10.1.1) 式の解として

$$\phi = \frac{1}{4\pi R} e^{ik_\alpha R} \qquad R = \sqrt{x^2 + y^2 + z^2} \tag{10.1.5}$$

が得られた．積分公式の形にまとめれば

$$\frac{1}{R} e^{ik_\alpha R} = \int_0^\infty J_0(kr) \frac{e^{i\nu|z|}}{-i\nu} k dk \qquad \mathrm{Im}\,\nu > 0 \tag{10.1.6}$$

となる．(10.1.2) 式は球面波を平面波の重ね合せで表したもの，(10.1.3)，(10.1.6) 式は球面波を円筒波の重ね合せで表したものである．ただしここでの円筒波は前章までの y 軸を対称軸としたものとは違って，z 軸を対称軸としたものである．

(10.1.3) 式が原点から発生した球面波であることはわかったが，このままでは使いにくいので

$$J_0(z) = \frac{1}{2}\left[H_0^{(1)}(z) + H_0^{(2)}(z)\right]$$

を用いてハンケル関数に書き換える．さらに実軸上の積分路に対して

$$H_0^{(2)}(z) = -H_0^{(1)}\left(e^{i\pi}z\right)$$

が成り立つので，ν が k の偶関数であることを考慮すれば

$$\phi = \frac{1}{4\pi} \int_{-\infty}^\infty H_0^{(1)}(kr) \frac{e^{i\nu|z|}}{-2i\nu} k dk \tag{10.1.7}$$

が得られる．円筒波のときと同様に波数 k の積分を $k = \omega p$ により波線パラメーター p の積分に直せば

$$\phi = \frac{\omega}{4\pi} \int_{-\infty}^\infty H_0^{(1)}(\omega p r) \frac{e^{i\omega\xi|z|}}{-2i\xi} p dp \qquad \xi^2 = \frac{1}{\alpha^2} - p^2 \tag{10.1.8}$$

となる．ただし $\mathrm{Im}\,\xi > 0$ である．

10.1.2 球面波の反射 (最急降下法)

点震源に対する上の式は線震源に対する式 (8.1.5) とは異なっているように見えるが，高周波 (短波長) 近似では非常によく似ている．ハンケル関数の漸近展開

$$H_0^{(1)}(z) \sim \sqrt{\frac{2}{\pi z}} e^{i(z-\pi/4)}$$

を用いれば (10.1.8) 式は

$$\phi \sim \frac{1}{4\pi}\sqrt{\frac{2\omega}{\pi r}} e^{-i\pi/4} \int_{-\infty}^{\infty} e^{i\omega(pr+\xi|z|)} \frac{\sqrt{p}}{-2i\xi} dp \tag{10.1.9}$$

と近似できる．これは係数を除けば円筒波の同様な式 (8.1.5) と同じである．一つの違いは $\sqrt{p}$ による分岐点が存在することである．先の漸近展開が成り立つためには $\mathrm{Re}\sqrt{p} > 0$ でなければならないので，分岐線は負の実軸になる．積分路はその上側を走っている．

(10.1.9) 式と (8.1.5) 式を比べれば，高周波の近似では二次元の式に係数

$$\frac{1}{2}\sqrt{\frac{2\omega p}{\pi r}} e^{-i\pi/4} \tag{10.1.10}$$

を掛ければ三次元の式になることがわかる．ただし p は積分変数であるから本来は積分記号の中に入れなければならない．

形式解を求めた後の波線パラメーター p に関する積分は，最急降下法やカニアール–ド・フープ法で評価することができる．しかし点震源の場合には後者は非常に複雑になるので，10.5 節で簡単に述べる．前者も厳密解，たとえば (10.1.8) 式そのままに対して適用するのではなく，これを展開した (10.1.9) 式に対して適用する．したがって議論は第 8 章の円筒波のときとほとんど平行である．

一例として先に二次元問題として解いておいた音波の反射，屈折の問題をとりあげる．このとき，圧力変化は (10.1.1) 式とまったく同じ運動方程式を満たすから，ϕ を音波の圧力変化と考えてよい．

直接波 音波の直接波の近似解は (10.1.9) 式で表される．この積分を最急降下法で評価するために

$$f(p) = i(pr + \xi|z|)$$

と置いて第 8 章と同じ計算を行えば (8.2 節参照)

$$s = \frac{r}{\alpha R} \qquad \xi(s) = \frac{|z|}{\alpha R} \qquad f(s) = i\frac{R}{\alpha} \qquad f''(s) = -i\frac{\alpha R^3}{z^2}$$

が得られる．s は鞍点である．これを最急降下法の公式 (8.2.11) 式に代入すれば

$$\phi \sim \frac{1}{4\pi R} e^{ik_\alpha R}$$

が得られる．これは偶然であるが，厳密解 (10.1.5) 式に一致している．

上の計算を自分でやってみればわかるように，円筒波と球面波の違いは円筒関数を漸近展開したときの余分な因数 (10.1.10) 式からきている．したがって二次元の問題を三次元の問題に翻訳するには，二次元の解にこの因数を掛ければよい．

反射波 いま $z \geq 0$ に流体 1，$z \leq 0$ に流体 2 があり，$(0, 0, h)$ に点震源があるとする．音波の運動方程式はスカラー波動方程式であるから点震源から出る球面波は，(10.1.7) 式の原点を移動した

$$z > 0: \quad \phi_0 = \frac{\omega}{4\pi} \int_{-\infty}^{\infty} H_0^{(1)}(\omega pr) \frac{e^{i\omega \xi_1 |z-h|}}{-2i\xi_1} p\,dp$$

で表される．流体 1 にはこのほかに反射波 ϕ_1 があり，流体 2 には屈折波 ϕ_2 がある．これらは

$$z > 0: \quad \phi_1 = \frac{\omega}{4\pi} \int_{-\infty}^{\infty} B_1 H_0^{(1)}(\omega pr) \frac{e^{i\omega \xi_1 (z+h)}}{-2i\xi_1} p\,dp$$

$$z < 0: \quad \phi_2 = \frac{\omega}{4\pi} \int_{-\infty}^{\infty} B_2 H_0^{(1)}(\omega pr) \frac{e^{-i\omega \xi_2 z + i\omega \xi_1 h}}{-2i\xi_1} p\,dp$$

と書くことができる．B_1, B_2 は未定係数である．これらがそれぞれ液体 1，液体 2 に対する波動方程式を満たしていることは明らかである．二つの液体の境界面 $z = 0$ では，圧力 ϕ と境界に垂直な変位

$$w = \frac{1}{\rho\omega^2}\frac{\partial \phi}{\partial z}$$

が連続にならなければならない．これらの条件は

$$1 + B_1 = B_2 \qquad \frac{\xi_1}{\rho_1}(1 - B_1) = \frac{\xi_2}{\rho_2}B_2$$

であるから

$$B_1 = R_{12}(p) = \frac{\rho_2\xi_1 - \rho_1\xi_2}{\rho_2\xi_1 + \rho_1\xi_2} \qquad B_2 = T_{12}(p) = \frac{2\rho_2\xi_1}{\rho_2\xi_1 + \rho_1\xi_2}$$

が得られる．$R_{12}(p)$, $T_{12}(p)$ はすでに定義した液体の反射係数，透過係数である．じつは $H_0^{(1)}(\omega pr)$ が二次元問題のときの $e^{i\omega px}$ に対応することに注目すれば，このような計算をしなくても上式は求められる．

二次元問題のときの反射波の最急降下法の解は (8.2.20) 式に求められている．上で求めた解 ϕ_1 を漸近展開すれば二次元問題と同じ形になるので，これに先ほどの係数 (10.1.10) 式を掛けると，三次元のときの解が

$$\phi_1 = \frac{1}{4\pi R_0}R_{12}(s)e^{ik_{\alpha_1}R_0}$$
$$s = \frac{r}{\alpha_1 R_0} \qquad R_0 = \sqrt{r^2 + (z+h)^2} \tag{10.1.11}$$

と求められる．s は鞍点，R_0 は震源の鏡像から観測点までの距離である．この解は鏡像からの球面波に反射係数を掛けたわかりやすい形をしている．全反射以前の近距離では反射係数が実数であるから，上の解は時間軸上でも震源と同じ波形の球面波になる．全反射以降の広角の反射では反射係数が複素数になるので，その位相変化のために反射波形は震源波形とは異なってくる．

先頭波 下層の音速 α_2 の方が速いときには，広角反射波の前に先頭波が現れる．二次元の先頭波の解を三次元に変換するときには，(8.2.23) 式の p に関する積分の中に $p^{1/2}$ を含めて計算しなければならないが，ここでの近似では $p = 1/\alpha_2$ として積分の外に出すことができる．したがって解は (8.2.24) 式に係数 (10.1.10) 式を掛けるだけでよい．

$$\phi_{\text{head}} = \frac{i}{2\pi\omega}\frac{\rho_1\alpha_1^2}{\rho_2\alpha_2(1-\alpha_1^2/\alpha_2^2)}\frac{1}{r^{1/2}D^{3/2}}e^{i\omega t_{\text{h}}} \tag{10.1.12}$$

t_h は先頭波の走時である．二次元問題のときに注意しておいたように，遠距離で振幅は $1/r^2$ で減衰し，波形は入射波の積分の形になる．

ここで求めた直接波，反射波，先頭波の解からは，二次元の解に現れためざわりな位相 $\pi/4$ が消えて，解が見やすい形になっている．これは最急降下法から現れる $\pi/4$ と，円筒関数の漸近展開から現れる $\pi/4$ が打ち消しあうからである．

10.2 三次元 P-SV 波

震源項を入れる方法として，ポテンシャルに対する波動方程式に非斉次項を入れる方法をこれまでに用いてきたが，この方法では加えた震源項が実際にどのような外力に対応するかは，運動方程式に戻って考えなければならない．前章では表面に応力を外力として加える方法を用いたが，この方法は内部震源の場合には用いることができない．

本節と次節では表面に応力の点震源が与えられたときの問題を考えるが，一般的な震源に対応できるような表現法を導入する．前節では音波の問題をとり扱ったので，ヘルムホルツ方程式の解がそのまま音波の解になっていたが，固体中の弾性波を扱うときには，変位を求めるためにポテンシャルを 1 回微分し，応力を求めるためにもう 1 回微分し，これを P 波，S 波のポテンシャルについて行うという面倒な手続きを行わなければならない．z 方向に変化する構造をとり扱うときには，そもそもポテンシャルを用いても運動方程式が簡単になるわけでもなく，このような面倒な手順を踏むよりは，はじめから変位と応力で解を求めておく方がはるかに便利である．また，境界条件を合せるのにもこの方が便利である．

10.2.1 P-SV 波の基本方程式

平面境界の三次元の問題を考えるときには，直角座標あるいは円筒座標系を用いることになる．ここでは z 軸を対称軸とする円筒座標系 (r, φ, z) を用いることにする．ポテンシャルで表した解，(5.3.4)，(5.3.6) 式を用いるとP-SV 波の円筒座標系の変位成分は

$$u_r = \frac{\partial}{\partial r}\left(\phi + \frac{\partial \psi}{\partial z}\right) \qquad u_\varphi = \frac{\partial}{r\partial \varphi}\left(\phi + \frac{\partial \psi}{\partial z}\right)$$
$$u_z = \frac{\partial \phi}{\partial z} + \left(-\frac{1}{\beta^2}\frac{\partial^2 \psi}{\partial t^2} + \frac{\partial^2 \psi}{\partial z^2}\right)$$

と表される．ϕ, ψ はそれぞれ P 波，S 波の波動方程式の解である．これらの解の r, φ に関係する部分だけを見れば，

$$\phi, \psi \sim J_m(kr)e^{im\varphi} = Y_m(kr, \varphi)$$

の形をしている．m は整数，k は r 方向の波数である．$J_m(kr)$ はベッセル関数であるが，問題によってはハンケル関数やノイマン関数でもよい．以下では $r = 0$ で発散しない解を求めたいので $J_m(kr)$ を用いている．

$Y_m(kr, \varphi)$ に z の関数を掛けたものが ϕ や ψ になるが，上の式の形から u_r, u_φ に対してはこの z の関数は共通である．そこでこの関数を $U_m(z)$ として

$$u_r = U_m(z)\frac{1}{k}\frac{\partial Y_m}{\partial r} \qquad u_\varphi = U_m(z)\frac{1}{kr}\frac{\partial Y_m}{\partial \varphi}$$

と書くことができるであろう．k で割ってあるのは次元を合せるためである．また，先の式から u_z の r, φ に関する部分は $Y_m(kr, \varphi)$ であるから，z に関する部分には別の関数 $W_m(z)$ を用いて

$$u_z = W_m(z)Y_m(kr, \varphi)$$

と表すことにする．以上をまとめると変位の 3 成分は

$$u_r = U_m(z)\frac{1}{k}\frac{\partial Y_m}{\partial r} \qquad u_\varphi = U_m(z)\frac{1}{kr}\frac{\partial Y_m}{\partial \varphi}$$
$$u_z = W_m(z)Y_m(kr, \varphi) \tag{10.2.1}$$

の形に表される．例によって時間の項 $e^{-i\omega t}$ は省略してある．$U_m(z)$, $W_m(z)$ は k, ω などの関数であるかもしれないが，ここには明示していない．$Y_m(kr, \varphi)$ は円筒座標系におけるヘルムホルツ方程式の解に現れるもので

$$\frac{1}{r}\frac{\partial}{\partial r}\left(r\frac{\partial Y_m}{\partial r}\right) + \frac{1}{r^2}\frac{\partial^2 Y_m}{\partial \varphi^2} + k^2 Y_m = 0$$
$$Y_m(kr, \varphi) = J_m(kr)e^{im\varphi} \tag{10.2.2}$$

を満たしている．

変位の変数分離ができたから，これを (3.5.1) 式に代入して歪を計算し，さらに応力を求めると

$$\begin{aligned}
\sigma_{rr} &= \lambda \left(\frac{dW_m}{dz} - kU_m \right) Y_m + \frac{2\mu U_m}{k} \frac{\partial^2 Y_m}{\partial r^2} \\
\sigma_{\varphi\varphi} &= \lambda \left(\frac{dW_m}{dz} - kU_m \right) Y_m + \frac{2\mu U_m}{kr} \left(\frac{\partial Y_m}{\partial r} + \frac{1}{r} \frac{\partial^2 Y_m}{\partial \varphi^2} \right) \\
\sigma_{zz} &= \left[(\lambda + 2\mu) \frac{dW_m}{dz} - k\lambda U_m \right] Y_m \\
\sigma_{\varphi z} &= \frac{\mu}{kr} \left(\frac{dU_m}{dz} + kW_m \right) \frac{\partial Y_m}{\partial \varphi} \\
\sigma_{zr} &= \frac{\mu}{k} \left(\frac{dU_m}{dz} + kW_m \right) \frac{\partial Y_m}{\partial r} \qquad \sigma_{r\varphi} = \frac{2\mu U_m}{kr} \left(\frac{\partial^2 Y_m}{\partial r \partial \varphi} - \frac{1}{r} \frac{\partial Y_m}{\partial \varphi} \right)
\end{aligned} \qquad (10.2.3)$$

が得られる．ここで後での計算を簡単にするために

$$\begin{aligned}
P_m(z) &= (\lambda + 2\mu) \frac{dW_m(z)}{dz} - k\lambda U_m \\
S_m(z) &= \mu \left[\frac{dU_m(z)}{dz} + kW_m(z) \right]
\end{aligned} \qquad (10.2.4)$$

を定義しておく．こうすると z 軸に垂直な面に働く応力成分が

$$\begin{aligned}
\sigma_{zz} &= P_m(z) Y_m(kr, \varphi) \\
\sigma_{\varphi z} &= \frac{S_m(z)}{kr} \frac{\partial Y_m}{\partial \varphi} \qquad \sigma_{zr} = \frac{S_m(z)}{k} \frac{\partial Y_m}{\partial r}
\end{aligned} \qquad (10.2.5)$$

のように表される．

次にこれらを運動方程式 (3.5.2) に代入する．たとえば運動方程式の φ 成分からは

$$-\rho\omega^2 \frac{U_m}{kr} \frac{\partial Y_m}{\partial \varphi} = \frac{2\mu U_m}{kr} \frac{\partial}{\partial \varphi} \left(\frac{\partial^2 Y_m}{\partial r^2} + \frac{1}{kr} \frac{\partial Y_m}{\partial r} + \frac{1}{r^2} \frac{\partial^2 Y_m}{\partial \varphi^2} \right) \\
+ \frac{\lambda}{r} \left(\frac{dW_m}{dz} - kU_m \right) \frac{\partial Y_m}{\partial \varphi} + \frac{dS_m}{dz} \frac{1}{kr} \frac{\partial Y_m}{\partial \varphi}$$

が得られるが，右辺第一項は (10.2.2) 式から簡単になり，全体から共通項 $\partial Y_m/kr\partial\varphi$ が消去でき，r, φ を含まない常微分方程式

$$-\rho\omega^2 U_m = -2k^2\mu U_m + k\lambda\left(\frac{dW_m}{dz} - kU_m\right) + \frac{dS_m}{dz}$$

が得られる．(3.5.2) 式の第一式，運動方程式の r 成分からもまったく同じ式が得られる．運動方程式の z 成分からは

$$-\rho\omega^2 W_m = -kS_m + \frac{dP_m}{dz}$$

が得られる．以上をまとめると

$$\begin{aligned}\frac{dW_m}{dz} &= \frac{1}{\lambda+2\mu}\left(P_m + k\lambda U_m\right) \\ \frac{dP_m}{dz} &= -\rho\omega^2 W_m + kS_m \\ \frac{dU_m}{dz} &= -kW_m + \frac{1}{\mu}S_m \\ \frac{dS_m}{dz} &= -\frac{k\lambda}{\lambda+2\mu}P_m + \left[k^2\left(\lambda+2\mu-\frac{\lambda^2}{\lambda+2\mu}\right)-\rho\omega^2\right]U_m \end{aligned} \quad (10.2.6)$$

となる．第一，三式はそれぞれ P_m，S_m の定義式 (10.2.4) から，また第四式の右辺に現れた dW_m/dz は第一式を用いて消去してある．上の方程式には m が陽には現れない．また，上の導き方を振返ってみればわかるように，上式は密度や弾性定数が z の関数であっても成立する．

こうして三次元の P-SV 波問題は連立常微分方程式 (10.2.6) を解くことに帰着した．未知関数 W_m, P_m, U_m, S_m は変位や応力に対応しているから，密度や弾性定数が z に関して不連続なところでも連続でなければならない．したがって上式を解くときに不連続点でも特別な境界条件を必要としない．これもこの定式化の長所である．

密度や弾性定数が一定のときの (10.2.6) 式の一般解を求めるのは簡単である．4.3 節と同様に

$$W_m(z) = e^{i\omega\gamma z} \qquad U_m(z) = i\varepsilon e^{i\omega\gamma z}$$

と置くと，P_m, S_m の定義から

$$P_m(z) = i\omega[(\lambda+2\mu)\gamma - \lambda p\varepsilon]e^{i\omega\gamma z}$$

$$S_m(z) = \omega\mu(p - \gamma\varepsilon)e^{i\omega\gamma z}$$

となる. これらを上の運動方程式の第二, 四式に代入すれば γ と ε が求められる. 途中を省略して一般解は

$$W_m = \xi(Ae^{i\omega\xi z} + Be^{-i\omega\xi z}) + p(Ce^{i\omega\eta z} + De^{-i\omega\eta z})$$
$$P_m/\omega = i\rho(1-\gamma)(Ae^{i\omega\xi z} - Be^{-i\omega\xi z}) + 2i\mu p\eta(Ce^{i\omega\eta z} - De^{-i\omega\eta z})$$
$$U_m = -ip(Ae^{i\omega\xi z} - Be^{-i\omega\xi z}) + i\eta(Ce^{i\omega\eta z} - De^{-i\omega\eta z})$$
$$S_m/\omega = 2\mu p\xi(Ae^{i\omega\xi z} + Be^{-i\omega\xi z}) - \rho(1-\gamma)(Ce^{i\omega\eta z} + De^{-i\omega\eta z})$$
$$\xi^2 = \alpha^{-2} - p^2 \qquad \eta^2 = \beta^{-2} - p^2 \qquad \gamma = 2\beta^2 p^2 \quad (10.2.7)$$

である. 第二, 四式の左辺を ω で割っているのは, ω が右辺の指数関数部以外に現れないようにするためである. こうしておくと後で導くハスケルの層行列がきれいな形になるからである (第 12 章参照).

10.2.2 三次元音波

三次元音波の解を定式化をするには, 上で導いた式の剛性率 μ を 0 とする極限をとればよいので, 重複になるかもしれないが, ここで改めて導いてみる.
密度や弾性定数が z だけの関数であるとき, 音波の運動方程式は (1.1.3), (1.1.5) 式から

$$\begin{aligned}\frac{\partial^2 \phi}{\partial t^2} &= \frac{K}{\rho}\left(\frac{\partial^2 \phi}{\partial x^2} + \frac{\partial^2 \phi}{\partial y^2}\right) + K\frac{\partial}{\partial z}\left(\frac{1}{\rho}\frac{\partial \phi}{\partial z}\right) \\ \frac{\partial^2 w}{\partial t^2} &= -\frac{1}{\rho}\frac{\partial \phi}{\partial z}\end{aligned} \quad (10.2.8)$$

と書くことができる. K は体積弾性率である. 先にならって

$$\begin{aligned} w &= W_m(z)Y_m(kr,\varphi) \\ \phi &= -P_m(z)Y_m(kr,\varphi) \end{aligned} \quad (10.2.9)$$

と置く. P_m に負号をつけたのは張力を正とする (10.2.4) 式などに合せるためである. また時間変化 $e^{-i\omega t}$ は省略している. 水平方向のラプラシアン

$$\frac{\partial^2}{\partial x^2} + \frac{\partial^2}{\partial y^2} = \frac{1}{r}\frac{\partial}{\partial r}\left(r\frac{\partial}{\partial r}\right) + \frac{1}{r^2}\frac{\partial^2}{\partial \varphi^2}$$

の関係を用いれば，先の運動方程式 (10.2.8) から

$$\begin{aligned}\frac{dW_m(z)}{dz} &= \left(\frac{1}{K} - \frac{k^2}{\rho\omega^2}\right)P_m(z) \\ \frac{dP_m(z)}{dz} &= -\rho\omega^2 W_m(z)\end{aligned} \quad (10.2.10)$$

が得られる．これは (10.2.6) 式で $\mu = 0$, $\lambda = K$ として U_m を消去したものに等しい．

均質な媒質に対する (10.2.10) 式の一般解は

$$\begin{aligned}W_m(z) &= \xi(Ae^{i\omega\xi z} + Be^{-i\omega\xi z}) \\ P_m(z)/\omega &= i\rho(Ae^{i\omega\xi z} - Be^{-i\omega\xi z}) \qquad \xi^2 = \frac{\rho}{K} - p^2\end{aligned} \quad (10.2.11)$$

である．

・・・●・・・●・・・(メ モ)・・・●・・・●・・・

直角座標における表現　直角座標系 (x, y, z) でもここでの表現をそのまま用いることができる．変位と応力は同じ U_m, W_m, S_m, P_m を用いて

$$\begin{aligned}u_x &= U_m\frac{\partial Y_m}{k\partial x} & \sigma_{zx} &= S_m\frac{\partial Y_m}{k\partial x} \\ u_y &= U_m\frac{\partial Y_m}{k\partial y} & \sigma_{yz} &= S_m\frac{\partial Y_m}{k\partial y} \\ u_z &= W_m Y_m & \sigma_{zz} &= P_m Y_m\end{aligned}$$

で表される．それだけでなく二次元問題もこの形式で表すことができる．Y_m は (10.2.2) 式を満たしていればよいので，これを座標変換した

$$\left(\frac{\partial^2}{\partial x^2} + \frac{\partial^2}{\partial y^2} + k^2\right)Y = 0$$

を満たしていればよい．たとえば

$$Y = e^{ikx}$$

はこの式を満たしているので，これを用いれば先の式は二次元問題の表現になる．

・・・●・・・●・・・●・・・●・・・●・・・

10.3　三次元ラムの問題

前章では内部線震源に対するラムの問題を扱ったが，ここでは表面点震源に対するラムの問題を扱う．

10.3.1　形式解

半無限弾性体の表面 $z=0$ に応力の分布が

$$\sigma_{zz}(r,0) = \frac{a^2}{\pi} F_0 e^{-a^2 r^2} \qquad \sigma_{\varphi z}(r,0) = \sigma_{zr}(r,0) = 0 \qquad (10.3.1)$$

で表される外力が与えられたとする．時間の項 $e^{-i\omega t}$ は省略してあり，φ 方向に変化はないものとして引数から省いてある．垂直応力 σ_{zz} の係数は表面で積分したときの合力が a によらず一定の値 F_0 になるように，すなわち

$$2\pi \int_0^\infty \sigma_{zz}(r,0) r dr = F_0$$

が成り立つように選んである．応力 (10.3.1) 式は無限遠まで広がっているが，a が非常に大きいときには，指数部の減衰により原点の近傍を除いてはほとんど 0 になる．それでも合力は一定値 F_0 であるから σ_{zz} はデルタ関数的な関数である．

このような外力が与えられたときの解を求めるためには，この外力を (10.2.5) 式の表現のようにベッセル関数を用いて表さなければならない．そのためにまず $\sigma_{zz}(r,0)$ のハンケル変換を計算すると

$$\begin{aligned} F(k) &= 2\pi \int_0^\infty \sigma_{zz}(r,0) J_0(kr) r dr = 2a^2 F_0 \int_0^\infty e^{-a^2 r^2} J_0(kr) r dr \\ &= F_0 e^{-k^2/4a^2} \end{aligned} \qquad (10.3.2)$$

になる．したがってフーリエ–ベッセルの積分定理 (10.1.4) 式を用いると，はじめに与えた応力は

$$\sigma_{zz}(r,0) = \frac{1}{2\pi} \int_0^\infty F(k) J_0(kr) k dk = \frac{1}{2\pi} \int_0^\infty F_0 e^{-k^2/4a^2} J_0(kr) k dk \qquad (10.3.3)$$

の形に表される．これを (10.2.5) 式などと比べれば，Y_m としては φ によらない $J_0(kr)$ を選ばなければならないこと，さらにこれまでのように単に $J_0(kr)$ を掛けるだけでなく，k について積分しなければならないことがわかる．すなわち一般の z に対しては

$$\sigma_{zz}(r,z) = \frac{1}{2\pi}\int_0^\infty P_0(z)J_0(kr)k\,dk$$

としなければならない．$P_0(z)$ は (10.2.4) 式の $P_0(z)$ である．いい換えれば，(10.2.1), (10.2.5) 式などの右辺には

$$\frac{1}{2\pi}\int_0^\infty [\ ]k\,dk$$

という演算子が省略されていると考えればよい．

このような了解のもとに，当面の問題の境界条件は，表面における剪断応力はいたるところ 0 と仮定して

$$P_0(0) = F(k) = F_0 e^{-k^2/4a^2} \qquad S_0(0) = 0$$

である．これを用いて一般解 (10.2.7) 式の未定係数を決めればよい．弾性体が $z<0$ にあるとすると，震源が $z=0$ にあるときに波は $-z$ 方向に伝わるはずであるから，(10.2.7) 式の係数 A と C は 0 でなければならない．したがって境界条件は

$$P_0(0) = -i\rho\omega(1-\gamma)B - 2i\rho\omega\beta^2\eta D = F(k)$$
$$S_0(0)/\omega = 2\rho\beta^2 p\xi B - \rho(1-\gamma)D = 0$$

である．これはすぐに解けて

$$B = \frac{i(1-\gamma)}{\rho\omega\Delta_\mathrm{R}(p)}F(k) \qquad D = \frac{2i\beta^2 p\xi}{\rho\omega\Delta_\mathrm{R}(p)}F(k)$$
$$\Delta_\mathrm{R}(p) = (1-\gamma)^2 + 2\beta^2\gamma\xi\eta$$

である．$\Delta_\mathrm{R}(p)$ はこれまでに何度も現れてきたレーリー関数である．これを (10.2.7) 式に代入すれば

$$W_0(z) = \frac{i\xi}{\rho\omega\Delta_{\mathrm{R}}(p)}F(k)\left[(1-\gamma)e^{-i\omega\xi z} + \gamma e^{-i\omega\eta z}\right]$$

$$U_0(z) = -\frac{(1-\gamma)p}{\rho\omega\gamma\Delta_{\mathrm{R}}(p)}F(k)\left[\gamma e^{-i\omega\xi z} + (1-\gamma)e^{-i\omega\eta z}\right]$$
$$+ \frac{p}{\rho\omega\gamma}F(k)e^{-i\omega\eta z} \tag{10.3.4}$$

$$P_0(z) = \frac{(1-\gamma)^2}{\Delta_{\mathrm{R}}(p)}F(k)(e^{-i\omega\xi z} - e^{-i\omega\eta z}) + F(k)e^{-i\omega\eta z}$$

$$S_0(z) = \frac{2i\beta^2(1-\gamma)p\xi}{\Delta_{\mathrm{R}}(p)}F(k)(e^{-i\omega\xi z} - e^{-i\omega\eta z})$$

が得られる．U_0 と P_0 の各式はレーリー関数を分母に含む項と，含まない項の和で書き表している．後者は外力に直接関わる項である．このように分解して書いたのは，後でレーリー波を計算するのに便利だからである．

実際の変位は上の $W_0(z)$, $U_0(z)$ を用いて積分

$$u_r(r,z) = \frac{1}{2\pi}\frac{\partial}{\partial r}\int_0^\infty U_0(z)J_0(kr)dk$$
$$u_z(r,z) = \frac{1}{2\pi}\int_0^\infty W_0(z)J_0(kr)kdk \tag{10.3.5}$$

で表される．応力 σ_{zz}, σ_{zr} も同様に表される．これが厳密解である．ただし，ここでは時間変化 $e^{-i\omega t}$ の項は省略してある．いい換えれば，上の解は周波数領域の解，すなわちスペクトルである．外力が点震源のときには $a \to \infty$ であるから，$F(k)$ を F_0 にすればよい．

上式を評価するために (10.1.8) 式で行ったように，まず $J_0(kr)$ をハンケル関数で表し，積分区間を $(0, +\infty)$ から $(-\infty, +\infty)$ に拡大する．このときに $W_0(z)$ が k あるいは p に関して偶関数，$U_0(z)$ が奇関数でなければならないが，$F(k)$ が偶関数であるから (10.3.4) 式によってこの条件は満たされている．結果は

$$u_r(r,z) = \frac{1}{4\pi}\frac{\partial}{\partial r}\int_{-\infty}^\infty U_0(z)H_0^{(1)}(kr)dk$$
$$u_z(r,z) = \frac{1}{4\pi}\int_{-\infty}^\infty W_0(z)H_0^{(1)}(kr)kdk \tag{10.3.6}$$

となる．

r が注目する波長より大きいときには，本章の最初で行ったようにハンケル関数を漸近展開する．(10.3.4) 式の各項が指数関数で表されているから，項ごとに最急降下法で評価することができる．鞍点からの寄与はこの場合直達 P, S 波である．距離が遠くなるとレーリー波の極からの留数が必要になり，さらに遠くなると分岐線積分が必要になる．観測点が非常に遠いときには鞍点が分岐点に接近するため，最急降下積分路と分岐線に沿った積分を分離して評価することが難しくなる．この場合には単純に留数と分岐線積分によって上式を評価することになる．

(10.3.4) 式は震源の時間関数がデルタ関数のときに対応している．震源が空間的にはデルタ関数 ($F(k) = F_0$)，時間的にはステップ関数のときには (10.3.4) 式の項ごとに本章の最後に述べる三次元のカニアール–ド・フープ法を適用することによって厳密解を求めることができる．

10.3.2　点震源から発生するレーリー波

積分 (10.3.6) 式は上で議論したように，また第 9 章で行ったように分岐線に沿った積分と，レーリー極の留数で表すことができる．後者は

$$
\begin{aligned}
u_r^{(\mathrm{R})}(r,z) &= \frac{i}{2}\left[\frac{(1-\gamma)p}{\gamma\hat{\xi}}\right]kF(k)A_\mathrm{R}(p)\left[\gamma e^{\omega\hat{\xi}z}+(1-\gamma)e^{\omega\hat{\eta}z}\right]\\
&\quad\times \frac{dH_0^{(1)}(kr)}{d(kr)}\\
u_z^{(\mathrm{R})}(r,z) &= \frac{i}{2}kF(k)A_\mathrm{R}(p)\left[(1-\gamma)e^{\omega\hat{\xi}z}+\gamma e^{\omega\hat{\eta}z}\right]H_0^{(1)}(kr)\\
A_\mathrm{R}(p) &= \frac{-\hat{\xi}}{\rho\Delta'_\mathrm{R}(p)}
\end{aligned}
\tag{10.3.7}
$$

となる．特に指定していないが，上式はレーリー極 $p=p_\mathrm{R}=1/c_\mathrm{R}$ において計算しなければならない．ここで $\xi=i\hat{\xi}$, $\eta=i\hat{\eta}$ である．A_R は後にレーリー波の振幅応答として一般化されるが，(9.2.12) 式で注意しておいたように，レーリー波のところで $\Delta'_\mathrm{R}<0$ であるから $A_\mathrm{R}>0$ である．遠方 $kr\to\infty$ では

$$
u_r^{(\mathrm{R})}(r,z) \sim -\frac{(1-\gamma)p}{\gamma\hat{\xi}}\sqrt{\frac{k}{2\pi r}}F(k)A_\mathrm{R}(p)
$$

$$\times \left[\gamma e^{\omega\hat{\xi}z} + (1-\gamma)e^{\omega\hat{\eta}z}\right]e^{i(kr-\pi/4)}$$

$$u_z^{(\mathrm{R})}(r,z) \sim i\sqrt{\frac{k}{2\pi r}}F(k)A_\mathrm{R}(p) \tag{10.3.8}$$

$$\times \left[(1-\gamma)e^{\omega\hat{\xi}z} + \gamma e^{\omega\hat{\eta}z}\right]e^{i(kr-\pi/4)}$$

と近似される.

ここでは外力が (10.3.1) 式のように特別なものを用いたが，与えられた任意の外力 $\sigma_{zz}(r,0)$ に対して (10.3.2) 式で定義される $F(k)$ を用いれば，上の議論はそのまま成立する.

二次元の問題のときには (10.3.6) 式の $H_0^{(1)}(kr)$ を e^{ikx} で置き換えて

$$\begin{aligned}u_x(x,z) &= \frac{1}{2\pi}\frac{\partial}{\partial r}\int_{-\infty}^{\infty}U_0(z)\frac{e^{ikr}}{k}dk \\ u_z(x,z) &= \frac{1}{2\pi}\int_{-\infty}^{\infty}W_0(z)e^{ikr}dk\end{aligned} \tag{10.3.9}$$

とすればよい. 被積分関数の k が一つ落ちている. 三次元と同じ計算をすれば

$$\begin{aligned}u_x^{(\mathrm{R})}(x,z) &= -\frac{(1-\gamma)p}{\gamma\hat{\xi}}F(k)A_\mathrm{R}(p)\left[\gamma e^{\omega\hat{\xi}z}+(1-\gamma)e^{\omega\hat{\eta}z}\right]e^{ikr} \\ u_z^{(\mathrm{R})}(x,z) &= iF(k)A_\mathrm{R}(p)\left[(1-\gamma)e^{\omega\hat{\xi}z}+\gamma e^{\omega\hat{\eta}z}\right]e^{ikr}\end{aligned} \tag{10.3.10}$$

になる. 先に導いた二次元の解，(9.2.12) 式と比べれば，$A_\mathrm{R}(p)$ が (9.2.12) 式の $Q\exp(-\omega\hat{\xi}_\mathrm{R}h)$ に相当するが，$h=0$ のときでも両者は一致しない. これは第 9 章の解がポテンシャルを通して外力を与えているからである.

10.3.3 分岐線積分

積分 (10.3.6) を正しく評価するためには，留数だけでなく分岐線積分も考慮しなければならない. 分岐線積分を記号的に

$$B = \int_{L_\alpha} + \int_{L_\beta}$$

と表すことにする. ここで L_α は ξ の分岐線の両側に沿った径路で，図 10.3.1 の径路 abcde である. L_β は η の分岐線の両側に沿った径路で，図の fghijkl

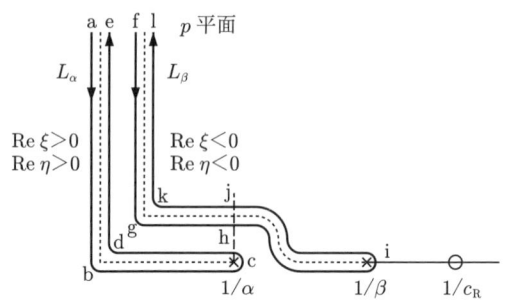

310 — 10 球面波の伝播 (三次元問題)

図 10.3.1 P-SV 波の分岐線積分路　η の分岐線 (L_β) を離して描いてあるが，実際には実軸と虚軸上にあり，ξ の分岐線 (L_α) と重なっている．リーマン面は $\mathrm{Im}\,\xi > 0$, $\mathrm{Im}\,\eta > 0$ であるが，$\mathrm{Re}\,\xi$ と $\mathrm{Re}\,\eta$ の符号はそれぞれの分岐線の両側で反対になる．

である．後者は前者との混乱を避けるために図では離して描いてあるが，本来は L_α と同様に実軸と虚軸上を通っている．

この平面上で $\mathrm{Im}\,\xi$, $\mathrm{Im}\,\eta$ はいたるところでともに正であるが，$\mathrm{Re}\,\xi$, $\mathrm{Re}\,\eta$ は場所によって符号が変わる．たとえば abc 上では $\mathrm{Re}\,\xi$ は正であるが，cde 上では負になる．また fghi 上では $\mathrm{Re}\,\eta$ は正であるが，反対側の ijkl 上では負になる．しかし積分を行うためには積分路上で ξ, η の符号が同時に必要になる．たとえば積分路 cde 上では $\mathrm{Re}\,\xi < 0$ であるが，ここは η の分岐線の左側であるから $\mathrm{Re}\,\eta > 0$ である．同様にして径路 fgh でも $\mathrm{Re}\,\xi < 0$, $\mathrm{Re}\,\eta > 0$ になる．この二つの積分路の向きは反対であるから，たがいにキャンセルして積分の値は 0 になる．すなわち実際の積分路は abchijkl でよいことになる．

さらに計算が簡単になる場合もある．たとえば表面 $z = 0$ で u_r を求めるとき，(10.3.4) 式から U_0 の中に ξ, η は積の形 $\xi\eta$ でしか現れない．ところが積分路 abc, jkl ではそれぞれの符号は異なるが積 $\mathrm{Re}\,\xi \cdot \mathrm{Re}\,\eta$ はどちらでも正である．したがって被積分関数の値は同じになり，積分はキャンセルする．したがってこの場合には積分は径路 hij だけでよい．

(10.3.8) 式が成り立つような非常に遠方のときには，(10.3.6) 式を展開して 8.2 節の先頭波の計算と同じような粗い近似で分岐線積分を評価すると，u_r, u_z 両方に P 波，S 波の速度で伝わる波が現れる．しかしその振幅はそれぞれ $(k_\alpha r)^{-2}$, $(k_\beta r)^{-2}$ に比例する．したがって表面波に比べてはるかに急速

に減衰する．参考のために自由表面における分岐線積分の値を掲げておく．

$$u_r^{(B)}(r,0) \sim -\frac{i\omega F_0}{4\pi\rho\beta^3}\left[\frac{4a^4\sqrt{1-a^2}}{(1-2a^2)^3(k_\alpha r)^2}e^{ik_\alpha r} - \frac{4i\sqrt{1-a^2}}{(k_\beta r)^2}e^{ik_\beta r}\right]$$

$$u_z^{(B)}(r,0) \sim -\frac{i\omega F_0}{4\pi\rho\beta^3}\left[\frac{2a^3}{(1-2a^2)^3(k_\alpha r)^2}e^{ik_\alpha r} + \frac{8(1-a^2)}{(k_\beta r)^2}e^{ik_\beta r}\right]$$

$$a = \frac{\beta}{\alpha} \qquad k_\alpha = \frac{\omega}{\alpha} \qquad k_\beta = \frac{\omega}{\beta} \tag{10.3.11}$$

ここでは点震源 ($F(k) = F_0$) を仮定している．これらの波は表面に沿って P 波，S 波の速度で伝わっているが，振動方向は無限媒質中の P 波や S 波とは違っている．第一項の P 波速度で伝わる成分は直線運動であるが，第二項の S 波速度で伝わる成分は楕円運動をしている．これらの波が球面波と自由表面のカップリングによって生じているからである．非常に遠距離では上式とレーリー波成分 (10.3.8) 式の和が解である．

10.4　三次元 SH 波

10.4.1　SH 波の基本方程式

前項まではポテンシャル ϕ, ψ に関する部分をとりあげたが，ポテンシャルにはもう一つ χ がある．円筒座標系における SH 波は (5.3.5) 式のポテンシャル χ に相当するものである．この成分による変位は関数 $V_m(z)$ を用いて次のように書くことができる．

$$u_r = V_m(z)\frac{1}{kr}\frac{\partial Y_m}{\partial \varphi} \qquad u_z = 0$$
$$u_\varphi = -V_m(z)\frac{1}{k}\frac{\partial Y_m}{\partial r} \tag{10.4.1}$$

これを (2.5.1) 式に代入して応力成分を計算すると

$$\sigma_{rr} = -\sigma_{\varphi\varphi} = \frac{2\mu V_m}{kr}\left(\frac{\partial^2 Y_m}{\partial r \partial \varphi} - \frac{1}{r}\frac{\partial Y_m}{\partial \varphi}\right) \qquad \sigma_{zz} = 0$$
$$\sigma_{\varphi z} = -T_m\frac{1}{k}\frac{\partial Y_m}{\partial r} \qquad \sigma_{zr} = T_m\frac{1}{kr}\frac{\partial Y_m}{\partial \varphi} \tag{10.4.2}$$

$$\sigma_{r\varphi} = \frac{\mu V_m}{k}\left(-\frac{\partial^2 Y_m}{\partial r^2} + \frac{1}{r}\frac{\partial Y_m}{\partial r} + \frac{1}{r^2}\frac{\partial^2 Y_m}{\partial \varphi^2}\right)$$

となる．ただし

$$T_m(z) = \mu \frac{dV_m}{dz} \tag{10.4.3}$$

と置いてある．

これを運動方程式 (2.5.2) の r 成分あるいは φ 成分に代入すると

$$-\rho\omega^2 V_m = \frac{dT_m}{dz} - k^2\mu V_m$$

が得られる．したがって

$$\begin{aligned}\frac{dV_m}{dz} &= \frac{1}{\mu}T_m \\ \frac{dT_m}{dz} &= (k^2\mu - \rho\omega^2)V_m\end{aligned} \tag{10.4.4}$$

が SH 波の基本方程式である．

均質な媒質に対する解は上式から T_m を消去すれば

$$\frac{d^2 V_m}{dz^2} = \left(k^2 - \frac{\omega^2}{\beta^2}\right)V_m$$

であるから，一般解は

$$\begin{aligned}V_m(z) &= Ae^{i\omega\eta z} + Be^{-i\omega\eta z} \\ T_m(z) &= i\omega\mu\eta(Ae^{i\omega\eta z} - Be^{-i\omega\eta z}) \\ \eta^2 &= \frac{1}{\beta^2} - p^2 \qquad k = \omega p\end{aligned} \tag{10.4.5}$$

である．

10.4.2　点震源から発生するラブ波

ラブ波が発生するような 2 層構造，すなわち，$0 < z < H$ に媒質 1，$z < 0$ に媒質 2 があり，下層の S 波の速度 β_2 の方が表層の速度 β_1 よりも速い場合を考える．表層，下層の一般解を，境界条件を考慮して

$0 < z < H$:
$$V_m = A_1 \cos \omega \eta_1 (z - H) + B_1 \sin \omega \eta_1 (z - H)$$
$$T_m = \omega \mu_1 \eta_1 \left[-A_1 \sin \omega \eta_1 (z - H) + B_1 \cos \omega \eta_1 (z - H) \right] \qquad (10.4.6)$$
$z < 0$:
$$V_m = B_2 e^{-i\omega \eta_2 z} \qquad T_m = -i\omega \mu_2 \eta_2 B_2 e^{-i\omega \eta_2 z}$$

と書くのが便利である．$z = 0$ で V_m と T_m が連続でなければならないから

$$A_1 \cos \omega \eta_1 H - B_1 \sin \omega \eta_1 H = B_2$$
$$\mu_1 \eta_1 (A_1 \sin \omega \eta_1 H + B_1 \cos \omega \eta_1 H) = -i \mu_2 \eta_2 B_2$$

でなければならない．したがって A_1, B_2 が

$$A_1 = \frac{i\mu_2 \eta_2 \sin \omega \eta_1 H - \mu_1 \eta_1 \cos \omega \eta_1 H}{i\mu_2 \eta_2 \cos \omega \eta_1 H + \mu_1 \eta_1 \sin \omega \eta_1 H} B_1$$
$$B_2 = -\frac{\mu_1 \eta_1}{i\mu_2 \eta_2 \cos \omega \eta_1 H + \mu_1 \eta_1 \sin \omega \eta_1 H} B_1$$

と表される．

媒質の表面 $z = H$ に (10.3.1) 式と似たような形の剪断応力

$$\sigma_{\varphi z}(r, H) = \frac{a^2 F_0}{\pi} \frac{1}{r} e^{-a^2 r^2} \qquad (10.4.7)$$

が与えられたとする．この応力の形はトルクが a によらずに一定

$$2\pi \int_0^\infty \sigma_{\varphi z}(r, H) r^2 dr = F_0$$

になるように選んである．$\sigma_{\varphi z}$ を (10.4.2) 式の形に表すためにまず積分

$$F(k) = -2\pi \int_0^\infty \sigma_{\varphi z}(r, H) \frac{dJ_0(kr)}{d(kr)} r dr = 2a^2 F_0 \frac{1 - e^{-k^2/4a^2}}{k}$$
$$(10.4.8)$$

を計算する．この値を用いるとはじめに与えた応力は

$$\sigma_{\varphi z}(r, H) = -\frac{1}{2\pi} \int_0^\infty F(k) \frac{dJ_0(kr)}{d(kr)} k dk$$

で表される．一般的な証明は後で与えるが，実際に上の積分を計算してみれば (10.4.7) 式になる．したがってこの外力に対しては $m=0$ であり，$T_0(z)$ の表面における境界条件は

$$T_0(H) = F(k)$$

すなわち

$$\omega\mu_1\eta_1 B_1 = F(k)$$

である．これら三つの境界条件から

$$\begin{aligned}
A_1 &= \frac{\mu_1\eta_1\cos\omega\eta_1 H - i\mu_2\eta_2\sin\omega\eta_1 H}{\omega\mu_1\eta_1\Delta_{\mathrm{L}}(p,\omega)}F(k)\\
B_1 &= \frac{F(k)}{\omega\mu_1\eta_1} \qquad B_2 = \frac{F(k)}{\omega\Delta_{\mathrm{L}}(p,\omega)}\\
\Delta_{\mathrm{L}}(p,\omega) &= -i\mu_2\eta_2\cos\omega\eta_1 H - \mu_1\eta_1\sin\omega\eta_1 H
\end{aligned} \tag{10.4.9}$$

が求められた．$\Delta_{\mathrm{L}}(p,\omega)$ はラブ波の特性関数である．

完全な解を求めるためには，上で求めた A_1, B_1, B_2 などを (10.4.6) 式に代入して $V_0(z)$, $T_0(z)$ を求め，さらに k で積分しなければならない．変位は φ 成分しかなく

$$u_\varphi = -\frac{1}{2\pi}\frac{\partial}{\partial r}\int_0^\infty V_0(z)J_0(kr)dk$$

であるが，今度は $F(k)$ が奇関数であるから

$$u_\varphi = -\frac{1}{4\pi}\frac{\partial}{\partial r}\int_{-\infty}^\infty V_0(z)H_0^{(1)}(kr)dk \tag{10.4.10}$$

と書き換えることができる．

表層内の解は二つの部分からなっている．A_1 の項は分母に $\Delta_{\mathrm{L}}(p,\omega)$ を含んでいる．これは実軸上 $1/\beta_2 < p < 1/\beta_1$ に零点をもち，これがラブ波に相当するラブ極 (Love pole) である．B_1 の項はラブ極を含まず震源に直接関係した項である．分母に η_1 が含まれているが，分子が $\sin\omega\eta_1(z-H)$ であるから，$\eta_1 \to 0$ は極にはならない．このように解が極をもつ部分ともたない部

分とに分かれるのは外力がある問題の一般的な性質で，前節の P-SV 波の解もこのような形になっていた．

ラブ波の極からの寄与は $0 < z < H$ で

$$u_\varphi^{(\mathrm{L})} = -\frac{i}{2} \sum k F(k) A_\mathrm{L}(p) \cos\omega\eta_1(z-H) \frac{dH_0^{(1)}(kr)}{d(kr)}$$
$$A_\mathrm{L}(p,\omega) = \frac{\mu_1\eta_1\cos\omega\eta_1 H - i\mu_2\eta_2\sin\omega\eta_1 H}{\mu_1\eta_1 \partial\Delta_\mathrm{L}/\partial p} \tag{10.4.11}$$

と書ける．和は $\Delta_\mathrm{L}(p,\omega) = 0$ を満たすすべての p について行うものとし，$k = \omega p$ などすべての量はこの極の値を用いて計算するものとする．ラブ極では η_2 が正の虚数で $\eta_2 = i\hat{\eta}_2$, $\hat{\eta}_2 = \sqrt{p^2 - 1/\beta_2^2}$ である．$A_\mathrm{L}(p,\omega)$ は前節にも現れた振幅応答である．遠方では

$$u_\varphi^{(\mathrm{L})} \sim \sum_p F(k) A_\mathrm{L}(p,\omega) \cos\omega\eta_1(z-H) \sqrt{\frac{k}{2\pi r}} e^{i(kr-\pi/4)} \tag{10.4.12}$$

となる．

・・・●・・・●・・・（メ　モ）・・・●・・・●・・・

直角座標における表現　　SH 波の場合にも (10.4.1), (10.4.2) 式を直角座標で表すことができる．

$$u_x = V_m(z)\frac{\partial Y_m}{k\partial y} \qquad \sigma_{zx} = T_m(z)\frac{\partial Y_m}{k\partial y}$$
$$u_y = -V_m(z)\frac{\partial Y_m}{k\partial x} \qquad \sigma_{yz} = -T_m(z)\frac{\partial Y_m}{k\partial x}$$
$$u_z = 0 \qquad \sigma_{zz} = 0$$

・・・●・・・●・・・●・・・●・・・●・・・

10.5　三次元カニアール–ド・フープ法

　三次元の最急降下法は二次元問題をほんの少し手直しするだけで済んだが，三次元のカニアール–ド・フープ法ははじめからやり直さなければならない．ここでは細かな議論には立ち入らずに大筋を述べるにとどめる．

10 球面波の伝播 (三次元問題)

基礎となるのは三次元スカラー波動方程式

$$\frac{1}{\alpha^2}\frac{\partial^2 \phi}{\partial t^2} = \nabla^2 \phi + \delta(\boldsymbol{x})H(t) \tag{10.5.1}$$

である．ここで $H(t)$ は単位のステップ関数である．これまで震源の時間関数としてデルタ関数を用いてきたが，ここでステップ関数を用いるのは，二次元問題のときにふれておいたように，そうしないとカニアール–ド・フープ法が適用できないからである．

ステップ関数のフーリエ変換が $1/(-i\omega)$ であることに注意すれば，上の波動方程式の周波数領域の解は，震源時間関数がデルタ関数のときの解 (10.1.7) 式から

$$\hat{\phi} = \frac{1}{4\pi(-i\omega)} \int_{-\infty}^{\infty} H_0^{(1)}(kr) \frac{e^{i\nu|z|}}{-2i\nu} k\, dk \\ \nu^2 = k_\alpha^2 - k^2 \qquad \mathrm{Im}\,\nu > 0 \tag{10.5.2}$$

と表される．時間軸上の解と区別するために $\hat{\phi}$ を用いている．

フーリエ変換をラプラス変換に書き換えるにはラプラス変数を s とすれば

$$-i\omega = s$$

の置き換えをすればよい．このとき

$$\nu^2 = -s^2\left(\alpha^{-2} - p^2\right) = -s^2 \xi^2 \qquad k = isp$$

となるが s は正の領域だけを考えればよいから，積分が収束するためには

$$\nu = is\xi \qquad \mathrm{Re}\,\xi > 0$$

としなければならない．このような置き換えによって

$$\hat{\phi} = \frac{1}{8\pi} \int_{-i\infty}^{i\infty} H_0^{(1)}(ispr) e^{-s\xi|z|} \frac{p}{\xi} dp \\ \xi = \sqrt{\alpha^{-2} - p^2} \qquad \mathrm{Re}\,\xi > 0 \tag{10.5.3}$$

が得られる．震源時間関数をステップ関数にしたために，ラプラス変数 s は指数部とハンケル関数の引数にしか現れてこない．さらにハンケル関数と変形ベッセル関数の間の関係

$$H_0^{(1)}(iz) = \frac{2}{\pi i} K_0(z)$$

を用い

$$K_0(\bar{z}) = \overline{K_0(z)}$$

であることに注意すれば ($\bar{z}$ は z の複素共役)

$$\hat{\phi} = \frac{1}{2\pi^2} \text{Im} \int_0^{i\infty} K_0(spr) e^{-s\xi|z|} \frac{p}{\xi} dp \tag{10.5.4}$$

が得られる．ここまでは (10.5.2) 式を変形しただけである．次にこれをラプラス逆変換しなければならない．

ここでラプラス変数 s が指数部と $K_0(spr)$ にしか現れてこないことがきいてくる．逆変換はこの部分だけについて行えばよいからである．そこでラプラス変換の表をさがすと

$$\int_0^\infty \frac{H(t-a)}{\sqrt{t^2-a^2}} e^{-st} dt = K_0(sa)$$

が見つかる．$H(t-a)$ はステップ関数である．時刻の原点をずらしてやると

$$\int_0^\infty \frac{H(t-b-a)}{\sqrt{(t-b)^2-a^2}} e^{-st} dt = K_0(sa) e^{-sb}$$

となる．右辺は (10.5.4) 式の被積分関数と同じ形をしている．そこで $a = pr$, $b = \xi|z|$ と置いて上式を積分すれば

$$\hat{\phi} = \frac{1}{2\pi^2} \text{Im} \int_0^{i\infty} K_0(spr) e^{-s\xi|z|} \frac{p}{\xi} dp$$
$$= \int_0^\infty \left[\text{Im} \int_0^{i\infty} \frac{H(t-pr-\xi|z|)}{\sqrt{(t-\xi|z|)^2-(pr)^2}} \frac{p}{\xi} dp \right] e^{-st} dt$$

となる．右辺はラプラス変換の形をしているので，時間軸上の解は形式的には

$$\phi = \frac{1}{2\pi^2} \text{Im} \int_0^{i\infty} \frac{H(t-\xi|z|-pr)}{\sqrt{(t-\xi|z|)^2-(pr)^2}} \frac{p}{\xi} dp$$

が得られる．しかしこのままだとステップ関数の引数が複素数になるという不思議なことになる．本来なら逆変換の結果は実数にならなければならない．

漸近展開

$$K_0(spr) \sim \sqrt{\frac{\pi}{2spr}} e^{-spr}$$

を参考にすれば二次元のときと同様に

$$\tau(p) = pr + \xi|z| \tag{10.5.5}$$

によって p から τ への変換を行うことが考えられる．先に示したように，p が原点から正の虚軸上を動くと，τ は実軸上の点 $|z|/\alpha$ から第一象限の双曲線に沿って移動する．逆に τ が実軸上を $|z|/\alpha$ から $+\infty$ まで動くと，p は実軸上を 0 から $r/\alpha R$ まで動き，そこから第一象限に入り双曲線に沿って動く (8.3 節参照)．ただし R は震源から観測点までの距離 $R = \sqrt{r^2 + z^2}$ である．そこで p の虚軸上の積分を τ の実軸上の積分に変換した後でラプラス逆変換を行えば

$$\phi = \frac{1}{2\pi^2} \mathrm{Im} \int_{|z|/\alpha}^{\infty} \frac{H(t-\tau)}{\sqrt{(t-\tau)(t-\tau+2pr)}} \frac{p}{\xi} \frac{dp}{d\tau} d\tau \tag{10.5.6}$$

が得られる．積分変数 τ が t を越えると $H(t-\tau)$ は 0 になるから，積分の上限は実は t である．ここで $p(\tau)$ は (10.5.5) 式から

$$\begin{aligned} p(\tau)R^2 &= r\tau + i|z|\sqrt{\tau^2 - R^2/\alpha^2} \\ \frac{dp(\tau)}{d\tau} &= \frac{i\xi}{\sqrt{\tau^2 - R^2/\alpha^2}} \end{aligned} \tag{10.5.7}$$

である．$\tau < R/\alpha$ のときには

$$\mathrm{Im}\sqrt{\tau^2 - R^2/\alpha^2} > 0$$

とする．

(10.5.7) 式を用いて ϕ を陽に書き表すと

$$\phi = \frac{1}{2\pi^2} \mathrm{Im} \int_{R/\alpha}^{t} [(t-\tau)(t-\tau+2pr)(\tau^2 - R^2/\alpha^2)]^{-1/2} ip\, d\tau \tag{10.5.8}$$

となる．$|z|/\alpha < \tau < R/\alpha$ で p は実数，$\sqrt{\tau^2 - R^2/\alpha^2}$ は虚数であるからこの部分の積分は寄与しない．$\tau = R/\alpha$ と $\tau = t$ では分母が 0 になるが，これらは積分可能な特異点である．上式は厳密解であるから τ の積分を行えば

$$\phi = \frac{1}{4\pi R} H(t - R/\alpha)$$

となるはずであるが，実際にこの積分を解析的に行うのは難しい．

上では点震源からの直接波を計算したが，二次元問題のときと同様に反射波の波形を計算することも容易である．たとえば流体中の反射波，10.1 節の ϕ_1 は (10.1.7) 式と同じ形をしているので，これを逆変換すれば

$$\phi_1 = \frac{1}{2\pi^2} \mathrm{Im} \int_{R_0/\alpha_1}^{t} \frac{R_{12}(p)}{\sqrt{(t-\tau)(t-\tau+2pr)}} \frac{p}{\xi_1} \frac{dp}{d\tau} d\tau \qquad (10.5.9)$$

となることは計算しなくてもわかる．ここに

$$\tau(p) = pr + \xi_1(z+h) \quad \xi_1 = \sqrt{1/\alpha_1^2 - p^2} \quad R_0 = \sqrt{r^2 + (z+h)^2}$$

で，R_0 は震源の鏡像から観測点までの距離である．この解は形の上では単純であるが，数値計算上はかなり手間がかかる．t ごとに τ の積分を行わなければならないからである．

上の積分で t は分母に現れる平方根の中だけに現れている．もし (10.5.9) 式の平方根の中の第二の因数が

$$t - \tau + 2pr \sim 2pr$$

と近似できるとすれば，この積分は畳み込み積分になる．そこでどのような場合にこの近似が成り立つかを調べてみる．変換公式 (10.5.7) を用いると

$$|pr| = \frac{r}{R_0} \sqrt{\tau^2 - \frac{(z+h)^2}{\alpha_1^2}}$$

であるから，積分区間でこれが最小となるのは $\tau = R_0/\alpha_1$ のときで，このとき

$$|pr| = \frac{r^2}{\alpha_1 R_0}$$

である．一方，このとき $t-\tau$ は最大値になるので

$$\frac{r^2}{\alpha_1 R_0} \gg t - \frac{R_0}{\alpha_1} \tag{10.5.10}$$

が成り立てば，積分区間のすべてにわたって

$$|pr| \gg t - \tau \tag{10.5.11}$$

が成り立つことになる．条件 (10.5.10) 式が成立するのは，震源から遠方の観測点で P 波の反射波の到着時刻からあまり時間がたっていないときである (広角反射以前として)．

条件 (10.5.11) が成り立っているとき (10.5.9) 式は

$$\phi_1 = \frac{1}{2\pi^2} \mathrm{Im} \int^t \frac{R_{12}(p)}{\sqrt{(t-\tau)(2pr)}} \frac{p}{\xi_1} \frac{dp(\tau)}{d\tau} d\tau$$

となる．分母の $t-\tau$ 以外は τ の関数であるから，これは畳み込み積分の形になっている．すなわち

$$\psi(t) = \frac{1}{2\pi^2} \mathrm{Im} \int^t \frac{R_{12}(p)}{\sqrt{2pr}} \frac{p}{\xi_1} \frac{dp(\tau)}{d\tau} d\tau \tag{10.5.12}$$

と置けば，$\phi_1(t)$ は時間 t に関する畳み込み積分

$$\phi_1(t) = \int^t \frac{\psi(\tau)}{\sqrt{t-\tau}} d\tau = \psi(t) * \frac{1}{\sqrt{t}} \tag{10.5.13}$$

で表される．

この方法の長所は明らかであろう．厳密な解 (10.5.9) 式では t が変わるたびに積分を一からやり直さなければならない．これに対して (10.5.13) 式では $\psi(t)$ は一度だけ計算しておけばよい．しかも $t=t_1$ まで $\psi(t)$ が計算されているときに $\psi(t_2)$ を求めるには，t_1 から t_2 までの積分を $\psi(t_1)$ に加えるだけでよい．また畳み込み積分はベクトル型の計算機では高速に計算できるし，ベクトル型でないときでも $\psi(t)$ と $1/\sqrt{t}$ をいったんフーリエ変換して積をとり，逆変換すれば FFT のアルゴリズムを用いると高速に計算することができる．なお $1/\sqrt{t}$ のフーリエ変換は

$$\int_0^\infty \frac{e^{i\omega t}}{\sqrt{t}} dt = \sqrt{\frac{\pi}{\omega}} e^{i\pi/4}$$

である．

11 ベクトル場の展開

これまでは二次元の問題や三次元でも軸対称の問題など，限られた形の解だけを求めてきた．z 方向にのみ媒質の性質が変化する，水平成層構造中を伝わる弾性波の問題をより一般的に解くには，任意の外力や波動場を表すことができる，システマティックな方法が必要になる．本章では任意のベクトル場を三つのたがいに直交するベクトル場によって展開する方法を述べ，この方法を用いて点震源を展開する．

11.1 平面調和関数

z 方向にのみ媒質の性質が変化する水平成層構造中を伝わる弾性波は，(10.2.1), (10.4.1) 式などから，時間変化 $e^{-i\omega t}$ を省略して

$$\begin{aligned}
u_r &= U_m(z)\frac{1}{k}\frac{\partial Y_m}{\partial r} + V_m(z)\frac{1}{kr}\frac{\partial Y_m}{\partial \varphi} \\
u_\varphi &= U_m(z)\frac{1}{kr}\frac{\partial Y_m}{\partial \varphi} - V_m(z)\frac{1}{k}\frac{\partial Y_m}{\partial r} \\
u_z &= W_m(z)Y_m(kr,\varphi) \\
\sigma_{zr} &= S_m(z)\frac{1}{k}\frac{\partial Y_m}{\partial r} + T_m(z)\frac{1}{kr}\frac{\partial Y_m}{\partial \varphi} \\
\sigma_{\varphi z} &= S_m(z)\frac{1}{kr}\frac{\partial Y_m}{\partial \varphi} - T_m(z)\frac{1}{k}\frac{\partial Y_m}{\partial r} \\
\sigma_{zz} &= P_m(z)Y_m(kr,\varphi)
\end{aligned} \qquad (11.1.1)$$

の形に書くことができる．U_m, W_m, P_m, S_m は P-SV 波成分，V_m, T_m は SH 波成分である．境界条件は $z=$ 一定の面で合せるから，この面に働く応力のみを示してある．$U_m(z)$, $V_m(z)$ などは連立常微分方程式 (10.2.6), (10.4.4) を適当な境界条件で解くことによって得られる．これらは変位と応力を表すものであるから，震源以外では連続でなければならない．

上式では変位や応力を円筒座標系で表しているが，同じ U_m, V_m などを用いて直角座標系における変位や応力を表すこともできる．上式を座標変換すれば

$$\begin{aligned}
u_x &= U_m(z)\frac{1}{k}\frac{\partial Y_m}{\partial x} + V_m(z)\frac{1}{k}\frac{\partial Y_m}{\partial y} \\
u_y &= U_m(z)\frac{1}{k}\frac{\partial Y_m}{\partial y} - V_m(z)\frac{1}{k}\frac{\partial Y_m}{\partial x} \\
u_z &= W_m(z)Y_m(kr,\varphi) \\
\sigma_{zx} &= S_m(z)\frac{1}{k}\frac{\partial Y_m}{\partial x} + T_m(z)\frac{1}{k}\frac{\partial Y_m}{\partial y} \\
\sigma_{yz} &= S_m(z)\frac{1}{k}\frac{\partial Y_m}{\partial y} - T_m(z)\frac{1}{k}\frac{\partial Y_m}{\partial x} \\
\sigma_{zz} &= P_m(z)Y_m(kr,\varphi)
\end{aligned} \qquad (11.1.2)$$

が得られる．x や y についての微分は r, φ を通じて行うものである．

$Y_m(kr,\varphi)$ は先に定義したように

$$Y_m(kr,\varphi) = J_m(kr)e^{im\varphi} \qquad (11.1.3)$$

である．解の一価性のために m は整数でなければならない．m が負のときには

$$J_{-m}(z) = (-1)^m J_m(z) \qquad (11.1.4)$$

によって定義する．Y_m は二次元のヘルムホルツ方程式

$$\left[\frac{1}{r}\left(r\frac{\partial}{\partial r}\right) + \frac{1}{r^2}\frac{\partial^2}{\partial \varphi^2} + k^2\right]Y_m(kr,\varphi) = 0 \qquad (11.1.5)$$

を満たしている．ここではこの方程式を満たす関数を平面調和関数と呼ぶことにする．

じつは弾性体の運動方程式の解を (11.1.1) 式，あるいは (11.1.2) 式のように変数分離するためには，Y_m は (11.1.3) 式とは限らず (11.1.5) 式を座標変換した

$$\left(\frac{\partial^2}{\partial x^2} + \frac{\partial^2}{\partial y^2} + k^2\right)Y(x,y) = 0 \qquad (11.1.6)$$

を満たす $Y(x,y)$ ならなんでもよい．たとえば

$$Y(x,y) = e^{i(k_x x + k_y y)} \qquad k^2 = k_x^2 + k_y^2$$

は (11.1.6) 式を満たしているので，(11.1.2) 式の Y_m のかわりに用いることができる．

微分方程式を満足するだけなら (11.1.3) 式の m や k は任意であるが，実空間で境界条件を満足させるためには，(11.1.1) 式や (11.1.2) 式を m や k について加え合せなければならない．したがって一般解を表現するためには円筒座標のときには

$$\frac{1}{2\pi} \int_0^\infty \sum_{m=-\infty}^\infty [\ ] k dk \tag{11.1.7}$$

の演算を行わなければならない．しかし以下では特に必要がない限り，この演算子は省略することにする．

(11.1.5) 式に別の種類の平面調和関数

$$Y' = Y_{m'}(k'r, \varphi)$$

の複素共役 $\overline{Y}'$ を掛けて全平面上で積分する．

$$\iint \overline{Y}' \left[\frac{1}{r}\left(r\frac{\partial Y}{\partial r}\right) + \frac{1}{r^2}\frac{\partial^2 Y}{\partial \varphi^2} + k^2 Y \right] r dr d\varphi = 0$$

第二項の φ の積分を部分積分すれば

$$\int_0^{2\pi} \overline{Y}' \frac{\partial^2 Y}{\partial \varphi^2} d\varphi = \left. \overline{Y}' \frac{\partial Y}{\partial \varphi} \right|_0^{2\pi} - \int_0^{2\pi} \frac{\partial \overline{Y}'}{\partial \varphi} \frac{\partial Y}{\partial \varphi} d\varphi$$

となる．右辺第一項は解の一価性，すなわち一周してもとの点に戻れば同じ値になることから 0 になる．次に

$$\int_0^\infty \overline{Y}' \left[\frac{\partial}{\partial r}\left(r\frac{\partial Y}{\partial r}\right)\right] dr = \left. \overline{Y}' r \frac{\partial Y}{\partial r} \right|_0^\infty - \int_0^\infty \frac{\partial \overline{Y}'}{\partial r} \frac{\partial Y}{\partial r} r dr$$

の右辺第一項は，波動の解という物理的な条件によって無限遠で 0 にならなければならない (11.2 節のメモ参照)．以上をまとめれば

$$\iint \left(\frac{\partial \overline{Y}'}{\partial r} \frac{\partial Y}{\partial r} + \frac{1}{r^2} \frac{\partial \overline{Y}'}{\partial \varphi} \frac{\partial Y}{\partial \varphi} \right) r dr d\varphi = k^2 \iint \overline{Y}' Y r dr d\varphi \quad (11.1.8)$$

が得られる．

ここで Y' と Y を入れ替えて上式と同様な式を作り，差をとれば

$$(k^2 - k'^2) \iint \overline{Y}' Y r dr d\varphi = 0$$

が得られる．したがって

$$\iint \overline{Y}' Y r dr d\varphi = 0 \qquad k^2 \neq k'^2 \quad (11.1.9)$$

が成り立つ．これは波数の異なる二つの平面調和関数が直交していることを表している．ただし k は連続変数であるから，上の関係はデルタ関数の性質

$$\delta(k - k') = 0 \qquad k \neq k'$$

と似たような関係を意味している．したがってデルタ関数と同様に，$k' = k$ のときの (11.1.9) 式の積分の値は決まらず，波数積分を行ってはじめて意味が明らかになる．

上式は (11.1.5) 式だけから導かれたが，Y の具体的な形を指定すると，さらに条件をせばめることができる．Y, Y' に具体的な形 (11.1.3) 式を代入すると (11.1.8) 式の φ に関する積分には

$$\int_0^{2\pi} e^{i(m-m')\varphi} d\varphi$$

の項が現れる．この積分は $m \neq m'$ のときには 0 になるから (11.1.9) 式の関係は

$$\iint \overline{Y}_{m'}(k'r, \varphi) Y_m(kr, \varphi) r dr d\varphi = 0 \quad k \neq k' \quad m \neq m' \quad (11.1.10)$$

となる．

直角座標のときの計算はもっと簡単で，(11.1.8) 式に相当するのは

$$\iint \left(\frac{\partial \overline{Y}'}{\partial x} \frac{\partial Y}{\partial x} + \frac{\partial \overline{Y}'}{\partial y} \frac{\partial Y}{\partial y} \right) dx dy = k^2 \iint \overline{Y}' Y dx dy \quad (11.1.11)$$

である．

・・・●・・・●・・・(メモ)・・・●・・・●・・・

調和関数　ラプラスの方程式

$$\nabla^2 V = 0$$

の解を調和関数という．最もよく知られているのは球座標系における解

$$\frac{1}{r^{l+1}} P_l^m(\cos\theta) e^{im\varphi}$$

であり，重力ポテンシャルの展開に用いられている．この解のうち角度に依存する項

$$P_l^m(\cos\theta) e^{im\varphi}$$

を球面調和関数 (第 18 章参照) といい，球面上で定義された関数，たとえば標高や重力を展開するのによく用いられている．

同様な関数を円筒座標系で定義したものが (11.1.3) 式の $Y_m(kr,\varphi)$ である．円筒面調和関数という呼び名もあるが，平面上で定義された関数を展開する基底という意味で，ここでは平面調和関数と呼んでいる．

・・・●・・・●・・・●・・・●・・・●・・・

11.2　ベクトル場の展開

平面調和関数の (11.1.10) 式のようなスカラーとしての直交性を用いると，ベクトルとしての直交性をもつ基底を作ることができる．次のようなベクトルを定義する．

$$\begin{aligned}
\boldsymbol{a}_m(kr,\varphi) &= \left(\overset{x}{\frac{1}{k}\frac{\partial Y_m}{\partial x}},\ \overset{y}{\frac{1}{k}\frac{\partial Y_m}{\partial y}},\ \overset{z}{0} \right) \\
\boldsymbol{b}_m(kr,\varphi) &= \left(\frac{1}{k}\frac{\partial Y_m}{\partial y},\ -\frac{1}{k}\frac{\partial Y_m}{\partial x},\ 0 \right) \\
\boldsymbol{c}_m(kr,\varphi) &= \left(0,\ 0,\ Y_m(kr,\varphi) \right)
\end{aligned} \quad (11.2.1)$$

成分は直角座標系 (x,y,z) で表してある．すぐにわかるように，これらは (11.1.2) 式の展開と同じ形をしている．すなわち (11.1.2) 式の変位 $\boldsymbol{u}$ は

$$\boldsymbol{u} = U_m \boldsymbol{a}_m + V_m \boldsymbol{b}_m + W_m \boldsymbol{c}_m$$

の形に書くことができる．(11.1.1) 式と (11.1.2) 式の対応から，円筒座標系の成分を書き下すことも容易である．すなわち

$$\boldsymbol{a}_m(kr,\varphi) = \left(\overset{r}{\frac{1}{k}\frac{\partial Y_m}{\partial r}}, \overset{\varphi}{\frac{1}{kr}\frac{\partial Y_m}{\partial \varphi}}, \overset{z}{0}\right)$$
$$\boldsymbol{b}_m(kr,\varphi) = \left(\frac{1}{kr}\frac{\partial Y_m}{\partial \varphi}, -\frac{1}{k}\frac{\partial Y_m}{\partial r}, 0\right) \quad (11.2.2)$$
$$\boldsymbol{c}_m(kr,\varphi) = \bigl(0, 0, Y_m(kr,\varphi)\bigr)$$

が成り立つ．

　ベクトル場 $\boldsymbol{u}$, $\boldsymbol{v}$ が直交するという意味は，内積の積分

$$\iint \overline{\boldsymbol{u}}\cdot \boldsymbol{v}\, dxdy = \iint \overline{\boldsymbol{u}}\cdot \boldsymbol{v}\, rdrd\varphi$$

が 0 になることである．この積分をベクトル場としての内積という．$\boldsymbol{c}_m$ が $\boldsymbol{a}_m$, $\boldsymbol{b}_m$ に直交していることは，積分するまでもなく定義から明らかである．$\boldsymbol{a}_m$ が $\boldsymbol{b}_{m'}$ に直交することは

$$\iint \overline{\boldsymbol{b}}' \cdot \boldsymbol{a}\, rdrd\varphi = \frac{1}{kk'}\iint \left(\frac{\partial \overline{Y}'}{\partial \varphi}\frac{\partial Y}{\partial r} - \frac{\partial \overline{Y}'}{\partial r}\frac{\partial Y}{\partial \varphi}\right) drd\varphi$$
$$= \frac{1}{kk'}\int \left[\overline{Y}'\frac{\partial Y}{\partial r}\bigg|_0^{2\pi} - \int \overline{Y}'\frac{\partial^2 Y}{\partial r\partial \varphi}d\varphi\right]dr$$
$$-\frac{1}{kk'}\int \left[\overline{Y}'\frac{\partial Y}{\partial \varphi}\bigg|_0^{\infty} - \int \overline{Y}'\frac{\partial^2 Y}{\partial r\partial \varphi}dr\right]d\varphi = 0$$

からわかる．ここに $\boldsymbol{b}'$ は波数として k', m' を用いた $\boldsymbol{b}$ であることを意味している．また波数の異なる $\boldsymbol{a}$ どうし，$\boldsymbol{b}$ どうしも (11.1.11) 式から

$$\iint \overline{\boldsymbol{a}}' \cdot \boldsymbol{a}\, dxdy = \frac{1}{kk'}\iint \left(\frac{\partial \overline{Y}'}{\partial x}\frac{\partial Y}{\partial x} + \frac{\partial \overline{Y}'}{\partial y}\frac{\partial Y}{\partial y}\right) dxdy = 0$$
$$\quad k' \neq k \qquad m' \neq m$$

となって直交している．ただし $m' = m$ のとき，この積分はデルタ関数 $\delta(k - k')$ のように振舞うので，k あるいは k' についての積分があるときには注意しなければならない．

そこで任意のベクトル $\boldsymbol{v}(r, \varphi, z)$ を

$$\boldsymbol{v}(r, \varphi, z) = \frac{1}{2\pi} \int_0^\infty \sum_{m'=-\infty}^\infty \left[U_{m'}(z; k') \boldsymbol{a}_{m'}(k'r, \varphi) \right.$$
$$\left. + V_{m'}(z; k') \boldsymbol{b}_{m'}(k'r, \varphi) + W_{m'}(z; k') \boldsymbol{c}_{m'}(k'r, \varphi) \right] k' dk' \quad (11.2.3)$$

のように展開できたとする．ここでは波数 k'，m' を陽に示し，また任意の関数を表現するために k' の積分，m' の和もとっている．

展開係数を求めるために $\overline{\boldsymbol{a}}_m(kr, \varphi)$ を掛けて x-y 平面上で積分してみる．

$$\iint \overline{\boldsymbol{a}}_m(kr, \varphi) \cdot \boldsymbol{v}(r, \varphi, z) dx dy = \frac{1}{2\pi} \int_0^\infty k' dk' \sum_{m'} U_{m'}(z, k')$$
$$\times \iint \overline{\boldsymbol{a}}_m(kr, \varphi) \cdot \boldsymbol{a}_{m'}(k'r, \varphi) r dr d\varphi \quad (11.2.4)$$

直交性によって $V_{m'}$，$W_{m'}$ の項は消えてしまう．また m' に関する和は φ の積分によって $m' = m$ の項しか残らない．$\boldsymbol{a}_m(kr, \varphi)$ と $\boldsymbol{a}_m(k'r, \varphi)$ も直交するが，ここには k' についての積分があるので，この項は残しておかなければならない．よって上式は (11.1.11) 式を用いて

$$= \frac{1}{2\pi} \int_0^\infty U_m(z; k') k' dk'$$
$$\times \int_0^\infty \frac{1}{kk'} \left[\frac{\partial \overline{Y}_m(kr, \varphi)}{\partial r} \frac{\partial Y_m(k'r, \varphi)}{\partial r} + \frac{1}{r^2} \frac{\partial \overline{Y}_m}{\partial \varphi} \frac{\partial Y_m}{\partial \varphi} \right] r dr d\varphi$$
$$= \int_0^\infty \frac{k}{k'} U_m(z, k') J_m(k'r) k' dk' \int_0^\infty J_m(kr) r dr$$

になる．ところで，フーリエ–ベッセルの積分定理 (10.1.4) 式から上の積分は $U_m(z; k)$ になるので，先の (11.2.4) 式は $U_m(z; k)$ になる．同様に $\boldsymbol{b}_m(kr, \varphi)$，$\boldsymbol{c}_m(kr, \varphi)$ との内積を計算すれば

$$U_m(z; k) = \iint \overline{\boldsymbol{a}}_m(kr, \varphi) \cdot \boldsymbol{v}(r, \varphi, z) r dr d\varphi$$

$$V_m(z;k) = \iint \overline{\boldsymbol{b}}_m(kr,\varphi) \cdot \boldsymbol{v}(r,\varphi,z) r dr d\varphi \tag{11.2.5}$$

$$W_m(z;k) = \iint \overline{\boldsymbol{c}}_m(kr,\varphi) \cdot \boldsymbol{v}(r,\varphi,z) r dr d\varphi$$

が得られる．これによって (11.2.3) 式の展開係数がすべて求められたことになる．

応力の展開係数　10.3 節，10.4 節では外力として z 軸に垂直な面に働く応力を考えた．そこでは先験的な方法によって解を求めたが，ここで一般的な方法の道具立てができたので復習しておく．

z 軸に垂直な面，たとえば $z = H$ に働く応力 $\boldsymbol{\sigma}_z$ はベクトルであるから (11.2.3) 式にならって

$$\boldsymbol{\sigma}_z(H) = \begin{bmatrix} \sigma_{zr}(H) \\ \sigma_{\varphi z}(H) \\ \sigma_{zz}(H) \end{bmatrix} = \frac{1}{2\pi} \int_0^\infty \sum_m [f_m \boldsymbol{a}_m + g_m \boldsymbol{b}_m + h_m \boldsymbol{c}_m] k dk \tag{11.2.6}$$

のように展開できる．係数 f_m, g_m, h_m などは (11.2.5) 式から

$$\begin{aligned} f_m &= \iint \left(\frac{\partial \overline{Y}_m}{\partial (kr)} \sigma_{zr} + \frac{1}{kr} \frac{\partial \overline{Y}_m}{\partial \varphi} \sigma_{\varphi z} \right) r dr d\varphi \\ g_m &= \iint \left(\frac{1}{kr} \frac{\partial \overline{Y}_m}{\partial \varphi} \sigma_{zr} - \frac{\partial \overline{Y}_m}{\partial (kr)} \sigma_{\varphi z} \right) r dr d\varphi \\ h_m &= \iint \overline{Y}_m \sigma_{zz} r dr d\varphi \end{aligned} \tag{11.2.7}$$

のように求められる．(10.3.2) 式の $F(k)$ は上の h_m の，(10.4.8) 式の $F(k)$ は上の g_m の特別な場合である．

····●···●···(メモ)···●···●···

フーリエ—ベッセルの積分定理　フーリエ—ベッセルの積分定理 (10.1.4) 式を

$$f(k) = \int_0^\infty f(k') \left[k' \int_0^\infty J_m(kr) J_m(k'r) r dr \right] dk'$$

と書き換えてデルタ関数の定義式

11.2 ベクトル場の展開 —— 329

と比較すれば形式的に

$$\int_0^\infty J_m(kr)J_m(k'r)rdr = \frac{\delta(k-k')}{\sqrt{kk'}}$$

が成り立つことがわかる．分母が $\sqrt{kk'}$ になっているのは左辺の積分が k と k' に関して対称になっているのに合せたもので，これを k や k' で置き換えても結果には変わりはない．じつは左辺の積分は収束しないので，上式はあくまでも形式的なものである．これはデルタ関数が

$$\delta(k) = \frac{1}{2\pi}\int_{-\infty}^\infty e^{ikx}dx$$

という収束しない積分で表されるのと同じことである．

(11.1.8) 式を導くときに部分積分の境界値

$$\overline{Y}'r\frac{\partial Y}{\partial r}\Big|_{r=0}^\infty$$

を 0 とした．ベッセル関数 $J_m(kr)$ を実際に代入すると下限では 0 になるが，上限では漸近展開を用いると発散して 0 にならない．しかしながらこの項を 0 として導いた関係は正しい．

これを示すには積分

$$\int_0^\infty \left[\frac{dJ_m(kr)}{dr}\frac{dJ_m(k'r)}{dr} + J_m(k'r)\frac{1}{r}\frac{d}{dr}\left(r\frac{dJ_m(kr)}{dr}\right)\right]rdr$$

が 0 になることを示せば十分である．ベッセル関数の漸化式などを用いると

$$\frac{dJ_m(kr)}{dr}\frac{dJ_m(k'r)}{dr} = -\frac{m^2}{r^2}J_m(kr)J_m(k'r)$$
$$+ \frac{m}{r}\left[kJ_{m-1}(kr)J_m(k'r) - k'J_m(kr)J_{m+1}(k'r)\right]$$
$$+ kk'J_{m+1}(kr)J_{m+1}(k'r)$$

$$J_m(k'r)\frac{1}{r}\frac{d}{dr}\left(r\frac{dJ_m(kr)}{dr}\right) = -\left(k^2 - \frac{m^2}{r^2}\right)J_m(k'r)J_m(kr)$$

などと書き換えられるから，先の積分は

$$\int_0^\infty \big\{m\big[kJ_{m-1}(kr)J_m(k'r) - k'J_m(kr)J_{m+1}(k'r)\big]$$
$$+ kk'rJ_{m+1}(kr)J_{m+1}(k'r) - k^2rJ_m(kr)J_m(k'r)\big\}dr$$

となる．積分表を見ると上の第一項と第二項の積分はキャンセルし，残りは先に示したように

$$kk'\int_0^\infty J_{m+1}(kr)J_{m+1}(k'r)rdr = \sqrt{kk'}\delta(k-k')$$
$$k^2\int_0^\infty J_m(kr)J_m(k'r)rdr = k\sqrt{\frac{k}{k'}}\delta(k-k')$$

であるからこれらもキャンセルする．したがって

$$\int_0^\infty J_m(k'r)\frac{1}{r}\frac{d}{dr}\left(r\frac{dJ_m(kr)}{dr}\right)rdr = -\int_0^\infty \frac{dJ_m(kr)}{dr}\frac{J_m(k'r)}{dr}rdr$$

が示されたことになる．

······●···●···●···●···●···

11.3　点震源の展開

P-SV 波の基本方程式 (10.2.6)，SH 波の基本方程式 (10.4.4) は外力がないという条件で導かれた．外力があるときには，外力を直交ベクトル $\boldsymbol{a}_m$, $\boldsymbol{b}_m$, $\boldsymbol{c}_m$ で展開したとき，(10.2.6) 式の右辺には $\boldsymbol{a}_m$, $\boldsymbol{c}_m$ の展開係数が，(10.4.4) 式の右辺には $\boldsymbol{b}_m$ の展開係数が加わり，方程式は非斉次になる．外力が点震源の場合には非斉次項は簡単な形になり，非斉次微分方程式を解かなくても斉次方程式に震源における境界条件を加えることにによって簡単に解くことができる．

運動方程式に現れる単位体積当たりの体積力 $\boldsymbol{f}$ が点 $\boldsymbol{x}_s = (x_s, y_s, z_s)$ に単位ベクトル $\boldsymbol{\nu} = (\nu_x, \nu_y, \nu_z)$ の方向に働く点震源であるとする．この点震源を展開して

$$\begin{aligned}\boldsymbol{f}(x,y,z) &= \boldsymbol{\nu}\delta(x-x_s)\delta(y-y_s)\delta(z-z_s) \\ &= \frac{1}{2\pi}\int_s^\infty \sum_{m=-\infty}^{\infty}\left[f_m(z;k)\boldsymbol{a}_m \right. \\ &\quad \left. + g_m(z;k)\boldsymbol{b}_m + h_m(z;k)\boldsymbol{c}_m\right]kdk\end{aligned} \quad (11.3.1)$$

とする．展開係数は (11.2.5) 式から

$$\begin{aligned}f_m(z;k) &= \left(\frac{\nu_x}{k}\frac{\partial \overline{Y}_m}{\partial x_s} + \frac{\nu_y}{k}\frac{\partial \overline{Y}_m}{\partial y_s}\right)\delta(z-z_s) \\ g_m(z;k) &= \left(\frac{\nu_x}{k}\frac{\partial \overline{Y}_m}{\partial y_s} - \frac{\nu_y}{k}\frac{\partial \overline{Y}_m}{\partial x_s}\right)\delta(z-z_s) \\ h_m(z;k) &= \nu_z \overline{Y}_m(kr_s,\varphi_s)\delta(z-z_s)\end{aligned} \quad (11.3.2)$$

と表される．ここで $Y_m(kr_s, \varphi_s)$ の r_s, φ_s は点 x_s, y_s に対応した円筒座標である．

震源が偶力のときには作用点方向の単位ベクトル $\boldsymbol{n} = (n_x, n_y, n_z)$ の方向に方向微分

$$n_x \frac{\partial}{\partial x_s} + n_y \frac{\partial}{\partial y_s} + n_z \frac{\partial}{\partial z_s} = \frac{\partial}{\partial n_h} + n_z \frac{\partial}{\partial z_s}$$

を行えばよい．$\boldsymbol{\nu}$ と $\boldsymbol{n}$ は必ずしも直交していなくてもよい．たとえば両者が平行ならばモーメントをもたない張力タイプの偶力になる．(11.3.2) 式を微分すれば偶力の展開係数は

$$\begin{aligned}
f_m &= \frac{\partial}{\partial n_h} \left(\frac{\nu_x}{k} \frac{\partial \overline{Y}_m}{\partial x_s} + \frac{\nu_y}{k} \frac{\partial \overline{Y}_m}{\partial y_s} \right) \delta(z - z_s) \\
&\quad - n_z \left(\frac{\nu_x}{k} \frac{\partial \overline{Y}_m}{\partial x_s} + \frac{\nu_y}{k} \frac{\partial \overline{Y}_m}{\partial y_s} \right) \delta'(z - z_s) \\
g_m &= \frac{\partial}{\partial n_h} \left(\frac{\nu_x}{k} \frac{\partial \overline{Y}_m}{\partial y_s} - \frac{\nu_y}{k} \frac{\partial \overline{Y}_m}{\partial x_s} \right) \delta(z - z_s) \\
&\quad - n_z \left(\frac{\nu_x}{k} \frac{\partial \overline{Y}_m}{\partial y_s} - \frac{\nu_y}{k} \frac{\partial \overline{Y}_m}{\partial x_s} \right) \delta'(z - z_s) \\
h_m &= \nu_z \frac{\partial \overline{Y}_m}{\partial n_h} \delta(z - z_s) - n_z \nu_z \overline{Y}_m \delta'(z - z_s)
\end{aligned} \quad (11.3.3)$$

となる．

(11.3.2), (11.3.3) 式では展開係数はすべての m について値があることになるが，震源を原点とする座標系を用いると，すなわち $x_s = 0$, $y_s = 0$ とすると少ない m で震源を表すことができる．このときにはベッセル関数 $J_m(z)$ の $z \to 0$ における性質

$$\begin{aligned}
&J_0(z) \to 1 & &\frac{1}{z} \frac{dJ_0(z)}{dz} \to -\frac{1}{2} \\
&\frac{d^2 J_0(z)}{dz^2} \to -\frac{1}{2} & &\frac{1}{z} J_{\pm 1}(z) \to \pm \frac{1}{2} \\
&\frac{dJ_{\pm 1}(z)}{dz} \to \pm \frac{1}{2} & &\frac{1}{z^2} J_{\pm 2}(z) \to \frac{1}{8} \\
&\frac{1}{z} \frac{dJ_{\pm 2}(z)}{dz} \to \frac{1}{4} & &\frac{d^2 J_{\pm 2}(z)}{dz^2} \to \frac{1}{4}
\end{aligned}$$

を用いれば, $m = 0, \pm 1, \pm 2$ 以外の係数はすべて 0 になることがわかる. こ こでは (11.3.2), (11.3.3) 式の展開係数の具体的な形は省略する. 必要なの は以下で述べる $x_s = y_s = 0$ のときの震源項である.

11.3.1　SH 波の震源項

外力が働いていないときの SH 波の運動方程式は (10.4.4) 式の第二式で与えられているが, これはベクトル $\boldsymbol{b_m}$ の成分に相当している. 外力が働いているときの運動方程式を改めて計算してみると, 外力の展開係数 g_m を含んだ

$$\frac{dV_m}{dz} = \frac{1}{\mu} T_m$$
$$\frac{dT_m}{dz} = (k^2\mu - \rho\omega^2)V_m - g_m \tag{11.3.4}$$

の形になる. 外力があるときの解は, 上の非斉次常微分方程式を積分すればよいわけであるが, 点震源のときには微分方程式の非斉次項を境界条件で置き換えることができる.

点震源のとき, (11.3.2), (11.3.3) 式から g_m は形式的に次のような形に書くことができる.

$$g_m = a\delta(z - z_s) + b\delta'(z - z_s)$$

これを運動方程式 (11.3.4) の第二式に代入して不定積分すれば

$$T_m(z) = \int (k^2\mu - \rho\omega^2)V_m dz - aH(z - z_s) - b\delta(z - z_s)$$

が得られる. ここで $H(z)$ は単位の階段関数であり, $H'(z) = \delta(z)$ の関係を用いている. したがって T_m は $z = z_s$ において

$$\Delta T_m = T_m(z_s + 0) - T_m(z_s - 0) = -a$$

の不連続量をもつことになる. ここに $T_m(z_s + 0)$ は正の側から z_s に近づいたときの極限値, $T_m(z_s - 0)$ は負の側から近づいたときの極限値である. 上式に b の項が現れないのは, デルタ関数 $\delta(z)$ が z の偶関数だからである. 次

に不定積分 $T_m(z)$ を運動方程式の第一式に代入して (逐次代入法), 不連続量が現れる項だけをとれば

$$V_m(z) \sim -\frac{b}{\mu} H(z - z_s)$$

であるから V_m の不連続量は

$$\Delta V_m = -\frac{b}{\mu}$$

となる. ここで μ は震源 $z = z_s$ における値である.

不連続量がわかると (11.3.4) 式の非斉次項 g_m は必要がなくなる. $z = z_s$ で与えられた ΔV_m, ΔT_m だけの不連続が生じるように斉次微分方程式を解けばよいからである.

(11.3.2), (11.3.3) 式で $x_s, y_s \to 0$ と置いて g_m を求めて a, b を計算し, 震源 $z = z_s$ における解の不連続量を求めると次のようになる. これらの不連続量は解の境界条件として用いられる. ここに示していないものは 0 である. したがって, たとえば単力源のときには $m = \pm 1$ の SH 波しか励起されず, もし力の向きが上下方向なら $\nu_x = \nu_y = 0$ であるから SH 波はまったく励起されないことになる. 力の組合せの模式図を図 11.3.1 に示す.

　　　　単力源　　　　単偶力　　　　双偶力　　　　爆発震源

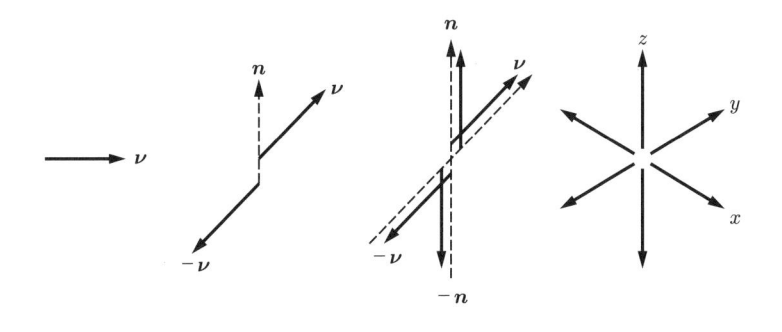

図 11.3.1 点震源　ν は力の方向, n は偶力の腕の方向を表す. n が ν に平行なときにはモーメントがない張力的な偶力になる. このような偶力をたがいに直行する方向に加えたものが爆破的な震源である.

単力源 (single force)　1点に働く力である.

$$\Delta T_{\pm 1} = \frac{1}{2}(\pm \nu_y + i\nu_x) \tag{11.3.5}$$

単偶力 (single couple)　作用点の方向 n は力の方向 ν に垂直でなくてもよい.

$$\begin{aligned}
\Delta T_0 &= \frac{1}{2}k(n_y\nu_x - n_x\nu_y) \\
\Delta V_{\pm 1} &= \frac{1}{2\mu}n_z(\mp \nu_y - i\nu_x) \\
\Delta T_{\pm 1} &= \frac{1}{4}k\left[(n_x\nu_y + n_y\nu_x) \pm i(n_x\nu_x - n_y\nu_y)\right]
\end{aligned} \tag{11.3.6}$$

双偶力 (double couple)　力の方向 ν と作用点の方向 n を入れ換えて加え合せたものをここではダブルカップルと呼ぶ. モーメントの代数和は0である. ν と n が直交しているのが通常の意味のダブルカップルであるが, 以下の式ではこの条件は入れていない.

$$\begin{aligned}
\Delta V_{\pm 1} &= \frac{1}{2\mu}\left[\mp(n_z\nu_y + n_y\nu_z) - i(n_z\nu_x + n_x\nu_z)\right] \\
\Delta T_{\pm 2} &= \frac{1}{2}k\left[(n_x\nu_y + n_y\nu_x) \pm i(n_x\nu_x - n_y\nu_y)\right]
\end{aligned} \tag{11.3.7}$$

11.3.2　P-SV 波の震源項

外力があるときの P-SV 波の運動方程式は, (10.2.6) 式の第二, 四式が

$$\frac{dP_m}{dz} = kS_m - \rho\omega^2 W_m - h_m$$
$$\frac{dS_m}{dz} = [\cdot]U_m - \frac{k\lambda}{\lambda + 2\mu}P_m - f_m$$

の形になる. U_m の係数は単に $[\cdot]$ と書いてある. そこで SH 波のときと同様に, 仮に

$$f_m = a\delta(z - z_s) + b\delta'(z - z_s)$$
$$h_m = c\delta(z - z_s) + d\delta'(z - z_s)$$

と置く. P_m と S_m を不定積分すれば

$$P_m = k\int S_m dz - \omega^2 \int \rho W_m dz - cH(z-z_s) - d\delta(z-z_s)$$
$$S_m = \int [\cdot] U_m dz - \int \frac{k\lambda}{\lambda+2\mu} P_m dz - aH(z-z_s) - b\delta(z-z_s)$$

となる．P_m の中に S_m，S_m の中に P_m が含まれているので，たがいに代入して特異性の高い項だけをとれば

$$P_m \sim -(kb+c)H(z-z_s) - d\delta(z-z_s)$$
$$S_m \sim \left(\frac{k\lambda}{\lambda+2\mu} - a\right)H(z-z_s) - b\delta(z-z_s)$$

となる．これを運動方程式 (10.2.6) の第一，三式に代入して不定積分すれば

$$W_m \sim -\frac{d}{\lambda+2\mu}H(z-z_s) \qquad U_m \sim -\frac{b}{\mu}H(z-z_s)$$

となる．したがって震源における不連続量は

$$\Delta P_m = -(kb+c) \qquad \Delta S_m = \frac{k\lambda d}{\lambda+2\mu} - a$$
$$\Delta W_m = -\frac{d}{\lambda+2\mu} \qquad \Delta U_m = -\frac{b}{\mu}$$

と表される．それぞれの力の組合せに対して $a \sim d$ を計算すれば，次のような震源項が得られる．

単力源

$$\Delta P_0 = -\nu_z$$
$$\Delta S_{\pm 1} = \frac{1}{2}(\mp\nu_x + i\nu_y) \tag{11.3.8}$$

単偶力

$$\Delta W_0 = \frac{n_z \nu_z}{\lambda+2\mu}$$
$$\Delta S_0 = \frac{1}{2}k\left[(n_x\nu_x + n_y\nu_y) - \frac{2\lambda}{\lambda+2\mu}n_z\nu_z\right]$$
$$\Delta U_{\pm 1} = \frac{1}{2\mu}n_z(\pm\nu_x - i\nu_y) \tag{11.3.9}$$
$$\Delta P_{\pm 1} = \frac{1}{2}k\left[\pm(n_z\nu_x - n_x\nu_z) - i(n_z\nu_y - n_y\nu_z)\right]$$
$$\Delta S_{\pm 2} = \frac{1}{4}k\left[-(n_x\nu_x - n_y\nu_y) \pm i(n_x\nu_y + n_y\nu_x)\right]$$

双偶力

$$\begin{aligned}
\Delta W_0 &= \frac{2n_z \nu_z}{\lambda + 2\mu} \\
\Delta S_0 &= k\left[(n_x\nu_x + n_y\nu_y) - \frac{2\lambda}{\lambda + 2\mu} n_z\nu_z\right] \\
\Delta U_{\pm 1} &= \frac{1}{2\mu}\left[\pm(n_z\nu_x + n_x\nu_z) - i(n_z\nu_y + n_y\nu_z)\right] \\
\Delta S_{\pm 2} &= \frac{1}{2}k\left[-(n_x\nu_x - n_y\nu_y) \pm i(n_x\nu_y + n_y\nu_x)\right]
\end{aligned} \tag{11.3.10}$$

爆発震源 $\boldsymbol{\nu} = \boldsymbol{n}$ のときの偶力は張力的な点震源になる．このような偶力を，たがいに直交する三つの方向に対して加えたものは爆発的な震源 (explosive source) となる．この震源に対する震源項は，(11.3.9) 式の (n_x, n_y, n_z) を循環的に入れ換えて和をとればよい．結果は次のようになる．

$$\begin{aligned}
\Delta W_0 &= \frac{1}{\lambda + 2\mu} \\
\Delta S_0 &= \frac{2k\mu}{\lambda + 2\mu}
\end{aligned} \tag{11.3.11}$$

震源が球対称であるから，$m = 0$ の項しか現れない．また当然ながら SH 波成分は現れない．

11.3.3 断層パラメーターと震源項

地震波は断層運動によって生じる．後で示すように，断層運動は断層面に分布したダブルカップルで表現することができる．

断層面の方向は走向 (ϕ_s, strike)，傾斜角 (δ, dip)，すべり角 (λ_s, slip angle, rake) などによって表される．走向は断層面と地表面との交線で，普通北から東まわりに計る．傾斜角は文字通り断層面と地表のなす角である．断層運動は断層面に平行に起こるので，断層の下盤 (foot wall) に対する上盤 (hanging wall) のすべりの方向を断層面上で水平から上向きに計り，これを λ_s とする．したがって $\lambda_s = 0$ は左横ずれ断層 (left lateral fault)，$\lambda_s = \pi$ は右横ずれ断層 (right lateral fault)，$0 < \lambda_s < \pi$ は衝上断層 (thrust fault) または逆断層 (reverse fault)，$-\pi < \lambda_s < 0$ は正断層 (normal fault) である．断層

11.3 点震源の展開 ―― 337

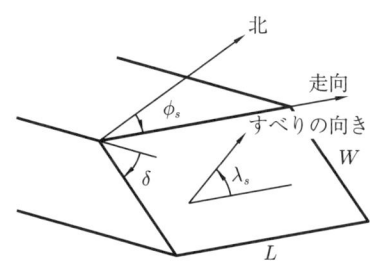

図 **11.3.2 断層パラメーター** δ は傾斜角，ϕ_s は走向，λ_s はすべり角．すべりの向きは下盤に対する上盤の動きを示している．

を表すにはこれらの角のほかに，断層の面積とすべり量があるが，ここでの議論には必要ない．

図 11.3.2 のように北向きに x 軸，東向きに y 軸，下向きに z 軸をとる．x 軸を北向きにとるのは，測量などで普通に行われている方法である．断層面に垂直な単位ベクトルを $\boldsymbol{n}$ とすると，その成分はこの座標系で

$$\boldsymbol{n} = (-\sin\delta\sin\phi_s,\ \sin\delta\cos\phi_s,\ -\cos\delta) \tag{11.3.12}$$

と表される．また上盤のすべりの方向の単位ベクトルを $\boldsymbol{\nu}$ とすると

$$\begin{aligned}\boldsymbol{\nu} = (&\cos\lambda_s\cos\phi_s + \sin\lambda_s\cos\delta\sin\phi_s,\\ &\cos\lambda_s\sin\phi_s - \sin\lambda_s\cos\delta\cos\phi_s,\ -\sin\lambda_s\sin\delta)\end{aligned} \tag{11.3.13}$$

と表される．これらはたがいに直交している．断層運動に相当する力の組合せは，ダブルカップルの $\boldsymbol{n},\ \boldsymbol{\nu}$ として上の $\boldsymbol{n},\ \boldsymbol{\nu}$ をとればよいことがわかっているので，(11.3.7), (11.3.9) 式に上で求めた成分を代入すると

$$\Delta W_0 = \frac{1}{\lambda+2\mu}\sin\lambda_s\sin 2\delta$$

$$\Delta S_0 = -\frac{k(3\lambda+2\mu)}{2(\lambda+2\mu)}\sin\lambda_s\sin 2\delta$$

$$\begin{aligned}\Delta U_{\pm 1} = \frac{1}{2\mu}\big[&\mp(\cos\lambda_s\cos\delta\cos\phi_s + \sin\lambda_s\cos 2\delta\sin\phi_s)\\ &+ i(\cos\lambda_s\cos\delta\sin\phi_s - \sin\lambda_s\cos 2\delta\cos\phi_s)\big]\end{aligned}$$

$$\Delta V_{\pm 1} = \frac{1}{2\mu}\bigl[\pm(\cos\lambda_s\cos\delta\sin\phi_s - \sin\lambda_s\cos 2\delta\cos\phi_s) \\ + i(\cos\lambda_s\cos\delta\cos\phi_s + \sin\lambda_s\cos 2\delta\sin\phi_s)\bigr] \quad (11.3.14)$$

$$\Delta S_{\pm 2} = \frac{k}{2}\bigl[(\cos\lambda_s\sin\delta\sin 2\phi_s - \frac{1}{2}\sin\lambda_s\sin 2\delta\cos 2\phi_s) \\ \pm i(\cos\lambda_s\sin\delta\cos 2\phi_s + \frac{1}{2}\sin\lambda_s\sin 2\delta\sin 2\phi_s)\bigr]$$

$$\Delta T_{\pm 2} = \frac{k}{2}\bigl[(\cos\lambda_s\sin\delta\cos 2\phi_s + \frac{1}{2}\sin\lambda_s\sin 2\delta\sin 2\phi_s) \\ \mp i(\cos\lambda_s\sin\delta\sin 2\phi_s - \frac{1}{2}\sin\lambda_s\sin 2\delta\cos 2\phi_s)\bigr]$$

が得られる．

12　ハスケル法

　密度や弾性定数が鉛直座標 z だけの関数であるような構造を，ここでは水平成層構造と呼ぶことにする．これは地球内部構造の近似としては単純であるが，これで十分なことも多い．特別な場合として，均質な層が積み重なった多層構造もある．すでにとり扱った二つの半無限媒質が接している構造や，半無限媒質の上にもう 1 層ある構造なども多層構造の例であるが，本章ではさらに一般的な多層構造を伝わる三次元的な弾性波を計算するのに便利なハスケル法を導入する．

12.1　運動方程式の積分

　成層構造中を伝わる弾性波の運動方程式は形式的に

$$\frac{d\boldsymbol{y}(z)}{dz} = \boldsymbol{D}(z)\boldsymbol{y}(z) \tag{12.1.1}$$

の形に書くことができる．ここに $\boldsymbol{y}(z)$ は SH 波の場合 $V_m(z)$ と $T_m(z)$ とから作られる列ベクトルであり，係数行列 $\boldsymbol{D}(z)$ は (10.4.4) 式で与えられている．音波の場合の運動方程式 (10.2.10) も同様である．P-SV 波の運動方程式は (10.2.6) 式であるから，$\boldsymbol{y}$ は 4 元の列ベクトルになる．先に注意したように，係数行列 $\boldsymbol{D}(z)$ に含まれる密度や弾性定数は z の関数であってもよい．これらは z 方向に不連続的な変化をするかもしれないが，$\boldsymbol{y}$ の要素は震源を除くすべての z で連続にならなければならない．

　連立常微分方程式 (12.1.1) を数値的に解くにはいろいろな方法がある．中でもルンゲ–クッタ–ジル法 (Runge-Kutta-Gill method)，および同系統の方法は便利な方法としてよく用いられている．しかし弾性定数が一定の層が積み重なった多層構造では，本章で導くトムソン–ハスケル法 (Thomson-Haskell method) が便利である．この方法を導く前に微分方程式 (12.1.1) が線型であ

ることを利用して，指定された境界条件を満たす解を求める方法について述べる．

どのような方法であれ，与えられた初期条件から出発して (12.1.1) 式を積分する手段があったとする．いま，z 軸の原点を表面から十分に深いところにとり，$z < 0$ では媒質が一様であると仮定する．このような仮定は，注目する波の波長よりも十分深く原点を選べば成り立つであろう．したがって $z < 0$ では (12.1.1) 式の解は均質な場合の解，(10.2.7)，(10.4.5) 式などで表される．これらには未定係数が含まれているが，そのうちのいくつかは無限遠での放射条件，すなわち波が無限遠に向かって伝わるか，あるいは無限遠で発散しないという条件から 0 になる．そのほかの積分定数は表面の境界条件や震源における条件から決めることができる．

12.1.1　SH 波

SH 波のときには y として

$$y = \begin{bmatrix} V_m \\ T_m/\omega \end{bmatrix} \tag{12.1.2}$$

を選ぶことにする．T_m を ω で割ったものを変数にしているのは，後で式がきれいになるからである．震源が $z > 0$ にあるものとすれば $z < 0$ では $-z$ 方向に伝わる波しか存在しないから，$z < 0$ では一般解 (10.4.5) 式の A は 0 にしなければならない．そこで $A = 0$, $B = 1$ とした解の $z = 0$ における値

$$\boldsymbol{y}_1(0) = \begin{bmatrix} 1 \\ -i\mu_0\eta_0 \end{bmatrix} \tag{12.1.3}$$

を初期値として (12.1.1) 式を積分して得られた解を $\boldsymbol{y}_1(z)$ とする．(12.1.3) 式の添字 0 は $z < 0$ の媒質に関する量を示している．η_0 が虚数のときには無限遠 $z \to -\infty$ で解が発散しないためには $\mathrm{Im}\,\eta_0 > 0$ に符号を選ばなければならない．この解は積分定数 B を 1 として求めたものであるから，一般解は $B\boldsymbol{y}_1(z)$ で表される．この一般解は運動方程式と無限遠 $z \to -\infty$ における条件は満たしているが，震源や表面の条件を満たしていない．

もし震源が表面の応力として与えられており，応力ベクトル $\boldsymbol{\sigma}_z = (\sigma_{zx}, \sigma_{yz}, \sigma_{zz})$ の展開係数 f_m, g_m, h_m が求められていたとすれば，境界条件は

$$By_{21}(H) = g_m/\omega$$

となる．$z=H$ は表面の座標，添字 21 は $\boldsymbol{y}_1$ の第二成分を表している．これで積分定数 B が決まり，解が完全に確定したことになる．

震源が媒質内部にある点震源の場合は，震源の座標 $z=z_s$ で

$$\boldsymbol{y}_2(z_s) = \begin{bmatrix} \Delta V_m \\ \Delta T_m/\omega \end{bmatrix} \tag{12.1.4}$$

を初期値とするもう一つの解 $\boldsymbol{y}_2(z)$ を積分する．ここに $\Delta V_m, \Delta T_m$ は点震源の展開で得られた不連続量 (11.3.5)〜(11.3.7) 式である．$z < z_s$ で $\boldsymbol{y}_2(z) \equiv 0$ と定義すれば $\boldsymbol{y}_1(z)$ は連続であるから，解

$$\boldsymbol{y}(z) = B\boldsymbol{y}_1(z) + \boldsymbol{y}_2(z)$$

は無限遠の条件と震源の条件

$$\boldsymbol{y}(z_s+0) - \boldsymbol{y}(z_s-0) = \begin{bmatrix} \Delta V_m \\ \Delta T_m/\omega \end{bmatrix}$$

を満足している．残るのは表面での条件で，こんどはここには力が働いていないから

$$By_{21}(H) + y_{22}(H) = 0$$

でなければならない．これで積分定数 B が決まった．

いずれの場合でも，積分定数 B を決める式の分母には $y_{21}(H)$ が入ってくる．9.4 節でラブ波を求めたときのことを思い出せば，分母が 0 になるところがラブ波の根である．したがってラブ波の特性関数は一般に

$$\Delta_{\mathrm{L}}(p,\omega) = y_{21}(H) \tag{12.1.5}$$

で表される．

12.1.2 P-SV 波

P-SV 波のときには y を

$$y = \begin{bmatrix} W_m \\ P_m/\omega \\ U_m \\ S_m/\omega \end{bmatrix} \tag{12.1.6}$$

と選ぶことにする．$z > 0$ に震源がある場合には，無限遠の境界条件を満たす解は一般解 (10.2.7) 式において $A = C = 0$ でなければならない．したがって $z = 0$ における 2 組の解の初期値は

$$y_1(0) = \begin{bmatrix} \xi_0 \\ -i\rho_0(1-\gamma_0) \\ ip \\ 2\mu_0 p\xi_0 \end{bmatrix} \quad y_2(0) = \begin{bmatrix} p \\ -2i\mu_0 p\eta_0 \\ -i\eta_0 \\ -\rho_0(1-\gamma_0) \end{bmatrix} \tag{12.1.7}$$

と表すことができる．これらの初期値から出発して積分した値をそれぞれ $y_1(z)$, $y_2(z)$ とすれば，一般解は $By_1(z) + Dy_2(z)$ になる．二つの積分定数 B, D を決めるには境界条件を用いる．

表面で応力が与えられた場合，表面における応力ベクトルの展開係数を用いて，表面における境界条件は

$$By_{21}(H) + Dy_{22}(H) = h_m/\omega$$
$$By_{41}(H) + Dy_{42}(H) = f_m/\omega$$

となる．この式から B と D が求められる．$z = z_s$ に点震源がある場合にはもう一つの解，すなわち

$$y_3(z_s) = \begin{bmatrix} \Delta W_m \\ \Delta P_m/\omega \\ \Delta U_m \\ \Delta S_m/\omega \end{bmatrix} \tag{12.1.8}$$

を初期値とする解 $y_3(z)$ を計算しなければならない．このときの一般解は $By_1(z) + Dy_2(z) + y_3(z)$ である．表面においては応力が 0 という条件から

$$By_{21}(H) + Dy_{22}(H) + y_{23}(H) = 0$$
$$By_{41}(H) + Dy_{42}(H) + y_{43}(H) = 0$$

となり，これから B, D が決定される．

どちらの場合にも積分定数 B, D を決める式の分母には

$$\Delta_{\rm R}(p,\omega) = y_{21}(H)y_{42}(H) - y_{22}(H)y_{41}(H) \tag{12.1.9}$$

が現れる．これが一般的な構造の場合のレーリー波の特性関数である．

12.2　SH 波と音波のハスケル行列

均質な層の積み重ねからなる多層構造を考える．ここでは $z_{n-1} < z < z_n = z_{n-1} + h_n$ を第 n 層と呼び，この層に関する量に添字 n をつけることにする (図 12.2.1)．均質層内では厳密解が得られるので，これを境界でつないでいけば連続な解が得られることになる．これがハスケル法である．本節では SH 波と音波のハスケル行列を導き，次節では P-SV 波のハスケル行列を導く．

12.2.1　SH 波

SH 波の運動方程式 (10.4.4) の均質な層に対する一般解 (10.4.5) 式を三角関数を用いて表すと

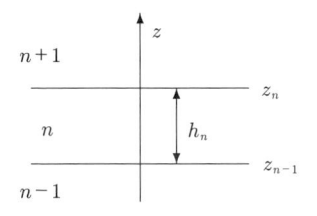

図 **12.2.1** 成層構造の座標

$$V_n(z) = A_n \cos \omega \eta_n (z - z_{n-1}) + B_n \sin \omega \eta_n (z - z_{n-1})$$
$$T_n(z)/\omega = \mu_n \eta_n \left[-A_n \sin \omega \eta_n (z - z_{n-1}) + B_n \cos \omega \eta_n (z - z_{n-1}) \right]$$
$$\eta_n^2 = \beta_n^{-2} - p^2 \tag{12.2.1}$$

となる．ベッセル関数の次数 m は陽には現れないので省略し，そのかわりに層の番号の添字 n を V と T につけてある．また計算が簡単になるように原点を層 n の下面 $z = z_{n-1}$ に選んである．上式で $z = z_{n-1}$ とすると

$$V_n(z_{n-1}) = A_n \qquad T_n(z_{n-1})/\omega = \mu_n \eta_n B_n$$

となる．A_n，B_n をこの式から求め，先の (12.2.1) 式の右辺に代入すると

$$\begin{bmatrix} V_n(z) \\ T_n(z)/\omega \end{bmatrix} = \begin{bmatrix} C_{\beta n}(z - z_{n-1}) & S_{\beta n}(z - z_{n-1})/\mu_n \\ -\mu_n \eta_n^2 S_{\beta n}(z - z_{n-1}) & C_{\beta n}(z - z_{n-1}) \end{bmatrix}$$
$$\times \begin{bmatrix} V_n(z_{n-1}) \\ T_n(z_{n-1})/\omega \end{bmatrix} \tag{12.2.2}$$

が得られる．ここで

$$C_{\beta n}(z) = \cos \omega \eta_n z \qquad S_{\beta n}(z) = \frac{\sin \omega \eta_n z}{\eta_n} \tag{12.2.3}$$

と置いてある．(12.2.1) 式は層 n 内の解が，層 n の下面 $z = z_{n-1}$ での値で表されることを示している．層 n の上面での解は層 $n+1$ の下面 $z = z_n$ での解と連続でなければならないから，上式で $z = z_n$ と置いたものは層 $n+1$ の下面の値になる．すなわち

$$\begin{bmatrix} V_{n+1}(z_n) \\ T_{n+1}(z_n)/\omega \end{bmatrix} = \begin{bmatrix} V_n(z_n) \\ T_n(z_n)/\omega \end{bmatrix}$$
$$= \begin{bmatrix} C_{\beta n}(h_n) & S_{\beta n}(h_n)/\mu_n \\ -\mu_n \eta_n^2 S_{\beta n}(h_n) & C_{\beta n}(h_n) \end{bmatrix} \begin{bmatrix} V_n(z_{n-1}) \\ T_n(z_{n-1})/\omega \end{bmatrix}$$

が成り立つ．h_n は層 n の厚さである．ある境界面における V，T の値が与えられれば，この関係を用いて次々に上の境界面に解をつないでいくことが

できる．下につないでいくには h_n をマイナスにすればよい．これがトムソン–ハスケルの方法である．地震学の分野では単にハスケル法と呼ぶことが多い．

以下ではほとんどの場合，層の境界面における値だけが問題になるので，$\boldsymbol{y}$ を (12.1.2) 式のように定義し，上式を

$$\boldsymbol{y}(z_n) = \boldsymbol{A}_n(h_n)\boldsymbol{y}(z_{n-1}) \tag{12.2.4}$$

と書くことにする．ここに

$$\boldsymbol{A}_n(h) = \begin{bmatrix} C_{\beta n}(h) & S_{\beta n}(h)/\mu_n \\ -\mu_n \eta_n^2 S_{\beta n}(h) & C_{\beta n}(h) \end{bmatrix} \tag{12.2.5}$$

である．

ここに現れた 2×2 の行列 $\boldsymbol{A}_n$ はハスケルの層行列 (layer matrix) と呼ばれる．波線パラメーター p の値によっては η_n は虚数にもなり得るが，そのときでも $C_{\beta n}$, $S_{\beta n}$ は実数であるから，各要素は実数である．また ω は $C_{\beta n}$, $S_{\beta n}$ を通してしか含まれていないし，p は η_n を通してしか現れてこない．そのために $\boldsymbol{y}$ を (12.1.2) 式のように定義したのである．

6.2 節では半無限弾性体の上に 1 層だけのっている構造を考えた．先に示した初期値 (12.1.3) 式を用い $h_1 = H$ とすると，上式から

$$y_2(H) = T_1(H)/\omega = -\mu_1 \eta_1 \sin \omega \eta_1 H - i\mu_0 \eta_0 \cos \omega \eta_1 H$$

が得られる．これはすでに導いたラブ波の特性関数 (6.2.3) 式にほかならない．

(12.2.4) 式を用いる方法は，運動方程式 (10.4.4) を数値積分するよりもはるかに速い．高次モードになると z 方向の波長が短くなる．数値積分を行うときには，これに対応して積分のステップを小さくしなければならないが，ハスケル法 (12.2.4) 式を用いるときには，その必要がないからである．

12.2.2　音波

音波の場合は SH 波の場合とまったく同じである．(10.2.11) 式から層 n 内の一般解は

$$W_n(z) = \xi_n[A_n \cos\omega\xi_n(z-z_{n-1}) + B_n \sin\omega\xi_n(z-z_{n-1})]$$

$$P_n(z)/\omega = -\rho_n[A_n \sin\omega\xi_n(z-z_{n-1}) - B_n \cos\omega\xi_n(z-z_{n-1})]$$

$$\xi_n^2 = \alpha_n^{-2} - p^2 \tag{12.2.6}$$

であるから

$$W_n(z_{n-1}) = \xi_n A_n \qquad P_n(z_{n-1})/\omega = \rho_n B_n$$

となる．よって

$$\begin{bmatrix} W_n(z) \\ P_n(z)/\omega \end{bmatrix} = \begin{bmatrix} C_{\alpha n}(z-z_{n-1}) & \xi_n^2 S_{\alpha n}(z-z_{n-1})/\rho_n \\ -\rho_n S_{\alpha n}(z-z_{n-1}) & C_{\alpha n}(z-z_{n-1}) \end{bmatrix}$$
$$\times \begin{bmatrix} W_n(z_{n-1}) \\ P_n(z_{n-1})/\omega \end{bmatrix}$$

と書ける．ただし $C_{\alpha n}$, $S_{\alpha n}$ は (12.2.3) 式の η_n のかわりに ξ_n を用いたものである．音波の場合の $\boldsymbol{y}$ として

$$\boldsymbol{y} = \begin{bmatrix} W(z) \\ P(z)/\omega \end{bmatrix} \tag{12.2.7}$$

と置けば，(12.2.4) 式が成り立ち，層行列は

$$\boldsymbol{A}_n(h) = \begin{bmatrix} C_{\alpha n}(h) & \xi_n^2 S_{\alpha n}(h)/\rho_n \\ -\rho_n S_{\alpha n}(h) & C_{\alpha n}(h) \end{bmatrix} \tag{12.2.8}$$

になる．この行列も ξ_n が虚数のときでもその要素は実数である．

12.2.3　群速度の計算

一般に群速度 U は波線パラメーターを用いると

$$\frac{1}{U} = p + \omega\frac{dp(\omega)}{d\omega}$$

で定義される．$p(\omega)$ は特性方程式

$$\Delta(p,\omega) = 0$$

を満足する波線パラメーター(位相速度の逆数)である．陰関数の定理から，特性方程式の根に沿った微分は

$$\frac{\partial \Delta(p,\omega)}{\partial \omega} + \frac{\partial \Delta(p,\omega)}{\partial p}\frac{dp(\omega)}{d\omega} = 0$$

から求めることができるので，群速度は

$$\frac{1}{U} = p\left[1 - \left(\omega\frac{\partial \Delta}{\partial \omega}\right) \bigg/ \left(p\frac{\partial \Delta}{\partial p}\right)\right] \tag{12.2.9}$$

と表すことができる．

ラブ波の特性方程式は

$$\Delta_\mathrm{L}(p,\omega) = T(H)/\omega = 0$$

で表されるので，群速度を求めるには $T(H)$ の偏微分 $\partial T(H)/\partial \omega$, $\partial T(H)/\partial p$ などを計算しなければならない．この微分を直接計算することはできないが，(12.2.4) 式を利用すれば漸化式的に求めることができる．

SH 波の (12.2.4) 式を ω で偏微分すれば

$$\omega\frac{\partial \boldsymbol{y}(z_n)}{\partial \omega} = \boldsymbol{A}_n(h_n)\omega\frac{\partial \boldsymbol{y}(z_{n-1})}{\partial \omega} + \omega\frac{\partial \boldsymbol{A}_n(h_n)}{\partial \omega}\boldsymbol{y}(z_{n-1}) \tag{12.2.10}$$

となる．ベクトルや行列の微分はもとの成分の微分を成分としたもので，(12.2.5) 式から

$$\omega\frac{\partial \boldsymbol{A}_n(h)}{\partial \omega} = \omega h\begin{bmatrix} -\eta_n^2 S_{\beta n}(h) & C_{\beta n}(h)/\mu_n \\ -\mu_n\eta_n^2 C_{\beta n}(h) & -\eta_n^2 S_{\beta n}(h) \end{bmatrix} \tag{12.2.11}$$

である．$z=0$ では (12.1.3) 式から $\boldsymbol{y}(0)$ と $\partial \boldsymbol{y}(0)/\partial \omega$ が計算できる．これがわかると (12.2.4) 式から $z=z_1$ における $\boldsymbol{y}(z_1)$ がわかると同時に，(12.2.10) 式から $\partial \boldsymbol{y}(z_1)/\partial \omega$ も求められる．このようにして求めた最後の $\partial \boldsymbol{y}(H)/\partial \omega$ の第二成分が (12.2.9) 式に必要な $\partial \Delta_\mathrm{L}/\partial \omega$ である．p についての偏微分は ω についての偏微分よりは複雑であるが

$$p\frac{\partial C_{\beta n}(h)}{\partial p} = \omega h_n p^2 S_{\beta n}(h) \qquad p\frac{\partial S_{\beta n}(h)}{\partial p} = -\omega h_n p^2 D_{\beta n}(h)$$

$$D_{\beta n}(h) = \frac{1}{\eta_n^2}\left[C_{\beta n}(h) - \frac{1}{\omega h}S_{\beta n}(h)\right] \tag{12.2.12}$$

などを用いると

$$p\frac{\partial \boldsymbol{A}_n(h)}{\partial p} = \omega h p^2 \begin{bmatrix} S_{\beta n}(h) & -\dfrac{1}{\mu_n}D_{\beta n}(h) \\ \mu_n\left(\dfrac{2S_{\beta n}(h)}{\omega h_n} + \eta_n^2 D_{\beta n}(h)\right) & S_{\beta n}(h) \end{bmatrix}$$
$$\tag{12.2.13}$$

となる．$\boldsymbol{A}_n$ がもっと複雑な場合でも，合成関数の微分の公式を利用すれば，数式として書き下すには複雑すぎても，コンピューターの中で計算することはできる．

12.3 P-SV 波

12.3.1 ハスケル行列

P-SV 波の層 n 内の一般解 (10.2.7) 式を三角関数を用いて書くと

$$\begin{aligned}
W_n(z) &= \xi_n[A_n\cos\omega\xi_n(z-z_{n-1}) + B_n\sin\omega\xi_n(z-z_{n-1})] \\
&\quad + p[C_n\cos\omega\eta_n(z-z_{n-1}) + D_n\sin\omega\eta_n(z-z_{n-1})] \\
P_n(z)/\omega &= -\rho_n(1-\gamma_n)[A_n\sin\omega\xi_n(z-z_{n-1}) \\
&\qquad\qquad - B_n\cos\omega\xi_n(z-z_{n-1})] \\
&\quad - 2\mu_n p\eta_n[C_n\sin\omega\eta_n(z-z_{n-1}) \\
&\qquad\qquad - D_n\cos\omega\eta_n(z-z_{n-1})] \\
U_n(z) &= p[A_n\sin\omega\xi_n(z-z_{n-1}) - B_n\cos\omega\xi_n(z-z_{n-1})] \\
&\quad - \eta_n[C_n\sin\omega\eta_n(z-z_{n-1}) - D_n\cos\omega\eta_n(z-z_{n-1})] \\
S_n(z)/\omega &= 2\mu_n p\xi_n[A_n\cos\omega\xi_n(z-z_{n-1}) + B_n\sin\omega\xi_n(z-z_{n-1})] \\
&\quad - \rho_n(1-\gamma_n)[C_n\cos\omega\eta_n(z-z_{n-1}) + D_n\sin\eta_n(z-z_{n-1})]
\end{aligned} \tag{12.3.1}$$

$$\xi_n^2 = \alpha_n^{-2} - p^2 \qquad \eta_n^2 = \beta_n^{-2} - p^2 \qquad \gamma_n = 2\beta_n^2 p^2$$

となる．上式で $z = z_{n-1}$ と置くと

$$W_n(z_{n-1}) = \xi_n A_n + p C_n$$
$$P_n(z_{n-1})/\omega = \rho_n(1-\gamma_n)B_n + 2\mu_n p \eta_n D_n$$
$$U_n(z_{n-1}) = -pB + \eta_n D_n$$
$$S_n(z_{n-1})/\omega = 2\mu_n p \xi_n A_n - \rho_n(1-\gamma_n)C_n$$

であるから，第一，四式から A_n, C_n を，第二，三式から B_n, D_n を解けば

$$A_n = \frac{1-\gamma_n}{\xi_n}W_n(z_{n-1}) + \frac{p}{\rho_n \xi_n}S_n(z_{n-1})/\omega$$
$$C_n = 2\beta_n^2 p W_n(z_{n-1}) - \frac{1}{\rho_n}S_n(z_{n-1})/\omega$$
$$B_n = -2\beta_n^2 p U_n(z_{n-1}) + \frac{1}{\rho_n}P_n(z_{n-1})/\omega$$
$$D_n = \frac{1-\gamma_n}{\eta_n}U_n(z_{n-1}) + \frac{p}{\rho_n \eta_n}P_n(z_{n-1})/\omega$$

が得られる．これをもとの (12.3.1) 式に代入すると次の形の式が得られる．

$$\boldsymbol{y}(z) = \begin{bmatrix} W_n(z) \\ P_n(z)/\omega \\ U_n(z) \\ S_n(z)/\omega \end{bmatrix} = \boldsymbol{A}_n(z-z_{n-1}) \begin{bmatrix} W_n(z_{n-1}) \\ P_n(z_{n-1})/\omega \\ U_n(z_{n-1}) \\ S_n(z_{n-1})/\omega \end{bmatrix}$$
$$= \boldsymbol{A}_n(z-z_{n-1})\boldsymbol{y}(z_{n-1}) \tag{12.3.2}$$

行列 $\boldsymbol{A}_n(z) = [a_{ij}(z)]$ の要素は次のように表される．

$$a_{11} = (1-\gamma_n)C_{\alpha n} + \gamma_n C_{\beta n} \qquad a_{12} = \frac{1}{\rho_n}\left[\xi_n^2 S_{\alpha n} + p^2 S_{\beta n}\right]$$
$$a_{13} = -p[2\beta_n^2 \xi_n^2 S_{\alpha n} - (1-\gamma_n)S_{\beta n}] \qquad a_{14} = \frac{p}{\rho_n}\left[C_{\alpha n} - C_{\beta n}\right]$$
$$a_{21} = -\rho_n[(1-\gamma_n)^2 S_{\alpha n} + 2\beta_n^2 \gamma_n \eta_n^2 S_{\beta n}] \qquad a_{22} = a_{11}$$
$$a_{23} = -2\rho_n \beta_n^2 p(1-\gamma_n)\left[C_{\alpha n} - C_{\beta n}\right]$$
$$a_{24} = -p[(1-\gamma_n)S_{\alpha n} - 2\beta_n^2 \eta_n^2 S_{\beta n}] \tag{12.3.3}$$
$$a_{31} = -a_{24} \qquad a_{32} = -a_{14} \qquad a_{33} = \gamma_n C_{\alpha n} + (1-\gamma_n)C_{\beta n}$$
$$a_{34} = \frac{1}{\rho_n}\left[p^2 S_{\alpha n} + \eta_n^2 S_{\beta n}\right]$$

$$a_{41} = -a_{23} \qquad a_{42} = -a_{13}$$
$$a_{43} = -\rho_n[2\beta_n^2\gamma_n\xi_n^2 S_{\alpha n} + (1-\gamma_n)^2 S_{\beta n}] \qquad a_{44} = a_{33}$$

$C_{\alpha n}(z)$ や $S_{\alpha n}(z)$ は (12.2.3) 式の η_n を ξ_n で置き換えたものである．SH 波のときと同様に，ξ_n や η_n が虚数になってもすべての要素は実数である．また，ω は C_α, S_α, C_β, S_β を通じてしか現れない．

$\boldsymbol{y}$ の初期条件は (12.1.7) 式や (12.1.8) 式で与えられているから，(12.3.2) 式によって均質な層を通して運動方程式を積分することができることは，音波や SH 波の場合と同じである．群速度を求めるには，次に述べるコンパウンド行列法を用いた方が便利である．

12.3.2　コンパウンド行列法

12.1 節で P-SV 波の境界条件が

$$By_{21}(H) + Dy_{22}(H) = h \qquad By_{41}(H) + Dy_{42}(H) = f$$

の形になることを示した．右辺は簡単に h, f と書いてあるが，応力の展開係数や，震源から積分した不連続解などから決まる量である．これを B, D について解くと

$$B = \frac{hy_{42}(H) - fy_{22}(H)}{\Delta_{\mathrm{R}}} \qquad D = \frac{-hy_{41}(H) + fy_{21}(H)}{\Delta_{\mathrm{R}}}$$
$$\Delta_{\mathrm{R}} = y_{21}(H)y_{42}(H) - y_{22}(H)y_{41}(H)$$

となる．Δ_{R} がレーリー波の特性関数に相当することは先に注意しておいた．係数 B, D が得られれば $\boldsymbol{y}(z) = B\boldsymbol{y}_1(z) + D\boldsymbol{y}_2(z)$ によって任意の場所の解が得られるが，特に表面の変位は

$$\begin{aligned}
y_1(H) &= By_{11}(H) + Dy_{12}(H) \\
&= \frac{1}{\Delta_{\mathrm{R}}}\{h\,[y_{11}(H)y_{42}(H) - y_{12}(H)y_{41}(H)] \\
&\quad + f\,[y_{12}(H)y_{21}(H) - y_{11}(H)y_{22}(H)]\} \\
y_3(H) &= By_{31}(H) + Dy_{32}(H) \\
&= \frac{1}{\Delta_{\mathrm{R}}}\{h\,[y_{31}(H)y_{42}(H) - y_{32}(H)y_{41}(H)]
\end{aligned}$$

$$+ f\left[y_{21}(H)y_{32}(H) - y_{22}(H)y_{31}(H)\right]\}$$

と表される．ここには 2 組の解から作られる 4×2 の行列

$$\begin{bmatrix} y_{11}(H) & y_{12}(H) \\ y_{21}(H) & y_{22}(H) \\ y_{31}(H) & y_{32}(H) \\ y_{41}(H) & y_{42}(H) \end{bmatrix}$$

の小行列式 (minor) がいくつも現れている．たとえば Δ_{R} は上の 2 行目と 4 行目から作られた小行列式であり，$y_1(H)$ の h にかかる係数は 1 行目と 4 行目から作られる小行列式である．

そこで 2 組の解を別々に求めて後で小行列式を計算するよりは，最初から小行列式を未知関数として求めてしまった方が能率がよいではないかという考えが生れる．この方法はじっさい効率がよいばかりではなく，桁落ちなどの数値誤差が少ないという長所をもっている．

そこで表面の値だけでなく，z の関数としての小行列式

$$Y_{ij}(z) = y_{i1}(z)y_{j2}(z) - y_{i2}(z)y_{j1}(z) \qquad i < j \tag{12.3.4}$$

を定義する．ここで $y_{ij}(z)$ は (12.1.5) 式で定義された $\boldsymbol{y}_j$ の i 成分という意味である．すなわち

$$\boldsymbol{y}_j = [y_{1j},\, y_{2j},\, y_{3j},\, y_{4j}]^T$$

である．この小行列式 $Y_{ij}(z)$ をここではコンパウンド行列 (compound matrix) と呼ぶことにする．定義式 (12.3.4) から

$$Y_{ji}(z) = -Y_{ij}(z) \qquad Y_{ii}(z) = 0$$

が成り立つから $Y_{ij}(z)$ には独立な量が 6 個ある．

$\boldsymbol{y}_j(z)$ は線型の常微分方程式 (12.1.1) を満たしているから，コンパウンド行列 $Y_{ij}(z)$ も線型の常微分方程式を満足する (メモ参照)．この微分方程式の解から $Y_{ij}(z)$ に対するハスケル行列を求めることもできるが，ここでは $a_{ij}(z)$ を通してこれを導くことにする．

$\boldsymbol{y}_q(z)$ のおのおのの要素が層 n の中で

$$y_{iq}(z) = \sum_{k=1}^{4} a_{ik}(z - z_{n-1})y_{kq}(z_{n-1}) \qquad q = 1, 2$$

と積分できるから，$Y_{ij}(z)$ の定義式 (12.3.4) にこれを代入すれば

$$\begin{aligned}Y_{ij}(z) = \sum_{k}\sum_{l<k}\big[&a_{ik}(z-z_{n-1})a_{jl}(z-z_{n-1})\\&-a_{il}(z-z_{n-1})a_{jk}(z-z_{n-1})\big]Y_{kl}(z_{n-1})\end{aligned}$$

と積分できることになる．これを

$$Y_{ij}(z) = \sum_{k}\sum_{l<k} b_{ijkl}(z - z_{n-1})Y_{kl}(z_{n-1}) \tag{12.3.5}$$

と書くことにする．$Y_{ij}(z)$ は 6 個あるから，行列要素 $b_{ijkl}(z)$ は 36 個ある．上の二つの式から $b_{ijkl}(z)$ は (12.3.3) 式の $a_{ij}(z)$ によって表すことができる．実際に $b_{ijkl}(z)$ を計算するのは大変な手間のように見えるが，対称性があるためにそれほどではない．結果は次のようになる．

$$\begin{aligned}b_{1212} &= 1 - b_{1234}\\b_{1213} &= \rho_n p\big\{2\beta_n^2(1-\gamma_n)(1-2\gamma_n)\big[C_{\alpha n}C_{\beta n} - 1\big]\\&\qquad + \big[(1-\gamma_n)^3 - 4\beta_n^4\gamma_n\xi_n^2\eta_n^2\big]S_{\alpha n}S_{\beta n}\big\}\\b_{1214} &= -p\big[(1-\gamma_n)S_{\alpha n}C_{\beta n} - 2\beta_n^2\eta_n^2 C_{\alpha n}S_{\beta n}\big]\\b_{1223} &= -p\big[(1-\gamma_n)C_{\alpha n}S_{\beta n} - 2\beta_n^2\xi_n^2 S_{\alpha n}C_{\beta n}\big]\\b_{1224} &= \frac{p}{\rho_n}\big\{(1-2\gamma_n)\big[C_{\alpha n}C_{\beta n} - 1\big]\\&\qquad + \big[-(1-\gamma_n)p^2 + 2\beta_n^2\xi_n^2\eta_n^2\big]S_{\alpha n}S_{\beta n}\big\}\\b_{1234} &= -p^2\big\{4\beta_n^2(1-\gamma_n)\big[C_{\alpha n}C_{\beta n} - 1\big]\\&\qquad + \big[(1-\gamma_n)^2 + 4\beta_n^4\xi_n^2\eta_n^2\big]S_{\alpha n}S_{\beta n}\big\}\\b_{1312} &= b_{1224} \qquad b_{1313} = C_{\alpha n}C_{\beta n} + b_{1234}\\b_{1314} &= \frac{1}{\rho_n}\big[p^2 S_{\alpha n}C_{\beta n} + \eta_n^2 C_{\alpha n}S_{\beta n}\big]\end{aligned}$$

$$b_{1323} = \frac{1}{\rho_n} \left[p^2 C_{\alpha n} S_{\beta n} + \xi_n^2 S_{\alpha n} C_{\beta n} \right]$$

$$b_{1324} = \frac{1}{\rho_n^2} \left\{ -2p^2 \left[C_{\alpha n} C_{\beta n} - 1 \right] + (p^4 + \xi_n^2 \eta_n^2) S_{\alpha n} S_{\beta n} \right\}$$

$$b_{1334} = -b_{1312} \qquad b_{1412} = b_{1223} \qquad (12.3.6)$$

$$b_{1413} = -\rho_n \left[(1 - \gamma_n)^2 C_{\alpha n} S_{\beta n} + 2\beta_n^2 \gamma_n \xi_n^2 S_{\alpha n} C_{\beta n} \right]$$

$$b_{1414} = C_{\alpha n} C_{\beta n} \qquad b_{1423} = -\xi_n^2 S_{\alpha n} S_{\beta n}$$

$$b_{1424} = b_{1323} \qquad b_{1434} = -b_{1412}$$

$$b_{2312} = b_{1214}$$

$$b_{2313} = -\rho_n \left[(1 - \gamma_n)^2 S_{\alpha n} C_{\beta n} + 2\beta_n^2 \gamma_n \eta_n^2 C_{\alpha n} S_{\beta n} \right]$$

$$b_{2314} = -\eta_n^2 S_{\alpha n} S_{\beta n}$$

$$b_{2323} = b_{1414} \qquad b_{2324} = b_{1314} \qquad b_{2334} = -b_{2312}$$

$$b_{2412} = b_{1213}$$

$$b_{2413} = \rho_n^2 \left\{ -4\beta_n^2 \gamma_n (1 - \gamma_n)^2 \left[C_{\alpha n} C_{\beta n} - 1 \right] \right.$$
$$\left. + \left[(1 - \gamma_n)^4 + 4\beta_n^4 \gamma_n^2 \xi_n^2 \eta_n^2 \right] S_{\alpha n} S_{\beta n} \right\}$$

$$b_{2414} = b_{2313} \qquad b_{2423} = b_{1413} \qquad b_{2424} = b_{1313}$$

$$b_{2434} = -b_{1213}$$

$$b_{3412} = b_{1234} \qquad b_{3413} = -b_{1213} \qquad b_{3414} = -b_{1214}$$

$$b_{3423} = -b_{1223} \qquad b_{3424} = -b_{1224} \qquad b_{3434} = b_{1212}$$

なお，a_{ij} の番号づけは (12.1.6) 式にしたがっているから，Y_{ij} の定義もこれにしたがっている．

いくつかの b_{ijkl} を実際に計算してみればわかるように，計算の途中でかなりの項が面白いようにキャンセルしてしまう．たとえば $C_{\alpha n}^2$ や $S_{\alpha n}^2$ などはキャンセルの結果 (12.3.6) 式には現れていない．これは数値計算の誤差を小さくすることに役立っている．もし $\boldsymbol{y}_1$ と $\boldsymbol{y}_2$ を独立に計算し，それぞれの成分から $Y_{ij}(z) = y_{i1}(z)y_{j2}(z) - y_{i2}(z)y_{j1}(z)$ を計算したとすれば，右辺第一項に $C_{\alpha n}^2$ が現れたとすれば第二項にも同じ $C_{\alpha n}^2$ が現れて，結果として Y_{ij}

には $C_{\alpha n}^2$ が現れないことを意味している. ξ_n が実数のときにはあまり問題はないが, ξ_n が虚数になる層内では $C_{\alpha n}$ は cosh であるから $C_{\alpha n}^2$ は非常に大きな数になることがあり, そのときには大きな数から大きな数を引き算するために桁落ちが起こり, 精度が失われることがある. これに対して Y_{ij} を直接計算しておけばこのような桁落ちは生じない.

$z \to -\infty$ で $-z$ 方向に伝わる波だけがあるとき, あるいは $-z$ 方向に減衰する波を考えるときには, 初期条件として (12.1.7) 式を用いることができる. このときのコンパウンド行列の初期値は, レーリー波のときに成分が実数になるように各成分を i で割ると

$$\boldsymbol{Y}(0) = \begin{bmatrix} \rho_0 p \left[1 - \gamma_0 - 2\beta_0^2 \xi_0 \eta_0\right] \\ -(p^2 + \xi_0 \eta_0) \\ i\rho_0 \xi_0 \\ i\rho_0 \eta_0 \\ \rho_0^2 \left[(1-\gamma_0)^2 + 2\beta_0^2 \gamma_0 \xi_0 \eta_0\right] \\ -\rho_0 p \left[1 - \gamma_0 - 2\beta_0^2 \xi_0 \eta_0\right] \end{bmatrix} \tag{12.3.7}$$

である. この初期値から上向きに積分したとき, (12.1.9) 式によって

$$\Delta_{\mathrm{R}} = Y_{24}(H) \tag{12.3.8}$$

がレーリー波の特性関数である.

$Y_{ij}(z)$ には 6 個の独立な成分があるが, 実は運動方程式の性質により, そのうちの 5 個だけが独立である. 行列 (12.3.6) 式を用い $Y_{12}(z)$ と $Y_{34}(z)$ を書き下し和をとると, 行列要素の対称性により

$$Y_{12}(z) + Y_{34}(z) = Y_{12}(0) + Y_{34}(0)$$

が成り立つことがわかる. これは $Y_{12}(z) + Y_{34}(z)$ が z によらない定数であることを示している. もともと $Y_{ij}(z)$ には 6 個の独立な量があったのであるが, 運動方程式の特殊性によってそのうちの 5 個のみが独立である. 無限遠 $z \to -\infty$ で放射条件を満たす解を求めるときには初期条件 (12.3.7) 式により

$$Y_{12}(0) + Y_{34}(0) = 0$$

であるからこの定数はじつは 0 である．したがって

$$Y_{34}(z) = -Y_{12}(z) \tag{12.3.9}$$

が成り立つ．この関係を用いてはじめから $Y_{34}(z)$ を消去しておくと効率がよい．コンパウンド行列を用いずにもとの方程式を積分するときには，4 元のベクトルを 2 組 $\boldsymbol{y}_1(z)$ と $\boldsymbol{y}_2(z)$ を積分しなければならないから未知関数は合計 8 個である．これに対してコンパウンド行列を積分すれば，わずか 5 個の未知関数を積分するだけで済む．したがってこの方法は精度の面でも計算効率の点でも優れている．

群速度の計算　群速度の計算はラブ波のときと同様に行うことができる．行列 $\boldsymbol{B} = [b_{ijkl}]$ の p や ω に関する偏微分は数式として書き表すのは複雑すぎるが，(12.2.10)～(12.2.12) 式，および

$$p\frac{\partial}{\partial p}(C_\alpha C_\beta) = p^2 \omega h (C_\alpha S_\beta + S_\alpha C_\beta)$$
$$p\frac{\partial}{\partial p}(S_\alpha S_\beta) = -p^2 \omega h (S_\alpha D_\beta + D_\alpha S_\beta)$$
$$p\frac{\partial}{\partial p}(C_\alpha S_\beta) = p^2 \omega h (C_\alpha S_\beta - C_\alpha D_\beta)$$
$$p\frac{\partial}{\partial p}(S_\alpha C_\beta) = p^2 \omega h (S_\alpha S_\beta - D_\alpha C_\alpha)$$
$$\omega\frac{\partial}{\partial \omega}(C_\alpha C_\beta) = -\omega h (\xi^2 S_\alpha C_\beta + \eta^2 C_\alpha S_\beta)$$
$$\omega\frac{\partial}{\partial \omega}(S_\alpha S_\beta) = \omega h (C_\alpha S_\beta + S_\alpha C_\beta)$$
$$\omega\frac{\partial}{\partial \omega}(C_\alpha S_\beta) = \omega h (C_\alpha C_\beta - \xi^2 S_\alpha S_\beta)$$
$$\omega\frac{\partial}{\partial \omega}(S_\alpha C_\beta) = \omega h (C_\alpha C_\beta - \eta^2 S_\alpha S_\beta)$$

の関係を用いればコンピューターの中で計算するのには問題はない．

12.3.3　コンパウンド行列を用いた解関数の計算

(12.3.9) 式は P-SV 波に対する運動方程式 (12.1.1) の性質から導かれたものであるが，コンパウンド行列には運動方程式の性質とは関係ない面白い性

質がある.

P-SV 波の運動方程式の解は

$$\boldsymbol{y}(z) = B\boldsymbol{y}_1(z) + D\boldsymbol{y}_2(z)$$

の形に書くことができる.$\boldsymbol{y}_1(z)$ と $\boldsymbol{y}_2(z)$ は二つの出発値から積分した独立な解,B, D は境界条件から決めるべき積分定数である.境界条件から B, D を決め,上式から最終的に求めたい解 $\boldsymbol{y}(z)$ を計算しようとすると,また桁落ちが生じて精度が悪くなることがある.そこでこの問題を Y_{ij} を用いて解決することにする.

上式から 2 成分

$$y_i(z) = By_{i1}(z) + Dy_{i2}(z)$$
$$y_j(z) = By_{j1}(z) + Dy_{j2}(z)$$

をとり出して B, D を求め,これを残りの 2 成分

$$y_k(z) = By_{k1}(z) + Dy_{k2}(z)$$
$$y_l(z) = By_{l1}(z) + Dy_{l2}(z)$$

に代入すると

$$\begin{bmatrix} y_k(z) \\ y_l(z) \end{bmatrix} = \frac{1}{Y_{ij}(z)} \begin{bmatrix} Y_{kj}(z) & Y_{ik}(z) \\ Y_{lj}(z) & Y_{il}(z) \end{bmatrix} \begin{bmatrix} y_i(z) \\ y_j(z) \end{bmatrix} \quad (12.3.10)$$

が得られる.これは $y_i(z)$ と $Y_{ij}(z)$ を結びつける式で,$y_i(z), Y_{ij}(z)$ が正しく計算されていればつねに成り立つべき恒等式である.このことを利用して解の補正を行うが,その前にこれからよく用いる恒等式を導いておく.

まず (12.3.10) 式で $(i,j) = (2,4)$, $(k,l) = (1,3)$ と置けば

$$\begin{bmatrix} y_1(z) \\ y_3(z) \end{bmatrix} = \frac{1}{Y_{24}(z)} \begin{bmatrix} Y_{14}(z) & Y_{21}(z) \\ Y_{34}(z) & Y_{23}(z) \end{bmatrix} \begin{bmatrix} y_2(z) \\ y_4(z) \end{bmatrix} \quad (12.3.11)$$

が得られる.これとは逆に $(i,j) = (1,3)$, $(k,l) = (2,4)$ と置くと

$$\begin{bmatrix} y_2(z) \\ y_4(z) \end{bmatrix} = \frac{1}{Y_{13}(z)} \begin{bmatrix} Y_{23}(z) & Y_{12}(z) \\ Y_{43}(z) & Y_{14}(z) \end{bmatrix} \begin{bmatrix} y_1(z) \\ y_3(z) \end{bmatrix} \qquad (12.3.12)$$

が得られる．$Y_{43}(z) = -Y_{34}(z)$ である．また $Y_{34}(z)$ は運動方程式を満たしていれば (12.3.9) 式によって $-Y_{12}(z)$ である．y_1, y_3 は変位に相当する量，y_2, y_4 は応力に相当する量であるから，上で導いた二つの式はいずれも変位と応力を結びつける式である．

運動方程式の解 $\bm{y}(z)$ を求めるときには，独立な解 $\bm{y}_1(z)$ と $\bm{y}_2(z)$ を別々に積分するのではなく，まずはじめに $z = 0$ から $z = H$ まで $Y_{ij}(z)$ を積分する．このとき各境界面での $Y_{ij}(z_n)$ の値を保存しておく．表面 $z = H$ で外力として応力が与えられていたとすれば $y_2(H) = h$, $y_4(H) = f$ であるから，(12.3.11) 式の右辺にこれを代入すれば表面における $y_1(H)$, $y_3(H)$ が計算できる．これで表面で $y_1(H)$ から $y_4(H)$ までのすべての量が求められたことになる．次にこの値を初期値として $y_i(z)$ を下向きに積分する．この積分にはハスケル行列 (12.3.3) 式を用いる．しかし単に $y_i(z)$ を下向きに積分すると誤差が累積するので，(12.3.12) 式を用いて補正する．ここで右辺の $y_1(z)$, $y_3(z)$ は積分して得られた値，左辺の $y_2(z)$, $y_4(z)$ は補正された値である．すなわち積分で得られた $y_2(z)$, $y_4(z)$ の値は捨ててしまって用いない．この方法によって安定した解が求められる．点震源の場合には第三の不連続解 $\bm{y}_3(z)$ を求めなければならないが，似たような方法で連続解を計算することができる．

上の方法は $Y_{24}(H) = 0$ のとき，すなわちレーリー波の根のときには (12.3.11) 式の分母が 0 になってしまうので用いることができない．しかしこのときでも $z = H$ において $y_1(H)$ と $y_3(H)$ の比は決まる．(12.3.12) 式の左辺で $y_2(H) = y_4(H) = 0$ と置くと

$$\frac{y_3(H)}{y_1(H)} = \frac{Y_{34}(H)}{Y_{14}(H)} = -\frac{Y_{23}(H)}{Y_{12}(H)} \qquad (12.3.13)$$

となるので，$y_1(H) = 1$ とすれば $y_1(H)$ で正規化した解が求められる．

(12.3.12) 式を (12.3.11) 式の右辺に代入して $y_2(z)$, $y_4(z)$ を消去すると

$$\begin{bmatrix} Y_{14}(z) & Y_{21}(z) \\ Y_{34}(z) & Y_{23}(z) \end{bmatrix} \begin{bmatrix} Y_{23}(z) & Y_{12}(z) \\ Y_{43}(z) & Y_{14}(z) \end{bmatrix}$$
$$= Y_{13}(z)Y_{24}(z) \begin{bmatrix} 1 & 0 \\ 0 & 1 \end{bmatrix} \qquad (12.3.14)$$

の関係が得られる．非対角成分は自明であるが，対角項は

$$Y_{14}(z)Y_{23}(z) + Y_{12}(z)Y_{34}(z) = Y_{13}(z)Y_{24}(z) \qquad (12.3.15)$$

の関係になる．レーリー波の根では $Y_{24}(H) = 0$ であるから

$$Y_{14}(H)Y_{23}(H) + Y_{12}(H)Y_{34}(H) = 0 \qquad (12.3.16)$$

が成り立つ．この関係は (12.3.12) 式と同じであり，また後でも利用する．

····●····●····(メモ)····●····●····

$Y_{ij}(z)$ に対する微分方程式　(12.3.4) 式を微分して $y_{ij}(z)$ に対する微分方程式を用いると，$Y_{ij}(z)$ も次のような線型微分方程式を満足することがわかる．

$$\frac{dY_{12}(z)}{\omega dz} = p\left(Y_{14} - \frac{\lambda}{\lambda + 2\mu}Y_{23}\right) \qquad \frac{dY_{13}(z)}{\omega dz} = \frac{1}{\mu}Y_{14} + \frac{1}{\lambda + 2\mu}Y_{23}$$

$$\frac{dY_{14}(z)}{\omega dz} = -\frac{p\lambda}{\lambda + 2\mu}Y_{12} + \left[p^2\left(\lambda + 2\mu - \frac{\lambda^2}{\lambda + 2\mu}\right) - \rho\right]Y_{13}$$
$$+ \frac{1}{\lambda + 2\mu}Y_{24} + \frac{p\lambda}{\lambda + 2\mu}Y_{34}$$

$$\frac{dY_{23}(z)}{\omega dz} = pY_{12} - \rho Y_{13} + \frac{1}{\mu}Y_{24} - pY_{34}$$

$$\frac{dY_{24}(z)}{\omega dz} = -\rho Y_{14} + \left[p^2\left(\lambda + 2\mu - \frac{\lambda^2}{\lambda + 2\mu}\right) - \rho\right]Y_{23}$$

$$\frac{dY_{34}(z)}{\omega dz} = -p\left(Y_{14} - \frac{\lambda}{\lambda + 2\mu}Y_{23}\right)$$

明らかに

$$Y_{12}(z) + Y_{34}(z) = \text{const.}$$

が成り立っている．また右辺に ω が現れないので，ω は解には ωz の組合せでしか現れないことがわかる．

····●····●····●····●····●····●····

13　正規モード解

　本章では 2 層構造のような単純な構造ではなく，成層構造を伝わるラブ波やレーリー波の一般的な性質について考える．これらの波は数学的には常微分方程式の固有値問題の解として求められ，正規モード解 (normal mode solution) と呼ばれる．固有値問題の解であるところから，さまざまな面白い性質をもっている．

13.1　ラブ波

　復習になるが，これまでに導いた結果をラブ波に即してまとめておく．SH 波の運動方程式は (10.4.4) 式

$$\begin{aligned}\frac{dV}{dz} &= \frac{1}{\mu}T \\ \frac{dT}{dz} &= (k^2\mu - \rho\omega^2)V\end{aligned} \tag{13.1.1}$$

で表される．$k = \omega p$ は水平方向の波数で，本章では波線パラメーター p よりも k の方を主に用いる．角度方向の波数 m は方程式中には陽に現れていないので，添字 m は省略している．また密度や弾性定数は z の関数であるが，これも陽には表さない．

　SH 波のうちで，無限遠 $z \to -\infty$ で振幅が 0，自由表面で応力 T が 0 になるような波がラブ波である．ラブ波を計算するためには自由表面から十分に深いところを $z = 0$ に選び，自由表面を $z = H$ とする．対象とするラブ波の波長よりも H が十分に大きければ，$z < 0$ で媒質は一様であるとしてもよい．このとき $z < 0$ における (13.1.1) 式の解は，無限遠で 0 になることから

$z < 0:$

$V(z; k, \omega) = Be^{\omega\hat{\eta}_0 z}$

$$T(z;k,\omega)/\omega = \mu_0\hat{\eta}_0 B e^{\omega\hat{\eta}_0 z} \tag{13.1.2}$$
$$\hat{\eta}_0 = \sqrt{p^2 - \beta_0^{-2}} > 0$$

でなければならない．添字 0 は $z < 0$ における値を意味しており，B は積分定数である．B を仮に 1 とすると上式から $z = 0$ における初期値が求められるから，(13.1.1) 式を積分することができる．一般解はこの積分の B 倍である．自由表面 $z = H$ で応力が 0 という条件は

$$T(H;k,\omega) = 0 \tag{13.1.3}$$

が満たされれば十分である．これがラブ波の特性方程式である．ある ω を固定すれば，この境界条件を満たす波数 k が求められる．これが運動方程式 (13.1.1) と境界条件 (13.1.3) 式で定義される固有値問題の固有値 (eigenvalue) である．ただし，単純な構造のときのラブ波でも見たように，この条件を満たす固有値 k は一つとは限らない．反対に k を固定して ω を固有値と考えることもできる．

境界条件 (13.1.3) 式が斉次であるから，積分定数 B は決まらない．したがって，ある固有値に対する解，すなわち固有関数 (eigenfunction) [$V(z;k,\omega)$, $T(z;k,\omega)$] の絶対的な大きさは決まらない．また，固有値 k_1 と固有値 k_2 に属する固有関数も，どちらが大きいとか小さいとかが決まるわけではない．ただそれぞれの固有関数の z 方向の変化が決まるだけである．これは行列の固有値問題において固有ベクトルの大きさが決まらないのと同じである．

多層構造に対する解を求めるには，前章で導いたハスケル法を用いるのが便利である．このときには

$$\boldsymbol{y}(z) = \begin{bmatrix} V(z;k,\omega) \\ T(z;k,\omega)/\omega \end{bmatrix}$$

と定義する．初期条件

$$\boldsymbol{y}(0) = \begin{bmatrix} 1 \\ \mu_0\hat{\eta}_0 \end{bmatrix} \tag{13.1.4}$$

から積分した解を $\boldsymbol{y}(z)$ とすれば，一般解は $B\boldsymbol{y}(z)$ で与えられる．$\boldsymbol{y}$ に対するハスケル行列は (12.2.5) 式に与えられている．

13.1.1 変分原理と群速度

波数と角周波数が (k_1, ω_1) のときの (13.1.1) 式の解 (自由表面の境界条件は満たさなくてもよい) を $[V_1(z), T_1(z)]$, 波数と角周波数が (k_2, ω_2) のときの解を $[V_2(z), T_2(z)]$ などと略記する. 運動方程式 (13.1.1) を用いると, これら 2 組の解に対して

$$\frac{d}{dz}[V_1(z)T_2(z)] = \frac{1}{\mu}T_1(z)T_2(z) + (k_2^2\mu - \rho\omega_2^2)V_1(z)V_2(z) \quad (13.1.5)$$

が成り立つ. じつはこの式は $T_1(z)$ が運動方程式 (13.1.1) の第二式を満たしていなくても成り立つ. 上式は, 与えられた $V_1(z)$ に対して $T_1(z)$ $T_1 = \mu dV_1/dz$ によって定義されていれば成立する.

$V_1(z)$ も $V_2(z)$ も運動方程式を完全に満たしているとして (k_1, ω_1) と (k_2, ω_2) とを入れ換えた式との差をとれば

$$\frac{d}{dz}[V_1(z)T_2(z) - V_2(z)T_1(z)]$$
$$= \left[(k_2^2 - k_1^2)\mu - \rho(\omega_2^2 - \omega_1^2)\right]V_1(z)V_2(z) \quad (13.1.6)$$

が得られる. これら二つの関係は, この後いろいろな場面で用いられる.

ある ω に対して k_1, k_2 の二つの固有値があったとすると, (13.1.6) 式を積分して

$$[V_1(z)T_2(z) - V_2(z)T_1(z)]\Big|_{-\infty}^{H} = (k_2^2 - k_1^2)\int_{-\infty}^{H}\mu V_1(z)V_2(z)dz$$

が成り立つ. ラブ波に対しては左辺の無限遠と自由表面における境界値は (13.1.2), (13.1.3) 式によって 0 になるから

$$\int_{-\infty}^{H}\mu V(z;k_1,\omega)V(z;k_2,\omega)dz = 0 \qquad k_1 \neq k_2 \quad (13.1.7)$$

が成り立つ. すなわち, 周波数が同じで波数が異なるラブ波の固有関数は, 剛性率 $\mu(z)$ を重み関数として直交している. 2 層構造を伝わるラブ波のところで見たように, 周波数を固定すると基本モード, 一次モード, 二次モード, ··· が存在し, 高次モードになるにつれて固有関数 $V(z;k,\omega)$ の節の数が増えて

いく．上の関係は固有関数の振動の様子が非常に規則的で，どの二つのモードをとってもそれらの間には共通性がないことを示している．これはちょうど三角関数 $\sin mx$ と $\sin nx$ が $(0, 2\pi)$ の区間で直交するのと同じような性質である．

上とは逆に，同じ波数 k に対して角周波数 ω_1 と ω_2 の二つの固有値があったとすれば，こんどは

$$\int_{-\infty}^{H} \rho V(z;k,\omega_1)V(z;k,\omega_2)dz = 0 \qquad \omega_1 \neq \omega_2 \tag{13.1.8}$$

が成り立つ．波数が同じで周波数が異なる固有関数は，密度 $\rho(z)$ を重み関数として直交している．

$k_1 = k_2 = k$, $\omega_1 = \omega_2 = \omega$ のときには (13.1.5) 式を積分すれば

$$[V(z)T(z)]\Big|_{-\infty}^{H} = -\omega^2 \int_{-\infty}^{H} \rho V^2(z)dz + \int_{-\infty}^{H} \left[\frac{1}{\mu}T^2(z) + k^2\mu V^2(z)\right]dz \tag{13.1.9}$$

となる．引数 k, ω は省略してある．ラブ波の場合，左辺は 0 になるから

$$\omega^2 I_1 = I_2 \tag{13.1.10}$$

が成り立つ．ただし

$$\begin{aligned} I_1 &= \int_{-\infty}^{H} \rho V^2(z)dz \\ I_2 &= \int_{-\infty}^{H} \left[\frac{1}{\mu}T^2(z) + k^2\mu V^2(z)\right]dz \end{aligned} \tag{13.1.11}$$

である．$\omega^2 I_1$ はラブ波の運動エネルギーに相当する量，I_2 は歪エネルギーに相当する量であるから，これらの積分をエネルギー積分と呼ぶ．

解析力学の初歩によれば，運動エネルギーとポテンシャルエネルギーの差はラグランジアンであり，ラグランジアンに対しては変分原理が成立する．いまの問題ではラグランジアン $\mathcal{L}$ は定係数 $1/2$ を除いて

$$\mathcal{L}[V] = \omega^2 I_1 - I_2$$

で定義される．引数 V は $\mathcal{L}$ が関数 V の関数，すなわち汎関数であることを示している．V が δV だけ変化したときのラグランジアンの変化は，一次までとると

$$\delta\mathcal{L}[V] = \mathcal{L}[V+\delta V] - \mathcal{L}[V]$$
$$= 2\int_{-\infty}^{H}\left(\rho\omega^2 V\delta V - T\frac{d\delta V}{dz} - k^2\mu V\delta V\right)dz$$

となるが，第二項を部分積分すれば

$$\delta\mathcal{L}[V] = -2T\delta V\Big|_{-\infty}^{H} + 2\int_{-\infty}^{H}\left(\rho\omega^2 V + \frac{dT}{dz} - k^2\mu V\right)\delta V dz$$

となる．ここではまだ V は任意の関数であってよいことに注意する．ただし T は V が与えられると (13.1.1) 式の第一式 $T = \mu dV/dz$ で定義されている．

V として $z \to -\infty$ で 0, $z = H$ で T が 0 になるものだけを考える．その上で，任意の δV に対して $\delta\mathcal{L}$ が 0 にならなければならないことを要請すると，上式から V は

$$\rho\omega^2 V + \frac{dT}{dz} - k^2\mu V = 0$$

を満たさなければならないことになる．これは運動方程式 (13.1.1) にほかならない．逆にいえば，運動方程式と境界条件を満たす関数，すなわち固有関数に擾乱 δV を加えても $\mathcal{L}$ は一次のオーダーでは変化しない．すなわち固有関数は汎関数 $\mathcal{L}$ の停留点になっている．これを変分原理 (variational principle) という．

ある ω に対してラブ波の固有値 k が決まったとする．次に ω を $\delta\omega$ だけほんの少し変化させると，固有値は $k + \delta k$ に変化するであろう．これに応じて固有関数も (V, T) から $(V + \delta V, T + \delta T)$ に変化する．そこで (13.1.9) 式の変分をとれば

$$(T\delta V + V\delta T)\Big|_{-\infty}^{H} = -2\omega\delta\omega I_1 + 2k\delta k\int_{-\infty}^{H}\mu V^2 dz$$
$$+ 2\int_{-\infty}^{H}\left(\frac{1}{\mu}T\delta T + k^2\mu V\delta V - \rho\omega^2 V\delta V\right)dz$$

が得られる．一方，(13.1.5) 式の $V_1(z)$ として δV を選び積分すれば

$$T\delta V \Big|_{-\infty}^{H} = \int_{-\infty}^{H} \Big(\frac{1}{\mu}T\delta T + k^2\mu V\delta V - \rho\omega^2 V\delta V\Big)dz \tag{13.1.12}$$

が成り立つ．先の式の右辺第三項を上式を用いて消去すれば

$$(V\delta T - T\delta V)\Big|_{-\infty}^{H} = -2\omega\delta\omega I_1 + 2k\delta k \int_{-\infty}^{H} \mu V^2 dz \tag{13.1.13}$$

になる．(ω, k) および $(\omega+\delta\omega, k+\delta k)$ はラブ波の固有値の組であるから，$T(H)$ も $T(H)+\delta T(H)$ も 0 である．すなわち $\delta T(H)$ も 0 であるから，$\delta k \to 0$ の極限をとればラブ波の群速度が

$$U = \frac{d\omega}{dk} = \frac{I_3}{cI_1} \tag{13.1.14}$$

$$I_3 = \int_{-\infty}^{H} \mu V^2(z; k, \omega) dz \tag{13.1.15}$$

の形に求まる．$c = 1/p = \omega/k$ は位相速度である．微分演算がそれとは正反対の積分演算で表されるのは興味深い．

13.1.2 位相速度の偏微分係数

分散曲線の形は z 方向の速度の分布によって規制される．ごく大雑把にいえば，短周期の位相速度は表層の速度によって，長周期の位相速度は深部の速度構造によって規制される．どの深さの S 波の速度が，ある周期のラブ波の位相速度にどれくらいの影響を与えるかを前もって知っておけば，観測された位相速度分散曲線から速度構造を求めるのに役に立つ．

ある深さの密度や剛性率が変化したときに位相速度がどのように変化するかを見るために，(13.1.9) 式の変分をとる．今度は ω は一定にするが密度や剛性率も変化させる．もともと密度，剛性率が $\rho(z)$，$\mu(z)$ であったものを $\rho(z)+\delta\rho(z)$，$\mu(z)+\delta\mu(z)$ に変化させると，角周波数 ω における位相速度が $c(\omega)$ から $c(\omega)+\delta c(\omega)$ に変化するであろう．このことを考慮して (13.1.9) 式の変分をとれば，(13.1.13) 式の右辺に ρ や μ の変化分がつけ加わる．

$$(V\delta T - T\delta V)\Big|_{-\infty}^{H} = 2k\delta k I_3$$
$$+ \int_{-\infty}^{H} \left(\frac{\delta\mu}{\mu^2}T^2 + k^2\delta\mu V^2 - \delta\rho\omega^2 V^2\right) dz$$

δV を含む積分は群速度のときと同様に，(13.1.12) 式を用いて境界値に書き換えてある．I_3 は群速度に現れたと同じ (13.1.15) 式である．ラブ波の固有値のところで左辺は 0 になるから，δk を位相速度 $c = \omega/k$ の変化を用いて表すと

$$\frac{\delta c}{c} = \frac{1}{2k^2 I_3} \int_{-\infty}^{H} \left[\left(\frac{1}{\mu}T^2 + k^2\mu V^2\right)\frac{\delta\mu}{\mu} - (\rho\omega^2 V^2)\frac{\delta\rho}{\rho}\right] dz \quad (13.1.16)$$

あるいは，$\delta\mu = \beta^2\delta\rho + 2\rho\beta\delta\beta$ によって S 波の速度 β によって表せば

$$\frac{\delta c}{c} = \frac{1}{2k^2 I_3} \int_{-\infty}^{H} \left[\left(\frac{1}{\mu}T^2 + k^2\mu V^2 - \rho\omega^2 V^2\right)\frac{\delta\rho}{\rho}\right.$$
$$\left. + 2\left(\frac{1}{\mu}T^2 + k^2\mu V^2\right)\frac{\delta\beta}{\beta}\right] dz \quad (13.1.17)$$

となる．

$\delta c/c$ はある周波数における位相速度の変化率である．これが密度の変化率 $\delta\rho/\rho$ と S 波速度の変化率 $\delta\beta/\beta$ に重み関数を掛けて z で積分したものになっている．この重み関数を位相速度の偏微分係数 (partial derivative) と呼ぶことにする．ここでは

$$\begin{aligned}\left[\frac{\rho}{c}\frac{\partial c}{\partial \rho}\right] &\equiv \frac{1}{2k^2 I_3}\left(\frac{1}{\mu}T^2 + k^2\mu V^2 - \rho\omega^2 V^2\right) \\ \left[\frac{\beta}{c}\frac{\partial c}{\partial \beta}\right] &\equiv \frac{1}{k^2 I_3}\left(\frac{1}{\mu}T^2 + k^2\mu V^2\right)\end{aligned} \quad (13.1.18)$$

と定義する．これは z の関数である．ρ や β などは z の関数であるから左辺の微分記号は意味をなさないが，これは密度や S 波速度の変化率が与えられたとき，位相速度の変化率が

$$\frac{\delta c}{c} = \int_{-\infty}^{H} \left(\left[\frac{\rho}{c}\frac{\partial c}{\partial \rho}\right]\frac{\delta\rho}{\rho} + \left[\frac{\beta}{c}\frac{\partial c}{\partial \beta}\right]\frac{\delta\beta}{\beta}\right) dz \quad (13.1.19)$$

で与えられるという意味である．この式からわかるように，角括弧でくくられた偏微分係数は $1/z$ の次元をもつ量である．

エネルギー積分 (13.1.10) 式，群速度 (13.1.14) 式から

$$\int_{-\infty}^{H}\left[\frac{\rho}{c}\frac{\partial c}{\partial \rho}\right]dz = 0 \qquad \int_{-\infty}^{H}\left[\frac{\beta}{c}\frac{\partial c}{\partial \beta}\right]dz = \frac{c}{U} \qquad (13.1.20)$$

が成り立っている．したがってS波速度を固定してすべての層で密度を一定割合だけ増減させても位相速度は変化しない．これをいい換えれば，密度を増加させたときに，その深さによって位相速度が増加することも減少することもあるということである．これに対して，密度を固定してS波速度だけを増加させたときには，位相速度はかならず増加することは偏微分係数 (13.1.18) 式の第二式の形から明らかである．

偏微分係数は感度関数と考えることもできる．周波数を固定して z の関数と見れば，その周波数にどの深さがどれだけ影響を与えるか見えるし，深さを固定して周波数の関数と見れば，その深さがどの周波数にどれだけ影響を

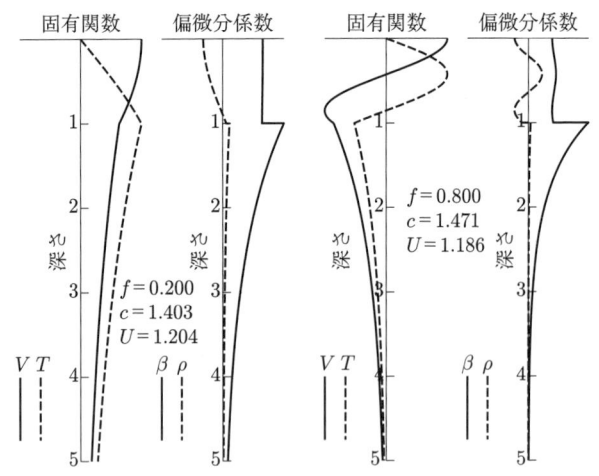

図 13.1.1 2層構造を伝わるラブ波の固有関数と偏微分係数 密度比 $\rho_2/\rho_1 = 1.5$，速度比 $\beta_2/\beta_1 = 1.5$ とし，層厚を 1，β_1 を 1 にスケーリングしてある．縦軸は深さである．左端のグラフの実線は基本モードの変位 $V(z)$ の分布，破線は $T(z)$ の分布である．2番目のグラフの実線はS波速度に関する偏微分係数，破線は密度に関する偏微分係数である．右の二つのグラフは一次モードに対応する．

与えるかがわかる．図 13.1.1 にラブ波の固有関数と偏微分係数を深さの関数として示してある．

ラブ波の減衰パラメーター 1.5 節に示したように，減衰があるときには速度が複素数になる．S 波の減衰のパラメーター Q_β は速度の実数部 $\mathrm{Re}\,\beta$ と虚数部 $\mathrm{Im}\,\beta$ の比

$$Q_\beta^{-1} = -2\frac{\mathrm{Im}\,\beta}{\mathrm{Re}\,\beta}$$

で与えられる．減衰があるときにはラブ波の位相速度も複素数になり，その虚数部はラブ波の減衰

$$Q_\mathrm{L}^{-1} = -2\frac{\mathrm{Im}\,c}{\mathrm{Re}\,c}$$

を与える．減衰が小さいときには位相速度の実数部の変化は Q^{-1} の二乗のオーダーであるから，減衰がないときの位相速度と同じと考えてよい．ラブ波の減衰は次のように計算することができる．

はじめに減衰のないモデルに対して正規モード解を計算し，偏微分係数を求めておく．次に $Q_\beta(z)$ に相当した虚数部

$$\delta\beta(z) = -i\frac{1}{2}Q_\beta^{-1}(z)\beta(z)$$

を S 波速度に導入する．すると (13.1.19) 式から $\delta c/c$ が計算され，これから

$$Q_\mathrm{L}^{-1}(\omega) = \int_{-\infty}^{H} \left[\frac{\beta}{c}\frac{\partial c}{\partial \beta}\right] Q_\beta^{-1}(z) dz \tag{13.1.21}$$

が得られる．ラブ波の Q_L^{-1} は特定の固有関数を用いて計算されるので，物質定数としての $Q_\beta^{-1}(z)$ が周波数によらなくても，周波数によって，また同じ周波数でも，モードによって Q_L^{-1} は異なってくる．

13.1.3　ラブ波の励起

ラブ波の固有関数は振幅の絶対値についてはなにもいっていない．振幅を求めるためには震源の情報を考慮しなければならない．2 層構造に対するラブ波の振幅応答については 9.4 節，10.4 節で考えたが，ここで一般の場合についてまとめておく．

(13.1.2) 式で $B=1$ と置いた初期値から上向きに積分した解を，改めて V_1, T_1 と書くことにする．これは方位方向の次数 m によらないから，すべての m に対する解として用いることができる．はじめに外力が表面で応力として与えられているとし，これを調和関数で展開した係数のうちの SH 波に関係した係数を $g_m(k)$ とする (第 11 章参照)．これは m によって変化するから，m 次の解の未定係数を B_m とすれば表面で

$$T_m(H) = B_m T_1(H) = g_m(k)$$

が成り立たなければならない．これより m 次の解の変位成分は

$$V_m(z) = B_m V_1(z) = g_m(k)\frac{V_1(H)}{T_1(H)}\left[\frac{V_1(z)}{V_1(H)}\right]$$

と表される．最後のファクターは表面で 1 になるように正規化した変位分布である．この正規化のやり方は，$V_1(H)$ が 0 あるいは 0 に近くなるときには問題が生じるが，計算上は簡単である．実空間の変位は (10.4.10) 式より

$$u_\varphi(r,\varphi,z) = -\frac{1}{4\pi}\int_{-\infty}^{\infty}\sum_m V_m(z)\frac{dH_m^{(1)}(kr)}{d(kr)}e^{im\varphi}kdk$$

で表されるから，9.4 節にならってラブ波の極からの寄与だけをとり出せば

$$u_\varphi^{(\mathrm{L})}(r,\varphi,z) = -\frac{i}{2}\sum_m\sum_p kg_m(k)A_\mathrm{L}(p,\omega)\frac{V_1(z)}{V_1(H)}\frac{dH_m^{(1)}(kr)}{d(kr)}e^{im\varphi}$$

$$A_\mathrm{L}(p,\omega) = \mathrm{Res}_p\left[\frac{\omega V_1(H)}{T_1(H)}\right] = \omega V_1(H)\left[\frac{\partial T_1(H)}{\partial p}\right]^{-1} \tag{13.1.22}$$

と書き表される．ここで Res_p は変数 p に関する留数を意味しており，計算はもちろんラブ波の極において行なわなければならない．和 $\sum_p$ はある ω に対するすべての正の固有値 p に関する和を表している．u_r 成分も同様に書き下すことができるが，遠距離では振幅が u_φ の $1/r$ 倍になるので無視してもよい．A_L がラブ波の振幅応答関数である．振幅応答の最後のファクターの偏微分は，ハスケル法を用いるときには 12.2.3 で示したような方法によって計算することができる．このときには

$$A_{\mathrm{L}}(p,\omega) = \frac{y_1(H)}{\partial y_2(H)/\partial p} \tag{13.1.23}$$

と表される．分母の偏微分は群速度の計算に必要になるものと同じである．

次に外力として点震源が与えられている場合を考える．震源 z_s で先に第 11 章で求めておいた不連続量

$$V_{m2}(z_s) = \Delta V_m \qquad T_{m2}(z_s) = \Delta T_m \tag{13.1.24}$$

を出発値として表面まで積分した解を $V_{m2}(z), T_{m2}(z)$ とする．こんどは m ごとに積分を行わなければならない．一般解は先に求めておいた解を用いると

$$V_m(z) = \begin{cases} B_m V_1(z) + V_{m2}(z) & z > z_s \\ B_m V_1 & z < z_s \end{cases}$$

などと表される．この解は無限遠の条件と震源における不連続条件を満たしている．残るのは自由表面における条件で，これは

$$B_m T_1(H) + T_{m2}(H) = 0$$

である．したがって $z > z_s$ における変位成分は

$$V_m(z) = -\frac{T_{m2}(H)}{T_1(H)} V_1(z) + V_{m2}(z)$$

と表される．震源項から生じる $V_{m2}(z)$ は複素 p 平面上で極をもたないから，留数が生じるのは第一項の分母の零点，すなわちラブ波の極からだけである．前と同じ計算を行えば，(13.1.22) 式に代わるものは $g_m(k)$ を $-T_2(H)$ で置き換えた

$$u_\varphi^{(\mathrm{L})} = -\frac{i}{2} \sum_m \sum_p k\left[-T_{m2}(H)\right] A_{(\mathrm{L})}(p,\omega) \frac{V_1(z)}{V_1(H)} \frac{dH_m^{(1)}(kr)}{d(kr)} e^{im\varphi}$$

になる．振幅応答 A_{L} は前と同じものである．

上式を計算するためには，震源の深さ z_s から積分した第二の解 $V_{m2}(z)$, $T_{m2}(z)$ が必要に見える．しかしじつはこれは必要ない．2 組の解は同じ ω, 同じ p に対する解であるから (13.1.6) 式より

$$\frac{d}{dz}[V_1(z)T_{m2}(z) - V_{m2}(z)T_1(z)] = 0$$

が成立する．この式を $z = z_s$ から $z = H$ まで積分すると

$$V_1(H)T_{m2}(H) - V_{m2}(H)T_1(H) = V_1(z_s)T_{m2}(z_s) - V_{m2}(z_s)T_1(z_s)$$

となる．ラブ波の解を考えているのであるから $T_1(H) = 0$ であり，右辺の $V_{m2}(z_s)$, $T_{m2}(z_s)$ は初期値 (13.1.24) 式より震源における不連続量で表せるから

$$-T_{m2}(H) = \frac{T_1(z_s)\Delta V_m - V_1(z_s)\Delta T_m}{V_1(H)}$$

が得られた．よってラブ波の成分は

$$\begin{aligned} u_\varphi^{(\mathrm{L})} &= -\frac{i}{2}\sum_m\sum_p kF_m^{(\mathrm{L})}(k)A_\mathrm{L}(p,\omega)\frac{V_1(z)}{V_1(H)}\frac{dH_m^{(1)}(kr)}{d(kr)}e^{im\varphi} \\ F_m^{(\mathrm{L})}(k) &= \frac{T_1(z_s)\Delta V_m - V_1(z_s)\Delta T_m}{V_1(H)} \end{aligned} \quad (13.1.25)$$

となる．つまり，ラブ波を考える限り 2 番目の解は必要なく，固有関数だけですべてが表されることがわかった．

表面震源のときの解 (13.1.22) 式と内部点震源のときの解 (13.1.25) 式は，まったく同じ形をしている．すなわち表面震源のときは $F_m^{(\mathrm{L})}(k)$ として

$$F_m^{(\mathrm{L})}(k) = g_m(k) \tag{13.1.26}$$

を選べばよい．$F_m^{(\mathrm{L})}(k)$ は震源と固有関数によって決まるもので，ラブ波の励起関数 (excitation function) とでも呼ぶべきものである．表面震源のときには応力の展開係数そのもので，改めて名前をつける必要はないかもしれないが，レーリー波の場合には単なる展開係数ではなくなる．ラブ波の振幅は構造だけによって決まる振幅応答と，震源によって決まる励起関数の積に比例する．

留数に現れる偏微分はエネルギー積分で表すこともできる．ω を一定に保って (13.1.9) 式の変分をとると (13.1.12) 式から

$$(V\delta T - T\delta V)\big|_{-\infty}^{H} = 2k\delta kI_3 = 2k\omega\delta pI_3$$

となる．前と違って ω を固定して p だけを変化させているので，変化後の解 $T+\delta T$ が自由表面の境界条件を満たさないから $\delta T(H)$ は 0 にはならないが，左辺第二項の $T(H) = 0$ は 0 になる．したがって

$$\frac{\partial T(H)}{\partial p} = \frac{2k\omega I_3}{V(H)} = \frac{2\omega^2 UI_1}{V(H)} \tag{13.1.27}$$

と表される．ここで (13.1.14) 式を用いている．(13.1.22) 式に現れる振幅応答は，上式を用いるとエネルギー積分を用いて

$$A_{\mathrm{L}}(p,\omega) = \frac{V^2(H)}{2kI_3} = \frac{V^2(H)}{2\omega UI_1} \tag{13.1.28}$$

と書くこともできる．

ここでは振幅応答をエネルギー積分 I_1 や I_3 で表したが，実用的にはその逆，I_3 を振幅応答で表した式の方がよく用いられる．I_3 を計算するためには無限遠 $z \to -\infty$ までの固有関数が必要であるが，振幅応答 A_{L} の方は群速度の計算などでかならず計算される量である．特に偏微分係数 (13.1.18) 式に現れる I_3 は振幅応答から計算した方がよい．

エネルギー積分を用いた正規化　上下の層よりも速度の遅い低速度層を含む構造では，ラブ波の固有関数はチャンネル波 (第 6 章) の性質をもち，変位は低速度層内で大きく，表面では小さくなる．このようなときに表面で $V(H) = 1$ となるように固有関数を正規化すると誤差が大きくなる．

固有ベクトルを正規化する最も普通の方法は，ノルムを 1 にするやり方である．いまの問題では

$$\int_{-\infty}^{H} \rho V^2(z) dz = 1$$

を正規化条件にすることがこれに相当する．この条件を用いるためには上式左辺の定積分が必要であるが，じつは積分を用いなくても正規化を行うことができる．

正規化されていない固有関数を $[V(z), T(z)]$ とし，これによって計算されたエネルギー積分を I_1 とすれば (13.1.27) 式により

$$I_1 = \frac{V(H)}{2\omega^2 U}\frac{\partial T(H)}{\partial p}$$

が成り立つ．いま，スケールファクター S を用いてスケーリングした固有関数を

$$\widetilde{V}(z) = V(z)/S$$

とし，これを用いたエネルギー積分を $\widetilde{I}_1$ とすれば

$$\widetilde{I}_1 = I_1/S^2$$

である．スケーリングされたエネルギー積分が 1 になるためには，スケールファクター S を

$$S = \sqrt{I_1} = \sqrt{\frac{V(H)}{2\omega^2 U}\frac{\partial T(H)}{\partial p}}$$

のように選べばよい．したがって，(13.1.25) 式などの表面の値でスケーリングされた固有関数 $V_1(z)/V_1(H)$ のかわりに，エネルギー積分でスケーリングされた固有関数 $\widetilde{V}(z)$ を用いたときの振幅応答関数は

$$\widetilde{A}_{\mathrm{L}} = \omega S\left[\frac{\partial T(H)}{\partial p}\right]^{-1} = \sqrt{\frac{V(H)}{2U}}\left[\frac{\partial T(H)}{\partial p}\right]^{-1} \tag{13.1.29}$$

と選べばよいことになる．なお，(13.1.25) 式の励起関数に現れる固有関数は比のみで表されているから，正規化されていてもいなくてもよい．

13.2 レーリー波

P-SV 波の運動方程式は (10.2.6) 式

$$\begin{aligned}
\frac{dW}{dz} &= \frac{1}{\lambda+2\mu}(P + k\lambda U) \\
\frac{dP}{dz} &= -\rho\omega^2 W + kS \qquad \frac{dU}{dz} = -kW + \frac{1}{\mu}S \\
\frac{dS}{dz} &= -\frac{k\lambda}{\lambda+2\mu}P + \left[k^2\left(\lambda+2\mu - \frac{\lambda^2}{\lambda+2\mu}\right) - \rho\omega^2\right]U
\end{aligned} \tag{13.2.1}$$

である．W, U は変位，P, S は応力を表している．密度 ρ，ラメの弾性定数

λ, μ は z の関数である.ラブ波のときと同様に $z < 0$ で媒質は一様と仮定すると,$z \to -\infty$ で 0 に収束する一般解は (10.2.7) 式の ξ_0, η_0 を虚数とした

$z < 0$:
$$W = i\hat{\xi}_0 B e^{\omega\hat{\xi}_0 z} + pD e^{\omega\hat{\eta}_0 z}$$
$$P/\omega = -i\rho_0(1-\gamma_0)B e^{\omega\hat{\xi}_0 z} + 2\mu_0 p\hat{\eta}_0 D e^{\omega\hat{\eta}_0 z}$$
$$U = ipB e^{\omega\hat{\xi}_0 z} + \hat{\eta}_0 D e^{\omega\hat{\eta}_0 z} \tag{13.2.2}$$
$$S/\omega = 2i\mu_0 p\hat{\xi}_0 B e^{\omega\hat{\xi}_0 z} - \rho_0(1-\gamma_0)D e^{\omega\hat{\eta}_0 z}$$
$$\hat{\xi}_0 = \sqrt{p^2 - \alpha_0^{-2}} > 0 \qquad \hat{\eta}_0 = \sqrt{p^2 - \beta_0^{-2}} > 0 \qquad \gamma_0 = 2\beta_0^2 p^2$$

である.添字 0 は $z < 0$ の媒質に関する量,B, D は積分定数である.

積分にハスケル法を用いるときには

$$\boldsymbol{y} = [W,\ P/\omega,\ U,\ S/\omega]^T$$

と置き,初期条件が実数になるように (13.2.2) 式で $iB = 1$, $D = 1$ と置いた

$$\boldsymbol{y}_1(0) = \begin{bmatrix} \hat{\xi}_0 \\ -\rho_0(1-\gamma_0) \\ p \\ 2\mu_0 p\hat{\xi}_0 \end{bmatrix} \quad \boldsymbol{y}_2(0) = \begin{bmatrix} p \\ 2\mu_0 p\hat{\eta}_0 \\ \hat{\eta}_0 \\ -\rho_0(1-\gamma_0) \end{bmatrix} \tag{13.2.3}$$

を初期値として積分を行い,2 組の解を求める.ハスケル行列は (12.3.3) 式に与えられている.上の $\boldsymbol{y}$ に対するコンパウンド行列の初期値は

$$\boldsymbol{Y}(0) = \begin{bmatrix} \rho_0 p\left[1 - \gamma_0 + 2\beta_0^2\hat{\xi}_0\hat{\eta}_0\right] \\ -(p^2 - \hat{\xi}_0\hat{\eta}_0) \\ -\rho_0\hat{\xi}_0 \\ -\rho_0\hat{\eta}_0 \\ \rho_0^2\left[(1-\gamma_0)^2 - 2\beta_0^2\gamma_0\hat{\xi}_0\hat{\eta}_0\right] \\ -\rho_0 p^2\left[1 - \gamma_0 + 2\beta_0^2\hat{\xi}_0\hat{\eta}_0\right] \end{bmatrix} \tag{13.2.4}$$

で与えられる.コンパウンド行列に対するハスケル行列は (12.3.6) 式である.

初期値, ハスケル行列がともに実数であるから, 解 $\boldsymbol{y}(z)$, $\boldsymbol{Y}(z)$ はつねに実数である.

13.2.1 変分原理と群速度

この節の議論はラブ波のときとほとんど平行に行われるが, 方程式が四階であるために式は複雑になる. 波数, 角周波数の組 (k_1, ω_1) に対する解 $(W_1, P_1, \cdots)$ と, (k_2, ω_2) に対する解 $(W_2, P_2, \cdots)$ を用いると, 運動方程式 (13.2.1) から

$$\begin{aligned}
\frac{d}{dz}[W_1(z)P_2(z) + U_1(z)S_2(z)] &= \frac{1}{\lambda+2\mu}P_1(z)P_2(z) + \frac{1}{\mu}S_1(z)S_2(z) \\
&+ (k_2-k_1)W_1(z)S_2(z) + \frac{(k_1-k_2)\lambda}{\lambda+2\mu}U_1(z)P_2(z) \\
&+ k_2^2\left(\lambda+2\mu - \frac{\lambda^2}{\lambda+2\mu}\right)U_1(z)U_2(z) \\
&- \rho\omega_2^2[W_1(z)W_2(z) + U_1(z)U_2(z)]
\end{aligned} \quad (13.2.5)$$

が導かれる. 添字 1 と 2 を入れ替えた式を作り, 差を積分すると

$$\begin{aligned}
&[(W_1P_2 + U_1S_2) - (W_2P_1 + U_2S_1)]\Big|_{-\infty}^{H} \\
&= \int_{-\infty}^{H}\left\{(k_2-k_1)\left[W_1S_2 + W_2S_1 - \frac{\lambda}{\lambda+2\mu}(U_1P_2 + U_2P_1)\right]\right. \\
&\left.\quad + (k_2^2 - k_1^2)\left(\lambda+2\mu - \frac{\lambda^2}{\lambda+2\mu}\right)U_1U_2\right\}dz \\
&\quad - (\omega_2^2 - \omega_1^2)\int_{-\infty}^{H}\rho(W_1W_2 + U_1U_2)dz
\end{aligned} \quad (13.2.6)$$

となる. $k_1 = k_2 = k$ に対して二つの固有値 ω_1, ω_2 があったとすると, 左辺は 0 になるから

$$\int_{-\infty}^{H}\rho[W_1(z)W_2(z) + U_1(z)U_2(z)]dz = 0 \qquad \omega_1 \neq \omega_2 \quad (13.2.7)$$

が成り立つ. 同じ波数に対する二つの固有関数は, 密度を重み関数として直交している. これはラブ波の場合の (13.1.8) 式に相当している. 同じ周波数

に対する二つの異なった波数の固有関数に対する直交関係は，あまりきれいな形ではないが，先の (13.2.6) 式から導くことができる．

レーリー波に対してもエネルギー方程式が成立する．$k_1 = k_2 = k$, $\omega_1 = \omega_2 = \omega$ として (13.2.5) 式を積分すると

$$(WP + US)\Big|_{-\infty}^{H} = I_2 - \omega^2 I_1 \tag{13.2.8}$$

が得られる．ただし

$$I_1 = \int_{-\infty}^{H} \rho(W^2 + U^2)dz \tag{13.2.9}$$

$$I_2 = \int_{-\infty}^{H} \Big[\frac{1}{\lambda + 2\mu}P^2 + \frac{1}{\mu}S^2 + k^2\Big(\lambda + 2\mu - \frac{\lambda^2}{\lambda + 2\mu}\Big)U^2\Big]dz$$

で定義されている．レーリー波の固有値のところでは $P(H) = S(H) = 0$ であるから，$\omega^2 I_1 = I_2$ すなわち (13.1.10) 式が成り立っている．

群速度の公式を導くためにエネルギー積分 (13.2.8) 式の変分をとるときに，ラブ波と違って P と S の変分には二つの成分があることに注意しなければならない．それは W, U の変化 δW, δU によって生じる成分 (ここでは δ_0 と書くことにする) と，k の変化によって生じる部分である．まず運動方程式の第一式から

$$\delta P = \Big[(\lambda + 2\mu)\frac{d\delta W}{dz} - k\lambda \delta U\Big] - \delta k \lambda U = \delta_0 P - \delta k \lambda U$$

となり，運動方程式の第三式から

$$\delta S = \Big[\mu \frac{d\delta U}{dz} + k\mu \delta W\Big] + \delta k \mu W = \delta_0 S + \delta k \mu W$$

となる．これを考慮してエネルギー方程式の変分をとると

$$(P\delta W + W\delta P + S\delta U + U\delta S)\Big|_{-\infty}^{H}$$
$$= 2\int_{-\infty}^{H}\Big[\frac{1}{\lambda+2\mu}P\delta_0 P + \frac{1}{\mu}S\delta_0 S$$
$$\qquad + k^2\Big(\lambda+2\mu - \frac{\lambda^2}{\lambda+2\mu}\Big)U\delta U - \rho\omega^2(W\delta W + U\delta U)\Big]dz$$

$$+ 2k\delta k \int_{-\infty}^{H} \left[\left(\lambda + 2\mu - \frac{\lambda^2}{\lambda + 2\mu}\right) U^2 \right.$$
$$\left. + \frac{1}{k}\left(SW - \frac{\lambda}{\lambda + 2\mu} PU\right) \right] dz - 2\omega\delta\omega I_1$$

となる．ここで (13.2.5) 式の W_1 を δW に，U_1 を δU にとると，P_1 は $\delta_0 P$ に，S_1 は $\delta_0 S$ になるから

$$(P\delta W + S\delta U)\Big|_{-\infty}^{H} = \int_{-\infty}^{H} \left[\frac{1}{\lambda + 2\mu} P\delta_0 P + \frac{1}{\mu} S\delta_0 S \right.$$
$$+ k^2 \left(\lambda + 2\mu - \frac{\lambda^2}{\lambda + 2\mu}\right) U\delta U$$
$$\left. - \rho\omega^2 (W\delta W + U\delta U) \right] dz \quad (13.2.10)$$

となる．この関係を用いると先の式は

$$[(W\delta_0 P - P\delta W) + (U\delta_0 S - S\delta U)]\Big|_{-\infty}^{H} = 2k\delta k I_3 - 2\omega\delta\omega I_1 \tag{13.2.11}$$

となる．ただし

$$I_3 = \int_{-\infty}^{H} \left[\left(\lambda + 2\mu - \frac{\lambda^2}{\lambda + 2\mu}\right) U^2 + \frac{1}{k}\left(WS - \frac{\lambda}{\lambda + 2\mu} UP\right) \right] dz \tag{13.2.12}$$

である．固有値のときには境界条件によって (13.2.11) 式の左辺は 0 になる．よって $\delta k \to 0$ とすれば，レーリー波の場合にも上の I_3 を用いて (13.1.14) 式によって群速度が計算できる．

13.2.2　位相速度の偏微分係数

　レーリー波の位相速度の偏微分係数を求めるために再び (13.2.8) 式の変分を $\omega = $ 一定でとるが，k と密度，弾性定数を変化させるので，さらに $\delta\lambda$, $\delta\mu$ に関する変分が現れ

$$\delta P = \delta_0 P - \delta k \lambda U - k\delta\lambda U + \delta(\lambda+2\mu)\frac{dW}{dz}$$
$$\delta S = \delta_0 S + \delta k \mu W + k \delta\mu W + \delta\mu \frac{dU}{dz}$$

となる．δ_0 などの部分がキャンセルするのは前と同じなので，(13.2.11) 式に新たに加わるのは密度や弾性定数に関する変分の項で

$$0 = 2k\delta k I_3 + \int_{-\infty}^{H}\Big[\frac{\delta(\lambda+2\mu)}{(\lambda+2\mu)^2}P^2 + \frac{\delta\mu}{\mu^2}S^2 + \frac{4k(\lambda\delta\mu-\mu\delta\lambda)}{(\lambda+2\mu)^2}UP$$
$$+ k^2\delta\Big(\lambda+2\mu-\frac{\lambda^2}{\lambda+2\mu}\Big)U^2 - \delta\rho\omega^2(W^2+U^2)\Big]dz$$

となる．ρ, α, β を独立な変数として上式を整理すれば

$$\Big[\frac{\rho}{c}\frac{\partial c}{\partial \rho}\Big] = \frac{1}{2k^2 I_3}\Big[\frac{1}{\lambda+2\mu}P^2 + \frac{1}{\mu}S^2$$
$$+ k^2\Big(\lambda+2\mu-\frac{\lambda^2}{\lambda+2\mu}\Big)U^2 - \rho\omega^2(W^2+U^2)\Big]$$
$$\Big[\frac{\alpha}{c}\frac{\partial c}{\partial \alpha}\Big] = \frac{1}{k^2 I_3}\Big[\frac{1}{\lambda+2\mu}(P-2k\mu U)^2\Big] \quad (13.2.13)$$
$$\Big[\frac{\beta}{c}\frac{\partial c}{\partial \beta}\Big] = \frac{1}{k^2 I_3}\Big[\frac{1}{\mu}S^2 + \frac{4k\mu}{\lambda+2\mu}U(P+k\lambda U)\Big]$$

が得られる．(13.1.20) 式に対応するのは

$$\int_{-\infty}^{H}\Big[\frac{\rho}{c}\frac{\partial c}{\partial \rho}\Big]dz = 0$$
$$\int_{-\infty}^{H}\Big\{\Big[\frac{\alpha}{c}\frac{\partial c}{\partial \alpha}\Big] + \Big[\frac{\beta}{c}\frac{\partial c}{\partial \beta}\Big]\Big\}dz = \frac{c}{U} \quad (13.2.14)$$

である．

　密度の偏微分係数はラブ波のときと同様な性質をもっている．P 波速度の偏微分係数はつねに正であるが，S 波の偏微分係数が正であることは保証されていない．したがって，ある深さの S 波速度を増加させると，レーリー波の位相速度が減少することも起こりうる．しかし実際にこのようなことが起こることはきわめてまれである．

　レーリー波の減衰もラブ波のときと同様に求められる．こんどは P 波と S 波，両方の減衰を考えなければならないので

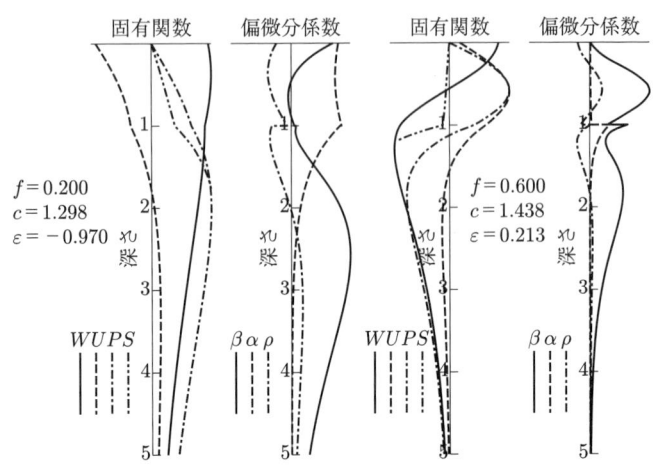

$f = 0.200$
$c = 1.298$
$\varepsilon = -0.970$

$f = 0.600$
$c = 1.438$
$\varepsilon = 0.213$

図 13.2.1 2層構造を伝わるレーリー波の固有関数と偏微分係数の深さ方向の分布 構造はラブ波の図 13.1.1 のときと同様である．ポアソン比はおよそ 0.25 である．左端のグラフの実線は $W(z)$，破線は $U(z)$ でスケールは同じである．鎖線は $P(z)$ を表す．2番目のグラフは実線が S 波速度に関する偏微分係数，破線が P 波速度に関する偏微分係数，鎖線は密度に関する偏微分係数で，すべて同じスケールである．これらは基本モードに対応し，右の二つのグラフは一次モードに対応する．

$$Q_R^{-1}(\omega) = \int_{-\infty}^{H} \left\{ \left[\frac{\alpha}{c} \frac{\partial c}{\partial \alpha} \right] Q_\alpha^{-1}(z) + \left[\frac{\beta}{c} \frac{\partial c}{\partial \beta} \right] Q_\beta^{-1}(z) \right\} dz \qquad (13.2.15)$$

である．

図 13.2.1 に単純な 2 層構造に対するレーリー波の固有関数と偏微分係数の深さ方向の分布を示してある．偏微分係数が層境界で不連続になるのは，変位や応力が連続でも弾性定数が不連続であるからである．基本モードの低周波では偏微分係数の値が小さいが，これは波長が長いために影響が深部にまでおよんでいるからである．S 波の偏微分係数が非常に小さいながら負になっている深さがあるが，これは例外的である．P 波速度に関する偏微分係数は一般には小さいが，基本モードの低周波では大きくなることもある．

13.2.3 レーリー波の励起

初期条件 (13.2.3) 式の第一式から積分した解を $[W_1(z), P_1(z), \cdots]$，第二

式から積分した解を $[W_2(z), P_2(z), \cdots]$ などと書くことにする．これらは方位方向の波数 m にはよらない．一般解はこれら二つの解の線形結合である．震源が表面 $z = H$ における応力として与えられたときには，その展開係数 $f_m(k)$, $h_m(k)$ を用いて，表面 $z = H$ における境界条件は

$$B_m P_1(H) + D_m P_2(H) = h_m(k)$$
$$B_m S_1(H) + D_m S_2(H) = f_m(k)$$

となる．外力が m によって変化するので，積分定数 B_m, D_m は m の関数である．上式を解いて変位の z, r 成分を求めると

$$\begin{aligned}
W_m(z) &= B_m W_1(z) + D_m W_2(z) \\
&= \frac{1}{\omega^2 Y_{24}(H)} \Big\{ h_m[W_1(z)S_2(H) - W_2(z)S_1(H)] \\
&\qquad - f_m[W_1(z)P_2(H) - W_2(z)P_1(H)] \Big\} \\
U_m(z) &= B_m U_1(z) + D_m U_2(z) \\
&= \frac{1}{\omega^2 Y_{24}(H)} \Big\{ h_m[U_1(z)S_2(H) - U_2(z)S_1(H)] \\
&\qquad - f_m[U_1(z)P_2(H) - U_2(z)P_1(H)] \Big\}
\end{aligned} \quad (13.2.16)$$

となる．分母に現れる

$$P_1(H) S_2(H) - P_2(H) S_1(H) = \omega^2 Y_{24}(H)$$

はレーリー波の特性関数に相当する．これらを

$$u_z = \frac{1}{4\pi} \int_{-\infty}^{\infty} \sum_m W_m(z) H_m^{(1)}(kr) e^{im\varphi} k dk$$
$$u_r = \frac{1}{4\pi} \int_{-\infty}^{\infty} \sum_m U_m(z) \frac{dH_m^{(1)}(kr)}{d(kr)} e^{im\varphi} k dk$$

などに代入し，留数を計算すればレーリー波の成分が得られる．

ラブ波の場合にはこの段階で (13.2.16) 式に相当するものが固有関数で表すのに便利な形をしていた．しかし (13.2.16) 式はそうはなっていない．そこで逆に固有関数がどのような形で表されるかを調べてみる．

レーリー波の固有関数は

$$P(H) = BP_1(H) + DP_2(H) = 0$$
$$S(H) = BS_1(H) + DS_2(H) = 0$$

から係数 B, D を求め

$$W(z) = BW_1(z) + DW_2(z)$$
$$U(z) = BU_1(z) + DU_2(z)$$

などに代入して求められる．ただし上式が成り立つためには p, ω は固有値でなければならない．係数 B, D の絶対値は決まらないが，相対値は決まるので表面における z 成分 $W(H)$ で正規化すれば

$$\begin{aligned}\frac{W(z)}{W(H)} &= \frac{1}{\omega Y_{12}(H)}[W_1(z)P_2(H) - W_2(z)P_1(H)] \\ &= \frac{1}{\omega Y_{14}(H)}[W_1(z)S_2(H) - W_2(z)S_1(H)] \\ \frac{U(z)}{W(H)} &= \frac{1}{\omega Y_{12}(H)}[U_1(z)P_2(H) - U_2(z)P_1(H)] \\ &= \frac{1}{\omega Y_{14}(H)}[U_1(z)S_2(H) - U_2(z)S_1(H)] \\ \frac{U(H)}{W(H)} &= -\frac{Y_{23}(H)}{Y_{12}(H)} = \frac{Y_{34}(H)}{Y_{14}(H)}\end{aligned} \tag{13.2.17}$$

となる．それぞれ 2 組の式があるのは条件 $P(H) = 0$ だけを用いた式と，条件 $S(H) = 0$ だけを用いて導いた式である．添字がまったくない左辺は固有関数であることを示している．また Y_{ij} はコンパウンド行列である．

上式は固有値のところでしか成り立たないが，留数の計算では分子に固有値を代入しても結果に変わりはないから，これを (13.2.16) 式に代入すると

$$\begin{aligned}W_m(z) &= \frac{Y_{14}(H)}{\omega Y_{24}(H)}\left[h_m - f_m \frac{Y_{12}(H)}{Y_{14}(H)}\right]\frac{W(z)}{W(H)} \\ U_m(z) &= \frac{Y_{14}(H)}{\omega Y_{24}(H)}\left[h_m - f_m \frac{Y_{12}(H)}{Y_{14}(H)}\right]\frac{U(z)}{W(H)}\end{aligned} \tag{13.2.18}$$

が得られる．これで $W_m(z)$, $U_m(z)$ が近似的ではあるが固有関数で表された．上式では Y_{ij} は比の形でのみ現れているから，積分の任意のステップでオーバフローやアンダーフローを避けるために $Y_{ij}(z)$ をスケーリングしても結果に影響しない．

もう少し変形する．(13.2.17) 式の $U(H)/W(H)$ の関係から，固有値のところで

$$Y_{12}(H)Y_{34}(H) + Y_{14}(H)Y_{23}(H) = 0$$

が成り立ち，また一般に $Y_{34}(z) = -Y_{12}(z)$ が成り立つので (12.4 節参照)，

$$\frac{Y_{12}(H)}{Y_{14}(H)} = -\frac{Y_{23}(H)}{Y_{34}(H)} = \frac{Y_{23}(H)}{Y_{12}(H)} = -\frac{U(H)}{W(H)}$$

が成り立つ．したがって先の式の [ ] の中は

$$h_m - f_m \frac{Y_{12}(H)}{Y_{14}(H)} = h_m + f_m \frac{U(H)}{W(H)}$$

となる．上式はレーリー極のところでしか成り立たないが，留数の計算では分子は極のところで計算するので差し支えない．

これらの表現を用いて留数を計算すれば，レーリー波の変位は

$$\begin{aligned}
u_z^{(\mathrm{R})} &= \frac{i}{2} \sum_m \sum_p k F_m^{(\mathrm{R})}(p,\omega) A_\mathrm{R}(p,\omega) \\
&\quad \times \frac{W(z)}{W(H)} H_m^{(1)}(kr) e^{im\varphi} \\
u_r^{(\mathrm{R})} &= \frac{i}{2} \sum_m \sum_p k F_m^{(\mathrm{R})}(p,\omega) A_\mathrm{R}(p,\omega) \\
&\quad \times \frac{U(z)}{W(H)} \frac{dH_m^{(1)}(kr)}{d(kr)} e^{im\varphi}
\end{aligned} \quad (13.2.19)$$

の形になる．u_φ は遠方では u_z や u_r よりはオーダーが高くなるので，ここでは省略してある．ここで

$$F_m^{(\mathrm{R})}(p,\omega) = h_m(k) + f_m(k) \frac{U(H)}{W(H)} \qquad (13.2.20)$$

は震源に加えられた力の係数 f_m, h_m などによって決まる励起関数, A_R は振幅応答

$$A_{\mathrm{R}}(p,\omega) = \mathrm{Res}_p \left[\frac{Y_{14}(H)}{Y_{24}(H)} \right] = Y_{14}(H) \left[\frac{\partial Y_{24}(H)}{\partial p} \right]^{-1} \qquad (13.2.21)$$

である．A_R は表面垂直方向の力 ($f_m = g_m = 0$, $h_0 = 1$) が加えられたときに発生する垂直方向の変位の振幅という意味をもっている．ごたごたした計算が続いたが，これでレーリー波の場合にもラブ波と同様に固有関数のみによって表面震源のレーリー波を求めることができた．2層構造に対する A_R は図 6.3.6 に示してある．

点震源が与えられたときには

$$W_{m3}(z_s) = \Delta V_m \qquad P_{m3}(z_s) = \Delta P_m$$
$$U_{m3}(z_s) = \Delta U_m \qquad S_{m3}(z_s) = \Delta S_m$$

を初期条件として積分した第三の解を用いると，表面における境界条件は

$$B_m P_1(H) + D_m P_2(H) + P_{m3}(H) = 0$$
$$B_m S_1(H) + D_m S_2(H) + S_{m3}(H) = 0$$

となる．これは表面震源のときの h_m を $-P_{m3}(H)$ で，f_m を $-S_{m3}(H)$ で置き換えたものにほかならないから，振幅応答はそのまま，震源に関する項が

$$-P_{m3}(H) - S_{m3}(H) \frac{U(H)}{W(H)}$$

となる．ところで同じ k, ω に対する2組の解に対して (13.2.6) 式から

$$\left[(W_1 P_2 + U_1 P_2) - (W_2 P_1 + U_2 S_1) \right] \Big|_{z_s}^{H} = 0$$

が成り立つ．第一の解としてレーリー波の固有関数，第二の解として上の第三の解をとれば $P_1(H) = S_1(H) = 0$ であるから，上式は

$$W(H) P_{m3}(H) + U(H) S_{m3}(H)$$
$$= W(z_s) P_{m3}(z_s) + U(z_s) S_{m3}(z_s)$$
$$\quad - P(z_s) W_{m3}(z_s) - S(z_s) U_{m3}(z_s)$$

である．よって (13.2.20) 式中の $F_m(p,\omega)$ として内部点震源のときには

$$F_m^{(\mathrm{R})}(p,\omega) = \frac{1}{W(H)}\big[P(z_0)\Delta W_m + S(z_0)\Delta U_m \\ - W(z_0)\Delta P_m - U(z_0)\Delta S_m\big] \qquad (13.2.22)$$

を用いればよいことがわかる．上式および (13.2.20) 式がレーリー波に対する励起関数である．ラブ波のときと違って表面震源のときでも励起関数の中に固有関数の比 $U(H)/W(H)$ が現れている．

レーリー波の振幅応答もまたエネルギー積分で表すことができる．レーリー波のエネルギー方程式 (13.1.10) では表面における境界条件を考慮したが，これを考えない一般の場合には (13.2.8) 式から

$$W(H)P(H) + U(H)S(H) = I_2 - \omega^2 I_1$$

となる．I_1 と I_2 は (13.2.9) 式で定義されている．ω を固定し，k を変化させて両辺の変分をとると

$$\delta W(H)P(H) + W(H)\delta P(H) + \delta U(H)S(H) + U(H)\delta S(H) \\ = 2k\delta k I_3 + 2\int \Big[\frac{1}{\lambda+2\mu}P\delta P + \frac{1}{\mu}S\delta W \\ + k^2\Big(\lambda+2\mu - \frac{\lambda^2}{\lambda+2\mu}\Big)U\delta U - \rho\omega^2(W\delta W + U\delta U)\Big]dz$$

となるが，最後の積分は (13.2.10) 式によって

$$2[\delta W(H)P(H) + \delta U(H)S(H)]$$

になる．よって

$$W(H)\delta P(H) + U(H)\delta S(H) \\ -\delta W(H)P(H) - \delta U(H)S(H) = 2k\delta k I_3$$

が成り立つ．ここで固有関数を次のような手順で作成する．まず

$$S(H) = BS_1(H) + DS_2(H) = 0$$

となるように積分定数の比を選ぶことはつねに可能である．このように選ぶと $\delta S(H)$ をつねに 0 にすることができる．このとき $P(H)$ は

$$P(H) = \frac{P_1(H)S_2(H) - P_2(H)S_1(H)}{W_1(H)S_2(H) - W_2(H)S_1(H)}W(H) = \frac{\omega Y_{24}(H)}{Y_{14}(H)}W(H)$$

と表すことができるから，この変分をとると k が固有値の近傍で

$$\delta P(H) = \frac{\omega \delta Y_{24}(H)}{Y_{14}(H)}W(H)$$

と表される．したがって k を固有値に近づけると $P(H)$ は 0 になるから

$$2k\delta k I_3 = W(H)\delta P(H) - P(H)\delta W(H) = W^2(H)\frac{\omega \delta Y_{24}(H)}{Y_{14}(H)}$$

すなわち

$$\frac{1}{Y_{14}(H)}\frac{\partial Y_{24}(H)}{\partial p} = \frac{2kI_3}{W^2(H)} = \frac{2\omega U I_1}{W^2(H)} \tag{13.2.23}$$

が成り立つ．これを (13.2.21) 式に代入すると

$$A_{\rm R}(p,\omega) = \frac{W^2(H)}{2kI_3} = \frac{W^2(H)}{2\omega U I_1} \tag{13.2.24}$$

が得られた．これはラブ波の表現 (13.1.28) 式とまったく同じ形をしている．

エネルギー積分を用いた正規化 レーリー波の場合，周波数によって固有関数の z 成分が表面で 0，すなわち $W(H) = 0$ となることは珍しくない．このようなときには，上のように固有関数を $W(H)$ で正規化する方法は破綻をきたす．

はじめにエネルギー積分 I_1 を求める．$W(H) = 0$ のときには

$$Y_{12}(H) = Y_{14}(H) = 0$$

になるので，(13.2.23) 式から I_1 を求めようとすると 0/0 の不定が現れる．そこで (13.2.17) 式の最後の式から導かれる関係

$$\frac{Y_{14}(H)}{W^2(H)} = \frac{Y_{23}(H)}{U^2(H)}$$

を用いて (13.2.23) 式を書きなおすと

$$U(H)^2 \frac{\partial Y_{24}(H)}{\partial p} = 2\omega U I_1 Y_{23}(H)$$

が得られる．この式と (13.2.23) 式から

$$2\omega U I_1 = \frac{W^2(H) + U^2(H)}{Y_{14}(H) + Y_{23}(H)} \frac{\partial Y_{24}(H)}{\partial p} \tag{13.2.25}$$

が得られる．この式を用いれば $W(H) = 0$ のときでも I_1 を求めることができる．

次に (13.2.18) 式の第一式を

$$W_m(z) = \frac{1}{\omega Y_{24}} \left[\frac{Y_{14}}{W} h_m - \frac{Y_{12}}{W} f_m \right] W(z)$$

と書き換え，[ ] の中を再び (13.2.17) 式を用いて書き換えれば

$$W_m(z) = \frac{1}{\omega Y_{24}} \left[-\frac{Y_{12}}{U} h_m + \frac{Y_{23}}{U} f_m \right] W(z)$$

が得られる．これらの式では簡単のために引数 H は省略してある．これら二つの式から

$$W_m(z) = \frac{(Y_{14} - Y_{12})S}{(W + U)\omega Y_{24}} \left[h_m + \frac{U}{W} f_m \right] \widetilde{W}(z)$$

が導かれる．S はスケールファクター，$\widetilde{W}(z) = W(z)/S$ は S でスケールされた固有関数である．$U_m(z)$ についても，最後の $\widetilde{W}(z)$ を $\widetilde{U}(z)$ に変えた形で成立する．S として $\sqrt{I_1}$ を選べば，スケールされた固有関数に対するレーリー波の振幅応答関数は

$$\widetilde{A}_R = \frac{(Y_{14} - Y_{12})S}{W + U} \left[\frac{\partial Y_{24}}{\partial p} \right]^{-1}$$

$$= \frac{Y_{14} - Y_{12}}{W + U} \sqrt{\frac{W^2 + U^2}{2\omega U(Y_{14} + Y_{23})} \left[\frac{\partial Y_{24}}{\partial p} \right]^{-1}} \tag{13.2.26}$$

と表される．引数を省略したのでわかりにくくなったが，根号内の分母に現れる U は群速度を意味し，それ以外の関数の引数は $z = H$ である．この振幅応答は $W(H) = 0$，あるいは $U(H) = 0$ のときにも正しく計算される．

スケーリングされた固有関数を用いるときにも，励起関数 (13.2.20)，(13.2.22) 式はそのまま成り立つ．ただしこの式はやはり $W(H) = 0$ のときには発散するが，これに $\widetilde{A}_\mathrm{R}$ を掛ければ，$\widetilde{A}_\mathrm{R}$ に含まれる因数

$$Y_{14} - Y_{12} = (Y_{23} - Y_{12})\frac{W}{U}$$

によって，$\widetilde{A}_\mathrm{R} F_m^{(\mathrm{R})}$ 全体としては有限の値になる．

···●···●···（メ モ）···●···●···

流体層のとり扱い 海洋を伝わるレーリー波を計算するときには固体層と流体層では運動方程式そのものが異なるので，その境界では特別に境界条件を考慮しなければならない．

固体中を下から上に積分した独立解を例によって y_1，y_2 とする．固体中の一般解は積分定数を B，D として $y = By_1 + Dy_2$ で表される．固体と流体の境界では剪断応力が 0 でなければならないから

$$y_4 = By_{41} + Dy_{42} = 0$$

が成り立つ．この式から積分定数の比を求め，変位と応力の z 成分を計算すると

$$y_1 = (y_{11}y_{42} - y_{12}y_{41})\frac{B}{y_{42}} = Y_{14}\frac{B}{y_{42}}$$
$$y_2 = (y_{21}y_{42} - y_{22}y_{41})\frac{B}{y_{42}} = Y_{24}\frac{B}{y_{42}}$$

が得られる．y_1 と y_2 は固体，流体の境界を通しても連続でなければならない．そこで流体中の解としては境界で

$$y_{11} = Y_{14} \qquad y_{21} = Y_{24}$$

を初期値として積分すれば，流体中の積分定数は B/y_{42} となる．y_{42} は積分定数 B の中に含めてしまえるので，コンパウンド行列 Y_{14} と Y_{24} さえ固体中で積分しておけば，流体中の解が求められることになる．なお，固体–流体境界での水平方向の変位は

$$y_3 = (y_{31}y_{42} - y_{32}y_{41})\frac{B}{y_{42}} = Y_{34}\frac{B}{y_{42}}$$

となるから，水平，鉛直方向の変位の比は

$$\frac{y_3}{y_1} = \frac{Y_{34}}{Y_{14}} = -\frac{Y_{12}}{Y_{14}}$$

で表される．これは固有関数を流体層から固体層に向けて積分するときに必要になる．

本章では流体中の偏微分係数を導かなかった．当然であるが流体中では S 波速度に関する偏微分係数は 0 である．P 波速度に関する係数は $\mu = 0$ と置いて計算できるが，密度に関する係数には U が含まれている．これは流体の運動方程式の積分では求められないが，固体の運動方程式 (13.2.1) の第四式で $\mu = 0$ と置いて得られる関係

$$U = -\frac{k}{\rho\omega^2}P$$
を用いればよい．

14 グリーン関数

これまではポテンシャルに対する波動方程式に外力項を加えたり，表面に加えられた応力によって震源を表してきた．グリーン関数による方法を用いるとより一般的な震源を導入することができるので，ここではまず，スカラー波動方程式に対するグリーン関数の方法を用いて点震源から出る波を計算する．

14.1 単力源から出る波

14.1.1 無限媒質に対するスカラーグリーン関数

一様な無限媒質中の点 $\boldsymbol{x} = \boldsymbol{x}_0$ に時刻 $t = t_0$ にインパルス力が働いたときのスカラー波動方程式は

$$\frac{1}{\alpha^2}\frac{\partial^2 G}{\partial t^2} = \nabla^2 G(\boldsymbol{x},t;\boldsymbol{x}_0,t_0) + \delta(\boldsymbol{x}-\boldsymbol{x}_0)\delta(t-t_0) \tag{14.1.1}$$

で表される．解 G は $\boldsymbol{x}_0$, t_0 の関数でもあるので引数の中に明示してある．この方程式の解は (10.1.5) 式を原点移動してフーリエ逆変換することによってすぐに求めることができて

$$G(\boldsymbol{x},t;\boldsymbol{x}_0,t_0) = \frac{1}{4\pi|\boldsymbol{x}-\boldsymbol{x}_0|}\delta\left(t-t_0-\frac{|\boldsymbol{x}-\boldsymbol{x}_0|}{\alpha}\right) \tag{14.1.2}$$

である．

次に外力が一般的な関数 $f(\boldsymbol{x},t)$ であるときの波動方程式

$$\frac{1}{\alpha^2}\frac{\partial^2 \phi}{\partial t^2} = \nabla^2 \phi(\boldsymbol{x},t) + f(\boldsymbol{x},t) \tag{14.1.3}$$

の解を求める．$f(\boldsymbol{x},t)$ が時間，空間の畳み込み

$$f(\boldsymbol{x},t) = \int_{-\infty}^{\infty}\delta(t-t_0)dt_0\int_V f(\boldsymbol{x}_0,t_0)\delta(\boldsymbol{x}-\boldsymbol{x}_0)dV_0$$

14.1 単力源から出る波──389

によって表されることに注意して，(14.1.1) 式に

$$\int_{-\infty}^{\infty} dt_0 \int_V f(\boldsymbol{x}_0, t_0) dV_0$$

という演算を施すと，(14.1.1) 式の右辺の外力項が $f(\boldsymbol{x}, t)$ になる．ここで dV_0 は座標 $\boldsymbol{x}_0$ に関する体積要素であり，積分は全空間 V に対して行うものとする．したがって (14.1.3) 式の解は (14.1.1) 式の解 G を用いて

$$\phi(\boldsymbol{x}, t) = \int_{-\infty}^{\infty} dt_0 \int_V G(\boldsymbol{x}, t; \boldsymbol{x}_0, t_0) f(\boldsymbol{x}_0, t_0) dV_0 \tag{14.1.4}$$

で与えられることがわかる．

上式から任意の外力 $f(\boldsymbol{x}, t)$ に対する波動方程式 (14.1.3) の解は，関数 $G(\boldsymbol{x}, t; \boldsymbol{x}_0, t_0)$ を求めておきさえすれば積分 (14.1.4) 式によって求められることになる．これがグリーン関数の方法である．関数 $G(\boldsymbol{x}, t; \boldsymbol{x}_0, t_0)$ をグリーン関数 (Green function) という．

いまの場合，グリーン関数は (14.1.2) 式であるから t_0 に関する積分ができて，(14.1.4) 式は

$$\begin{aligned}\phi(\boldsymbol{x}, t) &= \frac{1}{4\pi} \int_{-\infty}^{\infty} \delta\left(t - t_0 - \frac{|\boldsymbol{x} - \boldsymbol{x}_0|}{\alpha}\right) dt_0 \int_V \frac{f(\boldsymbol{x}_0, t_0)}{|\boldsymbol{x} - \boldsymbol{x}_0|} dV_0 \\ &= \frac{1}{4\pi} \int_V \frac{1}{|\boldsymbol{x} - \boldsymbol{x}_0|} f\left(\boldsymbol{x}_0, t - \frac{|\boldsymbol{x} - \boldsymbol{x}_0|}{\alpha}\right) dV_0\end{aligned} \tag{14.1.5}$$

という簡単な形になる．

上の解は f を質量密度と考えると，重力ポテンシャルと同じ形をしている．ただし，時刻 t における観測点 $\boldsymbol{x}$ の値は時刻 t における f の値ではなく，震源 $\boldsymbol{x}_0$ から観測点まで波の伝わる時間 $|\boldsymbol{x} - \boldsymbol{x}_0|/\alpha$ だけ前の値で決まっている．このようなポテンシャルを遅延ポテンシャル (retarded potential) という．(14.1.3) 式の左辺，時間微分の項が 0 のときにはこの式はポアソンの方程式であるから，その解はポテンシャルの解すなわち (14.1.5) 式の時間を含まない積分で表される．時間項が入ったために (14.1.3) 式の解が遅延ポテンシャルの形で表されているのである．

14.1.2 単力源から出る波

この項では1点に働く力によって生じる波動場の厳密解を計算する．5.1節で導いた一般公式と，上で求めたグリーン関数を利用する．

まず5.1節の結果を復習しておく．変位 $\boldsymbol{u}$，単位体積当たりの外力 $\boldsymbol{f}$ をポテンシャル ϕ，ψ，$\boldsymbol{A}$，$\boldsymbol{B}$ で展開する．

$$\boldsymbol{u} = \nabla\phi + \nabla \times \boldsymbol{A} \qquad \boldsymbol{f} = \nabla\psi + \nabla \times \boldsymbol{B} \tag{14.1.6}$$

このとき運動方程式は

$$\begin{aligned}\frac{1}{\alpha^2}\frac{\partial^2 \phi}{\partial t^2} &= \nabla^2 \phi + \frac{1}{\rho\alpha^2}\psi \\ \frac{1}{\beta^2}\frac{\partial^2 \boldsymbol{A}}{\partial t^2} &= \nabla^2 \boldsymbol{A} + \frac{1}{\rho\beta^2}\boldsymbol{B}\end{aligned} \tag{14.1.7}$$

となる．外力項の ψ と $\boldsymbol{B}$ は与えられた外力 $\boldsymbol{f}$ から導かれる関数

$$\boldsymbol{W} = -\frac{1}{4\pi}\int_V \frac{\boldsymbol{f}(\boldsymbol{x}')}{|\boldsymbol{x}-\boldsymbol{x}'|}dV(\boldsymbol{x}') \tag{14.1.8}$$

を用いて

$$\psi = \nabla \cdot \boldsymbol{W} \qquad \boldsymbol{B} = -\nabla \times \boldsymbol{W} \tag{14.1.9}$$

で与えられる．(14.1.7)式の $\boldsymbol{A}$ に関する微分方程式は，直角座標系で考えれば成分ごとに (14.1.3) 式と同じであるから，遅延ポテンシャルを用いて解くことができる．以下では実際に空間的にデルタ関数の外力に対する弾性波動方程式の解を導く．

いま，外力として原点に空間的には単位の力が x 方向に働いたとする．すなわち直角座標系で

$$\boldsymbol{f}(\boldsymbol{x},t) = [\delta(\boldsymbol{x})X_0(t),\ 0,\ 0] \tag{14.1.10}$$

と与えられたとする．ここで単位という意味は時間の項を除いた体積積分の値が1，すなわち

$$\int_V f_x dV = X_0(t)$$

が成り立つことである．$X_0(t)$ は力の時間変化の項を表している．この外力に相当するポテンシャル $\boldsymbol{W}$ は (14.1.8) 式より x 成分のみで，これは

$$W_x(\boldsymbol{x},t) = -\frac{X_0(t)}{4\pi}\int_V \frac{\delta(\boldsymbol{x}')}{|\boldsymbol{x}-\boldsymbol{x}'|}dV(\boldsymbol{x}') = -\frac{X_0(t)}{4\pi}\frac{1}{|\boldsymbol{x}|}$$

である．したがって (14.1.9) 式から

$$\psi = -\frac{X_0(t)}{4\pi}\frac{\partial}{\partial x}\frac{1}{|\boldsymbol{x}|} \quad \boldsymbol{B} = \frac{X_0(t)}{4\pi}\left(0,\ \frac{\partial}{\partial z}\frac{1}{|\boldsymbol{x}|},\ -\frac{\partial}{\partial y}\frac{1}{|\boldsymbol{x}|}\right) \quad (14.1.11)$$

となる．これで (14.1.7) 式の外力項が求められたことになる．これらの外力項を用いて (14.1.7) 式を解けば，ϕ あるいは $\boldsymbol{A}$ が求められる．この際にグリーン関数の方法を用いる．

まずスカラーポテンシャル ϕ の方を考える．(14.1.7) 式と比較すれば (14.1.3) 式の f は $\psi/\rho\alpha^2$ であるから，上で求めた ψ を用いれば (14.1.5) 式より

$$\phi(\boldsymbol{x},t) = -\frac{1}{(4\pi)^2\rho\alpha^2}\int_{V_0} X_0\left(t-\frac{|\boldsymbol{x}-\boldsymbol{x}_0|}{\alpha}\right)\frac{1}{|\boldsymbol{x}-\boldsymbol{x}_0|}\frac{\partial}{\partial x_0}\frac{1}{|\boldsymbol{x}_0|}dV_0 \quad (14.1.12)$$

が得られる．この積分を計算するために観測点 $\boldsymbol{x}$ を原点とする球座標系を用いる．

$$|\boldsymbol{x}-\boldsymbol{x}_0| = \alpha\tau \qquad dV_0 = \alpha d\tau dS_0$$

τ は積分変数である．この変換で先の解 (14.1.12) 式は

$$\phi(\boldsymbol{x},t) = -\frac{1}{(4\pi)^2\rho\alpha^2}\int_0^\infty \frac{X_0(t-\tau)}{\tau}d\tau\int_{S_0}\frac{\partial}{\partial x_0}\frac{1}{|\boldsymbol{x}_0|}dS_0 \quad (14.1.13)$$

となる．表面積分は観測点 $\boldsymbol{x}$ を中心とした半径 $\alpha\tau$ の球面 S_0 上の積分である．この積分は球面上に分布した面密度による引力と同じ形をしており，原点が球面の内部にあるか，外部にあるかによって次の値をとる (メモ参照)．

$$\int_S \frac{\partial}{\partial x_0} \frac{1}{|\boldsymbol{x}_0|} dS_0 = \begin{cases} 0 & \alpha\tau > r \\ 4\pi(\alpha\tau)^2 \dfrac{\partial}{\partial x}\dfrac{1}{r} & \alpha\tau < r \end{cases} \tag{14.1.14}$$

ただし $r = |\boldsymbol{x}|$ である．これを用いればスカラーポテンシャル ϕ は

$$\phi(\boldsymbol{x}, t) = -\frac{1}{4\pi\rho} \frac{\partial}{\partial x} \frac{1}{r} \int_0^{r/\alpha} \tau X_0(t-\tau) d\tau \tag{14.1.15}$$

という簡単な形になる．積分は t と $X_0(t)$ との畳み込みである．$\boldsymbol{A}$ についての計算もまったく同じで，波の速度が β に変わることに注意すれば

$$\boldsymbol{A}(\boldsymbol{x}, t) = \frac{1}{4\pi\rho} \left(0,\ \frac{\partial}{\partial z}\frac{1}{r},\ -\frac{\partial}{\partial y}\frac{1}{r}\right) \int_0^{r/\beta} \tau X_0(t-\tau) d\tau \tag{14.1.16}$$

である．最後に ϕ, $\boldsymbol{A}$ を (14.1.6) 式の第一式に代入すれば変位 $\boldsymbol{u}$ が求められる．この計算は機械的ではあるが，非常に面倒である．

遠距離解 厳密解をそのまま書き下しても混乱するばかりであるから，遠距離で卓越する部分とそれ以外の部分に分けて考える．厳密解には $1/|\boldsymbol{x}| = 1/r$ で減衰する項と，$1/r^2$ で減衰する項とが含まれており，遠方では前者が優勢になる．前者は変位 $\boldsymbol{u}$ を計算するときに (14.1.15), (14.1.16) 式の畳み込み積分の上限を微分することによって生じるものであり，これを遠距離解 (far field solution) と呼ぶことにする．この解の変位の 3 成分は以下のように書くことができる．

$$\boldsymbol{u}^{\text{far}} = \boldsymbol{u}^{\text{P}} + \boldsymbol{u}^{\text{S}} \tag{14.1.17}$$

ここに $\boldsymbol{u}^{\text{P}}$ は ϕ から導かれる変位で P 波の速度で伝わり

$$\begin{aligned} 4\pi\rho u_x^{\text{P}}(\boldsymbol{x}, t) &= \frac{1}{\alpha^2 r} \left(\frac{\partial r}{\partial x}\frac{\partial r}{\partial x}\right) X_0\left(t - \frac{r}{\alpha}\right) \\ 4\pi\rho u_y^{\text{P}}(\boldsymbol{x}, t) &= \frac{1}{\alpha^2 r} \left(\frac{\partial r}{\partial x}\frac{\partial r}{\partial y}\right) X_0\left(t - \frac{r}{\alpha}\right) \\ 4\pi\rho u_z^{\text{P}}(\boldsymbol{x}, t) &= \frac{1}{\alpha^2 r} \left(\frac{\partial r}{\partial x}\frac{\partial r}{\partial z}\right) X_0\left(t - \frac{r}{\alpha}\right) \end{aligned} \tag{14.1.18}$$

で表される．$\boldsymbol{u}^{\text{S}}$ は $\boldsymbol{A}$ から導かれる変位で S 波の速度で伝わり，その成分は

$$4\pi\rho u_x^{\mathrm{S}}(\boldsymbol{x},t) = \frac{1}{\beta^2 r}\left(\frac{\partial r}{\partial y}\frac{\partial r}{\partial y} + \frac{\partial r}{\partial z}\frac{\partial r}{\partial z}\right)X_0\left(t-\frac{r}{\beta}\right)$$
$$4\pi\rho u_y^{\mathrm{S}}(\boldsymbol{x},t) = -\frac{1}{\beta^2 r}\left(\frac{\partial r}{\partial x}\frac{\partial r}{\partial y}\right)X_0\left(t-\frac{r}{\beta}\right) \quad (14.1.19)$$
$$4\pi\rho u_z^{\mathrm{S}}(\boldsymbol{x},t) = -\frac{1}{\beta^2 r}\left(\frac{\partial r}{\partial z}\frac{\partial r}{\partial x}\right)X_0\left(t-\frac{r}{\beta}\right)$$

である．$\partial r/\partial x$ などが震源から観測点までのベクトル $\boldsymbol{x}$ の方向余弦であることに注意すれば，$\boldsymbol{u}^{\mathrm{P}}$ がベクトル $\boldsymbol{x}$ と同じ方向の成分のみをもち，$\boldsymbol{u}^{\mathrm{S}}$ がベクトル $\boldsymbol{x}$ と垂直な成分のみをもっていることがわかる．これは平面波で見た P 波，S 波と同じである．

近距離解 厳密解のうち，遠距離解 $\boldsymbol{u}^{\mathrm{far}}$ を除いた残りの部分が近距離解 (near field solution) である．その計算は面倒であるが，結果としてはそれほど複雑ではなく，次のようになる．

$$4\pi\rho u_x^{\mathrm{near}}(\boldsymbol{x},t) = \frac{\partial^2}{\partial x^2}\left(\frac{1}{r}\right)\int_{r/\alpha}^{r/\beta}\tau X_0(t-\tau)d\tau$$
$$4\pi\rho u_y^{\mathrm{near}}(\boldsymbol{x},t) = \frac{\partial^2}{\partial x\partial y}\left(\frac{1}{r}\right)\int_{r/\alpha}^{r/\beta}\tau X_0(t-\tau)d\tau \quad (14.1.20)$$
$$4\pi\rho u_z^{\mathrm{near}}(\boldsymbol{x},t) = \frac{\partial^2}{\partial z\partial x}\left(\frac{1}{r}\right)\int_{r/\alpha}^{r/\beta}\tau X_0(t-\tau)d\tau$$

積分の前の微分は $1/r^3$ のオーダーの量であるが，積分区間が $r/\beta - r/\alpha$ のオーダーの量であるから，近距離項のオーダーは $1/r^2$ になる．遠距離解が加えた力と同じ時間変化をするのに対して，近距離解は外力の時間項 $X_0(t)$ と t の畳み込みの形をしている．

$$\cdots\bullet\cdots\bullet\cdots(メモ)\cdots\bullet\cdots\bullet\cdots$$

球殻のポテンシャル 点 $\boldsymbol{x}$ を中心とする半径 a の球面上に一定の面密度 σ の質量が分布しているときに，点 $\boldsymbol{x}_1$ で観測される重力ポテンシャルは，万有引力の定数を 1 として，面積分

$$U(\boldsymbol{x}_1) = -\int_S \frac{\sigma}{|\boldsymbol{x}_0 - \boldsymbol{x}_1|}dS_0$$

で表される (図 14.1.i)．積分は球面上の点 $\boldsymbol{x}_0$ に対して行う．ところで，このような一様な球殻のポテンシャルは内部では一定，球殻の外部では質量が中心に凝縮した質点のポテンシャルに等しい．球殻の全質量は $4\pi a^2\sigma$ であるから，上の積分はじつは

になる．次にこのポテンシャルによる重力の x 成分を計算する．積分表示からは

$$U(\boldsymbol{x}_1) = \begin{cases} -4\pi a\sigma & |\boldsymbol{x}-\boldsymbol{x}_1| < a \\ -\dfrac{4\pi a^2\sigma}{|\boldsymbol{x}-\boldsymbol{x}_1|} & |\boldsymbol{x}-\boldsymbol{x}_1| > a \end{cases}$$

になる．次にこのポテンシャルによる重力の x 成分を計算する．積分表示からは

$$\frac{\partial U}{\partial x_1} = -\int_S \sigma \frac{\partial}{\partial x_1}\frac{1}{|\boldsymbol{x}_0-\boldsymbol{x}_1|}dS_0 = \int_S \sigma \frac{\partial}{\partial x_0}\frac{1}{|\boldsymbol{x}_0-\boldsymbol{x}_1|}dS_0$$

が得られる．積分した後の表現からは $|\boldsymbol{x}-\boldsymbol{x}_1| > a$ のとき

$$\frac{\partial U}{\partial x_1} = -4\pi a^2\sigma \frac{\partial}{\partial x_1}\frac{1}{|\boldsymbol{x}-\boldsymbol{x}_1|} = 4\pi a^2\sigma \frac{\partial}{\partial x}\frac{1}{|\boldsymbol{x}-\boldsymbol{x}_1|}$$

が得られる．$\boldsymbol{x}_1$ が球面の内部にあるときには $U(\boldsymbol{x}_1)$ は一定であるから $\partial U/\partial x_1 = 0$ である．二つの式を等しいと置くと

$$\int_S \frac{\partial}{\partial x_0}\frac{1}{|\boldsymbol{x}_0-\boldsymbol{x}_1|}dS_0 = \begin{cases} 0 & |\boldsymbol{x}-\boldsymbol{x}_1| < a \\ 4\pi a^2 \dfrac{\partial}{\partial x}\dfrac{1}{|\boldsymbol{x}-\boldsymbol{x}_1|} & |\boldsymbol{x}-\boldsymbol{x}_1| > a \end{cases}$$

が得られた．ここで $\boldsymbol{x}_1$ を原点にとったものが (14.1.14) 式である．

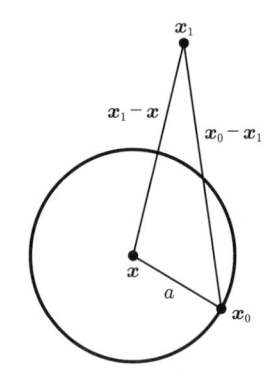

図 14.1.i 球殻のポテンシャル 半径 a の球殻上に一様に分布する質量によるポテンシャルは $r = |\boldsymbol{x}_1-\boldsymbol{x}| < a$ では一定，$r > a$ では中心に質量が集中したときのポテンシャルに等しい．

14.2 偶力源から出る波

上では単力源から発生する波動場の厳密解を導いたが，ここでは偶力源から発生する波動場を求める．ただし，ここでは遠方近似解だけを求める．

14.2.1 単偶力源

x–y 平面上の点 $(0, \Delta l/2, 0)$ に x 方向に大きさ $X_0(t)$ の力, 点 $(0, -\Delta l/2, 0)$ に $-x$ 方向に大きさ $X_0(t)$ の力が働いているとする (図 14.2.1). この力の組合せは偶力 (couple) で, そのモーメントは

$$M_o(t) = \Delta l X_0(t) \tag{14.2.1}$$

である. このような二つの点力源が働いたときの波動場の解は

$$\boldsymbol{f}_1 = \delta(\boldsymbol{x} - (\Delta l/2)\hat{\boldsymbol{y}})X_0(t)\hat{\boldsymbol{x}}$$
$$\boldsymbol{f}_2 = -\delta(\boldsymbol{x} + (\Delta l/2)\hat{\boldsymbol{y}})X_0(t)\hat{\boldsymbol{x}}$$

を外力としたときの解の和を求めればよい. ここで $\hat{\boldsymbol{x}}$, $\hat{\boldsymbol{y}}$ はそれぞれ x, y 方向の単位ベクトルである. 外力が (14.1.10) 式のときの解はすでに求められているので, これを $\boldsymbol{u}(\boldsymbol{x})$ と書くことにすると, 外力が $\boldsymbol{f}_1$, $\boldsymbol{f}_2$ のときの解は原点を移動したときの解であるから, たとえば外力 $\boldsymbol{f}_1$ に対する解は

$$\boldsymbol{u}_1 = \boldsymbol{u}(\boldsymbol{x} - (\Delta l/2)\hat{\boldsymbol{y}})$$

である. 同様に外力 $\boldsymbol{f}_2$ に対する解を求め, その和を求めれば

$$\boldsymbol{u}_1 + \boldsymbol{u}_2 = \boldsymbol{u}(\boldsymbol{x} - (\Delta l/2)\hat{\boldsymbol{y}}) - \boldsymbol{u}(\boldsymbol{x} + (\Delta l/2)\hat{\boldsymbol{y}}) = -\Delta l \frac{\partial \boldsymbol{u}}{\partial y}$$

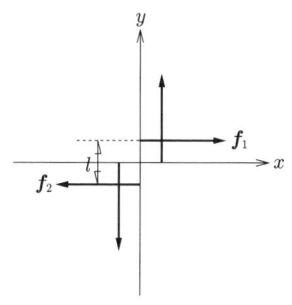

図 14.2.1 単偶力源, 双偶力源の力の分布 $\boldsymbol{f}_1$, $\boldsymbol{f}_2$ からなる単偶力源と, これとは反対向きの偶力を加えた双偶力源. 後者のモーメントの代数和は 0 である.

となる．ここで $M_o(t) = \Delta l X_0(t)$ を一定に保ったまま $\Delta l \to 0$ とすれば，シングルカップルに対する解が得られる．

遠方近似の項だけを考えれば (14.1.18)，(14.1.19) 式の X_0 の項だけを微分すればよいので

$$4\pi\rho u_x^{\mathrm{P}}(\boldsymbol{x},t) = \frac{1}{\alpha^3 r}\left(\frac{\partial r}{\partial x}\frac{\partial r}{\partial x}\frac{\partial r}{\partial y}\right)\dot{M}_o\left(t - \frac{r}{\alpha}\right)$$
$$4\pi\rho u_y^{\mathrm{P}}(\boldsymbol{x},t) = \frac{1}{\alpha^3 r}\left(\frac{\partial r}{\partial x}\frac{\partial r}{\partial y}\frac{\partial r}{\partial y}\right)\dot{M}_o\left(t - \frac{r}{\alpha}\right) \quad (14.2.2)$$
$$4\pi\rho u_z^{\mathrm{P}}(\boldsymbol{x},t) = \frac{1}{\alpha^3 r}\left(\frac{\partial r}{\partial x}\frac{\partial r}{\partial y}\frac{\partial r}{\partial z}\right)\dot{M}_o\left(t - \frac{r}{\alpha}\right)$$

$$4\pi\rho u_x^{\mathrm{S}}(\boldsymbol{x},t) = \frac{1}{\beta^3 r}\left(\frac{\partial r}{\partial y}\frac{\partial r}{\partial y}\frac{\partial r}{\partial y} + \frac{\partial r}{\partial y}\frac{\partial r}{\partial z}\frac{\partial r}{\partial z}\right)\dot{M}_o\left(t - \frac{r}{\beta}\right)$$
$$4\pi\rho u_y^{\mathrm{S}}(\boldsymbol{x},t) = -\frac{1}{\beta^3 r}\left(\frac{\partial r}{\partial x}\frac{\partial r}{\partial y}\frac{\partial r}{\partial y}\right)\dot{M}_o\left(t - \frac{r}{\beta}\right) \quad (14.2.3)$$
$$4\pi\rho u_z^{\mathrm{S}}(\boldsymbol{x},t) = -\frac{1}{\beta^3 r}\left(\frac{\partial r}{\partial x}\frac{\partial r}{\partial y}\frac{\partial r}{\partial z}\right)\dot{M}_o\left(t - \frac{r}{\beta}\right)$$

となる．$\dot{M}_o(t)$ はモーメントの時間変化である．

上の式ではわかりにくいので，z 軸を極とする球座標系 (r, θ, φ) を考えると (図 14.2.2)

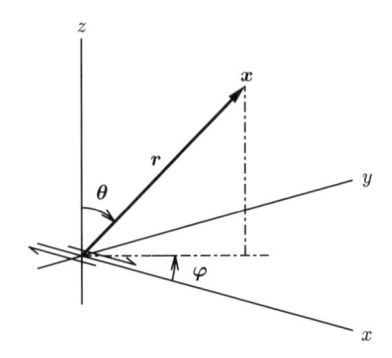

$$x = r\sin\theta\cos\varphi \qquad y = r\sin\theta\sin\varphi \qquad z = r\cos\theta$$

図 **14.2.2** 球座標系　x 軸に平行に働く力による偶力と，それに対応する球座標系．

$$\frac{\partial r}{\partial x} = \sin\theta\cos\varphi \qquad \frac{\partial r}{\partial y} = \sin\theta\sin\varphi \qquad \frac{\partial r}{\partial z} = \cos\theta$$

が成り立つ．r, θ, φ 方向の単位ベクトルを $\hat{\boldsymbol{r}}$, $\hat{\boldsymbol{\theta}}$, $\hat{\boldsymbol{\varphi}}$ とすると，これらの x, y, z 成分は

$$\begin{aligned}
\hat{\boldsymbol{r}} &= (\sin\theta\cos\varphi,\ \sin\theta\sin\varphi,\ \cos\theta) \\
\hat{\boldsymbol{\theta}} &= (\cos\theta\cos\varphi,\ \cos\theta\sin\varphi,\ -\sin\theta) \\
\hat{\boldsymbol{\varphi}} &= (-\sin\varphi,\ \cos\varphi,\ 0)
\end{aligned} \qquad (14.2.4)$$

である．これらを用いて (14.2.2), (14.2.3) 式を球座標系で表せば

$$\begin{aligned}
4\pi\rho u_r^{\mathrm{P}} &= \frac{1}{\alpha^3 r}\left(\frac{1}{2}\sin^2\theta\sin 2\varphi\right)\dot{M}_o\left(t-\frac{r}{\alpha}\right) \\
u_\theta^{\mathrm{P}} &= u_\varphi^{\mathrm{P}} = u_r^{\mathrm{S}} = 0 \\
4\pi\rho u_\theta^{\mathrm{S}} &= \frac{1}{\beta^3 r}\left(\frac{1}{4}\sin 2\theta\sin 2\varphi\right)\dot{M}_o\left(t-\frac{r}{\beta}\right) \\
4\pi\rho u_\varphi^{\mathrm{S}} &= \frac{1}{\beta^3 r}\left(-\sin\theta\sin^2\varphi\right)\dot{M}_o\left(t-\frac{r}{\beta}\right)
\end{aligned} \qquad (14.2.5)$$

になる．この式から $\boldsymbol{u}^{\mathrm{P}}$ が平面波のときと同じように波の進行方向 ($\hat{\boldsymbol{r}}$) の成分だけをもち，$\boldsymbol{u}^{\mathrm{S}}$ がそれと垂直な方向の成分だけをもっていることが明確になる．括弧の中の θ と φ の関数は観測点の方向による振幅の変化を表しており，ラディエーションパターン (radiation pattern) という．

14.2.2 双偶力源から出る波

　x 軸に平行な力による偶力だけでなく，y 軸に平行な力による偶力も考えることにする．後者は z 軸のまわりの座標回転だけで解が求められる．すなわち，φ を $\varphi - \pi/2$ に変えたものが y 軸に平行な力の偶力による解である．しかしこのようにして求めた解は，はじめの偶力と同じ向きである．震源に相当するのはたがいに反対向きの偶力でなければならないので (図 14.2.1)，座標回転して求めた解の符号を反対にしてすでに求めた解に加えると

$$4\pi\rho u_r^{\mathrm{P}} = \frac{1}{\alpha^3 r}\left(\sin^2\theta\sin 2\varphi\right)\dot{M}_o\left(t-\frac{r}{\alpha}\right)$$

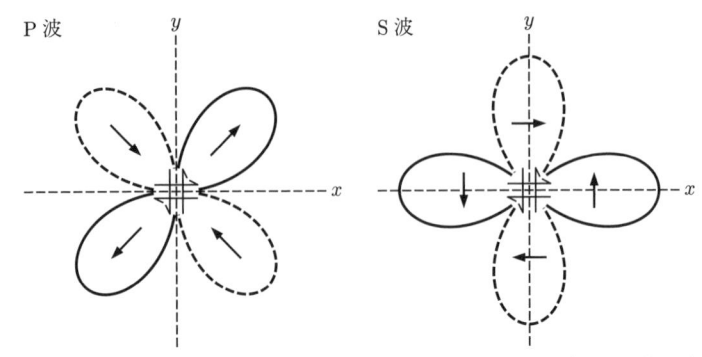

図 14.2.3 双偶力源のラディエーションパターン　x–y 面を地表面としたときの純粋な右横ずれ断層 (right lateral fault) に相当するラディエーションパターン．動径の長さがその方向の振幅を表している．矢印は変位の方向．

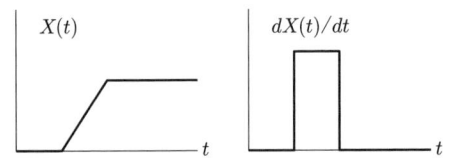

図 14.2.4 傾斜関数とその微分　震源に働く力の時間変化が傾斜関数であるとき，シングルカップルあるいはダブルカップルの遠方解の時間変化はその微分，矩形波になる．

$$4\pi\rho u_\theta^S = \frac{1}{\beta^3 r}\left(\frac{1}{2}\sin 2\theta \sin 2\varphi\right)\dot{M}_o\left(t - \frac{r}{\beta}\right) \qquad (14.2.6)$$

$$4\pi\rho u_\varphi^S = \frac{1}{\beta^3 r}(\sin\theta \cos 2\varphi)\dot{M}_o\left(t - \frac{r}{\beta}\right)$$

が得られる．ほかの成分は 0 になるので省略してある．

　後で示すように，ここで考えたダブルカップルは x–z 面，あるいは y–z 面内の微小な断層に相当する．x–y 面，すなわち $\theta = \pi/2$ における u_r^P と u_φ^S のラディエーションパターンは図 14.2.3 のようになる．P 波と S 波の分布の様子は 45 度ずれているが，いずれも 4 カ所に最大値をもつ分布になっている．このような分布を象限型 (quadrant type) の分布という．

　もう一つ注目すべき点は，遠方での波形の時間変化が加えられたモーメントの 1 回微分になっていることである．たとえばモーメントが図 14.2.4 のような傾斜関数 (ramp function) のように変化するとき，遠方での波形は矩形

波になる.

14.3 相反定理

14.1 節では無限領域におけるスカラー波動方程式に対するグリーン関数を求め，これを用いて任意の外力に対する解の表現を導いた．本節では無限領域とは限らない場合のグリーン関数の性質を導く．

14.3.1 準備

はじめに一つの恒等式を導く．任意の関数 $\phi(t), \psi(t)$ に対して

$$\int_{T_1}^{T_2} \left[\psi(\tau-t)\frac{d^2\phi(t)}{dt^2} - \phi(t)\frac{d^2\psi(\tau-t)}{dt^2} \right] dt$$
$$= \int_{T_1}^{T_2} \frac{d}{dt}\left[\psi(\tau-t)\frac{d\phi(t)}{dt} - \phi(t)\frac{d\psi(\tau-t)}{dt} \right] dt$$
$$= \psi(\tau-T_2)\dot\phi(T_2) + \phi(T_2)\dot\psi(\tau-T_2)$$
$$\quad - \psi(\tau-T_1)\dot\phi(T_1) - \phi(T_1)\dot\psi(\tau-T_1)$$

が成り立つ．ここで $\dot\psi$ などは時間の引数に関する微分を意味しており，たとえば

$$\frac{d\psi(x,\tau-t)}{dt} = -\dot\psi(x,\tau-t)$$

などである．ϕ などは時間の関数であるばかりでなく空間座標の関数でもあるので，混乱を避けるためにこうしているのである．ϕ, ψ が因果律を満たしているときには，原因の前に結果が生じることはないから

$$\psi(t),\ \dot\psi(t),\ \phi(t),\ \dot\phi(t)$$

などはある時刻以前では 0 になる．したがって先の式で $T_1 \to -\infty, T_2 \to +\infty$ とすれば

$$\int_{-\infty}^{\infty} \left[\psi(\tau-t)\frac{d^2\phi(t)}{dt^2} - \phi(t)\frac{d^2\psi(\tau-t)}{dt^2} \right] dt = 0 \tag{14.3.1}$$

が成り立つ．

以下では下のような二つのスカラー波動方程式を1組として考える．

$$\begin{aligned}\frac{1}{\alpha^2}\frac{\partial^2\phi}{\partial t^2} &= \nabla^2\phi(\boldsymbol{x},t) + f(\boldsymbol{x},t) \\ \frac{1}{\alpha^2}\frac{\partial^2\psi}{\partial t^2} &= \nabla^2\psi(\boldsymbol{x},t) + g(\boldsymbol{x},t)\end{aligned} \quad (14.3.2)$$

ϕ, ψ は外力項 f, g のみが異なる波動方程式を満たしている．先の恒等式 (14.3.1) の左辺の ψ, ϕ として上式の ψ, ϕ を用い，体積についても積分すると

$$\begin{aligned}\frac{1}{\alpha^2}\int_{-\infty}^{\infty}dt\int_V &\left[\psi(\tau-t)\frac{\partial^2\phi(t)}{\partial t^2} - \phi(t)\frac{\partial^2\psi(\tau-t)}{\partial t^2}\right]dV \\ &= \int_{-\infty}^{\infty}dt\int_V\left[\psi(\tau-t)\nabla^2\phi(t) - \phi(t)\nabla^2\psi(\tau-t)\right]dV \\ &+ \int_{-\infty}^{\infty}dt\int_V\left[\psi(\tau-t)f(t) - \phi(t)g(\tau-t)\right]dV\end{aligned}$$

が得られる．この式では引数 $\boldsymbol{x}$ は省略している．V はある閉じた領域である．ϕ, ψ が因果的な関数のときには左辺は (14.3.1) 式によって 0 になるから，右辺の第一項をグリーンの定理を用いて面積分になおせば

$$\begin{aligned}0 = \int_{-\infty}^{\infty}dt\int_S &\left[\psi(\tau-t)\frac{\partial\phi(t)}{\partial n} - \phi(t)\frac{\partial\psi(\tau-t)}{\partial n}\right]dS \\ &+ \int_{-\infty}^{\infty}dt\int_V\left[\psi(\tau-t)f(t) - \phi(t)g(\tau-t)\right]dV\end{aligned} \quad (14.3.3)$$

が得られる．S は V の表面，$\partial/\partial n$ は表面 S の外向きの法線方向の微分である．

14.3.2 相反定理

(14.3.2) 式の $g(t)$ として $\delta(\boldsymbol{x}-\boldsymbol{x}_0)\delta(t-t_0)$ を選んだときの解を $G(\boldsymbol{x},t;\boldsymbol{x}_0,t_0)$ と書くことにする．これは時刻 $t=t_0$，座標 $\boldsymbol{x}_0$ に時間的，空間的にインパルス力が加えられたときの解である．このような解をグリーン関数と呼ぶことは 14.1 節に述べておいた．ただし 14.1 節では無限領域だけを考えたが，ここでは領域 V が有限な領域の場合も考えるものとする．V が有限

の領域のときには (14.3.2) 式の解は領域 V の境界 S 上における境界条件に依存する．したがって境界条件によってグリーン関数は変わってくる．ひるがえって無限領域におけるグリーン関数には境界条件が必要ないかというとそうではない．(14.1.1) 式の解はじつは二つあり，一つは (14.1.2) 式，もう一つは無限遠から点 $\boldsymbol{x}_0$ に向かって収束する解である．この二つの解のうち，震源から外向きに伝わるという物理的な条件 (放射条件) をつけて (14.1.2) 式の方を解に選んだのである．

震源の座標 $\boldsymbol{x}_0$ と観測点の座標 $\boldsymbol{x}$ を固定したとき，解は震源の時刻 t_0 と観測点の時刻 t との差だけによるはずであるから，一般に次の関係が成り立つ．

$$G(\boldsymbol{x},t;\boldsymbol{x}_0,t_0) = G(\boldsymbol{x},t+\tau-t_0;\boldsymbol{x}_0,\tau) \tag{14.3.4}$$

特に，$\tau=0$, $\tau=-t$ と置くと

$$G(\boldsymbol{x},t;\boldsymbol{x}_0,t_0) = G(\boldsymbol{x},t-t_0;\boldsymbol{x}_0,0) = G(\boldsymbol{x},-t_0;\boldsymbol{x}_0,-t) \tag{14.3.5}$$

の関係が得られる．

次に境界 S 上で解が斉次の境界条件，すなわち

$$\phi = \psi = 0 \qquad \text{あるいは} \qquad \frac{\partial \phi}{\partial n} = \frac{\partial \psi}{\partial n} = 0 \tag{14.3.6}$$

を満たしているとする．このときには (14.3.3) 式の第一項の表面積分が 0 になる．(14.3.2) 式において

$$f = \delta(\boldsymbol{x}-\boldsymbol{x}_1)\delta(t-\tau_1) \qquad g = \delta(\boldsymbol{x}-\boldsymbol{x}_2)\delta(t+\tau_2)$$

と置くと，その解はグリーン関数

$$\phi = G(\boldsymbol{x},t;\boldsymbol{x}_1,\tau_1) \qquad \psi = G(\boldsymbol{x},t;\boldsymbol{x}_2,-\tau_2)$$

になる．これを (14.3.3) 式に代入して積分を行えば

$$0 = \int_{-\infty}^{\infty} dt \int_V \big[G(\boldsymbol{x},\tau-t;\boldsymbol{x}_2,-\tau_2)\delta(\boldsymbol{x}-\boldsymbol{x}_1)\delta(t-\tau_1)$$
$$- G(\boldsymbol{x},t;\boldsymbol{x}_1,\tau_1)\delta(\boldsymbol{x}-\boldsymbol{x}_2)\delta(\tau-t+\tau_2) \big] dV$$

したがって

$$G(\boldsymbol{x}_1, \tau - \tau_1; \boldsymbol{x}_2, -\tau_2) = G(\boldsymbol{x}_2, \tau + \tau_2; \boldsymbol{x}_1, \tau_1) \tag{14.3.7}$$

が得られる．特に $\tau_1 = \tau_2 = 0$ とすれば

$$G(\boldsymbol{x}_1, \tau; \boldsymbol{x}_2, 0) = G(\boldsymbol{x}_2, \tau; \boldsymbol{x}_1, 0) \tag{14.3.8}$$

が成り立つ．これは震源と観測点を入れ替えたときの相反定理 (reciprocity theorem) を表している．また $\tau = 0$ とすれば

$$G(\boldsymbol{x}_1, -\tau_1; \boldsymbol{x}_2, -\tau_2) = G(\boldsymbol{x}_2, \tau_2; \boldsymbol{x}_1, \tau_1) \tag{14.3.9}$$

が得られる．これは時間と空間を入れ替えたときの相反定理を表している．以上 (14.3.7), (14.3.8), (14.3.9) 式は斉次の境界条件 (14.3.6) 式のときに成り立つ相反定理である．

(14.3.2) 式において $g = \delta(\boldsymbol{x} - \boldsymbol{x}_0)\delta(t)$ と置けば $\psi = G(\boldsymbol{x}, t; \boldsymbol{x}_0, 0)$ になる．これを (14.3.3) 式に代入すれば

$$\begin{aligned} 0 = &\int_{-\infty}^{\infty} dt \int_S \Big[G(\boldsymbol{x}, \tau - t; \boldsymbol{x}_0, 0)\frac{\partial \phi}{\partial n} - \phi(\boldsymbol{x}, t)\frac{\partial G}{\partial n} \Big] dS \\ &+ \int_{-\infty}^{\infty} dt \int_V \Big[G(\boldsymbol{x}, t - \tau; \boldsymbol{x}_0, 0)f(\boldsymbol{x}, t) - \phi(\boldsymbol{x}, t)\delta(\boldsymbol{x} - \boldsymbol{x}_0)\delta(\tau - t) \Big] dV \end{aligned}$$

となる．デルタ関数の部分を積分すれば

$$\begin{aligned} \phi(\boldsymbol{x}_0, \tau) = &\int_{-\infty}^{\infty} dt \int_V G(\boldsymbol{x}, \tau - t; \boldsymbol{x}_0, 0)f(\boldsymbol{x}, t)dV \\ &+ \int_{-\infty}^{\infty} dt \int_S \Big[G(\boldsymbol{x}, \tau - t; \boldsymbol{x}_0, 0)\frac{\partial \phi}{\partial n} - \phi(\boldsymbol{x}, t)\frac{\partial G}{\partial n} \Big] dS \end{aligned}$$

が得られる．このままでは形が悪いので t と τ を入れ替え，$\boldsymbol{x}$ と $\boldsymbol{x}_0$ を入れ替えると

$$\begin{aligned} \phi(\boldsymbol{x}, t) = &\int_{-\infty}^{\infty} d\tau \int_V G(\boldsymbol{x}_0, t - \tau; \boldsymbol{x}, 0)f(\boldsymbol{x}_0, \tau)dV_0 \\ &+ \int_{-\infty}^{\infty} d\tau \int_S \Big[G(\boldsymbol{x}_0, t - \tau; \boldsymbol{x}, 0)\frac{\partial \phi}{\partial n_0} - \phi(\boldsymbol{x}_0, \tau)\frac{\partial G}{\partial n_0} \Big] dS_0 \end{aligned}$$

$$\tag{14.3.10}$$

が得られる．ここで dV_0, dS_0 は座標 $\bm{x}_0$ についての積分を，$\partial/\partial n_0$ は $\bm{x}_0$ に関する微分を意味している．グリーン関数も因果律を満たしているから τ に関する積分の下限は $-\infty$ でなくてもよいが，ここでは一般的に書いておく．なお，時間に関する積分は畳み込み積分にほかならない．そこで時間に関する畳み込み積分を記号「$*$」で表すことにすれば，上式は

$$\phi(\bm{x},t) = \int_V G(\bm{x}_0,t;\bm{x},0) * f(\bm{x}_0,t) dV_0$$
$$+ \int_S \left[G(\bm{x}_0,t;\bm{x},0) * \frac{\partial \phi(\bm{x}_0,t)}{\partial n_0} - \phi(\bm{x}_0,t) * \frac{\partial G(\bm{x}_0,t;\bm{x},0)}{\partial n_0} \right] dS_0$$

と書くこともできる．しかし以下では混乱が生じないように畳み込みの積分も陽に書くことにする．

この式は任意の外力 $f(\bm{x},t)$ に対する (14.3.2) 式の解 ϕ がグリーン関数 G を用いて表されることを意味しており，無限領域における (14.1.4) 式に相当している．ただし，グリーン関数は観測点 $\bm{x}$ に震源があるときのものである．また右辺の表面積分の部分にも未知関数である ϕ が現れているので，この式は陽な解にはなっていない．しかしこの制限は緩和することができる．たとえば V が無限領域で ϕ や G が無限遠で原点からの距離 r の $1/r$ より速く減衰するとすれば，上式の面積分は 0 になるから ϕ は第一項の体積積分だけで表されることになる．

V が無限領域でないときには，グリーン関数に制限をつけることによっても制限を緩くすることができる．まずグリーン関数が S 上で 0

$$G^{\mathrm{R}}(\bm{x}_0, t-\tau; \bm{x}, 0) = 0 \qquad \bm{x}_0 \text{ は } S \text{ 上 (剛体条件)} \qquad (14.3.11)$$

を満たしているとする．グリーン関数が変位の次元をもつ量とすればこの条件は剛体境界の条件になるので，ここでも剛体境界条件と呼ぶことにするが，グリーン関数が音波の圧力のときにはこれは自由表面の境界条件にほかならない．この条件が満たされているときには (14.3.8) 式により $\bm{x}$ と $\bm{x}_0$ とを入れ替えることができるので

$$\phi(\boldsymbol{x},t) = \int_{-\infty}^{\infty} d\tau \int_V G^{\mathrm{R}}(\boldsymbol{x},t-\tau;\boldsymbol{x}_0,0) f(\boldsymbol{x}_0,\tau) dV_0$$
$$- \int_{-\infty}^{\infty} d\tau \int_S \phi(\boldsymbol{x}_0,\tau) \frac{\partial G^{\mathrm{R}}(\boldsymbol{x},t-\tau;\boldsymbol{x}_0,0)}{\partial n_0} dS_0 \qquad (14.3.12)$$

が得られる. 同様に S 上で

$$\frac{\partial G^{\mathrm{F}}(\boldsymbol{x}_0,t-\tau;\boldsymbol{x},0)}{\partial n_0} = 0 \qquad \boldsymbol{x}_0 \text{ は } S \text{ 上 (自由条件)} \qquad (14.3.13)$$

が成り立っているときには自由な境界条件という (音波のときには剛体境界条件). このときには

$$\phi(\boldsymbol{x},t) = \int_{-\infty}^{\infty} d\tau \int_V G^{\mathrm{F}}(\boldsymbol{x},t-\tau;\boldsymbol{x}_0,0) f(\boldsymbol{x}_0,\tau) dV_0$$
$$+ \int_{-\infty}^{\infty} d\tau \int_S G^{\mathrm{F}}(\boldsymbol{x},t-\tau;\boldsymbol{x}_0,0) \frac{\partial \phi(\boldsymbol{x}_0,\tau)}{\partial n_0} dS_0 \qquad (14.3.14)$$

が得られる. 相反性を用いたために, これらの式は (14.3.10) 式よりは理解しやすい形になっている. すなわち, 実際の震源位置 $\boldsymbol{x}_0$ にインパルス力の震源があったときに, 観測点 $\boldsymbol{x}$ で観測される波形を時間をずらしながら加え合せたもの (畳み込み) が, 実際の観測点における波形である.

····●····●····(メ モ)····●····●····

グリーンの定理　(14.3.3) 式を導くときに現れる体積積分の項は次のように変形することができる.

$$\int_V \left(\psi \nabla^2 \phi - \phi \nabla^2 \psi\right) dV = \int_V \nabla \cdot \left(\psi \nabla \phi - \phi \nabla \psi\right) dV$$

ここでガウスの定理 (1.2.i) を用いれば

$$\int_V \left(\psi \nabla^2 \phi - \phi \nabla^2 \psi\right) dV = \int_S \left(\psi \frac{\partial \phi}{\partial n} - \phi \frac{\partial \psi}{\partial n}\right) dS$$

が得られる. ここに, S は V の表面で, n は領域 V から見た S の外向きの法線方向である.

····●····●····●····●····●····●····

15 弾性転位論

弾性体のある面の両側で変位の不連続が生じることを転位 (dislocation), あるいは食い違いと呼ぶ. 断層運動はその典型である. 結晶の中で結晶格子に食い違いが生じるのも転位と呼ぶが, 弾性論における転位論は結晶における転位を, 連続体の変形でモデル化するための道具として発展したものである.

15.1 弾性波動方程式のグリーン関数

前章ではスカラー波動方程式のグリーン関数による解法を導いたが, 弾性体の運動方程式はベクトルの波動方程式であるから, そのグリーン関数はノーテーションが非常に複雑になる. はじめにベッティの定理を導く.

15.1.1 ベッティの定理

直角座標系における運動方程式の x 成分は

$$\rho \frac{\partial^2 u_x}{\partial t^2} = \frac{\partial \sigma_{xx}}{\partial x} + \frac{\partial \sigma_{xy}}{\partial y} + \frac{\partial \sigma_{xz}}{\partial z} + f_x \tag{15.1.1}$$

である. 両辺に v_x を掛けて体積積分すれば, $(\sigma_{xx}, \sigma_{xy}, \sigma_{zx})$ が x 軸に垂直な面に働く応力ベクトル $\boldsymbol{\sigma}_x$ であることに注意して

$$\begin{aligned}
\int_V v_x \left(\rho \frac{\partial^2 u_x}{\partial t^2} - f_x\right) dV &= \int_V v_x \left(\frac{\partial \sigma_{xx}}{\partial x} + \frac{\partial \sigma_{xy}}{\partial y} + \frac{\partial \sigma_{zx}}{\partial z}\right) dV \\
&= \int_V v_x \nabla \cdot \boldsymbol{\sigma}_x dV = \int_V \left[\nabla \cdot (v_x \boldsymbol{\sigma}_x) - \nabla v_x \cdot \boldsymbol{\sigma}_x\right] dV \\
&= \int_S (v_x \boldsymbol{\sigma}_x)_n dS - \int_V \nabla v_x \cdot \boldsymbol{\sigma}_x dV
\end{aligned}$$

が得られる. $\boldsymbol{\sigma}_x$ は変位場 $\boldsymbol{u}$ から作られた応力場であるから, 以下ではこれを $\boldsymbol{\sigma}_x(\boldsymbol{u})$ と表すことにする. x 成分だけではなく y, z 成分についても同様に計算して和をとると

$$\int_V \boldsymbol{v} \cdot \left(\rho \frac{\partial^2 \boldsymbol{u}}{\partial t^2} - \boldsymbol{f}\right) dV = \int_S [\boldsymbol{v} \cdot \boldsymbol{\sigma}_n(\boldsymbol{u})] dS$$
$$- \int_V \big[e_{xx}(\boldsymbol{v})\sigma_{xx}(\boldsymbol{u}) + e_{yy}(\boldsymbol{v})\sigma_{yy}(\boldsymbol{u})$$
$$+ e_{zz}(\boldsymbol{v})\sigma_{zz}(\boldsymbol{u}) + 2e_{xy}(\boldsymbol{v})\sigma_{xy}(\boldsymbol{u})$$
$$+ 2e_{yz}(\boldsymbol{v})\sigma_{yz}(\boldsymbol{u}) + 2e_{zx}(\boldsymbol{v})\sigma_{zx}(\boldsymbol{u}) \big] dV$$

が得られる．ここで $e_{xy}(\boldsymbol{v})$ などは変位場 $\boldsymbol{v}$ によって生じる歪成分である．S の法線方向の単位ベクトルを $\boldsymbol{n} = (n_x, n_y, n_z)$ とするとき

$$\boldsymbol{\sigma}_n = \begin{bmatrix} \boldsymbol{\sigma}_x n_x \\ \boldsymbol{\sigma}_y n_y \\ \boldsymbol{\sigma}_z n_z \end{bmatrix}$$

は面 S に働く応力ベクトルである (第 3 章参照)．

次に外力が $\boldsymbol{g}$ のときの変位場を $\boldsymbol{v}$ とし，同様な計算を行うと右辺の体積積分のところに $\boldsymbol{v}$ と $\boldsymbol{u}$ を入れ換えたものが現れる．フックの法則を用いて実際にこれらの値を計算してみればわかるように，これらの値は等しくなる．すなわち

$$\sum_{i,j} e_{ij}(\boldsymbol{v})\sigma_{ij}(\boldsymbol{u}) = \sum_{i,j} e_{ij}(\boldsymbol{u})\sigma_{ij}(\boldsymbol{v})$$

が成り立つ．したがって

$$\int_V \boldsymbol{v} \cdot \left(\boldsymbol{f} - \rho \frac{\partial^2 \boldsymbol{u}}{\partial t^2}\right) dV + \int_S [\boldsymbol{v} \cdot \boldsymbol{\sigma}_n(\boldsymbol{u})] dS$$
$$= \int_V \boldsymbol{u} \cdot \left(\boldsymbol{g} - \rho \frac{\partial^2 \boldsymbol{v}}{\partial t^2}\right) dV + \int_S [\boldsymbol{u} \cdot \boldsymbol{\sigma}_n(\boldsymbol{v})] dS \quad (15.1.2)$$

が成り立つ．これをベッティ (Betti) の定理という．

これをさらに時間について積分する．ただし，$\boldsymbol{u}$ の引数は t, $\boldsymbol{v}$ の引数は $\tau - t$ とする．前章のスカラーの場合と同様に因果律を満たしている解に対しては

$$\int_{-\infty}^{\infty} \rho \left[\frac{\partial^2 \boldsymbol{u}(t)}{\partial t^2} \cdot \boldsymbol{v}(\tau - t) - \boldsymbol{u}(t) \cdot \frac{\partial^2 \boldsymbol{v}(\tau - t)}{\partial t^2} \right] dt = 0$$

が成り立つから

$$\int_{-\infty}^{\infty} dt \int_V [\boldsymbol{u}(\boldsymbol{x},t) \cdot \boldsymbol{g}(\boldsymbol{x},\tau-t) - \boldsymbol{v}(\boldsymbol{x},\tau-t) \cdot \boldsymbol{f}(\boldsymbol{x},t)] dV$$
$$= \int_{-\infty}^{\infty} dt \int_S \{\boldsymbol{v}(\boldsymbol{x},\tau-t) \cdot \boldsymbol{\sigma}_n[\boldsymbol{u}(\boldsymbol{x},t)]$$
$$-\boldsymbol{u}(\boldsymbol{x},t) \cdot \boldsymbol{\sigma}_n[\boldsymbol{v}(\boldsymbol{x},\tau-t)]\} dS \qquad (15.1.3)$$

が得られる．これはスカラーの場合の (14.3.3) 式に相当する．スカラーの場合の斉次の境界条件は，ベクトルの場合

$$\boldsymbol{u} = \boldsymbol{v} = 0 \quad \text{または} \quad \boldsymbol{\sigma}_n(\boldsymbol{u}) = \boldsymbol{\sigma}_n(\boldsymbol{v}) = 0 \qquad (15.1.4)$$

である．これが成り立つときには上式右辺の面積分が 0 になる．

15.1.2　弾性波動方程式のグリーン関数

点 $\boldsymbol{x}_0$ に m 方向の力が働いたとする．すなわち外力 $\boldsymbol{g}$ の i 成分が

$$g_i = \delta(\boldsymbol{x} - \boldsymbol{x}_0)\delta(t-\tau)\delta_{im}$$

で表されるとする．ここに δ_{im} はクロネッカーの記号で，$i=m$ のとき 1, それ以外は 0 である．このような外力が働いたときの弾性体の運動方程式の解を弾性波動方程式のグリーン関数と呼ぶことにする．この解はベクトルであるから 3 成分ある．その i 成分を $G_{im}(\boldsymbol{x},t;\boldsymbol{x}_0,\tau)$ と書くことにする．1番目の添字は変位の成分を，2番目の添字は外力の成分を表している．G_{im} は以下の運動方程式を満たしている．

$$\rho \frac{\partial^2}{\partial t^2} G_{im}(\boldsymbol{x},t;\boldsymbol{x}_0,\tau) = \sum_k \frac{\partial \sigma_{ik}(G)}{\partial x_k} + \delta(\boldsymbol{x}-\boldsymbol{x}_0)\delta(t-\tau)\delta_{im}$$
$$(15.1.5)$$

$\sigma_{ik}(G)$ はグリーン関数 G_{im} から計算された応力の意味である．このグリーン関数はスカラーのときと同様に時刻の原点にはよらないので

$$G_{im}(\boldsymbol{x},t;\boldsymbol{x}_0,\tau) = G_{im}(\boldsymbol{x},t-\tau;\boldsymbol{x}_0,0) = G_{im}(\boldsymbol{x},-\tau;\boldsymbol{x}_0,-t)$$
$$(15.1.6)$$

を満たしている．これに対して震源と観測点の相反性は，スカラーの場合と違って，震源の力の向きや変位の向きという自由度が増えるので複雑になる．

いま，外力が l 方向と m 方向に働く場合を考えて，m 方向の外力が $f_i = \delta(\boldsymbol{x}-\boldsymbol{x}_1)\delta(t-\tau_1)\delta_{im}$ のときの解を $u_i = G_{im}(\boldsymbol{x},t;\boldsymbol{x}_1,\tau_1)$，$l$ 方向の外力が $g_i = \delta(\boldsymbol{x}-\boldsymbol{x}_2)\delta(t+\tau_2)\delta_{il}$ のときの解を $v_i = G_{il}(\boldsymbol{x},t;\boldsymbol{x}_2,-\tau_2)$ と置いて，これらを (15.1.3) 式に代入すれば，斉次の境界条件のときには右辺の面積分が 0 になるから

$$\int_{-\infty}^{\infty}dt\int_V\sum_i[G_{im}(\boldsymbol{x},t;\boldsymbol{x}_1,\tau_1)\delta(\boldsymbol{x}-\boldsymbol{x}_2)\delta(\tau-t+\tau_2)\delta_{il}\\-G_{il}(\boldsymbol{x},\tau-t;\boldsymbol{x}_2,-\tau_2)\delta(\boldsymbol{x}-\boldsymbol{x}_1)\delta(t-\tau_1)\delta_{im}]dV=0$$

となる．これを積分すれば

$$G_{lm}(\boldsymbol{x}_2,\tau+\tau_2;\boldsymbol{x}_1,\tau_1)=G_{ml}(\boldsymbol{x}_1,\tau-\tau_1;\boldsymbol{x}_2,-\tau_2) \tag{15.1.7}$$

が得られる．これより相反定理

$$\begin{aligned}G_{lm}(\boldsymbol{x}_2,\tau;\boldsymbol{x}_1,0)&=G_{ml}(\boldsymbol{x}_1,\tau;\boldsymbol{x}_2,0)\\G_{lm}(\boldsymbol{x}_2,\tau_2;\boldsymbol{x}_1,\tau_1)&=G_{ml}(\boldsymbol{x}_1,-\tau_1;\boldsymbol{x}_2,-\tau_2)\end{aligned} \tag{15.1.8}$$

が導かれる．これらの相反定理では震源の力の向きと観測点の変位の向きが入れ換わっていることに注意する．

(15.1.3) 式の v_i として $G_{im}(\boldsymbol{x},t;\boldsymbol{x}_0,0)$ を選ぶことにする．これは外力が時刻 0, 点 $\boldsymbol{x}_0$ に m 方向に加えられたときのグリーン関数であるから，(15.1.3) 式の左辺第一項は

$$\int_{-\infty}^{\infty}dt\int_V\sum_i u_i(\boldsymbol{x},t)\delta(\boldsymbol{x}-\boldsymbol{x}_0)\delta(\tau-t)\delta_{im}dV=u_m(\boldsymbol{x}_0,\tau)$$

になる．したがって

$$u_m(\boldsymbol{x}_0, \tau) = \int_{-\infty}^{\infty} dt \int_V \boldsymbol{f} \cdot \boldsymbol{G}_m(\boldsymbol{x}, \tau - t; \boldsymbol{x}_0, 0) dV$$
$$+ \int_{-\infty}^{\infty} dt \int_S \{ \boldsymbol{G}_m(\boldsymbol{x}, \tau - t; \boldsymbol{x}_0, 0) \cdot \boldsymbol{\sigma}_n[\boldsymbol{u}(\boldsymbol{x}, t)]$$
$$- \boldsymbol{u}(\boldsymbol{x}, t) \cdot \boldsymbol{\sigma}_n[\boldsymbol{G}_m(\boldsymbol{x}, \tau - t; \boldsymbol{x}_0, 0)] \} dS$$

(15.1.9)

が得られる．$\boldsymbol{G}_m$ は m 方向に力が働いたときのグリーン関数を意味している．この式は弾性転位論の基礎になる関係である．ただしここではまだ相反定理を用いていないので，観測点 $\boldsymbol{x}_0$ における変位 $\boldsymbol{u}(\boldsymbol{x}_0, \tau)$ を求めるために，観測点 $\boldsymbol{x}_0$ に外力が働いたときのグリーン関数を用いている．そのためにわかりにくい表現になっている．

15.2 弾性転位論

本節の大半では食い違いから発生する弾性波を計算する．最後に同じ理論を用いて体積的な震源から発生する弾性波を計算する．

15.2.1 食い違いから発生する波

これまでは領域 V の表面 S はただ一つのものであるかのように考えていたが，実際はいくつもの面があることもある．たとえば領域 V の中にいくつかの空洞があったとすれば，この空洞の表面も S の一部になる．

地震は断層運動によって生じるから，地震波を考えるときには断層面の動きに注目しなければならない．いま，領域 V としておおげさに地球全体を考える．V の表面としては地球の表面のほかに断層面も考えなければならない．断層を空洞が平たくつぶれた極限と考えれば，断層には二つの面がある．これらを Σ^+ と Σ^- と呼ぶことにする．表面積分に現れる外向きの法線方向 n は，面 Σ^+ 上では Σ^- へ向かう向き，面 Σ^- 上では Σ^+ へ向かう向きである（図 15.2.1）．

以上のことを念頭に置いて，断層がある場合の (15.1.9) 式を書き換えることにする．この式で扱う表面には三つある．第一には地球の表面があるが，

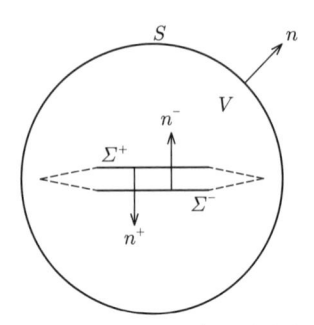

図 15.2.1 転位モデル S は地球の表面, $\Sigma^{\pm}$ は断層面. 面 Σ^+ の正方向の法線方向は n^+, Σ^- の法線方向は n^- で,これらは反対向きである. $\Sigma^{\pm}$ 上で変位は不連続であるが,応力は連続とする.

これを改めて S と呼ぶことにする. このほかに断層面の表面 Σ^+ と Σ^- がある. 変位場 u は断層運動のみによって生じるとし,体積力 f は働いていないとする. 断層運動によって u は断層面で不連続になるかもしれないが,応力場は断層面上でも連続であるとし,地球の表面では斉次の境界条件 (15.1.4) 式を満たしているとする. グリーン関数に関しては断層面 Σ^+, Σ^- を通しても微分係数を含めて連続とする. 以上の仮定によって (15.1.9) 式の右辺は断層面上の面積分だけによって表されることになる.

断層面 Σ^+, Σ^- の名前のつけ方は任意であるが,いったん決めた後では断層面そのものの法線方向を Σ^- から Σ^+ へ向かう向きを正と約束して,これを改めて n とする. 断層面に沿った外向きの法線方向 n は領域 V から見て外向きであるから, Σ^+ 面では $-n$ の向き, Σ^- 面では n の向きである. (15.1.9) 式の表面積分の第一項を断層面 $\Sigma^+ + \Sigma^-$ で積分すれば G_m は連続, σ_n の符号は反対になるので 0 になる. したがって

$$u_m(\boldsymbol{x},t) = \int_{-\infty}^{\infty} d\tau \int_{\Sigma} \left[\boldsymbol{u}^+(\boldsymbol{x}',\tau) - \boldsymbol{u}^-(\boldsymbol{x}',\tau) \right] \\ \cdot \boldsymbol{\sigma}_n [\boldsymbol{G}_m(\boldsymbol{x}',t-\tau;\boldsymbol{x},0)] d\Sigma(\boldsymbol{x}') \quad (15.2.1)$$

が得られる. ここでは (15.1.9) 式の t と τ を入れ換え,積分変数 $\boldsymbol{x}$ を $\boldsymbol{x}'$ と書き換えた上で観測点の座標を改めて $\boldsymbol{x}$ と書いてある. 積分,微分は断層面上の座標 $\boldsymbol{x}'$ について行うものである. さらに, $\boldsymbol{u}^{\pm}$ は断層面 $\Sigma^{\pm}$ におけ

る値を意味している.

上式 (15.2.1) は断層面上に変位の食い違い

$$\Delta \boldsymbol{u}(\boldsymbol{x},t) = \boldsymbol{u}^+(\boldsymbol{x},t) - \boldsymbol{u}^-(\boldsymbol{x},t) \tag{15.2.2}$$

が生じたときの弾性波を表す一般的な表現で,形としては非常に簡単である.しかしその含む内容は豊富で,一般的な表現を書き下しても混乱するばかりであるので,はじめに断層面が x–z 面で,食い違い量 $\Delta \boldsymbol{u}$ は x 成分しかないときを考える. x–y 面を地表と考えたときには, Δu_x の正負に応じてこの断層は右横ずれ断層,あるいは左横ずれ断層に相当する.このときには (15.2.1) 式の $\boldsymbol{\sigma}_n$ は $\boldsymbol{\sigma}_y$ とすればよいので,必要な応力成分は σ_{xy} のみで

$$\sigma_{xy} = \mu \left(\frac{\partial G_{xm}}{\partial y'} + \frac{\partial G_{ym}}{\partial x'} \right) (\boldsymbol{x}', t-\tau; \boldsymbol{x}, 0)$$

と書き表される. G の引数はまとめて最後に記してある.グリーン関数が斉次の境界条件を満たしていると仮定したことから相反定理 (15.1.8) 式を用いれば,上式は

$$\sigma_{xy} = \mu \left(\frac{\partial G_{mx}}{\partial y'} + \frac{\partial G_{my}}{\partial x'} \right) (\boldsymbol{x}, t-\tau; \boldsymbol{x}', 0)$$

と書くことができる.したがって (15.2.1) 式はこの場合

$$\begin{aligned}
u_m(\boldsymbol{x},t) = \int_{-\infty}^{\infty} d\tau \int_{\Sigma} & \mu \Delta u_x(\boldsymbol{x}',\tau) \\
& \times \left(\frac{\partial G_{mx}}{\partial y'} + \frac{\partial G_{my}}{\partial x'} \right) (\boldsymbol{x}, t-\tau; \boldsymbol{x}', 0) dx' dz'
\end{aligned} \tag{15.2.3}$$

と表される.これによって断層面上に力が働いたときのグリーン関数によって観測点の変位を表すことができた.

グリーン関数 G_{mx} は震源に x 方向の力が働いたときに観測点で m 方向の変位を表している.微分の定義から y 方向の単位ベクトルを $\hat{\boldsymbol{y}}$ とすれば

$$\frac{\partial G_{mx}}{\partial y'} = \lim_{\Delta l \to 0} \frac{1}{\Delta l} \left[G_{mx}(\boldsymbol{x}' + (\Delta l/2)\hat{\boldsymbol{y}}) - G_{mx}(\boldsymbol{x}' - (\Delta l/2)\hat{\boldsymbol{y}}) \right]$$

である.必要な引数だけしか記していない.第一項は断層面から y 方向に $\Delta l/2$ だけ離れた点に働く力による変位,第二項は反対に $-y$ 方向に $\Delta l/2$ だ

け離れた点に働く力による変位を表している．したがってこの項による変位は，x 軸に沿って力の向きが断層面に平行な時計まわりの偶力が分布しているときの変位に相当する．第二項はこれとは反対に，x 軸に沿って力の向きが断層面に垂直な反時計まわりの偶力が分布しているときの変位になる．したがって (15.2.3) 式は全体として x 軸に沿ってダブルカップルが分布しているときの変位を表している．

食い違いがほかの成分をもっているときにも，(15.2.3) 式を導いたのと同じ手順で u_m を導くことができる．食い違いが z 成分をもっているときに必要な応力は

$$\sigma_{yz} = \mu\left(\frac{\partial G_{mz}}{\partial y'} + \frac{\partial G_{my}}{\partial z'}\right)$$

である．第一項は力の向きが z 方向の偶力，第二項は力の向きが y 方向の偶力による変位を表している．最後に食い違いの y 成分，すなわち断層面に垂直な成分に対応する応力は

$$\sigma_{yy} = \lambda\left(\frac{\partial G_{mx}}{\partial x'} + \frac{\partial G_{mz}}{\partial z'}\right) + (\lambda + 2\mu)\frac{\partial G_{my}}{\partial y'}$$

である．これは上二つとは異なり，偶力ではない．たとえば第一項

$$\frac{\partial G_{mx}}{\partial x'}$$

は x 方向に離れた 2 点に働く x 方向の力による変位を表している．ほかの 2 項も同様で張力型の力源である．

以上をまとめると，一般に断層上に食い違い量 $\Delta\boldsymbol{u}$ によって生じる変位は，形式的には次のように書くことができる．

$$u_m(\boldsymbol{x},t) = \int_{-\infty}^{\infty} d\tau \int_{\Sigma} \sum_{i,j} m_{ij}(\boldsymbol{x}',\tau)\frac{\partial G_{mi}}{\partial x'_j}(\boldsymbol{x}, t-\tau; \boldsymbol{x}', 0) d\Sigma(\boldsymbol{x}') \tag{15.2.4}$$

断層面が x–z 面である場合には，上で導いた式から $\boldsymbol{m} = [m_{ij}]$ は

$$\boldsymbol{m} = \begin{bmatrix} \lambda\Delta u_y & \mu\Delta u_x & 0 \\ \mu\Delta u_x & (\lambda+2\mu)\Delta u_y & \mu\Delta u_z \\ 0 & \mu\Delta u_z & \lambda\Delta u_y \end{bmatrix} \tag{15.2.5}$$

になる．m の各要素は力×長さ/面積の次元をもっているから，これらは断層面の単位面積当たりのモーメントの面密度という意味をもっている．上式は断層面が x–z 面内である場合であるが，一般の場合には (15.2.1) 式を用いて以下のように計算する．

断層面の法線方向の単位ベクトルを (n_x, n_y, n_z) とすれば，(15.2.1) 式の被積分関数に現れる量は

$$\Delta u \cdot \sigma_n = \sum_j n_j \sum_i \Delta u_i \sigma_{ij}$$

と書き表される．等方媒質の場合のフックの法則は

$$\sigma_{ij} = \lambda \Big(\sum_k e_{kk}\Big)\delta_{ij} + 2\mu e_{ij}$$

と書くことができるので

$$\sum_j \lambda n_j \Delta u_j \sum_k e_{kk} = \sum_k \lambda \Big(\sum_j n_j \Delta u_j\Big) e_{kj}\delta_{ki}$$

$$\sum_{i,j} 2\mu n_j \Delta u_i e_{ij} = \sum_{i,j} \mu(n_j \Delta u_i + n_i \Delta u_j) e_{ij}$$

などの関係を用いれば

$$\Delta u \cdot \sigma_n = \sum_{i,j}\Big[\lambda\Big(\sum_k n_k \Delta u_k\Big)\delta_{ij} + \mu(n_j \Delta u_i + \nu_i \Delta u_j)\Big] e_{ij}$$

となる．この場合の e_{ij} はグリーン関数の微分

$$e_{ij} = \frac{1}{2}\left(\frac{\partial G_{mi}}{\partial x_j} + \frac{\partial G_{mj}}{\partial x_i}\right)$$

であるから (15.2.4) 式と比較すれば

$$m_{ij} = \lambda\Big(\sum_k n_k \Delta u_k\Big)\delta_{ij} + \mu(n_j \Delta u_i + n_i \Delta u_j) \tag{15.2.6}$$

が得られる．断層面が x–z 面内にあるときには $n_y = 1$, $n_x = n_z = 0$ であるから上式は (15.2.5) 式に一致する．

通常，食い違いは断層面内で起こり，断層面を押し広げるような成分はないとするから

$$\sum_k n_k \Delta u_k = \boldsymbol{n} \cdot \Delta \boldsymbol{u} = 0 \tag{15.2.7}$$

が成り立っていることが多い．このような食い違いを剪断食い違い (shear dislocation) という．このときには (15.2.6) 式は単に

$$\begin{aligned}m_{ij} &= \mu(n_i \Delta u_j + n_j \Delta u_i) \\ &= \mu \begin{bmatrix} 2n_x \Delta u_x & n_x \Delta u_y + n_y \Delta u_x & n_x \Delta u_z + n_z \Delta u_x \\ n_y \Delta u_x + n_x \Delta u_y & 2n_y \Delta u_y & n_y \Delta u_z + n_z \Delta u_y \\ n_z \Delta u_x + n_x \Delta u_z & n_z \Delta u_y + n_y \Delta u_z & 2n_z \Delta u_z \end{bmatrix}\end{aligned} \tag{15.2.8}$$

となる．

最初に例としてとりあげた，断層面が x–z 面内にあり ($n_y=1$)，食い違いが x 成分だけの横ずれ断層のときには，(15.2.5) 式から

$$\boldsymbol{m} = \mu \begin{bmatrix} 0 & \Delta u_x & 0 \\ \Delta u_x & 0 & 0 \\ 0 & 0 & 0 \end{bmatrix}$$

になる．一方，断層面が y–z 面内で食い違いが y 成分だけのときには，(15.2.8) 式から

$$\boldsymbol{m} = \mu \begin{bmatrix} 0 & \Delta u_y & 0 \\ \Delta u_y & 0 & 0 \\ 0 & 0 & 0 \end{bmatrix}$$

となる．したがってもし $\Delta u_x = \Delta u_y$ なら，これら二つの食い違いからはまったく同じ地震波が発生することになる．いい換えれば，食い違いベクトル $\Delta \boldsymbol{u}$ がたがいに直交する断層から発生する波のラディエーションパターンはまったく同じである．したがってラディエーションパターンから断層面の向きを一義的に決めることはできない．

断層のパラメーターを走向 ϕ_s, 傾斜角 δ, すべり角 λ_s と食い違い量 U で表す. 上盤のすべりの方向の単位ベクトル $\boldsymbol{\nu}$ は (11.3.13) 式で与えられているので, 断層面に沿った食い違いベクトルは

$$\Delta \boldsymbol{u} = U\boldsymbol{\nu} = U(\cos\lambda_s \cos\phi_s + \sin\lambda_s \cos\delta \sin\phi_s,$$
$$\cos\lambda_s \sin\phi_s - \sin\lambda_s \cos\delta \cos\phi_s, -\sin\lambda_s \sin\delta)$$

で表される. ここでは x 軸を北向きに, z 軸を下向きにとっている. よって剪断すべりの場合には (15.2.8) 式より

$$m_{xx} = -\mu U(\cos\phi_s \sin\delta \sin 2\phi_s + \sin\lambda_s \sin 2\delta \sin^2\phi_s)$$
$$m_{xy} = m_{yx} = \mu U(\cos\lambda_s \sin\delta \cos 2\phi_s + \frac{1}{2}\sin\lambda_s \sin 2\delta \sin 2\phi_s)$$
$$m_{xz} = m_{zx} = -\mu U(\sin\lambda_s \cos 2\delta \sin\phi_s + \cos\lambda_s \cos\delta \cos\phi_s)$$
$$m_{yy} = \mu U(\cos\lambda_s \sin\delta \sin 2\phi_s - \sin\lambda_s \sin 2\delta \cos^2\phi_s) \quad (15.2.9)$$
$$m_{yz} = m_{zy} = \mu U(\sin\lambda_s \cos 2\delta \cos\phi_s - \cos\lambda_s \cos\delta \sin\phi_s)$$
$$m_{zz} = \mu U \sin\lambda_s \sin 2\delta$$

で表される.

断層面が非常に小さく, 点震源と考えてよいときには (15.2.4) 式の面積分を m_{ij} についてだけ行ってしまってもよい. この積分

$$M_{ij} = \int_\Sigma m_{ij} d\Sigma \quad (15.2.10)$$

をモーメントテンソル (moment tensor) という. この近似を用いると (15.2.4) 式は

$$u_m(\boldsymbol{x}, t) = \int_{-\infty}^{\infty} \sum_{i,j} M_{ij}(\tau) \frac{\partial G_{mi}}{\partial x'_j}(\boldsymbol{x}, t-\tau; \boldsymbol{x}', 0) d\tau \quad (15.2.11)$$

となる. $\boldsymbol{x}'$ はここでは点振源の座標を意味する.

話を具体的にするために, x–z 面内の微小面積 A の断層面に沿って食い違い量が x 成分のみで

$$\Delta u_x = U(t) \quad (15.2.12)$$

で表される断層運動を考える．このときのモーメントテンソルは

$$\boldsymbol{M}(t) = \begin{bmatrix} 0 & M_o(t) & 0 \\ M_o(t) & 0 & 0 \\ 0 & 0 & 0 \end{bmatrix}$$

となる．ここにモーメント $M_o(t)$ は

$$M_o(t) = \mu U(t) A \tag{15.2.13}$$

で定義される．このときには (15.2.11) 式は

$$u_m(\boldsymbol{x}, t) = \int_{-\infty}^{\infty} M_o(\tau) \Big(\frac{\partial G_{mx}}{\partial y'} + \frac{\partial G_{my}}{\partial x'} \Big)(\boldsymbol{x}, t-\tau; \boldsymbol{x}', 0) d\tau \tag{15.2.14}$$

になる．

遠距離解だけを問題にすれば，上に現れるグリーン関数のうち $G_{mx}(\boldsymbol{x}, t-\tau; \boldsymbol{x}', 0)$ は (14.1.18), (14.1.19) 式で近似される．ただし，この式の $X_0(t)$ は $\delta(t-\tau)$ で置き換え，$r^2 = \|\boldsymbol{x} - \boldsymbol{x}'\|^2$ とする．したがってこれを y' で微分したものは (14.2.2), (14.2.3) 式の $\dot{M}_o(t)$ を $\delta'(t-\tau)$ で置き換えたものである．これを球座標系で表したものが (14.2.5) 式である．(15.2.14) 式の第二項の x' に関する微分の項も同様に計算することができる．これらを加えれば (15.2.14) 式の τ に関する積分の被積分関数が得られる．たとえば，角度依存性を除くと，u_r^{P} に現れる積分は

$$\int_{-\infty}^{\infty} M_o(\tau) \delta'\Big(t - \tau - \frac{r}{\alpha}\Big) d\tau = \int_{-\infty}^{\infty} \dot{M}_o(\tau) \delta\Big(t - \tau - \frac{r}{\alpha}\Big) d\tau$$
$$= \dot{M}_o\Big(t - \frac{r}{\alpha}\Big)$$

となる．よって，(15.2.14) 式の遠方近似は (14.2.6) 式とまったく同じ形に表わされることがわかる．ただしこのときの M_o は (15.2.13) 式で定義されたモーメントである．

以上の計算によって，震源から遠方で見ている限り，ダブルカップルによって生じる波動場と，断層運動によって生じる波動場がともに (14.2.6) 式で表

されることがわかった．(15.2.12) 式で表される食い違いは特別なものではなく，剪断食い違いなら断層面を x–z 面にとれば (15.2.12) 式が成り立つから，任意の断層面に対する解は (14.2.6) 式を座標変換すれば得られる．

15.2.2 体積的震源

上では断層面に沿った食い違いに対する解を求めた．そこでは断層面を横切って変位は不連続であるが，応力は連続であった．逆に変位は連続で，応力が不連続となるような震源も考えられる．

図 15.2.2 のように全体の領域 V を閉曲面 Σ の外部 V_{out} と内部 V_{in} とに分ける．Σ は 2 枚の面 Σ^+ と Σ^- であり，表面積分はこの 2 枚の閉曲面上に対して行う．ただし，Σ^+ 上の外向き法線方向は $-\boldsymbol{n}$ であり，Σ^- の外向き法線方向は $\boldsymbol{n}$ である．体積力は働いていないとし，また最も外側では斉次の境界条件が満たされているとすると

$$u_m(\boldsymbol{x},t) = -\int_{-\infty}^{\infty} d\tau \int_{\Sigma} \boldsymbol{G}_m(\boldsymbol{x}',t-\tau;\boldsymbol{x},0) \Delta\boldsymbol{\sigma}_n(\boldsymbol{x}',\tau) dS(\boldsymbol{x}')$$

(15.2.15)

が成り立つ．ここに

$$\Delta\boldsymbol{\sigma}_n = \boldsymbol{\sigma}_n^+ - \boldsymbol{\sigma}_n^-$$

は面 Σ を通しての応力の不連続である．$\Delta\boldsymbol{\sigma}_n$ の成分は

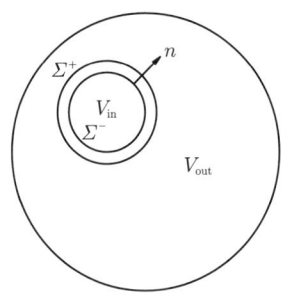

図 15.2.2 体積的震源 領域 V_{in} が相変化，熱膨張などで体積が変化すると弾性波が発生する．境界 $\Sigma^{\pm}$ では変位は連続であるが，応力は不連続である．これは図 15.2.1 と反対．

$$\Delta\sigma_{in} = \sum_k \Delta\sigma_{ik} n_k$$

であるから，被積分関数は相反定理も用いて

$$\begin{aligned}&\boldsymbol{G}_m(\boldsymbol{x}',t-\tau;\boldsymbol{x},0)\cdot\Delta\boldsymbol{\sigma}_n\\&=\sum_k\sum_i[G_{mi}(\boldsymbol{x},t-\tau;\boldsymbol{x}',0)\Delta\sigma_{ik}(\boldsymbol{x}',\tau)]n_k\end{aligned}$$

となる．これはベクトルの $\boldsymbol{n}$ 方向の成分を表している．ガウスの定理を逆に用いて表面積分を体積積分に変換すれば

$$\begin{aligned}u_m(\boldsymbol{x},t) = &-\int_{-\infty}^{\infty}d\tau\\&\times\int_{V_{\mathrm{in}}}\sum_k\frac{\partial}{\partial x_k'}\left[\sum_i G_{mi}(\boldsymbol{x},t-\tau;\boldsymbol{x}',0)\Delta\sigma_{ik}(\boldsymbol{x}',\tau)\right]dV(\boldsymbol{x}')\end{aligned}$$
(15.2.16)

が成り立つ．積分領域は Σ の内部であるから領域 V_{in} である．はじめには曲面 Σ の上でしか定義されていなかった $\Delta\sigma_{ik}$ が内部にまで拡張されているが，この拡張には物理的な考察が必要である．

弾性体の一部が突然相変化をしたり，熱膨張をしたりすると弾性波が発生する．この現象を次のようにモデル化する (図 15.2.3)．はじめに弾性体は歪んでいなかったとする．閉曲面 Σ に沿って切れ目を入れて，その内部をとり出す．とり出された部分は，はじめの形をそのまま保っている．次にとり出された物体に相変化をさせると変形が生じるが，物体内部に応力は生じない．これは熱膨張のときを考えれば理解できる．変形によって歪が生じるが，この歪は応力を伴わない歪である (stress-free strain)．この歪を δe_{ij} とする．熱膨張のときには $\delta e_{xx} = \delta e_{yy} = \delta e_{zz} =$ 一定で，これ以外の成分は 0 である．次にこの物体をもとの形に戻す．そのためには歪 δe_{ij} に対応した弾性的な応力 $\delta\sigma_{ij}$ の逆向きの応力 $-\delta\sigma_{ij}$ を表面に加えてやらなければならない．ここで $\delta\sigma_{ij}$ は普通のフックの法則

$$\delta\sigma_{xx} = (\lambda+2\mu)\delta e_{xx} + \lambda(\delta e_{yy}+\delta e_{zz}) \qquad \delta\sigma_{xy} = 2\mu\delta e_{xy} \qquad \text{etc.}$$

15.2 弾性転位論——419

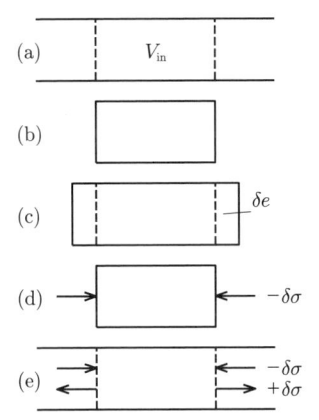

図 15.2.3 体積的震源のモデル (a) もとの状態. (b)V_{in} を切り出す. (c) 状態変化をさせる. δe はそれによって生じた応力を伴わない歪. (d) もとの形に戻すために δe から計算される応力の符号を反対にしたもの $-\delta\sigma$ を表面に加える. (e) もとに戻して貼り合せ, 外力をキャンセルするために $+\delta\sigma$ を加える.

で定義される量である. この状態で物体を再び閉曲面 Σ の中へ埋め込んで接着する. まだ Σ^- 面上には外力 $-\delta\sigma_{ij}$ が働いたままであるから, Σ の外側では変形していない. ここで加えていた外力を解放する. そのためには Σ^- 面に $+\delta\sigma_{ij}$ を加えればよい. 弾性波はこの応力によって発生するので, Σ を通しての見かけの応力の不連続は

$$\Delta\sigma_{ik} = -\delta\sigma_{ik}$$

となる. 負号がつくのは Σ^+ 面上の値 (0) から Σ^- 面上の値 ($+\delta\sigma_{ik}$) を引くからである. また $\delta\sigma_{ij}$ は応力であるから各瞬間瞬間に釣合の式

$$\sum_k \frac{\partial \delta\sigma_{ik}}{\partial x'_k} = 0$$

を満たしていなければならない. 以上と (15.3.12) 式から

$$u_m(\boldsymbol{x},t) = \int_{-\infty}^{\infty} d\tau \int_{V_{\text{in}}} \sum_{i,j} \delta\sigma_{ij}(\boldsymbol{x}',\tau) \frac{\partial G_{mi}}{\partial x'_j}(\boldsymbol{x}, t-\tau; \boldsymbol{x}', 0) dV(\boldsymbol{x}')$$

(15.2.17)

が得られる．(15.2.10), (15.2.11) 式との対応から，上式の $\delta\sigma_{ij}$ は単位体積当たりのモーメント密度

$$\delta\sigma_{ij} = \frac{dM_{ij}}{dV}$$

と考えることができる．

15.3 グリーン関数の表面波成分

グリーン関数の方法を適用するためには，あらかじめグリーン関数を求めておかなければならない．グリーン関数は一点に力が加えられたときの波動解である．一様な媒質の一点に加えられた力から生じる波動の厳密解は第 14 章で求めてある．半無限成層構造に対するグリーン関数は，第 11 章で求めた点震源に対する震源不連続量を用いれば形式的な解を求めることはできるが，本節では観測点が震源から遠いところのみを考えて，グリーン関数の中の表面波成分だけをとり出すことにする．またこのグリーン関数を用いて点モーメントから発生する表面波を導く．

15.3.1 グリーン関数の表面波成分

第 13 章の結果により，点震源から出る波のラブ波成分 $\boldsymbol{u}^{(\mathrm{L})}$ とレーリー波成分 $\boldsymbol{u}^{(\mathrm{R})}$ は次のように書くことができる．

$$\begin{aligned}
\boldsymbol{u}^{(\mathrm{L})} &= \frac{i}{2}\sum_m\sum_p kF_m^{(\mathrm{L})}A_\mathrm{L}V(z)\boldsymbol{b}_m(kr,\varphi) \\
\boldsymbol{u}^{(\mathrm{R})} &= \frac{i}{2}\sum_m\sum_p kF_m^{(\mathrm{R})}A_\mathrm{R}[U(z)\boldsymbol{a}_m(kr,\varphi) + W(z)\boldsymbol{c}_m(kr,\varphi)]
\end{aligned}$$
(15.3.1)

$V(z)$ は表面 $z=H$ で $V(H)=1$ と正規化したラブ波の固有関数，$U(z), W(z)$ は表面で z 成分を $W(H)=1$ と正規化したレーリー波の固有関数である．ラブ波の振幅応答 A_L と励起関数 $F_m^{(\mathrm{L})}$ は 13.1.3 で，レーリー波に対する A_R, $F_m^{(\mathrm{R})}$ は 13.2.3 で定義されている．

ベクトル $\boldsymbol{a}_m, \boldsymbol{b}_m, \boldsymbol{c}_m$ は第 11 章で定義した平面調和関数を円筒座標で表したもので，座標軸方向の単位ベクトルを $(\hat{\boldsymbol{r}}, \hat{\boldsymbol{\varphi}}, \hat{\boldsymbol{z}})$ とし

15.3 グリーン関数の表面波成分——421

$$Y_m(kr,\varphi) = H_m^{(1)}(kr)e^{im\varphi}$$

とすれば

$$\begin{aligned}
\boldsymbol{a}_m(kr,\varphi) &= \frac{\partial Y_m}{\partial (kr)}\hat{\boldsymbol{r}} + \frac{1}{kr}\frac{\partial Y_m}{\partial \varphi}\hat{\boldsymbol{\varphi}} \\
\boldsymbol{b}_m(kr,\varphi) &= \frac{1}{kr}\frac{\partial Y_m}{\partial \varphi}\hat{\boldsymbol{r}} - \frac{\partial Y_m}{\partial (kr)}\hat{\boldsymbol{\varphi}} \\
\boldsymbol{c}_m(kr,\varphi) &= Y_m(kr,\varphi)\hat{\boldsymbol{z}}
\end{aligned} \tag{15.3.2}$$

で定義される．遠方だけを考えているから，これらは

$$\begin{aligned}
\boldsymbol{a}_m &= i\sqrt{\frac{2}{\pi kr}}\exp\left[i\left(kr - \frac{2m+1}{4}\pi\right)\right]e^{im\varphi}\hat{\boldsymbol{r}} \\
\boldsymbol{b}_m &= -i\sqrt{\frac{2}{\pi kr}}\exp\left[i\left(kr - \frac{2m+1}{4}\pi\right)\right]e^{im\varphi}\hat{\boldsymbol{\varphi}} \\
\boldsymbol{c}_m &= \sqrt{\frac{2}{\pi kr}}\exp\left[i\left(kr - \frac{2m+1}{4}\pi\right)\right]e^{im\varphi}\hat{\boldsymbol{z}}
\end{aligned}$$

と近似される．

単力源のときの不連続量は (11.3.5), (11.3.8) 式から

$$\Delta P_0 = -\nu_z \qquad \Delta S_{\pm 1} = \frac{1}{2}(\mp\nu_x + i\nu_y) \qquad \Delta T_{\pm 1} = \frac{1}{2}(\pm\nu_y + i\nu_x)$$

のみが 0 でないから，震源の z 座標を z_s とすれば震源項は

$$F_{\pm 1}^{(\mathrm{L})} = -V(z_s)\Delta T_{\pm 1} \qquad F_0^{(\mathrm{R})} = -W(z_s)\Delta P_0 \qquad F_{\pm 1}^{(\mathrm{R})} = -U(z_s)\Delta S_{\pm 1}$$

だけを考えればよい．

ラブ波成分 ラブ波に関する励起関数は $F_{\pm 1}^{(\mathrm{L})}$ だけであるから，$\boldsymbol{\nu}$ の方向に単位の力が働いたときのラブ波の成分は

$$\begin{aligned}
\boldsymbol{u}^{(\mathrm{L})} &= \frac{i}{2}\sum_p kA_\mathrm{L} V(z_s)V(z)[-\Delta T_1 \boldsymbol{b}_1 - \Delta T_{-1}\boldsymbol{b}_{-1}] \\
&= \frac{1}{2}\sum_p kA_\mathrm{L} V(z_s)V(z) \\
&\quad \times (\nu_y\cos\varphi - \nu_x\sin\varphi)\sqrt{\frac{2}{\pi kr}}e^{(kr+\pi/4)}\hat{\varphi} \qquad (15.3.3)
\end{aligned}$$

である．これは円筒座標系で表されているが，グリーン関数を求めるために直角座標に変換するには $u_x = -u_\varphi\sin\varphi$, $u_y = u_\varphi\cos\varphi$ の関係を用いればよい．

こうして単力源に対する一般解が求まったので，力の方向 $\boldsymbol{\nu}$ を 3 方向にとればグリーン関数のラブ波成分が求められる．

$$\begin{aligned}
\boldsymbol{G}^{(\mathrm{L})} &= \frac{1}{2}\sum_p kA_\mathrm{L} V(z_s)V(z)\sqrt{\frac{2}{\pi kr}}e^{i(kr+\pi/4)} \\
&\quad \times \begin{bmatrix} \sin^2\varphi & -\sin\varphi\cos\varphi & 0 \\ -\sin\varphi\cos\varphi & \cos^2\varphi & 0 \\ 0 & 0 & 0 \end{bmatrix} \qquad (15.3.4)
\end{aligned}$$

レーリー波成分 レーリー波の不連続項は $F_0^{(\mathrm{R})}$ と $F_{\pm 1}^{(\mathrm{R})}$ の 3 項だけであるから

$$\begin{aligned}
\boldsymbol{u}^{(\mathrm{R})} = \frac{i}{2}\sum_p kA_\mathrm{R}\Big[&U(z)(F_0^{(\mathrm{R})}\boldsymbol{a}_0 + F_1^{(\mathrm{R})}\boldsymbol{a}_1 + F_{-1}^{(\mathrm{R})}\boldsymbol{a}_{-1}) \\
&+ W(z)(F_0^{(\mathrm{R})}\boldsymbol{c}_0 + F_1^{(\mathrm{R})}\boldsymbol{c}_1 + F_{-1}^{(\mathrm{R})}\boldsymbol{c}_{-1})\Big]
\end{aligned}$$

と書くことができる．遠距離の近似をすれば

$$\begin{aligned}
&F_0^{(\mathrm{R})}\boldsymbol{c}_0 + F_1^{(\mathrm{R})}\boldsymbol{c}_1 + F_{-1}^{(\mathrm{R})}\boldsymbol{c}_{-1} \\
&= \big[\nu_z W(z_s) - i(\nu\cos\varphi + \nu_y\sin\varphi)U(z_s)\big]\sqrt{\frac{2}{\pi kr}}e^{i(kr-\pi/4)}\hat{\boldsymbol{z}}
\end{aligned}$$

などとなるので，点力源の一般解は

$$\bm{u}^{(\mathrm{R})} = \frac{1}{2}\sum_p kA_{\mathrm{R}}\bigl[\nu_z W(z_s) - i(\nu_x\cos\varphi + \nu_y\sin\varphi)U(z_s)\bigr]$$
$$\times \bigl[iU(z)\hat{\bm{r}} + W(z)\hat{\bm{z}}\bigr]\sqrt{\frac{2}{\pi kr}}e^{i(kr+\pi/4)} \quad (15.3.5)$$

となる．φ 成分は $r^{-3/2}$ のオーダーの量であるから無視している．$u_x = u_r\cos\varphi$, $u_y = u_r\sin\varphi$ から直角座標系の成分を求め，グリーン関数を計算すると次のようになる．

$$\bm{G}^{(\mathrm{R})} = \frac{1}{2}\sum_p kA^{(\mathrm{R})}\sqrt{\frac{2}{\pi kr}}e^{i(kr+\pi/4)}$$
$$\times \begin{bmatrix} U(z_s)U(z)\cos^2\varphi & U(z_s)U(z)\sin\varphi\cos\varphi & iW(z_s)U(z)\cos\varphi \\ U(z_s)U(z)\sin\varphi\cos\varphi & U(z_s)U(z)\sin^2\varphi & iW(z_s)U(z)\sin\varphi \\ -iU(z_s)W(z)\cos\varphi & -iU(z_s)W(z)\sin\varphi & W(z_s)W(z) \end{bmatrix}$$
$$(15.3.6)$$

15.3.2 点転位から生じる表面波

点転位から生じる波の一般解は (15.2.11) 式で与えられている．この式では時間に関してはモーメントとグリーン関数の間の畳み込みになっている．上ではグリーン関数を周波数軸上で求めているので，モーメントのフーリエ変換 $M_{ij}(\bm{x}_s;\omega)$ が与えられているとすれば，このモーメントによって生じる波の周波数軸上の解は

$$u_m(\bm{x};\omega) = \sum_{i,j} M_{ij}(\bm{x}_s;\omega)\frac{\partial G_{mi}}{\partial x_{sj}}(\bm{x};\bm{x}_s;\omega) \quad (15.3.7)$$

と書くことができる．微分は震源の座標 $\bm{x}_s$ について行うものであるが，(15.3.4), (15.3.6) 式の指数部の r についての微分が最も卓越する項になる．

$$r = \sqrt{(x-x_s)^2 + (y-y_s)^2}$$
$$x - x_s = r\cos\varphi \qquad y - y_s = r\sin\varphi$$

であるから

$$\frac{\partial}{\partial x_s} = -\cos\varphi\frac{\partial}{\partial r} \qquad \frac{\partial}{\partial y_s} = -\sin\varphi\frac{\partial}{\partial r}$$

と近似できる．

ラブ波のグリーン関数 (15.3.4) 式を微分して x 成分を計算すると

$$u_x^{(\mathrm{L})} = \sum_j \left(M_{xj} \frac{\partial G_{xx}^{(\mathrm{L})}}{\partial x_{sj}} + M_{yj} \frac{\partial G_{xy}^{(\mathrm{L})}}{\partial x_{sj}} + M_{zj} \frac{\partial G_{xz}^{(\mathrm{L})}}{\partial x_{sj}} \right)$$

$$= (-\sin\varphi) \times \frac{1}{2} \sum_j k A_{\mathrm{L}} V(z) \sqrt{\frac{2}{\pi k r}} e^{i(kr-\pi/4)}$$

$$\times \Big\{ -kV(z_s)\big[(M_{xx} - M_{yy})\sin\varphi\cos\varphi$$

$$- M_{xy}\cos 2\varphi \big] + i\frac{dV(z_s)}{dz_s}(M_{yz}\cos\varphi - M_{zx}\sin\varphi) \Big\} \quad (15.3.8)$$

となる．$(-\sin\varphi)$ を除いた部分はラブ波の φ 成分にほかならない．

同様にしてレーリー波の z 成分を (15.3.6) 式を用いて計算すると

$$u_z^{(\mathrm{R})} = \frac{1}{2} \sum_p k A_{\mathrm{R}} W(z) \sqrt{\frac{2}{\pi k r}} e^{i(kr-\pi/4)}$$

$$\times \Big\{ -ikU(z_s)\big[M_{xx}\cos^2\varphi + M_{xy}\sin 2\varphi + M_{yy}\sin^2\varphi\big]$$

$$+ \left(kW(z_s) + \frac{dU(z_s)}{dz_s} \right)(M_{zx}\cos\varphi + M_{yz}\sin\varphi)$$

$$+ i\frac{dW(z_s)}{dz_s} M_{zz} \Big\} \quad (15.3.9)$$

となる．r 成分は計算するまでもなく

$$u_r^{(\mathrm{R})} = \frac{i}{2} \sum_p k A_{\mathrm{R}} U(z) \sqrt{\frac{2}{\pi k r}} e^{i(kr-\pi/4)}$$

$$\times \big\{ \cdots \big\} \quad (15.3.10)$$

である．ここで { } の中は z 成分と同じである．なお，ここに固有関数の微分が現れるが，これらは運動方程式を用いれば微分のない量で表すことができる．

16 漸近波線理論

　密度や弾性定数が階段状に変化するときには，ハスケル行列からわかるように，波動場は平面波あるいは不均質波の重ね合せによって表すことができた．媒質の性質が連続的に変化するときには，厳密にいえば平面波が存在しないので，このやり方は使えない．しかし，高周波 (短波長) の近似では平面波に似た形の解を用いて問題を解くことができる．これは WKBJ 近似と呼ばれる近似解法の一例であり，高周波の極限が波線理論であるから，このようなとり扱いを漸近波線理論 (asymptotic ray theory) と呼ぶ．はじめに液体中の音波を例にとる．

16.1　連続的に変化する液体中を伝わる音波の WKBJ 解

音波の運動方程式 (10.2.10)

$$\frac{dW}{dz} = \frac{1}{\rho}\left(\frac{1}{\alpha^2} - p^2\right) = \frac{\xi^2}{\rho}P$$
$$\frac{dP}{dz} = -\rho\omega^2 W \qquad \xi^2 = \alpha^{-2} - p^2 \tag{16.1.1}$$

は密度 ρ，音波速度 α が z の関数であるときにも成立する．上式で W は変位，P は圧力を表すが，固体のときとの整合性から張力を正にとっている．上式から W を消去すれば

$$\rho\frac{d}{dz}\left(\frac{1}{\rho}\frac{dP}{dz}\right) + (\omega\xi)^2 P = 0 \tag{16.1.2}$$

となる．これを単振動の運動方程式に変形するために変数 z を

$$\frac{d\zeta(z)}{dz} = \rho \tag{16.1.3}$$

で定義される変数 ζ に変換すれば，運動方程式は

$$\frac{d^2 P}{d\zeta^2} + \left(\frac{\omega\xi}{\rho}\right)^2 P = 0 \tag{16.1.4}$$

となる．以下に述べる方法は研究者の名前の頭文字をとって WKB 近似，あるいは WKBJ 近似と呼ばれる．ξ/ρ が定数のときの解が

$$P = \exp\left(\pm i\omega \frac{\xi}{\rho}\zeta\right) = \exp\left(\pm i\omega \int^\zeta \frac{\xi}{\rho} d\zeta\right)$$

と表されることを参考にして (16.1.4) 式の解を

$$P = \exp\left[\pm i\omega \int^\zeta \frac{\xi}{\rho} d\zeta + f(\zeta)\right]$$

と仮定して (16.1.4) 式に代入すれば

$$\pm 2i\omega\left[\frac{\xi}{\rho}f'(\zeta) + \frac{1}{2}\frac{d}{d\zeta}\left(\frac{\xi}{\rho}\right)\right] + (f')^2 + f'' = 0$$

が得られる．これは $f(\zeta)$ に関する微分方程式である．高周波近似 $\omega \to \infty$ では最後の 2 項が無視できるから

$$\frac{df(\zeta)}{d\zeta} = -\frac{1}{2}\frac{\rho}{\xi}\frac{d}{d\zeta}\left(\frac{\xi}{\rho}\right) = \frac{d}{d\zeta}\log\sqrt{\frac{\rho}{\xi}}$$

よって

$$P = \sqrt{\frac{\rho}{\xi}}\exp\left(\pm i\omega \int^\zeta \frac{\xi}{\rho} d\zeta\right) = \sqrt{\frac{\rho}{\xi}}e^{\pm i\omega\tau} \tag{16.1.5}$$

が得られる．ただし

$$\tau = \int^\zeta \frac{\xi}{\rho} d\zeta = \int^z \xi dz \tag{16.1.6}$$

である．W は (16.1.1) 式の第二式から得られるが，高周波解を求めているので，このときは指数部だけを微分すればよい．すなわち

$$W = \mp \frac{i}{\omega}\sqrt{\frac{\xi}{\rho}}e^{\pm i\omega\tau} \tag{16.1.7}$$

である (複号同順)．τ は時間の次元をもつ量であるが，走時とは異なる．片道走時 T と対応する震央距離 Δ は (2.1.27) 式により

$$T = \int^z \frac{dz}{\alpha^2 \xi} \qquad \Delta = \int^z \frac{p}{\xi} dz$$

と書くことができるから

$$\tau = T - p\Delta \tag{16.1.8}$$

の関係がある．ここでは積分の下限を指定していないが，後で下限を指定した関係を利用する．

解 (16.1.5), (16.1.7) 式はこれまで用いてきた均質なときの解とは一見違っているように見えるが，同じように解釈することができる．例として $z = z_1$ で媒質が不連続であるとし，z_1 のすぐ下の量に添字 1，すぐ上の量に添字 2 をつけることにする．いま，$z < z_1$ から波が入射したときを考えると，境界面 $z = z_1$ の上下での解はそれぞれ

$$z > z_1 : W = -i\sqrt{\frac{\xi}{\rho}} A_2 e^{i\omega\tau} \qquad P/\omega = \sqrt{\frac{\rho}{\xi}} A_2 e^{i\omega\tau} \tag{16.1.9}$$

$$\begin{aligned} z < z_1 : W &= -i\sqrt{\frac{\xi}{\rho}} (A_1 e^{i\omega\tau} - B_1 e^{-i\omega\tau}) \\ P/\omega &= \sqrt{\frac{\rho}{\xi}} (A_1 e^{i\omega\tau} + B_1 e^{-i\omega\tau}) \end{aligned} \tag{16.1.10}$$

と書くことができる．P を ω で割ってあるのはハスケル法のときの変数に合せるためである．これらの式は均質媒質中の解と同じ形をしている．A_1 は入射波に関する積分定数，B_1 は反射波，A_2 は透過波に関する積分定数である．ξ/ρ は z の関数であることに注意する．この項は不均質によって波線の間隔が広がったり縮んだりする幾何学的な効果を一部とり入れている．

境界面 $z = z_1$ で W, P/ω が連続でなければならないから，境界条件は

$$\begin{aligned} \sqrt{\frac{\xi_1}{\rho_1}} (A_1 e^{i\omega\tau_1} - B_1 e^{-i\omega\tau_1}) &= \sqrt{\frac{\xi_2}{\rho_2}} A_2 e^{i\omega\tau_1} \\ \sqrt{\frac{\rho_1}{\xi_1}} (A_1 e^{i\omega\tau_1} + B_1 e^{-i\omega\tau_1}) &= \sqrt{\frac{\rho_2}{\xi_2}} A_2 e^{i\omega\tau_1} \\ \tau_1 &= \int^{z_1} \xi dz \end{aligned}$$

である．これを B_1, A_2 について解くと

$$R_{12} = \frac{B_1 e^{-i\omega\tau_1}}{A_1 e^{i\omega\tau_1}} = \frac{\rho_2/\xi_2 - \rho_1/\xi_1}{\rho_2/\xi_2 + \rho_1/\xi_1}$$
$$T_{12} = \frac{\sqrt{\rho_2/\xi_2} A_2 e^{i\omega\tau_1}}{\sqrt{\rho_1/\xi_1} A_1 e^{i\omega\tau_1}} = \frac{2\rho_2/\xi_2}{\rho_2/\xi_2 + \rho_1/\xi_1} \tag{16.1.11}$$

が得られる．$\sqrt{\rho_1/\xi_1} A_1 e^{i\omega\tau_1}$ は $z = z_1$ における入射圧力波の振幅，$\sqrt{\rho_1/\xi_1} B_1 e^{-i\omega\tau_1}$ は反射波の振幅，$\sqrt{\rho_2/\xi_2} A_2 e^{i\omega\tau_1}$ は透過波の振幅であるから，R_{12}, T_{12} は反射係数，透過係数を意味している．これらの式は均質な媒質の境界面で計算した (1.2.18) 式と形式的には同じである．以上の結果から密度，弾性定数が滑らかに変化するときでも，不連続境界における反射係数，透過係数は均質な場合の平面波と同じとり扱いができることがわかる．すなわち局所的には平面波近似が成り立っている．ただし (16.1.6) 式に見るように，平面波とは違い $\sqrt{\rho/\xi}$ の項があるために振幅は z によって変化している．

媒質に不連続がないときにも媒質の変化によって波は反射 (散乱) される．一般解 (16.1.10) 式を

$$W = -i\sqrt{\frac{\xi}{\rho}} \left[A(\zeta) e^{i\omega\tau} - B(\zeta) e^{-i\omega\tau} \right]$$
$$P/\omega = \sqrt{\frac{\rho}{\xi}} \left[A(\zeta) e^{i\omega\tau} + B(\zeta) e^{-i\omega\tau} \right] \tag{16.1.12}$$

とする．τ は (16.1.6) 式で定義されている．ここでは未定係数 A, B を ζ の関数と考えている (未定係数変化法)．これを運動方程式 (16.1.1) に代入すると

$$\frac{dA(\zeta)}{d\zeta} = -\frac{1}{2}\frac{\xi}{\rho}\frac{d}{d\zeta}\left(\frac{\rho}{\xi}\right) B(\zeta) e^{-2i\omega\tau}$$
$$\frac{dB(\zeta)}{d\zeta} = -\frac{1}{2}\frac{\xi}{\rho}\frac{d}{d\zeta}\left(\frac{\rho}{\xi}\right) A(\zeta) e^{2i\omega\tau}$$

が得られる．ここで入射波の係数 $A(\zeta)$ と反射波の係数 $B(\zeta)$ から

$$R(\zeta) = \frac{B(\zeta)}{A(\zeta)}$$

によって一種の反射係数を定義する．$R(\zeta)$ を微分して先に求めた微係数を用いて A, B を消去すれば

$$\frac{dR(\zeta)}{d\zeta} = -\frac{1}{2}\frac{\xi}{\rho}\frac{d}{d\zeta}\left(\frac{\rho}{\xi}\right)\left(e^{2i\omega\tau} - R^2 e^{-2i\omega\tau}\right) \tag{16.1.13}$$

が得られる．これは $R(\zeta)$ に関する非線型の微分方程式である．

波が $z = -\infty$ から $+z$ 方向に入射したとする．このとき A は入射波の振幅に相当し，B は不均質な構造によって散乱されて $-z$ 方向に伝わる波の振幅に相当している．不連続面がないとすると，散乱波の振幅は小さいから

$$|R| \ll 1$$

と仮定することができる．そうすると (16.1.13) 式の R^2 の項は無視することができ

$$R(\zeta) = -\frac{1}{2}\int_{+\infty}^{\zeta} \frac{\xi}{\rho}\frac{d}{d\zeta}\left(\frac{\rho}{\xi}\right) e^{2i\omega\tau} d\zeta$$

となる．下限が $+\infty$ にしてあるのは $z = +\infty$ では透過波だけで反射波の振幅が 0，$B(+\infty) = 0$ であるからである．独立変数を ζ から z に戻すと

$$R(z) = \frac{1}{2}\int_{z}^{\infty} \frac{\xi}{\rho}\frac{d}{dz}\left(\frac{\rho}{\xi}\right) e^{2i\omega\tau} dz \tag{16.1.14}$$

となる．

R がこれまで求めた反射係数に等しいことを次に示す．先の例のように媒質が $z = z_1$ で階段状に変化し，階段関数 $H(z)$ を用いて

$$\frac{\rho}{\xi} = \frac{\rho_1}{\xi_1} + \left(\frac{\rho_2}{\xi_2} - \frac{\rho_1}{\xi_1}\right) H(z - z_1)$$

で表されるとする．$dH(z)/dz = \delta(z)$，$H(0) = 1/2$ であることに注意して上式を積分すれば

$$\begin{aligned}R(z) &= \frac{1}{2}\int_{z}^{\infty} \frac{(\rho_2/\xi_2 - \rho_1/\xi_1)\delta(z - z_1)}{\rho_1/\xi_1 + (\rho_2/\xi_2 - \rho_1/\xi_1)H(z - z_1)} e^{2i\omega\tau} dz \\ &= \begin{cases} 0 & z > z_1 \\ \dfrac{\rho_2/\xi_2 - \rho_1/\xi_1}{\rho_2/\xi_2 + \rho_1/\xi_1} e^{2i\omega\tau_1} & z < z_1 \end{cases}\end{aligned}$$

となる．観測点が反射面よりも上にあれば $(z > z_1)$ 反射面からの下向きの波は観測されないから R は 0 になる．観測点が反射面よりも下のとき $(z < z_1)$ の R は位相を除いては (16.1.11) 式と同じである．このような眼で (16.1.14) 式を見ると，$R(z)$ は観測点より上からの散乱波に往復の位相差を考慮して加え合せたものと解釈することができる．重み関数

$$\frac{1}{2}\frac{\xi}{\rho}\frac{d}{dz}\left(\frac{\rho}{\xi}\right)$$

は散乱波の単位距離当たりの強度と考えられる．

この例のように媒質が階段状に変化しているときには，全反射以前の狭角の反射では反射波の波形は入射波と同じになる．媒質が滑らかに変化しているときの反射波はどうなるだろうか．

簡単のために垂直入射 $(p=0)$ の波を考える．このときには

$$\xi = \frac{1}{\alpha}$$

になる．位相の原点を $z=0$ にとると

$$\tau(z) = \int_0^z \frac{dz'}{\alpha(z')}$$

となる．$\tau(z)$ は $z=0$ から z までの片道走時にほかならない．いま $z=0$ における入射圧力波の波形を $p_{\text{inc}}(t)$ とすれば (16.1.12) 式から

$$p_{\text{inc}}(t) = \frac{1}{2\pi}\int_{-\infty}^{\infty}\omega\sqrt{\rho_0\alpha_0}A(0)e^{-i\omega t}d\omega$$

となる．添字 0 は $z=0$ における値であることを意味している．入射波がデルタ関数であるとすればデルタ関数のスペクトルにより

$$\omega\sqrt{\rho_0\alpha_0}A(0) = 1$$

でなければならない．反射波は (16.1.12) 式の第二項をフーリエ逆変換して

$$p_{\text{refl}}(t) = \frac{1}{2\pi}\int_{-\infty}^{\infty}\omega\sqrt{\rho_0\alpha_0}B(0)e^{-i\omega t}d\omega$$

であるが

により

$$\omega\sqrt{\rho_0\alpha_0}B(0) = \omega\sqrt{\rho_0\alpha_0}A(0)R(0) = R(0)$$

により

$$p_{\text{refl}}(t) = \frac{1}{2\pi}\int_{-\infty}^{\infty} R(0)e^{-i\omega t}d\omega$$

になる．$R(0)$ は (16.1.13) 式から

$$R(0) = \int_0^{\infty} \frac{d}{d\tau}\log\sqrt{\rho(\tau)\alpha(\tau)}\,e^{2i\omega\tau}d\tau$$

となる．これらをまとめると

$$p_{\text{refl}}(t) = \frac{1}{2\pi}\int_{-\infty}^{\infty}\left(\int_0^{\infty}\frac{d}{d\tau}\log\sqrt{\rho\alpha}\,e^{2i\omega\tau}d\tau\right)e^{-i\omega t}d\omega$$
$$= \int_0^{\infty}\frac{d}{d\tau}\log\sqrt{\rho\alpha}\,\delta(t-2\tau)d\tau$$

となる．したがって

$$p_{\text{refl}}(t) = \left[\frac{d}{d\tau}\log\sqrt{\rho\alpha}\right]_{\tau=t/2} \tag{16.1.15}$$

が得られる．$\rho\alpha$ は音響インピーダンスである．

$z=0$ で時刻 t に観測される反射波は，往復走時が $t/2$ に対応する z から反射した波である．反射波の振幅は反射点におけるインピーダンスの走時に関する対数微分に等しいことがわかる．

16.2　一つの転回点がある場合の WKBJ 解

音波速度 $\alpha(z)$ が深さの増加関数のときには下向きに出た波の波線の傾きは，波の進行とともに緩やかになり，ある深さで水平になり，そこから地表に向かって戻っていく (図 16.2.1)．これは不連続面での臨界屈折に相当している．この深さを転回点 (turning point) と呼ぶ．

ある波線パラメーター p を与えたとき，波線が z 軸となす角を θ とすればスネルの法則により $\sin\theta = p\alpha$ が成り立つから，転回点 $\theta = \pi/2$ の座標 z_p は

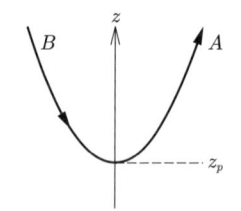

図 16.2.1 転回点 $d\alpha(z)/dz < 0$ のとき点 z_p で波線は水平になる．B は入射波，A は屈折波を表す．

$$\frac{1}{\alpha(z)} = p \tag{16.2.1}$$

の根で定義される．ここでは

$$\xi^2(z_p) = 1/\alpha^2(z_p) - p^2 = 0$$

が成り立っている．

z を上向きにとることにすれば，速度が深さの増加関数 ($d\alpha(z)/dz < 0$) のときには $z > z_p$ で ξ^2 は正になり一般解 (16.1.10) 式を

$z > z_p$:

$$\begin{aligned} W &= -i\sqrt{\frac{\xi}{\rho}}\bigl(Ae^{i\omega\tau} - Be^{-i\omega\tau}\bigr) \\ P/\omega &= \sqrt{\frac{\rho}{\xi}}\bigl(Ae^{i\omega\tau} + Be^{-i\omega\tau}\bigr) \\ \xi(z) &= \sqrt{\alpha^{-2} - p^2} \qquad \tau(z) = \int_{z_p}^{z} \xi(z')dz' \end{aligned} \tag{16.2.2}$$

と書くことができる．ここでは τ の原点は $z = z_p$ にとってある．A, B は積分定数で，B は下向きの波に，A は上向きの波に対応している．波線論的に考えれば下にもぐった波が再び上に戻ってくるのであるから，A と B とは無関係ではない．しかしこの式だけからは両者の関係はわからない．

$z < z_p$ では ξ は虚数になるので，これまで同様に ξ の虚数部を正に選ぶと一般解は

$z < z_p$:

$$W = -\sqrt{\frac{\hat{\xi}}{\rho}} D e^{\omega \hat{\tau}} \qquad P/\omega = \sqrt{\frac{\rho}{\hat{\xi}}} D e^{\omega \hat{\tau}} \qquad (16.2.3)$$

$$\hat{\xi}(z) = \sqrt{p^2 - \alpha^{-2}} \qquad \hat{\tau}(z) = \int_{z_p}^{z} \hat{\xi}(z') dz'$$

と書くことができる．上 $(z > z_p)$ から波が入ってくるときには，無限遠 $z(\hat{\tau}) \to -\infty$ で波は減衰しなければならないから，$e^{-\omega \hat{\tau}}$ の項は除いてある．したがって 3 個の未定係数 A，B，D が残ることになる．

これまで未定係数は境界条件を用いて決めてきたが，二つの解 (16.2.2)，(16.2.3) 式のつなぎ目 $z = z_p$ は解の特異点 $(\xi = 0)$ になっているので，ここで境界条件を合せることはできない．そこで $\xi = 0$ 付近で成り立つ解を求めることにする．

α が z の減少関数であるとき ξ^2 は z の増加関数になる．ρ の変化が緩やかであるとすれば (16.1.4) 式の $(\xi/\rho)^2$ も ζ の増加関数になるであろう．ζ の原点も $z = z_p$ に選ぶことにすると

$$\zeta(z) = \int_{z_p}^{z} \rho(z') dz'$$

となるから $z = z_p$，すなわち $\zeta = 0$ の付近で

$$\left(\frac{\xi}{\rho}\right)^2 = \gamma_p^2 \zeta \qquad \gamma_p^2 = \left[\frac{d}{d\zeta}\left(\frac{\xi}{\rho}\right)^2\right]_{\zeta=\zeta(z_p)=0} \qquad (16.2.4)$$

と展開できる．そこで (16.1.4) 式は

$$\frac{d^2 P}{d\zeta^2} + (\omega \gamma_p)^2 \zeta P = 0 \qquad (16.2.5)$$

で近似される．この微分方程式の解は $\pm 1/3$ 次の円筒関数を用いて表されるが，エアリー関数 (Airy function) $\text{Ai}(x)$ を用いる方が便利である．(16.2.5) 式の解のうち，いたるところで発散しない解は

$$P/\omega = E \text{Ai}\left(-(\omega \gamma_p)^{2/3} \zeta\right) \qquad (16.2.6)$$

で表される．E は積分定数である．無限遠でこの解は

$$(\omega\gamma_p)^{2/3}\zeta \longrightarrow +\infty:$$
$$P/\omega \sim E\pi^{-1/2}(\omega\gamma_p)^{-1/6}\zeta^{-1/4}\cos\left(\frac{2}{3}\omega\gamma_p\zeta^{3/2} - \frac{\pi}{4}\right) \quad (16.2.7)$$

$$(\omega\gamma_p)^{2/3}\zeta \longrightarrow -\infty:$$
$$P/\omega \sim \frac{1}{2}E\pi^{-1/2}(\omega\gamma_p)^{-1/6}(-\zeta)^{-1/4}\exp\left[-\frac{2}{3}\omega\gamma_p(-\zeta)^{3/2}\right] (16.2.8)$$

の振舞いをする．すなわち Ai を用いた解は，転回点よりも浅いところでは $(z > z_p)$ (16.2.2) 式のように，転回点よりも深いところでは (16.2.3) 式のように振舞う．この漸近解を用いて (16.2.2) 式と (16.2.3) 式をつなぐことにする．

はじめに転回点のすぐ下側 $z < z_p$ で $-\zeta$ が非常に小さなところを考える．このときには (16.2.4) 式から

$$\frac{\hat{\xi}}{\rho} = \gamma_p\sqrt{-\zeta} \qquad \hat{\tau} = \int_0^\zeta \frac{\hat{\xi}}{\rho}d\zeta = -\frac{2}{3}\gamma_p(-\zeta)^{3/2}$$

であるから (16.2.3) 式の P は

$$P/\omega \sim (\gamma_p\sqrt{-\zeta})^{-1/2}D\exp\left[-\frac{2}{3}\omega\gamma_p(-\zeta)^{3/2}\right]$$

となる．一方，運動方程式 (16.2.5) 式は $|\zeta|$ が小さいとして導いたが，$|\zeta|$ が小さくても ω が大きければ (高周波近似) 漸近展開 (16.2.8) 式が成り立つから，両者を比較すれば

$$E = 2\pi^{1/2}\left(\frac{\omega}{\gamma_p^2}\right)^{1/6}D$$

が得られる．したがって (16.2.7) 式は

$$(\omega\gamma_p)^{2/3}\zeta \longrightarrow +\infty:$$
$$P/\omega \sim 2\gamma_p^{-1/2}\zeta^{-1/4}D\cos\left(\frac{2}{3}\omega\gamma_p\zeta^{3/2} - \frac{\pi}{4}\right) \quad (16.2.9)$$

と書くことができる．

$\zeta > 0$ の領域では

16.2 一つの転回点がある場合のWKBJ解

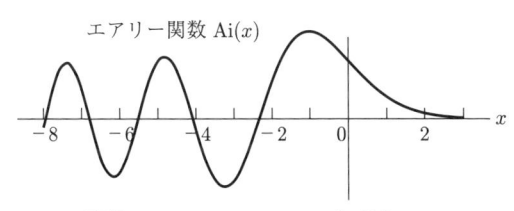

図 16.2.2 エアリー関数 Ai(x) は $x<0$ では振動的, $x>0$ では減衰的に振舞う.

$$\frac{\xi}{\rho} = \gamma_p\sqrt{\zeta} \qquad \tau = \frac{2}{3}\gamma_p\zeta^{3/2}$$

であるから (16.2.2) 式から

$$P/\omega = (\gamma_p\sqrt{\zeta})^{-1/2}\left[A\exp\left(\frac{2}{3}i\omega\gamma_p\zeta^{3/2}\right) + B\exp\left(-\frac{2}{3}i\omega\gamma_p\zeta^{3/2}\right)\right]$$

となるので,上で導いておいた (16.2.9) 式と比較して

$$A = De^{-i\pi/4} \qquad B = De^{i\pi/4}$$
$$A = Be^{-i\pi/2} \tag{16.2.10}$$

が得られる.こうして (16.2.2) 式の A, B と (16.2.3) 式の D が結びつけられた.これが一つの転回点がある場合のWKBJ近似による解である.上式から転回点で入射波と反射波の間には $\pi/2$ の位相差があることがわかる.これは境界面に臨界角で入射したときの反射係数の位相差と同じである.この関係を用いれば転回点より上の解 (16.2.2) 式は

$$P/\omega = 2\sqrt{\frac{\rho}{\xi}}D\cos\left(\omega\tau - \frac{\pi}{4}\right) \qquad z > z_p \tag{16.2.11}$$

と書くこともできる.

波数積分 (16.2.2) 式はある p, あるいはある波数 k の成分だけを表している.実空間における波動場はこれを波数について積分し,さらに周波数について積分することによって得られる.軸対称のときの周波数領域の解は,積分

$$\phi(r,z;\omega) = \frac{1}{2\pi}\int_0^\infty P(z)J_0(kr)k dk = \frac{\omega}{4\pi}\int_{-\infty}^\infty \omega P(z)H_0^{(1)}(\omega pr)p dp$$

で表される. $P(z)$ に (16.2.11) 式を代入すればスペクトルが求められるが, そのためには積分定数 D を与えなければならない.

いま $r = 0$, $z = z_0$ に震源があったとすれば, このときの震源付近の解は (10.1.8) 式

$$\phi_0 = \frac{\omega}{4\pi} \int_{-\infty}^{\infty} H_0^{(1)}(\omega pr) \frac{e^{i\omega\xi_0|z-z_0|}}{-2i\xi_0} p dp$$

で表される. ξ_0 は z_0 における音速を用いた ξ である. z_0 からは上に向かって放射される波, 下に向かって放射される波が存在する. z_0 から下に向かって放射される波は上式の $z < z_0$ に相当しており, (16.2.11) 式では cos を指数関数で表したときに指数部が負の項に相当する. $z \to z_0$ で両者が等しくなければならないから

$$\frac{1}{-2i\xi_0} = \sqrt{\frac{\rho_0}{\xi_0}} \omega^2 D e^{-i(\omega\tau_0 - \pi/4)}$$

よって

$$\omega^2 D = \frac{1}{-2i\xi_0} \sqrt{\frac{\xi_0}{\rho_0}} e^{i(\omega\tau_0 - \pi/4)} \qquad \tau_0 = \int_{z_p}^{z_0} \xi dz \qquad (16.2.12)$$

が得られた. この D を (16.2.11) 式に代入して ϕ の上向き成分 ϕ^+ を計算すれば

$$\phi^+ = \frac{\omega}{4\pi} \int_{-\infty}^{\infty} H_0^{(1)}(\omega pr) \frac{1}{2\xi_0} \sqrt{\frac{\rho\xi_0}{\rho_0\xi}} e^{i\omega(\tau_0+\tau_1)} p dp \qquad (16.2.13)$$

$$\tau_1 = \int_{z_p}^{z} \xi dz$$

が得られる. r, z は観測点の座標である.

この積分を実行すればスペクトルが求められるが, この式自体が近似式であるから近似をさらに進める. 上式は (10.1.8) 式とまったく同じ形をしているので, ハンケル関数を漸近展開して 8.2.2 の最急降下法を用いて評価することができる. (8.2.5) 式の $f(z)$ に対応するのはここでは

$$f(p) = i[pr + \tau_0(p) + \tau_1(p)] \qquad (16.2.14)$$

16.2 一つの転回点がある場合の WKBJ 解

である．鞍点を求めるためには $f(p)$ の微分が必要になるが

$$\frac{d\tau_0(p)}{dp} = \int_{z_p}^{z_0} \frac{d\xi}{dp} dz = -\int_{z_p}^{z_0} \frac{p}{\xi} dz = -\Delta_0(p) \tag{16.2.15}$$

が成り立つ．z_p も p の関数であるから，積分の下限についても微分しなければならないが，この項は 0 になる．Δ_0 は震源から転回点までの震央距離である．同様に τ_1 の微分を $-\Delta_1$ とすれば (図 16.2.3)，鞍点は

$$f'(p) = i[r - \Delta_0(p) - \Delta_1(p)] = i[r - \Delta(p)] = 0 \tag{16.2.16}$$

から決まる．これは幾何光学的な波線の式にほかならない．したがって幾何光学的な波線が存在するような観測点では，上式の根 p_s は実数である．この点における $f(p)$ の値は (16.1.8) 式を用いれば

$$f(p_s) = iT(p_s) \tag{16.2.17}$$

となる．$T(p_s)$ は波線パラメーター p_s に対する走時である．さらに二階微分は

$$f''(p) = -\Delta'(p)$$

であるから，(8.2.10) 式で定義される角 φ は

$$\varphi = \begin{cases} -\pi/4 & \Delta'(p_s) > 0 \\ \pi/4 & \Delta'(p_s) < 0 \end{cases} \tag{16.2.18}$$

となる．これで最急降下法 (8.2.11) 式に必要なデータがすべて出そろった．結果は

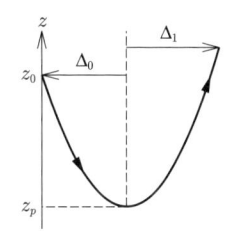

図 16.2.3 波線と Δ_0，Δ_1 の関係

$$\phi^+ \sim \frac{1}{4\pi}\sqrt{\frac{p_s\xi}{\rho_0\xi_0|\Delta'|r}}e^{i(\omega T+\varphi-\pi/4)} \tag{16.2.19}$$

となる. ξ や Δ などの引数 p は鞍点における値 p_s である. また φ は (16.2.18) 式で定義されている.

走時曲線が図 2.1.9 のように単純な場合には (16.2.16) 式を満たす鞍点は 1 個しかない. この場合は単純で, (16.2.19) 式がそのまま適用できる. ただしこのときには $\Delta'(p_s) < 0$, したがって $\varphi = \pi/4$ である.

ところが速度が急激に変化するような構造の場合, たとえば図 2.1.10 の場合, 三重合の区間ではある Δ に対して (16.2.16) 式を満たす p が 3 個ある. この場合には 3 個の鞍点それぞれについて (16.2.19) 式を計算して加え合せなければならない.

···●···●···(メ モ)···●···●···

エアリー関数 微分方程式 (16.2.5) の独立変数 ζ を

$$z = (\omega\gamma_p)^{2/3}\zeta$$

に変数変換すると, 微分方程式

$$\frac{d^2w}{dz^2} + zw = 0$$

が導かれる. この方程式の基本解は $\pm 1/3$ 次の円筒関数を用いて表すことができる. しかし通常は z の符号を反対にした微分方程式

$$\frac{d^2w}{dz^2} - zw = 0$$

の基本解をエアリー関数と呼ぶ.

上の微分方程式の基本解の一つで, $|z| \to \infty$ で有限な解を

$$w = \mathrm{Ai}(z)$$

と書いてこれをエアリー関数 $\mathrm{Ai}(z)$ と呼ぶ. $\mathrm{Ai}(z)$ はベッセル関を用いて

$$\mathrm{Ai}(-z) = \frac{1}{3}\sqrt{z}\left[J_{1/3}\left(\frac{2}{3}z^{3/2}\right) + J_{-1/3}\left(\frac{2}{3}z^{3/2}\right)\right]$$

あるいは

$$\mathrm{Ai}(z) = \frac{1}{3}\sqrt{z}\left[I_{-1/3}\left(\frac{2}{3}z^{3/2}\right) - I_{1/3}\left(\frac{2}{3}z^{3/2}\right)\right]$$

と表すことができる.

$|z|$ が小さいときには

$$\text{Ai}(z) = \left[3^{2/3}\Gamma(2/3)\right]^{-1}\left(1 + \frac{1}{3!}z^3 + \frac{1\cdot 4}{6!}z^6 + \cdots\right)$$
$$- \left[3^{1/3}\Gamma(1/3)\right]^{-1}\left(z + \frac{2}{4!}z^4 + \frac{2\cdot 5}{7!}z^7 + \cdots\right)$$

と展開できる．このことからエアリー関数 $\text{Ai}(z)$ は $\sqrt{z}$ を用いて表されてはいるものの，z に関して一価関数であることがわかる．$|z|$ が大きいときには

$$x \longrightarrow \infty:$$
$$\text{Ai}(x) \sim \frac{1}{2}\pi^{-1/2}x^{-1/4}\exp\left(-\frac{2}{3}x^{3/2}\right)$$
$$\text{Ai}(-x) \sim \pi^{-1/2}x^{-1/4}\cos\left(\frac{2}{3}x^{3/2} - \frac{\pi}{4}\right)$$

になる．

エアリー関数にはもう一つの基本解 $\text{Bi}(z)$

$$\text{Bi}(-z) = \sqrt{\frac{z}{3}}\left[J_{-1/3}\left(\frac{2}{3}z^{3/2}\right) - J_{1/3}\left(\frac{2}{3}z^{3/2}\right)\right]$$

があるが，$\text{Bi}(x)$ は $x \to +\infty$ で発散する．

なお，どういうわけかエアリー関数 Ai, Bi はほかの関数記号と違ってイタリックではなく立体で書くのが習慣である．

・・・●・・・・●・・・●・・・●・・・●・・・

16.3　SH 波と P-SV 波に対する WKBJ 解

前節では液体中の音波に対して転回点の前後の解がただ一つの積分定数 D を用いて (16.2.3), (16.2.11) 式で表されることを示した．同様な関係は固体中の SH 波，P-SV 波についても導くことができる．

16.3.1　SH 波

SH 波の運動方程式 (10.4.4) から T を消去すれば

$$\frac{1}{\mu}\frac{d}{dz}\left(\mu\frac{dV}{dz}\right) + (\omega\eta)^2 V = 0 \qquad \eta^2 = \beta^{-2} - p^2 \tag{16.3.1}$$

となる．これは (16.1.2) 式とまったく同形の式であるから

$$\zeta = \int^z \frac{dz}{\mu} \tag{16.3.2}$$

とすると (16.3.1) 式は (16.1.4) 式と同じ形の

$$\frac{d^2V}{d\zeta^2} + (\omega\mu\eta)^2 V = 0 \tag{16.3.3}$$

となるので，基本解は

$$V = \frac{1}{\sqrt{\mu\eta}} e^{\pm i\omega\tau_\beta} \qquad \tau_\beta = \int^\zeta \mu\eta d\zeta = \int^z \eta dz \tag{16.3.4}$$

である．応力成分 $T(z)$ は (10.4.4) 式の第一式から導かれる．

転回点，$\beta(z) - 1/p = 0$ の根を改めて $z = z_s$ とすれば，WBKJ 解は

$z < z_s$:
$$V = \frac{1}{\sqrt{\mu\hat{\eta}}} D e^{\omega\hat{\tau}_s} \qquad \hat{\eta} = \sqrt{p^2 - \beta^{-2}} \qquad \hat{\tau}_s = \int_{z_p}^z \hat{\eta} dz \tag{16.3.5}$$

$z > z_s$:
$$V = \frac{2}{\sqrt{\mu\eta}} D \cos\left(\omega\tau_s - \frac{\pi}{4}\right) \qquad \tau_s = \int_{z_s}^z \eta dz \tag{16.3.6}$$

と表される．

16.3.2 P-SV 波

P-SV 波の場合には運動方程式が四階であるから，漸近解を直接運動方程式から導くのは難しい．しかし均質な場合の一般解 (10.2.7) 式と (16.1.5) 式とを比べて漸近解を類推することができる．

P 波成分　(10.2.7) 式の積分定数 A, B を含む項は P 波に関する成分である．これに対応する漸近解は，P 波の転回点の座標を z_p，すなわち $\alpha(z) - 1/p = 0$ の根とすれば，転回点の上側 $z > z_p$ では

$$\begin{aligned} W &= \frac{i}{\gamma-1}\sqrt{\frac{\xi}{\rho}}\left(Ae^{i\omega\tau_p} - Be^{-i\omega\tau_p}\right) \\ P/\omega &= \sqrt{\frac{\rho}{\xi}}\left(Ae^{i\omega\tau_p} + Be^{-i\omega\tau_p}\right) \\ U &= \frac{p}{\rho(\gamma-1)}\sqrt{\frac{\rho}{\xi}}\left(Ae^{i\omega\tau_p} + Be^{-i\omega\tau_p}\right) \end{aligned} \tag{16.3.7}$$

$$S/\omega = \frac{2i\mu p}{\gamma - 1}\sqrt{\frac{\xi}{\rho}}\left(Ae^{i\omega\tau_p} - Be^{-i\omega\tau_p}\right)$$

$$\tau_p = \int_{z_p}^{z} \xi dz \qquad \xi = \sqrt{\alpha^{-2} - p^2}$$

と書くことができる．上式は液体のときに P や W が (16.1.5) 式に一致するように (10.2.7) 式に適当な係数を掛けて作ってある．ただし上式では ξ や γ などは z の関数と解釈しなければならない．

転回点より下側 $z < z_p$ では τ_p が虚数になるので，上式のうち積分定数 A を含む項はなくなり

$$W = \frac{1}{\gamma - 1}\sqrt{\frac{\hat{\xi}}{\rho}} De^{\omega\hat{\tau}_p} \qquad P/\omega = \sqrt{\frac{\rho}{\hat{\xi}}} De^{\omega\hat{\tau}_p}$$

$$U = \frac{p}{\rho(\gamma - 1)}\sqrt{\frac{\rho}{\hat{\xi}}} De^{\omega\hat{\tau}_p} \qquad S/\omega = \frac{2\mu p}{\gamma - 1}\sqrt{\frac{\hat{\xi}}{\rho}} De^{\omega\hat{\tau}_p} \qquad (16.3.8)$$

$$\hat{\tau}_p = \int_{z_p}^{z} \hat{\xi} dz \qquad \hat{\xi} = \sqrt{p^2 - \alpha^{-2}}$$

となる．D は積分定数である．$A,\ B,\ D$ の間には (16.2.10) 式により

$$A = De^{-i\pi/4} \qquad B = De^{i\pi/4}$$

の関係がある．

SV 波成分 (10.2.7) 式の $C,\ D$ の項が SV 波成分である．S 波の転回点の座標を z_s として，$z > z_s$ のときにこれらの解を書き換えると

$$W = \frac{p}{\rho(\gamma - 1)}\sqrt{\frac{\rho}{\eta}}\left(Ae^{i\omega\tau_s} + Ae^{-i\omega\tau_s}\right)$$

$$P/\omega = \frac{2i\mu p}{\gamma - 1}\sqrt{\frac{\eta}{\rho}}\left(Ae^{i\omega\tau_s} - Be^{-i\omega\tau_s}\right)$$

$$U = \frac{i}{\gamma - 1}\sqrt{\frac{\eta}{\rho}}\left(Ae^{i\omega\tau_s} - Be^{-i\omega\tau_s}\right) \qquad (16.3.9)$$

$$S/\omega = \sqrt{\frac{\rho}{\eta}}\left(Ae^{i\omega\tau_s} + Be^{-i\omega\tau_s}\right)$$

$$\tau_s = \int_{z_s}^{z} \eta dz \qquad \eta = \sqrt{\beta^{-2} - p^2}$$

となる. ただし積分定数 C, D は A, B に書き換えてある. こんどは S が (16.2.1) 式と同じになるので, 転回点における接続は S を用いて考えればよい. $z < z_s$ では

$$W = \frac{p}{\rho(\gamma-1)}\sqrt{\frac{\rho}{\hat{\eta}}}De^{\omega\hat{\tau}_s} \qquad P/\omega = \frac{2\mu p}{\gamma-1}\sqrt{\frac{\hat{\eta}}{\rho}}De^{\omega\hat{\tau}_s} \qquad (16.3.10)$$

$$U = \frac{1}{\gamma-1}\sqrt{\frac{\hat{\eta}}{\rho}}De^{\omega\hat{\tau}_s} \qquad S/\omega = \sqrt{\frac{\rho}{\hat{\eta}}}De^{\omega\hat{\tau}_s}$$
$$(16.3.11)$$

$$\hat{\tau}_s = \int_{z_s}^{z} \hat{\eta}\,dz \qquad \hat{\eta} = \sqrt{p^2 - \beta^{-2}}$$

である. 積分定数の間の関係は同じく (16.2.10) 式である.

なお, 同じ波線パラメーターに対して P 波成分と SV 波成分では転回点の深さが異なることに注意しなければならない.

16.4 ラブ波分散曲線のインバージョン

与えられた地下構造から表面波の分散曲線を求めるのは簡単ではないにせよ, 計算方法が与えられているので, ある意味では単純である. このような問題を順問題と呼ぶ. これに対して観測された分散曲線から対応する地下構造を求める問題を逆問題 (inverse problem) と呼ぶ. 表面波の分散曲線だけからは地下構造が一義的に決まらないことはすでに数学的に証明されているが, 限られた条件の下では近似的ではあるが逆問題を解く (インバージョン, inversion) ことによって地下構造を求めることができる.

S 波の速度が深さとともに増加している構造を伝わるラブ波の位相速度は $\beta(H) < c < \beta(-\infty)$ の条件を満たしている. したがってラブ波にはかならず転回点が存在するから, 転回点で接続された SH 波の WKBJ 解, (16.3.5), (16.3.6) 式をラブ波の近似解として用いることができる. この解は無限遠での境界条件を満足している. 自由表面 $z = H$ における境界条件は (16.3.6) 式から

$$T(H) = \mu\frac{dV}{dz}\bigg|_H = -\sqrt{\mu\eta}D\sin\left(\omega\tau_s - \frac{\pi}{4}\right)\bigg|_H = 0$$

$$\tau_s = \int_{z_s}^{z} \eta dz$$

である．z_s は S 波の転回点の座標である．したがってラブ波の特性方程式は近似的に

$$\omega \int_{z_s}^{H} \left[\beta^{-2}(z) - p^2\right]^{1/2} dz = \left(n + \frac{1}{4}\right)\pi \quad n = 0, 1, \cdots \quad (16.4.1)$$

と表される．これが特性方程式であることはすぐにはわかりにくいが，ある深さ z_s を決めれば，そこでの S 波速度の逆数として p が決まる．これを用いて上式の積分を行えば，次数 n に応じて角周波数 ω が決まることになる．波線パラメーター p は位相速度の逆数であるから，上式は p と $\omega_n(p)$ の分散関係である．もちろんこの関係は漸近解を用いているので，高周波でしか成り立たない．

上では S 波速度が与えられたとして分散関係を求めたが，逆に分散関係が与えられたとして速度構造を求める逆問題を考える．これは走時曲線から速度構造を求めるヘルグロッツ–ヴィーヒェルトの方法と同様で，議論もほぼ平行して行われる．

まず，(16.4.1) 式の左辺に現れている積分を $I(p)$ と書くことにすると分散関係は

$$I(p) = \int_{z_p}^{H} \left[\beta^{-2}(z) - p^2\right]^{1/2} dz = \left(n + \frac{1}{4}\right)\pi \left[\omega_n(p)\right]^{-1} \quad (16.4.2)$$

となる．次に積分変数を z から

$$q(z) = 1/\beta(z)$$

に変換すると

$$I(p) = \int_{p}^{q_H} (q^2 - p^2)^{1/2} \frac{dz}{dq} dq \quad (16.4.3)$$

となる．ここで q_H は q の表面における値，$q_H = 1/\beta(H)$ である．両辺に $p(p^2 - s^2)^{-1/2}$ を掛けて p について積分する．s は p と同じ次元をもつ任意の値である．

まず左辺を計算する．積分の順序を変更すると

$$\int_s^{q_H} I(p)(p^2-s^2)^{-1/2}pdp$$
$$=\int_s^{q_H}(p^2-s^2)^{-1/2}pdp\int_p^{q_H}(q^2-p^2)^{1/2}\frac{dz}{dq}dq$$
$$=\int_s^{q_H}\frac{dz}{dq}dq\int_s^q\left(\frac{q^2-p^2}{p^2-s^2}\right)^{1/2}pdp$$

となる．最後の積分は

$$p^2=s^2\cos^2\theta+q^2\sin^2\theta \qquad 0\le\theta\le\frac{\pi}{2}$$

と変数変換すれば

$$\int_s^q\left(\frac{q^2-p^2}{p^2-s^2}\right)^{1/2}pdp=(q^2-s^2)\int_0^{\pi/2}\cos^2\theta d\theta=\frac{\pi}{4}(q^2-s^2)$$

と積分できる．よって

$$\int_s^{q_H}I(p)(p^2-s^2)^{-1/2}pdp=\frac{\pi}{4}\int_s^{q_H}(q^2-s^2)\frac{dz}{dq}dq$$

が得られる．両辺を s で微分すれば

$$\frac{d}{ds}\int_s^{q_H}I(p)(p^2-s^2)^{-1/2}pdp=-\frac{\pi}{2}s\int_s^{q_H}\frac{dz}{dq}dq$$
$$=-\frac{\pi}{2}s\int_s^{q_H}dz(q)=-\frac{\pi}{2}s[H-z(s)] \tag{16.4.4}$$

が得られた．$z(q_H)$ は変数 q の定義により H であり，$z(s)$ は速度が $1/s$ になる z である．

上式の左辺の被積分関数は積分の下限で発散するから，積分と微分の順序を変更することはできない．そこでまず部分積分して

$$\int_s^{q_H}I(p)(p^2-s^2)^{-1/2}pdp=\int_s^{q_H}I(p)\frac{d}{dp}(p^2-s^2)^{1/2}dp$$
$$=I(p)(p^2-s^2)^{1/2}\Big|_s^{q_H}-\int_s^{q_H}(p^2-s^2)^{1/2}\frac{dI(p)}{dp}dp$$

16.4 ラブ波分散曲線のインバージョン

$$= -\int_s^{q_H} (p^2 - s^2)^{1/2} dI(p)$$

が得られる．ここで $I(q_H) = 0$ の関係を用いている．ここで右辺の計算と同じように s で微分すれば

$$\frac{d}{ds}\int_s^{q_H} I(p)(p^2-s^2)^{-1/2}pdp = -\frac{d}{ds}\int_s^{q_H}(p^2-s^2)^{1/2}dI(p)$$
$$= s\int_s^{q_H}(p^2-s^2)^{-1/2}dI(p)$$

が得られる．これを (16.4.4) 式に代入し，分散関係 (16.4.2) 式を用いれば

$$H - z(s) = -\frac{2}{\pi}\int_s^{q_H}(p^2-s^2)^{-1/2}dI(p)$$
$$= -\left(2n+\frac{1}{2}\right)\int_s^{q_H}(p^2-s^2)^{-1/2}d\left[\frac{1}{\omega_n(p)}\right] \quad (16.4.5)$$

が得られる．これが最終結果である．なお，上では積分変数の変換を行っているが，これが許されるためには速度が表面からの深さの単調増加関数であることが必要である．したがって速度に極小値があるような場合には上の議論は成り立たない．

$H - z(s)$ は表面から S 波速度が $1/s$ になるところまでの深さである．これが分散曲線 $p(\omega)$ を用いて右辺の積分で求められる．わかりやすいように積分変数を ω にとり，分散曲線を $c(\omega)$ で表すことにする．p に関する積分の上限 q_H は表面における速度の逆数 $q_H = 1/\beta(H)$ であるが，これは分散曲線上では $\omega = \infty$ に相当する．いま位相速度が $1/s$ になる周波数を ω_s とすれば ω に関する積分の下限は ω_s になる．したがって上式の右辺の積分は

$$\int_s^{q_H}(p^2-s^2)^{-1/2}d\left(\frac{1}{\omega}\right) = -\int_{\omega_s}^{\infty}\left[\frac{1}{c^2(\omega)}-s^2\right]^{-1/2}\frac{d\omega}{\omega^2} \quad (16.4.6)$$

ただし $\quad c(\omega_s) = 1/s$

と表される．$1/s$ を表面の速度 $\beta(H)$ から増加させながらこの積分を計算すればその速度に対応した深さが求められる．

図 16.4.1 はインバージョン結果の一例である．はじめに鎖線で示された 3 層構造を与え，ラブ波の分散曲線を計算した (破線)．この分散曲線を (16.4.6)

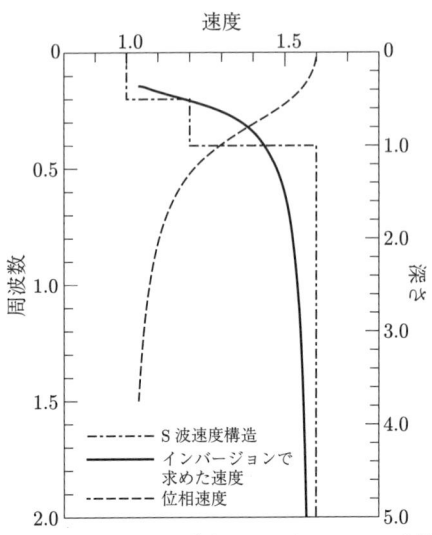

図 16.4.1 WKBJ 近似を用いたラブ波のインバージョン　鎖線は与えた S 波速度構造, 破線は計算された位相速度, 実線は位相速度から求めた速度構造.

式の $c(\omega)$ として用い，さまざまな s に対して数値積分を実行し S 波速度が $1/s$ になる深さ $H - z(s)$ を求めたのが実線である．実線は鎖線を滑らかにしたような形をしている．ここでは無次元周波数が 1.5 までの位相速度しか与えられていないが，積分 (16.4.6) 式には $\omega \to \infty$ までの位相速度が必要である．そこで計算では高周波では近似的に

$$\left(\frac{\beta_c}{c}\right)^2 = 1 - \left(\frac{\omega_c}{\omega}\right)^2$$

が成り立つとして定数 β_c, ω_c を求めて，与えられた分散曲線の先につないだ．この形を仮定したのは (16.4.6) 式が解析的に積分できるからである．

17 一般化波線理論と反射率法

　成層構造中の点震源から生じる波動の厳密解を導き，その中の留数成分，すなわちラブ波やレーリー波成分を合成することによってS波の直接波，反射波，先頭波が計算できることを先に示した．理論地震記象を合成するという意味ではこれは一つのゴールであるが，いくつか問題が残っている．一つは分岐線積分である．これを無視したためにレーリー波よりも速度の速いP波に関係した波群が無視されてしまった．もう一つの問題は，すべてをひっくるめて計算してしまうために，逆に波群の特性がわかりにくくなってしまったことである．

　そこで本章では，波形に本質的でないところはできるだけ波線理論にしたがって理論地震記象を計算する方法を述べる．これはまた第一の問題のある種の解答になっている．SH波の成分の計算は音波の場合とほとんど同じであるから省略して，音波とP-SV波成分のみを考える．

17.1　音波に対する一般化波線解

　はじめに簡単な場合を考える．$z < z_0$ に液体0，$z > z_0$ に液体1があるとする．液体0中の原点Oに点震源があるとすると (図17.1.1)，震源項は(10.1.8) 式から

$$\phi_0 = \frac{\omega}{4\pi} \int_{-\infty}^{\infty} H_0^{(1)}(\omega pr) e^{i\omega \xi_0 |z|} \frac{p\,dp}{-2i\xi_0} \quad \xi_0^2 = \alpha_0^{-2} - p^2 \quad (17.1.1)$$

と表される．α_0 は震源のある流体0における音波速度である．液体0には上の直接波のほかに反射波が存在し，液体1には透過波が存在する．前者を ϕ_refl，後者を ϕ_refr とする．10.1節にならって反射波，透過波を計算すれば，これらが反射係数，透過係数を用いて

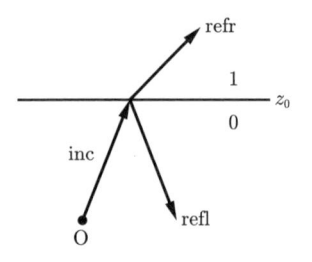

図 17.1.1 境界面における反射, 屈折　入射波 (inc), 反射波 (refl), 透過波 (refr).

$$\begin{aligned}
\phi_{\text{refl}} &= \frac{\omega}{4\pi} \int_{-\infty}^{\infty} R_{01} H_0^{(1)}(\omega pr) e^{i\omega \xi_0 (2z_0 - z)} \frac{pdp}{-2i\xi_0} \\
\phi_{\text{refr}} &= \frac{\omega}{4\pi} \int_{-\infty}^{\infty} T_{01} H_0^{(1)}(\omega pr) e^{i\omega [\xi_1 (z - z_0) + \xi_0 z_0]} \frac{pdp}{-2i\xi_0}
\end{aligned} \tag{17.1.2}$$

と表されることは容易にわかる．ここで ξ_1 は液体 1 に対する ξ, R_{01} は音波が液体 0 から 1 へ入射したときの反射係数, T_{01} は同じく透過係数で

$$R_{01} = \frac{\rho_1 \xi_0 - \rho_0 \xi_1}{\rho_1 \xi_0 + \rho_0 \xi_1} \qquad T_{01} = \frac{2\rho_1 \xi_0}{\rho_1 \xi_0 + \rho_0 \xi_1}$$

である．

(17.1.2) 式は入射波 (17.1.1) 式に反射係数や透過係数を掛けて伝播径路に相当する位相を加えた形になっている．反射係数や透過係数の位相は境界面を基準にしている．反射波の位相 $2\omega \xi_0 z_0$ のうち, $\omega \xi_0 z_0$ は震源から $z = z_0$ までの位相変化であり，そこで反射して $z = 0$ まで戻ってくるまでの位相変化が $\omega \xi_0 z_0$ である．反射波はそれ以後 $-\omega \xi_0 z$ によって位相変化をする．負号は下向きに伝わる波であることを示している．一方，透過波の方は，震源から境界面までの位相変化 $\omega \xi_0 z_0$ に，境界面から観測点までの位相変化 $\omega \xi_1 (z - z_0)$ がつけ加わる．反射係数や透過係数は境界面で境界条件がすべて満たされるように決められているから, $z < z_0$ で $\phi_0 + \phi_{\text{refl}}$, $z > z_0$ で ϕ_{refr} は二つの液体が接しているときの厳密解である．

(17.1.1), (17.1.2) 式には波線という概念は含まれていないが，ある p の位相から波線を描けば図 17.1.1 のようになっている．これらの波線はもちろんスネルの法則を満たしている．厳密解はこのような波線解をすべての p について積分したものである．

次に z_0 の上にさらに $z = z_1$, $z = z_2$ に境界面があるときを考える．この場合の厳密解を求めるには，ハスケル行列を掛け合せて (p, ω) 面上の解を求めて p について積分しなければならない．しかしこの方法では直接波のほかに境界面間のさまざまな反射波がひとまとまりに求められてしまい，ある時刻に到達した波がどのような素性をもつものかが明確でなくなる．

そこでハスケル行列の積を数値的に計算するのではなく，代数的に計算しこれを波線展開することにする．このような波線展開を行うと，その中には境界面を透過するだけで観測点 A に到達する波が現れる．これに相当する項は

$$\phi_3(A) = \frac{\omega}{4\pi} \int_{-\infty}^{\infty} T_{01} T_{12} T_{23} H_0^{(1)}(\omega p r)$$
$$\times e^{i\omega[\xi_3(z-z_2)+\xi_0 h_0+\xi_1 h_1+\xi_2 h_2]} \frac{p\,dp}{-2i\xi_0}$$

で表される (図 17.1.2(a))．ただし，上式では式をきれいにするために $z_0 = h_0$ と書いてある．T_{01}, T_{12}, T_{23} は各境界面における透過係数である．

同様に層 1 内で 1 回反射して観測点 B に到達する波は，2 回の反射による振幅変化と位相変化を考慮して

$$\phi_3(B) = \frac{\omega}{4\pi} \int_{-\infty}^{\infty} T_{01} R_{12} R_{10} T_{12} T_{23} H_0^{(1)}(\omega p r)$$
$$\times e^{i\omega[\xi_3(z-z_3)+\xi_0 h_0+3\xi_1 h_1+\xi_2 h_2]} \frac{p\,dp}{-2i\xi_0}$$

と書き表される．

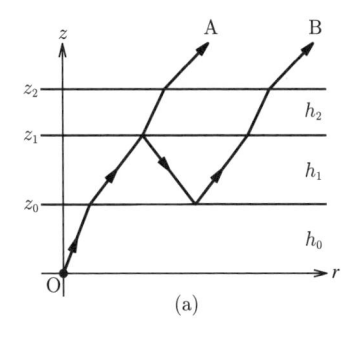

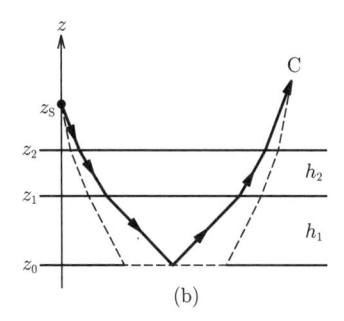

図 17.1.2 多層構造中の一般化波線

$\phi_3(A)$ や $\phi_3(B)$ が厳密解でないことはもちろんである．しかし，4.2節，9.4節で2層構造に対する SH 波の厳密解が波線展開できることを示したように，音波の場合にも厳密解が波線展開できる．厳密解が求められなくても，上に示したように直感的に幾何光学的な波線に応じて振幅や位相を与えれば，じつはこれが波線展開の一つになっている．ただしここではスネルの法則を用いて波線を求めているわけはなく，単に波がどの層を通過しているかを指定しているだけである．このような波線を一般化波線 (generalized ray) と呼ぶ．

一般化波線が指定されると，これを最急降下法で評価することができる．10.1節のように r が波長に比べて十分大きいと仮定すると，たとえば $\phi_3(A)$ の場合，$H_0^{(1)}(\omega pr)$ を漸近展開すると，鞍点は

$$f(p) = i[pr + \xi_3(z - z_3) + \xi_0 h_0 + \xi_1 h_1 + \xi_2 h_2]$$

として $f'(p) = 0$ から求められる．鞍点は陽には求められないが

$$\frac{\sin\theta_0}{\alpha_0} = \frac{\sin\theta_1}{\alpha_1} = \frac{\sin\theta_2}{\alpha_2} = \frac{\sin\theta_3}{\alpha_3}$$
$$r = h_0 \tan\theta_0 + h_1 \tan\theta_1 + h_2 \tan\theta_2 + (z - z_3)\tan\theta_3$$

を満たす $\theta_0, \theta_1, \theta_2, \theta_3$ が存在すれば $s = \sin\theta_0/\alpha_0$ が鞍点である．これはスネルの法則を満たす波線にほかならない．このような根がかならず存在することは，次のようにして簡単にわかる．$f'(p)$ は

$$f'(p) = i\left[r - \frac{p}{\xi_3}(z - z_3) - \frac{p}{\xi_0}h_0 - \frac{p}{\xi_1}h_1 - \frac{p}{\xi_2}h_2\right]$$

であるから $\mathrm{Im}\, f'(0) = r > 0$ である．速度 $\alpha_0, \alpha_1, \alpha_2, \alpha_3$ の最大値を $\alpha_{\max}$ とすると，p を 0 から $1/\alpha_{\max}$ まで増加させると $f'(p)$ の第二項以下のどれかの項が卓越して $\mathrm{Im}\, f'(p) \to -\infty$ になる．したがって鞍点は p の実軸上 $1/\alpha_{\max}$ より左側にあり，θ_0 などの角度はすべて実数になる．またこのとき鞍点で $f''(s)$ は負の虚数であることも簡単にわかる．したがって最急降下法 (8.2.11)式を用いれば，$\phi_3(A)$ の最も簡単な近似値が求められる．精度を上げるためには最急降下積分路を数値的に求めて数値積分をしなければならな

い．最小の速度を $\alpha_{\min}$ とするとき，最急降下積分路が第四象限から第一象限へ実軸を横切る点が $1/\alpha_{\min}$ よりも大きくなるような近距離ではこの積分だけで十分であるが，それより遠距離になると分岐線積分が必要になる．

震源がデルタ関数でなくステップ関数のときには，カニアール–ド・フープ法を用いて一般化波線の厳密解を求めることができる．$\phi_3(\mathrm{A})$ に必要な変換は

$$\tau(p) = pr + \xi_0 h_0 + \xi_1 h_1 + \xi_2 h_2 + \xi_3(z - z_3)$$

である (10.5節参照)．与えられた τ に対して上式から p を求めれば，厳密解の被積分関数が求められる．形式解は (10.5.6) 式より

$$\phi(\mathrm{A}, t) = \frac{1}{2\pi^2} \mathrm{Im} \int \frac{T_{01}(p)T_{12}(p)T_{23}(p)}{\sqrt{(t-\tau)(t-\tau+2pr)}} \frac{p}{\xi_0} \frac{dp}{d\tau} d\tau$$

で表される．積分の下限は書いてないが，形式的には

$$\frac{h_0}{\alpha_0} + \frac{h_1}{\alpha_1} + \frac{h_2}{\alpha_2} + \frac{z - z_3}{\alpha_3}$$

である．しかし実質的な下限はこれよりも後になる．もし波形のはじめの部分だけを計算するなら，分母の $2pr$ を無視することができるので，先の積分は畳み込み積分になる．波線 B についても最急降下法，カニアール–ド・フープ法ともに同様な議論を行うことができる．

次に図 17.1.2(b) の実線のような波線を考える．震源 $z = z_\mathrm{s}$ から出る波が

$$\phi_0 = \frac{\omega}{4\pi} \int_{-\infty}^{\infty} H_0^{(1)}(\omega pr) e^{i\omega \xi_3 |z - z_\mathrm{s}|} \frac{pdp}{-i\xi_3}$$

であることに注意すれば，点 C で観測される波形は

$$\phi(\mathrm{C}) = \frac{\omega}{4\pi} \int_{-\infty}^{\infty} T_{32} T_{21} R_{10} T_{12} T_{23} H_0^{(1)}(\omega pr)$$

$$\times e^{i\omega[\xi_3(z - 2z_3 + z_\mathrm{s}) + 2\xi_1 h_1 + 2\xi_2 h_2]} \frac{pdp}{-2i\xi_3}$$

と表される．いま $\alpha_0 > \alpha_1 > \alpha_2 > \alpha_3$ と仮定すれば，これは先頭波を生じる構造である．遠距離の場合，最急降下法では鞍点は広角反射波に対応し，

これは図 17.1.2(b) の実線そのものに対応している．先頭波を評価するには分岐線積分を行わなければならない．しかしカニアール–ド・フープ法で上式を評価すれば，広角反射と先頭波がその区別なく同時に計算できる．したがって一般化波線はこの場合，図 17.1.2(b) の実線だけでなく，先頭波を表した破線も同時に含んでいることになる．一般化の意味はこれで明らかであろう．幾何学的な波線では広角反射波と先頭波の波線は別のものと考えられるが，一般化波線ではこれら両者は一つの波線で表される．

これまでは媒質 3 は半無限流体と仮定したが，もし $z = H > z_3$ に自由表面があったあるとすると，波線 A が自由表面で 1 回反射した波は z_3 から表面までの位相変化 $\omega\xi_3(H - z_3)$，表面から観測点までの位相変化 $\omega\xi_3(H - z)$ と自由表面での反射係数を考慮して

$$\phi_3(\mathrm{A}') = \frac{\omega}{4\pi} \int_{-\infty}^{\infty} (-1) T_{01} T_{12} T_{23} H_0^{(1)}(\omega p r)$$
$$\times e^{i\omega[\xi_3(2H-z-z_3)+\xi_0 h_0 + \xi_1 h_1 + \xi_2 h_2]} \frac{p\,dp}{-2i\xi_0}$$

と表される．ここに (-1) は自由表面における反射係数である．この波は下向きに伝わる波であるから z の係数が負になっている．

17.2　P-SV 波に対する一般化波線解

17.2.1　上向波，下向波の分解

音波の場合には反射係数や透過係数が音圧 ϕ の振幅比によって定義されているので，これらをそのまま掛ければ一般化波線解が求められたが，P-SV 波では変位が 2 成分あるので簡単ではない．そこでまず反射係数，透過係数で表すことができるように，一般解を上向きに伝わる波 (ここでは上向波と呼ぶ) と，下向きに伝わる波 (下向波) で書き換える．

均質媒質中の P-SV 波の一般解 (10.2.7) 式

$$W(z) = i\xi(Ae^{i\omega\xi z} + Be^{-i\omega\xi z}) + p(Ce^{i\omega\eta z} + De^{-i\omega\eta z})$$

17.2 P-SV 波に対する一般化波線解

$$P(z)/\omega = -\rho(1-\gamma)(Ae^{i\omega\xi z} - Be^{-i\omega\xi z})$$
$$\qquad + 2i\mu p\eta(Ce^{i\omega\eta z} - De^{-i\omega\eta z})$$
$$U(z) = p(Ae^{i\omega\xi z} - Be^{-i\omega\xi z}) + i\eta(Ce^{i\omega\eta z} - De^{-i\omega\eta z}) \qquad (17.2.1)$$
$$S(z)/\omega = 2i\mu p\xi(Ae^{i\omega\xi z} + Be^{-i\omega\xi z})$$
$$\qquad - \rho(1-\gamma)(Ce^{i\omega\eta z} + De^{-i\omega\eta z})$$
$$\gamma = 2\beta^2 p^2 \qquad \xi^2 = \alpha^{-2} - p^2 \qquad \eta^2 = \beta^{-2} - p^2$$

の積分定数 $A,\ B,\ C,\ D$ を，4.3 節にならって P 波の振幅 $W^\pm$ と S 波の振幅 $U^\pm$ で表すことにする．ここで上つきの + は $+z$ 方向に伝わる波 (上行波) の振幅を，− は $-z$ 方向に伝わる波 (下行波) の振幅を意味している．両者とも波の進行方向の成分を正にとることにする．

外向きに伝わる波の遠方における変位の $m = 0$ の成分が

$$u_z(r,\varphi,z) \sim W(z)Y_0(kr,\varphi) \sim W(z)\sqrt{\frac{2}{\pi kr}}e^{i(kr-\pi/4)}$$
$$u_r(r,\varphi,z) \sim U(z)\frac{\partial Y_0(kr,\varphi)}{\partial(kr)} \sim iU(z)\sqrt{\frac{2}{\pi kr}}(z)e^{i(kr-\pi/4)}$$

と表されることに注意して，4.3 節にならって $W^\pm,\ U^\pm$ を計算すれば

$$A = -i\alpha W^+ \qquad B = i\alpha W^-$$
$$C = -\beta U^+ \qquad D = \beta U^-$$

となる．したがって一般解 (17.2.1) 式は $A,\ B,\ C,\ D$ のかわりに $W^\pm,\ U^\pm$ を用いて

$$W(z) = \xi\alpha(W^+ e^{i\omega\xi z} - W^- e^{-i\omega\xi z})$$
$$\qquad - p\beta(U^+ e^{i\omega\eta z} - U^- e^{-i\omega\eta z})$$
$$P(z)/\omega = i\rho(1-\gamma)\alpha(W^+ e^{i\omega\xi z} + W^- e^{-i\omega\xi z})$$
$$\qquad - 2i\mu p\eta\beta(U^+ e^{i\omega\eta z} + U^- e^{-i\omega\eta z}) \qquad (17.2.2)$$
$$U(z) = -ip\alpha(W^+ e^{i\omega\xi z} + W^- e^{-i\omega\xi z})$$
$$\qquad - i\eta\beta(U^+ e^{i\omega\eta z} + U^- e^{-i\omega\eta z})$$

$$S(z)/\omega = 2\mu p\xi\alpha(W^+ e^{i\omega\xi z} - W^- e^{-i\omega\xi z})$$
$$+ \rho(1-\gamma)\beta(U^+ e^{i\omega\eta z} - U^- e^{-i\omega\eta z})$$

と表される．$W(z)$, $U(z)$ は変位の z に依存する関数であるのに対して，$W^\pm$, $U^\pm$ は P 波，S 波の振幅であって定数である．同じ記号を使っているが，間違えないようにしたい．

一般化波線解を構成するには，たとえば境界面に P 波が入射したときに，境界面の下側の W^+ に透過係数 T_{PP} を掛けたものが上側の W^+ であり，透過係数 T_{PS} を掛けたものが上側の U^+ である．反射の場合にも相当する反射係数を掛ければ，下向きに伝わる波の振幅 W^- や U^- が得られる．これを (17.2.2) 式に代入して波数積分を行えばスペクトルを求めることができる．

17.2.2 震源不連続量の分解

(17.1.1) 式では震源から出る波の振幅はどの方向をとっても 1 であった．ダブルカップルのように方向性のある震源ではそうはならない．点震源は変位，応力の不連続として表現することができる (第 11 章)．これを用いれば震源から上向き，下向きに出る波の振幅 $W^\pm$, $U^\pm$ を震源不連続量で表すことができる．

震源が仮に $z=0$ にあるとすると，震源から発生する波は (17.2.2) 式の形に表すことができる．W^+, U^+ はそれぞれ震源から上向きに伝わる波，W^-, U^- は震源から下向きに伝わる波である．これらの波は震源で不連続の条件

$$\Delta W = W(+0) - W(-0) \qquad \Delta P = P(+0) - P(-0) \quad \text{etc.}$$

を満足しなければならない．$+0$ は z の正の側から 0 に近づいたときの極限値，-0 は z の負の側から 0 に近づいたときの極限値である．これらは (17.2.2) 式から

$$W(+0) = \alpha\xi W^+ + \beta p U^+$$
$$W(-0) = -\alpha\xi W^- + \beta p U^-$$

17.2 P-SV 波に対する一般化波線解──455

などとなるから

$$\Delta W = \alpha\xi(W^+ + W^-) - \beta p(U^+ + U^-)$$
$$\Delta P/\omega = i\rho(1-\gamma)\alpha(W^+ - W^-) - 2i\mu p\beta p(U^+ - U^-)$$
$$\Delta U = -i\alpha p(W^+ - W^-) - i\beta\eta(U^+ - U^-)$$
$$\Delta S/\omega = 2\mu p\alpha\xi(W^+ + W^-) + \rho(1-\gamma)\beta(U^+ + U^-)$$

が成り立つ．これらの条件から $W^\pm$, $U^\pm$ を求めると

$$W_s^\pm = \frac{1}{2\rho\xi}\left[\rho(1-\gamma)\Delta W + p\Delta S/\omega\right] \pm \frac{i}{2\rho}\left[2\rho\beta^2 p\Delta U - \Delta P/\omega\right]$$
$$U_s^\pm = \frac{1}{2\rho}\left[\Delta S/\omega - 2\rho\beta^2 p\Delta W\right] \pm \frac{i}{2\rho\eta}\left[p\Delta P/\omega + \rho(1-\gamma)\Delta U\right]$$
(17.2.3)

となる．震源における係数であることを明確にするために添字 s をつけてある．

震源不連続量は方位方向の波数 m の関数であるから，$W_s^\pm$ や $U_s^\pm$ は m の関数になる．したがって波数積分を行うときには m についての和も必要になる．

一般解を (17.2.2) 式のように書き換えておくと，図 17.1.2(a) の径路 A に沿って伝わる P 波の一般化波線解を簡単に書き下すことができる．原点から上向きに出た P 波の振幅を (17.2.3) 式から計算して W_s^+，媒質 0 から 1 に向かって入射した P 波の透過係数を $T_{\mathrm{PP}}(0,1)$ などと表す．境界 $z = z_3$ を透過した直後の上向きの P 波の振幅を $W^+(\mathrm{A})$ とするとこれは

$$W^+(\mathrm{A}) = T_{\mathrm{PP}}(0,1)T_{\mathrm{PP}}(1,2)T_{\mathrm{PP}}(2,3)W_s^+ e^{i\omega(\xi_0 h_0 + \xi_1 h_1 + \xi_2 h_2)}$$

で表される．したがって実際の変位は積分

$$u_z(\mathrm{A}) = \frac{1}{4\pi}\int_{-\infty}^{\infty}\sum_m \alpha_3\xi_3 W^+(\mathrm{A})e^{i\omega\xi_3(z-z_3)+im\varphi}H_m^{(1)}(kr)k dk$$
$$u_r(\mathrm{A}) = \frac{1}{4\pi}\int_{-\infty}^{\infty}\sum_m (-i\alpha_3 p)W^+(\mathrm{A})e^{i\omega\xi_3(z-z_3)+im\varphi}\frac{dH_m^{(1)}(kr)}{d(kr)}k dk$$

によって表される．音波のときと同様にこの積分は最急降下法やカニアールード・フープ法で評価できる形をしている．

反射や波の変換があるときにも同様である．図 17.1.2(b) の径路 B において，震源から P 波で出発した波が境界面 $z=z_1$ で反射するときに P 波から S 波に変換し，その後は S 波として伝播したとする．P 波が媒質 1 から 2 に入射したときの反射係数を $R_{\rm PP}(1,2)$，P 波が媒質 1 から媒質 0 に入射したときの S 波の反射係数を $R_{\rm PS}(1,0)$ などとすれば，境界 z_3 を透過して上向きに伝わる S 波の振幅は

$$U^+(\mathrm{B}) = T_{\rm PP}(0,1)R_{\rm PP}(1,2)R_{\rm PS}(1,0)T_{\rm SS}(1,2)T_{\rm SS}(2,3)W_{\rm s}^+ \\ \times e^{i\omega(\xi_0 h_0 + 2\xi_1 h_1 + \eta_1 h_1 + \xi_2 h_2)}$$

と表されるので，変位は

$$u_z(\mathrm{B}) = \frac{1}{4\pi}\int_{-\infty}^{\infty}\sum_m (-\beta_3 p)U^+(\mathrm{B})e^{i\omega\eta_3(z-z_3)+im\varphi}H_m^{(1)}(kr)kdk$$

$$u_r(\mathrm{B}) = \frac{1}{4\pi}\int_{-\infty}^{\infty}\sum_m (-i\beta_3\eta_3)U^+(\mathrm{B})e^{i\omega\eta_3(z-z_3)+im\varphi}\frac{dH_m^{(1)}(kr)}{d(kr)}kdk$$

などと表される．

･･･●･･･●･･･(メモ)･･･●･･･●･･･

SH 波の震源項 SH 波に関連した震源不連続量は ΔV と ΔT である．これから震源から上向きに出る SH 波 $V_{\rm s}^+$，下向きに出る波 $V_{\rm s}^-$ を計算すると

$$V_{\rm s}^\pm = \frac{1}{2}\left(\frac{1}{i\mu\eta}\frac{\Delta T}{\omega} \pm \Delta V\right)$$

になる．

･･･●･･･●･･･●･･･●･･･●･･･

17.3 反射係数，透過係数の一般化

一般化波線理論では波線 1 本 1 本ごとに波形を計算できるということは，長所であると同時に短所でもある．層の数が多くなったとき，層内のあるい

17.3 反射係数，透過係数の一般化——457

は層を横切った反射波や多重反射波の影響を見ようとすると，関係する波線の数がほとんど無限といってよいほど増えてくる．

4.3 節では均質な半無限弾性体の表面における反射係数や，二つの均質半無限弾性体の境界における反射係数，透過係数を計算したが，ここでは問題を一般化して成層構造に対して同様な計算を行う．なお，SH 波の計算は簡単なので P-SV 波の計算だけを行う．

17.3.1 成層構造の自由表面における P-SV 波の反射係数

最初に考えるのは，4.2.2 で考えたような地表付近の軟弱地盤による増幅効果の計算の一般化である．

$z < 0$ が密度 ρ_0，P 波速度 α_0，S 波速度 β_0 の均質な半無限弾性体であるとし，その上に成層構造がのっており，$z = H$ は自由表面であるとする（図 17.3.1）．$z < 0$ の半無限弾性体から P-SV 波が上向き（$+z$ 向き）に入射するものとし，入射 P 波，S 波の振幅をそれぞれ W_0^+，U_0^+ とする．入射した波は $0 < z < H$ の層内で反射や屈折を繰り返して境界面 $z = 0$ から下の層に出ていく．$z = 0$ から下向きに伝わる反射波の振幅を W_0^-，U_0^- とする．これには $z = 0$ の境界面で直接反射した波のほかに，上に述べたような自由表面での反射，層内の反射，屈折の影響がすべて含まれている．

自由表面では垂直応力と剪断応力が 0 であるから，そこでの解を分解して

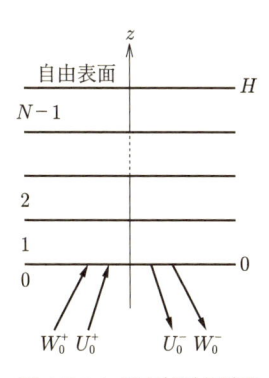

図 17.3.1 地表付近の構造

$$\boldsymbol{y}(H) = \begin{bmatrix} 1 \\ 0 \\ 0 \\ 0 \end{bmatrix} W_F + \begin{bmatrix} 0 \\ 0 \\ 1 \\ 0 \end{bmatrix} U_F \tag{17.3.1}$$

と書くことにする．$\boldsymbol{y}$ の成分はこれまでと同様に (17.2.1) 式の左辺で定義されているので，W_F, U_F は自由表面における変位の z 成分と水平成分を意味しているが，これらはいまのところ未定である．そこで $W_F = 1, U_F = 0$ として $z = H$ から下向きに $z = 0$ まで積分して得られる解を $\boldsymbol{y}_1(z)$，$W_F = 0$，$U_F = 1$ として積分して得られる解を $\boldsymbol{y}_2(z)$ とすると，一般解は $\boldsymbol{y}(z) = W_F \boldsymbol{y}_1(z) + U_F \boldsymbol{y}_2(z)$ で表される．これらの基本解に対するコンパウンド行列 $Y_{ij}(z)$ は後で必要になるが，これは

$$\boldsymbol{Y}(H) = [0, 1, 0, 0, 0, 0]^T \tag{17.3.2}$$

を初期値として下向きに積分することによって得られる．ハスケル行列はつねに実数であるから，$y_{ij}(z), Y_{ij}(z)$ は実数である．

$0 < z < H$ の一般解 $\boldsymbol{y}(z)$ は $z = 0$ で $z < 0$ の解 (17.2.2) 式と連続でなければならない．したがって境界条件は

$$\begin{aligned}
&\xi_0 \alpha_0 (W_0^+ - W_0^-) - p\beta_0 (U_0^+ - U_0^-) = W_F y_{11}(0) + U_F y_{12}(0) \\
&i\rho_0(1-\gamma_0)\alpha_0 (W_0^+ + W_0^-) - 2i\mu_0 p\eta_0 \beta_0 (U_0^+ + U_0^-) \\
&\quad = W_F y_{21}(0) + U_F y_{22}(0) \\
&-ip\alpha_0(W_0^+ + W_0^-) - i\eta_0 \beta_0 (U_0^+ + U_0^-) = W_F y_{31}(0) + U_F y_{32}(0) \\
&2\mu_0 p\xi_0 \alpha_0 (W_0^+ - W_0^-) + \rho_0(1-\gamma_0)\beta_0 (U_0^+ - U_0^-) \\
&\quad = W_F y_{41}(0) + U_F y_{42}(0)
\end{aligned} \tag{17.3.3}$$

である．以下では表記を簡素化するために $z < 0$ の量であることを示す添字 0 を省略する．また y_{ij} の引数 0 も省略する．

上式では $W^\pm, U^\pm, W_F, U_F$ が形式的には未知数であるが，式は 4 本しかないので完全に解くことはできない．しかしいまは反射係数を求めようとし

ているのであるから，$z=0$ の境界から上向きに入射する波の振幅 W^+, U^+ は既知と考えてよい．そこで上式の第一，四式から $W^+ - W^-$, $U^+ - U^-$ を，第二，三式から $W^+ + W^-$, $U^+ + U^-$ を解いて

$$\begin{aligned}
\rho\xi\alpha(W^+ - W^-) &= L_1 A + L_2 B & \rho\eta\beta(U^+ - U^-) &= N_1 A + N_2 B \\
\rho\xi\alpha(W^+ + W^-) &= M_1 A + M_2 B & \rho\eta\beta(U^+ + U^-) &= O_1 A + O_2 B
\end{aligned} \tag{17.3.4}$$

の形に表す．ここに，y_{i1}, y_{i2} をそれぞれ $\boldsymbol{y}_1$, $\boldsymbol{y}_2$ の $z=0$ における成分とすると，$j=1,2$ に対して

$$\begin{aligned}
L_j &= p y_{4j} + \rho(1-\gamma) y_{1j} & N_j &= \eta(y_{4j} - 2\rho\beta^2 p y_{1j}) \\
M_j &= i\xi(2\rho\beta^2 p y_{3j} - y_{2j}) & O_j &= i[p y_{2j} + \rho(1-\gamma) y_{3j}]
\end{aligned} \tag{17.3.5}$$

で定義される．これらを用いて (17.2.4) 式より

$$\begin{aligned}
(L_1 + M_1)A + (L_2 + M_2)B &= 2\rho\xi\alpha W^+ \\
(L_1 - M_1)A + (L_2 - M_2)B &= -2\rho\xi\alpha W^- \\
(N_1 + O_1)A + (N_2 + O_2)B &= 2\rho\eta\beta U^+ \\
(N_1 - O_1)A + (N_2 - O_2)B &= -2\rho\eta\beta U^-
\end{aligned} \tag{17.3.6}$$

が得られる．上式の第一，三式から A, B を解き，これを第二，四式に代入すれば以下の式が得られる．

$$\begin{aligned}
W_F &= \frac{2\rho}{\Delta_\mathrm{R}} \left[\alpha\xi(N_2 + O_2) W^+ - \beta\eta(L_2 + M_2) U^+ \right] \\
U_F &= \frac{2\rho}{\Delta_\mathrm{R}} \left[\beta\eta(L_1 + M_1) U^+ - \alpha\xi(N_1 + O_1) W^+ \right] \\
W^- &= \frac{1}{\Delta_\mathrm{R}} \Big\{ [(L_2 - M_2)(N_1 + O_1) - (L_1 - M_1)(N_2 + O_2)] W^+ \\
&\quad + \frac{\beta\eta}{\alpha\xi} [(L_1 - M_1)(L_2 + M_2) - (L_2 - M_2)(L_1 + M_1)] U^+ \Big\} \\
U^- &= \frac{1}{\Delta_\mathrm{R}} \Big\{ \frac{\alpha\xi}{\beta\eta} [(N_2 - O_2)(N_1 + O_1) - (N_1 - O_1)(N_2 + O_2)] W^+ \\
&\quad + [(L_2 + M_2)(N_1 - O_1) - (L_1 + M_1)(N_2 - O_2)] U^+ \Big\}
\end{aligned} \tag{17.3.7}$$

$$\Delta_{\mathrm{R}}(p,\omega) = (L_1 + M_1)(N_2 + O_2) - (L_2 + M_2)(N_1 + O_1)$$

上式の右辺で $U^+ = 0$ としたものが P 波が入射したときの解, $W^+ = 0$ としたものが S 波が入射したときの解である.

上式の右辺の [ ] の中に現れている項は $L_1 N_2 - L_2 N_1$ のような形の項の和で表すことができ, これらは L_j などの定義 (17.3.5) 式を用いると, コンパウンド行列 $Y_{ij} = y_{i1} y_{j2} - y_{i2} y_{j1}$ によって書き換えることができる. すなわち

$$\begin{aligned}
L_1 N_2 - L_2 N_1 &= \rho \eta Y_{14} \qquad M_1 O_2 - M_2 O_1 = \rho \xi Y_{23} \\
L_1 O_2 - L_2 O_1 &= i\{\rho(1-\gamma)p(Y_{12} - Y_{34}) + \rho^2(1-\gamma)^2 Y_{13} - p^2 Y_{24}\} \\
M_1 N_2 - M_2 N_1 &= i\xi\eta\{-2\rho\beta^2 p(Y_{12} - Y_{34}) + 2\rho^2\beta^2\gamma Y_{13} - Y_{24}\} \\
L_1 M_2 - L_2 N_1 &= i\xi\{-\rho[(1-\gamma)Y_{12} + \gamma Y_{34}] \\
&\qquad + 2\rho^2\beta^2 p(1-\gamma)Y_{13} + p Y_{24}\} \\
N_1 O_2 - N_2 O_1 &= i\eta\{-\rho[\gamma Y_{12} + (1-\gamma)Y_{34}] \\
&\qquad - 2\rho^2\beta^2 p(1-\gamma)Y_{13} - p Y_{24}\}
\end{aligned} \qquad (17.3.8)$$

である. Y_{ij} の引数は $z = 0$ であり, ρ, β などは $z < 0$ の半無限弾性体の値である. 一般に $Y_{34} = -Y_{12}$ が成り立つが, 上ではこのことは考慮しないで独立なものとして書いてある. Y_{ij} は実数であるから平面波が入射するときには ($\xi_0 > 0, \eta_0 > 0$) 上式の 2 行目以下は純虚数になる. しかしこれまでの, またこれからあとの議論は入射波が不均質波 (ξ_0 や η_0 が正の虚数) のときでも成立する.

(17.3.7) 式の分母に現れる Δ_{R} は

$$\begin{aligned}
\Delta_{\mathrm{R}} &= (M_1 O_2 - M_2 O_1) + (M_1 N_2 - M_2 N_1) \\
&\quad + (L_1 O_2 - L_2 O_1) + (L_1 N_2 - L_2 N_1)
\end{aligned} \qquad (17.3.9)$$

と展開でき, (17.3.8) 式を用いて計算できる. 先に注意しておいたように, 自由表面における反射係数の極はレーリー波の極に対応するので, ここでの $\Delta_{\mathrm{R}}(p, \omega)$ は多層構造のレーリー波の特性関数に相当する.

P 波入射, S 波入射それぞれに対する反射係数などは以下のようになる.

17.3 反射係数,透過係数の一般化

P 波入射 ($U^+ = 0$) P 波が入射したときには $U^+ = 0$ とすればよい.(17.3.7) 式の第三,四式から比 W^-/W^+, U^-/W^+ が得られる.これらは $z=0$ を基準にした反射係数である.

$$R_{\mathrm{PP}} = \frac{W_0^-}{W_0^+} = \frac{1}{\Delta_{\mathrm{R}}}[(M_1O_2 - M_2O_1) + (M_1N_2 - M_2N_1)$$
$$- (L_1O_2 - L_2O_1) - (L_1N_2 - L_2N_1)]$$
$$R_{\mathrm{PS}} = \frac{U_0^-}{W_0^+} = -2\frac{\alpha\xi}{\beta\eta}\frac{(N_1O_2 - N_2O_1)}{\Delta_{\mathrm{R}}} \qquad (17.3.10)$$
$$\frac{W_F}{W_0^+} = \frac{2\rho\alpha\xi(N_2 + O_2)}{\Delta_{\mathrm{R}}}$$
$$\frac{U_F}{W_0^+} = -\frac{2\rho\alpha\xi(N_1 + O_1)}{\Delta_{\mathrm{R}}}$$

S 波入射 ($W^+ = 0$)

$$R_{\mathrm{SS}} = \frac{U_0^-}{U_0^+} = \frac{1}{\Delta_{\mathrm{R}}}[(M_1O_2 - M_2O_1) - (M_1N_2 - M_2N_1)$$
$$+ (L_1O_2 - L_2O_1) - (L_1N_2 - L_2N_1)]$$
$$R_{\mathrm{SP}} = \frac{W_0^-}{U_0^+} = 2\frac{\beta\eta}{\alpha\xi}\frac{(L_1M_2 - L_2M_1)}{\Delta_{\mathrm{R}}} \qquad (17.3.11)$$
$$\frac{U_F}{U_0^+} = \frac{2\rho\beta\eta(L_1 + M_1)}{\Delta_{\mathrm{R}}}$$
$$\frac{W_F}{U_0^+} = -\frac{2\rho\beta\eta(L_2 + M_2)}{\Delta_{\mathrm{R}}}$$

y_{ij},Y_{ij} は波線パラメーター p の関数であると同時に角周波数 ω の関数であるから,上で求めた反射係数などは p と ω の関数である.特別な場合として,成層構造とした $0 < z < H$ が $z < 0$ と同じ密度,弾性定数の一様な層ならば,当然のことながら反射係数などは 4.3 節で計算した値と同じになり,周波数にはよらなくなる.ただし,反射係数の位相は $z=0$ を基準にしているので,$z=H$ までの往復の分だけ自由表面を基準にしていた 4.3 節とは異なっている.

上式からわかるように,反射係数を求めるには Y_{ij} だけを計算しておけばよい.しかし自由表面における変位 W_F, U_F を求めるためには y_{ij} も計算し

ておかなければならない．なお，$Y_{ij}(z)$ はつねに実数であるから，ξ, η が実数のとき，すなわち入射波が平面波のときにはつねに

$$|R_{\mathrm{PP}}| = |R_{\mathrm{SS}}|$$

が成り立っている．

$z=0$ から入射した波は表層内の不連続面や自由表面で反射や透過を繰り返して下面から抜けていく．これらの影響はすべて運動方程式の解 $y_{ij}(z)$ や $Y_{ij}(z)$ の中に含まれている．解をハスケル行列を用いて求めるときには，反射や透過の影響はこの行列の中に含まれるといってもよい．実際，SH 波の場合には反射係数を波線展開することができた (4.2 節)．P-SV 波のときにも同様な波線展開ができるはずであるが，一般的に行うのは非常に難しい．

波線という場合には普通は各層内で平面波，すなわち ξ や η が実数のときを意味するが，上の定式化では ξ や η が虚数の不均質波も許される．場合によっては入射波自身が不均質波であってもかまわない．さらに $0 < z < H$ の不均質層の密度，弾性定数が連続的に変化しているときには，局所的に ξ, η が実数であっても平面波というイメージはなくなってしまう．そのような場合でも y_{ij} などをハスケル法ではなくルンゲ–クッタ–ジル法などで計算すれば反射係数が求められる．ここでの定式化はいま述べたようなさまざまな場合をすべて取り込んだ一般化された反射係数を求めるものになっている．

17.3.2 成層構造の反射係数，透過係数

$z = H$ の上にさらに均質な半無限媒質 N がのっているとする (図 17.3.2)．いま震源が $z > H$ にあるとすると，$z < 0$ には下向き ($-z$ 向き) の波しか存在しないので，$z < 0$ における解は (17.2.2) 式から

$$\boldsymbol{y}(z) = \begin{bmatrix} -\xi_0 \\ i\rho_0(1-\gamma_0) \\ -ip \\ -2\rho_0\beta_0^2 p\xi_0 \end{bmatrix} \alpha_0 W_0^- e^{-i\omega\xi_0 z}$$

17.3 反射係数，透過係数の一般化 ——463

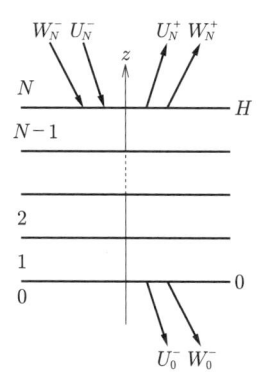

図 17.3.2 成層構造の反射係数の計算

$$+ \begin{bmatrix} p \\ -2i\rho_0\beta_0^2 p\eta_0 \\ -i\eta_0 \\ -\rho_0(1-\gamma_0) \end{bmatrix} \beta_0 U_0^- e^{-i\omega\eta_0 z} \tag{17.3.12}$$

と書くことができる．添字 0 は $z<0$ における量を表している．

こんどは前項と違って，$z=0$ で $W_0^-=1$, $U_0^-=0$ として $z=0$ から $z=H$ まで上向きに積分した解を $\boldsymbol{y}_1(z)$ とし，$W_0^-=0$, $U_0^-=1$ として上向きに積分した解を $\boldsymbol{y}_2(z)$ とする．一般解は $W_0^- \boldsymbol{y}_1(z) + U_0^- \boldsymbol{y}_2(z)$ である．積分の向きが前項とは反対であることに注意する．これら二つの解に対する Y_{ij} は

$$\boldsymbol{Y}(0) = \alpha_0\beta_0 \begin{bmatrix} -i\rho_0 p[(1-\gamma_0) - 2\beta_0^2 \xi_0\eta_0] \\ i(p^2 + \xi_0\eta_0) \\ \rho_0\xi_0 \\ \rho_0\eta_0 \\ -i\rho_0^2[(1-\gamma_0)^2 + 2\beta_0^2\gamma_0\xi_0\eta_0] \end{bmatrix} \tag{17.3.13}$$

を初期値として上向きに積分して得られる．初期値が複素数であるから $\boldsymbol{y}_i(z)$, $\boldsymbol{Y}(z)$ は複素数である．

入射側の半無限媒質 N には下向き，上向き両方の波が存在するから (17.2.2)

式がそのまま成立する．そこで $z=H$ での境界条件は

$$\begin{aligned}
&\alpha_N \xi_N(W_N^+ - W_N^-) - \beta_N p(U^+ - U^-) = W_0^- y_{11}(H) + U_0^- y_{12}(H) \\
&i\rho_N(1-\gamma_N)\alpha_N(W_N^+ + W_N^-) - 2i\rho_N \beta_N^2 p\beta_N \eta_N(U_N^+ + U_N^-) \\
&\quad = W_0^- y_{21}(H) + U_0^- y_{22}(H) \\
&-ip\alpha_N(W_N^+ + W_N^-) - i\beta_N \eta_N(U_N^+ + U_N^-) = W_0^- y_{31}(H) + U_0^- y_{32}(H) \\
&2\rho_N \beta_N^2 p\alpha_N \xi_N(W_N^+ - W_N^-) + \rho_N(1-\gamma_N)\beta_N(U_N^+ - U_N^-) \\
&\quad = W_0^- y_{41}(H) + U_0^- y_{42}(H)
\end{aligned} \tag{17.3.14}$$

と書くことができる．ここで左辺の $W_N^\pm$, $U_N^\pm$ の原点は $z=H$ である．つまり (17.2.2) 式の指数部の z を $z-H$ に選んである．

(17.3.14) 式は (17.3.3) 式とまったく同じ形をしているので，同様に解くことができる．ただし (17.3.3) 式では W_0^+, U_0^+ が入射波の振幅でいわば既知であるのに対し，(17.3.14) 式では W_N^-, U_N^- が既知である．

まず第一，四式から $W_N^+ - W_N^-$, $U_N^+ - U_N^-$ を，第二，三式から $W_N^+ + W_N^-$, $U_N^+ + U_N^-$ を解いて和，差を作れば

$$\begin{aligned}
(L_1 + M_1)W_0^- + (L_2 + M_2)U_0^- &= 2\rho\xi\alpha W^+ \\
(L_1 - M_1)W_0^- + (L_2 - M_2)U_0^- &= -2\rho\xi\alpha W^- \\
(N_1 + O_1)W_0^- + (N_2 + O_2)U_0^- &= 2\rho\eta\beta U^+ \\
(N_1 - O_1)W_0^- + (N_2 - O_2)U_0^- &= -2\rho\eta\beta U^-
\end{aligned} \tag{17.3.15}$$

が得られる．ここで上の半無限弾性体の添字 N は省略してある．また L_j, M_j, N_j, O_j は (17.3.5) 式とまったく同じである．ただし y_{ij} の引数は $z=H$ である．

次に上式の第二，四式から W_0^- と U_0^- を求めこれらを第一，三式に代入すれば

$$\begin{aligned}
W_0^- &= \frac{2\rho}{\Delta_S}\left[\beta\eta(L_2 - M_2)U^- - \alpha\xi(N_2 - O_2)W^-\right] \\
U_0^- &= \frac{2\rho}{\Delta_S}\left[\alpha\xi(N_1 - O_1)W^- - \beta\eta(L_1 - M_1)U^-\right]
\end{aligned} \tag{17.3.16}$$

17.3 反射係数, 透過係数の一般化

$$W^+ = \frac{1}{\Delta_S}\Big\{\big[(L_2+M_2)(N_1-O_1)-(L_1+M_1)(N_2-O_2)\big]W^-$$
$$+ \frac{\beta\eta}{\alpha\xi}\big[(L_1+M_1)(L_2-M_2)-(L_2+M_2)(L_1-M_1)\big]U^-\Big\}$$
$$U^+ = \frac{1}{\Delta_S}\Big\{\frac{\alpha\xi}{\beta\eta}\big[(N_1-O_1)(N_2+O_2)-(N_2-O_2)(N_1+O_1)\big]W^-$$
$$+ \big[(N_1+O_1)(L_2-M_2)-(N_2+O_2)(L_1-M_1)\big]U^-\Big\}$$
$$\Delta_S = (L_1-M_1)(N_2-O_2)-(L_2-M_2)(N_1-O_1)$$

が得られる. 積の差 $L_1N_2-L_2N_2$ などは先の式 (17.3.8) がそのまま用いられる. ただし Y_{ij} の引数は $z=H$, 弾性定数は層 N の値を用いなければならない. 共通に現れる Δ_S は

$$\Delta_S = (M_1O_2-M_2O_1)+(L_1N_2-L_2N_1)$$
$$-(L_1O_2-L_2O_1)-(M_1N_2-M_2N_1) \tag{17.3.17}$$

である. $\Delta_S(p,\omega)$ が 0 になると入射波がなくても反射波や透過波が存在することになる. 二つの均質半無限弾性体の境界面の反射係数の極がストンレー波に相当することに対応している. つまり $\Delta_S=0$ となる解は一般化されたストンレー波である.

P 波入射 ($U_N^- = 0$)

$$R_{\mathrm{PP}} = \frac{W_N^+}{W_N^-} = \frac{1}{\Delta_S}\big[(M_1O_2-M_2O_1)-(L_1N_2-M_2N_1)$$
$$+(L_1O_2-L_2O_1)-(M_1N_2-M_2N_1)\big]$$
$$R_{\mathrm{PS}} = \frac{U_N^+}{W_N^-} = 2\frac{\alpha\xi}{\beta\eta}\frac{(N_1O_2-N_2O_1)}{\Delta_S} \tag{17.3.18}$$
$$T_{\mathrm{PP}} = \frac{W_0^-}{W_N^-} = -\frac{2\rho\alpha\xi(N_2-O_2)}{\Delta_S}$$
$$T_{\mathrm{PS}} = \frac{U_0^-}{W_N^-} = \frac{2\rho\alpha\xi(N_1-O_1)}{\Delta_S}$$

S 波入射 ($W_N^- = 0$)

$$R_{\text{SS}} = \frac{U_N^+}{U_N^-} = \frac{1}{\Delta_{\text{S}}}\big[(M_1O_2 - M_2O_1) - (L_1N_2 - L_2N_1)$$
$$- (L_1O_2 - L_2O_1) + (M_1N_2 - M_2N_1)\big]$$

$$R_{\text{SP}} = \frac{W_N^+}{U_N^-} = -2\frac{\beta\eta}{\alpha\xi}\frac{(L_1M_2 - L_2M_1)}{\Delta_{\text{S}}} \qquad (17.3.19)$$

$$T_{\text{SS}} = \frac{U_0^-}{U_N^-} = -\frac{2\rho\beta\eta(L_1 - M_1)}{\Delta_{\text{S}}}$$

$$T_{\text{SP}} = \frac{W_0^-}{U_N^-} = \frac{2\rho\beta\eta(L_2 - M_2)}{\Delta_{\text{S}}}$$

ここでは表記を簡潔にするために層 N に関する添字は省略してあることを忘れてはならない．また，反射係数の位相は $z = H$ を基準にしており，透過係数の位相は $z = 0$ を基準にしている．y_{ij}, Y_{ij} などは $z = H$ における値 $y_{ij}(H)$, $Y_{ij}(H)$ を意味しているが，引数は省略している．

17.4　反射率法

前節では二つの均質半無限弾性体に挟まれた層からの反射，透過係数を求めたが，次に点震源から発生した地震波がこの層で反射あるいは透過したときの波動場を計算する．そのためには震源から出た波を (17.1.1) 式の形に書き表さなければならない．しかしわれわれは震源不連続量を用いて震源から下向きに出る波の表現を導いているので，ポテンシャルを用いる必要はない．

震源が実際には $z = z_s > H$ にあるとすると，震源から下向きに伝わる波は震源不連続量を用いて (17.2.3) 式で定義された W_s^-, U_s^- を用いて

$$W(z) = -\xi\alpha W_s^- e^{-i\omega\xi(z-z_s)} + p\beta U_s^- e^{-i\omega\eta(z-z_s)}$$
$$U(z) = -ip\alpha W_s^- e^{-i\omega\xi(z-z_s)} - i\eta\beta U_s^- e^{-i\omega\eta(z-z_s)}$$

などと書き表されるから，境界面 $z = H$ に入射する P 波，S 波の振幅はそれぞれ

$$W^- = W_s^- e^{-i\omega\xi(H-z_s)}$$
$$U^- = U_s^- e^{-i\eta(H-z_s)} \tag{17.4.1}$$

と表される．境界面 $z=H$ で反射して上向きに伝わる P 波は，P-P の反射波と S-P の反射波があるから，反射 P 波の振幅は

$$\begin{aligned}W^+ &= R_{\rm PP}W^- + R_{\rm SP}U^-\\ &= R_{\rm PP}W_s^- e^{-i\omega\xi(H-z_s)} + R_{\rm SP}U_s^- e^{-i\omega\eta(H-z_s)}\end{aligned} \tag{17.4.2}$$

となる．同様に反射 S 波の振幅は

$$U^+ = R_{\rm PS}W_s^- e^{-i\omega\xi(H-z_s)} + R_{\rm SS}U_s^- e^{-i\omega\eta(H-z_s)} \tag{17.4.3}$$

となる．これらを (17.2.2) 式に代入すれば反射波の z 成分は

$$\begin{aligned}W(z) = {}&\xi\alpha\Big[R_{\rm PP}W_s^- e^{-i\omega\xi(H-z_s)} + R_{\rm SP}U_s^- e^{-i\omega\eta(H-z_s)}\Big]e^{i\omega\xi(z-H)}\\ &- p\beta\Big[R_{\rm PS}W_s^- e^{-i\omega\xi(H-z_s)} + R_{\rm SS}U_s^- e^{-i\omega\eta(H-z_s)}\Big]e^{i\omega\eta(z-H)}\end{aligned} \tag{17.4.4}$$

となる．$U(z)$ も同様に書き下すことができる．ここで α, β, したがって ξ, η などは層 N における値であることに注意する．

反射率法 (17.4.4) 式はある (ω, p) 成分を表しているものであるから，ω 軸上の成分，すなわちスペクトルを求めるにはこれにベッセル関数を掛けて波数積分を行わなければならない．ここで注意しなければならないのは，(17.2.3) 式に現れる不連続量 ΔW, ΔS などは m の関数であるから，陽には示していないが (17.4.4) 式の $W(z)$ も m の関数であることである．したがって変位のスペクトルを求めるための波数積分には m に関する和も含めて，たとえば

$$u_z(r, z, \varphi; \omega) = \frac{1}{2\pi}\int_0^\infty \sum_m W(z)Y_m(kr, \varphi)k\,dk \tag{17.4.5}$$

としなければならない．上式の $W(z)$ は (17.4.4) 式で定義されている．ここには $z < H$ の構造からの反射波だけが含まれており，震源からの直接波は含

まれていない．そこでこのような方法で理論地震記象を計算する方法を，反射率法 (reflectivity method) という．

この積分の被積分関数は最下層中の波数で決まる分岐点 $p = 1/\alpha_0, 1/\beta_0$ と，最上層の半無限弾性体中の波数 ξ, η で決まる分岐点 $p = 1/\alpha_N, 1/\beta_N$ をもっている．分岐線は実軸上にあって積分路はそのすぐ下を通っている．反射係数の分母に現れる Δ_S は多層構造に対するストンレー波の特性関数であるが，これはほとんどの場合実軸上に零点をもたないと考えられるので，上式を積分することは数値的には問題ない．しかしすべての波数にわたって積分するのは手間がかかりすぎる．なぜなら被積分関数は ω と p の二重の関数だからである．

ω を固定すると波数 k の積分は波線パラメーター $p = k/\omega$ の積分に変換することができる．p は見かけ速度の逆数であるから，すべての k について積分するということは，すべての見かけ速度の波を寄せ集めることを意味している．いまは層 $0 < z < H$ からの一般化された反射波を見ているので，すべての見かけ速度の波を集める必要はない．$z > H$ が均質であるとすれば，この層内を伝わる平面波の波線パラメーター p は $1/\alpha_N$ 以下である．後述のように $z > H$ が均質でなく不連続面が存在したとしても，$z > H$ における P 波の速度の最大値を $\alpha_{\max}$ とすると，$p < 1/\alpha_{\max} = p_{\max}$ の範囲だけを考えれば $z > H$ では ξ, η ともに実数になる．これは $z > H$ では平面波だけを考えていて非均質波を無視していることに相当する．この近似では (17.4.5) 式の無限積分を有限積分

$$\int_0^\infty [\cdots] J_m(kr) k dk \doteqdot \int_0^{p_{\max}} [\cdots] J_m(\omega p r) \omega^2 p dp$$

で近似することになる．

離散的波数積分法　波数積分 (17.4.5) 式を数値的に求める最も単純な方法は，k 軸を間隔 Δk で等分割して台形公式を用いるものである．ベッセル関数が三角関数で近似されることから，この近似法は形式的に

$$\int [\cdots] J_m(kr) k dk \doteqdot \sum_n \{\cdots\} e^{in\Delta k r} \Delta k$$

と書くことができる．$\{\cdots\}$ の部分は (17.4.5) 式を離散化した場合には kr を含んでいるが，二次元問題のときには (17.4.5) 式の $Y_m(kr,\varphi)$ が三角関数そのものであるから $\{\cdots\}$ の部分には kr が含まれていない．三次元問題の場合でも r が大きいところでは $\{\cdots\}$ の部分の kr の変化が無視できるとすれば，上の和に対しては

$$\sum_n \{\cdots\}e^{in\Delta kr} = \sum_n \{\cdots\}e^{in\Delta k(r+2\pi/\Delta k)}$$

が成り立つ．すなわち，この和は r に関して周期

$$L = \frac{2\pi}{\Delta k}$$

の周期関数になる．いい換えれば，$r=0$ に震源がある計算を行ったつもりでも，震源が $r=0, \pm L, \pm 2L, \cdots$ にあるときの計算になってしまっているということである．したがって，観測点の位置，波形の長さに応じて，偽の震源からの波が無視できるように Δk を選ばなければならない．この現象は連続波形を等間隔にサンプルしたときに生じるエイリアシング (aliasing) に対応するものである．

境界面の影響 上では $z>H$ には不連続面がないとしたが，不連続面間の多重反射を無視することにすれば，一般化波線理論を用いて $z>H$ の構造の影響を組み込むことは難しいことではない．たとえば $z=H$ に入射する波の振幅は (17.4.1) 式に各境界面の透過係数 (境界面間の位相遅れを含めた) を掛けてやればよい．さらに $z=H$ から観測点までも透過係数を掛けて (17.4.4) 式に相当する式を作ればよい．

自由表面の影響 ここまでは $z>H$ を半無限と考えていた．実際の観測は地表，あるいは地表に近い地中，または海中で行われるので，自由表面の影響が避けられない．

いま $z=z_f$ を地表，$z=z_b$ を基盤とする．基盤に下から波が入射したときの反射係数などは (17.3.10)，(17.3.11) 式によって計算できる．震源から下向きに出て $z=H$ で反射して上向きに伝わる波は (17.4.2)，(17.4.3) 式に伝播による位相遅れを加えて計算することができる．基盤に下から入射する

P波, S波をそれぞれ W_b^+, U_b^+ とすると，地表の上下動 W_f, 水平動 U_f はそれぞれ

$$W_f = W_b^+ \left(\frac{W_F}{W_0^+}\right) + U_b^+ \left(\frac{W_F}{U_b^+}\right)$$
$$U_f = W_b^+ \left(\frac{U_F}{W_0^+}\right) + U_b^+ \left(\frac{U_F}{U_0^+}\right)$$

で与えられる．括弧の中の量は (17.3.10), (17.3.11) 式で定義されたものである．

観測点が地中にあるときには (17.3.10), (17.3.11) 式の反射係数を用いて計算することができる．注意しなければならないことは，地表付近では入射波と地表からの反射波が同じ時間帯に観測され，上向きの波と下向きの波が区別できないことである．したがって $H < z < z_b$ における z 成分の観測値に対応するのは

$$W(z) = \xi \alpha W_b^+ \left[e^{i\omega\xi(z-z_b)} - R_{\mathrm{PP}} e^{-i\omega\xi(z-z_b)}\right]$$
$$+ p\beta W_b^+ R_{\mathrm{PS}} e^{-i\omega\eta(z-z_b)} + \cdots$$

などと表される．角括弧の中の第一項は入射 P 波，第二項は PP 反射波，次の項は PS 反射波の z 成分を表している．そのほかに入射 S 波と SS, SP 反射波の z 成分も存在するが，あまり煩雑になるので省略している．

18 球対称構造を伝わる波

　これまでは構造が直角座標の z だけの関数である平面問題を主に考えてきた．本章では，密度や弾性定数が半径方向に変化する球の内部を伝わる波を問題にする．第7章では均質な球の自由振動の問題をを解いたが，これはその一般化である．本題に入る前に，球の問題に現れる球関数について述べる．

18.1　球面調和関数

　5.2節でヘルムホルツの方程式を球座標系 (r, θ, φ) で解いたときに関数

$$Y_l^m(\theta, \varphi) = P_l^m(\cos\theta)e^{im\varphi} \qquad -l \leq m \leq l \qquad (18.1.1)$$

が現れた．ここに $P_l^m(\cos\theta)$ はルジャンドル陪関数であり，$l \geq 0$, m は整数である．m が負のときには

$$P_l^{-m}(x) = (-1)^m \frac{(l-m)!}{(l+m)!} P_l^m(x) \qquad (18.1.2)$$

で定義されている．

　$Y_l^m(\theta, \varphi)$ は球面調和関数 (surface spherical harmonics) と呼ばれ，微分方程式

$$\left[\frac{1}{\sin\theta}\frac{\partial}{\partial\theta}\left(\sin\theta\frac{\partial}{\partial\theta}\right) + \frac{1}{\sin^2\theta}\frac{\partial^2}{\partial\varphi^2} + l(l+1)\right]Y_l^m(\theta, \varphi) = 0 \quad (18.1.3)$$

を満たしている．しかし (18.1.1), (18.1.2) 式で $Y_l^m(\theta, \varphi)$ を定義すると，m が正のときと負のときとでは $P_l^m(\cos\theta)$ の振幅が違ってしまうので，実用上不便である．そこで以下では球面調和関数を

$$Y_l^m(\theta, \varphi) = P_l^{|m|}(\cos\theta)e^{im\varphi} \qquad -l \leq m \leq l \qquad (18.1.4)$$

によって定義することにする．このように定義しても $Y_l^m(\theta,\varphi)$ が (18.1.3)
式を満たしていることは明らかである．新しい定義では $Y_l^m(\theta,\varphi)$ は対称性

$$Y_l^{-m}(\theta,\varphi) = \overline{Y_l^m(\theta,\varphi)} \tag{18.1.5}$$

を満たしている．ただし $\overline{Y_l^m}$ は Y_l^m の複素共役を意味している．

$Y_l^m(\theta,\varphi)$ は平面問題における平面調和関数 $Y_m(kr,\varphi)$ に対応しており，以下の議論は 11.1 節，11.2 節に対応しているが，無限領域でなく閉じた有限な領域 (単位球面) を対象にしているため，本節の方がむしろ簡単である．

平面の場合と同様に (18.1.3) 式に $Y_{l'}^{m'}$ の複素共役 $\overline{Y_{l'}^{m'}}$ を掛けて単位球面上で積分する．第一，二項を部分積分するとそれぞれ

$$\int_0^\pi \overline{Y'}\frac{\partial}{\partial\theta}\left(\sin\theta\frac{\partial Y}{\partial\theta}\right)Yd\theta = \overline{Y'}\sin\theta\frac{\partial Y}{\partial\theta}\bigg|_0^\pi - \int_0^\pi \frac{\partial \overline{Y'}}{\partial\theta}\frac{\partial Y}{\partial\theta}\sin\theta d\theta$$

$$\int_0^{2\pi} \overline{Y'}\frac{\partial^2 Y}{\partial\varphi^2}d\varphi = \overline{Y'}\frac{\partial Y}{\partial\varphi}\bigg|_0^{2\pi} - \int_0^{2\pi}\frac{\partial \overline{Y'}}{\partial\varphi}\frac{\partial Y}{\partial\varphi}d\varphi$$

となる．ここでは簡単のために添字や引数を省略してある．第一項の境界値が 0 になることは明らかである．第二項の境界値は関数の一価性 (1 周するともとに戻る) によって 0 になる．したがって

$$\begin{aligned}
0 &= \int_0^{2\pi} d\varphi \int_0^\pi \overline{Y_{l'}^{m'}}(\theta,\varphi)\Big[\frac{1}{\sin\theta}\frac{\partial}{\partial\theta}\left(\sin\theta\frac{\partial}{\partial\theta}\right)\\
&\qquad + \frac{1}{\sin^2\theta}\frac{\partial^2}{\partial\varphi^2} + l(l+1)\Big]Y_l^m(\theta,\varphi)\sin\theta d\theta\\
&= -\int_0^{2\pi}d\varphi\int_0^\pi \left[\frac{\partial \overline{Y'}}{\partial\theta}\frac{\partial Y}{\partial\theta} + \frac{1}{\sin^2\theta}\frac{\partial \overline{Y'}}{\partial\varphi}\frac{\partial Y}{\partial\varphi}\right]\sin\theta d\theta\\
&\quad + l(l+1)\int_0^{2\pi}d\varphi\int_0^\pi \overline{Y'}Y\sin\theta d\theta
\end{aligned} \tag{18.1.6}$$

が得られる．(l,m) と (l',m') を入れ替えて同様な式を作り，上式との差をとると

$$[l(l+1) - l'(l'+1)]\int_0^{2\pi}d\varphi\int_0^\pi \overline{Y_{l'}^{m'}}(\theta,\varphi)Y_l^m(\theta,\varphi)\sin\theta d\theta = 0$$

となるから，球面調和関数 (18.1.1) 式は直交関係

$$\int_0^{2\pi} d\varphi \int_0^{\pi} \overline{Y_{l'}^{m'}}(\theta,\varphi) Y_l^m(\theta,\varphi) \sin\theta d\theta = 0 \qquad l \neq l' \qquad (18.1.7)$$

を満たしている．$l = l'$ のときでも $m \neq m'$ のときには φ に関する積分が 0 になるから，上の積分が 0 でなくなるのは $l = l'$, $m = m'$ のときだけである．このときには定積分

$$\int_0^{\pi} [P_l^m(\cos\theta)]^2 \sin\theta d\theta = \frac{2}{2l+1}\frac{(l+m)!}{(l-m)!} \qquad (18.1.8)$$

の値から

$$\int_0^{2\pi} d\varphi \int_0^{\pi} |Y_l^m(\varphi,\theta)|^2 \sin\theta d\theta = \frac{4\pi}{2l+1}\frac{(l+|m|)!}{(l-|m|)!} \equiv C_l^m \qquad (18.1.9)$$

となる．また，先に導いた (18.1.6) 式から直交関係

$$\int_0^{2\pi} d\varphi \int_0^{\pi} \left[\frac{\partial \overline{Y_{l'}^{m'}}}{\partial \theta}\frac{\partial Y_l^m}{\partial \theta} + \frac{1}{\sin^2\theta}\frac{\partial \overline{Y_{l'}^{m'}}}{\partial \varphi}\frac{\partial Y_l^m}{\partial \varphi} \right] \sin\theta d\theta$$

$$= l(l+1)\int_0^{2\pi} d\varphi \int_0^{\pi} \overline{Y'}Y \sin\theta d\theta$$

$$= \begin{cases} \dfrac{4\pi l(l+1)}{2l+1}\dfrac{(l+|m|)!}{(l-|m|)!} & l = l',\ m = m' \\ 0 & \text{上記以外} \end{cases} \qquad (18.1.10)$$

が成り立つこともわかる．階乗の中の m に絶対値記号がついているのは (18.1.4) 式の絶対値からきている．

・・・●・・・●・・・（メモ）・・・●・・・●・・・

表面球関数の正規化　ここでは正規化されていない球面調和関数，すなわち (18.1.9) 式が成り立つものを考えたが，この式の右辺が l や m によらない値になるように正規化されたものが用いられることもある．たとえば

$$Y_l^m(\theta,\varphi) = (-1)^m \sqrt{\frac{(2l+1)(l-m)!}{4\pi(l+m)!}} P_l^m(\cos\theta) e^{im\varphi} \qquad -l \leq m \leq l$$

とすれば (18.1.9) 式の右辺は 1 になり，式がきれいになるので比較的ひろく用いられている．また指数関数のかわりに三角関数 $\cos m\varphi$, $\sin m\varphi$ を用い，$m = 0$ のときだけ重みを変えるやり方もあるので，正規化の方式については十分な注意が必要である．

・・・●・・・●・・・●・・・●・・・●・・・

18.2 直交ベクトル

$\hat{r}$, $\hat{\theta}$, $\hat{\varphi}$ をそれぞれ r, θ, φ 方向の単位ベクトルとして，次式によって三つのベクトルを定義する．

$$\begin{aligned}
\boldsymbol{S}_l^m(\theta,\varphi) &= \frac{1}{\sqrt{l(l+1)}}\left[\frac{\partial Y_l^m}{\partial \theta}\hat{\boldsymbol{\theta}} + \frac{1}{\sin\theta}\frac{\partial Y_l^m}{\partial \varphi}\hat{\boldsymbol{\varphi}}\right] \\
\boldsymbol{T}_l^m(\theta,\varphi) &= \frac{1}{\sqrt{l(l+1)}}\left[\frac{1}{\sin\theta}\frac{\partial Y_l^m}{\partial \varphi}\hat{\boldsymbol{\theta}} - \frac{\partial Y_l^m}{\partial \theta}\hat{\boldsymbol{\varphi}}\right] \\
\boldsymbol{R}_l^m(\theta,\varphi) &= Y_l^m(\theta,\varphi)\hat{\boldsymbol{r}}
\end{aligned} \qquad (18.2.1)$$

これらは平面で定義した (11.2.2) 式に相当している．これらがたがいに直交していることは簡単に示すことができる．$\boldsymbol{S}_l^m$ と $\boldsymbol{T}_{l'}^{m'}$ との内積は

$$\begin{aligned}
&\int_0^{2\pi}d\varphi\int_0^{\pi}\overline{\boldsymbol{T}'}\cdot\boldsymbol{S}\sin\theta d\theta \\
&= \frac{1}{\sqrt{l'(l'+1)l(l+1)}}\int_0^{2\pi}d\varphi\int_0^{\pi}\left[\frac{\partial\overline{Y'}}{\partial\varphi}\frac{\partial Y}{\partial\theta} - \frac{\partial\overline{Y'}}{\partial\theta}\frac{\partial Y}{\partial\varphi}\right]d\theta \\
&= \frac{1}{\sqrt{l'(l'+1)l(l+1)}}\Bigg\{\int_0^{\pi}\left[\overline{Y'}\frac{\partial Y}{\partial\theta}\bigg|_0^{2\pi} - \int_0^{2\pi}\overline{Y'}\frac{\partial^2 Y}{\partial\theta\partial\varphi}\right]d\theta \\
&\qquad\qquad - \int_0^{2\pi}\left[\overline{Y'}\frac{\partial Y}{\partial\varphi}\bigg|_0^{\pi} - \int_0^{\pi}\overline{Y'}\frac{\partial^2 Y}{\partial\theta\partial\varphi}d\theta\right]d\varphi\Bigg\}
\end{aligned}$$

となる．第一の φ の境界値は関数の一価性によって 0 になることは前と同様である．第二の θ の境界値は $m=0$ のときには φ の微分が 0 になり，$m\neq 0$ のときには球関数の性質 $P_l^m(\pm 1)=0$ から 0 になる．したがって

$$\int_0^{2\pi}d\varphi\int_0^{\pi}\overline{\boldsymbol{T}_{l'}^{m'}}(\theta,\varphi)\cdot\boldsymbol{S}_l^m(\theta,\varphi)\sin\theta d\theta = 0$$

が示された．$\boldsymbol{R}_l^m$ が $\boldsymbol{S}_l^m$, $\boldsymbol{T}_l^m$ に直交することは明らかである．次に同じ種類の間の直交関係であるが，$\boldsymbol{R}_l^m$ については (18.1.7), (18.1.9) 式から

$$\int_0^{2\pi}d\varphi\int_0^{\pi}\overline{\boldsymbol{R}_{l'}^{m'}}\cdot\boldsymbol{R}_l^m\sin\theta d\theta$$

$$= \begin{cases} \dfrac{4\pi}{2l+1}\dfrac{(l+|m|)!}{(l-|m|)!} & l=l',\ m=m' \\ 0 & 上記以外 \end{cases} \tag{18.2.2}$$

$\boldsymbol{S}_l^m$, $\boldsymbol{T}_l^m$ に対しては (18.1.10) 式から

$$\int_0^{2\pi} d\varphi \int_0^{\pi} \overline{\boldsymbol{S}_{l'}^{m'}} \cdot \boldsymbol{S}_l^m \sin\theta d\theta = \int_0^{2\pi} d\varphi \int_0^{\pi} \overline{\boldsymbol{T}_{l'}^{m'}} \cdot \boldsymbol{T}_l^m \sin\theta d\theta$$

$$= \begin{cases} \dfrac{4\pi}{2l+1}\dfrac{(l+|m|)!}{(l-|m|)!} & l=l',\ m=m' \\ 0 & 上記以外 \end{cases} \tag{18.2.3}$$

が成り立つ．

このような直交関係を用いると任意のベクトル $\boldsymbol{v}(r,\theta,\varphi)$ が

$$\boldsymbol{v}(r,\theta,\varphi) = \sum_{l=0}^{\infty}\sum_{m=-l}^{l}\bigl[U_l^m(r)\boldsymbol{S}_l^m(\theta,\varphi) + V_l^m(r)\boldsymbol{T}_l^m(\theta,\varphi) + W_l^m(r)\boldsymbol{R}_l^m(\theta,\varphi)\bigr] \tag{18.2.4}$$

と展開できる．展開係数は

$$\begin{aligned} U_l^m(r) &= (C_l^m)^{-1} \int_0^{2\pi} d\varphi \int_0^{\pi} \overline{\boldsymbol{S}_l^m} \cdot \boldsymbol{v} \sin\theta d\theta \\ V_l^m(r) &= (C_l^m)^{-1} \int_0^{2\pi} d\varphi \int_0^{\pi} \overline{\boldsymbol{T}_l^m} \cdot \boldsymbol{v} \sin\theta d\theta \\ W_l^m(r) &= (C_l^m)^{-1} \int_0^{2\pi} d\varphi \int_0^{\pi} \overline{\boldsymbol{R}_l^m} \cdot \boldsymbol{v} \sin\theta d\theta \\ C_l^m &= \dfrac{4\pi}{2l+1}\dfrac{(l+|m|)!}{(l-|m|)!} \end{aligned} \tag{18.2.5}$$

で与えられる．

18.3 球面上を伝わる波

球座標系におけるスカラー波動方程式の解は，球面調和関数 $Y_l^m(\theta,\varphi)$ に r の関数を掛けた形をしている．したがって，球面 $r=a$ 上で見た単振動解は

$$v(a,\theta,\varphi;t) = AY_l^m(\theta,\varphi)e^{-i\omega t}$$

の形に書き表すことができる．A は定数である．この解は波ではなく定在波を表している．しかし，弦の固有振動がたがいに反対向きに伝わる波の干渉としても理解できるように，球の固有振動も反対向きに伝わる波の干渉として理解することができる．緯度方向の波数 l が大きいとき，球関数 $P_l^m(\cos\theta)$ は漸近的に

$$P_l^m(\cos\theta) \sim e^{im\pi}l^m\sqrt{\frac{2}{l\pi\sin\theta}}\cos[(l+1/2)\theta + (2m-1)\pi/4] \tag{18.3.1}$$

と表される．もちろんこの近似は両極付近 ($\theta \sim 0, \pi$) では成り立たない．それ以外では球関数は三角関数的な変化をしており (図 18.3.1)，その波数は $l+1/2$ で近似される．したがって球の表面に沿った θ 方向の波長は

$$\lambda_l = \frac{2\pi a}{l+1/2} \tag{18.3.2}$$

で表されることがわかる．

ある波数 l を与えると固有値 ω_l がいくつか決まるが，その一つに対して時間の項まで考慮すると，先の近似式 (18.3.1) の cos の部分は指数関数を用いて

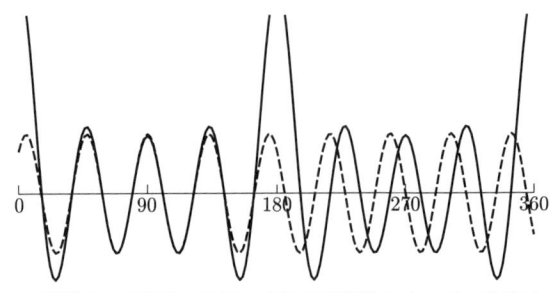

図 **18.3.1** 球関数と三角関数の比較　実線は球関数 $P_8(\cos\theta)$, 破線は $\cos(8.5\theta - \pi/4)$.

$$\frac{1}{2}\exp\left[-i\omega_l\left(t-\frac{l+1/2}{\omega_l}\theta\right)+i(2m-1)\pi/4\right]$$
$$+\frac{1}{2}\exp\left[-i\omega_l\left(t+\frac{l+1/2}{\omega_l}\theta\right)-i(2m-1)\pi/4\right] \tag{18.3.3}$$

と表される．第一項は $+\theta$ 方向に伝わる波，第二項は $-\theta$ 方向に伝わる波を表している．θ 方向の伝播の角速度が $\omega_l/(l+1/2)$ であるから，球の表面に沿っての位相速度は

$$c_l = \frac{\omega_l a}{l+1/2} \tag{18.3.4}$$

で表されることになる．したがって固有値 ω_l の自由振動は，上式で定義される位相速度 c_l でたがいに反対向きに伝わる波の干渉によって生じていることがわかる．

群速度 (18.3.4) 式の進行波の位相速度は波数に依存しているから，この波は分散性である．表面に沿った波数は

$$k_l = \frac{2\pi}{\lambda_l} = \frac{l+1/2}{a}$$

であるから，表面に沿った群速度は形式的に

$$U_l = \frac{d\omega_l}{dk_l} = \frac{d(\omega_l a)}{dl} \tag{18.3.5}$$

で表される．l は整数値しかとらないのでこの微分は形式的であるが，l が非常に大きいときにはこの微分が許されるであろう．ω_l が特性方程式

$$\Delta(\omega, l) = 0$$

から決まるとすれば，この群速度は

$$U_l = -a\frac{\partial \Delta(\omega_l, l)/\partial l}{\partial \Delta(\omega_l, l)/\partial \omega_l} \tag{18.3.6}$$

と表すことができる．

ポーラーフェイズシフト 図 18.3.1 には $P_8(\cos\theta)$ とその漸近展開 (18.3.1) 式の cos の部分の比較を示してある．横軸は θ (度) であるが，0 度から 360

度までとってある．0 度から 180 度までを経度 0 度の経線に沿った北極から南極までとすれば，180 度から 360 度までは経度 180 度に沿って南極から北極までを表している．実線は $P_8(\cos\theta)$，破線は近似値である．$0 < \theta < 180$ では北極と南極付近を除いては近似値は $P_8(\cos\theta)$ をよく表現している．しかしこれを $180 < \theta < 360$ まで延長したものは，正しい $P_8(\cos\theta)$ とは位相が $\pi/2$，すなわち 1/4 波長分ずれている．これは波が南極を越えるときに 1/4 波長の跳びが生じることを意味している．これをポーラーフェイズシフト (polar phase shift) という．

上で北極とか南極といったのは言葉の綾である．地震が起こった点を $\theta = 0$ とする．波は震源を離れるにつれて幾何学的な効果で振幅が急激に減少する．これが漸近展開の $1/\sqrt{\sin\theta}$ の項で表されている．震源から遠くなるにつれて球面の影響が少なくなり，平面を伝わる波と同じように三角関数で表されるようになる．波が震源の対蹠点 $\theta = 180$ (度) に近づくと，波が四方から寄せ集まってくるので，再び振幅が大きくなる．数学的には対蹠点における振幅は震源における振幅に等しくなるはずである．このことは図 18.3.1 にも現れている．さらに時間がたつと波は対蹠点から発散して震源の方へ戻っていく．対蹠点に集まった波と発散した波を三角関数でつなごうとすると，4 分の 1 波長の食い違いが生じる．これがポーラーフェイズシフトである．この現象によって優弧に沿って測った位相速度と劣弧に沿って測った位相速度が異なることになる．

……●…●…(メ モ)…●…●…

球面上の進行波 解を球面調和関数 (18.1.1) で表すと，つねに正方向に進む波と反対方向に進む波がペアになって現れて純粋な進行波が得られない．しかしルジャンドルの方程式 (5.2.13) は二階であるから，基本解は $P_l^m(\cos\theta)$ のほかにじつはもう一つある．この解は $Q_l^m(\cos\theta)$ という記号で表されるが，極で発散するために用いなかったのであった．

この解に対しては $P_l^m(\cos\theta)$ と同様な漸近式

$$Q_l^m(\cos\theta) \sim -e^{im\pi}l^m\sqrt{\frac{\pi}{2l\sin\theta}}\sin[(l+1/2)\theta + (2m-1)\pi/4]$$

が成り立つ．そこで

$$W_l^{m(\pm)}(\cos\theta) = P_l^m(\cos\theta) \mp i\frac{2}{\pi}Q_l^m(\cos\theta)$$

(複号同順) と定義すれば

$$W_l^{m(\pm)}(\cos\theta) \sim e^{m\pi i} l^m \sqrt{\frac{2}{l\pi\sin\theta}} \exp\{\pm i[(l+1/2)\theta + (2m-1)\pi/4]\}$$

となって進行波だけが得られる．$W_l^{m(\pm)}$ は両極では発散するが，ルジャンドルの微分方程式を満たしているから，もちろんこれは波動方程式の解である．

・・・●・・・・●・・・・●・・・・●・・・・●・・・・●・・・

18.4 漸近波線理論

　液体中の音波の運動方程式 (1.1.5) において体積力は 0 とし，密度，体積弾性率が球座標系の r だけの関数であるとき，圧力変化を

$$\phi = P(r)Y_l^m(\theta,\varphi)e^{-i\omega t} \tag{18.4.1}$$

と置くと，運動方程式は

$$\frac{\rho}{r^2}\frac{d}{dr}\left(\frac{r^2}{\rho}\frac{dP}{dr}\right) + (\omega\xi)^2 P = 0 \qquad \xi^2 = \frac{1}{\alpha^2} - \frac{l(l+1)}{(\omega r)^2} \tag{18.4.2}$$

となる．この方程式の $\omega\to\infty$ における近似解を 16.1 節と同様な方法で求めると

$$P = \frac{1}{r}\sqrt{\frac{\rho}{\xi}}\exp\left[\pm i\omega\int^r \xi dr\right] \tag{18.4.3}$$

が得られる．

　ξ は平面問題と同じ意味であるが，内容は異なっている．短波長近似 $l\to\infty$ では ξ^2 の第二項は

$$\frac{l(l+1)}{(\omega r)^2} \doteq \frac{(l+1/2)^2}{(\omega r)^2}$$

と近似される．(18.3.4) 式により $\omega r/(l+1/2)$ は半径 r の球面上の大円に沿った見かけの位相速度を意味しているから，$(l+1/2)/\omega r$ は平面問題における波線パラメーター p に相当している．平面問題では p は波線に沿って保存されるが，明らかに $(l+1/2)/\omega r$ は保存されない．球面問題では，波線が r 軸となす角を θ とすれば，波線に沿って保存される量は

$$\frac{r\sin\theta}{\alpha}$$

である．これは平面問題における波線パラメーター p に r を掛けたものである (第2章)．したがって球面問題における波線に沿っての保存則は

$$\frac{r\sin\theta}{\alpha} = \frac{l+1/2}{\omega} \tag{18.4.4}$$

と書くことができる．転回点では $\theta = \pi/2$ であるから，上式からは転回点の r 座標は

$$\frac{r}{\alpha(r)} = \frac{l+1/2}{\omega} \tag{18.4.5}$$

の根である．この根に対しては (18.4.2) 式で定義された ξ は 0 になる．これは平面問題の場合と同じである．

転回点の座標を r_p とすると $r > r_p$ における解は (16.2.11) 式を参照して

$$P = \frac{1}{r}\sqrt{\frac{\rho}{\xi}} D\{\exp[i(\omega\tau - \pi/4)] + \exp[-i(\omega\tau - \pi/4)]\} \tag{18.4.6}$$

$$\tau = \int_{r_p}^{r} \xi dr \qquad r > r_p$$

と書くことができる．D は積分定数である．この式の第一項は外向きに伝わる成分，第二項は内向きに伝わる成分波である．

スペクトルを求めるためには上式に球面調和関数を掛けて波数 l についての和をとらなければならない (D が m によらないとして)．これは平面問題における波数積分に相当する．和は積分よりも演算としては単純であるが，$l \to \infty$ の短波長近似では加え合せなければならない項数が莫大な数になることもさることながら，先の見通しが悪い．波数積分の場合には最急降下法で積分を評価することができた．そこで l についての和を積分に置き換えることができれば同様な手法を用いることができるであろう．これは群速度を計算する式 (18.3.5) で波数 l をあたかも連続変数と考えたのと似ている．

ここで用いるのはワトソン変換である．任意の関数 $f(x)$ に対して

$$\oint_C f(z) \frac{e^{-i\pi z}}{\cos \pi z} dz = 2\sum_{l=0}^{\infty} f(l+1/2) \tag{18.4.7}$$

が成り立つ．左辺は複素積分で，積分路 C は正の実軸のすぐ上を無限大から 0 まで，ここから実軸のすぐ下を通って無限大までの周回積分である．$\cos \pi z$ の正の零点が $z = 1/2, 3/2, \cdots$ であるから留数計算をすればただちに右辺が得られる．この式は右辺から見れば，l についての和が l についての積分の形で表されることを意味している．

たとえば $f(z)$ として

$$f(z) = C_{z-1/2} P_{z-1/2}(\cos \theta)$$

を選べば

$$\sum_{l=0}^{\infty} C_l P_l(\cos \theta) = \frac{1}{2} \oint_C C_{z-1/2} P_{z-1/2}(\cos \theta) \frac{e^{-i\pi z}}{\cos \pi z} dz$$

が成り立つ．左辺はわれわれが必要としていた l についての和であり，右辺は積分の形になっている．この関係を用いれば，(18.4.6) 式の波数和を波数積分で表すことができ，これを最急降下法などで評価することができる．ただし，(18.4.6) 式に球関数 (18.3.1) 式を掛けると四つの指数関数が現れる．それぞれについて積分路を変更して積分を評価するのは厄介な問題になる．

19 地球の自由振動

第7章では一様な球の固有振動の問題を解いたが，本章と次章では半径方向に密度や弾性定数が変化する球，すなわち地球の自由振動の問題を解く．不均質な球の場合でも均質球の場合と同様に，固有振動はねじれ型と伸び縮み型に分けて議論することができる．

19.1 ねじれ振動

19.1.1 運動方程式

任意のベクトルは球座標系では (18.2.4) 式のように展開できる．ねじれ振動に対する (7.5.10) 式の変位成分は，(18.2.1) 式のベクトル $\boldsymbol{T}_l^m$ だけで表されている．そこで球のねじれ振動の変位の一般項を

$$u_r = 0 \qquad u_\theta = \frac{V_l^m(r)}{\sqrt{l(l+1)}} \frac{1}{\sin\theta} \frac{\partial Y_l^m}{\partial \varphi} e^{-i\omega t}$$
$$u_\varphi = -\frac{V_l^m(r)}{\sqrt{l(l+1)}} \frac{\partial Y_l^m}{\partial \theta} e^{-i\omega t} \qquad (19.1.1)$$

と置く．$V_l^m(r)$ はこれから決めるべき未知関数である．この変位は水平成分だけであるから平面問題における SH 波に相当する．以下では添字 m，および時間の項を省略する．

(3.5.3) 式から上の変位に対応する歪を計算し応力を求めると

$$\sigma_{rr} = 0$$
$$\sigma_{\theta\theta} = -\sigma_{\varphi\varphi} = \frac{2\mu V_l}{r\sqrt{l(l+1)}} \left[\frac{1}{\sin\theta} \frac{\partial^2 Y_l}{\partial\theta\partial\varphi} - \frac{\cos\theta}{\sin^2\theta} \frac{\partial Y_l}{\partial\varphi} \right]$$
$$\sigma_{\theta\varphi} = \frac{\mu V_l}{r\sqrt{l(l+1)}} \left[2\left(\frac{\cos\theta}{\sin\theta} \frac{\partial Y_l}{\partial\theta} + \frac{1}{\sin^2\theta} \frac{\partial^2 Y_l}{\partial\varphi^2} \right) + l(l+1)Y_l \right]$$

$$\sigma_{\varphi r} = -\frac{T_l}{\sqrt{l(l+1)}}\frac{\partial Y_l}{\partial \theta} \qquad \sigma_{r\theta} = \frac{T_l}{\sqrt{l(l+1)}}\frac{1}{\sin\theta}\frac{\partial Y_l}{\partial \varphi} \tag{19.1.2}$$

となる．ここに

$$T_l = \mu\left(\frac{dV_l}{dr} - \frac{1}{r}V_l\right) \tag{19.1.3}$$

である．密度 ρ, 剛性率 μ が r だけの関数であるとして，これらを運動方程式 (3.5.4) の θ 成分，あるいは φ 成分に代入すると

$$-\rho\omega^2 V_l = \frac{dT_l}{dr} + \frac{3}{r}T_l - \frac{(l-1)(l+2)\mu}{r^2}V_l \tag{19.1.4}$$

が得られる．(1.3) 式と合せて連立一次微分方程式の形になおせば

$$\begin{aligned}\frac{d}{dr}(rV_l) &= \frac{2}{r}(rV_l) + \frac{1}{\mu}(rT_l) \\ \frac{d}{dr}(rT_l) &= \left[\frac{(l-1)(l+2)\mu}{r^2} - \rho\omega^2\right](rV_l) - \frac{2}{r}(rT_l)\end{aligned} \tag{19.1.5}$$

となる．微分方程式 (19.1.5) の係数には m が含まれていない．このために添字 m を省略したのである．ただし境界条件が m に依存するときには解が m に依存することはもちろんである．また上式で rV_l, rT_l を未知関数にしているのは係数行列が対称になるからである．

以下この微分方程式を行列の形に書く．列ベクトルを

$$\boldsymbol{y} = \left[\begin{array}{c} rV_l \\ rT_l \end{array}\right] \tag{19.1.6}$$

また，2×2 行列を

$$\boldsymbol{D}(r) = \left[\begin{array}{cc} \dfrac{2}{r} & \dfrac{1}{\mu} \\ \dfrac{(l-1)(l+2)\mu}{r^2} - \rho\omega^2 & -\dfrac{2}{r} \end{array}\right] \tag{19.1.7}$$

と定義すれば，微分方程式は

$$\frac{d\boldsymbol{y(r)}}{dr} = \boldsymbol{D}(r)\boldsymbol{y}(r) \tag{19.1.8}$$

と書くことができる．

地球が中心まで固体のとき，中心 $r=0$ で初期条件が与えられると上式を地球の表面 $r=a$ まで積分することができる．地表に外力が働いていなければ剪断応力 $\sigma_{\varphi r}$, $\sigma_{r\theta}$ が 0 である．この条件が満たされるためには

$$\Delta_T(\omega, l) = T_l(a; \omega) = 0 \tag{19.1.9}$$

でなければならない．これがねじれ振動の特性方程式で，l に対して固有値 ω_l が決まる．これが固有角振動数である．運動方程式が m によらないので固有値も m によらない．ある l に対して固有値は一つとは限らない．そこで以下では固有値を $_n\omega_l$ という記号で表す．$n=0$ は振動数が最低の基本モードであり，$n=1, 2, \cdots$ は高次モードを表す．運動方程式 (19.1.5) には ω は ω^2 の形でしか現れないので，ω が固有値なら $-\omega$ も固有値である．そこで正の固有値を $_n\omega_l$ $(n=0, 1, 2, \cdots)$ と番号づけし，負の固有値は

$$_{-n}\omega_l = -{}_n\omega_l \qquad n = 1, 2, 3, \cdots$$

と番号づけすることにする．

実際の地球には液体の核が存在する．核とマントルの境界では剪断応力が 0 であるから，核の半径を b とすれば $T_l(b) = 0$ でなければならない．そこでの V_l の値はわからないが，問題が線型であるから，これを 1 としても差しつかえない．そこで

$$V_l(b) = 1 \qquad T_l(b) = 0 \tag{19.1.10}$$

を初期条件として (19.1.5) 式を積分すればよい．特性方程式は同じく (19.1.9) 式である．

μ や ρ が一定のときには (19.1.3) 式と (19.1.4) 式から T_l を消去すると

$$\frac{d^2 V_l}{dr^2} + \frac{2}{r}\frac{dV_l}{dr} + \left[\frac{\omega^2 \rho}{\mu} - \frac{l(l+1)}{r^2}\right] V_l = 0$$

が得られる．これはベッセルの微分方程式で，その一般解は球ベッセル関数 $j_l(z)$, $n_l(z)$ を用いて

$$V_l = A j_l(k_\beta r) + B n_l(k_\beta r)$$
$$T_l = \mu \left[k_\beta j_l'(k_\beta r) - \frac{1}{r} j_l(k_\beta r) \right] A + \mu \left[k_\beta n_l'(k_\beta r) - \frac{1}{r} n_l(k_\beta r) \right] B$$
$$k_\beta = \frac{\omega}{\beta} \qquad \beta = \sqrt{\frac{\mu}{\rho}} \qquad (19.1.11)$$

と表される．β は横波速度，A, B は積分定数，$'$ は引数に関する微分を表している．$j_l(z)$, $n_l(z)$ のかわりに球ハンケル関数 $h_l^{(1)}(z)$, $h_l^{(2)}(z)$ を用いてもかまわない．均質な球の場合には中心で解が発散しないためには，上式の積分定数 B は 0 にならなければならない．この解は不均質な球の場合の中心付近の初期値として用いることができる．

l が非常に大きいときには固有関数は深さとともに急速に減衰するから，r_0 を適当に選べば $r < r_0$ の物性が解に影響を与えないようにすることができる．このときには (19.1.8) 式の初期値としては (19.1.11) 式で $B = 0$ としたものを用いればよい．

構造が一様な球殻の積み重ねで表されているときには，ラブ波のときと同様に各層ごとに一般解 (19.1.11) 式を用いることによりハスケル行列を導くことができる．しかしこの行列の要素は球ベッセル関数 $j_l(x)$, $n_l(x)$ などで表されているので，計算に時間がかかる．したがってハスケル法よりも微分方程式 (19.1.8) を直接数値積分する方が効率的である．

群速度の計算 l が大きい場合のねじれ振動を進行波の重ね合せと考えたとき，この進行波は平面の場合のラブ波に相当する．この波の表面に沿った位相速度，群速度はそれぞれ (18.3.4), (18.3.5) 式で定義されている．群速度を (18.3.6) 式を用いて計算するときには，(19.1.9) 式により特性関数として $\Delta(\omega, l) = T_l(a; \omega)$ を用いればよい．右辺に現れる偏微分は平面のときと同様に，微分方程式 (19.1.8) をそれぞれのパラメーターで偏微分したものを積分することによって得られる．すなわち (19.1.8) 式を偏微分した

$$\frac{d}{dr}\frac{\partial \boldsymbol{y}}{\partial l} = \boldsymbol{D}\frac{\partial \boldsymbol{y}}{\partial l} + \frac{\partial \boldsymbol{D}}{\partial l}\boldsymbol{y}$$
$$\frac{d}{dr}\frac{\partial \boldsymbol{y}}{\partial \omega} = \boldsymbol{D}\frac{\partial \boldsymbol{y}}{\partial \omega} + \frac{\partial \boldsymbol{D}}{\partial \omega}\boldsymbol{y}$$

と (19.1.8) 式を連立して積分することによって得られる．$\partial \boldsymbol{D}/\partial l$ や $\partial \boldsymbol{D}/\partial \omega$ は係数行列 (19.1.7) 式を微分したもので，この場合には (2,1) 成分以外は 0 になる簡単な行列である．なお初期条件として (19.1.10) 式を用いるときには，偏微分の初期条件は

$$\frac{\partial \boldsymbol{y}(b)}{\partial l} = \frac{\partial \boldsymbol{y}(b)}{\partial \omega} = 0$$

とすればよい．

19.1.2　変分原理

エネルギー積分　波数 l_1，角周波数 ω_1 の解を V_1, T_1 などと書くことにする．添字 1 は波数 l ではないことに注意する．微分方程式 (19.1.8) から

$$\frac{d}{dr}\left(V_1 T_2 r^2\right) = \frac{1}{\mu} T_1 T_2 r^2 + (l_2-1)(l_2+2)\mu V_1 V_2 - \rho \omega_2^2 V_1 V_2 r^2 \tag{19.1.12}$$

が導かれる．平面のときと違って r^2 が掛かっているのは球座標系の体積要素に $r^2 dr$ が含まれているからである．上式で T_2 は運動方程式 (19.1.8) の第二式を満たしていなければならないが，T_1 の方は第一式を満たしていれば第二式は必ずしも満たしていなくてもよい．

上式で解 1 と 2 を入れ替えた式を作る．両式で波数 l が等しく固有値が異なっているとき，両式の右辺の第一項と第二項は等しいから差を作って積分すると

$$\left. (V_1 T_2 - V_2 T_1) r^2 \right|_0^a = (\omega_1^2 - \omega_2^2) \int_0^a \rho V_1 V_2 r^2 dr$$

となる．ω_1, ω_2 がともに固有値なら左辺の境界値は 0 になるから，

$$\int_0^a \rho V_1 V_2 r^2 dr = 0 \qquad \omega_1^2 \neq \omega_2^2 \tag{19.1.13}$$

が成り立つ．すなわち，異なる固有値に属する固有関数は直交する．

(19.1.12) 式はラブ波の (13.1.5) 式に対応するものであるから，ラブ波と同様な手続きによってエネルギー積分

$$\omega_l^2 I_1 = I_2$$
$$I_1 = \int_0^a \rho V_l^2 r^2 dr \qquad (19.1.14)$$
$$I_2 = \int_0^a \Big[\frac{1}{\mu}(rT_l)^2 + (l-1)(l+2)\mu V_l^2\Big]dr$$

が導かれる．ここで ω_l は固有値 $_n\omega_l$ を代表的に書いてあり，V_l, T_l はこんどは波数 l の固有値に属する固有関数でなければならない．固有関数は振幅が未定であるから，エネルギー積分の絶対値には意味がなく，それらの比のみに意味がある．

群速度 (19.1.12) 式を l, ω に関して変分をとるとラブ波のときと同様にして

$$(V_l\delta T_l - T_l\delta V_l)r^2\Big|_0^a = 2(l+1/2)\delta l \int_0^a \mu V_l^2 dr - 2\omega_l\delta\omega_l I_1 \quad (19.1.15)$$

が導かれる．つねに境界条件が満たされるように変分をとることにすれば左辺は 0 になるから

$$\frac{d\omega_l}{dl} = \frac{l+1/2}{\omega_l I_1}\int_0^a \mu V_l^2 dr$$

が成り立つ．左辺はねじれ振動をラブ波の重ね合せと考えたときの群速度に相当するから，平面問題のときと同様な群速度の公式

$$U_l = \frac{I_3}{c_l I_1} \qquad (19.1.16)$$

が得られる．ここに c_l は位相速度であり

$$I_3 = a^2 \int_0^a \mu V_l^2 dr \qquad (19.1.17)$$

である．

偏微分係数 密度や剛性率にも変化を許すとすれば (19.1.15) 式の右辺には

$$\int_0^a \Big[\frac{1}{\mu}(rT_l)^2 + (l-1)(l+2)\mu V_l^2\Big]\frac{\delta\mu}{\mu}dr - \omega_l^2 \int \rho V_l^2\frac{\delta\rho}{\rho}r^2 dr$$

の項がつけ加わる．いま l を固定して密度，S 波速度を変化させたとき，固有角周波数が $\delta\omega_l$ だけ変化したとき，これを

$$\frac{\delta\omega_l}{\omega_l} = \int \left\{ \left[\frac{\rho}{\omega_l}\frac{\partial\omega_l}{\partial\rho}\right]\frac{\delta\rho}{\rho} + \left[\frac{\beta}{\omega_l}\frac{\partial\omega_l}{\partial\beta}\right]\frac{\delta\beta}{\beta} \right\} dr \tag{19.1.18}$$

と書くことにする．ラブ波のときには位相速度の変化を同様な式 (13.1.19) で表したが，ねじれ振動のときには位相速度ではなく固有振動数の変化を表している．このように定義された「偏微分係数」は先の式を用いて

$$\left[\frac{\rho}{\omega_l}\frac{\partial\omega_l}{\partial\rho}\right] = \frac{1}{2\omega_l^2 I_1}\left\{\frac{1}{\mu}(rT_l)^2 + [(l-1)(l+2)\mu - \rho\omega_l^2 r^2]V_l^2\right\}$$
$$\left[\frac{\beta}{\omega_l}\frac{\partial\omega_l}{\partial\beta}\right] = \frac{1}{\omega_l^2 I_1}\left\{\frac{1}{\mu}(rT_l)^2 + (l-1)(l+2)\mu V_l^2\right\} \tag{19.1.19}$$

となる．エネルギー方程式 (19.1.14) からこれらは恒等式

$$\int_0^a \left[\frac{\rho}{\omega_l}\frac{\partial\omega_l}{\partial\rho}\right] dr = 0 \qquad \int_0^a \left[\frac{\beta}{\omega_l}\frac{\partial\omega_l}{\partial\beta}\right] dr = 1 \tag{19.1.20}$$

を満たしていることは明らかである．第一式は横波速度を一定にしたまま密度を一定の割合で変化させても固有振動数が変化しないことを意味し，第二式は密度を一定にしたまま横波速度を一定の割合で変化させると，固有振動数が同じ割合だけ変化することを意味している．

19.1.3 ねじれ振動の励起

(19.1.1) 式では時間的に単振動の解，いい換えれば周波数軸上の解を考えたが，時間軸上の解を求めるにはこれをフーリエ逆変換しなければならない．実空間上の解は l, m についての和も加えて

$$\boldsymbol{u}^{(\mathrm{T})}(r,\theta,\varphi;t) = \frac{1}{2\pi}\int_{-\infty}^{\infty}\sum_{l,m} V_l^m(r;\omega)\boldsymbol{T}_l^m(\theta,\varphi)e^{-i\omega t}d\omega \tag{19.1.21}$$

と書かなければならない．上付き添字 T はねじれ振動の成分であることを示している．球の問題が平面の問題と大きく異なるところは，平面問題では波数 k に関する積分，あるいは波線パラメーター p に関する積分が，ここでは波数 l に関する和になっていることである．このことによって球面問題の方がある意味では平面問題より簡単になっている．

はじめに外力が球の表面で応力として与えられている場合を考える．この応力を時間に関してフーリエ変換し，直交ベクトル $\boldsymbol{S}_l^m$, $\boldsymbol{T}_l^m$, $\boldsymbol{R}_l^m$ で展開す

ることができる．この外力の $\boldsymbol{T}_l^m$ に関する展開係数を $g_l^m(\omega)$ とすれば上式の $V_l^m(r;\omega)$ に対応する解 $T_l^m(r;\omega)$ は表面で

$$T_l^m(a;\omega) = g_l^m(\omega)$$

を満足しなければならない．この条件を満たす解を求めるために，(19.1.8) 式を適当な初期条件で積分した解を改めて $V_l(r;\omega)$, $T_l(r;\omega)$ とする．(19.1.8) 式は m によらないから，同じ l に対する一般解は，この解に m による積分定数 A_l^m を掛けることによって得られる．したがって表面における境界条件を満たすためには

$$A_l^m T_l(a;\omega) = g_l^m(\omega)$$

でなければならない．これから未定係数 A_l^m が決まり，(19.1.21) 式の V_l^m は

$$V_l^m(r;\omega) = \frac{g_l^m(\omega)}{T_l(a;\omega)} V_l(r;\omega)$$

と表される．ここで ω は積分変数であって固有値ではないことに注意する．

この解を (19.1.21) 式に代入して ω について積分しようとすると，上式の分母にある $T_l(a;\omega)$ が固有角振動数 $_n\omega_l$ で 0 になるために積分できないという問題が生じる．これは平面問題の波数積分で生じた問題と同様である．しかし外力が $t=0$ 以降に働いたとすれば，(19.1.21) 式の積分は $t<0$ で 0 になるはずである．したがって積分路は実軸の真上ではなく，実軸の少し上でなければならない．このように積分路を選ぶと，$t<0$ のときには図 19.1.1 のように ω 平面の上半平面の半円をつけ加えた周回積分を考えれば，積分路の内部には極が存在しないので周回積分は 0 になる．半円上では $\mathrm{Im}\,\omega>0$ であるから，$t<0$ のときには半円の半径を無限大にすれば $e^{-i\omega t}$ の項によって半円に沿った積分は 0 になる．したがって $t<0$ のとき (19.1.21) 式は確かに 0 になる．

一方，$t>0$ のときには下半平面上に半円をとった周回積分を考えると，こんどは積分路内に極があるから周回積分の値は

$$\oint = -2\pi i \mathrm{Res}$$

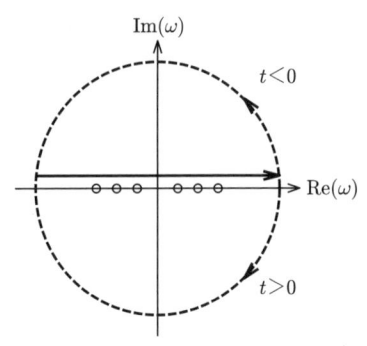

図 19.1.1 周波数積分の積分路 丸印は極. $t<0$ で解が 0 になるためには積分路 (太線) は実軸よりほんの少し上でなければならない. 破線の半円は周回積分のためにつけ加える積分路.

になる. Res は留数の和を表す. 負号は周回積分が時計まわりだからである. $t>0$ のとき半円上では $\mathrm{Re}(-i\omega t)<0$ であるから, 半径を無限大にすれば半円上の積分は 0 になる. 以上をまとめれば, $t<0$ のとき $\boldsymbol{u}^{(\mathrm{T})}=0$, $t>0$ のときには

$$\boldsymbol{u}^{(\mathrm{T})}(r,\theta,\varphi;t) = i \sum_{l,m,n} g_l^m({}_n\omega_l) A_\mathrm{T}(l,n) \frac{V_l(r;{}_n\omega_l)}{V_l(a;{}_n\omega_l)} \boldsymbol{T}_l^m(\theta,\varphi) e^{-i_n\omega_l t} \tag{19.1.22}$$

と表されることがわかる. ただし $A_\mathrm{T}(l,n)$ は留数計算から現れたねじれ振動の振幅応答関数で

$$A_\mathrm{T}(l,n) = -\left. \frac{V_l(a;\omega)}{\partial T_l(a;\omega)/\partial \omega} \right|_{\omega={}_n\omega_l} \tag{19.1.23}$$

である. 平面問題のラブ波の場合と違って, (19.1.22) 式は厳密解である. 平面問題の場合には波数積分に分岐線積分が含まれていたため, 留数からの寄与だけでは厳密解にならなかったのである. (19.1.22) 式に現れる $V_l(r;{}_n\omega_l)$ は固有関数である. したがって外力が加わったときの球の応答は, 固有関数の和で表されることがわかる.

ねじれ振動の振幅応答関数 A_T は, エネルギー積分を用いて表すこともできる. (19.1.15) 式で l を一定にすると $T_l(a;\omega_l)=0$ であるから

$$V_l(a)\delta T_l(a)a^2 = -2\omega_l \delta\omega_l I_1$$

である．よって

$$A_{\rm T} = -\frac{V_l(a)}{\partial T_l(a)/\partial \omega_l} = \frac{[aV_l(a)]^2}{2\omega_l I_1} \tag{19.1.24}$$

が得られる．$I_1 > 0$ であるから $A_{\rm T}$ は ω_l の奇関数であり，$\omega_l > 0$ のときには $A_{\rm T} > 0$ である．

先にも注意しておいたように，運動方程式 (19.1.8) は ω に関して偶であるから固有振動数は原点に対して対称に分布しており，ここでの番号のつけ方によれば $_{-n}\omega_l = -_n\omega_l$ である．したがって $A_{\rm T}(l,-n) = -A_{\rm T}(l,n)$ が成り立つ．外力がパルスのように $g_l^m(\omega)$ が ω に関して偶関数のときには，(19.1.22) 式は時間に関して $\sin {}_n\omega_l t$ の変化をし，外力がステップ関数のように $g_l^m(\omega)$ が ω に関して奇関数のときには $\cos {}_n\omega_l t$ の変化をする．なお外力がステップ関数のときには

$$g_l^m(\omega) \sim \frac{1}{-i\omega}$$

であるから $\omega = 0$ にもう一つの極がある．したがって (19.1.22) 式にはこの極による留数を加えなければならない．これは永久変位に相当するものである．

内部点震源のときの解も，同様な形に表すことができる．19.3 節で示すように，球面問題のときにも平面問題と同様に，点震源は解の不連続によって表現することができる．震源が $r = r_s$ にあったとき，解は r_s で

$$V_l^m(r_s + 0) - V_l^m(r_s - 0) = \Delta V_l^m$$
$$T_l^m(r_s + 0) - T_l^m(r_s - 0) = \Delta T_l^m$$

の不連続をもたなければならない．右辺の ΔV_l^m, ΔT_l^m は震源のタイプによって与えられる量である．そこでこの不連続量を初期値として運動方程式を積分したものを $v_l^m(r)$, $t_l^m(r)$ とする．一般解は積分定数を A_l^m とすれば

$$V_l^m(r) = A_l^m V_l(r) + v_l^m(r)$$

$$T_l^m(r) = A_l^m T_l(r) + t_l^m(r)$$

と表される. $V_l(r)$, $T_l(r)$ は先と同じ連続な解である. 表面では応力が 0 であるから

$$A_l^m T_l(a) + t_l^m(a) = 0$$

が成り立たなければならない. これから積分定数が決まり,

$$V_l^m(r) = -\frac{t_l^m(a)}{T_l(a)} V_l(r) + v_l^m(r)$$

となる. これを (19.1.21) 式に代入して積分すると第一項から留数が現れ

$$\boldsymbol{u}^{(\mathrm{T})} = i \sum_{l,m} \sum_n [-t_l^m(a)] A_{\mathrm{T}}(l,n) \frac{V_l(r)}{V_l(a)} \boldsymbol{T}_l^m(\theta,\varphi) e^{-i_n\omega_l t}$$

が得られる.

これで一応解が求まったのであるが, 解 $t_l^m(r)$ はじつは必要ではない. 同じ l, ω に対する 2 組の解に対して (19.1.12) 式から

$$\frac{d}{dr}\left[(T_1 V_2 - T_2 V_1) r^2\right] = 0$$

が成り立つ. これを積分し, 第一の解として T_l, V_l, 第二の解として v_l^m, t_l^m を選べば

$$\begin{aligned}
\left[T_l(a) v_l^m(a) - t_l^m(a) V_l(a)\right] a^2 &= \left[T_l(r_s) v_l^m(r_s) - t_l^m(a) V_l(r_s)\right] r_s^2 \\
&= \left[T_l(r_s) \Delta V_l^m - \Delta T_l^m V_l(r_s)\right] r_s^2
\end{aligned}$$

が成り立つ. $T_l(a) = 0$ であるから上式から $t_l^m(a)$ が固有関数と震源不連続量だけで表される. したがって点震源の場合にも

$$g_l^m = \frac{T_l(r_s) \Delta V_l^m - V_l(r_s) \Delta T_l^m}{V_l(a)} \left(\frac{r_s}{a}\right)^2 \tag{19.1.25}$$

とすれば (19.1.22) 式が成り立つことになる. 当然のことながら, 上式は応力の次元をもつ量である. 上式の $V_l(r_s)$ などは固有関数であるから, 内部震源のときにも解は固有関数のみで表されることがわかる.

19.2 伸び縮み振動

前節で見たようにねじれ振動は球面上のラブ波に相当する．同様に伸び縮み振動は球面上のレーリー波に相当する．本節では重力を無視した伸び縮み振動を考え，重力の影響も考慮した伸び縮み振動は次章で扱う．

19.2.1 運動方程式

均質球の伸び縮み振動の解 (7.5.14) 式の角方向の項はベクトル $\boldsymbol{S}_l^m$ と $\boldsymbol{R}_l^m$ に対応している．そこで伸び縮み振動の変位を

$$\boldsymbol{u}^{(\mathrm{S})} = U_l^m(r)\boldsymbol{S}_l^m(\theta,\varphi) + W_l^m(r)\boldsymbol{R}_l^m(\theta,\varphi) \tag{19.2.1}$$

と置く．時間の項 $e^{-i\omega t}$ は省略してある．(3.5.3) 式を用いて応力を計算すると

$$\begin{aligned}
\sigma_{rr} &= P_l Y_l \\
\sigma_{\theta\theta} &= \left(P_l - 2\mu\frac{dW_l}{dr}\right)Y_l + \frac{2\mu U_l}{r\sqrt{l(l+1)}}\frac{\partial^2 Y_l}{\partial\theta^2} + \frac{2\mu W_l}{r}Y_l \\
\sigma_{\varphi\varphi} &= \left(P_l - 2\mu\frac{dW_l}{dr}\right)Y_l \\
&\quad + \frac{2\mu U_l}{r\sqrt{l(l+1)}}\left[\frac{1}{\sin^2\theta}\frac{\partial^2 Y_l}{\partial\varphi^2} + \frac{\cos\theta}{\sin\theta}\frac{\partial Y_l}{\partial\theta}\right] + \frac{2\mu}{r}W_l Y_l \\
\sigma_{\theta\varphi} &= \frac{2\mu U_l}{r\sqrt{l(l+1)}}\left[\frac{1}{\sin\theta}\frac{\partial^2 Y_l}{\partial\theta\partial\varphi} - \frac{\cos\theta}{\sin^2\theta}\frac{\partial Y_l}{\partial\varphi}\right] \\
\sigma_{\varphi r} &= \frac{S_l}{\sqrt{l(l+1)}}\frac{1}{\sin\theta}\frac{\partial Y_l}{\partial\varphi} \qquad \sigma_{r\theta} = \frac{S_l}{\sqrt{l(l+1)}}\frac{\partial Y_l}{\partial\theta}
\end{aligned} \tag{19.2.2}$$

となる．ここに

$$\begin{aligned}
P_l &= \lambda\left[\frac{dW_l}{dr} + \frac{2}{r}W_l - \frac{\sqrt{l(l+1)}}{r}U_l\right] + 2\mu\frac{dW_l}{dr} \\
S_l &= \mu\left[\frac{dU_l}{dr} - \frac{1}{r}U_l + \frac{\sqrt{l(l+1)}}{r}W_l\right]
\end{aligned} \tag{19.2.3}$$

は球面上の垂直応力，剪断応力に対応する．これらを運動方程式の r 成分に代入すると

$$-\rho\omega^2 W_l = \frac{dP_l}{dr} + \frac{2}{r}P_l - \frac{\sqrt{l(l+1)}}{r}S_l - \frac{2\lambda}{r}\frac{dW_l}{dr}$$
$$- \frac{2(\lambda+\mu)}{r^2}\left[2W_l - \sqrt{l(l+1)}U_l\right] \tag{19.2.4}$$

が得られ，θ あるいは φ 成分に代入すると

$$-\rho\omega^2 U_l = \frac{dS_l}{dr} + \frac{3}{r}S_l + \frac{\sqrt{l(l+1)}\lambda}{r}\frac{dW_l}{dr} + \frac{2\sqrt{l(l+1)}(\lambda+\mu)}{r^2}W_l$$
$$- \frac{l(l+1)(\lambda+2\mu)}{r^2}U_l + \frac{2\mu}{r^2}U_l \tag{19.2.5}$$

が得られる．(19.2.3), (19.2.4), (19.2.5) 式が伸び縮み振動の基本方程式である．これらの式は ρ, λ, μ が r の関数であっても成立する．これらの式には m が陽には含まれていないことは，ねじれ振動のときと同様である．

(19.2.4), (19.2.5) 式の右辺には dW_l/dr が含まれているが，これを (19.2.3) 式の第一式を用いて消去してやれば，W_l, U_l, P_l, S_l に関する一階の連立常微分方程式が得られる．しかしそのままでは対称性が悪いのでねじれ振動のときと同様に列ベクトルを

$$\boldsymbol{y} = [rW_l \quad rP_l \quad rU_l \quad rS_l]^T \tag{19.2.6}$$

で定義すれば (^{T} は転置)，運動方程式を

$$\frac{d\boldsymbol{y}}{dr} = \boldsymbol{D}\boldsymbol{y} \qquad \frac{dy_i}{dr} = \sum_{j=1}^{4} d_{ij}y_j \tag{19.2.7}$$

の形に書くことができる．係数 d_{ij} は次のようになる．

$$d_{11} = \frac{1}{r}\left(1 - \frac{2\lambda}{\lambda+2\mu}\right) \qquad d_{12} = \frac{1}{\lambda+2\mu}$$

$$d_{13} = \frac{\sqrt{l(l+1)}\lambda}{(\lambda+2\mu)r} \qquad d_{14} = 0$$

$$d_{21} = \frac{4(3\lambda+2\mu)\mu}{(\lambda+2\mu)r^2} - \rho\omega^2 \qquad d_{22} = -d_{11}$$

$$d_{23} = -\frac{2\sqrt{l(l+1)}(3\lambda+2\mu)\mu}{(\lambda+2\mu)r^2} \qquad d_{24} = \frac{\sqrt{l(l+1)}}{r} \qquad (19.2.8)$$

$$d_{31} = -d_{24} \qquad d_{32} = 0 \qquad d_{33} = \frac{2}{r} \qquad d_{34} = \frac{1}{\mu}$$

$$d_{41} = d_{23} \qquad d_{42} = -d_{13}$$

$$d_{43} = \frac{4l(l+1)(\lambda+\mu)\mu}{(\lambda+2\mu)r^2} - \frac{2\mu}{r^2} - \rho\omega^2 \qquad d_{44} = -d_{33}$$

一様な球に対する解　一様な球に対する解を運動方程式から直接求めるのは大変である．しかし一様な媒質に対する解はポテンシャル ϕ と ψ から導かれ，球座標系における ϕ, ψ の一般解は求められているから (5.3 節)，これを利用すれば解を求めることができる．まず P 波のポテンシャル ϕ から導かれる解は

$$\begin{aligned} rW_l &= lj_l(k_\alpha r) - k_\alpha r j_{l+1}(k_\alpha r) \qquad k_\alpha = \frac{\omega}{\alpha} \\ rU_l &= \sqrt{l(l+1)} j_l(k_\alpha r) \\ rP_l &= -\rho\omega^2 r j_l(k_\alpha r) - 2\mu\left[2W_l - \sqrt{l(l+1)}U_l\right] \\ rS_l &= 2\mu\left[\sqrt{l(l+1)}W_l - U_l\right] \end{aligned} \qquad (19.2.9)$$

であり，S 波のポテンシャル ψ から導かれる解は

$$\begin{aligned} rW_l &= \sqrt{l(l+1)} j_l(k_\beta r) \qquad k_\beta = \frac{\omega}{\beta} \\ rU_l &= (l+1) j_l(k_\beta r) - k_\beta r j_{l+1}(k_\beta r) \\ rP_l &= -2\mu\left[2W_l - \sqrt{l(l+1)}U_l\right] \\ rS_l &= -\rho\omega^2 r j_l(k_\beta r) + 2\mu\left[\sqrt{l(l+1)}W_l - U_l\right] \end{aligned} \qquad (19.2.10)$$

で表される．P_l や S_l に現れる W_l や U_l は，すぐ上で定義された値を用いることを意味している．$j_l(x)$ は球ベッセル関数である．$r = 0$ で有界という条件が必要なければ，球ノイマン関数 $n_l(x)$ を用いてもよい．

　$r < r_0$ で球は一様であるとすると，$r < r_0$ における一般解は (19.2.9) 式と (19.2.10) 式の線型結合になる．$r > r_0$ の解を求めるために $r = r_0$ で (19.2.9)

式を初期値として積分した解を $\boldsymbol{y}_1(r)$, (19.2.10) 式を初期値として積分した解を $\boldsymbol{y}_2(r)$ とすれば，一般解は $A\boldsymbol{y}_1 + B\boldsymbol{y}_2$ で表される．A, B は積分定数である．表面では応力 σ_{rr}, $\sigma_{r\theta}$, $\sigma_{\varphi r}$ が 0 にならなければならない．この条件は

$$Ay_{21}(a) + By_{22}(a) = 0$$
$$Ay_{41}(a) + By_{42}(a) = 0$$

と書くことができる．y_{i1} は $\boldsymbol{y}_1$ の i 成分，y_{i2} は $\boldsymbol{y}_2$ の i 成分を表している．したがって固有振動数を決める特性方程式は

$$\Delta_{\mathrm{S}}(\omega, l) = y_{21}(a)y_{42}(a) - y_{22}(a)y_{41}(a) = 0 \tag{19.2.11}$$

である．ねじれ振動のときと同様に，運動方程式 (19.2.7) は ω に関して偶であるから，固有値は正負対称に分布している．

コンパウンド行列 (19.2.11) 式の計算で桁落ちを避けるために，平面問題と同じようにコンパウンド行列

$$Y_{ij}(r) = y_{i1}(r)y_{j2}(r) - y_{i2}(r)y_{j1}(r) \tag{19.2.12}$$

を定義する．$y_{i1}(r)$, $y_{i2}(r)$ がそれぞれ運動方程式 (19.2.7) を満たしていることから $Y_{ij}(r)$ も一階の連立微分方程式

$$\frac{dY_{ij}(r)}{dr} = \sum_{k<l} d_{ijkl} Y_{kl}(r) \tag{19.2.13}$$

を満足している．平面問題のときと同じように

$$Y_{12}(r) + Y_{34}(r) = 0 \tag{19.2.14}$$

が成り立つので，もとの方程式から $Y_{34}(r)$ を消去した形で係数 d_{ijkl} を示すと

$$d_{1213} = d_{23} \qquad d_{1214} = d_{24} \qquad d_{1223} = -d_{13}$$
$$d_{1313} = d_{11} + d_{33} \qquad d_{1314} = d_{34} \qquad d_{1323} = d_{12}$$
$$d_{1412} = -2d_{13} \qquad d_{1413} = d_{43}$$

$$\begin{aligned}
&d_{1414} = d_{11} - d_{33} \qquad d_{1424} = d_{12} \\
&d_{2312} = 2d_{24} \qquad d_{2313} = d_{21} \\
&d_{2323} = -(d_{11} - d_{33}) \qquad d_{2324} = d_{34} \\
&d_{2412} = -2d_{23} \qquad d_{2414} = d_{21} \qquad d_{2423} = d_{43} \\
&d_{2424} = -(d_{11} + d_{33})
\end{aligned} \tag{19.2.15}$$

である．d_{ij} はもとの運動方程式の係数 (19.2.8) 式である．ここに示されていない係数，たとえば d_{1212} は 0 である．

$Y_{ij}(r)$ の初期値は一様な球に対する解 (19.2.9)，(19.2.10) 式から容易に計算できる．特性方程式は (19.2.11) 式より

$$\Delta_{\mathrm{S}}(\omega, l) = Y_{24}(a;\omega) = 0 \tag{19.2.16}$$

である．

群速度は (18.3.6) 式により

$$U = -a \frac{\partial Y_{24}(a)/\partial l}{\partial Y_{24}(a)/\partial \omega} \tag{19.2.17}$$

である．右辺はもちろん $Y_{24}(a;\omega) = 0$ になる ω で計算しなければならない．ここに現れる偏微分はねじれ振動のときと同様に，運動方程式 (19.2.13) を偏微分した式を積分することによって得られる．

19.2.2 変分原理

波数が l_1，角周波数が ω_1 のときの運動方程式の解 (W_1, P_1, U_1, S_1) と，波数，角周波数が (l_2, ω_2) のときの解 (W_2, P_2, U_2, S_2) に対して次の恒等式が成り立つ．

$$\frac{d}{dr}\left[(W_1P_2 + U_1S_2)r^2\right] = -\rho\omega_2^2(W_1W_2 + U_1U_2)r^2 + \frac{1}{\lambda+2\mu}P_1P_2r^2$$
$$+ \frac{1}{\mu}S_1S_2r^2 + (l_2-1)(l_2+2)\mu U_1U_2$$
$$+ \frac{(3\lambda+2\mu)\mu}{\lambda+2\mu}\left[2W_1 - \sqrt{l_2(l_2+1)}U_1\right]\left[2W_2 - \sqrt{l_2(l_2+1)}U_2\right]$$
$$+ \left[\sqrt{l_2(l_2+1)} - \sqrt{l_1(l_1+1)}\right]r\left(W_1S_2 - \frac{\lambda}{\lambda+2\mu}U_1P_2\right)$$
$$(19.2.18)$$

これが変分原理の基本になる関係で，これを用いてレーリー波のときと同じ手続きで同様な関係を導くことができる．たとえば固有関数の直交関係は，解1と解2を入れ替えた式との差をとれば

$$\int_0^a \rho(W_1W_2 + U_1U_2)r^2 dr = 0 \qquad \omega_1^2 \neq \omega_2^2 \qquad (19.2.19)$$

が得られる．以下でも結果だけを示す．

エネルギー積分　固有関数に対して(19.2.18)式を積分することによってエネルギー積分

$$I_1 = \int_0^a \rho(W_l^2 + U_l^2)r^2 dr$$
$$I_2 = \int_0^a \left\{\frac{1}{\lambda+2\mu}(rP_l)^2 + \frac{1}{\mu}(rS_l)^2 + (l-1)(l+2)\mu U_l^2 \right. \qquad (19.2.20)$$
$$\left. + \frac{(3\lambda+2\mu)\mu}{\lambda+2\mu}\left[2W_l - \sqrt{l(l+1)}U_l\right]^2\right\}dr$$

が得られる．I_1, I_2 はねじれ振動と同じエネルギー方程式を満たしている．

群速度を表す第三積分は，伸び縮み振動の場合には

$$I_3 = a^2 \int_0^a \left\{\frac{4(\lambda+\mu)\mu}{\lambda+2\mu}U_l^2 + \frac{1}{\sqrt{l(l+1)}}\left[r\left(W_lS_l - \frac{\lambda}{\lambda+2\mu}U_lP_l\right)\right.\right.$$
$$\left.\left. - \frac{2(3\lambda+2\mu)\mu}{\lambda+2\mu}W_lU_l\right]\right\}dr \qquad (19.2.21)$$

になる．

偏微分係数　伸び縮み振動の場合には固有値の変化 (19.1.18) 式にさらに P 波速度の項が加わる．

$$\left[\frac{\rho}{\omega_l}\frac{\partial \omega_l}{\partial \rho}\right] = \frac{1}{2\omega_l^2 I_1}\left\{-\rho\omega_l^2 r^2(W_l^2+U_l^2)+\frac{1}{\lambda+2\mu}(rP_l)^2+\frac{1}{\mu}(rS_l)^2\right.$$
$$\left.+(l-1)(l+2)\mu U_l^2+\frac{(3\lambda+2\mu)\mu}{\lambda+2\mu}X_l^2\right\}dr$$
$$\left[\frac{\alpha}{\omega_l}\frac{\partial \omega_l}{\partial \alpha}\right] = \frac{1}{\omega_l^2 I_1}\left\{\frac{1}{\lambda+2\mu}\left(rP_l+2\mu X_l\right)^2\right\} \qquad (19.2.22)$$
$$\left[\frac{\beta}{\omega_l}\frac{\partial \omega_l}{\partial \beta}\right] = \frac{1}{\omega_l^2 I_1}\left\{\frac{1}{\mu}(rS_l)^2+2\mu\left[U_l\left(\sqrt{l(l+1)}W_l-U_l\right)-W_l X_l\right]\right.$$
$$\left.-\frac{4\mu}{\lambda+2\mu}\left(rP_l-\lambda X_l\right)X_l\right\}$$

ただし

$$X_l = 2W_l - \sqrt{l(l+1)}U_l$$

である．ねじれ振動のときと同様に恒等式

$$\begin{aligned}\int_0^a \left[\frac{\rho}{\omega_l}\frac{\partial \omega_l}{\partial \rho}\right]dr &= 0 \\ \int_0^a \left\{\left[\frac{\alpha}{\omega_l}\frac{\partial \omega_l}{\partial \alpha}\right]+\left[\frac{\beta}{\omega_l}\frac{\partial \omega_l}{\partial \beta}\right]\right\}dr &= 1\end{aligned} \qquad (19.2.23)$$

が成り立つことは，エネルギー積分 (19.2.20) 式から明らかである．

19.2.3　伸び縮み振動の励起

はじめに外力が地表面で応力として与えられたときを考える．初期値 (19.2.9) 式から積分した解を $\boldsymbol{y}_1(r)$, (19.2.10) 式から積分した解を $\boldsymbol{y}_2(r)$ とする．地表で与えられた応力を展開したときの $\boldsymbol{S}_l^m$ の係数を $f_l^m(\omega)$, $\boldsymbol{R}_l^m$ の係数を $h_l^m(\omega)$ とすれば，表面で

$$aP_l^m(a) = A_l^m y_{21}(a) + B_l^m y_{22}(a) = ah_l^m$$
$$aS_l^m(a) = A_l^m y_{41}(a) + B_l^m y_{42}(a) = af_l^m$$

が成り立たなければならない．A_l^m, B_l^m は積分定数である．この式から A_l^m, B_l^m を求め，表面における $W_l^m(a)$, $U_l^m(a)$ を計算すると

$$W_l^m(a) = \frac{1}{a}[A_l^m y_{11}(a) + B_l^m y_{12}(a)] = \frac{Y_{14}(a)}{Y_{24}(a)}\left(h_l^m - \frac{Y_{12}(a)}{Y_{14}(a)}f_l^m\right)$$

$$U_l^m(a) = \frac{1}{a}[A_l^m y_{31}(a) + B_l^m y_{32}(a)] = \frac{Y_{34}(a)}{Y_{24}(a)}\left(h_l^m + \frac{Y_{23}(a)}{Y_{34}(a)}f_l^m\right)$$
(19.2.24)

が得られる．Y_{ij} はコンパウンド行列である．Y_{ij} や h_l^m, f_l^m は ω の関数であるが，ここでは明示していない．これを (19.2.1) 式に代入してフーリエ逆変換すれば，$Y_{24}(a;\omega)$ が 0 になる点，すなわち伸び縮み振動の固有値から留数が現れるので，表面における r 方向の変位は

$$u_r^{(S)}(a,\theta,\varphi;t) = i\sum_{l,m,n} A_S(l,n) F_S(l,m,n) Y_l^m(\theta,\varphi) e^{-i_n\omega_l t}$$

の形に書くことができる．ただし

$$A_S(l,n) = -\left.\frac{Y_{14}(a)}{\partial Y_{24}(a)/\partial \omega}\right|_{\omega={}_n\omega_l} \quad (19.2.25)$$

は伸び縮み振動の振幅応答関数，また

$$F_S(l,m,n) = h_l^m({}_n\omega_l) - \frac{Y_{12}(a)}{Y_{14}(a)} f_l^m({}_n\omega_l)$$

は励起関数である．同様な結果が水平成分 $U_l^m(a)$ についても導かれる．ただし振幅応答や励起関数は異なってしまう．しかし特性方程式が 0 の極限，すなわち $Y_{24}(a) = 0$ の極限では変位分布は外力にはよらず固有関数によって表されるはずである．固有値 ${}_n\omega_l$ に対する固有関数を $W_l(r;{}_n\omega_l)$, $U_l(r;{}_n\omega_l)$ と書くことにすれば，$f_l^m = 0$ のときの水平動，上下動の比と，$h_l^m = 0$ のときの比は等しくならなければならないから，(19.2.24) 式から $Y_{24}(a;{}_n\omega_l) = 0$ のとき

$$\frac{U_l(a;{}_n\omega_l)}{W_l(a;{}_n\omega_l)} = \frac{Y_{34}(a;{}_n\omega_l)}{Y_{14}(a;{}_n\omega_l)} = -\frac{Y_{23}(a;{}_n\omega_l)}{Y_{12}(a;{}_n\omega_l)} \quad (19.2.26)$$

が成り立つことがわかる．この関係と $Y_{34}(r) = -Y_{12}(r)$ の関係を利用すると上下動，水平動の振幅応答，励起関数は等しくなる．特に励起関数は固有関数の上下動，水平動の比を用いて

$$F_S(l, m, n) = h_l^m({}_n\omega_l) + \frac{U_l(a; {}_n\omega_l)}{W_l(a; {}_n\omega_l)} f_l^m({}_n\omega_l) \tag{19.2.27}$$

と表される．一般の r における変位は固有関数の r 方向の変化を考慮すると

$$\boldsymbol{u}^{(S)}(r,\theta,\varphi;t) = i \sum_{l,m,n} A_S F_S \Big[\frac{U_l(r)}{W_l(a)} \boldsymbol{S}_l^m(\theta,\varphi)$$
$$+ \frac{W_l(r)}{W_l(a)} \boldsymbol{R}_l^m(\theta,\varphi) \Big] e^{-i_n\omega_l t} \tag{19.2.28}$$

と書き表すことができる．これも厳密解である．

内部点震源のときには，導出は省略するが，励起関数として

$$F_S = \frac{1}{W_l(a)} \big[P_l(r_s) \Delta W_l^m - W_l(r_s) \Delta P_l^m$$
$$+ S_l(r_s) \Delta U_l^m - U_l(r_s) \Delta S_l^m \big] \left(\frac{r_s}{a}\right)^2 \tag{19.2.29}$$

とすればよい．また応答関数 A_S はエネルギー積分を用いて

$$A_S = \frac{[aW_l(a)]^2}{2{}_n\omega_l I_1} \tag{19.2.30}$$

と書くこともできる．

$\cdots\bullet\cdots\bullet\cdots$（メ　モ）$\cdots\bullet\cdots\bullet\cdots$

剛体回転と並進運動

$l=1$ のときのねじれ振動の運動方程式 (19.1.5) は $\omega=0$ で ρ, μ によらず

$$V_1(r) = r \qquad T_1(r) = 0$$

という解をもつ．この解は自由表面における境界条件を満たしていることは明らかであるから，$\omega=0$ は $l=1$ モードの固有値である．この解は $m=0$ のときには南北軸のまわりの剛体回転を表し，$m=\pm 1$ のときは赤道面内にある軸のまわりの剛体回転を表している．

同様に，$l=1$ のときの伸び縮み振動の運動方程式 (19.2.7) は $\omega=0$ で

$$U_1(r) = \sqrt{2}\,r \qquad W_1(r) = r \qquad S_1(r) = P_1(r) = 0$$

という解をもつ．これも自由表面における境界条件を満たしているから $\omega = 0$ は固有値である．この解は剛体的な並進運動を表している．

このように，$l = 1$ のときはねじれ振動，伸び縮み振動ともに $\omega = 0$ が最初の $(n = 0)$ 固有値で，この固有値に属する固有関数は剛体的な変位に対応しているので，物理的に意味のある振動的な解は一次の高次モード $(n = \pm 1)$ からはじまっている．

・・・・・●・・・・・●・・・・・●・・・・・●・・・・・●・・・・

19.3 点震源の展開

本節は平面問題の 11.3 節を球座標系に書き換えたものである．ねじれ振動と伸び縮み振動を同時に扱っているために，$\boldsymbol{y}$ ベクトルなどに添字 T(ねじれ振動)，S(伸び縮み振動) をつけて区別している．

19.3.1 単力源

点 $(r_s, \theta_s, \varphi_s)$ に単位ベクトル $\boldsymbol{\nu}$ 方向に働く単位の点力源は球座標系では

$$\boldsymbol{f} = \boldsymbol{\nu}\frac{\delta(r-r_s)}{r_s^2}\frac{\delta(\theta-\theta_s)}{\sin\theta_s}\delta(\varphi-\varphi_s) \tag{19.3.1}$$

と表すことができる．単位という意味は，この力を全体積で積分すると 1，すなわち

$$\int d\varphi \int \sin\theta d\theta \int \boldsymbol{f} r^2 dr = \boldsymbol{\nu}$$

が成り立つことを意味している．この力を $\boldsymbol{S}_l^m$，$\boldsymbol{T}_l^m$，$\boldsymbol{R}_l^m$ で展開する．

$$\boldsymbol{f} = \frac{\delta(r-r_s)}{r_s^2}\sum_{l,m}[F_l^m \boldsymbol{S}_l^m + G_l^m \boldsymbol{T}_l^m + H_l^m \boldsymbol{R}_l^m] \tag{19.3.2}$$

展開係数は (18.2.5) 式から計算できるから

$$\begin{aligned}F_l^m &= \frac{(C_l^m)^{-1}}{\sqrt{l(l+1)}}\left(\nu_\theta \frac{\partial \overline{Y_l^m}}{\partial \theta} + \frac{\nu_\varphi}{\sin\theta}\frac{\partial \overline{Y_l^m}}{\partial \varphi}\right)_s \\ G_l^m &= \frac{(C_l^m)^{-1}}{\sqrt{l(l+1)}}\left(\frac{\nu_\theta}{\sin\theta}\frac{\partial \overline{Y_l^m}}{\partial \varphi} - \nu_\varphi \frac{\partial \overline{Y_l^m}}{\partial \theta}\right)_s\end{aligned} \tag{19.3.3}$$

$$H_l^m = (C_l^m)^{-1} \left(\nu_r \overline{Y_l^m}\right)_s$$
$$C_l^m = \frac{4\pi}{2l+1} \frac{(l+|m|)!}{(l-|m|)!}$$

が得られる．添字 s は (θ_s, φ_s) における値であることを意味している．$(\nu_r, \nu_\theta, \nu_\varphi)$ は点 $(r_s, \theta_s, \varphi_s)$ における $\boldsymbol{\nu}$ の球座標成分である．G_l^m はねじれ振動に対する外力，F_l^m と H_l^m は伸び縮み振動に対する外力項である．

G_l^m に相当する外力項を運動方程式に加えると，ねじれ振動の斉次の方程式 (19.1.5) のかわりに非斉次の方程式

$$\frac{d\boldsymbol{y}^{(\mathrm{T})}(r)}{dr} = \boldsymbol{D}^{(\mathrm{T})}(r)\boldsymbol{y}^{(\mathrm{T})}(r) - \frac{r}{r_s^2}\delta(r-r_s)\begin{bmatrix} 0 \\ G_l^m \end{bmatrix} \tag{19.3.4}$$

が導かれる．この微分方程式の解は連続な部分と不連続の部分とに分けることができる．不連続の部分は上式を積分して

$$\boldsymbol{y}^{(\mathrm{T})}(r) \sim -\int \frac{r'}{r_s^2}\delta(r'-r_s)dr' \begin{bmatrix} 0 \\ G_l^m \end{bmatrix} \sim -\frac{1}{r_s}H(r-r_s)\begin{bmatrix} 0 \\ G_l^m \end{bmatrix}$$

であるから震源における不連続は

$$\Delta \boldsymbol{y}^{(\mathrm{T})} = \boldsymbol{y}^{(\mathrm{T})}(r_s+0) - \boldsymbol{y}^{(\mathrm{T})}(r_s-0) = -\frac{1}{r_s}\begin{bmatrix} 0 \\ G_l^m \end{bmatrix}$$

となる．もとの変位と応力の変数 V_l^m, T_l^m で表した不連続量は

$$\Delta V_l^m = 0 \qquad r_s^2 \Delta T_l^m = -G_l^m \tag{19.3.5}$$

になる．

(19.3.3) 式で表された G_l^m は一般には $|m| \leq l$ のすべての m について値をもつから，単力源ではすべての m のモードが励起されることになる．しかし震源を通る座標軸 ($\theta_s = 0$) で見ると限られた m しか励起されない．これは後で述べる (19.3.3)．

伸び縮み振動のときも運動方程式は (19.2.7) 式のかわりに

$$\frac{d\boldsymbol{y}^{(\mathrm{S})}(r)}{dr} = \boldsymbol{D}^{(\mathrm{S})}(r)\boldsymbol{y}^{(\mathrm{S})}(r) - \frac{r}{r_s^2}\delta(r-r_s)\begin{bmatrix} 0 \\ H_l^m \\ 0 \\ F_l^m \end{bmatrix} \tag{19.3.6}$$

が成り立つ．ねじれ振動とまったく同様な手続きで不連続量が

$$\begin{aligned}\Delta W_l^m &= 0 & r_s^2 \Delta P_l^m &= -H_l^m \\ \Delta U_l^m &= 0 & r_s^2 \Delta S_l^m &= -F_l^m\end{aligned} \tag{19.3.7}$$

と求められる．

19.3.2　偶力源

力 (19.3.2) 式を単位ベクトル $\boldsymbol{n}$ の方向に微分すると偶力になる．微分は座標 $(r_s, \theta_s, \varphi_s)$ について行わなければならないので，方向微分は具体的には

$$\frac{\partial}{\partial n} = n_r \frac{\partial}{\partial r_s} + \frac{1}{r_s}\left(n_\theta \frac{\partial}{\partial \theta_s} + \frac{n_\varphi}{\sin\theta_s}\frac{\partial}{\partial \varphi_s}\right)$$

と表される．以下では上式の第二，三項の水平方向の微分を

$$\frac{\partial}{\partial n_h} = \frac{1}{r_s}\left(n_\theta \frac{\partial}{\partial \theta_s} + \frac{n_\varphi}{\sin\theta_s}\frac{\partial}{\partial \varphi_s}\right)$$

と定義することにする．そうすると (19.3.2) 式の微分は

$$\begin{aligned}\frac{\partial \boldsymbol{f}}{\partial n} = &-\frac{n_r}{r_s^2}\left[\delta'(r-r_s) + \frac{2}{r_s}\delta(r-r_s)\right] \\ &\times \sum_{l,m}[F_l^m \boldsymbol{S}_l^m + G_l^m \boldsymbol{T}_l^m + H_l^m \boldsymbol{R}_l^m] \\ &+ \frac{\delta(r-r_s)}{r_s^2}\sum_{l,m}\frac{\partial}{\partial n_h}[F_l^m \boldsymbol{S}_l^m + G_l^m \boldsymbol{T}_l^m + H_l^m \boldsymbol{R}_l^m]\end{aligned} \tag{19.3.8}$$

と表される．

この外力を運動方程式に代入すると，ねじれ振動の運動方程式は

$$\frac{d\boldsymbol{y}^{(\mathrm{T})}}{dr} = \boldsymbol{D}^{(\mathrm{T})}\boldsymbol{y}^{(\mathrm{T})} + \frac{n_r}{r_s^2}\left[r\delta'(r-r_s) + \frac{2r}{r_s}\delta(r-r_s)\right]\begin{bmatrix}0\\G_l^m\end{bmatrix}$$

$$-\frac{r}{r_s^2}\delta(r-r_s)\begin{bmatrix}0\\\dfrac{\partial G_l^m}{\partial n_h}\end{bmatrix} \tag{19.3.9}$$

となる．ここで最も特異性が高いのは $\delta'(r-r_s)$ の項である．この項を部分積分すれば第一近似として最も特異性の高い項

$$\boldsymbol{y}^{(\mathrm{T})} \sim \frac{n_r r}{r_s^2}\delta(r-r_s)\begin{bmatrix}0\\G_l^m\end{bmatrix}$$

が得られる．$\delta(x)$ は偶関数であるからこの解から不連続は生じない．これを再び (19.3.8) 式の右辺の第一項に代入すると

$$\frac{d\boldsymbol{y}^{(\mathrm{T})}}{dr} \sim \frac{n_r r}{r_s^2}\delta(r-r_s)\boldsymbol{D}^{(\mathrm{T})}\begin{bmatrix}0\\G_l^m\end{bmatrix}$$

$$+ \frac{n_r}{r_s^2}\left(\frac{2r}{r_s}-1\right)\delta(r-r_s)\begin{bmatrix}0\\G_l^m\end{bmatrix} - \frac{r}{r_s^2}\delta(r-r_s)\begin{bmatrix}0\\\dfrac{\partial G_l^m}{\partial n_h}\end{bmatrix}$$

となる．(19.1.7) 式の $\boldsymbol{D}^{(\mathrm{T})}$ を用い，上式を積分することによって $r=r_s$ における $\boldsymbol{y}^{(\mathrm{T})}$ の不連続量が

$$\Delta y^{(\mathrm{T})} = \frac{n_r}{r_s^2}\begin{bmatrix}\dfrac{r_s}{\mu_s}G_l^m\\-G_l^m\end{bmatrix} - \frac{1}{r_s}\begin{bmatrix}0\\\dfrac{\partial G_l^m}{\partial n_h}\end{bmatrix}$$

のように求められる．μ_s は震源 $r=r_s$ における $\mu(r)$ の値である．変位と応力の不連続量で表すと

$$r_s^2 \Delta V_l^m = \frac{n_r}{\mu_s}G_l^m \qquad r_s^2 \Delta T_l^m = -\frac{n_r}{r_s}G_l^m - \frac{\partial G_l^m}{\partial n_h} \tag{19.3.10}$$

である．G_l^m 等は (θ_s, φ_s) における値である．

　伸び縮み振動の場合はねじれ振動の場合よりも複雑であるが，同様に計算することができる．(19.3.8) 式を運動方程式の外力項に代入すると

$$\frac{d\boldsymbol{y}^{(\mathrm{S})}}{dr} = \boldsymbol{D}^{(\mathrm{S})}\boldsymbol{y}^{(\mathrm{S})} + \frac{n_r}{r_s^2}\left[r\delta'(r-r_s) + \frac{2r}{r_s}\delta(r-r_s)\right]\begin{bmatrix} 0 \\ H_l^m \\ 0 \\ F_l^m \end{bmatrix}$$

$$-\frac{r}{r_s^2}\delta(r-r_s)\begin{bmatrix} 0 \\ \dfrac{\partial H_l^m}{\partial n_h} \\ 0 \\ \dfrac{\partial F_l^m}{\partial n_h} \end{bmatrix} \tag{19.3.11}$$

これはねじれ振動のときとまったく同じ形をしているので (19.2.8) 式の係数行列 $\boldsymbol{D}^{(\mathrm{S})}$ を用いると

$$\Delta \boldsymbol{y}^{(\mathrm{S})} = \frac{n_r}{r_s^2}\begin{bmatrix} \dfrac{r_s}{\lambda_s + 2\mu_s}H_l^m \\ \dfrac{2\lambda_s}{\lambda_s + 2\mu_s}H_l^m + \sqrt{l(l+1)}F_l^m \\ \dfrac{r_s}{\mu_s}F_l^m \\ -\dfrac{\sqrt{l(l+1)}\lambda_s}{\lambda_s + 2\mu_s}H_l^m - F_l^m \end{bmatrix} - \frac{1}{r_s}\begin{bmatrix} 0 \\ \dfrac{\partial H_l^m}{\partial n_h} \\ 0 \\ \dfrac{\partial F_l^m}{\partial n_h} \end{bmatrix} \tag{19.3.12}$$

となる.したがって変位と応力の不連続は

$$\begin{aligned} r_s^2 \Delta W_l^m &= \frac{n_r}{\lambda_s + 2\mu_s}H_l^m \\ r_s^2 \Delta P_l^m &= \frac{n_r}{r_s}\left[\frac{2\lambda_s}{\lambda_s + 2\mu_s}H_l^m + \sqrt{l(l+1)}F_l^m\right] - \frac{\partial H_l^m}{\partial n_h} \\ r_s^2 \Delta U_l^m &= \frac{n_r}{\mu_s}F_l^m \\ r_s^2 \Delta S_l^m &= -\frac{n_r}{r_s}\left[\frac{\sqrt{l(l+1)}\lambda_s}{\lambda_s + 2\mu_s}H_l^m + F_l^m\right] - \frac{\partial F_l^m}{\partial n_h} \end{aligned} \tag{19.3.13}$$

である.

　偶力の不連続項には水平微分 $\partial/\partial n_h$ が含まれている.この微分の計算には注意が必要である.$\boldsymbol{\nu}$ の成分 $(\nu_r, \nu_\theta, \nu_\varphi)$ は θ, φ によって変化するから,こ

のことを考慮して微分を行わなければならない．そのためには $\boldsymbol{\nu}$ をいったん直角座標の成分で表す．

$$\nu_r = (\nu_x \cos\varphi + \nu_y \sin\varphi) \sin\theta + \nu_z \cos\theta$$
$$\nu_\theta = (\nu_x \cos\varphi + \nu_y \sin\varphi) \cos\theta - \nu_z \sin\theta$$
$$\nu_\varphi = -\nu_x \sin\varphi + \nu_y \cos\varphi$$

これより

$$\frac{\partial \nu_r}{\partial \theta} = \nu_\theta \qquad \frac{\partial \nu_\theta}{\partial \theta} = -\nu_r$$
$$\frac{\partial \nu_r}{\partial \varphi} = \nu_\varphi \sin\theta \qquad \frac{\partial \nu_\theta}{\partial \varphi} = \nu_\varphi \cos\theta$$
$$\frac{\partial \nu_\varphi}{\partial \varphi} = -\nu_r \sin\theta - \nu_\theta \cos\theta$$

が成り立つ．たとえば $\partial G_l^m/\partial n_h$ に現れる微分は

$$\frac{\partial}{\partial n_h}(\nu_r \overline{Y_l^m}) = \frac{1}{r}\left[n_\theta \nu_r \frac{\partial \overline{Y_l^m}}{\partial \theta} + \frac{n_\varphi \nu_r}{\sin\theta} \frac{\partial \overline{Y_l^m}}{\partial \varphi} + (n_\theta \nu_\theta + n_\varphi \nu_\varphi)\overline{Y_l^m}\right]$$

である．ほかの微分も同様に計算できるが結果は煩雑になるので省略する．

19.3.3　$\theta_s = 0$ のとき

上で見たように，任意の位置に震源があるときにはすべての m のモードが励起されてしまうから，波形を計算しようとすると大変な手間がかかる．しかし $\theta_s = 0$，すなわち震源を通る軸を極とする座標系を用いると，$|m| = 0, 1, 2$ のモードしか励起されないので計算が簡単になる．$\theta \to 0$ の極限の計算には次の関係を用いるとよい．

$$P_l^m(\cos\theta) \longrightarrow \frac{(l+m)!}{m!(l-m)!}\left(\frac{\sin\theta}{2}\right)^m$$
$$\frac{dP_l^m(\cos\theta)}{d\theta} \longrightarrow \frac{m(l+m)!}{2m!(l-m)!}\left(\frac{\sin\theta}{2}\right)^{m-1}$$
$$\frac{d^2 P_l^m(\cos\theta)}{d\theta^2} = [m - l(l+1)]P_l^m + \frac{m(m-1)}{\sin^2\theta}P_l^m + \frac{\cos\theta}{\sin\theta}P_l^{m+1}$$

ここで $m \geq 0$ である．いくつかの場合について震源不連続量の結果だけを示す．

単力源

$$\begin{aligned}
r_s \Delta T_l^{\pm 1} &= \frac{2l+1}{4\pi\sqrt{l(l+1)}} \frac{1}{2}(\nu_y \pm i\nu_x) \\
r_s^2 \Delta P_l^0 &= -\frac{2l+1}{4\pi}\nu_z \\
r_s^2 \Delta S_l^{\pm 1} &= \frac{2l+1}{4\pi\sqrt{l(l+1)}} \frac{1}{2}(-\nu_x \pm i\nu_y)
\end{aligned} \quad (19.3.14)$$

ここに記されていないものは 0 である．

単偶力

$$\begin{aligned}
r_s^2 \Delta V_l^{\pm 1} &= \frac{2l+1}{4\pi\sqrt{l(l+1)}\mu_s} \frac{1}{2}n_z(-\nu_y \mp i\nu_x) \\
r_s^2 \Delta T_l^0 &= \frac{2l+1}{4\pi\sqrt{l(l+1)}r_s} \frac{1}{2}l(l+1)(n_y\nu_x - n_x\nu_y) \\
r_s^2 \Delta T_l^{\pm 1} &= \frac{2l+1}{4\pi\sqrt{l(l+1)}r_s} \frac{1}{2}[(n_z\nu_y - n_y\nu_z) \pm i(n_z\nu_x - n_x\nu_z)] \\
r_s^2 \Delta T_l^{\pm 2} &= \frac{2l+1}{4\pi\sqrt{l(l+1)}r_s} \frac{1}{4}[(n_x\nu_y + n_y\nu_y) \pm i(n_x\nu_x - n_y\nu_y)]
\end{aligned} \quad (19.3.15)$$

$$\begin{aligned}
r_s^2 \Delta W_l^0 &= \frac{2l+1}{4\pi(\lambda_s+2\mu_s)} n_z\nu_z \\
r_s^2 \Delta P_l^0 &= \frac{2l+1}{4\pi r_s}\left[\frac{2\lambda_s}{\lambda_s+2\mu_s}n_z\nu_z - (n_x\nu_x + n_u\nu_y)\right] \\
r_s^2 \Delta S_l^0 &= \frac{2l+1}{4\pi\sqrt{l(l+1)}r_s}\frac{1}{2}l(l+1)\left[(n_x\nu_x + n_y\nu_y) - \frac{2\lambda_s}{\lambda_s+2\mu_s}n_z\nu_z\right] \\
r_s^2 \Delta P_l^{\pm 1} &= \frac{2l+1}{4\pi r_s}\frac{1}{2}[(n_z\nu_x - n_x\nu_x) \pm i(n_y\nu_z - n_z\nu_x)] \quad (19.3.16) \\
r_s^2 \Delta U_l^{\pm 1} &= \frac{2l+1}{4\pi\sqrt{l(l+1)}\mu_s}\frac{1}{2}n_z(\nu_x \mp i\nu_y) \\
r_s^2 \Delta S_l^{\pm 1} &= \frac{2l+1}{4\pi\sqrt{l(l+1)}r_s}\frac{1}{2}[(n_x\nu_z - n_z\nu_x) \pm i(n_z\nu_y - n_y\nu_z)] \\
r_s^2 \Delta S_l^{\pm 2} &= \frac{2l+1}{4\pi\sqrt{l(l+1)}r_s}\frac{1}{4}[(n_y\nu_y - n_x\nu_x) \pm i(n_x\nu_y + n_y\nu_x)]
\end{aligned}$$

双偶力

$$r_s^2 \Delta V_l^{\pm 1} = \frac{2l+1}{4\pi\sqrt{l(l+1)}\mu_s} \frac{1}{2} \left[-(n_y\nu_z + n_z\nu_y) \mp i(n_x\nu_z + n_z\nu_x) \right]$$

$$r_s^2 \Delta T_l^{\pm 2} = \frac{2l+1}{4\pi\sqrt{l(l+1)}r_s} \frac{1}{2} \left[(n_x\nu_y + n_y\nu_x) \pm i(n_x\nu_x - n_y\nu_y) \right]$$

(19.3.17)

$$r_s^2 \Delta W_l^0 = \frac{2l+1}{4\pi(\lambda_s + 2\mu_s)} 2n_z\nu_z$$

$$r_s^2 \Delta P_l^0 = \frac{2l+1}{4\pi r_s} 2 \left[\frac{2\lambda_s}{\lambda_s + 2\mu_s} n_z\nu_z - (n_x\nu_x + n_y\nu_y) \right]$$

$$r_s^2 \Delta S_l^0 = \frac{2l+1}{4\pi\sqrt{l(l+1)}r_s} l(l+1) \left[(n_x\nu_x + n_y\nu_y) - \frac{2\lambda_s}{\lambda_s + 2\mu_s} n_z\nu_z \right]$$

$$r_s^2 \Delta U_l^{\pm 1} = \frac{2l+1}{4\pi\sqrt{l(l+1)}\mu_s} \frac{1}{2} \left[(n_x\nu_z + n_z\nu_x) \mp i(n_y\nu_z + n_z\nu_y) \right]$$

$$r_s^2 \Delta S_l^{\pm 2} = \frac{2l+1}{4\pi\sqrt{l(l+1)}r_s} \frac{1}{2} \left[(n_y\nu_y - n_x\nu_x) \pm i(n_x\nu_y + n_y\nu_x) \right]$$

(19.3.18)

爆発震源

$$r_s^2 \Delta W_l^0 = \frac{2l+1}{4\pi(\lambda_s + 2\mu_s)}$$

$$r_s^2 \Delta P_l^0 = -\frac{2l+1}{4\pi r_s} \frac{4\mu_s}{\lambda_s + 2\mu_s}$$

$$r_s^2 \Delta S_l^0 = \frac{2l+1}{4\pi\sqrt{l(l+1)}r_s} l(l+1) \frac{2\mu_s}{\lambda_s + 2\mu_s}$$

(19.3.19)

19.3.4 モーメントテンソルを用いた表現

単位体積に働く力が $\boldsymbol{f}$ のときの周波数軸上の運動方程式は形式的に

$$-\rho\omega^2 \boldsymbol{u}(\omega) = \boldsymbol{F}(\boldsymbol{u}) + \boldsymbol{f} \tag{19.3.20}$$

と書くことができる．すでに見たように，外力が働いたときの解は固有関数の和で表すことができる．そこで上式の解を固有関数 $\boldsymbol{u}_k$ で展開して

$$\boldsymbol{u}(\omega) = \sum_k \alpha_k(\omega) \boldsymbol{u}_k \tag{19.3.21}$$

と仮定する．$\boldsymbol{u}_k$ は固有値 ω_k に属する固有関数で，k はねじれ振動，伸び縮み振動の固有値 $_n\omega_l$ の番号 (l, n) を代表的に表したものである．α_k はこれから求めようとする展開係数である．

$\boldsymbol{u}_k$ は固有関数であるから外力のない運動方程式

$$-\rho \omega_k^2 \boldsymbol{u}_k = \boldsymbol{F}(\boldsymbol{u}_k) \tag{19.3.22}$$

を満たしている．(19.3.20) 式と $\boldsymbol{u}_k$ の内積をとり (19.3.22) 式と $\boldsymbol{u}$ の内積との差を作ると

$$(\omega^2 - \omega_k^2) \int \rho \boldsymbol{u} \cdot \overline{\boldsymbol{u}}_k dV = \int [\boldsymbol{F}(\overline{\boldsymbol{u}}_k) \cdot \boldsymbol{u} - \boldsymbol{F}(\boldsymbol{u}) \cdot \overline{\boldsymbol{u}}_k] dV$$
$$- \int \boldsymbol{f} \cdot \overline{\boldsymbol{u}}_k dV$$

となる．異なる固有値に属する固有関数は ρ を重み関数として直交するから，上式の左辺は

$$(\omega^2 - \omega_k^2) \alpha_k(\omega) \int \rho |\boldsymbol{u}_k|^2 dV$$

になる．右辺の第一項

$$\sum_l \alpha_l \int [\boldsymbol{F}(\overline{\boldsymbol{u}}_k) \cdot \boldsymbol{u}_l - \boldsymbol{F}(\boldsymbol{u}_l) \cdot \overline{\boldsymbol{u}}_k] dV$$

は部分積分すれば，ねじれ振動の場合は (19.1.12) 式，伸び縮み振動の場合は (19.2.18) 式を利用して計算すると，すべての l に対して 0 になる．よって

$$\alpha_k(\omega) = \frac{-\int \boldsymbol{f} \cdot \overline{\boldsymbol{u}}_k dV}{(\omega^2 - \omega_k^2) \int \rho |\boldsymbol{u}_k|^2 dV} \tag{19.3.23}$$

が得られた．したがって (19.3.21) 式をフーリエ逆変換すれば

$$\boldsymbol{u}(t) = i \sum_k \frac{\int \boldsymbol{f} \cdot \overline{\boldsymbol{u}}_k dV}{2\omega_k \int \rho |\boldsymbol{u}_k|^2 dV} \boldsymbol{u}_k e^{-i\omega_k t} \tag{19.3.24}$$

が得られる．分母の積分はエネルギー積分に相当するもので，ねじれ振動，伸び縮み振動ともに

$$\int \rho |\boldsymbol{u}_k|^2 dV = \frac{4\pi}{2l+1} \frac{(l+|m|)!}{(l-|m|)!} I_1(\boldsymbol{u}_k) \tag{19.3.25}$$

の形に書くことができる．I_1 はねじれ振動のときは (19.1.14) 式，伸び縮み振動のときは (19.2.20) 式で定義されている．

これまで単位体積当たりの外力 $\boldsymbol{f}$ は任意であったが，ここで外力として偶力 (19.3.8) を一般化した $\boldsymbol{f}$ の p 成分が

$$f_p = \sum_q M_{pq} \frac{\partial}{\partial x_{sq}} \delta(\boldsymbol{r}-\boldsymbol{r}_s) = -\sum_q M_{pq} \frac{\partial}{\partial x_q} \delta(\boldsymbol{r}-\boldsymbol{r}_s) \tag{19.3.26}$$

で与えられる力を考える．x_{sq} は震源の位置 $\boldsymbol{r}_s$ の q 座標を，x_q は $\boldsymbol{r}$ の q 座標を意味している．M_{pq} は第 15 章で述べたモーメントテンソルで，対称性

$$M_{pq} = M_{qp}$$

を満たしているものとする．この外力を (19.3.24) 式の分子に代入し部分積分すると

$$\int \boldsymbol{f} \cdot \overline{\boldsymbol{u}}_k dV = -\int \sum_{p,q} M_{pq} \overline{u}_{kq} \frac{\partial}{\partial x_q} \delta(\boldsymbol{r}-\boldsymbol{r}_s) dV$$
$$= \int \sum_{p,q} M_{pq} \frac{\partial \overline{u}_{kp}}{\partial x_q} \delta(\boldsymbol{r}-\boldsymbol{r}_s) dV = \sum_{p,q} M_{pq} e_{pq}(\overline{\boldsymbol{u}}_k(\boldsymbol{r}_s)) \tag{19.3.27}$$

となる．ここで u_{kp} は $\boldsymbol{u}_k$ の p 成分を意味しており，$e_{pq}(\overline{\boldsymbol{u}}_k)$ は変位場 $\overline{\boldsymbol{u}}_k$ に伴う歪

$$e_{pq} = \frac{1}{2}\left(\frac{\partial u_p}{\partial x_q} + \frac{\partial u_q}{\partial x_p}\right)$$

である．また式の変形に当たっては対称性 $M_{pq} = M_{qp}$ を用いている．上式は座標系として直角座標系でも球座標系でも成立する．

(19.3.27) 式は震源が任意の位置にあるときの震源項を表している．これを (19.3.24) 式に用いると，k についての和には球面調和関数のすべての m に

ついての和が含まれてしまう．そこで前節と同様に震源の θ 座標を 0 にすると $m = 0$, ± 1, ± 2 の項だけが残る．以下に

$$e_{pq}(\overline{\boldsymbol{u}}) \times \frac{(l-|m|)!}{(l+|m|)!} = \overline{e_{pq}}$$

の 0 でない成分だけを示す．階乗の係数は (19.3.25) 式の係数とキャンセルするからである．

ねじれ振動

$m = \pm 1$:
$$2\overline{e_{\varphi r}} = -\frac{T_l}{2\sqrt{l(l+1)}\mu}e^{\mp i\varphi} \qquad 2\overline{e_{r\theta}} = \mp i\frac{T_l}{2\sqrt{l(l+1)}\mu}e^{\mp i\varphi}$$

$m = \pm 2$:
$$\overline{e_{\theta\theta}} = -\overline{e_{\varphi\varphi}} = \mp i\frac{V_l}{4\sqrt{l(l+1)}r}e^{\mp 2i\varphi} \tag{19.3.28}$$

$$2\overline{e_{\theta\varphi}} = -\frac{V_l}{2\sqrt{l(l+1)}r}e^{\mp 2i\varphi}$$

伸び縮み振動

$m = 0$:
$$\overline{e_{rr}} = \frac{dW_l}{dr} = \frac{1}{\lambda+2\mu}\left\{P_l - \frac{1}{r}\left[2W_l - \sqrt{l(l+1)}U_l\right]\right\}$$

$$\overline{e_{\theta\theta}} = \frac{1}{r}\left[W_l - \frac{1}{2}\sqrt{l(l+1)}U_l\right] \qquad \overline{e_{\varphi\varphi}} = \frac{1}{r}\left[W_l - \frac{1}{2}\sqrt{l(l+1)}U_l\right]$$

$m = \pm 1$:
$$2\overline{e_{\varphi r}} = \mp i\frac{S_l}{4\sqrt{l(l+1)}\mu}e^{\mp i\varphi} \qquad 2\overline{e_{r\theta}} = \frac{S_l}{4\sqrt{l(l+1)}\mu}e^{\mp i\varphi} \tag{19.3.29}$$

$m = \pm 2$:
$$\overline{e_{\theta\theta}} = \frac{U_l}{4\sqrt{l(l+1)}r}e^{\mp 2i\varphi} \qquad \overline{e_{\varphi\varphi}} = -\frac{U_l}{4\sqrt{l(l+1)}r}e^{\mp 2i\varphi}$$

$$2\overline{e_{\theta\varphi}} = \mp i\frac{U_l}{4\sqrt{l(l+1)}r}e^{\mp 2i\varphi}$$

(19.3.27) 式に用いるときには r と λ, μ は r_s における値を用いなければならない．また $e^{-im\varphi_s}$ の項は M_{pq} の座標軸のとり方によるので，$\varphi_s = 0$ としても一般性を失わない．

20 自己重力・自転を考慮した地球の自由振動

20.1 自己重力を考慮した伸び縮み振動

これまでは外力が働く以前の静止状態では物体の内部に働く応力は 0 であると仮定してきた．しかし地球の場合には平衡状態でも内部には非常に大きな力が働いている．これは地球自身の重力によって生じたもので，平衡状態ではこれが圧力と釣り合っている．

20.1.1 運動方程式

平衡状態における圧力を $p_0(r)$，密度を $\rho_0(r)$，重力加速度を $g_0(r)$ とすると，釣合の方程式は

$$0 = -\frac{dp_0(r)}{dr} - \rho_0(r)g_0(r) \tag{20.1.1}$$

である．密度や重力加速度に添字 0 をつけてあるのは平衡状態を示すためである．これまでは密度の変化は考えてこなかったが，ここでは変形によって密度が変化すると重力が変化し，これによって地球に働く力が変化するというプロセスを無視できないからである．

そこで密度の変化を考える．座標系に固定した領域 V 内の質量は，変形後には V の表面 S を通って V の外部に流失した分だけ減少している．したがって変形が生じたときの質量は

$$\int_V \rho_0 dV - \int_S \rho_0 u_n dS$$

になる．u_n は S の外向き法線方向の変位である．第二項をガウスの定理を用いて体積積分に置き換えると

$$= \int_V [\rho_0 - \nabla \cdot (\rho_0 \boldsymbol{u})] dV$$

となる．これは変形後の密度が

$$\rho = \rho_0 - \nabla \cdot (\rho_0 \boldsymbol{u}) \tag{20.1.2}$$

あるいは，ρ_0 が r だけの関数であることを用いると

$$\rho(\boldsymbol{r}) = \rho_0(r) - \frac{d\rho_0(r)}{dr} u_r - \rho_0(r) \nabla \cdot \boldsymbol{u}$$

と表されることを示している．

この関係は別の考えから導くこともできる．変形 $\boldsymbol{u}$ に伴う体積変化は $\nabla \cdot \boldsymbol{u}$ であるから，この変形によって密度は

$$\rho = \frac{\rho_0}{1 + \nabla \cdot \boldsymbol{u}} = \rho_0(1 - \nabla \cdot \boldsymbol{u})$$

に変化する．ただし ρ_0 としてどこの位置の値を用いるかが問題である．変形後位置 $\boldsymbol{r}$ にある媒質粒子は変形前には $\boldsymbol{r} - \boldsymbol{u}$ にあったはずであるから，ρ_0 としては $\rho_0(\boldsymbol{r} - \boldsymbol{u})$ をとらなければならない．したがって

$$\rho(\boldsymbol{r}) = \rho_0(\boldsymbol{r} - \boldsymbol{u})(1 - \nabla \cdot \boldsymbol{u})$$

となる．これを展開して二次以上の微小量を無視すれば (20.1.2) 式が得られる．このように，変形後の座標でものを考える，いい換えればオイラー流の座標系を用いなければならない．

重力はポテンシャルから導かれる．ここでは平衡状態における重力加速度ベクトル $\boldsymbol{g}_0$ が

$$\boldsymbol{g}_0 = -g_0 \hat{\boldsymbol{r}} = \nabla W_0$$

で定義されるようにポテンシャル W_0 を定義する．$\hat{\boldsymbol{r}}$ は r 方向の単位ベクトルである．このとき W_0 はポアソンの方程式

$$\nabla^2 W_0 = -4\pi G \rho_0 \tag{20.1.3}$$

を満たさなければならない．G は万有引力の定数である．

変形後の点 $\boldsymbol{r}$ における重力ポテンシャルを

$$W(\boldsymbol{r}) = W_0(\boldsymbol{r}) + K(\boldsymbol{r})$$

と定義する．これはポアソンの方程式

$$\nabla^2 W = \nabla^2(W_0 + K) = -4\pi G \rho = -4\pi G[\rho_0(\boldsymbol{r}) - \nabla \cdot (\rho_0 \boldsymbol{u})]$$

を満たさなければならない．W_0 は (20.1.3) 式を満たしているから，重力ポテンシャルの変化 K は

$$\nabla^2 K = 4\pi G \nabla \cdot (\rho_0 \boldsymbol{u}) \tag{20.1.4}$$

を満たさなければならない．

最後に応力を考える．応力は平衡状態における圧力 p_0 と，変形によって生じる弾性応力の二つからなる．後者は微小変形のときにはこれまでと同様にフックの法則から導かれる．前者は変形後点 $\boldsymbol{r}$ にある媒質粒子は変形前には $\boldsymbol{r} - \boldsymbol{u}$ にあったから，$p_0(\boldsymbol{r} - \boldsymbol{u})$ の値を用いなければならない．したがって応力成分は

$$\begin{aligned}\sigma_{ij}(\boldsymbol{r}) &= -p_0(\boldsymbol{r} - \boldsymbol{u})\delta_{ij} + (\boldsymbol{u}\text{から導かれる応力}) \\ &= -\left[p_0(\boldsymbol{r}) - u_r \frac{dp_0(r)}{dr}\right]\delta_{ij} + (\cdots\cdots) \\ &= -\left[p_0(\boldsymbol{r}) + \rho_0 g_0 u_r\right]\delta_{ij} + (\cdots\cdots)\end{aligned}$$

となる．最後の式は釣合の式 (20.1.1) を用いている．

これを運動方程式の右辺に代入すると

$$\rho_0 \frac{\partial^2 \boldsymbol{u}}{\partial t^2} = -\nabla(p_0 + \rho_0 g_0 u_r) + \rho \nabla(W_0 + K) + (\cdots\cdots)$$

が得られる．右辺第一項は圧力の項，第二項は重力の項である．ρ は変形後の密度 (20.1.2) である．この項を展開して二次以上の微小量を無視すれば

$$\rho_0 \frac{\partial^2 \boldsymbol{u}}{\partial t^2} = \nabla \cdot (\rho_0 \boldsymbol{u}) g_0 \hat{\boldsymbol{r}} - \nabla(\rho_0 g_0 u_r) + \rho_0 \nabla K + (\cdots\cdots) \tag{20.1.5}$$

が得られる．最後の項はこれまでと同様な応力項である．したがってはじめの 3 項が自己重力のために生じた項である．ここには新たにポテンシャルの変化量 K が現れたが，これは (20.1.4) 式を満たさなければならない．

ここまではねじれ振動と伸び縮み振動の区別をしてこなかった．ねじれ振動 (19.1.1) 式の場合には $u_r = 0$, $\nabla \cdot \boldsymbol{u} = 0$ であるから変形によって密度の変化が生じないので自己重力の影響は現れない．じっさい，ねじれ振動に対しては上式の最初の 3 項のうち第一，二項は 0 になり，残る K を支配する方程式 (20.1.4) の右辺も 0 になるので，$K = 0$ として差しつかえないことになる．よって上式は伸び縮み振動に対してのみ考えればよいことになる．

そこで

$$K = K_l(r) Y_l^m(\theta, \varphi) \tag{20.1.6}$$

と置いて伸び縮み振動の運動方程式 (19.2.4), (19.2.5) に加わる項を計算すると

$$-\rho_0 \omega^2 W_l = \frac{\rho_0 g_0}{r} \left[2W_l - \sqrt{l(l+1)} U_l \right]$$
$$- \rho_0 \left(4\pi G \rho_0 - \frac{2}{r} g_0 \right) W_l + \rho_0 \frac{dK_l}{dr} + (\cdots\cdots)$$
$$-\rho_0 \omega^2 U_l = \frac{\rho_0 \sqrt{l(l+1)}}{r} (K_l - g_0 W_l) + (\cdots\cdots) \tag{20.1.7}$$

になる．(……) は (19.2.4), (19.2.5) 式の右辺を意味している．またポアソンの方程式 (20.1.4) は

$$\frac{1}{r^2} \frac{d}{dr} \left[r^2 \left(\frac{dK_l}{dr} - 4\pi G \rho_0 W_l \right) \right] - \frac{l(l+1)}{r^2} K_l$$
$$= -4\pi G \rho_0 \frac{\sqrt{l(l+1)}}{r} U_l \tag{20.1.8}$$

と書き換えられる．

これで運動方程式が出そろったので境界条件を考える．ある半径 r で媒質に不連続があるとき，応力に関する条件は重力がないときと同様に $\boldsymbol{u}$ から導かれる弾性応力が連続であれば十分である．なぜなら初期応力 p_0 は連続であるからである．ポテンシャル W は連続でなければならないから，密度の不連続があっても K は連続でなければならない．したがって

$$K_l(r) = 連続 \tag{20.1.9}$$

がポテンシャルに関する境界条件の一つである．

　ポテンシャルの微分は重力であるから K の微分も連続になりそうであるがそうはならない．物質の移動があるからである．ポアソンの方程式 (20.1.4) を移項して体積積分しガウスの定理を用いると

$$0 = \int_V \nabla \cdot (\nabla K - 4\pi G \rho_0 \boldsymbol{u})\, dV = \int_S \left(\frac{\partial K}{\partial n} - 4\pi G \rho_0 u_n\right) dS$$

が成り立つ．S として密度の不連続がある球面のすぐ上とすぐ下の面をとり，二つの面の間の距離を 0 にすれば

$$\frac{\partial K}{\partial r} - 4\pi G \rho_0 u_r = 連続$$

したがって

$$\frac{dK_l}{dr} - 4\pi G \rho_0 W_l = 連続 \tag{20.1.10}$$

が成り立たなければならないことがわかる．

　地球の表面は最も顕著な不連続面である．ここで上の境界条件を適用しようとすると，地球外部のポテンシャルが必要になる．地球外では (20.1.4) 式の右辺は 0 になるから K はラプラスの方程式の解になる．この一般解はよく知られていて，無限遠 $r \to \infty$ で 0 になる解は

$$K_l = \frac{C_l}{r^{l+1}} Y_l^m(\theta, \varphi)$$

である．C_l は積分定数である．地球の表面 $r = a$ ではこの解と地球内部の解が境界条件 (20.1.9)，(20.1.10) 式を満たしていなければならない．これは

$$K_l(a) = \frac{C_l}{a^{l+1}} \qquad \left[\frac{dK_l(r)}{dr} - 4\pi G \rho_0(r) W_l(r)\right]_{r=a} = -\frac{(l+1)C_l}{a^{l+2}}$$

と書くことができる．両式から C_l を消去すれば

$$\left[\frac{dK_l(r)}{dr} - 4\pi G \rho_0 W_l(r) + \frac{l+1}{r} K_l(r)\right]_{r=a} = 0 \tag{20.1.11}$$

が得られる．これが地球表面における条件である．

運動方程式を (19.2.7) 式のように書くために (19.2.6) 式のほかに新たに

$$y_5(r) = rK_l(r)$$
$$y_6(r) = \frac{r}{4\pi G}\left[\frac{dK_l(r)}{dr} - 4\pi G\rho_0 W_l(r) + \frac{l+1}{r}K_l(r)\right]$$
(20.1.12)

を導入する．(20.1.9), (20.1.10) 式より $y_5(r)$ と $y_6(r)$ は連続でなければならない．$y_6(r)$ は表面で $y_6(a) = 0$ になるように選んだのである．

(20.1.7), (20.1.8) 式と (19.2.3) 式が重力を考慮したときの伸び縮み振動の運動方程式である．$y_1 \sim y_6$ に関する微分方程式の係数は次のようになる．

$$\begin{aligned}
&d_{11} = \frac{1}{r}\left(1 - \frac{2\lambda}{\lambda+2\mu}\right) \qquad d_{12} = \frac{1}{\lambda+2\mu} \qquad d_{13} = \frac{\sqrt{l(l+1)}\lambda}{(\lambda+2\mu)r} \\
&d_{21} = \frac{4}{r^2}\left[\frac{(3\lambda+2\mu)\mu}{\lambda+2\mu} - \rho_0 g_0 r\right] - \rho_0 \omega^2 \qquad d_{22} = -d_{11} \\
&d_{23} = -\frac{\sqrt{l(l+1)}}{r^2}\left[\frac{2(3\lambda+2\mu)\mu}{\lambda+2\mu} - \rho_0 g_0 r\right] \\
&d_{24} = \frac{\sqrt{l(l+1)}}{r} \qquad d_{25} = \frac{(l+1)\rho_0}{r} \qquad d_{26} = -4\pi G\rho_0 \\
&d_{31} = -d_{24} \qquad d_{33} = \frac{2}{r} \qquad d_{34} = \frac{1}{\mu} \\
&d_{41} = d_{23} \qquad d_{42} = -d_{13} \\
&d_{43} = \frac{4l(l+1)(\lambda+\mu)\mu}{(\lambda+2\mu)r^2} - \frac{2\mu}{r^2} - \rho_0\omega^2 \\
&d_{44} = -d_{33} \qquad d_{45} = -\frac{\sqrt{l(l+1)}\rho_0}{r} \\
&d_{51} = -d_{26} \qquad d_{55} = -\frac{l}{r} \qquad d_{56} = 4\pi G \\
&d_{61} = d_{25} \qquad d_{63} = d_{45} \qquad d_{66} = -d_{55}
\end{aligned}$$
(20.1.13)

0 になる係数は省略してある．$y_1(r) \sim y_6(r)$ はいたるところで連続で，特に自由表面では

$$y_2(a) = y_4(a) = y_6(a) = 0 \tag{20.1.14}$$

でなければならない．

均質球に対する解 密度や弾性定数が一定であっても重力 g_0 は r によって変化するので，上の係数によって定義される六階の微分方程式を解くのは容易ではない．原理的には変位ポテンシャル ϕ, ψ を用いた運動方程式に重力項を含め，ポアソンの方程式 (20.1.4) と連立させて解くことができるが，さいわいラブ (Love) が導いた解があるので結果だけを示す．

中心まで密度が一定であるとすると，重力は r に比例し

$$g_0(r) = \gamma r \qquad \gamma = \frac{4\pi}{3} G \rho_0 \tag{20.1.15}$$

と書くことができる．この γ を用いてまず

$$\begin{aligned} k_\alpha^2 + k_\beta^2 &= \frac{\omega^2 + 4\gamma}{\alpha^2} + \frac{\omega^2}{\beta^2} \\ k_\alpha^2 k_\beta^2 &= \frac{\omega^2(\omega^2 + 4\gamma) - l(l+1)\gamma^2}{\alpha^2 \beta^2} \end{aligned} \tag{20.1.16}$$

を満たす k_α^2, k_β^2 を求める．これは二次方程式の根として容易に求めることができる．$\gamma \to 0$ の極限で

$$k_\alpha \longrightarrow \frac{\omega}{\alpha} \qquad k_\beta \longrightarrow \frac{\omega}{\beta}$$

となるように名前をつけることにする．このとき k_β^2 はつねに正であるが，k_α^2 は負になるかもしれない．しかしこのときでも以下の解は成り立っている．

次の式で k は k_α または k_β である．

$$\begin{aligned} & f = \beta^2 k^2 - \omega^2 \qquad h = f - (l+1)\gamma \\ & y_1 = l h j_l(kr) - f(kr) j_{l+1}(kr) \\ & y_3 = \sqrt{l(l+1)} \left[h j_l(kr) + kr j_{l+1}(kr) \right] \\ & y_5 = 3\gamma f r j_l(kr) \\ & r y_2 = -(\lambda + 2\mu) f(kr)^2 j_l(kr) - 2\mu \left(2y_1 - \sqrt{l(l+1)} y_3 \right) \\ & r y_4 = \mu \left[\sqrt{l(l+1)} \gamma(kr)^2 j_l(kr) + 2 \left(\sqrt{l(l+1)} y_1 - y_3 \right) \right] \\ & r y_6 = \frac{1}{4\pi G} \left[(2l+1) y_5 - 3l\gamma h r j_l(kr) \right] \end{aligned} \tag{20.1.17}$$

ry_2, ry_4, ry_6 の右辺に現れる y_1, y_3, y_5 はその上で定義された値である。この式によって $r=0$ で有界な3組の解のうちの2組が得られる。なお、k_α が虚数になったときには、球ベッセル関数 $j_l(x)$ のかわりに変形球ベッセル関数を用いなければならない。

3組の解のうちの最後は

$$\begin{aligned}
&y_1 = lr^l \qquad y_3 = \sqrt{l(l+1)}r^l \qquad y_5 = (l\gamma - \omega^2)r^{l+1} \\
&ry_2 = -2\mu\left[2y_1 - \sqrt{l(l+1)}y_3\right] \\
&ry_4 = 2\mu\left[\sqrt{l(l+1)}y_1 - y_3\right] \\
&ry_6 = \frac{1}{4\pi G}\left[(2l+1)y_5 - 3\gamma r y_1\right]
\end{aligned} \qquad (20.1.18)$$

である。

これら三つの解は運動方程式の積分の際に $r \to 0$ における初期値として用いることができる。ただし、$kr \to 0$ の極限では解 (20.1.17) 式は解 (20.1.18) 式に収束してしまうので、(20.1.18) 式の定数倍を (20.1.17) 式から引いておかなければならない。

波数が $l=1$ のモードは $\omega \to 0$ の極限では剛体並進運動に対応している。おもしろいことに、このときには運動方程式の厳密解が一つ求められる。すなわち

$$\begin{aligned}
&y_1(r) = r \qquad y_3(r) = \sqrt{2}r \\
&y_5(r) = g_0(r)r - \omega^2 r^2 \\
&y_2(r) = y_4(r) = 0 \qquad y_6(r) = -\frac{3\omega^2 r}{4\pi G}
\end{aligned} \qquad (20.1.19)$$

である。この解は (20.1.18) 式に対応している。

コンパウンド行列 上の三つの解を初期条件として表面まで積分した解をそれぞれ $\boldsymbol{y}_1$, $\boldsymbol{y}_2$, $\boldsymbol{y}_3$ とすると一般解はこれらの線型結合である。表面で応力が0, ポテンシャルの微分係数が連続という条件は

$$\begin{aligned}
Ay_{21}(a) + By_{22}(a) + Cy_{23}(a) = 0 \\
Ay_{41}(a) + By_{42}(a) + Cy_{43}(a) = 0
\end{aligned}$$

$$Ay_{61}(a) + By_{62}(a) + Cy_{63}(a) = 0$$

であるから，特性方程式は

$$\Delta_{\rm S} = \begin{vmatrix} y_{21}(a) & y_{22}(a) & y_{23}(a) \\ y_{41}(a) & y_{42}(a) & y_{43}(a) \\ y_{61}(a) & y_{62}(a) & y_{63}(a) \end{vmatrix} = 0 \tag{20.1.20}$$

である．そこで重力のないときのコンパウンド行列 (19.2.12) 式にかわって

$$Y_{ijk}(r) = \begin{vmatrix} y_{i1}(r) & y_{i2}(r) & y_{i3}(r) \\ y_{j1}(r) & y_{j2}(r) & y_{j3}(r) \\ y_{k1}(r) & y_{k2}(r) & y_{k3}(r) \end{vmatrix} \qquad i < j < k \tag{20.1.21}$$

を導入する．一般に独立な Y_{ijk} は 20 個あるが，伸び縮み振動の場合，運動方程式の対称性から

$$\begin{aligned} Y_{123}(r) + Y_{356}(r) &= 0 & Y_{124}(r) + Y_{456}(r) &= 0 \\ Y_{125}(r) + Y_{345}(r) &= 0 & Y_{126}(r) + Y_{346}(r) &= 0 \\ Y_{134}(r) + Y_{156}(r) &= 0 & Y_{234}(r) + Y_{256}(r) &= 0 \end{aligned} \tag{20.1.22}$$

が成り立っているので，独立な成分は 14 個になる．これら 14 個の成分に対する運動方程式は，もとの運動方程式の係数 (20.1.13) 式を用いて次のように表される．

$$\begin{aligned} \frac{dY_{123}}{dr} &= d_{33}Y_{123} + d_{34}Y_{124} - d_{24}Y_{134} - d_{25}Y_{135} - d_{26}Y_{136} \\ \frac{dY_{124}}{dr} &= d_{43}Y_{123} - d_{33}Y_{124} + d_{45}Y_{125} + d_{23}Y_{134} \\ &\quad - d_{25}Y_{145} - d_{26}Y_{146} - d_{13}Y_{234} \\ \frac{dY_{125}}{dr} &= d_{55}Y_{125} + d_{56}Y_{126} + d_{26}Y_{134} + d_{23}Y_{135} \\ &\quad + d_{24}Y_{145} - d_{13}Y_{235} \\ \frac{dY_{126}}{dr} &= d_{45}Y_{123} - d_{55}Y_{126} - d_{25}Y_{134} + d_{23}Y_{136} \\ &\quad + d_{24}Y_{146} - d_{13}Y_{236} \end{aligned}$$

$$\frac{dY_{134}}{dr} = d_{13}Y_{123} + d_{11}Y_{134} + d_{45}Y_{135} + d_{12}Y_{234}$$

$$\frac{dY_{135}}{dr} = (d_{11} + d_{33} + d_{55})Y_{135} + d_{56}Y_{136} + d_{34}Y_{145} + d_{12}Y_{235}$$

$$\frac{dY_{136}}{dr} = (d_{11} + d_{33} - d_{55})Y_{136} + d_{34}Y_{146} + d_{12}Y_{236}$$

$$\frac{dY_{145}}{dr} = -2d_{13}Y_{125} + d_{43}Y_{135} + (d_{11} - d_{33} + d_{55})Y_{145}$$
$$+ d_{56}Y_{146} + d_{12}Y_{245} \qquad (20.1.23)$$

$$\frac{dY_{146}}{dr} = -2d_{13}Y_{126} - 2d_{45}Y_{134} + d_{43}Y_{136}$$
$$+ (d_{11} - d_{33} - d_{55})Y_{146} + d_{12}Y_{246}$$

$$\frac{dY_{234}}{dr} = d_{23}Y_{123} + d_{24}Y_{124} - d_{25}Y_{125} - d_{26}Y_{126}$$
$$+ d_{21}Y_{134} - d_{11}Y_{234} + d_{45}Y_{235}$$

$$\frac{dY_{235}}{dr} = -2d_{26}Y_{123} + 2d_{24}Y_{125} + d_{21}Y_{135}$$
$$+ (d_{33} + d_{55} - d_{11})Y_{235} + d_{56}Y_{236} + d_{34}Y_{245}$$

$$\frac{dY_{236}}{dr} = 2d_{25}Y_{123} + 2d_{24}Y_{126} + d_{21}Y_{136}$$
$$+ (d_{33} - d_{55} - d_{11})Y_{236} + d_{34}Y_{246}$$

$$\frac{dY_{245}}{dr} = -2d_{26}Y_{124} - 2d_{23}Y_{125} + d_{21}Y_{145} + d_{43}Y_{235}$$
$$+ (d_{55} - d_{11} - d_{33})Y_{245} + d_{56}Y_{246}$$

$$\frac{dY_{246}}{dr} = 2d_{25}Y_{124} - 2d_{23}Y_{126} + d_{21}Y_{146} - 2d_{45}Y_{234}$$
$$+ d_{43}Y_{236} - (d_{11} + d_{33} + d_{55})Y_{246}$$

これはもとの運動方程式に比べてはるかに複雑に見えるが，そんなことはない．もとの運動方程式を用いる場合，6元の方程式を3回積分しなければならないのに対して，上の方程式は1回積分するだけでよいからである．

20.1.2 変分原理

重力を考慮した場合，変分原理の基本となる関係は

20.1 自己重力を考慮した伸び縮み振動 — 523

$$\frac{d}{dr}(y_{11}y_{22} + y_{31}y_{42} + y_{51}y_{62}) = -\rho_0\omega^2(y_{11}y_{12} + y_{31}y_{32})$$
$$+ \frac{1}{\lambda+2\mu}y_{21}y_{22} + \frac{1}{\mu}y_{41}y_{42} + \frac{(l-1)(l+2)\mu}{r^2}y_{31}y_{32}$$
$$+ (3\lambda+2\mu)\mu Y_1 Y_2 - \rho_0 g_0(y_{11}Y_2 + y_{12}Y_1) \quad (20.1.24)$$
$$+ 4\pi G y_{61}y_{62} + \frac{\rho_0}{r}[(l+1)(y_{11}y_{52} + y_{12}y_{51})$$
$$\qquad - \sqrt{l(l+1)}(y_{51}y_{32} + y_{52}y_{31})]$$
$$Y_j = \frac{1}{r}\left[2y_{1j} - \sqrt{l(l+1)}y_{3j}\right] \qquad j = 1, 2$$

である．y_{ij} は解 $\boldsymbol{y}_j$ の i 成分を意味している．ただしここではあまり複雑になるのを避けるために，波数 l と角周波数 ω は同じ解を用いている．$\boldsymbol{y}$ の定義式 (19.2.6) を参照すれば上式右辺の 2 行目第二項までは重力を無視した式 (19.2.18) と同じである．エネルギー積分は次のようになる．

$$I_1 = \int_0^a \rho_0\left(y_1^2 + y_3^2\right)dr$$
$$I_2 = \int_0^a \left\{\frac{1}{\lambda+2\mu}y_2^2 + \frac{1}{\mu}y_4^2 + \frac{(l-1)(l+2)\mu}{r^2}y_3^2 + (3\lambda+2\mu)\mu X_l^2 \right.$$
$$\left. + 4\pi G y_6^2 + \frac{2\rho_0}{r}\left[(l+1)y_1y_5 - \sqrt{l(l+1)}y_3y_5 - rg_0y_1 X_l\right]\right\}dr$$
$$I_3 = a^2\int_0^a\left\{\frac{4(\lambda+\mu)\mu}{r^2}y_3^2 + \frac{1}{\sqrt{l(l+1)}r^2}\left[r\left(y_1y_4 - \frac{\lambda}{\lambda+2\mu}y_3y_2\right)\right.\right.$$
$$\left.\left. - \frac{2(3\lambda+2\mu)\mu}{\lambda+2\mu}y_1y_3\right]\right.$$
$$\left. + \frac{1}{(l+1/2)r}(\rho_0 y_1 + y_6)y_5 + \frac{\rho_0}{\sqrt{l(l+1)}r}(g_0 y_1 - y_5)y_3\right\}dr$$
$$X_l = \frac{1}{r}\left[2y_1 - \sqrt{l(l+1)}y_3\right] \qquad (20.1.25)$$

偏微分係数　重力を考慮したときに注意しなければならないのは，重力 $g_0(r)$ も密度 $\rho_0(r)$ の関数であることである．したがって密度を変化させたときには重力も変化する．重力加速度は

$$g_0(r) = \frac{4\pi G}{r^2}\int_0^r \rho_0(r')r'^2 dr'$$

で表されるから，密度を $\delta\rho$ だけ変化させたときの重力の変化は

$$\delta g = \frac{4\pi G}{r^2} \int_0^r \delta\rho(r') r'^2 dr'$$

である．一方，変分式に含まれる δg の項は

$$2\omega^2 I_1 \frac{\delta\omega}{\omega} = \int_0^a \left\{ \cdots\cdots - \frac{2\rho_0 \delta g}{r} \left[2y_1 - \sqrt{l(l+1)} y_3 \right] y_1 \right\} dr$$

であるから，δg を代入して r と r' の積分順序を入れ替えると

$$2\omega^2 I_1 \frac{\delta\omega}{\omega} = \int_0^a \Big\{ \cdots\cdots - 2\delta\rho r^2$$
$$\times \int_r^a \frac{4\pi G \rho_0(r')}{r'^3} \left[2y_1(r') - \sqrt{l(l+1)} y_3(r') \right] y_1(r') dr' \Big\} dr$$

となる．ほかの項も加えると密度に関する偏微分係数は

$$\begin{aligned}
\left[\frac{\rho}{\omega} \frac{\partial \omega}{\partial \rho} \right] = \frac{1}{2\omega^2 I_1} \Big\{ & -\rho_0 \omega^2 (y_1^2 + y_3^2) + \frac{1}{\lambda + 2\mu} y_2^2 + \frac{1}{\mu} y_4^2 \\
& + \frac{(l-1)(l+2)\mu}{r^2} y_3^2 + \frac{(3\lambda + 2\mu)\mu}{(\lambda + 2\mu)} X_l^2 \\
& - 2\rho_0 g_0 r y_1 X_l - 2\rho_0 y_1 \left(4\pi G y_6 - \frac{l+1}{r} y_5 \right) \\
& - \frac{2\sqrt{l(l+1)}\rho_0}{r} y_3 y_5 - 2\rho_0 r^2 \int_r^a \frac{4\pi G \rho_0}{r'^2} y_1 X_l dr' \Big\}
\end{aligned}$$
(20.1.26)

となる．P 波，S 波速度に関する偏微分係数は重力を無視したときとまったく同じである．ただし恒等式 (19.2.23) は成り立たず

$$\int_0^a \left\{ 2 \left[\frac{\rho}{\omega} \frac{\partial \omega}{\partial \rho} \right] + \left[\frac{\alpha}{\omega} \frac{\partial \omega}{\partial \alpha} \right] + \left[\frac{\beta}{\omega} \frac{\partial \omega}{\partial \beta} \right] \right\} dr = 1 \qquad (20.1.27)$$

が成り立つ．

20.1.3 伸び縮み振動の励起

自己重力を考慮したときの伸び縮み振動の励起の問題を考える．外力が地球表面で応力として与えられているとき，これを展開したときの $\boldsymbol{S}_l^m$ の展開係数を f_l^m，$\boldsymbol{R}_l^m$ の展開係数を h_l^m とする．地球表面での境界条件は

$$P_l^m(a;\omega) = h_l^m(\omega) \qquad S_l^m(a;\omega) = f_l^m(\omega) \qquad y_6(a;\omega) = 0$$

であるから，(20.1.17), (20.1.18) 式を初期値として積分した解を $\boldsymbol{y}_k(r;\omega)$，積分定数を A_l^m, B_l^m, C_l^m とすれば

$$A_l^m y_{21}(a) + B_l^m y_{22}(a) + C_l^m y_{23}(a) = ah_l^m$$
$$A_l^m y_{41}(a) + B_l^m y_{42}(a) + C_l^m y_{43}(a) = af_l^m$$
$$A_l^m y_{61}(a) + B_l^m y_{62}(a) + C_l^m y_{63}(a) = 0$$

でなければならない．この式から積分定数を求め，地表面における変位成分を計算すると

$$W_l^m(a;\omega) = \frac{Y_{146}}{Y_{246}}\left(h_l^m + \frac{Y_{126}}{Y_{146}}f_l^m\right)$$
$$U_l^m(a;\omega) = \frac{Y_{346}}{Y_{246}}\left(h_l^m + \frac{Y_{236}}{Y_{346}}f_l^m\right) \tag{20.1.28}$$

となる．右辺の Y_{ijk} の引数は省略してあるが，$r=a$ である．これを (19.2.1) 式に代入しフーリエ逆変換を行うと $Y_{246}(a;\omega) = 0$ から留数が生じる．重力を無視したときと同様に，$Y_{246}(a;\omega) = 0$ のときは

$$\frac{U_l(a;{}_n\omega_l)}{W_l(a;{}_n\omega_l)} = \frac{Y_{346}(a;{}_n\omega_l)}{Y_{146}(a;{}_n\omega_l)} = -\frac{Y_{236}(a;{}_n\omega_l)}{Y_{126}(a;{}_n\omega)}$$
$$Y_{246}(a;{}_n\omega_l) = 0 \tag{20.1.29}$$

が成り立たなければならないので，逆変換の結果は重力を無視したときの解 (19.2.28) 式と形式的には同じになる．

$$\boldsymbol{u}^{(\mathrm{S})}(a,\theta,\varphi;t) = i\sum_{l,m,n} A_\mathrm{S} F_\mathrm{S}\Big[\frac{U_l(r)}{W_l(a)}\boldsymbol{S}_l^m(\theta,\varphi)$$
$$+ \frac{W_l(r)}{W_l(a)}\boldsymbol{R}_l^m(\theta,\varphi)\Big]e^{-i{}_n\omega_l t} \tag{20.1.30}$$

ここに伸び縮み振動の振幅応答は

$$A_\mathrm{S}(l,n) = -\frac{Y_{146}(a;\omega)}{\partial Y_{246}(a;\omega)/\partial \omega}\bigg|_{\omega={}_n\omega_l} \tag{20.1.31}$$

また励起関数は (19.2.27) 式でよい．内部点震源のときには F_S は (19.2.29) 式でよい．

ここでは震源として力だけを考えていたので重力を考慮したときにも重力を無視したときと形式的には同様な結果が得られた．しかし相変化のように密度変化を伴う震源のときには重力の項が陽に現れてくるが，ここではとりあげない．

20.2　自転によって生じる固有値の分裂

これまではねじれ振動の場合にも伸び縮み振動の場合にも，波数 l が同じなら方位方向の波数 m によらず同じ固有値が求められた．波数 m が異なれば固有関数が異なるから，このことは本来固有関数ごとに異なるはずの固有値が，対称性のために一致してしまったと考えられる．このような現象を縮退という．しかし地球の自転の影響をとり入れると固有値が m によって変化し，角距離方向の波数 l，方位方向の波数 m，半径方向の波数 n の三つの波数によって記述されることになる．この固有値を以下では $_n\omega_l^m$ と書くことにする．

自転が弾性波動に影響を及ぼすことは不思議かもしれない．しかし大気や海洋の運動が自転の影響を強く受けていることを考えれば，波長が地球規模の長波長の弾性波が自転の影響を受けるのも不思議ではない．

地球に固定した座標系で見れば，自転の影響はコリオリの力と遠心力として現れる．後者は自転角速度の二乗のオーダーであるからこれは無視し，コリオリの力だけを考慮する．自転の角速度ベクトルを $\boldsymbol{\Omega}$ とすると，地球に固定した座標系で見た弾性体の運動方程式は形式的に

$$\rho_0 \frac{\partial^2 \boldsymbol{u}}{\partial t^2} + 2\rho_0 \boldsymbol{\Omega} \times \frac{\partial \boldsymbol{u}}{\partial t} = \boldsymbol{F}[\boldsymbol{u}] \tag{20.2.1}$$

と書くことができる．左辺第二項がコリオリ力，右辺は応力の項である．右辺は変位 $\boldsymbol{u}$ に依存することを明示してある．重力を考慮するときには $\boldsymbol{F}$ はポテンシャルの摂動 K にも依存するし，また運動方程式 (20.2.1) のほかにポアソンの式 (20.1.4) を加えておかなければならないが，ここでは省略して

いる．

　自転を無視したときのある固有値 $_n\omega_l$ を改めて ω_0 とし，この固有値に属する固有関数を $\boldsymbol{u}_0$ と書くことにする．自転の角速度 $\Omega = |\boldsymbol{\Omega}|$ が非常に小さければ上式の解は Ω によって級数展開できるであろう．そこで固有値 ω，固有関数 $\boldsymbol{u}$ などを

$$\frac{\omega}{\omega_0} = 1 + \sigma_1 \left(\frac{\Omega}{\omega_0}\right) + \sigma_2 \left(\frac{\Omega}{\omega_0}\right)^2 + \cdots$$
$$\boldsymbol{u} = \boldsymbol{u}_0 + \boldsymbol{u}_1 \left(\frac{\Omega}{\omega_0}\right) + \cdots \tag{20.2.2}$$
$$\boldsymbol{F} = \boldsymbol{F}_0 + \boldsymbol{F}_1 \left(\frac{\Omega}{\omega_0}\right) + \cdots$$

などと展開することにする．$\boldsymbol{F}$ が展開されるのは，$\boldsymbol{F}$ が $\boldsymbol{u}$ の関数だからである．$\boldsymbol{F}_0$ は $\boldsymbol{u}_0$ に依存し，$\boldsymbol{F}_1$ は $\boldsymbol{u}_1$ に依存している．

　自転軸方向の単位ベクトルを $\hat{\boldsymbol{z}}$，時間変化を $\boldsymbol{u} \sim e^{-i\omega t}$ として上式を (20.2.1) 式に代入して 0 次と一次の項をとり出すと

$$-\rho_0 \omega_0^2 \boldsymbol{u}_0 = \boldsymbol{F}_0 \tag{20.2.3}$$
$$-\rho_0 \omega_0^2 \boldsymbol{u}_1 - 2\rho_0 \omega_0^2 [\sigma_1 \boldsymbol{u}_0 + i\hat{\boldsymbol{z}} \times \boldsymbol{u}_0] = \boldsymbol{F}_1 \tag{20.2.4}$$

が得られる．第一式 (20.2.3) は自転を無視したときの運動方程式で，これまで用いてきたものである．この方程式の解が固有値 ω_0 と固有関数 $\boldsymbol{u}_0$ である．(20.2.4) 式が一次の摂動に対する方程式で，ここでは $\boldsymbol{u}_1$ と σ_1 が未知数である．

　ところで (20.2.4) 式の基本的な構造，たとえば時間，空間に関する微分の最高次の階数が 0 次の方程式 (20.2.3) と同じでありながら，未知数の数が増えていては解けるはずがない．これは摂動論ではつねに起こる問題である．いい換えれば (20.2.4) 式が解けるためには，この方程式が (20.2.3) 式と独立でなければならない．独立とはどういう意味かという問題があるが，ここでは (20.2.4) 式が (20.2.3) 式の解 $\boldsymbol{u}_0$ と直交すると仮定してみる．じつは仮定する必要がないことはすぐにわかる．

　そこでまず

$$\int_V \overline{\boldsymbol{u}}_0 \cdot \left(\rho_0 \omega_0^2 \boldsymbol{u}_1 + \boldsymbol{F}_1\right) dV$$

を計算する．(20.2.3) 式の解 $\boldsymbol{u}_0$ として簡単なねじれ振動の一つのモード

$$\boldsymbol{u}_0 = V_0(r)\boldsymbol{T}_l^m$$

をとりあげる．(20.2.4) 式の解 $\boldsymbol{u}_1$ もベクトル $\boldsymbol{S}_l^m$, $\boldsymbol{T}_l^m$, $\boldsymbol{R}_l^m$ で展開できるが，伸び縮み成分はこの $\boldsymbol{u}_0$ と直交することは明らかであるからねじれ成分だけを考えればよい．ねじれ成分の中でも l と m が異なる成分は表面積分が 0 になるので，$\boldsymbol{u}_1$ として考えなければならないのは

$$\boldsymbol{u}_1 = V_1(r)\boldsymbol{T}_l^m$$

だけである．これら二つの解に対して先の積分の第一項は

$$\int \rho_0 \overline{\boldsymbol{u}}_0 \cdot \boldsymbol{u}_1 dV = C_l^m \int \rho_0 V_0 V_1 r^2 dr$$

$$C_l^m = \int\int |\boldsymbol{T}_l^m|^2 \sin\theta d\theta d\varphi$$

が成り立つ．$\boldsymbol{F}_1$ との内積は (19.1.4) 式から

$$\int \overline{\boldsymbol{u}}_0 \cdot \boldsymbol{F}_1 dV = C_l^m \int V_0 \left[\frac{dT_1}{dr} + \frac{3}{r}T_1 - \frac{(l-1)(l+2)}{r^2}V_1\right] r^2 dr$$

となる．r の積分の部分は 1 回部分積分すれば

$$= V_0 T_1 r^2 \Big|_0^a - \int \left[\frac{1}{\mu}T_0 T_1 + \frac{(l-1)(l+2)\mu}{r^2} V_0 V_1\right] r^2 dr$$

となる．積分の部分は (19.1.12) 式と同じ形をしている．ただしここでの T_1 は 0 次の運動方程式を満たしていないので (19.1.12) 式の V_2, T_2 としてはここでの V_0, T_0 を用いなければならない．よってこの積分は

$$= (V_0 T_1 - V_1 T_0)r^2 \Big|_0^a - \omega_0^2 \int_0^a \rho V_0 V_1 r^2 dr$$

となるから

$$\int \overline{\boldsymbol{u}}_0 \cdot (\rho_0 \omega_0^2 \boldsymbol{u}_1 + \boldsymbol{F}_1) dV = C_l^m \left[r^2 (V_0 T_1 - V_1 T_0)\right]\Big|_0^a$$

が得られた．$T_0(a)$ は当然 0 である．一方 $T_1(r)$ は 0 次の運動方程式は満たしていないものの，やはり自由表面で 0 にならなければならないからこれも 0 でなければならない．したがってねじれ振動に対しては

$$\int \overline{\boldsymbol{u}}_0 \cdot \left(\rho_0 \omega_0^2 \boldsymbol{u}_1 + \boldsymbol{F}_1\right) dV = 0 \tag{20.2.5}$$

が成り立つことが示された．

伸び縮み振動のときには r の積分に (19.2.18) 式が現れ，やはり境界条件により上式は 0 になる．重力を考慮したときにはポテンシャル K も

$$K = K_0 + K_1 \left(\frac{\Omega}{\omega_0}\right) + \cdots$$

と展開して先の内積に K_0 とポアソンの方程式 (20.1.4) との内積を加えてやればよい．

以上の考察から (20.2.4) 式と $\boldsymbol{u}_0$ との内積をとることによって

$$\int_V \rho_0 \overline{\boldsymbol{u}}_0 \cdot \left[\sigma_1 \boldsymbol{u}_0 + i\hat{\boldsymbol{z}} \times \boldsymbol{u}_0\right] dV = 0$$

でなければならないことがわかった．この式では σ_1 だけが未知数であるから

$$\sigma_1 = \frac{i \int \rho_0 \hat{\boldsymbol{z}} \cdot [\overline{\boldsymbol{u}}_0 \times \boldsymbol{u}_0] dV}{\int \rho_0 |\boldsymbol{u}_0|^2 dV} \tag{20.2.6}$$

が得られた．ここで $\overline{\boldsymbol{u}}_0 \cdot (\hat{\boldsymbol{z}} \times \boldsymbol{u}_0) = -\hat{\boldsymbol{z}} \cdot (\overline{\boldsymbol{u}}_0 \times \boldsymbol{u}_0)$ を用いている．この σ_1 を (20.2.4) 式に代入すれば未知数は $\boldsymbol{u}_1$ だけになるから，じっさいに解けるかどうかはともかくとして，未知数の数と方程式の数が矛盾するという問題は解決したことになる．しかしここでは σ_1 が求められたことで十分である．

ねじれ振動　ねじれ振動に対しては

$$\boldsymbol{u}_0 = V_l(r) \boldsymbol{T}_l^m(\theta, \varphi)$$

と選ぶことができるので

$$\int_V \rho_0 |\boldsymbol{u}_0|^2 dV = C_l^m \int_0^a \rho_0 [rV_l(a)]^2 dr = \frac{4\pi}{2l+1} \frac{(l+|m|)!}{(l-|m|)!} I_1$$

となる．I_1 はねじれ振動のエネルギー積分である．分子の方は

$$\int \rho_0 \hat{\boldsymbol{z}} \cdot [\overline{\boldsymbol{u}}_0 \times \boldsymbol{u}_0] dV = \frac{im}{l(l+1)} I_1 \int_0^{2\pi} d\varphi \int_0^\pi 2P_l^{|m|}(\cos\theta)$$
$$\times \frac{dP_l^{|m|}}{d\theta} \cos\theta d\theta = \frac{im}{l(l+1)} \frac{4\pi}{2l+1} \frac{(l+|m|)!}{(l-|m|)!} I_1$$

となるから

$$\sigma_1 = -\frac{m}{l(l+1)} \tag{20.2.7}$$

が得られた．これは地球の内部構造には依存しないのであまりおもしろくない．

伸び縮み振動　伸び縮み振動の変位は

$$\boldsymbol{u}_0 = U_l \boldsymbol{S}_l^m + W_l \boldsymbol{R}_l^m$$

と選ぶことができるから，(20.2.6) 式の分母は

$$\int \rho_0 |\boldsymbol{u}_0|^2 dV = I_1 \int \int |\boldsymbol{S}_l^m|^2 \sin\theta d\theta d\varphi = \frac{4\pi}{2l+1} \frac{(l+|m|)!}{(l-|m|)!} I_1$$

となる．I_1 は伸び縮み振動のエネルギー積分である．分子は

$$\int \rho_0 \hat{\boldsymbol{z}} \cdot [\overline{\boldsymbol{u}}_0 \times \boldsymbol{u}_0] dV = \frac{4\pi(im)}{l(l+1)} \int_0^a \rho_0 [U_l(r)r]^2 dr$$
$$\times \int_0^\pi \frac{dP_l^{|m|}}{d\theta} P_l^{|m|}(\cos\theta) \cos\theta d\theta$$
$$+ \frac{4\pi(im)}{\sqrt{l(l+1)}} \int_0^a \rho_0 U_l W_l r^2 dr \int_0^\pi [P_l^{|m|}(\cos\theta)]^2 \sin\theta d\theta$$
$$= \frac{im}{l(l+1)} \frac{4\pi}{2l+1} \frac{(l+|m|)!}{(l-|m|)!} \int_0^a \rho_0 [2\sqrt{l(l+1)}W_l + U_l] U_l r^2 dr$$

となる．したがって伸び縮み振動の σ_1 は

$$\begin{aligned}\sigma_1 &= -\frac{m}{l(l+1)} \frac{I_4}{I_1} \\ I_4 &= \int_0^a \rho_0 \left[2\sqrt{l(l+1)}W_l + U_l\right] U_l r^2 dr\end{aligned} \tag{20.2.8}$$

となる．これはねじれ振動の場合と違って地球の内部構造に依存している．

じっさいの固有値は，ねじれ振動に対しては

$$_n\omega_l^m = {}_n\omega_l^0 - \frac{m}{l(l+1)}\Omega \qquad -l \leq m \leq l \tag{20.2.9}$$

また伸び縮み振動に対しては

$$_n\omega_l^m = {}_n\omega_l^0 - \frac{m}{l(l+1)}\frac{I_4}{I_1}\Omega \qquad -l \leq m \leq l \tag{20.2.10}$$

と表される．自転がないときにはある l について $2l+1$ 重に縮退していた固有値が，自転を考慮することによってこの縮退が解けたことを意味している．いずれの場合にも固有値は

$$_n\omega_l^m = {}_n\omega_l^0(1 - m_n\beta_l) \tag{20.2.11}$$

の形に表され，$m=0$ を中心に等間隔に左右に並んでいる．

　自転を無視したときには，ある次数 l に対して m によらず固有値が一つ決まる．これは逆にいえば $2l+1$ 個の異なる m の固有関数に対して固有値がすべて等しくなっていることで，これを固有値が縮退 (degenerate) しているという．自転を考慮するとこの縮退が解けて m ごとに異なった固有値が得られることになる．これは磁場をかけると水素原子のエネルギー準位が分裂するゼーマン効果と同じような現象である．自転による固有振動数の分裂を rotational splitting という．

　実際の地球の自由振動の観測では最も初期の段階からスペクトルの分裂が観測されていた．1960 年のチリ地震によって発生した地球振動のスペクトル解析の結果，最も周期の長い ${}_0S_2$ のモードでは周期 54.7 分と 53.1 分にスペクトルのピークが見られた．${}_0S_2$ モードには 5 個の異なる固有振動数があるはずであるが，そのうちの 2 個が効率よく励起されたことを示している．

　縮退した固有値の縮退が解けるには水素原子における磁場，地球振動における自転のような，対称性を破る現象が必要である．地球の場合のもう一つの対称性の破れは形である．第 0 近似として地球は球であるが，もう一つ近似をあげると回転楕円体で近似される．球対称のときには座標軸をどの向きに選んでも同じであるが，回転楕円体のときにはそうはならないので，固有値は m によって変化することになる．

・・・●・・・●・・・(メ モ)・・・●・・・●・・・

PREM モデルの固有振動数　参考のために，平均的な地球モデルとして広く用いられている PREM モデルを用いて計算した地球の自由振動の固有振動数を下に示す．固有振動数 $_nf_l$ は mHz の単位である．振幅応答 A_T と A_S は，密度の単位を g/cm^3，距離の単位を km にとったときの値である．また，分裂のパラメーター $_n\beta_l$ はパーセントで表してある．e-2 等は「$\times 10^{-2}$」の意味である．

		ねじれ振動		伸び縮み振動		
l	n	$_nf_l$	$A_T(l,n)$	$_nf_l$	$A_S(l,n)$	$_n\beta_l$
0				0.8146	1.1176e-2	
				1.6336	4.0555e-3	
				2.5145	4.2813e-3	
				3.2772	3.5817e-3	
				4.1145	3.1032e-3	
1	1	1.2464	1.7248e-2	0.4065	6.4772e-5	1.4963
	2	2.2092	1.3216e-2	0.9464	6.1192e-3	0.1633
	3	3.2315	0.7246e-2	1.4211	2.8293e-3	0.3084
	4	4.3398	0.5079e-2	1.7533	7.7025e-5	0.2670
	5	5.4008	0.4614e-2	1.9865	3.3735e-3	0.0940
2	0	0.3828	4.5635e-2	0.3109	1.2945e-2	1.4843
	1	1.3311	1.5589e-2	0.6848	9.4404e-4	0.4140
	2	2.2524	1.2695e-2	0.9601	3.7667e-4	0.1316
	3	3.2621	0.7089e-2	1.1130	2.9323e-3	0.1467
	4	4.3621	0.5040e-2	1.7305	4.3233e-3	0.0816
3	0	0.5916	3.4380e-2	0.4713	9.3665e-3	0.4605
	1	1.4510	1.3659e-2	0.9470	2.8999e-3	0.2612
	2	2.3168	1.1944e-2	1.2483	2.3280e-3	0.0656
	3	3.3079	0.6862e-2	1.4510	3.5661e-5	0.0437
	4	4.3956	0.4983e-2	2.0576	4.9334e-3	0.0438
4	0	0.7727	3.0747e-2	0.6511	7.0610e-3	0.1829
	1	1.5984	1.1884e-2	1.1820	5.1709e-3	0.1935
	2	2.4019	1.0997e-2	1.3863	1.4031e-3	0.0271
	3	3.3685	0.6575e-2	1.8756	2.0174e-6	0.0161
	4	4.4399	0.4910e-2	2.2945	1.2645e-3	0.0253
5	0	0.9368	2.9263e-2	0.8456	5.9257e-3	0.0841
	1	1.7647	1.0525e-2	1.3801	7.4590e-3	0.1421
	2	2.5075	0.9901e-2	1.5244	7.7920e-5	0.0156
	3	3.4436	0.6239e-2	2.2845	1.2267e-6	0.0071
	4	4.4949	0.4820e-2	2.4275	8.2777e-4	0.0146

・・・●・・・●・・・●・・・●・・・●・・・

参考文献

　教科書という本書の性質上，本文中では文献を一切引用しなかった．本文で触れることのできなかった部分を補うために，また本書の内容の理解を深めるために役に立つであろう文献を下に掲げる．

(1) 安芸敬一・P. G. リチャーズ，地震学—定量的アプローチ—，古今書院 (2004).
(2) 蓬田 清，演習形式で学ぶ特殊関数・積分変換入門，共立出版 (2007).
(3) 宇津徳治，地震学 (第 3 版)，共立出版 (2001).
(4) 森口繁一・宇田川銈久・一松 信，岩波数学公式 I, II, III，岩波書店 (1956, 1957, 1960).
(5) 佐藤泰夫，弾性波動論，岩波書店 (1978).
(6) 物理探査学会，物理探査ハンドブック，物理探査学会 (1998).
(7) 松井孝典・松浦充宏・林 祥介・寺沢敏夫・谷本俊郎・唐戸俊一郎，地球連続体力学，岩波講座地球惑星科学第 6 巻，岩波書店 (1996).
(8) Aki, K. and P. G. Richards, Quantitative Seismology (2nd edition), University Science Books (2002).
(9) Doornbos, D. J. (ed.), Seismological Algorithms—Computational Methods and Computer Programs—, Academic Press (1988).
(10) Ewing, W. M., W. S. Jardetzky and F. Press, Elastic Waves in Layered Media, McGraw-Hill (1957).
(11) Kelly, K. R. and K. J. Marfurt (ed.), Numerical Modeling of Seismic Wave Propagartion, Society of Exploration Geophysicists (1990).

　1980 年に Freeman から出版された 2 巻本の原著の改訂版が (8) であり，その翻訳が (1) である．初版からすでに 30 年近くを経ているが，この分野でのスタンダードな教科書としての地位は当分ゆるぎないであろう．第二版はわかりやすく書き直されている部分もあるが，やはり相当の予備知識がないと読みこなせない．弾性波動論の古典的な教科書としては (5) が定評があるが，これも大部である．短いものとしては (7) がある．50 年以上も前の (10) をあげたのは，これが (8) につながる近代的な地震波動論を開いたからである．このことはラブの弾性論の名著のスタイルと比較すれば明らかである．ちなみに，1950 年代の後半はプレートテクトニクス

の誕生期に当たっている．じつはもう一つ理由があり，本書の第 7 章で述べた平板や円筒を伝わる波についての記述や文献が優れているからである．その後の地震波動論ではこの分野はあまりとりあげられることがなかった．

(4) は本書を書くに当たってもしばしば参照した便利なハンドブックである．本書のメモに書ききれなかった複素関数論や特殊関数については地震学者が書いた (2) が参考になる．

最近は波動論の分野ではシミュレーションが流行であるが，(9) は波動論に基づいた波動場の計算に詳しい．差分法などに基づいた純粋な数値シミュレーション法は日進月歩であるから，初心者が最新の論文を読んでも理解できないであろう．そこで古典的な論文を集めた (11) をあげておいた．

最後に，地震学全般の優れた教科書として (3) をあげておく．また，地震波を用いた探査法の具体的な方法については (6) の第二分冊をすすめておく．

索 引

[あ行]

アイコナル方程式 (eikonal equation) 61
鞍点 (saddle point) 229
位相速度 (phase velocity) 140, 477
板速度 (plate velocity) 183
一般化波線 (generalized ray) 450
インバージョン (inversion) 442
インピーダンス (impedance) 13, 96, 197
ウォーターハンマー (water hammer) 202
上盤 (hanging wall) 336
エアリー関数 (Airy function) 433, 438
エアリー相 (Airy phase) 145
エイリアシング (aliasing) 469
エネルギー積分 (energy integral) 486, 498
エネルギーフラックス (energy flux) 96
遠距離解 (far field solution) 270, 392
円錐波 (conical wave) 196
円筒波 (cylindrical wave) 17, 222
応答スペクトル (responce spectrum) 32
応力 (stress, traction) 67
応力テンソル (stress tensor) 69
帯状 (zonal) 216
音響インピーダンス (acoustic impedance) 12, 13
音響場近似 (acoustic approximation) 1

[か行]

外積 (vector product) 64, 66
階段関数 (step function) 227
回転 (rotation, rot, $\nabla \times$) 66
ガウスの定理 (Gauss' theorem) 18, 19
角周波数 (angular frequency) 5, 23

下向波 (down-going wave) 13, 452
過制振 (over damping) 28
片道走時 (one-way travel time) 15
カニアール–ド・フープの方法 (Cagniard-de Hoop method) 249, 277, 315
換算走時 (reduced travel time) 289
幾何学的発散 (geometrical spreading) 26, 58
基本モード (fundamental mode) 149
逆転 (retrograde) 160
逆分散 (reverse dispersion) 145
逆問題 (inverse problem) 442
球ベッセル関数 (spherical Bessel function) 133
球面調和関数 (surface spherical harmonics) 325, 471
球面波 (spherical wave) 16
境界条件 (boundary condition) 9
境界波 (boundary wave) 166
近距離解 (near field solution) 268, 278, 393
食い違い (dislocation) 405
屈折角 (angle of refraction) 10
屈折波 (refracted wave) 10, 36
屈折法 (refraction survey) 13, 37
グリーン関数 (Green function) 389, 407
グリーンの定理 (Green's theorem) 400, 404
群速度 (group velocity) 141, 477, 487
傾斜角 (dip) 38, 336
傾斜関数 (ramp function) 398
減衰振動 (damped oscillation) 28
減衰定数 (damping coefficient) 27
原点走時 (intercept time) 37

536——索引

広角反射 (wide angle reflection) 241, 255
交差距離 (crossover distance) 36
高次モード (higher mode) 150
構成則 (constitutive law) 2, 80
剛性率 (rigidity) 82
後続波 (later phase) 37
剛体回転 (rigid rotation) 78
勾配 (gradient, ∇) 4
コーシーの積分定理 (Cauchy's representation theorem) 275
コーシーの定理 (Cauchy's theorem) 247
固有関数 (eigenfunction) 360
固有周波数 (eigenfrequency) 207
固有振動 (proper vibration) 476
固有値 (eigenvalue) 360
コンパウンド行列 (compound matrix) 351, 496, 520

[さ行]

最急降下積分路 (steepest descent path) 232, 236
最急降下法 (method of steepest descent) 229
三重合 (triplication) 52
下盤 (foot wall) 336
遮断角周波数 (cut-off angular frequency) 150
遮断周波数 (cut-off frequency) 209
自由振動 (free oscillation) 209
自由波 (free wave) 154, 156
周波数 (frequency) 23
周波数応答 (frequency response) 28
主応力 (principal stress) 74
主軸 (principal axis) 74
瞬間周波数 (instantaneous frequency) 25
瞬間振幅 (instantaneous amplitude) 25
純粋剪断歪 (pure shear) 79
順転 (prograde) 160
順問題 (direct problem) 442

象限型 (quadrant type) 398
上向波 (up-going wave) 13, 452
衝上断層 (thrust fault) 336
初動 (first arrival) 37
ジョルダンの補題 (Jordan's lemma) 260
震央 (epicenter) 34
震央距離 (epicentral distance) 34
震源 (hypocenter, focus) 34
震源 (seismic source) 16, 17
震源項 (source term) 332, 334
振幅応答 (amplitude response) 288, 368, 382, 490, 500, 525
垂直往復走時 (2-way normal time) 47
垂直応力 (normal stress) 74
スカラー波動方程式 (scalar wave equation) 5
スカラーポテンシャル (scalar potential) 122
ストンレー波 (Stoneley wave) 166
スネルの法則 (Snell's law) 10, 53, 64
スペクトル (spectrum) 23
すべり角 (slip angle, rake) 336
正規モード解 (normal mode solution) 359
静水圧平衡 (hydrostatic equilibrium) 1
脆性破壊 (brittle fracture) 74
正断層 (normal fault) 336
正分散 (normal dispersion) 145
節 (node) 150
漸近波線理論 (asymptotic ray theory) 425, 479
線震源 (line source) 222
剪断応力 (shear stress) 74
剪断食い違い (shear dislocation) 414
剪断歪 (shear strain) 77
先頭波 (head wave) 36, 241, 255, 279, 298
全反射 (total reflection) 12, 97, 116
双偶力 (double couple) 334, 336, 397, 509
走向 (strike) 336
走時 (travel time) 34

走時曲線 (travel time curve)　34, 37, 55
相反定理 (reciprocity theorem)　402
ソーセージモード (sausage mode)　182
疎密波 (compressional wave)　91

[た行]

対称モード (symmetric mode)　172, 175, 180, 182
体積弾性率 (bulk modulus)　3, 81
体積歪 (volumetric strain)　77
体積力 (body force)　125
多重反射 (multiple reflection)　37, 101, 152
畳み込み積分 (convolution)　24
縦波 (longitudinal wave)　91, 189
ダブルカップル (double couple)　334
撓み波 (flexural wave)　203
撓みモード (flexural mode)　186
単偶力 (single couple)　334, 335, 395, 508
単純剪断歪 (simple shear)　79
弾性エネルギー (strain energy)　85
断層パラメーター (fault parameter)　336
単力源 (single force)　334, 335, 388, 508
遅延ポテンシャル (retarded potential)　389
チャンネル波 (channel wave)　170
チューブ波 (tube wave)　200
調和関数 (harmonic function)　325
直接波 (direct wave)　35
停留値法 (method of stationary phase)　143
停留点 (stationary point)　144
デルタ関数 (delta function)　19, 21, 25
転位 (dislocation)　405
転回点 (turning point)　431
伝達関数 (transfer function)　288
透過係数 (transmission coefficient)　11, 96, 115
透過波 (transmitted wave)　10
等方 (isotropic)　80

特性方程式 (characteristic equation)　148, 156
トムソン–ハスケル法 (Thomson-Haskell method)　339, 345
トモグラフィー (tomography)　62

[な行]

内積 (inner product)　4
中野の公式 (Nakano's formula)　270
二次的 S 波 (secondary S-wave)　272
二乗平均速度 (root mean square velocity)　48
入射角 (angle of incidence)　10
入射波 (incident wave)　8
ねじれ振動 (toroidal oscillation)　210, 215, 482
ねじれ波 (torsional wave)　188
ノイマン関数 (Neumann function)　130
伸び縮み振動 (spheroidal oscillation)　210, 218, 493, 513
伸び歪 (linear strain)　77
ノルム (norm)　4

[は行]

萩原のはぎとり法 (Hagiwara's method)　43
爆発震源 (explosive source)　336, 509
波数 (wavenumber)　140
波数積分 (wavenumber integral)　435
ハスケルの層行列 (layer matrix)　345
ハスケル法 (Haskell's method)　345
波線展開 (ray expansion)　101, 290
波線パラメーター (ray parameter)　6
波長 (wave length)　476
発散 (divergence, div, $\nabla \cdot$)　4
波面 (wave front)　6
ハンケル関数 (Hankel function)　17, 130
反射係数 (reflection coefficient)　9, 94, 96, 115, 460
反射波 (reflected wave)　8, 35, 297
反射率法 (reflectivity method)　468

反対称モード (antisymmetric mode) 172, 177, 181, 186
半値幅 (half width) 29
バンドパスフィルター (band-pass filter) 140
歪 (strain) 76
歪エネルギー (strain energy) 85
左横ずれ断層 (left lateral fault) 336, 411
表面波 (surface wave) 139
表面 S 波 (surface S-wave) 271
ヒルベルト変換 (Hilbert transform) 22, 24
不均質波 (inhomogeneous wave) 7
複素弾性率 (complex elastic modulus) 29
フックの法則 (Hooke's law) 2, 80
不変量 (invariant) 87
フーリエ逆変換 (inverse Fourier transform) 23
フーリエ–ベッセルの積分定理 (Fourier-Bessel integral theorem) 294, 328
フーリエ変換 (Fourier transform) 22, 23
分岐線 (branch line) 232, 247
分岐線積分 (branch line integral) 290, 309
分岐点 (branch point) 232, 247
分散関係 (dispersion relation) 5
分散曲線 (dispersion curve) 140
分散性の波 (dispersive wave) 140
平面調和関数 (plane surface harmonics) 322
平面波 (plane wave) 6
ベクトル積 (vector product) 64, 66
ベクトルポテンシャル (vector potential) 122
ベッセル関数 (Bessel function) 130
ベッティ (Betti) の定理 406
ヘルグロッツ–ヴィーヒェルトの解 (Hergloz-Wiechert solution) 50, 60

ヘルムホルツ方程式 (Helmholtz equation) 128, 322
変換波 (converted wave) 34, 106
変形ベッセル関数 (modified Bessel function) 131
偏微分係数 (partial derivative) 365, 376, 488, 499, 523
変分原理 (variational principle) 363, 374, 486, 497, 522
ポアソンの方程式 (Poisson equation) 19, 514
ポアソン比 (Poisson's ratio) 82
棒速度 (bar velocity) 190
ポーラーフェイズシフト (polar phase shift) 478

[ま行]

見かけ速度 (apparent velocity) 6, 46
右横ずれ断層 (right lateral fault) 336, 411
ミラージュ層 (mirage) 49
面積歪 (areal strain) 77
モード (mode) 149
モーメントテンソル (moment tensor) 415, 509

[や行]

ヤング率 (Young's modulus) 82
横等方的 (transversely isotropic) 87
横波 (shear wave) 92

[ら行]

ラディアル振動 (radial oscillation) 210
ラディエーションパターン (radiation pattern) 397
ラブ極 (Love pole) 314
ラブ波 (Love wave) 147, 284, 312, 359
ラプラシアン (Laplacian, ∇^2) 4
ラプラスの方程式 (Laplace equation) 20
ラプラス変換 (Laplace transform) 249, 259
ラムの問題 (Lamb's problem) 262, 305

索引——539

ラメの弾性定数 (Lamé's elastic constant) 80
離散的波数積分法 (discrete wavenumber method) 468
リーマン面 (Riemann sheet) 232, 246
留数 (residue) 276
臨界角 (critical angle) 12
臨界制振 (critical damping) 28
ルジャンドル関数 (Legendre function) 133
ルジャンドル陪関数 (associated Legendre function) 132, 471
励起関数 (excitation function) 370, 382, 500, 526

レーリー極 (Rayleigh pole) 267
レーリー波 (Rayleigh wave) 155, 158, 266, 308, 372

[欧文]

f-k スペクトル (f-k spectrum) 24
P 波 (primary wave) 91
P-SV 波 (P-SV wave) 93, 102
Q 値 (Q factor, Quality factor) 30
S 波 (secondary wave) 92
SH 波 (SH wave) 93
SV 波 (SV wave) 102
WKBJ 近似 (WKBJ approximation) 426

著者略歴

斎藤正徳（さいとう・まさのり）

1938年　宇都宮市に生まれる
1965年　東京大学大学院地球物理学専門課程博士課程修了
1969年　東京大学理学部助教授
1983年　神戸大学理学部教授
1986年　東京工業大学理学部教授
1997年　横浜市立大学理学部教授
2003年　応用地質株式会社最高技術顧問（～2009年）
2018年　逝去
　1983～1984年日本地震学会会長，1996～1997年物理探査学会会長
　東京工業大学名誉教授，日本地震学会名誉会員，物理探査学会名誉会員，
　理学博士

地震波動論
　　　　2009 年 7 月 27 日　初　版
　　　　2019 年 5 月 16 日　第 2 刷

　　　　[検印廃止]

著　者　斎藤正徳
発行所　一般財団法人 東京大学出版会
　　　　代表者 吉見俊哉
　　　　153-0041 東京都目黒区駒場 4-5-29
　　　　電話 03-6407-1069　　Fax 03-6407-1991
　　　　振替 00160-6-59964
印刷所　三美印刷株式会社
製本所　誠製本株式会社

ⓒ2009 Masanori Saito
ISBN 978-4-13-060754-4 Printed in Japan

JCOPY〈出版者著作権管理機構 委託出版物〉
本書の無断複写は著作権法上での例外を除き禁じられています．複写される場合は，そのつど事前に，出版者著作権管理機構（電話 03-5244-5088, FAX 03-5244-5089, e-mail: info@jcopy.or.jp）の許諾を得てください．

末広 潔
海洋地震学 A5判・240頁/4800円

宇佐美龍夫・石井 寿・今村隆正・武村雅之・松浦律子
日本被害地震総覧 599-2012 B5判・724頁/28000円

宇津徳治
地震活動総説 B5判・896頁/24000円

山中浩明編著/武村雅之・岩田知孝・香川敬生・佐藤俊明
地震の揺れを科学する みえてきた強震動の姿 4/6判・200頁/2200円

日本地震学会地震予知検討委員会編
地震予知の科学 4/6判・256頁/2000円

泊 次郎
日本の地震予知研究 130 年史 明治期から東日本大震災まで
A5判・688頁/7600円

泊 次郎
プレートテクトニクスの拒絶と受容 新装版 戦後日本の地球科学史
A5判・280頁/3900円

ここに表示された価格は本体価格です．ご購入の
際には消費税が加算されますのでご了承ください．